全国高级技工学校数控类专业教材

数控机床机械装调与维修

人力资源和社会保障部教材办公室组织编写

中国劳动社会保障出版社

简介

本书主要内容包括：数控机床组成和分类、数控机床机械结构基本知识、数控机床管理及维修基本知识、主传动系统装调与维修、进给传动系统装调与维修、自动换刀装置装调与维修、液压与气压装置装调与维修、辅助装置维护与维修、数控机床的装调与精度检验等。

本书由韩鸿鸾、张玉东主编，商景凤、褚元娟、安丽敏任副主编，姜义、陶建海、丛志鹏、袁雪芬、马述秀参加编写，崔兆华主审。

图书在版编目(CIP)数据

数控机床机械装调与维修/人力资源和社会保障部教材办公室组织编写. —北京：中国劳动社会保障出版社，2012

全国高级技工学校数控类专业教材

ISBN 978-7-5045-9551-5

Ⅰ.①数… Ⅱ.①人… Ⅲ.①数控机床-设备安装-高等职业教育-教材②数控机床-维修-高等职业教育-教材 Ⅳ.①TG659

中国版本图书馆 CIP 数据核字(2012)第 067590 号

中国劳动社会保障出版社出版发行

（北京市惠新东街1号 邮政编码：100029）

出版人：张梦欣

*

北京市艺辉印刷有限公司印刷装订 新华书店经销

787毫米×1092毫米 16开本 25.25印张 567千字

2012年5月第1版 2022年12月第9次印刷

定价：45.00元

营销中心电话：400-606-6496

出版社网址：http://www.class.com.cn

http://jg.class.com.cn

前言

为了更好地适应高级技工学校数控类专业的教学要求，全面提升教学质量，人力资源和社会保障部教材办公室组织有关学校的骨干教师和行业、企业专家，充分调研企业生产和学校教学情况，吸收和借鉴各地高级技工学校教学改革的成功经验，在原有同类教材的基础上，重新组织编写了高级技工学校数控类专业教材。

本次教材编写工作的重点主要体现在以下几个方面：

第一，完善教材体系，定位科学合理。

针对初中生源和高中生源培养高级工的教学实际情况，调整和完善了教材体系，能较好地满足数控加工（数控车工、数控铣工、加工中心操作工方向）、数控机床装配与维修、数控编程、数控电加工等专业的教学需求。同时，根据数控类专业高级工在相关岗位工作的实际需要，合理确定学生应具备的能力和知识结构，避免教材内容偏难、偏深，进一步增加了实践性教学内容。

第二，反映技术发展，涵盖职业标准。

根据相关工种及专业领域的最新发展，在教材中充实新知识、新技术、新材料、新工艺等方面的内容，体现教材的先进性。教材编写以国家职业标准为依据，内容涵盖数控车工、数控铣工、加工中心操作工、数控机床装调维修工、数控程序员、电切削工等国家职业技能标准（中、高级）的知识和技能要求，并在配套的习题册中增加了相关职业技能鉴定考题。

第三，精心设计形式，激发学习兴趣。

在教材内容的呈现形式上，较多地利用图片、实物照片和表格等将知识点生动地展示出来，力求让学生更直观地理解和掌握所学内容。针对不同的知识点，设计了许多贴近实际的互动栏目，以激发学生的学习兴趣，使教材“易教易学，易懂易用”。

第四，开发辅助产品，提供教学服务。

本套教材中《CAD/CAM 应用技术（Mastercam）》《CAD/CAM 应用技术（CAXA）》《CAD/CAM 应用技术（UG）》《CAD/CAM 应用技术（Pro/E）》配有教学素材光盘，其余教材配有多媒体教学课件和习题册，多媒体教学课件可以通过中国劳动社会保障出版社网站（http://www.class.com.cn）免费下载。

本次教材编写工作得到了河北、辽宁、江苏、山东、河南等省人力资源和社会保障厅及有关学校的大力支持，在此我们表示诚挚的谢意。

人力资源和社会保障部教材办公室
2012 年 1 月

目录

第一章

数控机床概述

第一节　数控机床组成和分类

一、数控机床的组成

数控机床一般由计算机数控系统和机床本体两部分组成，其中计算机数控系统是由输入/输出设备、操作装置、计算机数控装置（CNC 装置）、可编程控制器（PLC）、主轴驱动系统、进给伺服驱动系统、测量装置等组成的一个整体，如图 1—1 所示。

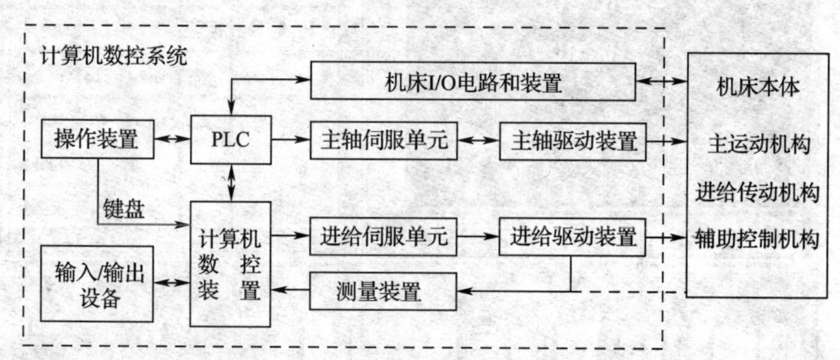

图 1—1　数控机床的组成

1．输入/输出设备

数控机床在进行加工前，必须接收由操作人员输入的零件加工程序，然后才能根据输入的程序进行加工控制，从而加工出所需的零件。此外，零件加工程序有时也需要在数控系统外进行备份或保存。因此数控机床中必须具备必要的交互装置，即输入/输出装置。

零件加工程序一般存放在便于与数控装置交互的控制介质上。早期的数控机床常用穿孔纸带、磁带等控制介质，现代数控机床常用移动硬盘、USB 闪存盘、CF 卡（图 1—2）等控制介质。

2．操作装置

操作装置是操作人员与数控机床（系统）进行交互的工具，一方面，操作人员可以通过它对数控机床（系统）进行操作、编程、调试或对机床参数进行设定和修改；另一方面，操作人员也可以通过它了解或查询数控机床（系统）的运行状态。

图 1—2　数控机床常用的 CF 卡及其组合

操作装置主要由显示装置、NC 键盘（功能类似于计算机键盘的按键阵列）、机床控制面板（Machine Control Panel，简称 MCP）、状态灯、手持单元等部分组成，图 1—3 所示为 FANUC 系统的操作装置，其他数控系统的操作装置布局也都大同小异。

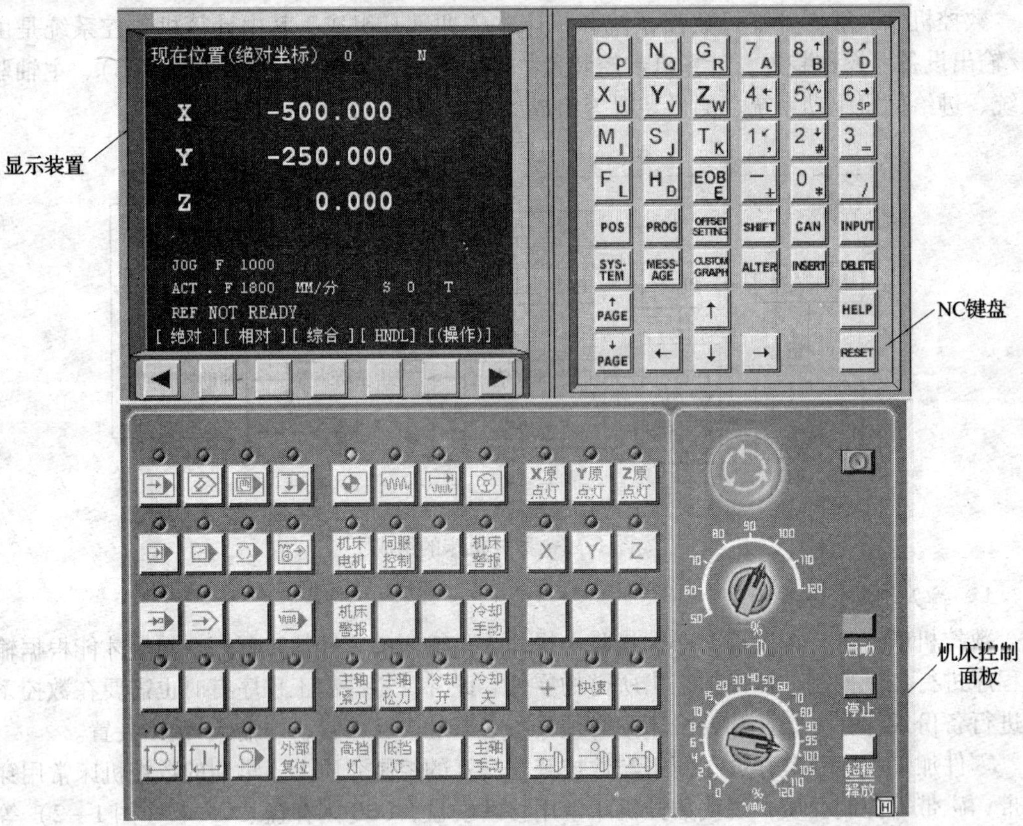

图 1—3　FANUC 系统操作装置

（1）显示装置

数控系统通过显示装置为操作人员提供必要的信息，根据系统所处的状态和操作命令的不同，显示的信息可以是正在编辑的程序、正在运行的程序、机床的加工状态、机床坐标轴的指令/实际坐标值、加工轨迹的图形仿真、故障报警信号等。

（2）NC 键盘

NC 键盘包括 MDI 键盘及软键功能键等。

MDI 键盘一般具有标准化的字母、数字和符号（有的通过上挡键实现），主要用于零件加工程序的编辑、参数输入、MDI 操作及系统管理等。软键功能键一般用于系统的菜单操作。

（3）机床控制面板（MCP）

机床控制面板集中了系统的所有按钮（故可称为按钮站），这些按钮用于直接控制机床的动作或加工过程，如启动、暂停零件程序的运行，手动进给坐标轴，调整进给速度等。

（4）手持单元

手持单元不是操作装置的必需件，有些数控系统为方便用户才配有手持单元。手持单元用于手摇方式增量进给坐标轴。图 1—4 所示为手持单元的一种。

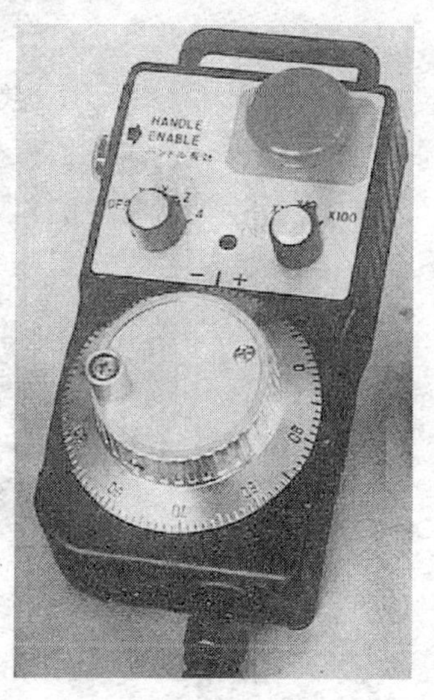

图 1—4 MPG 手持单元

3．计算机数控装置（CNC 装置或 CNC 单元）

计算机数控（CNC）装置是计算机数控系统的核心。其主要作用是根据输入的零件程序和操作指令进行相应的处理（如运动轨迹处理、机床输入输出处理等），然后输出控制命令到相应的执行部件（伺服单元、驱动装置和 PLC 等），控制其动作，加工出需要的零件。

4．测量装置

测量装置（也称检测装置、反馈装置）对数控机床运动部件的位置及速度进行检测，通常安装在机床的工作台、丝杠或驱动电动机转轴上。它把机床工作台的实际位移或速度转变成电信号，反馈给 CNC 装置或伺服驱动系统，与指令信号进行比较，以实现位置或速度的闭环控制。

5．机床本体

机床本体是指数控机床的主体，是数控系统的被控对象，是实现制造加工的执行部件。它主要由主运动部件、进给运动部件（工作台、拖板以及相应的传动机构）、支承件（立柱、床身等）以及特殊装置（刀具自动交换系统、工件自动交换系统）和辅助装置（如冷却、润滑、排屑、转位和夹紧装置等）组成。数控机床机械部件的组成与普通机床相似，但传动结构较为简单，在精度、刚度、抗震性等方面要求高，而且其传动和变速系统被设计成便于实现自动化控制。

二、数控机床的分类

目前，数控机床的品种很多，通常按下面几种方法进行分类。

1．按工艺用途分类

（1）一般数控机床

一般数控机床包括数控钻床、数控车床、数控铣床、数控镗床、数控磨床和数控齿轮加工机床，如图 1—5 所示。它们和传统的通用机床工艺用途相似，但是它的生产率和自动化程度比传统机床高，特别适合加工单件、小批量和复杂形状的工件。

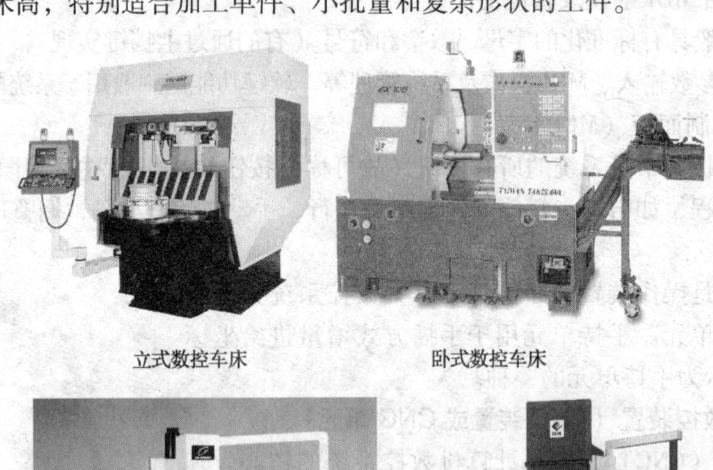

立式数控车床　　卧式数控车床

立式数控铣床

卧式数控铣床

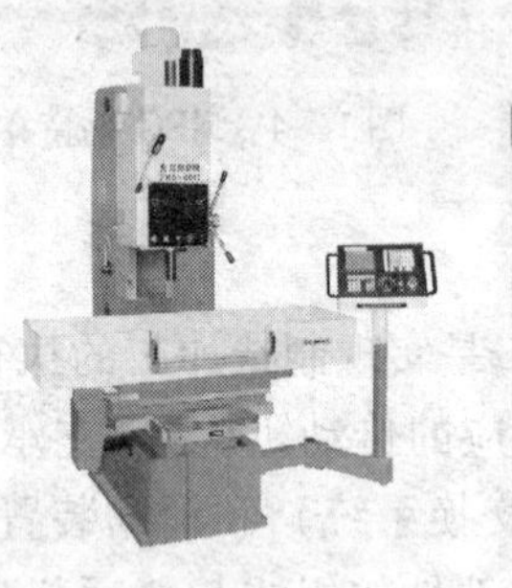

数控钻床

数控磨床

数控镗床

图 1—5　一般数控机床

（2）数控加工中心

在一般数控机床上加装一个刀库和自动换刀装置，构成带自动换刀装置的数控机床就称为数控加工中心，图 1—6 所示是一台立式数控加工中心。

这类数控机床实行一次安装定位，可完成多道加工工序。图 1—6 所示立式加工中心的刀库能容纳 16 把刀具，在刀具和主轴之间有一换刀机械手，工件一次装夹后，可自动连续进行铣、钻、镗、铰、扩、攻螺纹等多种加工。

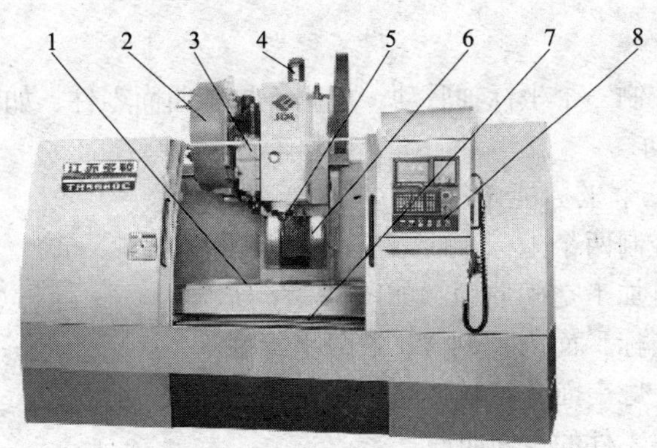

图 1—6　立式加工中心

1—工作台　2—刀库　3—换刀装置　4—伺服电动机
5—主轴　6—导轨　7—床身　8—数控系统

数控加工中心因一次安装定位完成多工序加工，避免了因多次安装造成的误差，减少机床台数，提高了生产效率和加工自动化程度。

2. 按可控制联动的坐标轴分类

所谓数控机床可控制联动的坐标轴，是指数控装置能控制驱动机床运动的坐标轴数目。

（1）两坐标联动

数控机床能同时控制两个坐标轴联动，即数控装置同时控制 X 和 Z 方向运动，可用于加工各种曲线轮廓的回转体类零件。另有一些机床本身有 X、Y、Z 三个方向的运动，数控装置只能同时控制两个坐标，实现两个坐标轴联动，但在加工中能实现坐标平面的变换，用于加工图 1—7a 所示的零件沟槽。

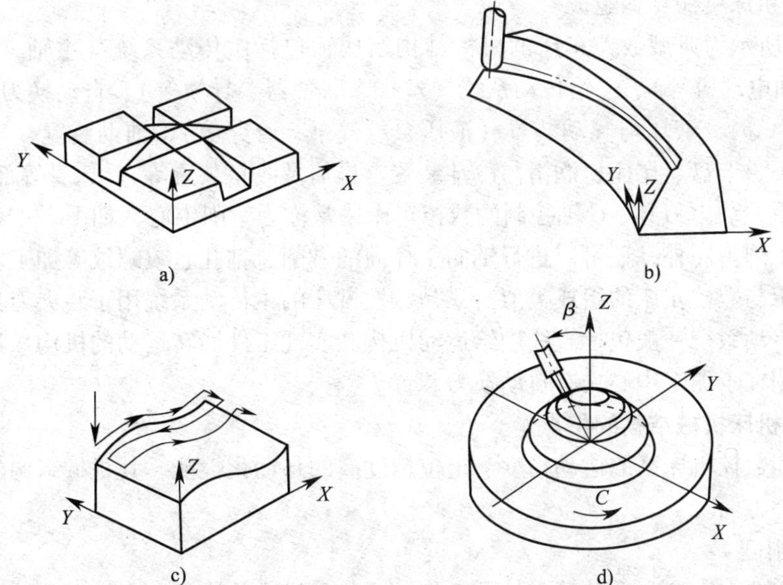

图 1—7　空间平面和曲面的数控加工

a）两坐标联动加工沟槽面　b）三坐标联动加工曲面　c）两坐标半联动加工曲面　d）五轴联动铣床加工曲面

（2）三坐标联动

数控机床能同时控制三个坐标轴联动，可用于加工曲面零件，如图 1—7b 所示。

（3）两坐标半联动

数控机床本身有三个坐标能做三个方向的运动，但控制装置只能同时控制两个坐标，而第三个坐标只能作等距周期移动，可加工空间曲面，如图 1—7c 所示。数控装置在 *ZX* 坐标平面内控制 *X*、*Z* 两坐标联动，加工垂直面内的轮廓表面，控制 *Y* 坐标做定周期等距移动，即可加工出零件的空间曲面。

（4）多坐标联动

数控机床能同时控制四个或以上坐标轴联动，多坐标数控机床的结构复杂、精度要求高、程序编制复杂，主要应用于加工形状复杂的零件。五轴联动铣床加工曲面形状零件，如图 1—7d 所示。六坐标加工中心的示意图，如图 1—8 所示。

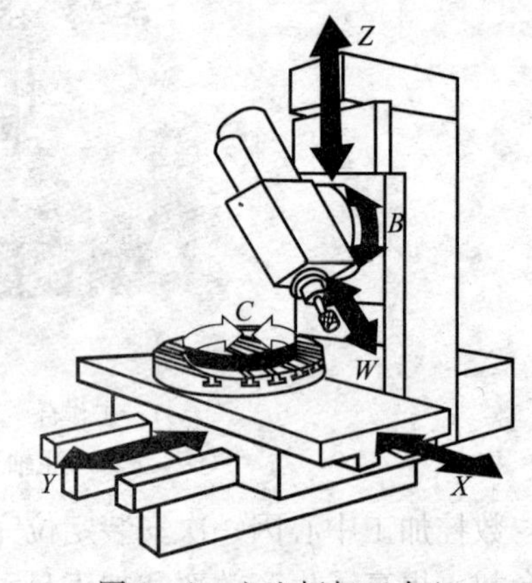

图 1—8　六坐标加工中心

第二节　数控机床机械结构概述

一、数控机床机械结构组成及特点

1．数控机床机械结构组成

图 1—9 所示为典型数控车床的机械结构组成，包括主传动系统（主轴、主轴电动机、*C* 轴控制主轴电动机等）、进给传动系统（丝杠、联轴器、导轨等）、自动换刀装置（刀架、刀库和机械手等）、液压与气动装置（液压泵、气泵、管路等）、辅助装置（工作台、分度头与万能铣头、卡盘、尾座、润滑与冷却装置、排屑及收集装置等）、床身等部分。

带有刀库、动力刀具、*C* 轴控制的数控车床通常称为车削中心，如图 1—10 所示。车削中心除进行车削工序外，还可以进行轴向、径向的铣削、钻孔、攻螺纹等加工。

数控铣床与数控车床的组成类似。只是数控铣床的主传动系统用于装夹刀具并带动刀具旋转，进给传动系统一般包括直线进给运动机构和实现工件回转运动的机构。加工中心与数控铣床的区别在于加工中心具有自动换刀装置。

2．数控机床机械结构的特点

为了达到数控机床高的运动精度、定位精度高的自动化性能，其机械结构的特点主要表现在如下几个方面。

（1）高刚度

数控机床要在高速和重负荷条件下工作，因此，机床的床身、立柱、主轴、工作台、刀架等主要部件，均需具有很高的刚度，以减少工作中的变形和振动。

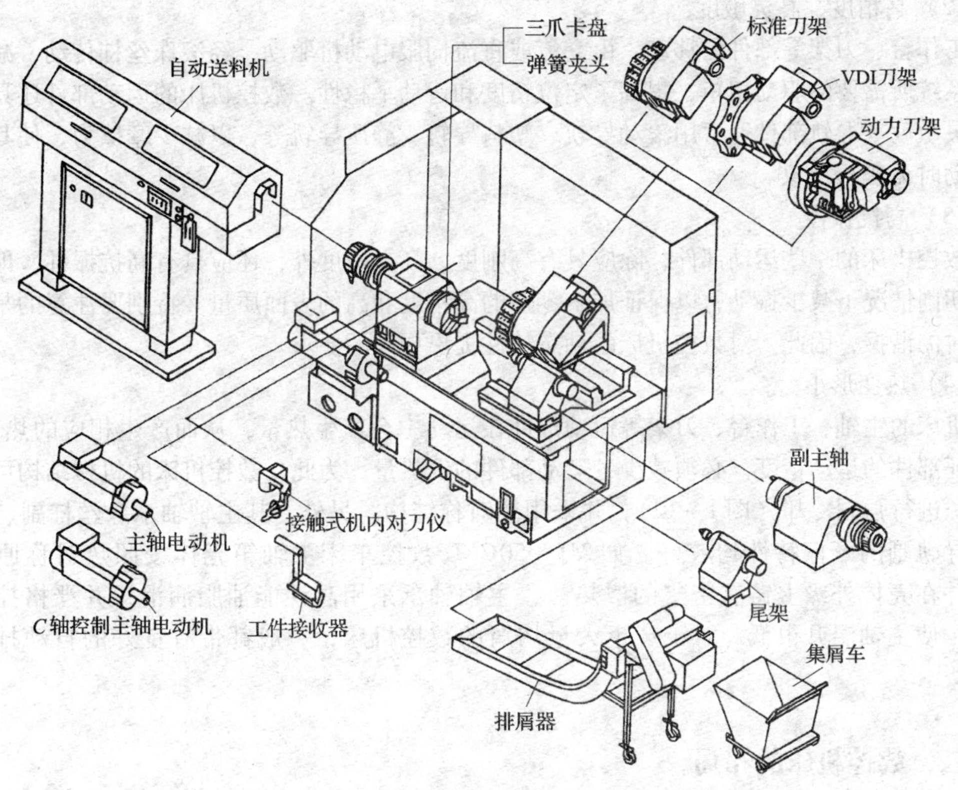

图 1—9 典型数控车床的机械结构组成

提高静刚度的措施主要是基础大件采用封闭整体箱形结构（图 1—11）、合理布置加强筋和提高部件之间的接触刚度。

图 1—10 车削中心

图 1—11 封闭整体箱形结构

提高动刚度的措施主要是改善机床的阻尼特性（如填充阻尼材料）、床身表面喷涂阻尼涂层、充分利用结合面的摩擦阻尼、采用新材料，以提高抗振性。

(2) 高精度、高灵敏度

工作台、刀架等部件的移动，由交流或直流伺服电动机驱动，经滚珠丝杠传动，减少了进给系统所需要的驱动扭矩，提高了定位精度和运动平稳性。数控机床的运动部件还具有较高的灵敏度。导轨部件通常用滚动导轨、塑料导轨、静压导轨等，以减少摩擦力，使其在低速运动时无爬行现象。

(3) 高抗振性

数控机床的一些运动部件，除应具有高刚度、高灵敏度外，还应具有高抗振性，即在高速重切削情况下减少振动，以保证加工零件的高精度和高的表面质量。特别要注意的是避免切削时的谐振，因此，对数控机床的动态特性提出更高的要求。

(4) 热变形小

机床的主轴、工作台、刀架等运动部件在运动中会产生热量，从而产生相应的热变形。为保证部件的运动精度，必须减少各运动部件的发热量。为此，数控机床的机械结构可对机床热源进行强制冷却（图1—12），并采用热对称结构。另外，其主轴轴承、丝杠副、高速运动导轨副的摩擦特性均较好。如 MJ－50CNC 数控车床主轴箱壳体按照热对称原则设计，并在壳体外缘上铸有密集的散热片，主轴轴承采用高性能油脂润滑，并严格控制注入量，使主轴温升很低。对于产生大量切屑的数控机床，一般都带有良好的自动排屑装置。

二、数控机床的布局

1. 数控车床的布局

数控车床的主轴、尾座等部件相对床身的布局形式与普通车床一样，但刀架、床身和导轨的布局形式有很大不同。

(1) 床身和导轨的布局

数控车床的床身和导轨的布局主要有图 1—13 所示的 5 种：a 图为平床身，b 图为斜床身，c 图为平床身斜滑板，d 图为立床身，e 图为前斜床身平滑板。

平床身的工艺性好，导轨面容易加工。平床身配上水平刀架，由平床身机件、工件重量所产生的变形方向垂直向下，与刀具运动方向垂直，对加工精度影响较小。平床身由于刀架水平布置，不受刀架、溜板箱自重的影响，容易提高定位精度。大型工件和刀具装卸方便，但平床身排屑困难，需要三面封闭，刀架水平放置也加大了机床宽度方向结构尺寸。

斜床身的观察角度好，工件调整方便，斜床身的防护罩设计较为简单；排屑性能较好。斜床身导轨倾斜角有 30°、45°、60°和 75°几种，导轨倾斜角为 90°的斜床身通常称为立式床身。倾斜角度影响导轨的导向性、受力情况、排屑、宜人性及外形尺寸高度比例等。一般小型数控车床多用 30°、45°，中型数控车床多用 60°，大型数控车床多用 75°。

a)

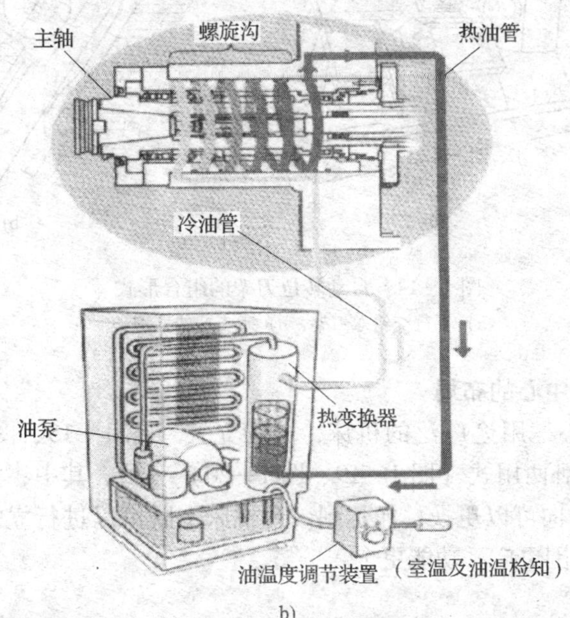

b)

图 1—12 对机床热源进行强制冷却

a）风冷 b）油冷

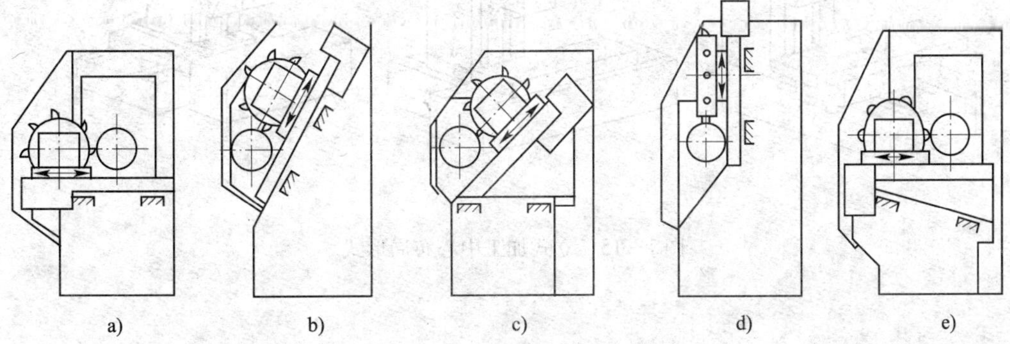

a) b) c) d) e)

图 1—13 数控卧式车床布局形式

(2) 刀架布局

回转刀架在数控机床上有两种常见布局形式：一种是回转轴垂直于主轴，如经济型数控车床的四方回转刀架；另一种是回转轴平行于主轴，如转塔式自动转位刀架。按组合形式又有平行交错双刀架、垂直交错双刀架，如图 1—14 所示。

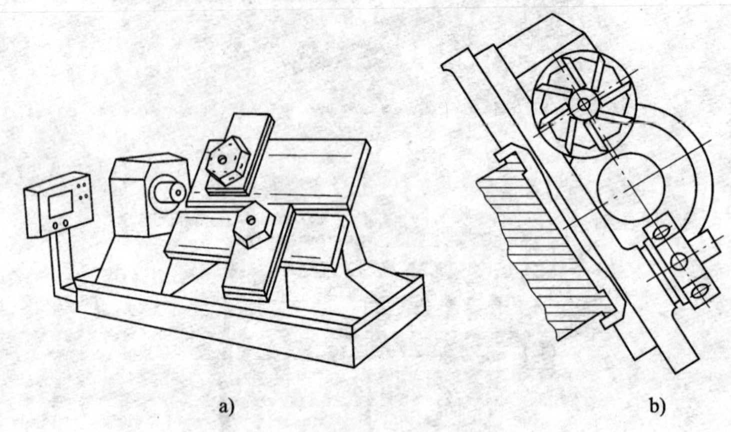

图 1—14 自动转位刀架的组合形式

a）平行交错双刀架 b）垂直交错双刀架

2. 数控铣床/加工中心的布局

数控铣床/加工中心是用途广泛的机床，分为立式（图 1—15、图 1—16）、卧式（图 1—17、图 1—18）、立卧两用式（图 1—19、图 1—20）三种。其中，立卧两用式数控铣床的主轴（或工作台）方向可以更换，能达到一台机床上既可以进行立式加工，又可以进行卧式加工，使其应用范围更广，功能更全。

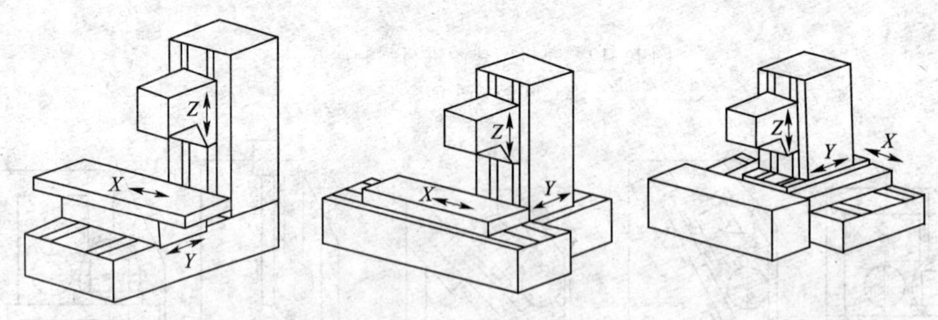

图 1—15 立式加工中心布局形式

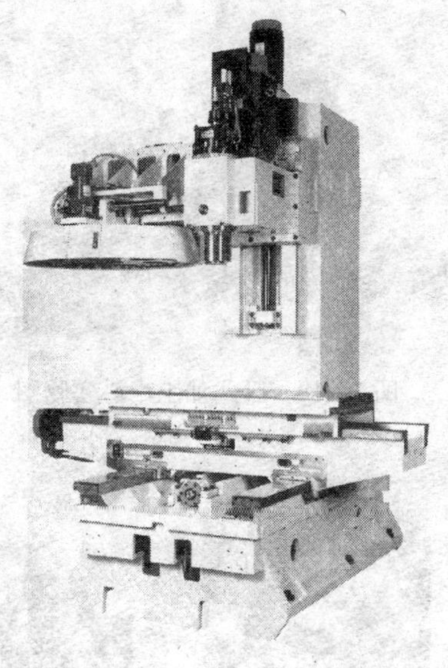

图 1—16　立式加工中心实物图

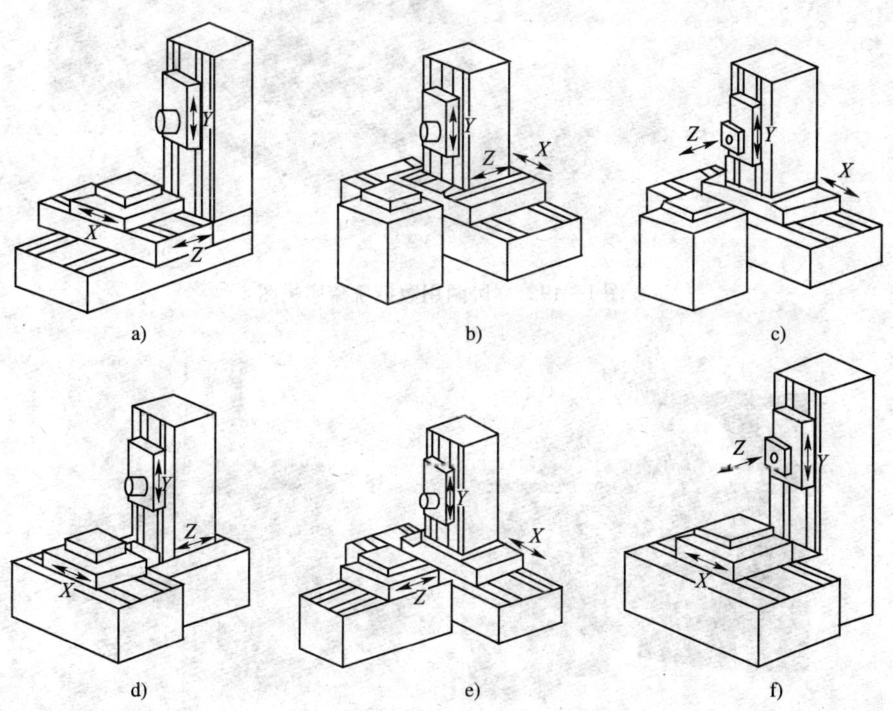

图 1—17　卧式加工中心布局形式

图 1—18　卧式加工中心实物图

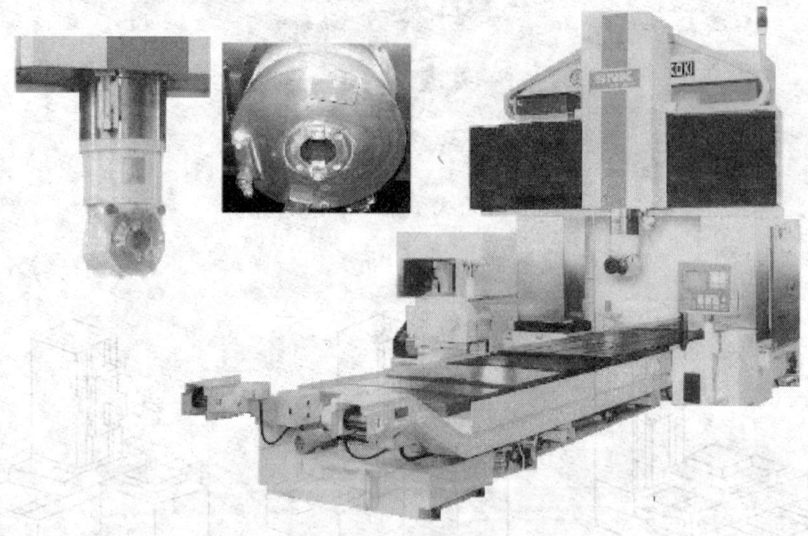

图 1—19　立卧两用数控铣床实物图

图 1—20　立卧两用铣床的动力头布局

第二章

数控机床管理及维修基础

第一节　数控机床管理

一、数控机床管理的任务

数控机床管理工作的任务可概括为“三好”，即管好、用好、修好。

1. 管好数控机床

企业经营者必须管好本单位所拥有的数控机床，即掌握数控机床的数量、质量及其变动情况，合理配置数控机床。严格执行关于设备的移装、调拨、借用、出租、封存、报废、改装及更新的有关管理制度，保证财产的完整齐全，保持其完好和价值。操作工必须管好自己使用的机床，未经上级批准不准他人使用，杜绝无证操作现象。

2. 用好数控机床

企业管理者应教育本部门工人正确使用和精心维护数控机床，安排生产时应根据机床的能力，不得有超性能和拼设备之类的短期化行为。操作工必须严格遵守操作维护规程，不超负荷使用及采取不文明的操作方法，认真进行日常保养，使数控机床保持整齐、清洁、润滑、安全。

3. 修好数控机床

车间安排生产时应考虑和预留计划维修时间，防止带病运行。操作工要配合维修工修好设备，及时排除故障。要贯彻“预防为主，养为基础”的原则，实行计划预防修理制度，广泛采用新技术、新工艺，保证修理质量，缩短停机时间，降低修理费用，提高数控机床的各项技术经济指标。

二、使用数控机床的基本功和操作纪律要求

1. 数控机床操作工“四会”基本功

（1）会使用　操作工应先学习数控机床操作规程，熟悉设备结构性能、传动装置，懂得加工工艺和工装工具在数控机床上的正确使用。

（2）会维护　能正确执行数控机床维护和润滑规定，按时清扫，保持设备清洁完好。

（3）会检查　了解设备易损零件部位，知道完好检查项目、标准和方法，并能按规定

进行日常检查。

（4）会排除故障　熟悉设备特点，能鉴别设备正常与异常现象，懂得其零部件拆装注意事项，会做一般故障调整或协同维修人员进行排除。

2．维护使用数控机床的四项要求

（1）整齐　工具、工件、附件摆放整齐，设备零部件及安全防护装置齐全，线路管道完整。

（2）清洁　设备内外清洁，无“黄袍”，各滑动面、丝杠、齿条、齿轮无油污，无损伤；各部位不漏油、漏水、漏气，铁屑清扫干净。

（3）润滑　按时加油、换油，油质符合要求；油枪、油壶、油杯、油嘴齐全，油毡、油线清洁，油窗明亮，油路畅通。

（4）安全　实行定人定机制度，遵守操作维护规程，合理使用，注意观察运行情况，不出安全事故。

3．数控机床操作工的五项纪律

（1）凭操作证使用设备，遵守安全操作维护规程。

（2）经常保持机床整洁，按规定加油，保证合理润滑。

（3）遵守交接班制度。

（4）管好工具、附件，不得遗失。

（5）发现异常立即通知有关人员检查处理。

第二节　数控机床保养制度

下面以加工中心和数控车床（车削中心）为例介绍数控机床一、二、三级保养的内容和要求。

一、一级保养的内容和要求

1．加工中心一级保养的内容和要求

一级保养就是每天需做的日常保养。日常保养包括为班前、班中和班后的保养工作。对于加工中心来说，其内容和具体要求如下：

（1）班前

1）检查各操作面板上的各个按钮、开关和指示灯。要求位置正确、可靠，并且指示灯无损。

2）检查机床接地线。要求完整、可靠。

3）检查集中润滑系统、液压系统、切削液系统等的液位。要求符合规定或液位不少于设置范围内下限以上的三分之一。

4）检查液压空气输入端压力。要求气路畅通，压力正常。

5）检查液压系统、气动系统、集中润滑系统、切削液系统的各压力表。要求指示灵敏、准确，而且在定期校验时间范围内。

6）机床主轴及各坐标运转及运行 15 min 以上。要求各零件温升、润滑正常，无异常振动和噪声。

7）检查刀库、机械手、可交换工作台、排屑装置等工作状况。要求各装置工作正常，无异常振动和噪声。

8）检查各直线坐标、回转坐标、回基准点（或零点）状况，并校正工装或被加工零件基准。要求准确，并在技术要求范围内。

（2）班中

1）执行加工中心操作规程。要求严格遵守。

2）操作中发现异常，立即停机，由相关人员进行检查或排除故障。要求处理及时，不带故障运行，并严格遵守。

3）主轴转速≥8 000 r/min，或在说明书指定的主轴转速范围内时，刀具及锥柄应按要求进行动平衡。要求严格执行。

（3）班后

1）清理切屑，擦拭机床外表并在外露的滑动表面加注机油。要求清洁、防锈。

2）检查各操作面板上的各个按钮及开关是否在合理位置，检查工作台各坐标及各移动部件是否移动到合理位置上。要求严格遵守。

3）切断电源、气源。要求严格遵守。

4）清洁机床周围环境。要求严格按标准管理。

5）在记录本上做好机床运行情况的交接班记录。要求严格遵守。

2. 数控车床（车削中心）一级保养的内容和要求

（1）班前

前 6 条与加工中心一致。此外还有：

1）检查主轴卡盘、尾座、顶尖的液压夹紧力。要求安全、可靠。

2）检查刀盘及各动力头、排屑装置等工作状况。要求运转正常、无异常振动和噪声。

3）检查各坐标回基准点（或零点）状况，并校正被加工零件基准。要求准确，并在技术要求范围内。

（2）班中

与加工中心前 2 条一致。

（3）班后

与加工中心一致。

二、数控机床二级保养的内容和要求

二级保养就是每月一次的保养，一般在月底或月初进行。做二级保养前首先要完成一级保养的内容。二级保养一般按照数控机床部位划分来进行。

1．加工中心二级保养的内容和要求

（1）工作台

1）检查、清洁台面及T形槽。要求清洁、无毛刺。

2）对于可交换工作台，检查、清洁托盘上下表面及定位销。要求清洁、无毛刺。

（2）主轴装置

1）检查、清洁主轴锥孔。要求光滑、清洁。

2）检查、清洁主轴拉刀机构。要求安全、可靠。

（3）各坐标进给传动装置

1）检查、清洁各坐标传动机构及导轨和毛毡或刮屑器。要求清洁无污、无毛刺。

2）检查、清洁各坐标限位开关、减速开关、零位开关及机械保险机构。要求清洁无污、安全、可靠。

3）对于闭环系统，检查、清洁各坐标光栅尺表面或感应同步尺表面。要求清洁无污，压缩空气供给正常。

（4）自动换刀装置

1）检查、清洗机械手、刀库各部位。要求清洁、可靠。

2）检查、清洁刀库上刀座、机械手上卡爪的锁紧机构。要求安全、可靠、清洁、无毛刺。

（5）液压系统

1）清洗滤油器。要求清洁、无污。

2）检查油位。要求符合规定，或者液位不低于下限以上的三分之二处。

3）检查液压泵及油路。要求无泄漏，压力、流量符合技术要求。

4）检查压力表。要求压力指示符合规定，指示灵敏、准确，并且在定期校验时间范围内。

（6）气动系统

1）清洗过滤器。要求清洁无污。

2）检查气路、压力表。要求无泄漏，压力、流量符合技术要求，压力指示灯符合规定，指示灵敏、准确，并且在定期校验时间范围内。

（7）润滑系统

1）检查液压泵、压力表。要求无泄漏，压力、流量符合技术要求，压力指示符合规定，指示灵敏、准确，并且在定期校验时间范围内。

2）检查、清洗油路及分油器。要求清洁无污、油路畅通、无泄漏，单向阀工作正常。

3）检查、清洗滤油器、油箱。要求清洁无污。

4）检查油位。要求润滑油必须加至油标上限。

（8）切削液系统

1）清洗切削液箱，必要时更换切削液。要求清洁无污、无泄漏，切削液不变质。

2）检查切削液泵、液路，清洗过滤器。要求无泄漏，压力、流量符合技术要求。

3）清洗排屑器。要求清洁无污。

4）检查排屑器上各按钮开关。要求位置正确、可靠，排屑器运行正常、可靠。

（9）整机外观

1）全面擦拭机床表面及死角。要求漆见本色、铁见光泽。

2）清理电器柜内灰尘。要求清洁无污。

3）清洗各排风系统及过滤网。要求清洁、可靠。

4）清理、清洁机床周围环境。要求符合定置管理及标准管理要求。

2．数控车床（车削中心）二级保养的内容和要求

（1）主轴箱

1）擦洗箱体，检查制动装置及主电动机传送带。要求清洁、安全、可靠，传送带松紧合适。

2）检查、清理主轴锥孔表面毛刺。要求光滑、清洁。

（2）各坐标进给传动系统

1）清洗滚珠丝杠副，调整斜铁间隙。要求清洁、间隙适宜。

2）检查、清洁各坐标传动机构及导轨和毛毡或刮屑器。要求清洁无污、无毛刺。

3）检查各坐标限位开关、减速开关、零位开关及机械保险机构。要求清洁无污、安全、可靠。

4）对于闭环系统，检查各坐标光栅尺表面或者同步尺表面。要求清洁无污，压缩空气供给正常。

（3）刀塔

1）检查、清洗刀盘各刀位槽和刀位孔及刀具锁紧机构。要求清洁、可靠。

2）检查刀盘上各动力头。要求工作正常、可靠。

3）检查各定位机构。要求安全、可靠。

（4）尾座

1）分解和清洗套筒、丝杠、螺母。要求清洁、无毛刺。

2）检查尾座的锁紧机构。要求安全、可靠。

3）检查、调整尾座顶尖与主轴的同轴度。要求符合技术规定。

其他项目与加工中心的二级保养相同。

三、数控机床三级保养的内容和要求

企业可根据设备使用情况确定三级保养时间间隔，通常每季度或半年进行一次。做三级保养前，首先要完成二级保养的内容。

1．加工中心三级保养的内容和要求

（1）主轴系统

1）对于具有齿轮传动的主轴系统，检查、清洗箱体内各零部件，检查同步带。要求清洁无污，传动灵活、可靠，无异常噪声和振动。

2）检查、清洗主轴内锥孔表面，调整主轴间隙。要求内锥孔表面光滑无毛刺，并且间隙适宜。

3）主轴电动机如果是直流电动机，清理炭灰并调整炭刷。要求清洁、可靠。

（2）各坐标进给传动系统

1）如果伺服电动机与滚珠丝杠不是直连，应检查、清洗传动机构各零部件，检查同步带。要求清洁无污，传动灵活、可靠，无异常噪声和振动。

2）如果进给伺服电动机采用直流电动机，清理炭灰并调整炭刷。要求清洁、可靠。

（3）自动换刀机构

1）检修自动换刀系统的传动、机械手和防护机构。要求清洁无损，功能协调、安全、可靠。

2）检查机械手换刀时刀具与主轴中心及与刀座中心的同轴度。要求清洁、无毛刺，定心准确无误。

（4）液压系统

1）清洗液压油箱。要求清洁无污。

2）检修、清洗滤油器，需要时要更换滤油器芯。要求清洁无污。

3）检修液压泵和各液压元件。要求灵活、可靠，无泄漏、无松动，压力、流量符合技术要求。

4）检查油质，需要时进行更换。要求符合技术要求。

5）检查压力表，需要时进行校验。要求合格，并有校验标记。

（5）气动系统

1）检修、清洗过滤器，需要时更换过滤器芯。要求清洁无污。

2）检修各气动元件和气路。要求合格，并有校验标记。

（6）润滑系统

1）检修液压泵、滤油器、油路、分油器、油标。要求清洁无污，油路畅通、无泄漏，压力、流量符合技术要求，润滑时间准确。

2）检查压力表，需要时进行校验。要求合格，并有校验标记。

（7）切削液系统

1）检修切削液泵、各元件、管路，清洗过滤器，需要时更换过滤器芯。要求无泄漏，压力、流量符合技术要求。

2）检查压力表，需要时进行校验。要求合格，并有校验标记。

3）检修和清洗排屑器、传动链、操作系统。要求清洁无污，各按钮和开关工作正常、可靠，排屑器运行正常、可靠。

（8）整机外观

1）清理机床周围环境，机床附件摆放整齐。要求符合定置管理及标准管理要求。

2）检查各类标牌。要求齐全、清晰。

3）检查各部件的紧固件、连接件、安全防护装置。要求齐全、可靠。

4）试车。主轴和各坐标从低速到高速运行，主轴高速运行不少于 20 min，刀库、机械手正常运行。要求运行正常，温度、噪声符合国家标准要求。

（9）精度

1）检查主要几何精度。要求符合出厂允差标准。

2）检测各直线坐标和回转坐标的定位精度、重复定位精度以及反向误差。要求符合出厂允差标准。

2. 数控车床（车削中心）三级保养的内容和要求

（1）主轴箱

1）对于具有齿轮传动的主轴装置，检查、清洗箱体内各零部件，检查同步带。要求清洁无污，传动灵活、可靠，并且无异常噪声和振动。

2）检查、调整主轴制动装置。要求灵活、可靠。

3）检查、清洗主轴内锥孔表面，调整主轴间隙。要求内锥孔表面光滑无毛刺，并且间隙适宜。

4）主轴电动机如果是直流电动机，清理炭灰并调整炭刷。要求清洁、可靠。

（2）各坐标进给传动系统

1）如果伺服电动机与滚珠丝杠不是直连，应检查、清洗传动机构各零部件，检查同步带。要求清洁无污，传动灵活、可靠，无异常噪声和振动。

2）若进给伺服电动机采用直流电动机，清理炭灰并调整炭刷。要求清洁、可靠。

（3）刀塔

1）检查刀塔电动机。要求转动灵活，符合要求。

2）检查定位机构。要求准确、可靠。

（4）尾座

1）分解和清洗尾座，清除套筒锥孔表面毛刺。要求清洁、表面光滑。

2）检修尾座和套筒锁紧机构。要求安全、可靠。

（5）液压系统

1）检查液压卡盘、尾座、顶尖的压力范围、脚踏开关。要求压力调节准确，卡盘、顶尖活动灵活、可靠，脚踏开关工作正常、可靠。

2）其他项目与加工中心一致。

（6）整机外观

1）试车。主轴和各坐标从低速到高速运行，主轴高速运行不少于 20 min，刀盘 360°各刀位循环顺时针和逆时针运行、定位。要求运转正常，温度、噪声符合国家标准要求。

2）其他项目与加工中心一致。

（7）精度

1）检测刀盘的定位精度、重复定位精度。要求符合出厂允差标准。

2）其他项目与加工中心一致。

气动系统、切削液系统和润滑系统的三级保养要求与内容和加工中心一样。

第三节　数控机床故障诊断

一、故障的概念及分类

数控机床的故障是指数控机床丧失了规定的功能，它包括机械系统、数控系统和伺服系统等方面的故障。

数控机床是高度机电一体化的设备，它与传统的机械设备相比，内容上虽然也包括机械、电气、液压与气动方面的故障，但数控机床的故障诊断和维修侧重于电子系统、机械、气动乃至光学等方面装置的交接点。由于数控系统种类繁多，结构各异，形式多变，给测试和监控带来了许多困难。数控机床的故障多种多样，按其故障的性质、产生的原因及不同的分类方式可划分为不同的故障（表 2—1）。

表 2—1　　数控机床故障的分类

分类方式	分类	说明	举例
按故障出现的必然性和偶然性分类	系统性故障	是指只要满足一定的条件，机床或数控系统就必然出现的故障	＊网络电压过高或过低，系统就会产生电压过高报警或电压过低报警； ＊切削量安排得不合适，就会产生过载报警
	随机故障	＊是指在同样的条件下，只偶尔出现一次或两次的故障； ＊要想人为地使其再出现同样的故障是不容易的，有时很长时间也难再遇到一次； ＊这类故障的诊断和排除都是很困难的； ＊一般情况下，这类故障往往与机械结构的局部松动、错位，数控系统中部分元件工作特性的漂移、机床电器元件可靠性下降有关； ＊有些数控机床采用电磁离合器变挡，离合器剩磁也会产生类似的现象； ＊排除此类故障应该经过反复实验，综合判断	一台数控机床本来正常工作，突然出现主轴停止时产生漂移，停电后再送电，漂移现象仍不能消除。调整零漂电位器后现象消失，这显然是工作点漂移造成的
按故障产生时有无破坏性分类	破坏性故障	＊故障产生会对机床和操作者造成侵害导致机床损坏或人身伤害； ＊有些破坏性故障是人为造成的； ＊维修人员在进行故障诊断时，决不允许重现故障，只能根据现场人员的介绍，经过检查来分析，排除故障； ＊这类故障的排除技术难度较大且有一定风险，故维修人员应非常慎重	为了对一台数控转塔车床试车，编制一个只车外圆的程序，运行后造成刀具与卡盘碰撞。事故分析的结果是操作人员对刀错误

续表

<table>
<tr><th>分类方式</th><th>分类</th><th colspan="2">说明</th><th>举例</th></tr>
<tr><td>按故障产生时有无破坏性分类</td><td>非破坏性故障</td><td colspan="2">＊大多数的故障属于此类故障，这种故障往往通过“清零”即可消除；
＊维修人员可以重现此类故障，通过现象进行分析、判断</td><td></td></tr>
<tr><td rowspan="2">按故障发生的原因分类</td><td>数控机床自身故障</td><td colspan="2">＊是由于数控机床自身的原因引起的，与外部使用环境条件无关；
＊数控机床所发生的大多数故障均属此类故障；
＊有些故障并非机床本身造成而是外部原因所造成的，应注意区别</td><td></td></tr>
<tr><td>数控机床外部故障</td><td colspan="2">这类故障是由于外部原因造成的，所谓外部原因，例如：
＊数控机床的供电电压过低，波动过大，相序不对或三相电压不平衡；
＊周围的环境温度、湿度过高，有害气体、粉尘侵入；
＊外来振动和干扰；
＊来自操作者等方面的人为因素</td><td>＊电焊机所产生的电火花干扰等均有可能使数控机床发生故障；
＊操作不当，手动进给过快造成超程报警，自动切削进给过快造成过载报警等</td></tr>
<tr><td rowspan="2">按故障发生时有无自诊断显示分类</td><td rowspan="2">有报警显示故障</td><td>硬件报警显示的故障</td><td>＊硬件报警显示通常是指各单元装置上的报警灯（一般由 LED 发光管或小型指示灯组成）的指示；
＊借助相应部位上的报警灯均可大致分析判断出故障发生的部位与性质；
＊维修人员日常维护和排除故障时应认真检查这些报警灯的状态是否正常</td><td>控制操作面板、位置控制印制线路板、伺服控制单元、主轴单元、电源单元等部位以及输入/输出装置等的报警灯亮</td></tr>
<tr><td>软件报警显示故障</td><td>＊软件报警显示通常是指 CRT 显示器上显示出来的报警号和报警信息；
＊由于数控系统具有自诊断功能，一旦检测到故障，即按故障的级别进行处理，同时在 CRT 显示器上以报警号形式显示该故障信息；
＊数控机床上少则几十种，多则上千种报警显示；
＊软件报警有来自 NC 的报警和来自 PLC 的报警</td><td>存储器报警、过热报警、伺服系统报警、轴超程报警、程序出错报警、主轴报警、过载报警以及断线报警等</td></tr>
</table>

续表

<table>
<tr><th>分类方式</th><th>分类</th><th colspan="2">说明</th><th>举例</th></tr>
<tr><td>按故障发生时有无自诊断显示分类</td><td>无报警显示故障</td><td colspan="2">＊无任何报警显示，但机床在不正常状态；
＊这类故障常表现为：机床停在某一位置上不能正常工作，甚至连手动操作都失灵；
＊维修人员只能根据故障产生前后的现象来分析判断；
＊排除这类故障比较困难</td><td>＊美国 DYNAPATH 10 系统在送电之后一切操作都失灵，反复停送电后可能恢复，停送电反复次数不确定；
＊这个故障的原因在剖析软件时找到：系统通电“清零”时间设计较短，元件性能稍有变化，就不能完成整机的通电“清零”过程</td></tr>
<tr><td rowspan="3">按故障发生于硬件或软件分类</td><td rowspan="2">软件故障</td><td>程序编制错误</td><td>故障排除比较容易，只要认真检查程序和修改参数就可以解决</td><td rowspan="3"></td></tr>
<tr><td>参数设置不正确</td><td>参数的修改要慎重，一定要搞清参数的含义以及与其相关的其他参数方可改动，否则顾此失彼，还可能带来更多故障</td></tr>
<tr><td>硬件故障</td><td colspan="2">＊只有更换已损坏的器件才能排除的故障，这类故障也称“死故障”；
＊比较常见的是输入/输出接口损坏，功放元件得不到指令信号而丧失功能；
＊解决方法只有两种：一是更换接口板，二是修改PLC程序</td></tr>
<tr><td colspan="2">机床品质下降故障</td><td colspan="2">＊机床可以正常运行，但表现出的现象与以前不同；
＊加工零件往往不合格；
＊无任何报警信号显示，只能通过检测仪器来检测和发现；
＊处理这类故障应根据不同的情况采用不同的方法</td><td>噪声变大、振动较强、定位精度超差、反向死区过大、圆弧加工不合格、机床起停有振荡</td></tr>
</table>

二、故障产生的规律

1．机床性能或状态

数控机床在使用过程中，其性能或状态随着使用时间的推移而逐步下降，呈现如图 2—1 所示的曲线。很多故障发生前会有一些预兆，即所谓潜在故障，其可识别的物理参数表明一种功能性故障即将发生。功能性故障表明机床丧失了规定的性能标准。

图 2—1 中 P 点表示性能已经恶化，并发展到可识别潜在故障的程度。潜在故障可能是因金属疲劳产生的一个裂纹将导致零件折断；可能是由于振动即将发生轴承故障；可能是因一个过热点，电动机将损坏；也可能是一个齿轮齿面过多的磨损，等等。“F”点表示潜在故障已变成功能故障，即它已质变到损坏的程度。$P-F$ 间隔，就是从潜在故障的显露到转变为功能性故障的时间间隔。各种故障的 $P-F$ 间隔差别很大，可由几秒到数年，突发故障的 $P-F$ 间隔就很短。较长的间隔意味着有更多的时间来预防功能性故障的发生，此时如果积极主动地寻找潜在故障的物理参数，以采取新的预防技术，就能避免功能性故障，争得较长的使用时间。

2．故障率曲线

与一般设备相同，数控机床的故障率随时间变化的规律可用图 2—2 所示的浴盆曲线（也称失效率曲线）表示。整个使用寿命期，根据数控机床的故障频率大致分为三个阶段，即早期故障期、偶发故障期和耗损故障期。

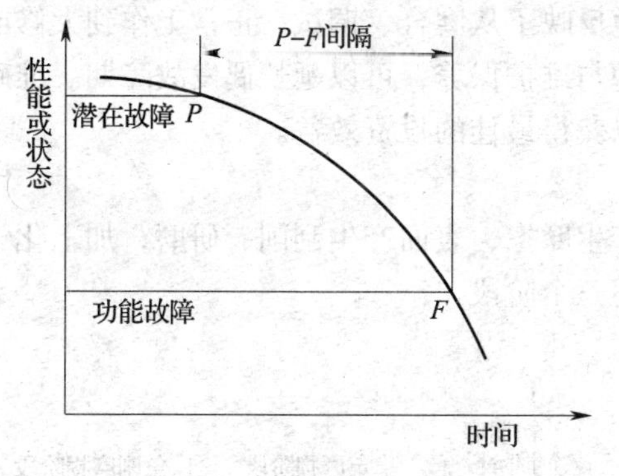

图 2—1　设备性能或状态曲线

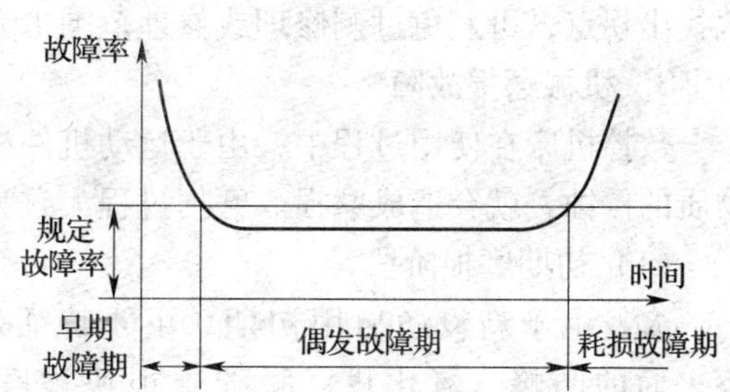

图 2—2　数控机床故障规律（浴盆曲线）

（1）早期故障期

这个时期数控机床故障率高，但随着使用时间的增加迅速下降。这段时间的长短，随产品、系统的设计与制造质量而异，约为 10 个月。数控机床使用初期之所以故障频繁，原因大致如下。

1）机械部分　机床虽然在出厂前进行过磨合，但时间较短，而且主要是对主轴和导轨进行磨合。由于零件的加工表面存在着微观的和宏观的几何形状偏差，部件的装配可能存在误差，因而，在机床使用初期会产生较大的磨合磨损，使设备相对运动部件之间产生较大的间隙，导致故障的发生。

2）电气部分　数控机床的控制系统使用了大量的电子元器件，这些元器件虽然在制造厂经过了严格的筛选和整机考机处理，但在实际运行时，由于电路的发热，交变负荷、浪涌电流及反电势的冲击，性能较差的某些元器件经不住考验，因电流冲击或电压击穿而失效，或特性曲线发生变化，从而导致整个系统不能正常工作。

3）液压部分　由于出厂后运输及安装阶段的时间较长，使得液压系统中某些部位长时间无油，气缸中润滑油干涸，而油雾润滑又不可能立即起作用，造成油缸或气缸可能产生锈蚀。此外，新安装的空气管道若清洗不干净，一些杂物和水分也可能进入系统，造成液压气动部分的初期故障。

除此之外，元件、材料等原因都会造成早期故障，这个时期一般在保修期以内。因此，数控机床购买后，应尽快使用，使早期故障尽量显示在保修期内。

（2）偶发故障期

数控机床在经历了初期的各种老化、磨合和调整后，开始进入相对稳定的偶发故障期即正常运行期。正常运行期为7～10年。在这个阶段，故障率低而且相对稳定，近似常数。偶发故障是由于偶然因素引起的。

（3）耗损故障期

耗损故障期出现在数控机床使用的后期，其特点是故障率随着运行时间的增加而升高。出现这种现象的基本原因是数控机床的零部件及电子元器件经过长时间的运行，由于疲劳、磨损、老化等原因，使用寿命已接近完结，从而处于频发故障状态。

数控机床故障率曲线变化的三个阶段，真实地反映了从磨合、调试、正常工作到大修或报废的故障率变化规律，加强数控机床的日常管理与维护保养，可以延长偶发故障期。准确地找出拐点，可避免过剩修理或修理范围扩大，以获得最佳的投资效益。

3．机械磨损故障

数控机床在使用过程中，由于运动机件相互产生摩擦，表面产生刮削、研磨，加上化学物质的侵蚀，就会造成磨损。磨损过程大致为下述三个阶段。

（1）初期磨损阶段

多发生于新设备启用初期，主要特征是摩擦表面的凸峰、氧化皮、脱碳层很快被磨去，使摩擦表面更加贴合，这一过程时间不长，而且对机床有益，通常称为“跑合”，如图2—3的 Oa 段。

（2）稳定磨损阶段

由于跑合的结果，使运动表面工作在耐磨层，而且相互贴合，接触面积增加，单位接触面上的应力减小，因而磨损增加缓慢，可以持续很长时间，如图2—3所示的 ab 段。

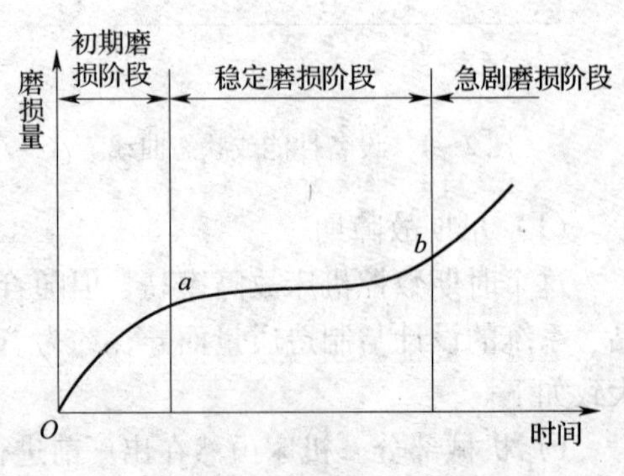

图2—3　典型磨损过程

(3) 急剧磨损阶段

随着磨损逐渐积累，零件表面抗磨层的磨耗超过极限程度，磨损速率急剧上升。理论上将正常磨损的终点作为合理磨损的极限。

根据磨损规律，数控机床的修理应安排在稳定磨损终点 b 为宜。这时，既能充分利用原零件性能，又能防止急剧磨损出现。修理也可稍有提前，以预防急剧磨损，但不可拖后。若使机床带病工作，势必带来更大的损坏，造成不必要的经济损失。在正常情况下，b 点的时间一般为 7～10 年。

三、机械故障及诊断

1．机械故障概念、分类及特点

所谓机械故障，就是指机械系统（零件、组件、部件、整台设备乃至一系列的设备组合）因偏离其设计状态而丧失部分或全部功能的现象。数控机床机械故障的分类如表 2—2 所示，其特点见表 2—3。

表 2—2　数控机床机械故障的分类

标准	分类	说明
故障发生的原因	磨损性故障	正常磨损而引发的故障，对这类故障形式，一般只进行寿命预测
	错用性故障	使用不当而引发的故障
	先天性故障	由于设计或制造不当造成的机械系统中某些薄弱环节引发的故障
故障性质	间断性故障	只是短期内丧失某些功能，稍加修理调试就能恢复，不需要更换零件
	永久性故障	某些零件已损坏，需要更换或修理才能恢复
故障发生后的影响程度	部分性故障	功能部分丧失的故障
	完全性故障	功能完全丧失的故障
故障造成的后果	危害性故障	会对人身、生产和环境造成危险或危害的故障
	安全性故障	不会对人身、生产和环境造成危害的故障
故障发生的快慢	突发性故障	不能靠早期测试检测出来的故障，对这类故障只能进行预防
	渐发性故障	故障的发展有一个过程，因而可对其进行预测和监视
故障发生的频次	偶发性故障	发生频率很低的故障
	多发性故障	经常发生的故障
故障发生、发展规律	随机故障	故障发生的时间是随机的
	有规则故障	故障的发生比较有规则

表 2—3　　数控机床机械故障的特点

故障部位	特点
进给传动链故障	1）运动品质下降； 2）修理常与运动副预紧力、松动环节和补偿环节有关； 3）定位精度下降、反向间隙过大，机械爬行，轴承噪声过大
主轴部件故障	可能出现故障的部分有自动换刀部分的刀杆拉紧机构、自动换挡机构及主轴运动精度的保持装置等
自动换刀装置（ATC）故障	1）自动换刀装置用于加工中心等设备，目前50%的机械故障与它有关； 2）故障主要是刀库运动故障、定位误差过大、机械手夹持刀柄不稳定和机械手运动误差过大等，这些故障最后大多数都造成换刀动作卡住，使整机停止工作
行程开关压合故障	压合行程开关的机械装置可靠性及行程开关本身品质特性都会大大影响整机的故障及排除故障的工作
附件的可靠性	附件包括切削液装置、排屑装置、导轨防护罩、切削液防护罩、主轴冷却恒温油箱和液压油箱等

2．机械故障诊断的方式

所谓机械故障诊断，就是对机械系统所处的状态进行监测，判断其是否正常。数控机床机械故障诊断的方式见表 2—4。

表 2—4　　数控机床机械故障诊断的方式

分类方式	分类	说明
按目的划分	功能诊断	对新安装或刚维修好的机械系统需要诊断它的功能是否正常，并根据诊断和检查的结果对它进行调整
	运行诊断	对正常运行的机械系统进行状态的诊断，监视其故障的发生和发展
按方式划分	定期诊断	定期诊断是指间隔一定时间对工作的机床进行一次检查和诊断，也叫巡回检查和诊断，简称巡检
	在线监测	在线监测是指采用现代化仪表和计算机信号处理系统对机器或设备的运行状态进行连续监测和控制
按提取信息的方式分	直接诊断	直接根据关键零件的信息确定这些零部件的状态，如通过检测齿轮的安装偏心和运动偏心等参数判断齿轮运转是否正常
	间接诊断	通过二次诊断信息间接得到有关运行工作状况，如通过检测箱体的振动来判断齿轮箱中的齿轮是否正常等 间接诊断方法往往要汇集多方面的信息，反复分析验证，才能避免误诊
按诊断所要求的机械运行工况条件划分	常规诊断	机械的正常运行条件下进行的诊断
	特殊诊断	创造特殊的工作条件才能进行的诊断

续表

分类方式	分类	说明
按诊断过程划分	简易诊断	对机械系统的状态作出相对粗略的判断
	精密诊断	在简易诊断基础上更为细致的诊断，需详细地分析出故障原因、故障部位、故障程度及其发展趋势等一系列问题

3．机械故障诊断的步骤

机械故障诊断基本步骤见表2—5。

表2—5 **数控机床机械故障诊断的步骤**

步骤	说明
确定运行状态监测的内容	确定合适的监测方式、合适的监测部位及监测参数等。监测的具体内容主要取决于故障形式，同时也要考虑被监测对象的结构、工作环境等因素以及现有的测试条件
建立测试系统	选取合适的传感器及配套设施组成测试系统
特征提取	对测试系统获取的信号进行加工，包括滤波、异常数据的剔除以及各种分析算法等。从有限的信号中获得尽可能多的关于被诊断对象状态的信息，即进行有效的状态特征提取。这是故障诊断过程的关键环节之一，也是机械故障诊断的核心
制定决策	这是机械故障诊断的最终目的，对被诊断对象进行未来发展趋势预测，从而做出调整、控制、维修等干预决策

4．机械故障诊断技术

由维修人员的感觉器官对机床进行问、看、听、触、嗅等诊断，称为实用诊断技术，实用诊断技术有时也称为直观诊断技术。

（1）问

弄清故障是突发的，还是渐发的；机床开动时有哪些异常现象；对比故障前后工件的精度和表面粗糙度，以便分析故障产生的原因：传动系统是否正常，出力是否均匀，背吃刀量和进给量是否减小，润滑油品牌号是否符合规定，用量是否适当，机床何时进行过保养检修等。

（2）看

1）看转速

观察主传动速度的变化。如：带传动的线速度变慢，可能是传动带过松或负荷太大。对主传动系统中的齿轮，主要看它是否跳动、摆动。对传动轴主要看它是否弯曲或晃动。

2）看颜色

主轴和轴承运转不正常，就会发热。长时间升温会使机床外表颜色发生变化，大多呈黄色。油箱里的油也会因温升过高而变稀，颜色变样；有时也会因久不换油、杂质过多或油变质而变成深墨色。

3）看伤痕

机床零部件碰伤损坏部位很容易发现，若发现裂纹时，应做记号，隔一段时间后再比较它的变化情况，以便进行综合分析。

4）看工件

若车削后的工件表面粗糙度 *Ra* 数值大，主要是由于主轴与轴承之间的间隙过大，滑板、刀架等压板楔铁有松动以及滚珠丝杠预紧松动等因素所致。若是磨削后的表面粗糙度 *Ra* 数值大，这主要是由于主轴或砂轮动平衡差，机床出现共振以及工作台爬行等因素所引起的。工件表面出现波纹，则看波纹数是否与机床主轴传动齿轮的齿数相等，如果相等，则表明主轴齿轮啮合不良是故障的主要原因。

5）看变形

观察机床的传动轴、滚珠丝杠是否变形。直径大的带轮和齿轮的端面是否跳动。

6）看油箱与冷却箱

主要观察油或切削液是否变质，确定其能否继续使用。

(3) 听

一般运行正常的机床，其声响具有一定的音律和节奏，并保持持续的稳定。机械运动发出的正常声响见表2—6，异常声音见表2—7。异响主要是由机件的磨损、变形、断裂、松动和腐蚀等因素，致使在运行中发生碰撞、摩擦、冲击或振动所引起的。有些异响，表明机床中某一零件产生了故障；还有些异响，则是机床可能发生更大事故性损伤的预兆。异响的诊断见表2—8。

表2—6　机械运动发出的正常声音

机械运动部件	正常声音
一般做旋转运动的机件	• 在运转区间较小或处于封闭系统时，多发出平静的“嘤嘤”声 • 若处于非封闭系统或运行区较大时，多发出较大的蜂鸣声 • 各种大型机床则产生低沉而振动声浪很大的轰隆声
正常运行的齿轮副	• 一般在低速下无明显的声响 • 链轮和齿条传动副一般发出平稳的“唧唧”声 • 直线往复运动的机件，一般发出周期性的“咯噔”声 • 常见的凸轮顶杆机构、曲柄连杆机构和摆动摇杆机构等，通常都发出周期性的“嘀嗒”声 • 多数轴承副一般无明显的声响，借助传感器（通常用金属杆或螺钉旋具）可听到较为清晰的“嘤嘤”声
各种介质的传输设备	• 气体介质多为“呼呼”声 • 流体介质为“哗哗”声 • 固体介质发出“沙沙”声或“呵罗呵罗”声响

表2—7 机械运动发出的异常声音

声音	特征	原因
摩擦声	声音尖锐而短促	两个接触面相对运动的研磨。如：带打滑或主轴轴承及传动丝杠副之间缺少润滑油，均会产生这种异声
冲击声	音低而沉闷	一般是由于螺栓松动或内部有其他异物碰击
泄漏声	声小而长，连续不断	如漏风、漏气和漏液等
对比声	用手锤轻轻敲击来鉴别零件是否缺损：有裂纹的零件敲击后发出的声音就不那么清脆	

表2—8 异常声音的诊断

过程	说明
确定应诊的异响	新机床运转过程中一般无杂乱的声响，一旦由某种因素引起异响时，便会清晰而单纯地暴露出来 旧机床运行期间声音杂乱，应当首先判明，哪些异响是必须予以诊断并排除的
确诊异响部位	根据机床的运行状态，确定异响部位
确诊异响零件	机床的异响，常因产生异响零件的形状、大小、材质、工作状态和振动频率不同而声响各异
根据异响与其他故障的关系进一步确诊或验证异响零件	同样的声响，其高低、大小、尖锐、沉重及脆哑等不一定相同 每个人的听觉也有差异，所以仅凭声响特征确诊机床异响的零件，有时还不够确切 根据异响与其他故障征象的关系，对异响零件进一步确诊与验证（如表2—9所示）

表2—9 异响与其他故障征象的关系

故障征象	说明
振动	若振动频率与异响的声频一致，则可进一步确诊和验证异响零件，如对于不平衡引起的冲击声，其声响次数与振动频率相同
爬行	在液压传动机构中，若液压系统内有异响，且执行机构伴有爬行，则可证明液压系统混有空气。这时，如果在液压泵中心线以下还有“吱嗡，吱嗡”的噪声，就可进一步确诊是液压泵吸空导致液压系统混入空气
发热	有些零件产生故障后，不仅有异响，而且发热，例如某一轴上有两个轴承，其中有一个轴承产生故障，运行中发出“隆隆”声，这时只要用手一摸，就可确诊，发热的轴承即为损坏了的轴承

（4）触

1）温升

人的手指触觉是很灵敏的，能相当可靠地判断各种异常的温升，其误差可准确到3～5℃。不同温度的感觉见表2—10。

表 2—10　　不同温度的感觉

机床温度	感觉
0℃左右	手指感觉冰凉，长时间触摸会产生刺骨的痛感
10℃左右	手感较凉，但可忍受
20℃左右	手感到稍凉，随着接触时间延长，手感潮温
30℃左右	手感微温有舒适感
40℃左右	手感如触摸高烧病人
50℃左右	手感较烫，如掌心接触的时间较长可有汗感
60℃左右	手感很烫，但可忍受 10 s 左右
70℃左右	手有灼痛感，且手的接触部位很快出现红色
80℃以上	瞬时接触手感“麻辣火烧”，时间过长，可出现烫伤。为了防止手指烫伤，应注意手的触摸方法，一般先用右手并拢的食指、中指和无名指指背中节部位轻轻触及机件表面，断定对皮肤无损害后，才可用手指肚或手掌触摸

2）振动

轻微振动可用手感鉴别，至于振动的大小可找一个固定基点，用一只手去同时触摸便可以比较出振动的大小。

3）伤痕和波纹

肉眼看不清的伤痕和波纹，若用手指去摸则可很容易地感觉出来。摸的方法是：对圆形零件要沿切向和轴向分别去摸；对平面则要左右、前后均匀去摸；摸时不能用力太大，只轻轻把手指放在被检查面上接触便可。特别注意不要伤手。

4）爬行

用手摸可直观地感觉出来。

5）松或紧

用手转动主轴或摇动手轮，即可感到接触部位的松紧是否均匀适当。

（5）嗅

剧烈摩擦或电器元件绝缘破损短路，使附着的油脂或其他可燃物质发生氧化蒸发或燃烧，产生油烟气、焦煳气等异味，应用嗅觉诊断的方法可收到较好的效果。

四、数控机床诊断技术的发展

1. 远程诊断系统

随着计算机和通信技术的飞速发展，当前大多数的数控系统都支持数控机床与网络的连接。因此，对数控机床进行的远程监控和诊断就随之发展起来。图 2—4 就是一个数控机床故障远程诊断系统的典型结构。在该系统中，数控机床通过数控系统的网络接口（以太网口、RS—232 接口等）与局域网相连，在车间设置了一台设备诊断服务器。该服务器可以实现数控机床的远程监控和简单的诊断，如果设备诊断服务器不能诊断出结果，则还可以利用远程诊断中心进行诊断。在这个诊断过程中，数控机床、设备诊断服务器、远程诊断中心通过通信线路进行信息交互。这种诊断方式可以以最快的速度对数控机床的故障进行定位，找出排除故障的方法，从而减少故障停机时间，还可以减少设备维修费用。

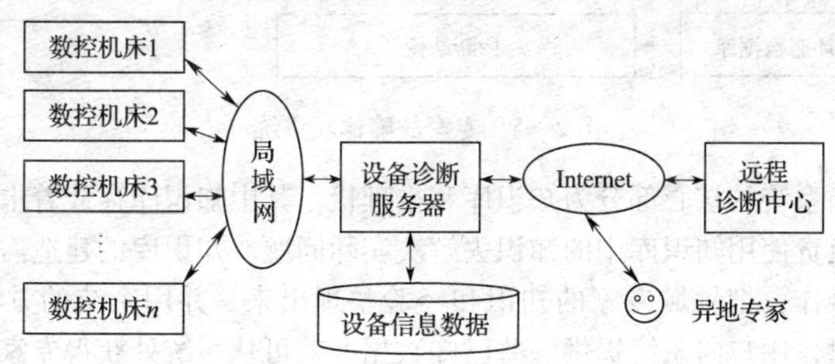

图 2—4　数控机床远程诊断系统框架

目前，国内某些厂家在这方面投入了大量的人力和物力进行研究，并已经取得了阶段性的成果。而在国外，如 SIEMENS 数控系统，在远程诊断的研究与应用方面技术颇为成熟。SIEMENS 的远程诊断产品能使用户在个人计算机面前轻松地操纵远在车间里的机床设备。在一台装有 Windows 的个人计算机上使用该工具，用户不但可以实时地观看机床运行时的画面，而且能够像现场人员一样进行相应的交互式操作，诸如编辑、修改加工程序数据，监控各轴当前的状态，编辑、修改 PLC 程序，进行文件传输等。所有这一切都是建立在调制解调器或局域网通信的基础之上。

2. 自修复系统

所谓自修复系统是在系统内安装备用模块，并在 CNC 系统的软件中装有自修复程序。当该软件在运行时发现某个模块有故障时，系统一方面将故障信息显示在 CRT 显示器上，另一方面自动寻找是否有备用模块。如果存在备用模块，系统将使故障模块脱机而接通备用模块，从而使系统较快地恢复到正常工作状态。在 950CNC 系统的机箱内安装有一块备用的 CPU 板，一旦系统中所用的 4 块 CPU 板中的任何一块出现故障，均能立即启用备用板替代故障板。

3. 专家故障诊断系统

专家故障诊断系统是一种“基于知识”的人工智能诊断系统，它的实质是在某些特定领域内应用大量专家的知识和推理方法求解复杂的实际问题的一种人工智能程序。

通常，专家故障诊断系统由知识库、推理机、数据库以及解释程序、知识获取程序等部分组成，如图 2—5 所示。

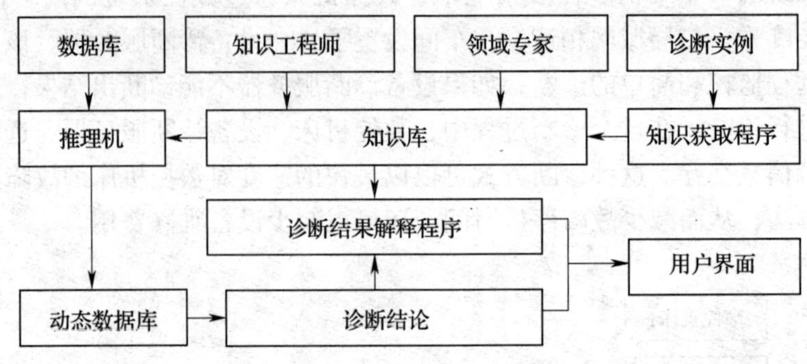

图 2—5　专家故障诊断系统

专家故障诊断系统的核心部分为知识库和推理机。其中知识库存放着求解问题所需的专业知识，推理机负责使用知识库中的知识去解决实际问题。知识库的建造需要知识工程师和领域专家的相互合作，把领域专家的知识和经验整理出来，并用系统的方法存放在知识库中。当解决问题时，用户向系统提供一些已知数据，就可从系统处获得专家水平的结论。对于数控机床，专家故障诊断系统主要用于故障监测、故障分析、故障处理 3 个方面。FANUC 15 系统，已将专家故障诊断系统用于实践。使用时，操作人员以简单的会话问答方式，通过数控系统上的 MDI/CRT 操作装置就能如同专家亲临现场一样，快速进行 CNC 系统的故障诊断。

第四节　数控机床维修

一、维修前的准备

接到用户的要求后，应尽可能地直接与用户联系，以便尽快地获取现场信息、现场情况及故障信息。如数控机床的进给与主轴驱动型号、报警指示或故障现象、用户现场有无备件等。据此预先分析可能出现的故障原因与部位，而后在出发到现场之前，准备好有关的技术资料与维修服务工具、仪器、备件等，做到有备而去。

每台数控机床都应设立维修档案，对出现过的故障现象、时间、诊断过程、故障的排除做出详细的记录，就像医院的病历一样。这样做的好处是给以后的故障诊断带来方便和借鉴。数控机床的操作者应记好工作日志，某厂的工作日志见表 2—11。

表 2—11　　某单位机床工作日志

某厂数控机床工作日志（时间：　　年　　月　　日）					
车间		设备		操作者	
工序名称		工件名称		程序号	
出现现象（包括声音、闪光、故障号）：					

这里应强调实事求是，特别是涉及操作者失误造成的故障，应详细记载。这只作为故障诊断的参考，而不能作为对操作者惩罚的依据。否则，操作者不如实记录，只能产生恶性循环，造成不应有的损失。这是故障诊断前的准备工作的重要内容，没有这项内容，故障诊断将进行得很艰难，造成的损失也是不可估量的。

二、维修必要的技术资料和技术准备

维修人员平时要认真整理和阅读有关数控系统的重要技术资料。维修工作做得好坏，排除故障的速度快慢，主要决定于维修人员对系统的熟悉程度和运用技术资料的熟练程度。数控机床维修人员所必需的技术资料和技术准备见表2—12。

表2—12 数控机床维修人员所必须的技术资料与技术准备

分类	技术资料	技术准备
数控装置部分	1）数控装置操作面板布置及其操作说明书； 2）数控装置内各电路板的技术要点及其外部连接图； 3）系统参数的意义及其设定方法； 4）数控装置的自诊断功能和报警清单； 5）数控装置接口的分配及其含义等	1）掌握CNC原理框图； 2）掌握CNC结构布置； 3）掌握CNC各电路板的作用； 4）掌握板上各发光管指示的意义； 5）通过面板对系统进行各种操作； 6）进行自诊断检测，检查和修改参数并能做出备份； 7）能熟练地通过报警信息确定故障范围； 8）能熟练地对系统供维修的检测点进行测试； 9）会使用随机的系统诊断纸带/软件对其进行诊断测试
PLC装置部分	1）PLC装置及其编程器的连接、编程、操作方面的技术说明书； 2）PLC用户程序清单或梯形图； 3）I/O地址及意义清单； 4）报警文本以及PLC的外部连接图	1）熟悉PLC编程语言； 2）能看懂用户程序或梯形图； 3）会操作PLC编程器； 4）能通过编程器或CNC操作面板（对内装式PLC）对PLC进行监控； 5）能对PLC程序进行必要的修改； 6）能熟练地通过PLC报警号检查PLC有关的程序和I/O连接电路确定故障的原因
伺服单元	1）伺服单元的电气原理框图和接线图； 2）主要故障的报警显示； 3）重要的调整点和测试点； 4）伺服单元参数的意义和设置	1）掌握伺服单元的原理； 2）熟悉伺服系统的连接； 3）能从单元板上故障指示发光管的状态和显示屏显示的报警号及时确定故障范围； 4）能测试关键点的波形和状态，并做出比较； 5）能检查和调整伺服参数，对伺服系统进行优化

续表

分类	技术资料	技术准备
机床部分	1）数控机床的安装、吊运图； 2）数控机床的精度验收标准； 3）数控机床使用说明书，含系统调试说明、电气原理图、布置图以及接线图、机床安装、机械结构、编程指南等； 4）数控机床的液压回路图和气动回路图	1）掌握数控机床的结构和动作； 2）熟悉机床上电气元器件的作用和位置； 3）会手动、自动操作机床； 4）能编简单的加工程序并进行试运行
其他	有关元器件方面的技术资料，如： 1）数控设备所用的元器件清单； 2）备件清单； 3）各种通用的元器件手册	1）熟悉各种常用的元器件； 2）能较快地查阅有关元器件的功能、参数及代用型号； 3）对一些专用器件可查出其订货编号； 4）对系统参数、PLC 程序、PLC 报警文本进行光盘与硬盘备份； 5）对机床必须使用的宏指令程序、典型的零件程序、系统的功能检测程序进行光盘与硬盘备份； 6）了解备份的内容； 7）能对数控系统进行输入和输出的操作； 8）完成故障排除之后，应认真作好记录，将故障现象、诊断、分析、排除方法一一加以记录

三、数控机床维修原则

1. 先外部后内部

数控机床是机械、液压、电气一体化的机床，故其故障的发生必然要从机械、液压、电气这三者综合反映出来。数控机床的检修要求维修人员掌握先外部后内部的原则。即当数控机床发生故障后，维修人员应先采用望、闻、听、问等方法，由外向内逐一进行检查。比如：数控机床的行程开关、按钮开关、液压气动元件以及印制线路板插头座、边缘接插件与外部或相互之间的连接部位、电控柜插座或端子排这些机电设备之间的连接部位。上述部位接触不良造成信号传递失灵，是产生数控机床故障的重要因素。此外，由于工业环境中温度、湿度变化较大，油污或粉尘对元件及线路板的污染，机械的振动等，对于信号传送通道的接插件都将产生严重影响。在检修中重视这些因素，首先检查这些部位就可以迅速排除较多的故障。另外，尽量避免随意地启封、拆卸，不适当的大拆大卸，往往会扩大故障，使机床大伤元气，丧失精度，降低性能。

2. 先机械后电气

由于数控机床是一种自动化程度高，技术复杂的先进机械加工设备。机械故障一般较易察觉，而数控系统故障的诊断则难度要大些。先机械后电气就是首先检查机械部分是否正常，行程开关是否灵活，气动、液压部分是否存在阻塞现象，等等。因为数控机床的故障中有很大部分是由机械动作失灵引起的。所以，在故障检修之前，首先注意排除机械性的故障，往往可以达到事半功倍的效果。

3. 先静后动

维修人员本身要做到先静后动，不可盲目动手，应首先询问机床操作人员故障发生的过程及状态，阅读机床说明书、图样资料后，方可动手查找处理故障。其次，对有故障的机床也要本着先静后动的原则，先在机床断电的静止状态，通过观察测试、分析，确认为非恶性循环性故障，或非破坏性故障后，方可给机床通电，在运行工况下，进行动态的观察、检验和测试，查找故障。对恶性的破坏性故障，必须先行处理排除危险后，方可通电，在运行工况下进行动态诊断。

4. 先公用后专用

公用性的问题往往影响全局，而专用性的问题只影响局部。如机床的几个进给轴都不能运动，这时应先检查和排除各轴公用的 CNC、PLC、电源、液压等公用部分的故障，然后再设法排除某轴的局部问题。又如电网或主电源故障是全局性的，因此一般应首先检查电源部分，看看断路器或熔断器是否正常，直流电压输出是否正常。总之，只有先解决影响一大片的主要矛盾，局部的、次要的矛盾才有可能迎刃而解。

5. 先简单后复杂

当出现多种故障互相交织掩盖、一时无从下手时，应先解决容易的问题，后解决较大的问题。常常在解决简单故障的过程中，难度大的问题也可能变得容易；或者在排除简单故障时受到启发，对复杂故障的认识更为清晰，从而也有了解决办法。

6. 先一般后特殊

在排除某一故障时，要先考虑最常见的可能原因，然后再分析很少发生的特殊原因。例如：一台 FANUC 0T 数控车床 Z 轴回零不准常常是由于降速挡块位置走动所造成，一旦出现这一故障，应先检查该挡块位置，在排除这一常见的可能原因之后，再检查脉冲编码器，位置控制等环节。

四、数控机床的维修种类

数控机床中的各种零件，到达磨损极限的经历各不相同，无论从技术角度还是从经济角度考虑，都不能只规定一种修理即更换全部磨损零件。但也不能规定过多，影响数控机床有效使用时间，通常将修理划分为三种，即大修、中修、小修。

1. 大修

数控机床大修主要是根据数控机床的基准零件已到磨损极限，电子器件的性能亦已严重下降，而且大多数易损零件也已用到规定时间，数控机床的性能已全面下降而确定。大修时需将数控机床全部解体，一般需将数控机床拆离基础，在专用场所进行。大修包括修理基准件，修复或更换所有磨损或已到期的零件，校正坐标，恢复精度及各项技术性能，重新油漆。此外，结合大修可进行必要的改装。

2. 中修

中修与大修不同，不涉及基准零件的修理，主要修复或更换已磨损或已到期的零件，校正坐标，恢复精度及各项技术性能，只需局部解体，并且在现场就地进行。

3. 小修

小修的主要内容在于更换易损零件，排除故障，调整精度，可能发生局部不太复杂的拆卸工作，在现场就地进行，以保证数控机床正常运转。

上述三种修理的工作范围、内容及工作量各不相同，在组织数控机床修理工作时应予以明确区分。尤其是大修与中、小修，其工作目的与经济性质是完全不同的。中、小修的主要目的在于维持数控机床的现有性能，保持正常运转状态。通过中、小修之后，数控机床原有价值不发生增减变化，属于简单再生产性质。而大修的目的在于恢复原有一切性能。在更换重要部件时，并不都是等价更新，还可能有部分技术改造性质的工作，从而引起数控机床原有价值发生变化。属于扩大再生产性质。因此，大修与中、小修的款项来源应是不同的。

由上所述可知，在组织数控机床修理时，应将日常保养、检查，以及大、中、小修加以明确区分。

五、数控机床维修制度

根据数控机床磨损的规律，“预防为主、养修结合”是数控机床检修工作的正确方针。但是，在实际工作中，由于修理期间除了发生各种维修费用以外，还会引起一定的停工损失，在生产繁忙的情况下，某些企业宁愿让数控机床带病工作，不到万不得已时决不进行修理，这是极其有害的做法。因此，必须将数控机床维修制度化。由于对磨损规律的了解不同，对预防为主的方针认识不同，在实践中产生了不同的数控机床维修制度，主要有以下几种：

1. 随坏随修

即坏了再修，也叫事后修。所谓“坏了”，往往等同于发生事故。事实上，等出了事故后再安排修理，相比事故发生前常常已经造成更大损坏，有时已到无法修复的程度，即使可以修复，也将产生更多的耗费，需要更长的时间，造成更大的损失。因此，应当避免随坏随修的现象。

2. 计划预修

这是一种有计划的、预防性修理制度，其特点是根据磨损规律，对数控机床进行有计划的维护、检查与修理，预防急剧磨损的出现，是一种正确的修理制度。根据执行的严格程度不同，又可分为三种：

第一种是强制修理，即对数控机床的修理日期、修理类别制订合理的计划，到期严格执行计划规定的内容。

第二种是定期修理，预订修理计划以后，结合实际检查结果，调整原订计划确定具体修理日期。

第三种是检查后修理，即按检查计划，根据检查结果制订修理内容和日期。

3. 分类维修

其特点是将数控机床分为 A、B、C 三类。A 为重点数控机床，B 为非重点数控机床，C

为一般数控机床，对 A、B 两类采用计划预修，而对 C 类采取随坏随修的办法。

选取何种修理制度，应根据生产特点、数控机床重要程度，经济得失的权衡，综合分析后确定。但应坚持预防为主的原则，减少随坏随修的现象，也要防止过分修理（对可以工作到下一次修理的零件予以强制更换称为过分修理）带来的不必要的损失。

第五节　常用工具与仪器

一、常用的工具

1. 拆卸及装配工具（表 2—13）

表 2—13　　拆卸及装配工具

名称	图	说明
单头钩形扳手	固定式　调节式	分为固定式和调节式，可用于扳动在圆周方向上开有直槽或孔的圆螺母
端面带槽或孔的圆螺母扳手	端面带槽的圆螺母扳手　端面带孔的圆螺母扳手	可分为套筒式扳手和双销叉形扳手
弹性挡圈装拆用钳子	孔用弹性挡圈装拆用钳子	分为轴用弹性挡圈装拆用钳子和孔用弹性挡圈装拆用钳子
弹性锤子	铜锤	可分为木锤和铜锤

续表

名称	图	说明
拉带锥度平键工具	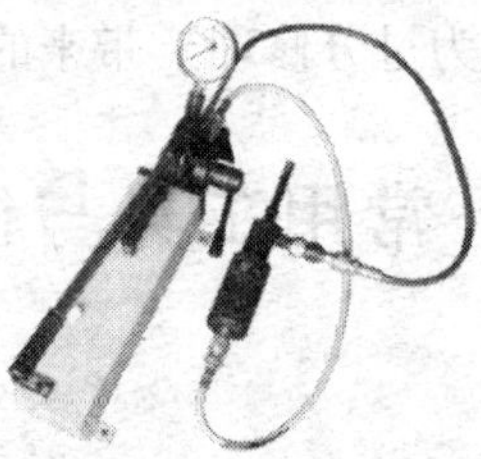	可分为冲击式拉锥度平键工具和抵拉式拉锥度平键工具
拨销器	拉带内螺纹的小轴、圆锥销工具	
拉卸工具	拆装在轴上的滚动轴承、皮带轮式联轴器等零件时，常用拉卸工具，拉卸工具常分为螺杆式及液压式两类，螺杆式拉卸工具分两爪、三爪和铰链式	
限力扳手	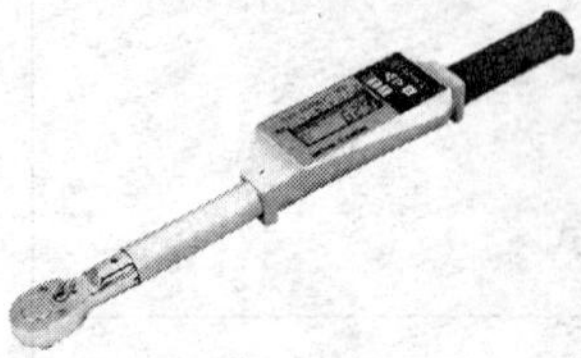 电子式 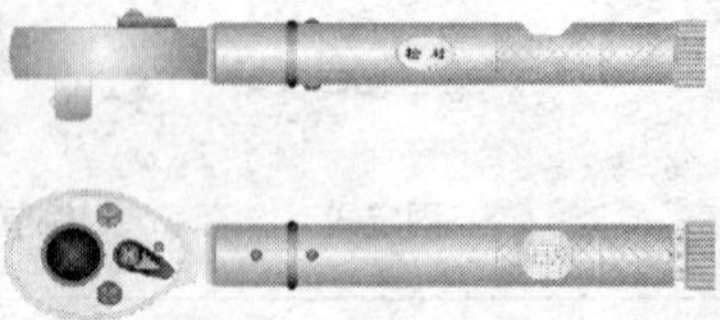　机械式	又称为扭矩扳手、扭力扳手

2. 常用检验和测量工具（表2—14）

表2—14　常用检验和测量工具

名称	图	说明
平尺	 平尺 　刀口尺 　90°角尺	为平尺、刀口尺和90°角尺
垫铁	角度面为90°的垫铁、角度面为55°的垫铁和水平仪垫铁	

续表

名称	图	说明
检验棒	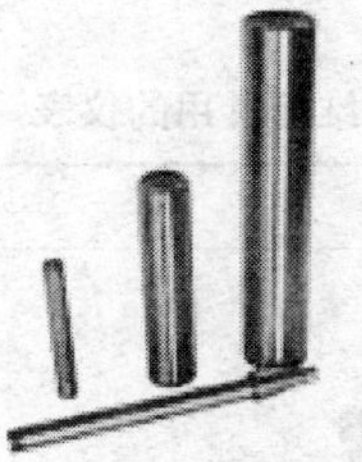	分为带标准锥柄检验棒、圆柱检验棒、专用检验棒
杠杆千分尺	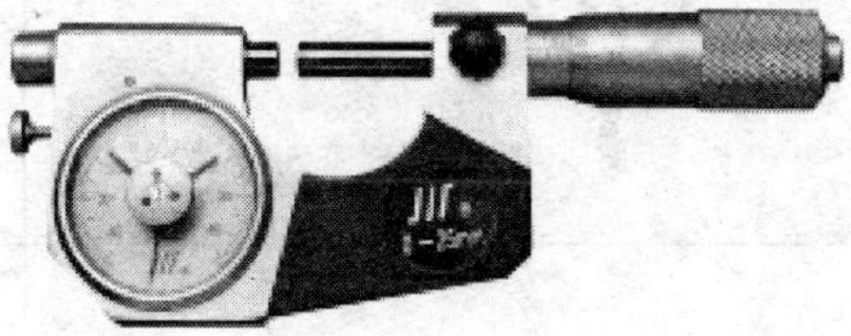	当零件的几何形状精度要求较高时，使用杠杆千分尺可满足其测量要求，其测量精度可达 0.001 mm
万能角度尺	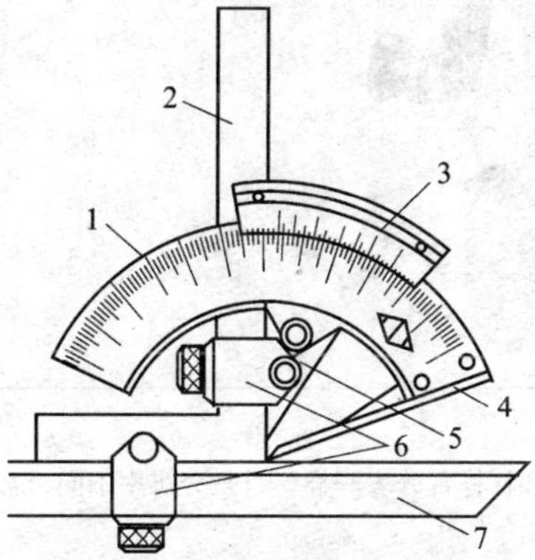 Ⅰ型游标万能角度尺 1—主尺 2—角尺 3—游标 4—基尺 5—扇形板 6—支架 7—直尺量具 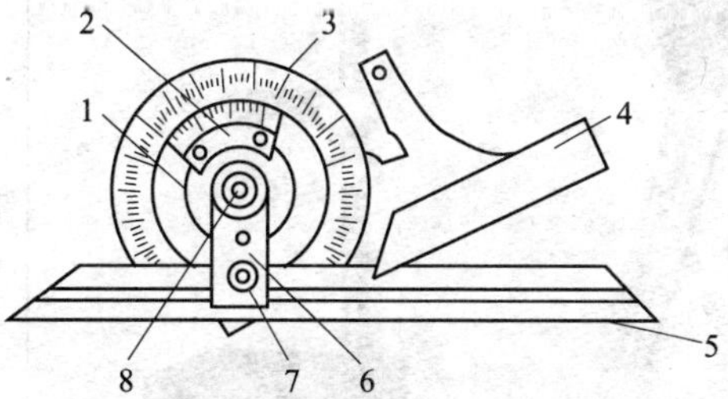 Ⅱ型游标万能角度尺的结构 1—转盘 2—游标 3—尺身 4—基尺 5—直尺 6—连杆 7—固定螺钉 8—螺母	用来测量工件内外角度的量具，按其游标读数值可分为 2′和 5′两种，按其尺身的形状可分为圆形（Ⅱ型）和扇形（Ⅰ型）两种

二、常用的仪表（表2—15）

表2—15　　数控机床维修常用的仪表

名称	图	说明
百分表	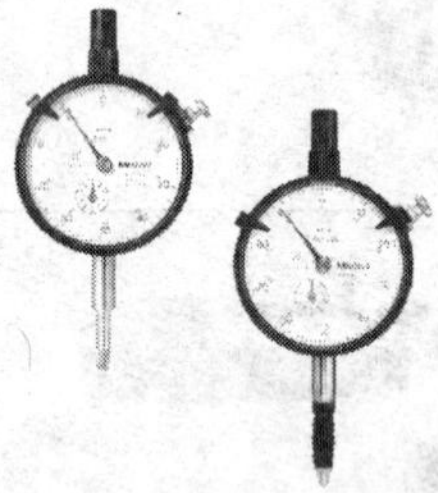	用于测量零件相互之间的平行度、轴线与导轨的平行度、导轨的直线度、工作台台面平面度以及主轴的端面圆跳动、颈向圆跳动和轴向窜动
杠杆百分表	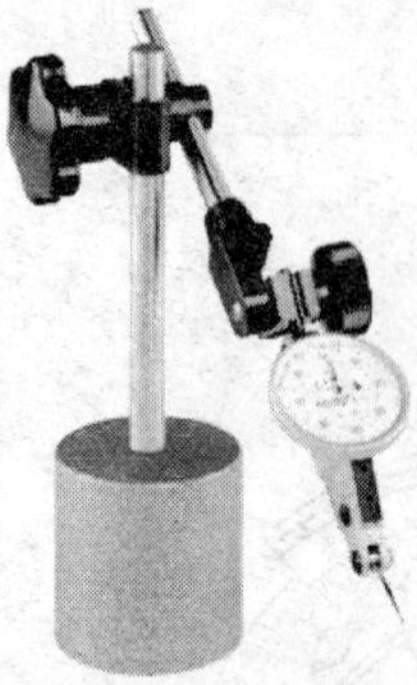	用于受空间限制的工件。如内孔跳动、键槽等，使用时应注意使测量运动方向与测头中心成垂直，以免产生测量误差
千分表及杠杆千分表	其工作原理与百分表和杠杆百分表一样，只是分辨率不同，常用于精密机床的修理	
比较仪	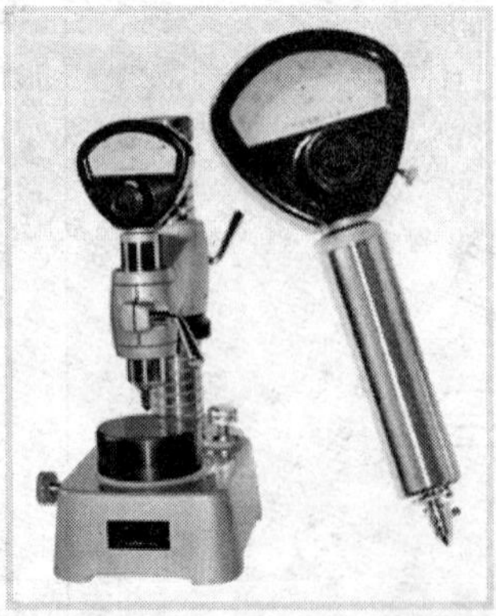 扭簧比较仪 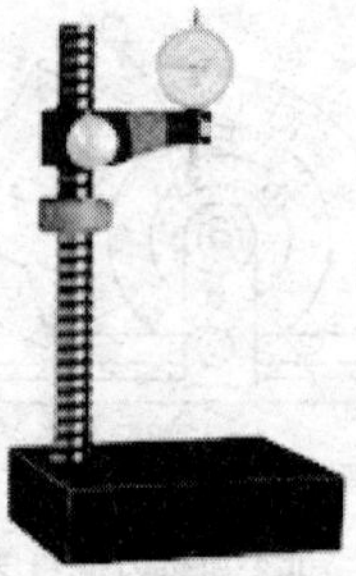　杠杆齿轮比较仪	可分为扭簧比较仪与杠杆齿轮比较仪。尤其扭簧比较仪特别适用于精度要求较高的跳动量的测量

续表

名称	图	说明
水平仪	 电子水平仪  框式水平仪  合像水平仪 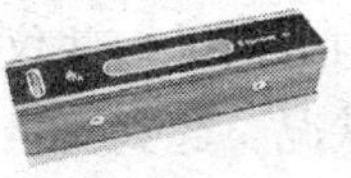 条式水平仪	水平仪是机床制造和修理中最常用的测量仪器之一，它用来测量导轨在垂直面内的直线度，工作台台面的平面度以及零件相互之间的垂直度、平行度等，水平仪按其工作原理可分为水准式水平仪和电子水平仪。水准式水平仪有条式水平仪、框式水平仪和合像水平仪三种结构形式
光学平直仪		在机械维修中，常用来检查床身导轨在水平面内和垂直面内的直线度、检验用平板的平面度，是当前导轨直线度测量方法中较先进的仪器之一
经纬仪		经纬仪是机床精度检查和维修中常用的一种高精度的仪器之一，常用于数控铣床和加工中心的水平转台和万能转台的分度精度的精确测量，通常与平行光管组成光学系统来使用

续表

名称	图	说明
转速表		常用于测量伺服电动机的转速，是检查伺服调速系统的重要依据之一。常用的转速表，有离心式转速表和数字式转速表等。

三、常用的仪器

在数控机床的故障检测过程中，借助一些仪器是必要的也是有效的，这些专用的仪器能从定量分析角度直接反映故障点状况，起到决定作用。

1．测振仪

测振仪是振动检测中最常用、最基本的仪器，它将测振传感器输出的微弱信号放大、变换、积分、检波后，在仪器仪表或显示屏上直接显示被测设备的振动值大小。为了适应现场测试的要求，测振仪一般都做成便携式与笔式测振仪，如图 2—6 所示。

测振仪用来测量数控机床主轴的运行情况，电动机的运行情况，甚至整机的运行情况，可根据所需测定的参数、振动频率和动态范围、传感器的安装条件、机床的轴承形式（滚动轴承或滑动轴承）等因素，分别选用不同类型的传感器。常用的传感器有涡流式位移传感器、磁电式速度传感器和压电加速度传感器。

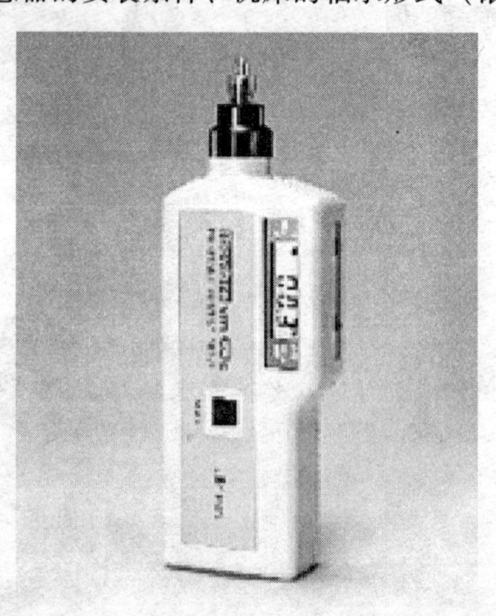

图 2—6　测振仪

测振判断的标准，一般情况下在现场最便于使用的是绝对判断标准，它是针对各种典型对象制定的，例如国际通用标准 ISO2372 和 ISO3945。

相对判断标准适用于同台设备。当振动值的变化达到 4 dB 时，即可认为设备状态已经发生变化。所以，对于低频振动，通常实测值达到原始值的 1.5～2 倍时为注意区，约 4 倍时为异常区；对于高频振动，将原始值的 3 倍定为注意区，约 6 倍时为异常区。实践表明，评价机器状态比较准确可靠的办法是用相对标准。

2．红外测温仪

红外测温是利用红外辐射原理，将对物体表面温度的测量转换成对其辐射功率的测量，采用红外探测器和相应的光学系统接收被测物不可见的红外辐射能量，并将其变成便于检测的其他能量形式予以显示和记录（图2—7）。

图2—7　红外测温仪

按红外辐射的不同响应形式，红外测温仪分为光电探测器和热敏探测器两类。红外测温仪用于检测数控机床容易发热的部件，如功率模块，导线接点，主轴轴承等。利用红外原理测温的仪器还有：红外热电视、光机扫描热像仪以及焦平面热像仪等。红外诊断的判定主要有：温度判断法、同类比较法、档案分析法、相对温差法以及热像异常法。

3. 三坐标测量仪

三坐标测量仪是通过 X、Y、Z 三个轴测量各种零部件及总成的各个点和元素的空间坐标，用以评价长度、直径、形状误差、位置误差的一种测量设备，如图2—8所示。它配备了高精度的导轨、测头和控制系统，并使用计算机程序来自动控制检测流程，计算输出测量结果。三坐标测量仪器在三个相互垂直的方向上有导向机构、测长元件、数显装置，有一个能够放置工件的工作台（大型和巨型不一定有），测头可以以手动或机动方式轻快地移动到被测点上，由读数设备和数显装置把被测点的坐标值显示出来，其应用举例见表2—16。

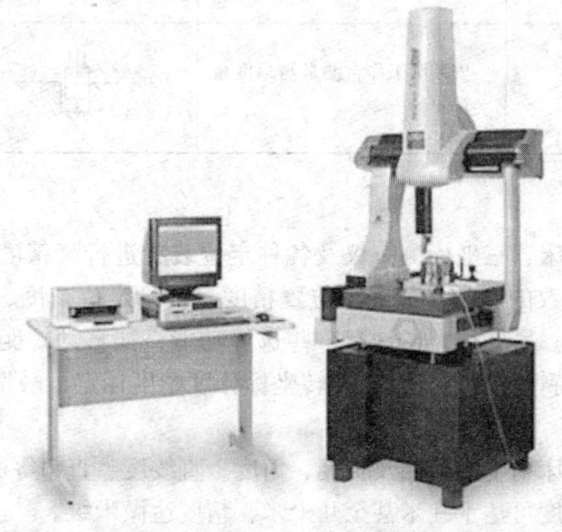

图2—8　三坐标测量仪

表 2—16　　三坐标测量仪的应用举例

序号	测量分类	测量项目	测量形状及位置	被测件名称
1	直线坐标测量	孔中心距测量	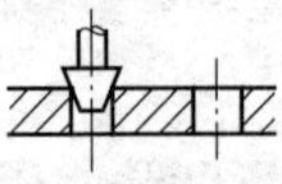	孔系部件
2	平面坐标测量	和 Z 轴平行的内外尺寸测量	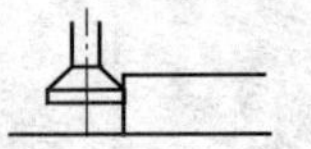	数控铣床的部件
		测头不能接触的部位表面形状、间隙测量	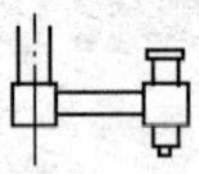	精密部件
3	高度关系的测量	高度方向尺寸测量	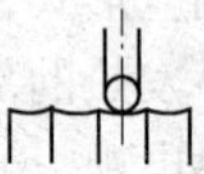	用球面立铣刀加工的具有三个坐标尺寸的被加工工件
		与高度相关的平行度测量	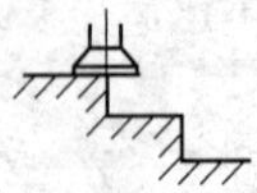	—
4	曲面轮廓测量	把高度分成小间隔的一个平面上的轮廓形状测量	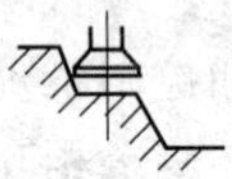	电火花机床用电极
5	三坐标测量	用球测头接触作不连续点的测量以决定空间形状		电火花机床用电极
6	角度关系的测量	安装圆工作台测量与角度相关的尺寸	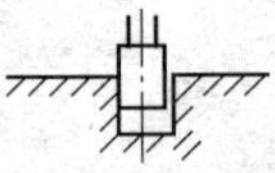	间隙、凸轮沟槽

4. 激光干涉仪

激光干涉仪可对机床、三坐标测量仪及各种定位装置进行高精度的（位置和几何）精度校正。可完成各项参数的测量，如线形位置精度、重复定位精度、角度、直线度、垂直度、平行度及平面度等。另外，它还具有一些选择功能，如自动螺距误差补偿（适用大多数控系统），机床动态特性测量与评估，回转坐标分度精度标定，触发脉冲输入输出等。具体应用见第八章。

激光干涉仪用于机床精度的检测及长度、角度、直线度、直角等的测量，精度高、效率高、使用方便，测量长度可达十几米甚至几十米，精度达微米级。

第三章

主传动系统装调与维修

第一节　主传动系统概述

数控机床的主传动系统由主轴部件、主轴准停装置、主传动部件等构成。通常，对数控机床主传动系统的要求有：

1. 调整范围大，不但能低速切削和高速切削，甚至还要能超高速切削。
2. 温升低、热变形小。
3. 旋转精度和运动精度高。
4. 高刚度和抗振性。
5. 主轴部件必须有足够的耐磨性。

一、主轴变速方式

1. 无级变速

数控机床直接采用直流或交流伺服电动机实现主轴无级变速。交流电动机及交流变频驱动装置由于没有电刷，不产生火花，使用寿命长，目前应用较为广泛。

2. 分段无级变速

数控机床在交流或直流伺服电动机无级变速的基础上配以其他机构，使之成为分段无级变速，如图 3—1 所示。

（1）分段无级变速的方式

1）带有变速齿轮的主传动（图 3—1a）。这是大中型数控机床较常采用的配置方式，通过少数几对齿轮传动，扩大变速范围。滑移齿轮的移位大都采用液压拨叉或直接由液压缸带动齿轮来实现。

2）通过带传动的主传动（图 3—1b）。主要用在转速较高、变速范围不大的机床。适用于高速、低转矩特性的主轴。常用的是同步齿形带。

3）用两个电动机分别驱动主轴（图 3—1c）。高速时由一个电动机通过带传动，低速时，由另一个电动机通过齿轮传动。由于两个电动机不能同时工作，所以造成一定程度的动力浪费。

4）内装电动机主轴（电主轴，图 3—1d）。电动机转子固定在机床主轴上，结构紧凑，但需要考虑电动机的散热。

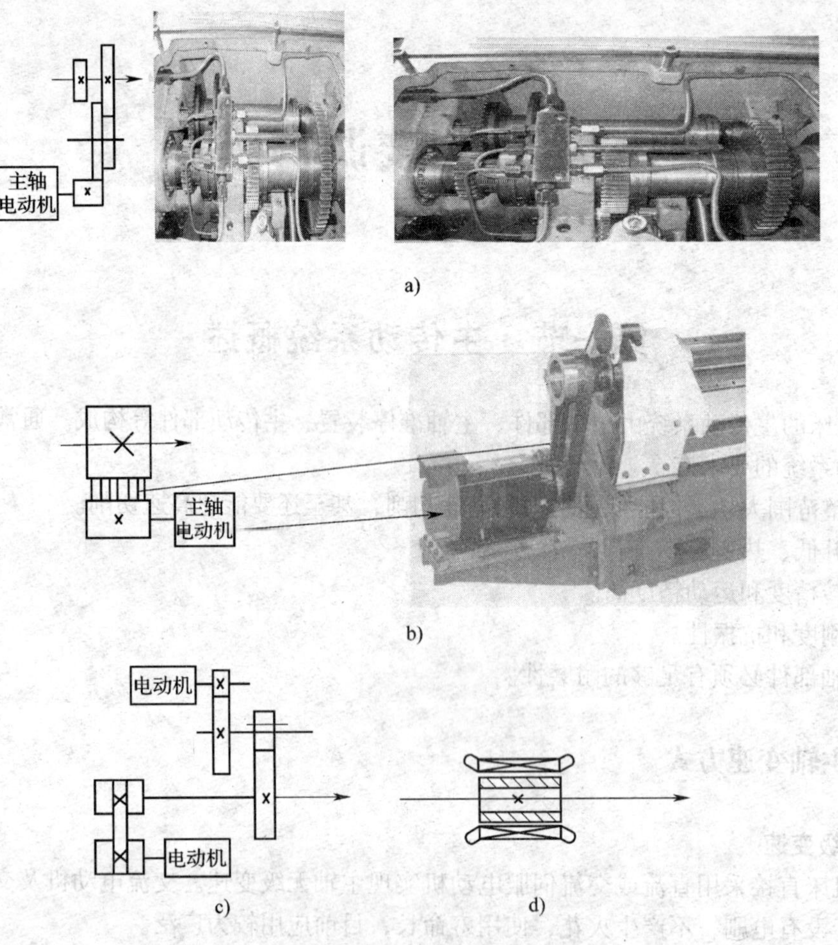

图 3—1　数控机床主传动的四种配置方式

a）齿轮变速　b）带传动　c）两个电动机分别驱动　d）内装电动机的主轴传动

（2）分段无级变速机构

1）液压拨叉变速机构

在带有齿轮传动的主传动系统中，齿轮的换挡主要都靠液压拨叉来完成，图 3—2 是三位液压拨叉工作原理图。

通过改变不同的通油方式可以使三联齿轮块获得三个不同的变速位置。该机构除液压缸和活塞杆外，还增加了套筒 4。当液压缸 1 通入压力油，而液压缸 5 卸压时（图 3—2a），活塞杆 2 便带动拨叉 3 向左移动到极限位置，此时拨叉带动三联齿轮块移动到左端。当液压缸 5 通压力油，而液压缸 1 卸压时（图 3—2b），活塞杆 2 和套筒 4 一起向右移动，在套筒 4 碰到液压缸 5 的端部后，活塞杆 2 继续右移到极限位置，此时，三联齿轮块被拨叉 3 移动到右端。当压力油同时进入液压缸 1 和 5 时（图 3—2c），由于活塞杆 2 的两端直径不同，使活塞杆处在中间位置。在设计活塞杆 2 和套筒 4 的截面直径时，应使套筒 4 的圆环面上的向右推力大于活塞杆 2 的向左的推力。液压拨叉换挡在主轴停车之后才能进行，但停车时拨叉带动齿轮块移动又可能产生顶齿现象。因此，在这种主传动系统中通常设一台微电动机，它在拨叉移动齿轮块的同时带动各传动齿轮做低速回转，使移动齿轮与主动齿轮顺利啮合。

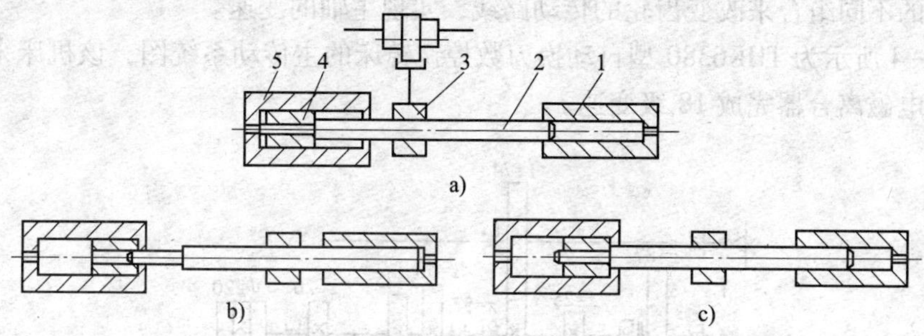

图 3—2　三位液压拨叉工作原理图

1、5—液压缸　2—活塞杆　3—拨叉　4—套筒

图 3—3 所示为某分段变速箱液压变速机构。滑移齿轮的拨叉与变速液压缸的活塞杆相连接，三个液压缸都是差动液压缸，用 Y 形三位四通电磁阀来控制液压缸的通油。当液压缸左腔进油右腔回油、右腔进油左腔回油、左右两腔同时进油时，可使滑移齿轮块获得右、左、中三个位置，这样就可以获得所需要的齿轮啮合状态。在自动变速时，为了使齿轮顺利啮合而不发生顶齿现象，应使传动链在低速下运行。

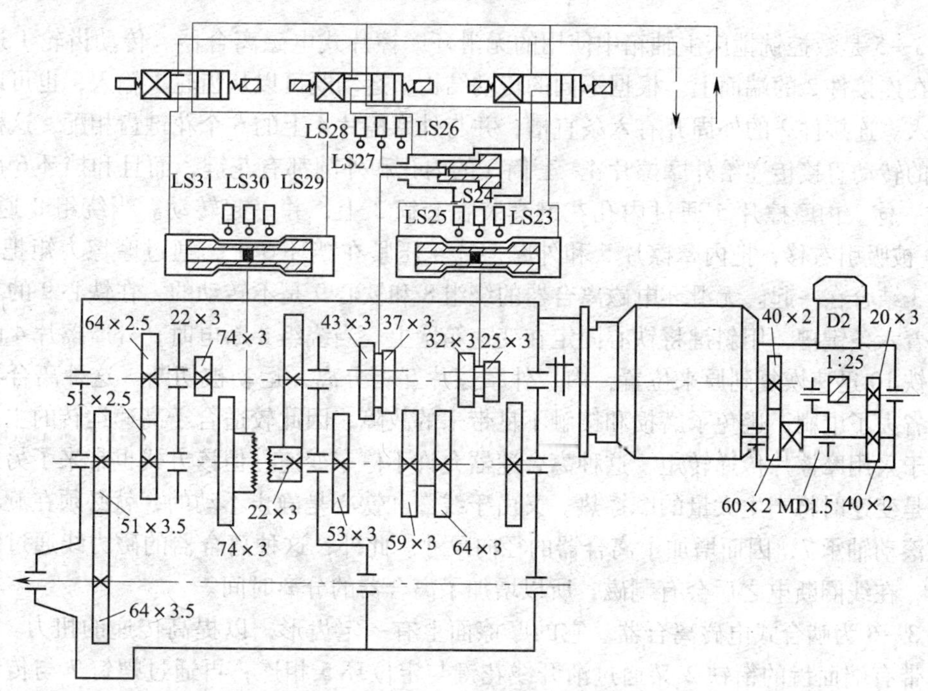

图 3—3　分段变速箱液压变速机构

2）电磁离合器变速

电磁离合器的基本工作方式是应用电磁效应接通或切断运动的元件。由于它便于实现自

动操作，并有现成的系列产品可供选用，因而它已成为自动装置中常用的操纵元件。电磁离合器用于数控机床的主传动时，能简化变速机构，通过若干个安装在各传动轴上的离合器的吸合和分离的不同组合来改变齿轮的传动路线，实现主轴的变速。

如图 3—4 所示为 THK6380 型自动换刀数控铣镗床的主传动系统图，该机床采用双速电动机和 6 个电磁离合器完成 18 级变速。

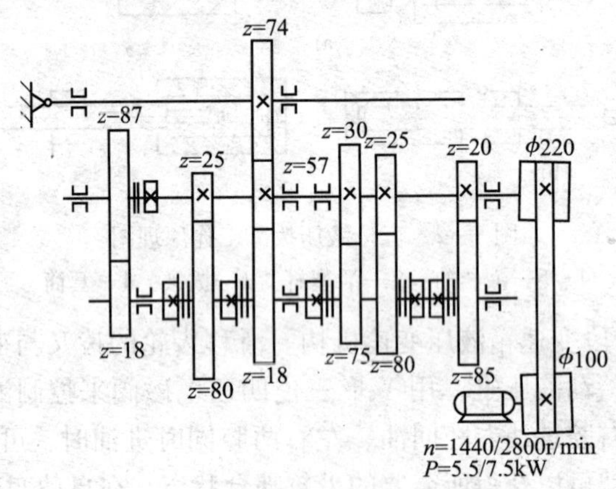

图 3—4　THK6380 型自动换刀数控铣镗床的主传动系统

图 3—5 是数控铣镗床主轴箱中使用的无滑环摩擦片式电磁离合器。传动齿轮 1 通过螺钉固定在连接件 2 的端面上。根据不同的传动结构，运动既可以从齿轮 1 输入，也可以从套筒 3 输入。连接件 2 的外周开有六条直槽，并与外摩擦片 4 上的 6 个花键齿相配，这样就把齿轮 1 的转动直接传递给外摩擦片 4。套筒 3 的内孔和外圆都有花键，而且和挡环 6 用螺钉 11 连成一体。内摩擦片 5 通过内孔花键套装在套筒 3 上，并一起转动。当绕组 8 通电时，衔铁 10 被吸引右移，把内摩擦片 5 和外摩擦片 4 压紧在挡环 6 上，通过摩擦力矩把齿轮 1 与套筒 3 结合在一起。无滑环电磁离合器的绕组 8 和铁心 9 是不转动的，在铁心 9 的右侧均匀分布着六条键槽，用斜键将铁心固定在变速箱壁上。当绕组 8 断电时，外摩擦片 4 的弹性爪使衔铁 10 迅速恢复到原来位置，内、外摩擦片互相分离，运动被切断。这种离合器的优点在于省去了电刷，避免了磨损和接触不良带来的故障，因此较适合于高速运转的主运动系统。由于采用摩擦片传递转矩，这种离合速器允许不停车变速，但该方式也带来了另外的缺点，就是变速时将产生大量的摩擦热。又由于线圈和铁心是静止不动的，就必须在旋转的套筒上装滚动轴承 7，因而增加了离合器的径向尺寸。此外，这种离合器的磁力线通过钢质的摩擦片，在线圈断电之后会有剩磁，所以增加了离合器的分离时间。

图 3—6 为啮合式电磁离合器。它的摩擦面上有一定齿形，以提高传递的扭力。绕组 1 通电，带有端面齿的衔铁 2 又通过渐开线花键与定位环 5 相连，再通过螺钉 7 与传动件相连。磁轭内孔的花键连接另一个轴，这样，就使与螺钉 7 相连的轴与另一轴同时旋转。隔离环 6 可防止传动轴分离一部分磁力线，进而削弱电磁吸引力。衔铁采用渐开线花键与定位环 5 相连是为了保证同轴度。这种离合器必须在低于 2 r/min 的转速下变速。

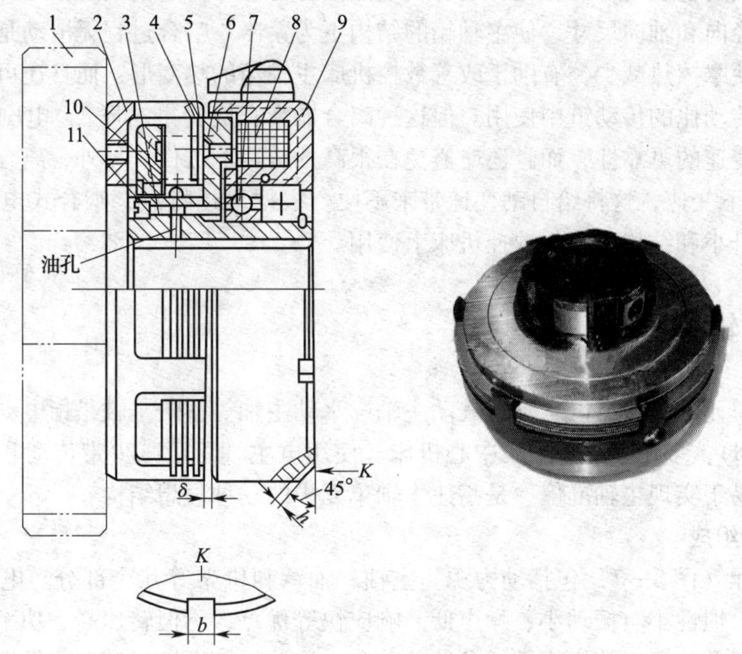

图 3—5　无滑环摩擦片式电磁离合器

1—传动齿轮　2—连接件　3—套筒　4—外摩擦片　5—内摩擦片　6—挡环　7—滚动轴承　8—绕组　9—铁心　10—衔铁　11—螺钉

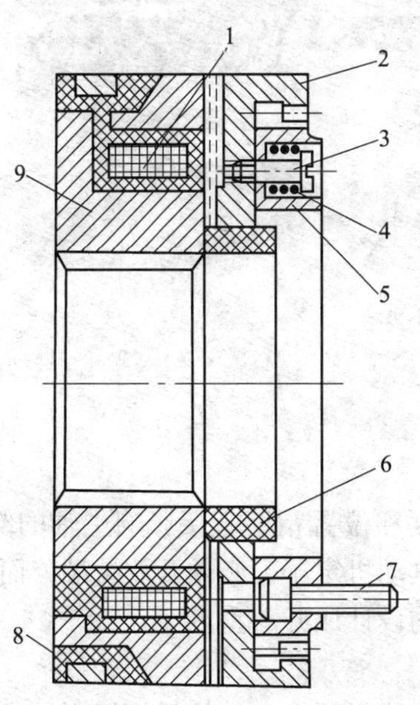

图 3—6　啮合式电磁离合器

1—绕组　2—衔铁　3—螺钉　4—弹簧　5—定位环　6—隔离环　7—连接螺钉　8—旋转集电环　9—磁轭

与其他形式的电磁离合器相比，啮合式电磁离合器能够传递更大的转矩，因而相应地减小了离合器的径向和轴向尺寸，使主轴箱的结构更为紧凑。啮合过程无滑动是它的另一个优点，这样不但使摩擦热减少，有助于改善数控机床主轴箱的热变形，而且还可以在对传动比有严格要求的传动比的传动链中使用。但这种离合器带有旋转集电环8，电刷与滑环之间有摩擦，影响了变速的可靠性，而且还应避免在很高的转速下工作。另外，离合器必须在低于2 r/min 的转速下变速，这将给自动变速带来不便。根据上述特点，啮合式电磁离合器较适宜于在要求温升小和结构紧凑的数控机床上使用。

二、电主轴

高速主轴单元的类型有电主轴、气动主轴、水动主轴等。电主轴是指电动机转子装在主轴上（图3—1d），多用于小型加工中心机床。使用电主轴可以减少带传动和齿轮传动，简化机床设计，易于实现主轴准停，是高速主轴单元中的一种理想结构。

1. 电主轴组成

电主轴单元（图3—7）包括动力源、主轴、轴承和机架等几个部分。电主轴具有结构紧凑、重量轻、惯性小、振动小、噪声低、响应快等优点，不但转速高、功率大，还具有一系列控制主轴温升与振动等机床运行参数的功能，以确保其高速运转的可靠性与安全性。

图3—7　电主轴单元

2. 电主轴结构

电主轴基本结构如图3—8所示。

（1）轴壳

轴壳是高速电主轴的主要部件，轴壳的尺寸精度和位置精度直接影响主轴的综合精度。通常将轴承座孔直接设计在轴壳上。电主轴为加装电动机定子，必须开放一端，而大型或特种电主轴，为制造方便、节省材料，可将轴壳两端均设计成开放型。

（2）转轴

转轴是高速主轴的主要回转主体，其制造精度直接影响电主轴的最终精度。成品转轴的形位公差和尺寸精度要求都很高。当转轴高速运转时，由偏心质量引起的振动会严重影响其动态性能。因此，必须对转轴进行严格的动平衡。

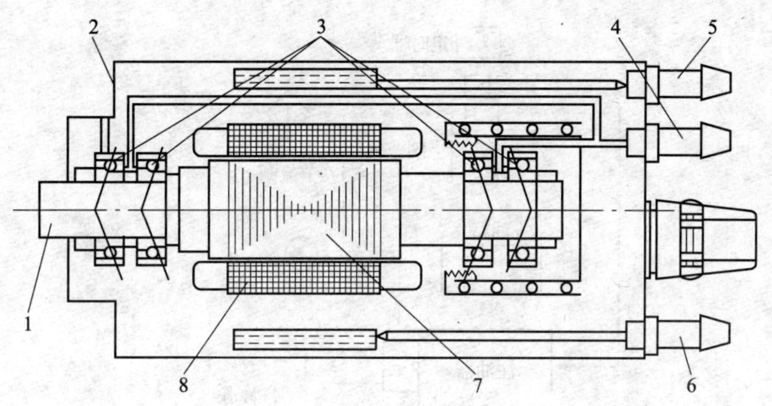

图 3—8　电主轴结构

1—主轴　2—轴壳　3—角接触陶瓷球轴承　4—油雾入口
5—出水口　6—冷却水入口　7—转子　8—定子

（3）轴承

高速主轴的核心支承部件是高速精密轴承，这种轴承具有高速性能好、动载荷承载能力高、润滑性能好、发热量小等优点。近年来，陶瓷轴承，动、静压轴承和磁悬浮轴承相继出现，使得电主轴有了更广阔的应用空间。磁悬浮轴承高速性能好，精度高，但价格昂贵。动、静压轴承有很好的高速性能，而且调速范围广，但必须进行专门设计，标准化程度低，维护也困难。目前，应用最多的高速主轴轴承是混合陶瓷球轴承，用其组装的电主轴，能兼有高速、高刚度、大功率、长寿命等优点。

（4）定子与转子

高速转轴的定子由具有高磁导率的优质硅钢片叠压而成，叠压成型的定子内腔带有冲制嵌线槽。转子由转子铁心、鼠笼、转轴三部分组成。

3. 电主轴维护

（1）电主轴的润滑

电动机内置于主轴部件，发热不可避免，故需要设计专门用于冷却电动机的油冷或水冷系统。滚动轴承在高速运转时要给予正确的润滑，否则会造成轴承因过热而烧坏。

1）油气润滑方式（图 3—9）

用压缩空气把小油滴送进轴承空隙中，油量大小可达最佳值，压缩空气有散热作用，润滑油可回收，不污染周围空气。根据轴承供油量的要求，定时器的循环时间可在 1～99 min 范围内确定。

2）喷注润滑方式（图 3—10）

用较大流量的恒温油（每个轴承 3～4 L/min）喷注到主轴轴承，以达到冷却润滑的目的。回油则不是自然回流，而是用两台排油液压泵强制排油。

3）突入滚道式润滑方式（图 3—11）

润滑油的进油口在内滚道附近，利用高速轴承的泵效应，把润滑油吸入滚道。若进油口较高，则泵效应差。当进油接近外滚道时，则变为排放口，油液将不能进入轴承内部。

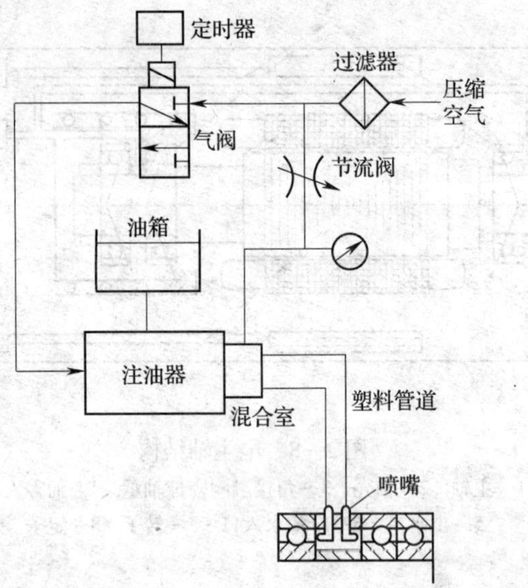

图 3—9　油气润滑

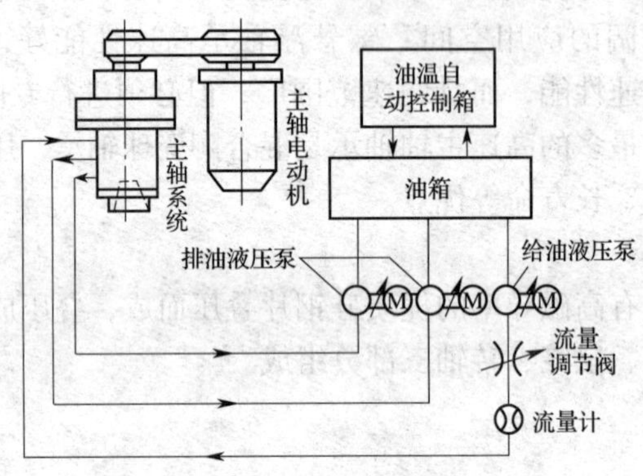

图 3—10　喷注润滑

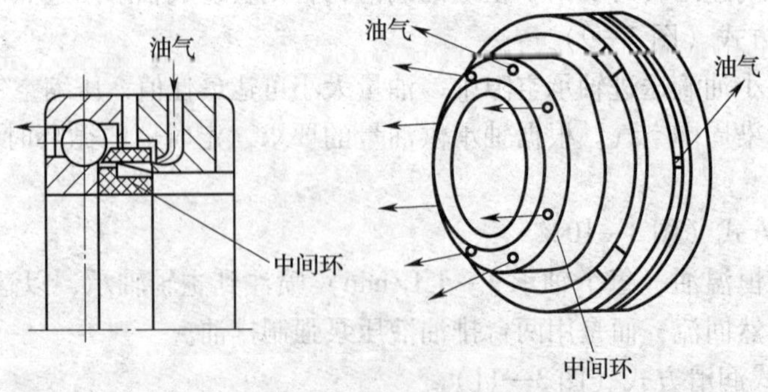

图 3—11　突入滚道式润滑

（2）电主轴的冷却

为了尽快使高速运行的电主轴散热，通常对电主轴的外壁通以循环冷却液，而冷却液的温度通过冷却装置来保持。高速电主轴的冷却系统主要依靠冷却液的循环流动来实现，而且流动的冷却压缩空气也能起到一定的冷却作用。图3—12所示为某型号电主轴油水热交换循环冷却系统示意图。为了保证安全，这种冷却系统对定子采用连续、大流量循环油冷。其输入端为冷却油，将电动机产生的热量从输出端带出，然后流经逆流式冷却交换器，将油温降到接近室温并回到油箱，再经压力泵增压输入到主轴输入端，从而实现电主轴的循环冷却。图3—13为冷却油流经路线。

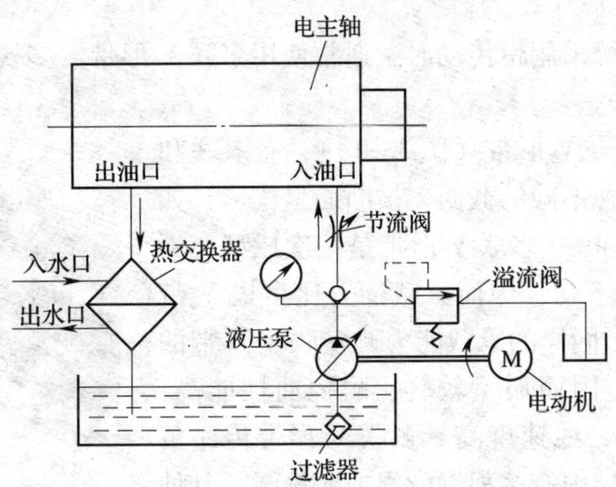

图3—12　电主轴油水热交换循环冷却系统

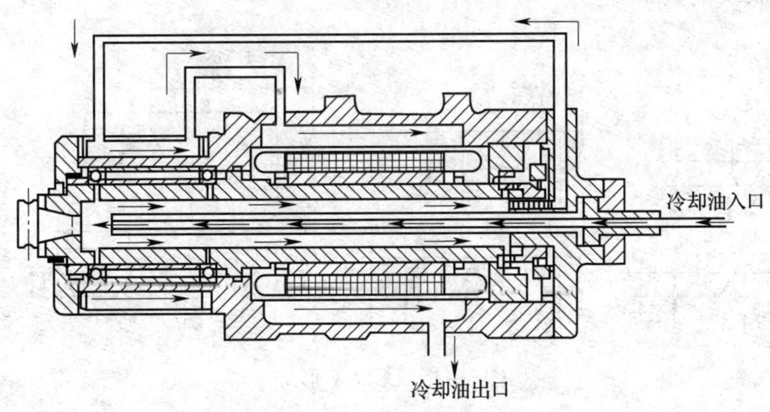

图3—13　电主轴冷却油流经路线

（3）电主轴的动平衡

电主轴的最高转速一般在10 000 r/min以上，有的高达60 000～100 000 r/min。主轴运转部分微小的不平衡量，都会引起巨大的离心力，造成机床的振动，导致加工精度和表面质量下降。因此，电主轴应严格遵循对称设计的原则，还要采取相应的一些工艺措施使转子在装配后达到动平衡，甚至设计专门的自动平衡系统来实现主轴的动平衡。

（4）电主轴的防尘与密封

电主轴是精密部件，在高速运转情况下，任何微尘进入主轴轴承，都可能引起振动，甚至使主轴轴承咬死。由于电主轴电动机为内置式，过分潮湿会使电动机绕组绝缘变差，甚至失效，以致烧坏电动机。因此，电主轴必须防尘与防潮。由于电主轴定子采用循环冷却剂冷却，主轴轴承可能采用油—气润滑，因此，防止冷却及润滑介质进入电动机内部非常重要。另外，还要防止高速切削时的切削液进入主轴轴承。因此，必须做好主轴的密封工作。

三、传动带

数控机床主传动系统采用带传动时，通常使用多联V形带、多楔带和齿形带。

1．多联V形带

多联V形带又称复合V形带（图3—14），有双联和三联两种，每种都有3种不同的截面，横断面呈楔形，如图3—15所示，楔角为40°。多联V形带是一次成型，不会因长度不一致而受力不均，因而承载能力比多根V带（截面积之和相同）高。同样的承载能力，多联V形带的截面积比多根V带小，因而质量较轻，耐挠曲性能高，允许的带轮最小直径小，线速度高。多联V形带传递负载主要靠强力层。强力层中有多根钢丝绳或涤纶绳，其伸长率小，抗拉强度和抗弯疲劳强度较大。带的基底及缓冲楔部分采用橡胶或聚氨酯。

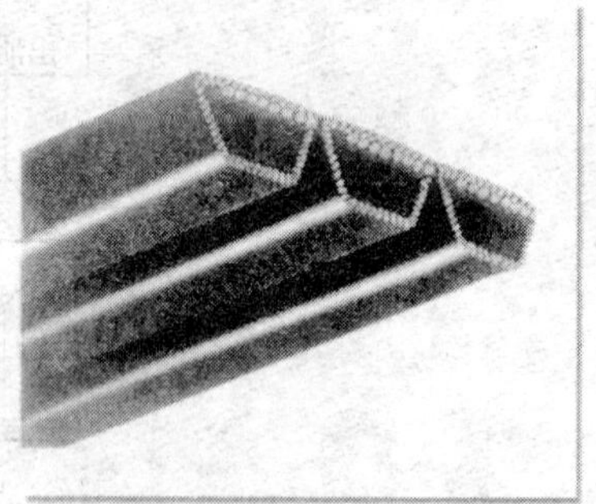

图3—14　多联V形带

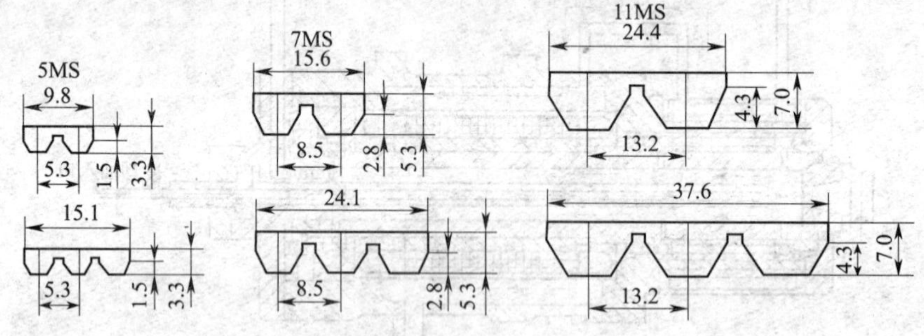

图3—15　多联V形带

2．多楔带

多楔带的结构如图3—16所示。多楔带综合了V形带和平带的优点。运转时振动小，发热少，运转平稳，重量轻，一般在40 m/s的线速度使用。此外，多楔带与带轮的接触好，负载分配均匀，即使瞬时超载，也不会产生打滑，而传动功率比V形带大20%～30%。因此，能够满足加工中心主轴传动的要求。多楔带在高速，大转矩下也不会打滑。多楔带安装时需要较大的张紧力，会使主轴和电动机承受较大的径向负载。

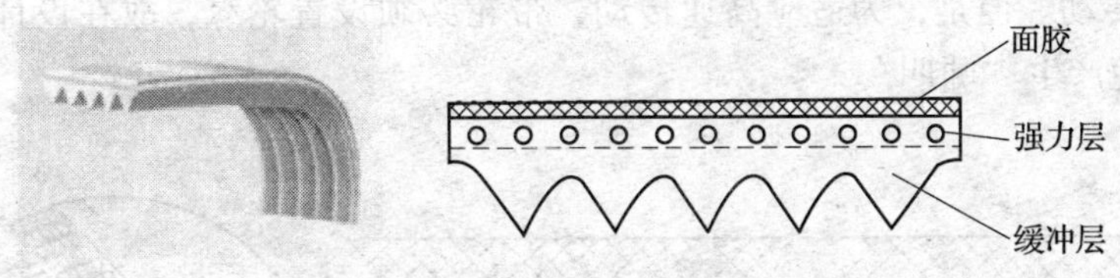

图 3—16 多楔带的结构

多楔带有 H 型、J 型、K 型、L 型、M 型等型号，数控机床上常用的多楔带有三种规格：J 型，齿距为 2.4 mm；L 型，齿距为 4.8 mm；M 型，齿距为 9.5 mm。根据实际工作时的功率及转速，依据图 3—17 可大致选出所需的型号。

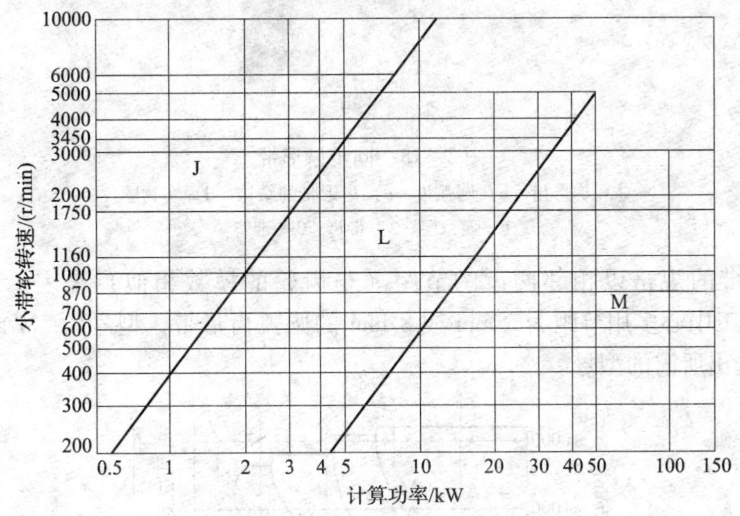

图 3—17 多楔带型号选择图

3. 齿形带

(1) 齿形带简介

齿形带又称为同步齿形带，根据齿形不同分为梯形齿同步带和圆弧齿同步带，如图 3—18 所示。图示是两种齿形带的纵断面，其结构与材质和楔形带相似，但在齿面上覆盖了一层尼龙帆布，用以减少传动齿与带轮的啮合摩擦。梯形齿同步带在传递功率时，由于应力集中在齿根部位，功率传递能力不高。同时，由于与带轮是圆弧形接触，当带轮直径较小时，将使齿变形，影响与带轮齿的啮合，不仅受力情况不好，而且在速度很高时，会产生较大的噪声与振动，这对于主传动来说是不利的。因此，加工中心的主传动中很少采用梯形齿同步带，一般仅在转速不高的运动传动或小功率的动力传动中使用。而圆弧齿同步带克服了梯形齿同步带的缺点，均化了应力，改善了啮合。因此，在加工中心上，无论是主传动还是伺服进给传动，当需要用带传动时，总是优先考虑采用圆弧齿同步带。

同步齿形带具有带传动和链传动的优点：与一般的带传动相比，它不会打滑，且不需要很大的张紧力，减少或消除了轴的静态径向力；传动效率高达 98% ~99.5%；可用于 60 ~

80 m/s 的高速传动。但是，为适应高速传动，带轮必须设置轮缘，故在设计时要考虑轮齿槽的排气，以免产生“啸叫”。

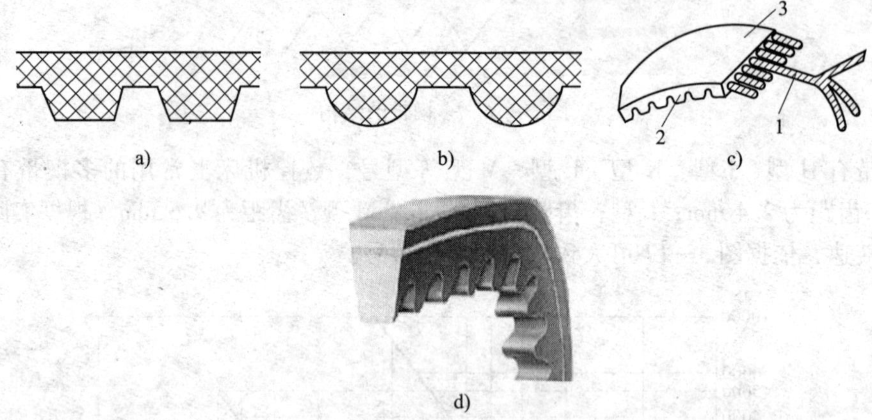

图 3—18　同步齿形带
a）梯形齿　b）圆弧齿　c）齿形带的结构　d）实物图
1—强力层　2—带齿　3—带背

同步齿形带的规格以相邻两齿的节距（与齿轮的模数相似）来表示。主轴功率为 3～10 kW 的加工中心多用节距为 5 mm 或 8 mm 的圆弧齿形带，型号为 5M 或 8M。根据图 3—19 可大致选出所需的型号。

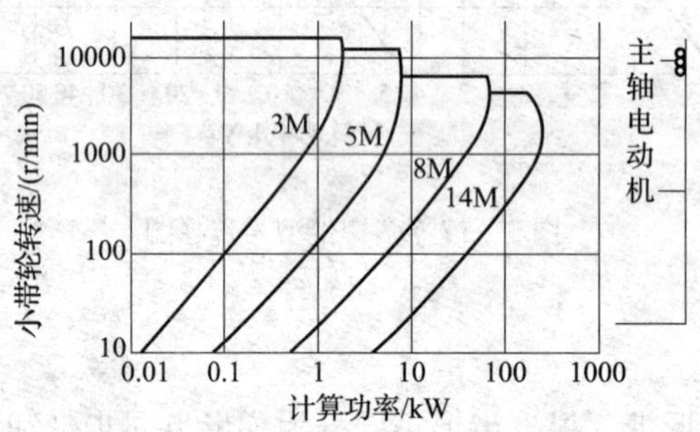

图 3—19　同步齿形带型号选择图

（2）应用齿形带的注意事项

1）为了减小转动惯量，带轮应由密度小的材料制成。带轮所允许的最小直径，根据有效齿数及平带包角，由齿形带厂确定。

2）为了避免离合器引起的附加转动惯量，在驱动轴上的带轮应直接安装在电动机轴上。

3）为了对齿形带长度的制造公差进行补偿并防止间隙，同步齿形带必须预加载。预加载的方法可以是电动机的径向位移，也可以是安装张力轮。

4）对于主动轮和从动轮距离较长的自由齿形带（大于带宽 9 倍），为衰减带振动，常配合使用张力轮。

张力轮可以是安装在齿形带内部的牙轮。更好的方式是在齿形带外部采用圆筒形滚轮。这种方式使齿形带的包角增大，有利于传动。为了减少运动噪声，应使用背面抛光的齿形带。

第二节　主轴部件装调与维修

主轴部件包括主轴箱、主轴头、主轴本体、轴承等，是机床的关键部件，其作用如表3—1所示。

表3—1　主轴部件及其作用

名称	图示	作用
主轴箱		主轴箱通常由铸铁铸造而成，主要用于安装主轴零件、主轴电动机、主轴润滑系统等
主轴头		下面与立柱的硬轨或线轨连接，内部装有主轴，上面还固定主轴电动机、主轴松刀装置，用于实现 Z 轴移动、主轴旋转等功能
主轴本体		主传动系统最重要的零件，主轴材料的选择主要根据刚度、载荷特点、耐磨性和热处理变形等因素确定；用于装夹刀具，执行零件加工

续表

名称	图示	作用
轴承	轴承	支承主轴

主轴部件质量的好坏直接影响加工质量。无论哪种机床的主轴部件都应满足下述几个方面的要求：主轴的回转精度、部件的结构刚度和抗振性、运转温度和热稳定性以及部件的耐磨性和精度保持能力等。对于数控机床尤其是自动换刀数控机床，为了实现刀具在主轴上的自动装卸与夹持，还必须有刀具的自动夹紧装置、主轴准停装置和主轴孔的清理装置等。

一、主轴

1. 主轴端部的结构形状

主轴端部是用于安装刀具或夹持工件的夹具，在设计要求上，应能保证定位准确、安装可靠、连接牢固、装卸方便，并能传递足够的转矩。主轴端部的结构形状都已标准化。图3—20所示为普通机床和数控机床所通用的几种结构形式。

图3—20a为车床主轴端部。卡盘靠前端的短圆锥面和凸缘端面用于定位，拨销用于传递转矩。卡盘装有固定螺栓。卡盘装于主轴端部时，螺栓从凸缘上的孔中穿过，转动快卸卡板将数个螺栓同时拴住，再拧紧螺母将卡盘固牢在主轴端部。主轴为空心，前端有莫氏锥度孔，用以安装顶尖或心轴。

图3—20b为铣、镗类机床的主轴端部。铣刀或刀杆在前端7∶24的锥孔内定位，并用拉杆从主轴后端拉紧，由前端的端面键传递转矩。

图3—20c为外圆磨床砂轮主轴端部。图3—20d为内圆磨床砂轮主轴端部。图3—20e为钻床与普通镗床主轴端部，刀杆或刀具由模氏锥孔定位，用锥孔后端第一扁孔传递转矩，第二个扁孔用以拆卸刀具。但在数控镗床上要使用3—20b图的形式，这是因为7∶24的锥孔没有自锁作用，以便自动换刀时拔出刀具。

图3—20f所示主轴端部用于高速钻床，螺纹与螺钉是作为紧固用的。图3—20g所示主轴端部是高速主轴端部之一，与此对应的刀柄为HSK型刀柄，是1∶10短锥面刀具系统。HSK刀柄由锥面（径向）和法兰端面（轴向）共同实现与主轴的连接刚性，由锥面实现刀具与主轴之间的同轴度，锥柄的锥度为1∶10。采用锥面、端面过定位的结合形式，能有效地提高结合刚度；锥部长度短和采用空心结构使质量较轻，可加快刀具移动速度，缩短移动时间，有利于实现ATC的高速化；采用1∶10的锥度，与7∶24锥度相比锥部较短，楔形效果较好，故有较强的抗扭能力，且能抑制因振动产生的微量位移。

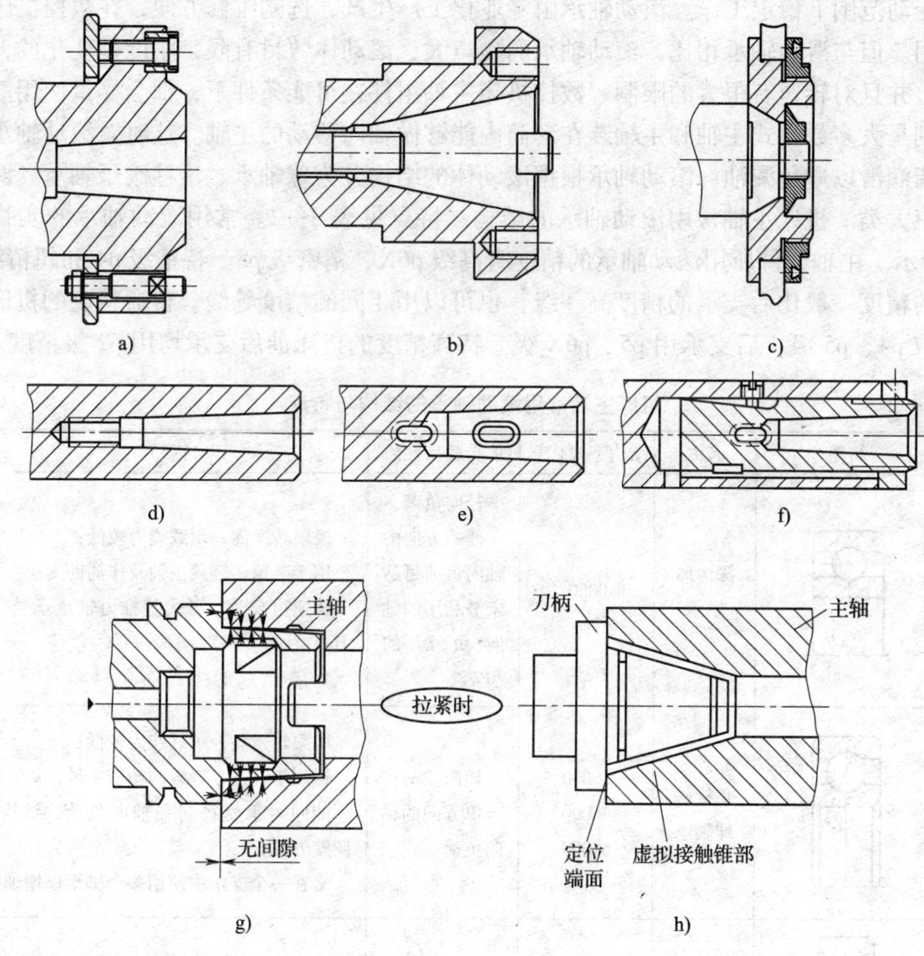

图 3—20 主轴端部的结构形式

a）车床主轴端部 b）铣、镗类机床主轴端部 c）外圆磨床砂轮主轴端部 d）内圆磨床砂轮主轴端部 e）钻床与普通镗床主轴端部 f）高速钻床主轴端部 g）HSK 高速主轴端部 h）WSU－1 高速主轴端部

图 3—20h 所示主轴端部是与 WSU－1 高速刀柄配合的。它以离散的点或线形成一个锥面，与主轴内锥孔面接触。实现这些点线接触的元件是弹性的。因此，当拉杆轴向拉力使刀柄与主轴端面定位接触时，只会使刀柄锥体的这些弹性元件变形，刀柄不变形。这种方法可使接触锥部获得较大的过盈量，而不需太大的拉力，也不会使主轴膨胀，对接触面的污染不敏感。

2. 主轴的支承

（1）主轴轴承

主轴轴承是主轴组件的重要组成部分，它的类型、结构、配置、精度、安装、调整、润滑和冷却都直接影响了主轴组件的工作性能。在数控机床上主轴轴承常用的有滚动轴承和滑动轴承。

1）滚动轴承 滚动轴承摩擦阻力小，可以预紧，润滑维护简单，能在一定的转速范围和载荷变动范围下稳定工作。滚动轴承由专业化工厂生产，选购维修方便，在数控机床上被广泛采用。但与滑动轴承相比，滚动轴承的噪声大，滚动体数目有限，刚度是变化的，抗振性略差，并且对转速有很大的限制。数控机床主轴组件在可能条件下，都会尽量使用滚动轴承，特别是大多数立式主轴和主轴装在套筒内能够做轴向移动的主轴。这时对滚动轴承可以用润滑脂润滑以避免漏油。滚动轴承根据滚动体的结构分为球轴承、滚柱滚子轴承、圆锥滚子轴承三大类。机床主轴常用滚动轴承的结构、特点见表3—2。常用滚动轴承的实物如图3—21所示。主轴部件所用滚动轴承的精度有高级p6X、精密级p5、特精级p4和超精级p2。前支承的精度一般比后支承的精度高一级，也可以用相同的精度等级。普通精度的机床通常前支承取p4、p5级，后支承用p5、p6X级。特高精度的机床前后支承均用p2级精度。

表3—2　　机床主轴常用滚动轴承的结构与特点

序号	简图	名称	结构型式代号	承受载荷性质	特　点
1		深沟球轴承	0000	径向负荷；任一方向的轴向负荷可达未被利用的轴向负荷的70%	极限转速高，承载能力较低；用于高速、轻载主轴及作辅助支承；转速很高时，可代替推力轴承承受纯轴向力
2		角接触球轴承	36000 46000 66000	径向负荷；单方向的轴向负荷	极限转速高，承载能力较低；适用于高速、轻载的精密主轴；能同时承受径向和轴向负荷，结构简单，调整方便；常在一个支承中使用多个轴承以增加刚性
3		圆柱滚子轴承	2000 32000 42000	径向负荷	极限转速高，承载能力较强；不能调整间隙；常用于后支承或辅助支承，允许轴向浮动
4		双列圆柱滚子轴承	3182100	径向负荷	内圈带双挡边，内孔为圆锥孔，可调整径向间隙；是高精度、高刚度、高转速的径向轴承
5		双列圆柱滚子轴承	4382900	径向负荷	外圈带双挡边，内孔为圆锥孔，可调整径向间隙；滚子直径减少，数量增多，刚度提高，径向尺寸小；内圈滚道可装在轴上后精磨，使轴与滚道同心

续表

序号	简图	名称	结构型式代号	承受载荷性质	特点
6		圆锥滚子轴承	7000 67000	径向负荷； 单方向的轴向负荷	刚度和承载能力高，发热大，极限转速低； 外圈有凸缘的67000型，其支承孔可做成直孔； 用于中速、重载、高刚度的主轴
7		双列圆锥滚子轴承	297000	径向负荷； 双向轴向负荷	刚度和承载能力很高，发热大，极限转速低； 修磨中间隔套能调整径向和轴向间隙，结构简单，调整容易； 外圈带凸缘的其支承孔可做成直孔； 适用于中、低速，重载，高刚度主轴
8		Gamet轴承 G、H型 (其中G型不带凸缘)		径向负荷； 双向轴向负荷	空心滚子，实体保持架，油润滑，发热少，极限转速高； 在已有的滚动轴承中，抗振性最好； 旋转精度高，刚度和承载能力高，外圈带凸缘，支承孔做成直孔，用于前支承
9		Gamet轴承 P型		径向负荷； 单方向的轴向负荷	空心滚子、实体保持架、油润滑，发热少，极限转速高； 靠弹簧自动保持一定的预紧力，可对称地增减弹簧数量，改变预紧力； 与Gamet轴承的H、G型组合，用于后支承
10		双向推力角接触球轴承	268000	轴向载荷	滚珠小，数量多，轴向承载能力大，刚度高，极限转速高； 修磨内圈隔套进行预紧； 外径为负偏差，与箱体孔之间有间隙，不承受径向载荷； 与双列圆柱滚子轴承组合使用

双向推力角接触球轴承

双列圆锥滚子轴承

圆柱滚子轴承

图3—21 常用滚动轴承实物图

2）滑动轴承　滑动轴承在数控机床上最常使用的是静压滑动轴承。静压滑动轴承的油膜压强，是由液压缸从外界供给，与主轴转与不转、转速的高低无关（忽略旋转时的动压效应）。它的承载能力不随转速而变化，而且无磨损，启动和运转时摩擦阻力力矩相同，所以液压轴承的刚度大，回转精度高，但静压轴承需要一套液压装置，成本较高。

液体静压轴承装置主要由供油系统、节流器和轴承三部分组成，其工作原理如图 3—22 所示。在轴承的内圆柱表面上，对称地开了 4 个矩形油腔和回油槽，油腔与回油槽之间的圆弧面成为周向封油面，封油面与主轴之间有 0.02 ~ 0.04 mm 的径向间隙。系统的压力油经各节流器降压后进入各油腔。在压力油的作用下，将主轴浮起而处在平衡状态。油腔内的压力油经封油边流出后，流回油箱。当轴受到外部载荷 F 的作用，主轴轴颈会产生偏移。这时，上下油腔的回油间隙发生变化，上腔回油量增大，而下腔回油量减少。根据液压原理中节流器的流量 q 与节流器两端的压强差 p 之间的关系式 $q = Kp$ 可知，当节流器进口油的压强保持不变时，流量改变，节流器出油口的压强也随之改变。因此，上腔压强 p_1 下降，下腔压强 p_3 增大，若油腔面积为 A，当 $A(p_3 - p_1) = F$ 时，平衡了外部载荷 F。这样主轴轴心线始终保持在回转中心轴线上。

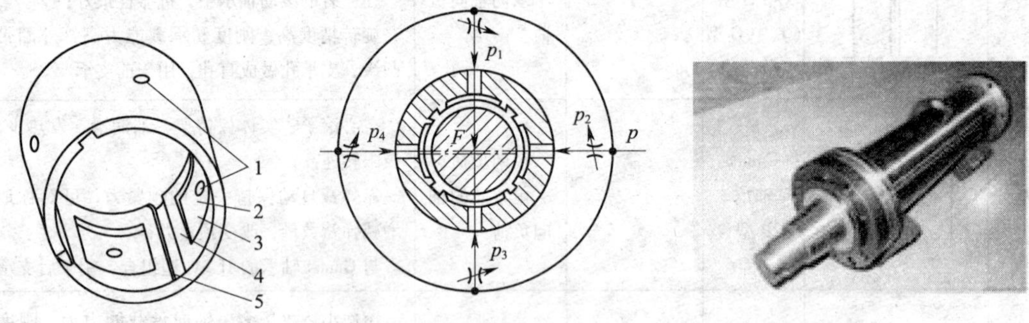

图 3—22　静压轴承

1—进油孔　2—油腔　3—轴向封油面　4—周向封油面　5—回油槽

节流器是使静压轴承各油腔形成压强差的关键。因此节流器的性能直接影响到液压轴承的工作性能。节流器必须反应灵敏，不易阻塞和便于制造。节流器有固定节流器和可变节流器两大类。固定节流器采用小孔节流，其结构简单，适用于高速、轻载的精密机床。可变节流器一般采用双向薄膜可变节流器，其原理如图 3—23 所示。压强为 p 的压力油，分两路进入节流器，分别经薄膜上、下形成的两个节流口 p_1 和 p_3，进入轴承的油腔 1 和 3。当轴受到外载荷时，轴颈向下移动距离 e，使 p_3 升高，p_1 降低。p_3 和 p_1 同时作用于薄膜的下方和上方，使薄膜因压力差向上突起，如图中双点画线所示。这就使油膜的上腔面积减少，液阻增大；而下腔面积增大，液阻减小。这种反馈作用使上、下油腔的压差 $p_3 - p_1$ 进一步增大，直至与载荷担负平衡为止。对这样的位移 e，可变节流器引起的压差 $p_3 - p_1$ 比固定式节流器大，因此，采用可变节流器的静压轴承刚度相对较高。图中轴承的油腔 2 和 4 需用另一双向可变薄膜节流器节流。

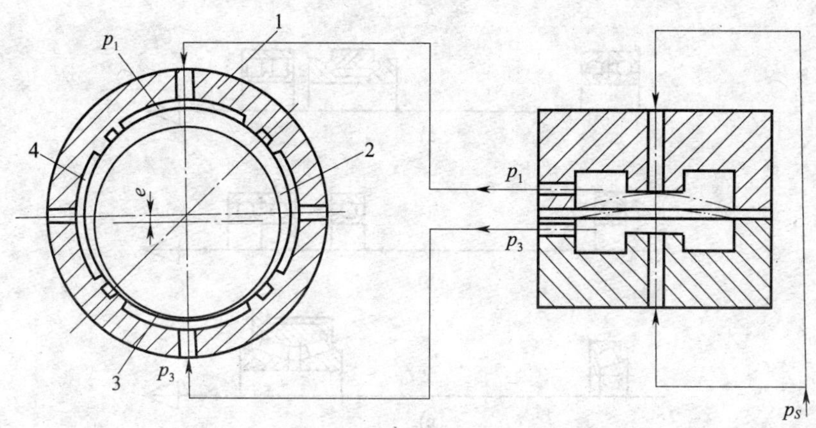

图 3—23 双向薄膜可变节流器

1、2、3、4—轴承的油腔

另外在数控机床上的滑动轴承也有采用磁悬浮轴承的。磁悬浮轴承原理图如图 3—24 所示。

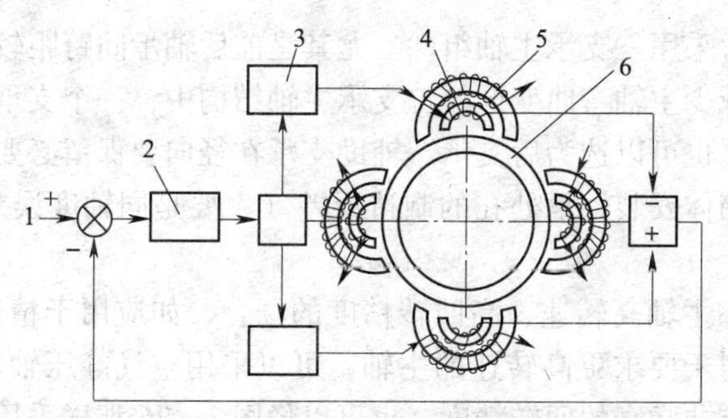

图 3—24 磁悬浮轴承

1—基准信号 2—调节器 3—功率放大器 4—位移传感器 5—定子 6—转子

（2）主轴轴承的配置

在实际应用中，数控机床主轴轴承常见的配置有下列三种形式，如图 3—25 所示。

图 3—25a 所示的配置形式能使主轴获得较大的径向和轴向刚度，可以满足机床强力切削的要求，普遍应用于各类数控机床的主轴，如数控车床、数控铣床、加工中心等。这种配置的后支承也可用圆柱滚子轴承，进一步提高后支承径向刚度。

如图 3—25b 所示的配置没有如图 3—25a 所示的配置主轴刚度大，但这种配置提高了主轴的转速，适合主轴要求在较高转速下工作的数控机床。目前，这种配置形式在立式、卧式加工中心机床上得到广泛应用，满足了这类机床转速范围大、最高转速高的要求。为提高这种形式配置的主轴刚度，前支承可以用四个或更多个轴承相组配，后支承用两个轴承相组配。

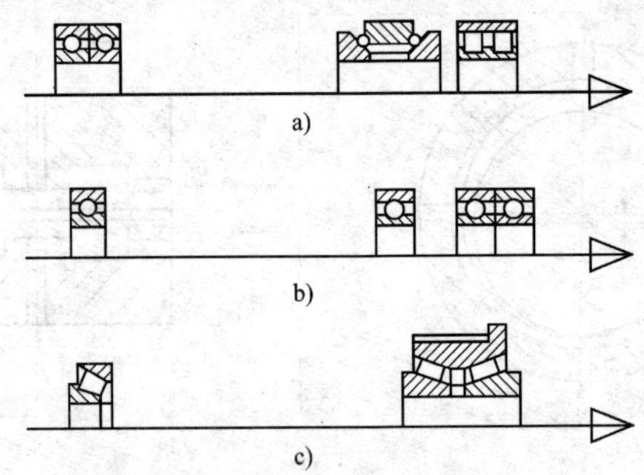

图 3—25 数控机床主轴轴承常见配置形式

如图 3—25c 所示的配置形式能使主轴承受较重载荷（尤其是承受较强的动载荷），径向和轴向刚度高，安装和调整性好。但这种配置相对限制了主轴最高转速和精度，适用于中等精度、低速与重载的数控机床主轴。

为提高主轴组件刚度，数控机床还常采用三支承主轴组件。尤其是前后轴承间跨距较大的数控机床，采用辅助支承可以有效地减少主轴弯曲变形。三支承主轴结构中，一个支承为辅助支承，辅助支承可以选为中间支承，也可以选为后支承。辅助支承在径向要保留必要的游隙，避免由于主轴安装轴承处轴颈和箱体安装轴承处孔的制造误差（主要是同轴度误差）造成干涉。辅助支承常采用深沟球轴承。

液体静压轴承和动压轴承主要应用在主轴高转速、高回转精度的场合，如应用于精密、超精密数控机床主轴，数控磨床主轴。对于要求更高转速的主轴，可以采用空气静压轴承，这种轴承可达每分钟几万转的转速，并有非常高的回转精度；也可以像图 3—26 那样采用磁悬浮轴承。

（3）主轴轴承的预紧

所谓轴承预紧，就是使轴承滚道预先承受一定的载荷，不仅能消除间隙而且还使滚动体与滚道之间发生一定的变形，从而使接触面积增大，轴承受力时变形减少，抵抗变形的能力增大。因此，对主轴轴承进行预紧和合理选择预紧量，可以提高主轴部件的旋转精度、刚度和抗振性。机床主轴轴承虽在装配时进行过预紧，但使用一段时间以后，间隙或过盈有了变化，还得重新调整。因此，要求预紧结构便于进行调整。滚动轴承间隙的调整或预紧，通常是通过轴承内、外圈相对轴向移动来实现的。常用的方法有以下几种。

1）轴承内圈移动

如图 3—27 所示，这种方法适用于锥孔双列圆柱滚子轴承。用螺母通过套筒推动内圈在锥形轴颈上做轴向移动，使内圈变形胀大，在滚道上产生过盈，从而达到预紧的目的。图 a 的结构简单，但预紧量不易控制，常用于轻载机床主轴部件。图 b 用右端螺母限制内圈的移

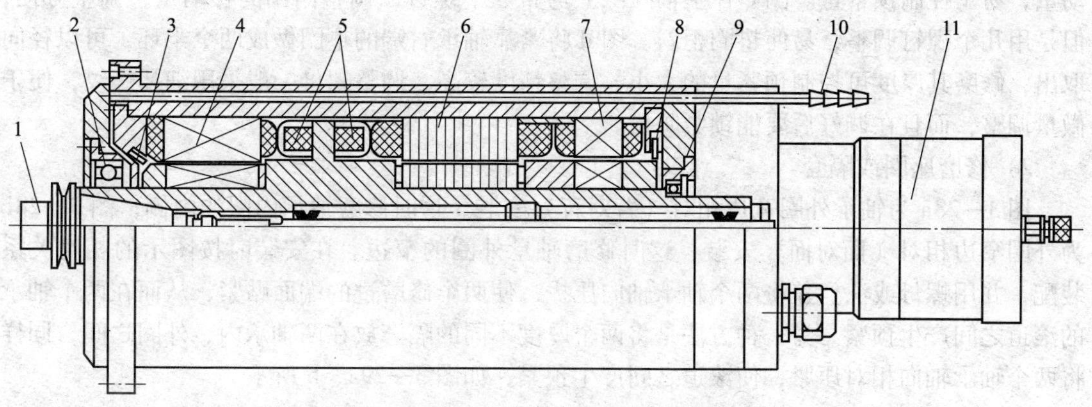

图 3—26　使用磁悬浮轴承的高速主轴部件

1—刀具系统　2、9—捕捉轴承　3、8—传感器　4、7—径向轴承　5—轴向推力轴承
6—高频电动机　10—冷却水管路　11—气、液压力放大器

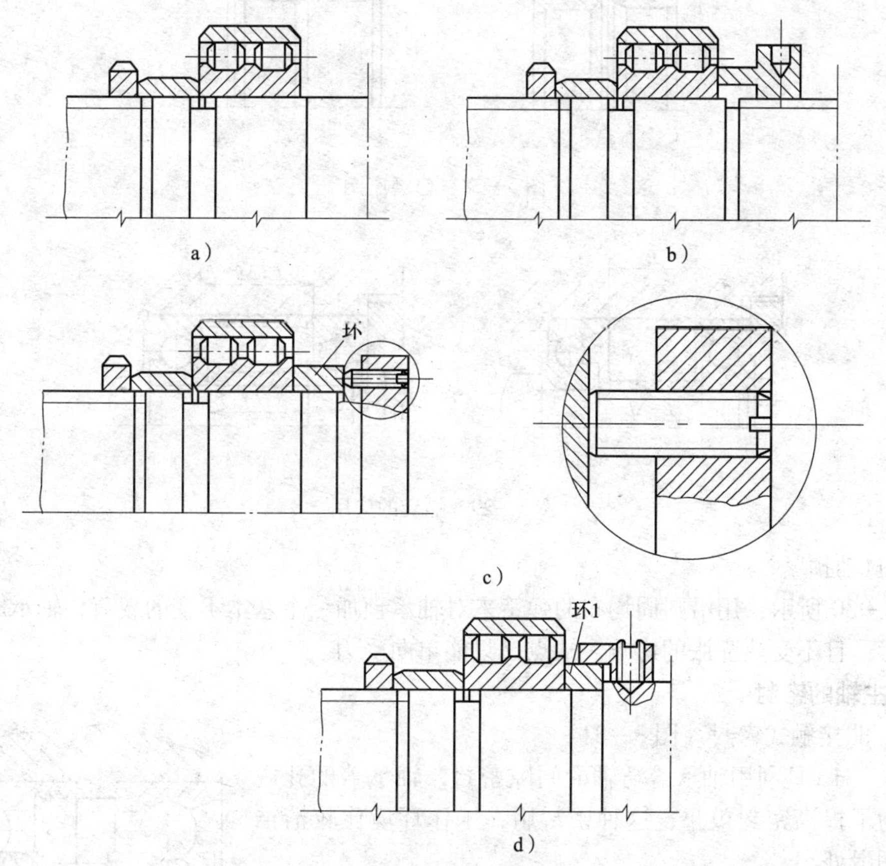

图 3—27　轴承内圈移动

动量，易于控制预紧量。图 c 在主轴凸缘上均布数个螺钉以调整内圈的移动量，调整方便，但是用几个螺钉调整，易使垫圈歪斜。图 d 将紧靠轴承右端的垫圈做成两个半环，可以径向取出，修磨其厚度可控制预紧量的大小，调整精度较高，调整螺母一般采用细牙螺纹，便于微量调整，而且在调好后要能锁紧防松。

2）修磨座圈或隔套

图 3—28a 为轴承外圈宽边相对（背对背）安装，这时修磨轴承内圈的内侧；图 3—28b 为外圈窄边相对（面对面）安装，这时修磨轴承外圈的窄边。在安装时按图示的相对关系装配，并用螺母或法兰盖将两个轴承轴向压拢，使两个修磨过的端面贴紧，从而在两个轴承的滚道之间产生预紧。另一种方法是将两个厚度不同的隔套放在两轴承内、外圈之间，同样将两个轴承轴向相对压紧，使滚道之间产生预紧，如图 3—29a、b 所示。

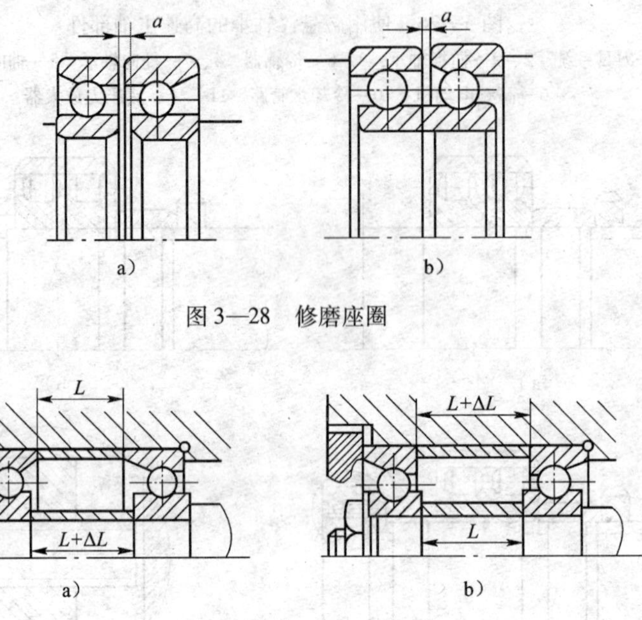

图 3—28　修磨座圈

图 3—29　隔套的应用

3）自动预紧

图 3—30 所示，用沿圆周均布的弹簧来对轴承预加一个基本不变的载荷，轴承磨损后能自动补偿，且不受热膨胀的影响。缺点是只能单向受力。

3．主轴的密封

（1）非接触式密封（图 3—31）

图 3—31a 是利用轴承盖与轴的间隙密封，轴承盖的孔内开槽是为了提高密封效果，这种密封用在工作环境比较清洁的油脂润滑处。

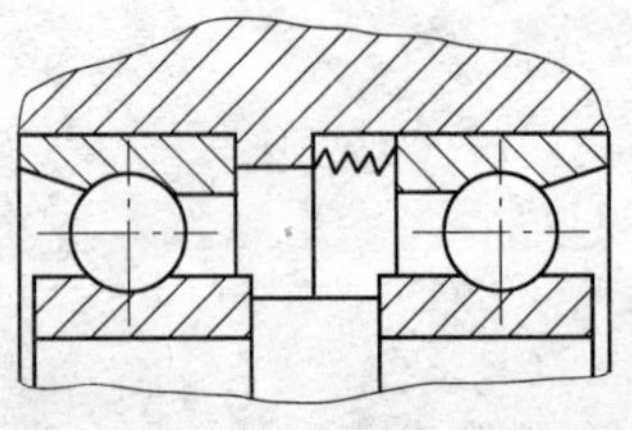

图 3—30　自动预紧

图 3—31b 是在螺母的外圆上开锯齿形环槽，当油向外流时，靠主轴转动的离心力把油沿斜面甩到端盖 1 的空腔内，

油液流回箱内。

图3—31c是迷宫式密封结构，在切屑多，灰尘大的工作环境下可获得可靠的密封效果，这种结构适用油脂或油液润滑的密封。

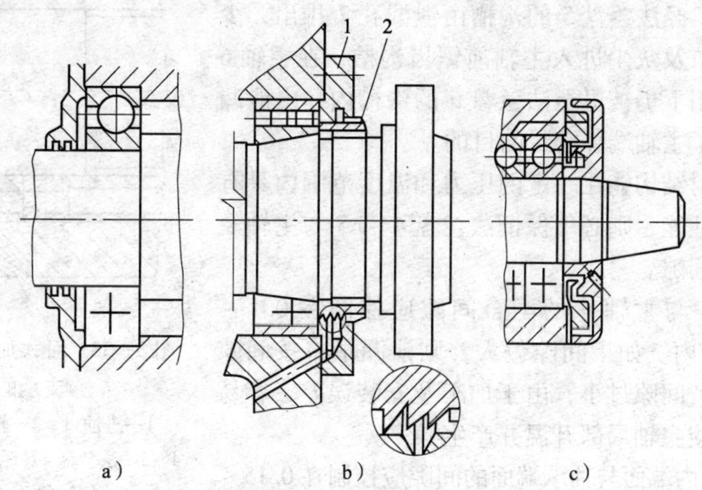

图3—31 非接触式密封

a) 间隙密封 b) 螺母密封 c) 迷宫式密封

1—端盖 2—螺母

(2) 接触式密封（图3—32）

主要有油毡圈和耐油橡胶密封圈密封。

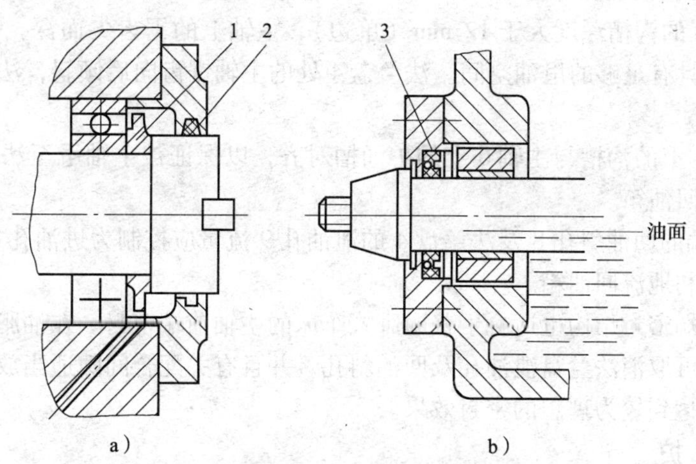

图3—32 接触式密封

1—甩油环 2—油毡圈 3—耐油橡胶密封圈

图3—33为卧式加工中心主轴前支撑的密封结构。该卧式加工中心主轴前支撑采用的是双层小间隙密封装置。主轴前端加工有两组锯齿形护油槽，在法兰盘4和5上开有沟槽及泄漏孔。当喷入轴承2内的油液流出后，被法兰盘4内壁挡住，并经其下部的泄油孔9和套筒3上的回油斜孔8流回油箱。少量油液沿主轴6流出时，在主轴护油槽处由于离心力的作用

被甩至法兰盘 4 的沟槽内，再经回油斜孔 8 重新流回油箱，从而达到防止润滑介质泄漏的目的。

当外部切削液、切屑及灰尘等沿主轴 6 与法兰盘 5 之间的间隙进入时，经法兰盘 5 的沟槽由泄漏孔 7 排出，少量的切削液、切屑及灰尘进入主轴前锯齿沟槽，在主轴 6 高速旋转离心作用下仍被甩至法兰盘 5 的沟槽内，由泄漏孔 7 排出，达到了主轴端部密封的目的。

要使间隙密封结构能在一定的压力和温度范围内具有良好的密封防漏性能，则必须保证法兰盘 4 和 5 与主轴及轴承端面的配合间隙。

1）法兰盘 4 与主轴 6 的配合间隙应控制在 0.1 ~ 0.2 mm 单边范围内。如果间隙偏大，则泄漏量将按间隙的 3 次方扩大；若间隙过小，由于加工及安装误差，容易与主轴局部接触使主轴局部升温并产生噪声。

2）法兰盘 4 内端面与轴承端面的间隙应控制在 0.15 ~ 0.3 mm 之间。小间隙可使压力油直接被挡住，并且沿法兰盘 4 内端面下部的泄油孔 9 经回油斜孔 8 流回油箱。

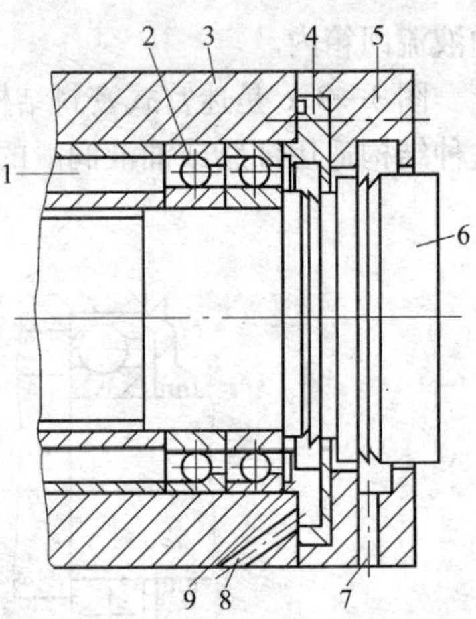

图 3—33　卧式加工中心主轴前支承的密封结构

1—进油口　2—轴承　3—套筒　4、5—法兰盘　6—主轴　7—泄漏孔　8—回油斜孔　9—泄油孔

3）法兰盘 5 与主轴的配合间隙应控制在 0.15 ~ 0.25 mm 单边范围内。间隙太大，进入主轴 6 内的切削液及杂物会显著增多，间隙太小，则易与主轴接触。法兰盘 5 沟槽深度应大于 10 mm（单边），泄漏孔 7 应大于 ϕ6 mm，并应位于主轴下端靠近沟槽的内壁处。

4）法兰盘 4 的沟槽深度大于 12 mm（单边），主轴上的锯齿尖而深，一般在 5 ~ 8 mm 范围内，以确保具有足够的甩油空间。法兰盘 4 处的主轴锯齿向后倾斜，法兰盘 5 处的主轴锯齿向前倾斜。

5）法兰盘 4 上的沟槽与主轴 6 上的护油槽对齐，以保证被主轴甩至法兰盘沟槽内腔的油液能可靠地流回油箱。

6）套筒前端的回油斜孔 8 及法兰盘 4 的泄油孔 9 流量应控制为进油孔 1 的 2 ~ 3 倍，以保证压力油能顺利地流回油箱。

这种主轴前端密封结构也适合于普通卧式车床的主轴前端密封。在油脂润滑状态下使用该密封结构时，可取消法兰盘泄油孔及回油斜孔，并且有关配合间隙适当放大，经正确加工及装配后同样可达到较为理想的密封效果。

4. 主轴的维护

主轴维护如图 3—34 所示。每月检查加工中心主轴冷却单元油量，不足时需及时加油。注油口如图 3—34a 所示。每月还需在平衡重块链条加润滑油脂一次。平衡配重块链条如图 3—34b 所示。

5. 主轴支承故障维修

（1）常见支承的故障诊断与排除

主轴支承部件常见故障诊断及排除方法见表 3—3。

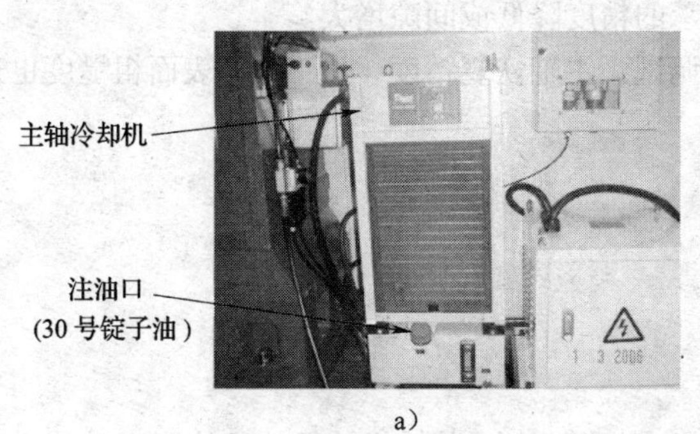

a）

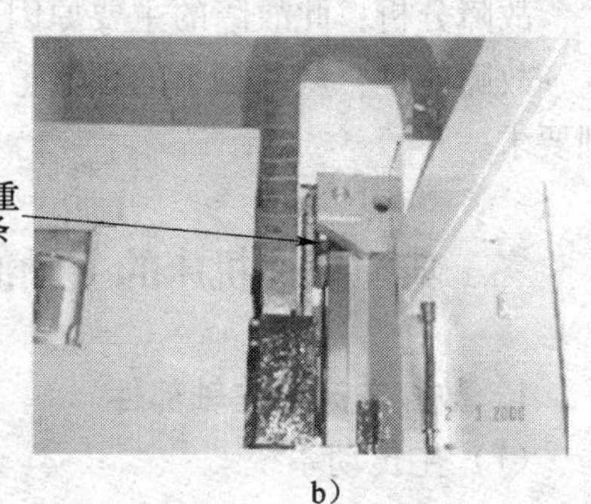

b）

图 3—34　主轴维护

表 3—3　　主轴支撑部件常见故障诊断及排除

序号	故障现象	故障原因	排除方法
1	主轴发热	轴承润滑脂耗尽或润滑油脂涂抹过多	重新涂抹润滑油脂，每个轴承 3mL
		主轴前后轴承损伤或轴承不清洁	更换轴承，清除脏物
		主轴轴承预紧力过大	调整预紧力
		轴承研伤或损伤	更换轴承
2	切削振动大	轴承预紧力不够，游隙过大	重新调整轴承游隙，但预紧力不宜过大，以免损坏轴承
		轴承预紧螺母松动，使主轴窜动	紧固螺母，确保主轴精度合格
		轴承拉毛或损坏	更换轴承
3	主轴噪声	轴承损坏或传动轴弯曲	修复或更换轴承，校直传动轴
		缺少润滑	涂抹润滑油脂，保证每个轴承的油脂不超过 3 mL
4	轴承损坏	轴承预紧力过大或无润滑油	重新调整预紧力，并使之润滑充分
5	主轴不转	传动轴上的轴承损坏	更换轴承

（2）维修实例

1）开机后主轴不转动的故障排除

故障现象：开机后土轴不转动。

故障分析：检查电动机情况良好，传动键没有损坏；调整 V 带松紧程度，主轴仍无法转动；检查测量电磁制动器的接线和线圈均正常，拆下制动器发现弹簧和摩擦盘也完好；拆下传动轴发现轴承因缺乏润滑而烧毁，将其拆下，手盘转动主轴正常。

故障处理：换轴承，重新装上主轴，转动正常，但因主轴制动时间较长，还需调整摩擦盘和衔铁之间的间隙。具体做法是先松开螺母，均匀地调整 4 个螺钉，使衔铁向上移动，将衔铁和摩擦盘间隙调至 1 mm，然后用螺母将其锁紧，此后再试车。可见主轴制动迅速，故障排除。

2）孔加工时表面粗糙度值太大的故障维修

故障现象：零件孔加工时表面粗糙度值太大，无法使用。

故障分析：此故障的主要原因是主轴轴承的精度降低或间隙增大。

故障处理：调整轴承的预紧量。经几次调试，主轴恢复精度，加工孔的表面粗糙度也达到要求。

二、典型数控机床的主轴部件

1．数控车床的主轴部件

（1）主传动系统

TND360 数控卧式车床主传动系统如图 3—35 所示。图中各传动元件是按照运动传递的先后顺序，以展开图的形式画出来的。该图只表示传动关系，不表示各传动元件的实际尺寸和空间位置。

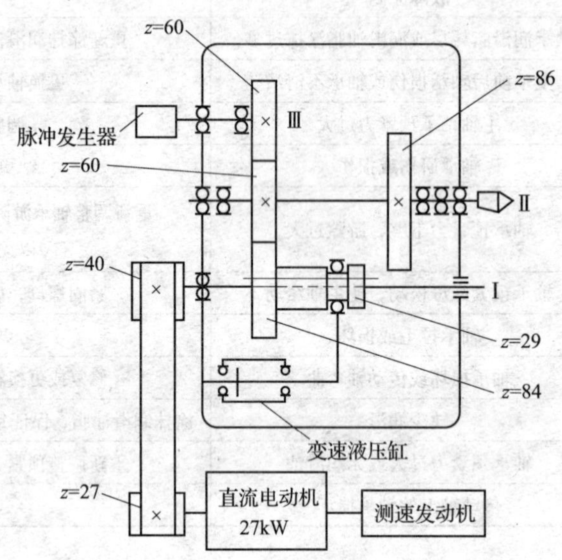

图 3—35　TND360 数控卧式车床主传动系统图

数控车床主运动传动链的两端部件是主电动机与主轴，它的功用是把动力源（电动机）的运动及动力传递给主轴，使主轴带动工件旋转实现主运动，并满足数控卧式车床主轴变速和换向的要求。

TND360 主运动传动由直流主轴伺服电动机（27kW）的运动经过齿数为 27/40 同步齿形带传动到主轴箱中的轴Ⅰ上。再经轴Ⅰ上双联滑移齿轮（齿轮副 84/60 或 29/86）传递到轴Ⅱ（即主轴），使主轴获得高（800 ~ 3 150 r/min）、低（7 ~ 800 r/min）两挡转速范围。在各转速范围内，由主轴伺服电动机驱动实现无级变速。

主轴的运动经过齿轮副 60/60 传递到轴Ⅲ上，由轴Ⅲ经联轴节驱动圆光栅。圆光栅将主轴的转速信号转变为电信号送回数控装置，由数控装置控制实现数控车床上的螺纹切削加工。

(2) 主轴箱的结构

数控机床的主轴箱是一个比较复杂的传动部件。表达主轴箱中各传动元件的结构和装配关系时常用展开图表示。展开图基本上是按传动链传递运动的先后顺序，沿轴心线剖开，并展开在一个平面上的装配图。图 3—36 所示为 TND360 数控车床的主轴箱展开图。该图是沿轴Ⅰ—Ⅱ—Ⅲ的轴线剖开后展开的。

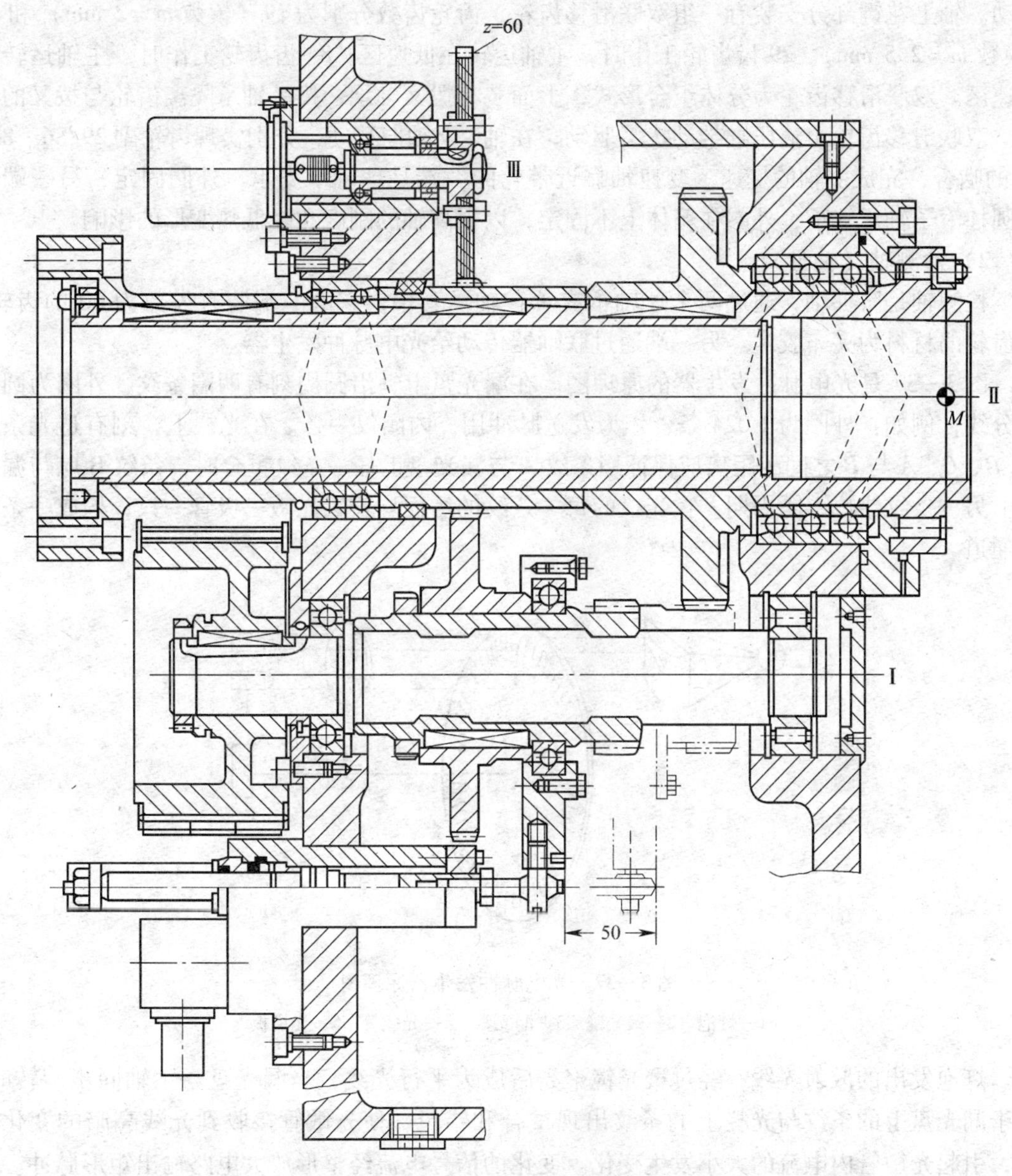

图 3—36 TND360 数控车床的主轴箱展开图

展开图通常主要表示：

各种传动元件（轴、齿轮、带传动和离合器等）的传动关系；各传动轴及主轴等有关零件的结构形状、装配关系和尺寸，以及箱体有关部分的轴向尺寸和结构。

有时，仅有展开图还是不能表示出每个传动元件的空间位置及其他机构（如操作机构、润滑装置等）。为此，装配图中必要时还会加入向视图及其他剖视图来加以说明。

1）变速轴

变速轴（轴Ⅰ）是花键轴。左端装有齿数为48的同步齿形带轮，接受来自主电动机的运动。轴上花键部分安装有一组双联滑移齿轮，齿轮齿数分别为29（模数 $m=2$ mm）和84（模数 $m=2.5$ mm）。29齿齿轮工作时，主轴运转在低速区；84齿齿轮工作时，主轴运转在高速区。双联滑移齿轮为分体组合形式，上面装有拨叉轴承，拨叉轴承隔离齿轮与拨叉的运动。双联滑移齿轮由液压缸带动拨叉驱动，在轴Ⅰ上轴向移动，分别实现齿轮副29/86、84/60的啮合，完成主轴的变速。变速轴靠近带轮的一端是球轴承支承，外圈固定；另一端由长圆柱滚子轴承支承，外圈在箱体上不固定，以提高轴的刚度和降低热变形的影响。

2）检测轴（轴Ⅲ）

检测轴是阶梯轴，通过两个球轴承支承在轴承套中。它的一端装有齿数为60的齿轮，该齿轮的材料为夹布胶木。另一端通过联轴器传动给光电脉冲发生器。

图3—37是光电脉冲发生器的原理图。在漏光盘上，沿圆周刻有两圈条纹，外圈为圆周等分线，例如：外圈为1 024条，作为发送脉冲用，内圈仅一条。在光栏上，刻有透光条纹 A、B、C，A 与 B 之间的距离应保证当条纹 A 与漏光盘上任一条纹重合时，条纹B应与漏光盘上另一条纹错位1/4周期。在光栏的每一条纹的后面均安置光敏三极管一只，构成一条输出通道。

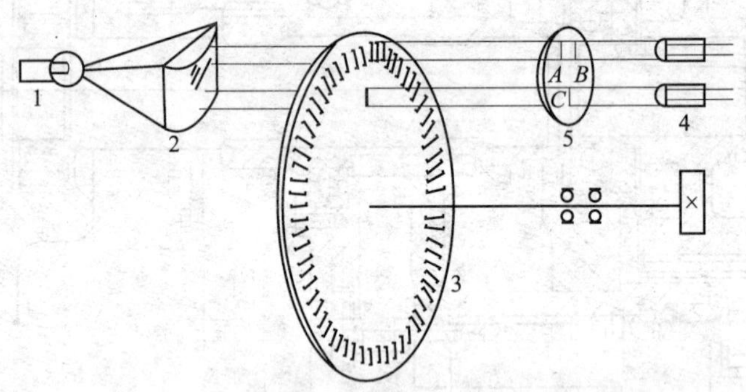

图3—37　光电脉冲发生器原理图

1—灯泡　2—聚光镜　3—漏光盘　4—光敏管　5—光栏板

灯泡发出的散射光线，经过聚光镜聚光后成为平行光线，当漏光盘与主轴同步旋转时，由于漏光盘上的条纹与光栏上的条纹出现重合和错位，使光敏管接收到光线亮暗的变化信号，引起光敏管内电流的大小发生变化。变化的信号电流经整形放大电路输出矩形脉冲。由于条纹 A 与漏光盘条纹重合时，B 条纹与另一个条纹错位1/4周期，因此 A、B 两通道输出的波形相位也相差1/4周期。

脉冲发生器中漏光盘内圈的一条刻线与光栏上条纹重合时输出的脉冲数为同步（起步，

又称零位）脉冲。利用同步脉冲，数控车床可实现加工控制，也可作为主轴准停装置的准停信号。数控车床车螺纹时，可利用同步脉冲作为车刀进刀点和退刀点的控制信号，以保证车削螺纹不会乱扣。

3）主轴箱

主轴箱的作用是支承主轴和支承主轴运动的传动系统，主轴箱材料为密烘铸铁。主轴箱采用底部定位面，在床身左端定位，并用螺钉紧固。

（3）卡盘

数控车床工件夹紧装置可采用三爪自定心卡盘、四爪单动卡盘或弹簧夹头（用于棒料加工）。为减少数控车床装夹工件的辅助时间，广泛采用液压或气动动力自定心卡盘。图3—38 所示为数控车床上采用的一种液压驱动动力自定心卡盘。卡盘 3 用螺钉固定在主轴前端（短锥定位），液压缸 5 固定在主轴后端。改变液压缸左、右腔的通油状态，活塞杆 4 带动卡盘内的驱动爪 1，从而驱动卡爪 2 夹紧或松开工件，并通过行程开关 6 和 7 发出相应信号。

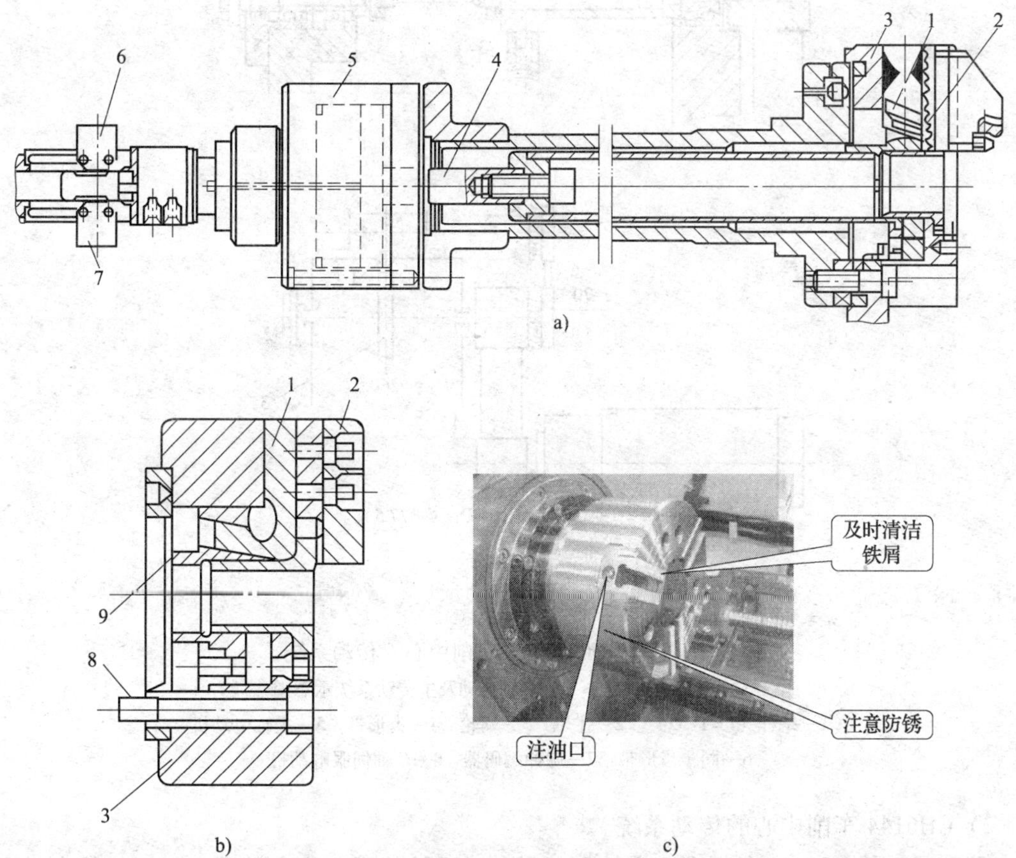

图 3—38 液压驱动动力自定心卡盘

a）液压动力自定心卡盘的整体结构 b）卡盘本体 c）卡盘的维护

1—驱动爪 2—卡爪 3—卡盘 4—活塞杆 5—液压缸 6、7—行程开关 8—螺钉 9—滑套

(4) C 轴传动系统

1) MDC200MS3 车削中心的传动系统

图 3—39 为 MDC200MS3 车削柔性加工单元的主轴传动系统结构和 C 轴传动及主传动系统简图。C 轴分度采用可啮合和脱开的精密蜗轮副结构。它由一个扭矩为 18.2 N·m 伺服电动机驱动蜗杆 1 及主轴上的蜗轮 3，当机床处于铣削和钻削状态时，即主轴需通过 C 回转或分度时，蜗杆与蜗轮啮合。该蜗杆蜗轮副由一个可固定的精确调整滑块来调整，以消除啮合间隙。C 轴的分度精度由一个脉冲编码器来保证，分度精度为 0.01°。

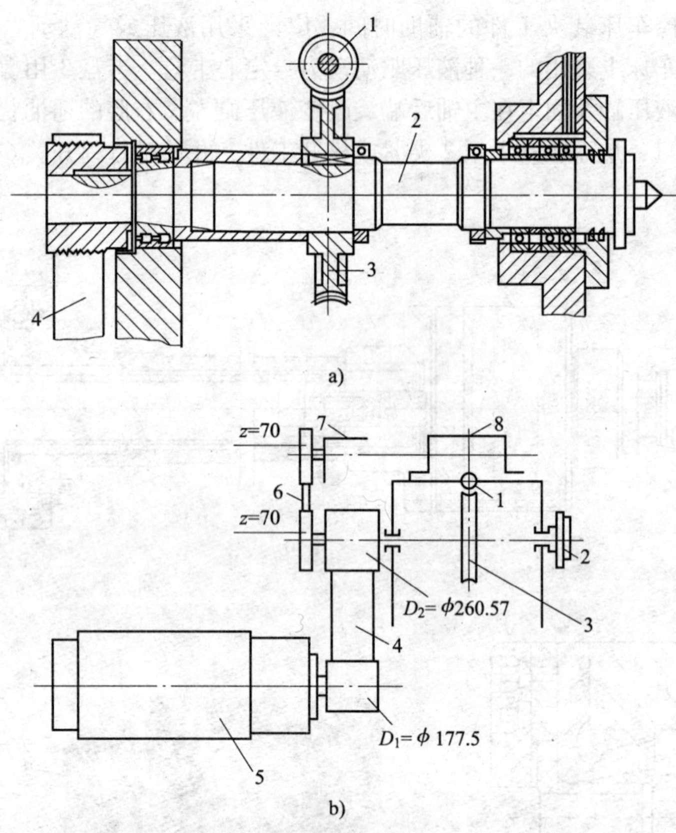

图 3—39 MDC200MS3 车削中心 C 传动系统

a) 主轴结构简图 b) C 轴传动及主传动系统示意图

1—蜗杆（$i=1:32$） 2—主轴 3—蜗轮 4—齿形带 5—主轴电动机

6—同步齿形带 7—脉冲编码器 8—C 轴伺服电动机

2) CH6144 车削中心的传动系统

图 3—40 为 CH6144 车削中心主轴和 C 轴传动系统简图。当主轴在一般工作状态时，换位油缸 6 使滑移齿轮 5 与主轴齿轮 7 脱离，制动油缸 10 脱离制动，主轴电机通过 V 形带带动带轮 11 使主轴 8 旋转。

当主轴需要 C 轴控制作分度或回转时，主轴电动机处于停止工作状态，齿轮 5 与齿轮 7 啮合。在制动油缸 10 未制动状态下，C 轴伺服电动机 15 根据指令脉冲值旋转，通过 C 轴变速箱变速，经齿轮 5、7 使主轴分度，然后制动油缸工作，制动主轴。进行铣削时，除制动油缸不制动主轴外，其他动作与上述相同，此时主轴被指令做缓慢地连续旋转进给运动。

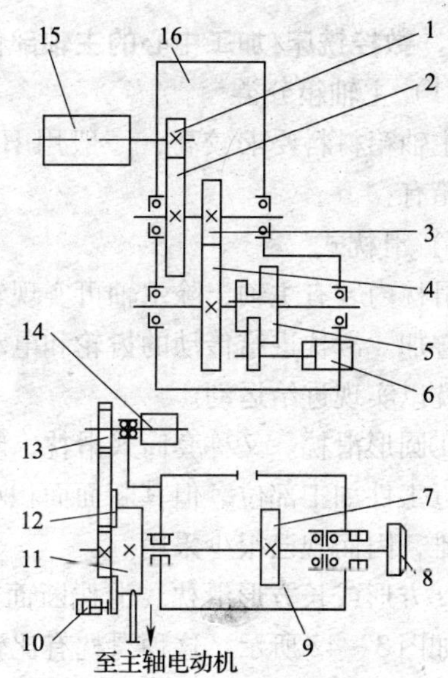

图 3—40　CH6144 车削中心主轴和 C 轴传动系统
1 ~ 4—传动齿轮　5—滑移齿轮　6—换位油缸　7—主轴齿轮　8—主轴　9—主轴箱　10—制动油缸　11—V 形带轮　12—主轴制动盘　13—同步齿形带轮　14—脉冲编码器　15—C 轴伺服电动机　16—C 轴控制箱

3）S3—317 车削中心的传动系统

图 3—41 所示为 S3—317 车削中心主轴和 C 轴传动系统简图。C 轴传动方式是通过安装在伺服电动机轴上的滑移齿轮带动主轴旋转，可实现主轴旋转进给和分度。当不用 C 轴传动时，伺服电动机上的滑移齿轮脱开，主轴由主电动机带动。为了防止主传动和 C 轴传动之间产生干涉，在伺服电动机上的滑移齿轮的啮合位置设有检测开关，利用开关的检测信号，可识别主轴的工作状态。当 C 轴工作时，主轴电动机就不能启动。

主轴分度是采用安装在主轴上的三个 120 齿的分度轮来实现的。在安装时，三个齿轮分别错开一个齿，以实现主轴的最小分度值为 1°。主轴定位靠一个带齿的连杆来实现，定位后通过油缸压紧。三个油缸分别配合三个连杆协调动作，用电气实现自动控制。

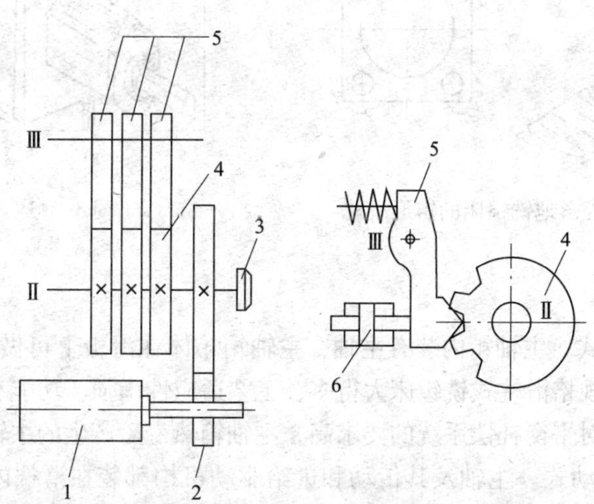

图 3—41　S3—317 车削中心主轴和 C 轴传动系统
1—电动机　2—主轴轮　3—主轴　4—棘轮　5—棘爪　6—棘爪驱动机构

2. 数控铣床/加工中心的主轴部件

(1) 主轴箱分类

主轴箱材料要求较高，一般用 HT250 或 HT300，制造与装配精度也较普通机床要高。主轴箱有：

1）滑枕式

滑枕内装有主轴，除主轴可实现轴向进给外，滑枕自身也做沿主轴轴线方向的进给，且两者叠加。滑枕进给传动的齿轮和电动机是与滑枕分离的，通过花键轴或其他系统将运动传给滑枕以实现进给运动。

①圆形滑枕。又称套筒式滑枕，断面为圆形。这种滑枕和主轴箱孔的制造工艺简便，便于接近工件加工部位。但其断面面积小，抗扭惯性矩较小，且很难安装附件，磨损后修复调整困难，因而现已很少采用。

②方形或长方形滑枕。滑枕断面形状为矩形，其移动的导轨面是其外表面的四个直角面，如图 3—42 所示。这种滑枕有比较好的接近工件性能，其滑枕行程可做得较长，端面有附件安装部位，工艺适应性较强，磨损后易于调整。断面的抗扭惯性矩比同样规格的圆形滑枕大。这种滑枕国内外均有采用。尤以长方形滑枕采用较多。

③棱形、八角形滑枕。断面工艺性较差。与方形或矩形滑枕比较，在同等断面面积的情况下，高度较大，但宽度较窄，如图 3—43 所示，这对安装附件不利。在滑枕表面使用静压导轨时，静压面小，主轴在工作过程中抗振能力较差，受力后主轴中心位移大。

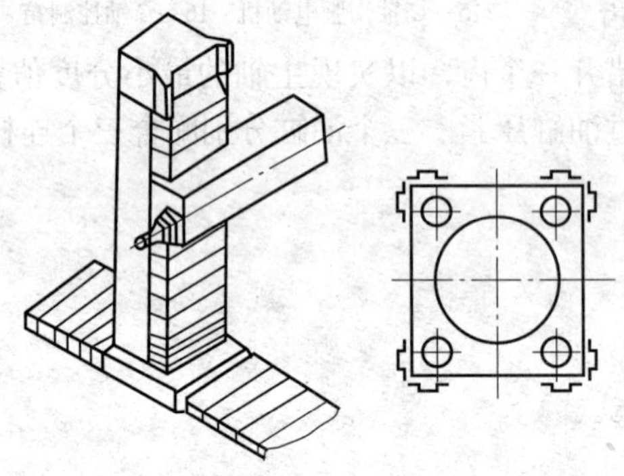

图 3—42　数控落地铣镗床的矩形滑枕

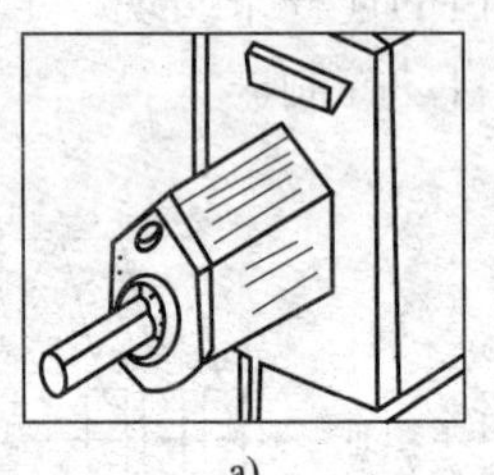

a)

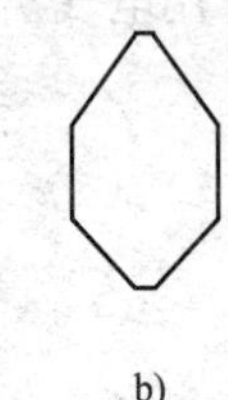

b)

图 3—43　棱形滑枕

a）滑枕外形　b）滑枕断面

2）移动式

①主轴箱体移动式。主轴箱内装有主轴，主轴箱箱体在滑板上可做沿主轴轴线方向进给。箱体断面尺寸远比同规格滑枕式铣镗床大得多，工艺适应性增强，功能有所扩大，但接近工件性能差，箱体移动时对平衡补偿系统的要求高，主轴箱热变后产生的主轴中心偏移大。

②滑枕主轴箱移动式。主轴及其传动和进给驱动机构都装在滑枕内，滑枕在主轴箱内沿主轴轴线方向进给。滑枕断面尺寸比同规格的主轴箱体移动式的主轴箱小，但比滑枕式的大。这种结构形式不仅具有主轴箱体移动式的传动链短、输出功率大及制造方便等优点，同时还具有滑枕式的接近工件方便灵活的优点。

(2) 主轴箱的结构

TH6350 加工中心的主轴箱如图 3—44 所示。为了增加转速范围和转矩，主传动采用齿轮变速传动方式。主轴转速分为低速区域和高速区域。低速区域传动路线是：交流主轴电动机经弹性联轴器、齿轮 $z1$、齿轮 $z2$、齿轮 $z3$、齿轮 $z4$、齿轮 $z5$、齿轮 $z6$ 到主轴。高速区域传动路线是：交流主轴电动机经联轴器及牙嵌离合器、齿轮 $z5$、齿轮 $z6$ 到主轴。变换到高速挡时，由液压活塞推动拨叉向左移动，此时主轴电动机慢速旋转，以利于牙嵌离合器啮合。主轴电动机若采用 FANUC 交流主轴电动机，主轴能获得的最大转矩为 490 N · m；主轴转速范围为 28 ~3 150 r/min，低速区为 28 ~733 r/min，高速区为 733 ~3 150 r/min；低速时传动比为 1∶4. 75；高速时传动比为 1∶1. 1。主轴锥孔为 ISO50，主轴结构采用了高精度、高刚性的组合轴承。其前轴承由 3182120 双列短圆柱滚子轴承和 2268120 推力球轴承组成，后轴承采用 46117 推力角接触球轴承，这种主轴结构可保证主轴的高精度。

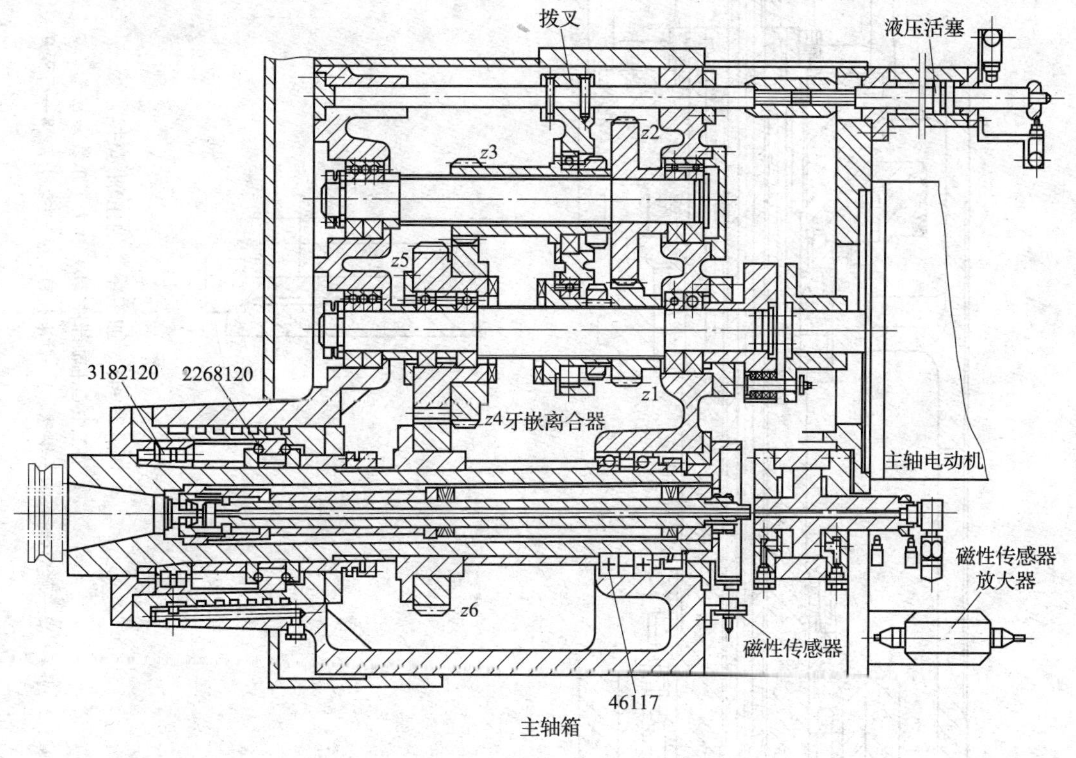

图 3—44 TH6350 主轴箱结构图

(3) 主轴的结构

加工中心主轴的结构如图 3—45a 所示。刀柄采用 7∶24 的大锥度锥柄与主轴锥孔配合，既有利于定心，也为松夹带来了方便。标准拉钉 5 拧紧在刀柄上。放松刀具时，液压油进入液压缸活塞 1 的右端，油压使活塞左移，推动拉杆 2 左移，同时碟形弹簧 3 被压缩，钢球 4 随拉杆一起左移，当钢球移至主轴孔径较大处时，便松开拉钉，机械手即可把刀柄连同拉钉 5 从主轴锥孔中取出。夹紧刀具时，活塞右端无油压，螺旋弹簧使活塞退到最右端，拉杆 2

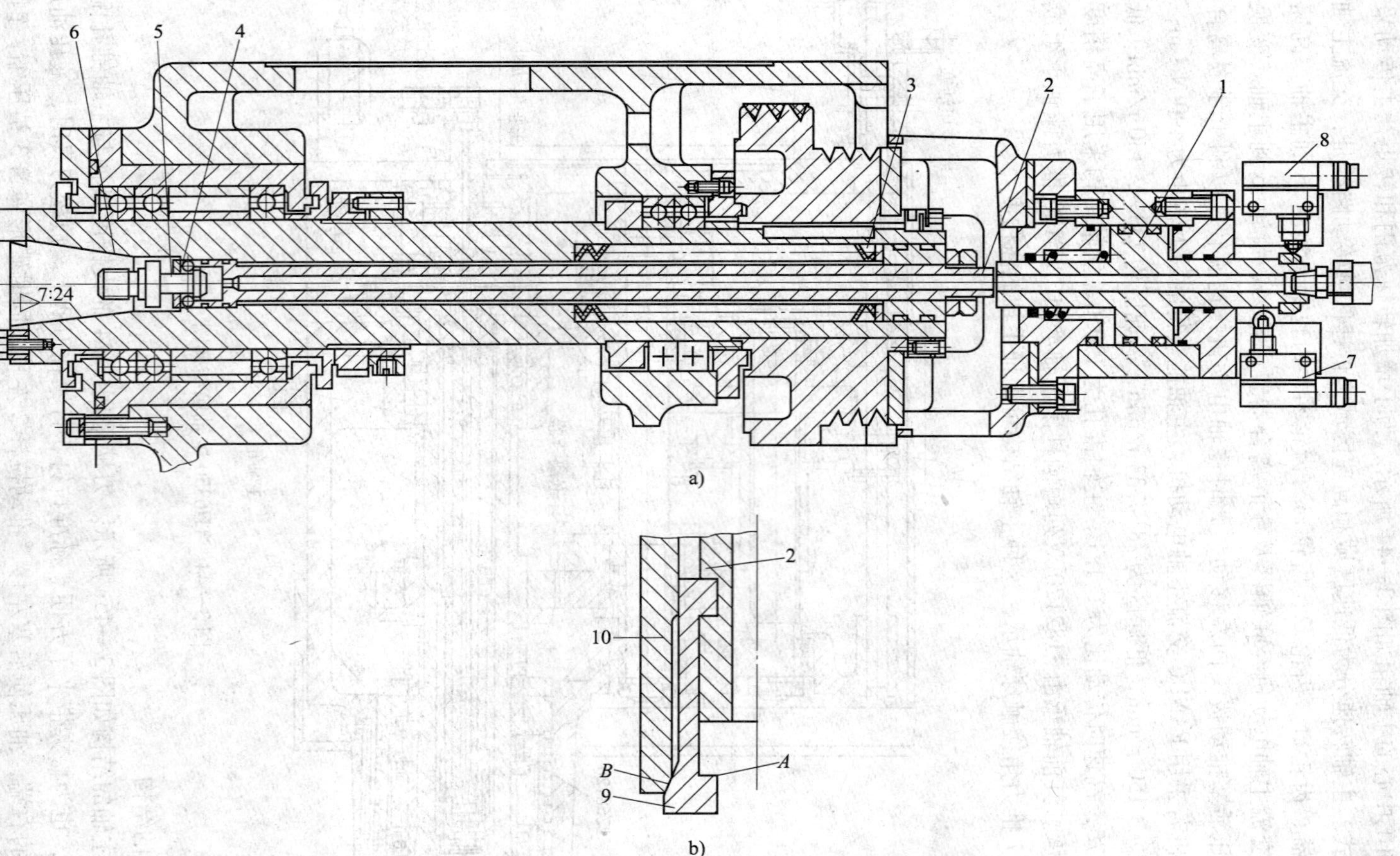

图 3—45　加工中心的主轴部件

a）加工中心主轴部件　b）弹力卡爪装夹方式

1—活塞　2—拉杆　3—碟形弹簧　4—钢球　5—标准拉钉　6—主轴　7、8—行程开关　9—弹力卡爪　10—卡套

在碟形弹簧3的弹簧力作用下向右移动，钢球4被迫收拢，卡紧在拉杆2的环槽中。这样，拉杆通过钢球把拉钉向右拉紧，使刀柄外锥面与主轴锥孔内锥面相互压紧，刀具随刀柄一起被夹紧在主轴上。

行程开关7和8用于发出夹紧和放松刀柄的信号。刀具夹紧机构使用碟形弹簧夹紧、液压放松，可保证在工作中，如果突然停电，刀柄不会自行脱落。

自动清除主轴孔中的切屑和灰尘是换刀操作中的一个不容忽视的问题。为了保持主轴锥孔清洁，常采用压缩空气吹屑。图3—45a所示活塞1的心部钻有压缩空气通道，当活塞向左移动时，压缩空气经过活塞由主轴孔内的空气嘴喷出，将锥孔清理干净。为了提高吹屑效率，喷气小孔要有合理的喷射角度，并均匀分布。

用钢球4拉紧拉钉5，这种拉紧方式的缺点是接触应力太大，易将主轴孔和拉钉压出坑来。新式的刀杆已改用弹力卡爪，它由两瓣组成，装在拉杆2的左端，如图3—45b所示。卡套10与主轴是固定在一起的。卡紧刀具时，拉杆2带动弹力卡爪9上移，卡爪9下端的外周是锥面*B*，与卡套10的锥孔配合，锥面*B*使卡爪9收拢，卡紧刀杆。松开刀具时，拉杆带动弹力卡爪下移，锥面*B*使卡爪9放松，使刀杆可以从卡爪9中退出。这种卡爪与刀杆的结合面*A*与拉力垂直，故卡紧力较大；由于卡爪与刀杆润滑面接触，接触应力较小，不易压溃刀杆。目前，采用这种刀杆拉紧机构的加工中心逐渐增多。

（4）刀柄拉紧机构

常用的刀杆尾部的拉紧机构如图3—46所示。图3—46a所示为弹簧夹头结构。它有拉力放大作用，可用较小的液压推力产生较大的拉紧力。图3—46b为钢球拉紧结构。

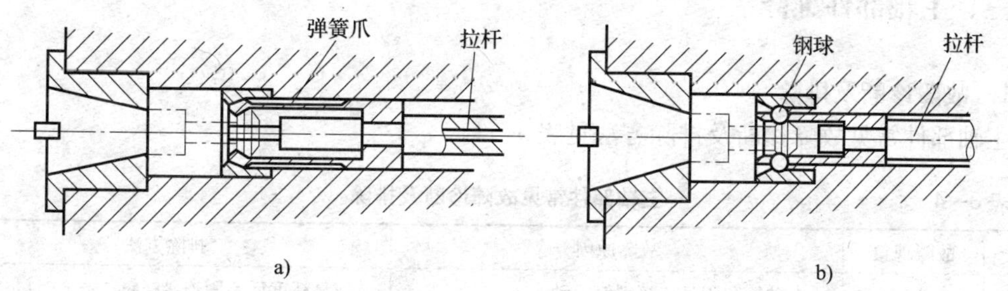

图3—46 拉紧机构

a）弹簧夹头结构 b）钢球拉紧结构

（5）卸荷装置

图3—47为一种卸荷装置结构，液压缸6与连接座3固定在一起，但是连接座3由螺钉5通过弹簧4压紧在箱体2的端面上。连接座3与箱孔为滑动配合。当油缸的右端通入高压油，使活塞杆7向左推压拉杆8并压缩碟形弹簧的同时，油缸的右端面也同时承受相同的液压力，故整个液压缸连同连接座3压缩弹簧4而向右移动，使连接座3上的垫圈10的右端面与主轴上的螺母1的左端面压紧。因此，松开刀柄时，对碟形弹簧的液压力就成了在活塞杆7、液压缸6、连接座3、垫圈10、螺母1、碟形弹簧、套环9、拉杆8之间的内力，从而使主轴支承不致承受液压推力。

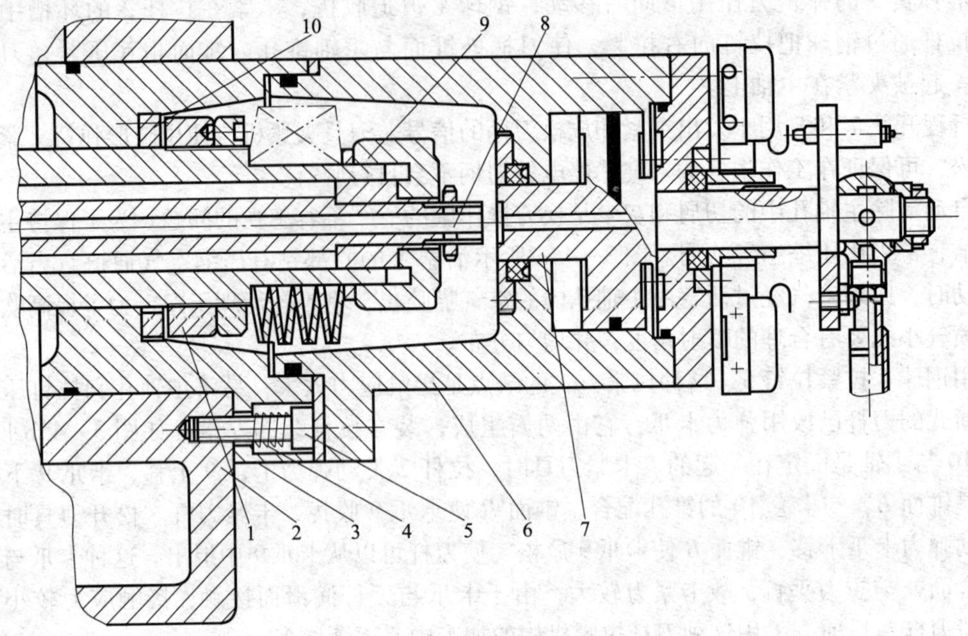

图 3—47 卸荷装置

1—螺母 2—箱体 3—连接座 4—弹簧 5—螺钉 6—液压缸 7—活塞杆 8—拉杆 9—套环 10—垫圈

三、主轴部件维修

1．故障诊断及排除

主轴部件常见故障诊断及排除方法见表 3—4。

表 3—4 主轴部件常见故障诊断及排除

序号	故障现象	故障原因	排除方法
1	切削振动大	主轴箱和床身连接螺钉松动	恢复精度后紧固连接螺钉
		主轴与箱体精度超差	修理主轴或箱体，使其配合精度、位置精度达到要求
		其他因素	检查刀具或切削工艺问题
		如果是车床，可能是转塔刀架运动部位松动或压力不够而未卡紧	调整修理
2	主轴箱噪声大	主轴部件动平衡不好	重新进行动平衡
		齿轮啮合间隙不均或严重损伤	调整间隙或更换齿轮
		传动带长度不够或过松	调整或更换传动带，不能新旧混用
		齿轮精度差	更换齿轮
		润滑不良	调整润滑油量，保持主轴箱的清洁度

续表

序号	故障现象	故障原因	排除方法
3	主轴无变速	压力是否足够	检测并调整工作压力
		变挡液压缸研损或卡死	修去毛刺和研伤，清洗后重装
		变挡电磁阀卡死	维修并清洗电磁阀
		变挡液压缸拨叉脱落	修复或更换
		变挡液压缸窜油或内泄	更换密封圈
		变挡复合开关失灵	更换新开关
4	主轴不转动	保护开关没有压合或失灵	维修压合保护开关或更换
		主轴与电动机连接带过松	调整或更换传动带
		主轴拉杆未拉紧夹持刀具的拉钉	调整主轴拉杆拉钉结构
		卡盘未夹紧工件	调整或修理卡盘
		变挡复合开关损坏	更换复合开关
		变挡电磁阀体内泄漏	更换电磁阀
5	主轴发热	润滑油脏或有杂质	清洗主轴箱，更换新油
		冷却润滑油不足	补充冷却润滑油，调整供油量
6	刀具夹不紧	夹刀碟形弹簧位移量较小或拉刀液压缸动作不到位	调整碟形弹簧行程长度，调整拉刀液压缸行程
		刀具松夹弹簧上的螺母松动	拧紧螺母，使其最大工作载荷为 13 kN
7	刀具夹紧后不能松开	松刀弹簧压合过紧	拧松螺母，使其最大工作载荷不得超过 13 kN
		液压缸压力和行程不够	调整液压压力和活塞行程开关位置

2. 维修实例

(1) 主轴出现拉不紧刀的故障排除

故障现象：VMC 型加工中心使用半年后出现主轴拉刀松动，无任何报警信息。

故障分析：调整碟形弹簧与拉刀液压缸行程长度，故障依然存在；进一步检查发现拉钉与刀柄夹头的螺纹连接松动，刀柄夹头随着刀具的插拔发生旋转，后退了约 1.5 mm。这台机床的拉钉与刀柄夹头间无任何连接防松的措施。

故障处理：将主轴拉钉和刀柄夹头的螺纹连接用螺纹锁固密封胶锁固，并用锁紧螺母紧固，故障消除。

(2) 松刀动作缓慢的故障排除

故障现象：TH5840 立式加工中心换刀时，主轴松刀动作缓慢。

故障分析：主轴松刀动作缓慢的原因可能是：气动系统压力过低或流量不足；机床主轴拉刀系统有故障，如碟形弹簧破损等；主轴松刀气缸有故障。

故障处理：首先检查气动系统的压力，压力表显示气压为 0.6 MPa，压力正常；将机床操作转为手动，手动控制主轴松刀，发现系统压力下降明显，气缸的活塞杆缓慢伸出，故判定气缸内部漏气。拆下气缸，打开端盖，压出活塞和活塞环，发现密封环破损，气缸内壁拉毛。

故障处理：更换新的气缸后，故障排除。

（3）刀柄和主轴的故障维修

故障现象：TH5840 立式加工中心换刀时，主轴锥孔吹气，把含有铁锈的水分吹出，并附着在主轴锥孔和刀柄上。刀柄和主轴接触不良。

故障分析：故障产生的原因是压缩空气中含有水分。

故障处理：如采用空气干燥机，使用干燥后的压缩空气，问题即可解决。若受条件限制，没有空气干燥机，也可在主轴锥孔吹气的管路上进行两次分水过滤，设置自动放水装置，并对气路中相关零件进行防锈处理，故障即可排除。

第三节　主轴准停装置装调与维修

主轴准停是指当主轴停止时，控制其停于固定的位置，这是自动换刀所必需的功能。在自动换刀的数控镗铣加工中心上，切削扭矩通常是通过刀杆的端面键来传递的。这就要求主轴具有准确定位于圆周上特定角度的功能，如图 3—48 所示。当加工阶梯孔或精镗孔后退刀时，为防止刀具与小阶梯孔碰撞或拉毛已精加工的孔表面，必须先让刀，后再退刀，而要让刀，刀具必须具有准停功能，如图 3—49 所示。主轴准停可分为机械准停与电气准停，它们的控制过程是类似的（图 3—50）。

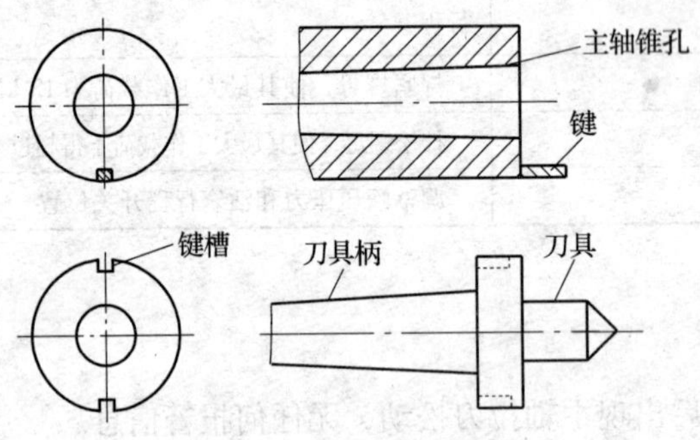

图 3—48　主轴准停示意图

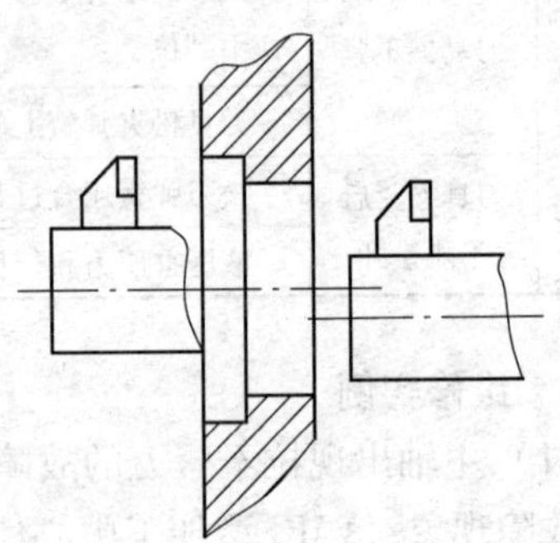

图 3—49　主轴准停背镗孔示意图

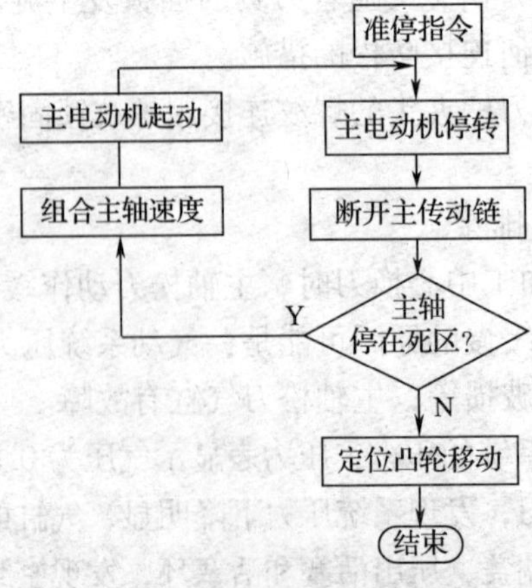

图 3—50　主轴准停控制

一、主轴准停装置分类

1．机械准停装置

（1）端面螺旋凸轮准停装置

图 3—51 为典型的端面螺旋凸轮准停装置。在主轴 1 上固定有一个定位滚子 2，主轴上空套有一个双向端面凸轮 3，该凸轮和液压缸 5 中活塞杆 4 相连接，当活塞带动凸轮 3 向下移动时（不转动），通过拨动定位滚子 2 并带动主轴转动，当定位滚子落入端面凸轮的 V 形槽内，便完成了主轴准停。因为是双向端面凸轮，所以能从两个方向拨动主轴转动以实现准停。这种双向端面凸轮准停机构，动作迅速可靠，但是凸轮制造较复杂。

（2）V 形槽定位盘准停装置

图 3—52 所示是 V 形槽定位盘准停机构示意图。当执行准停指令时，CNC 首先发出降速信号，主轴箱自动改变传动路线，使主轴以设定的低速运转。延时数秒钟后，接通无触点开关，当定位盘上的感应片（接近体）对准无触点开关时，CNC 发出准停信号，立即使主轴电动机停转并断开主轴传动链，此时主轴电动机与主传动件依惯性继续空转。再经短暂延时，接通压力油，定位液压缸动作，活塞带动定位滚子压紧定位盘的外表面，当主轴带动定位盘慢速旋转至 V 形槽对准定位滚子时，滚子进入槽内，使主轴准确停止。同时限位开关 LS2 信号有效，表明主轴准停动作完成。准停结束后，LS1 释放准停信号。采用这种准停方式时，必须要有一定的逻辑互锁，即当 LS2 信号有效后，才能进行换刀等动作，而只有当 LS1 信号有效后，才能起动主轴电动机正常运转。

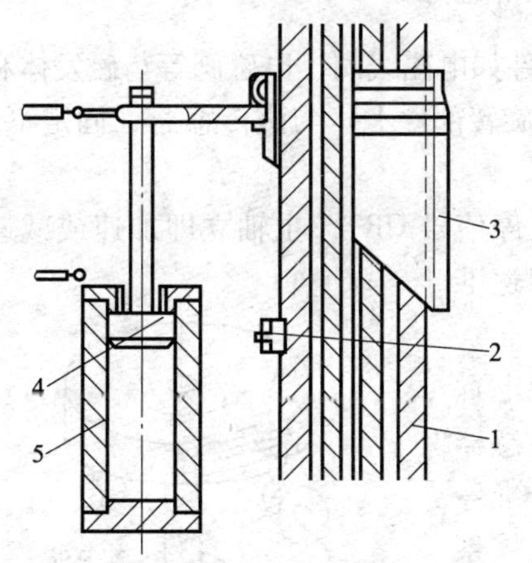

图 3—51　凸轮准停装置

1—主轴　2—定位滚子

3—凸轮　4—活塞杆　5—液压缸

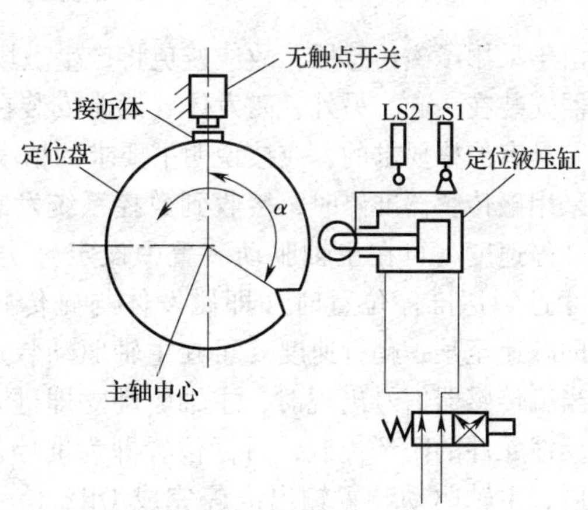

图 3—52　定位盘准停原理示意图

2．电气准停装置

目前国内外中高档数控系统均采用电气准停控制，电气准停有如下三种方式：

（1）磁传感器主轴准停装置

磁传感器主轴准停控制由主轴驱动自身完成。当执行 M19 时，数控系统只需发出准停信号 ORT，主轴驱动完成准停后会向数控系统回答完成信号 ORE，然后数控系统再进行下面的工作。其基本结构如图 3—53 所示。

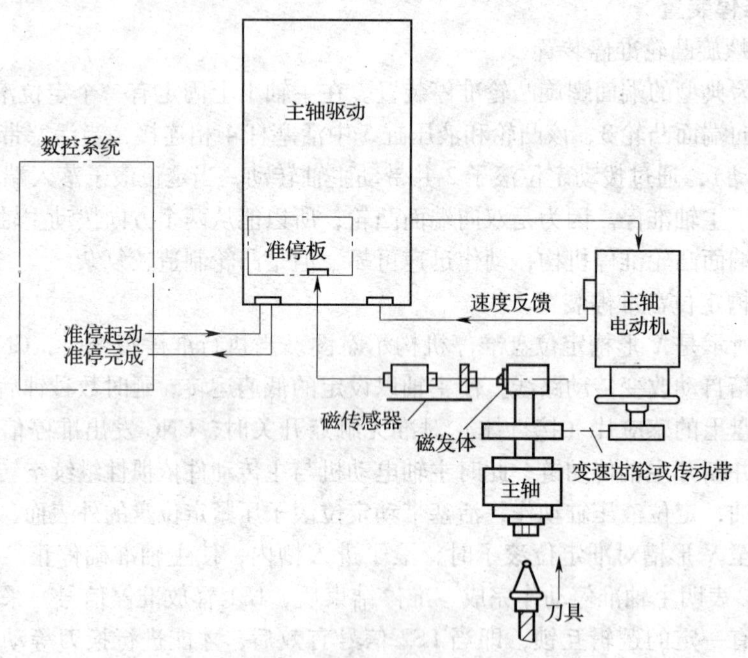

图 3—53 磁传感器准停控制系统构成

由于采用了磁传感器，故应避免将产生磁场的元件如电磁线圈、电磁阀等与磁发体和磁传感器安装在一起。另外，磁发体（通常安装在主轴旋转部件上）与磁传感器（固定不动）的安装是有严格要求的，应按说明书要求的精度安装。

采用磁传感器准停时，接收到数控系统发来的准停信号 ORT，主轴立即加速或减速至某一准停速度（可在主轴驱动装置中设定）。主轴到达准停速度且到达准停位置时（即磁发体与磁传感器对准），主轴即减速至某一爬行速度（可在主轴驱动装置中设定）。然后当磁传感器信号出现时，主轴驱动立即进入磁传感器作为反馈元件的闭环控制，目标位置即为准停位置。准停完成后，主轴驱动装置输出准停完成 ORE 信号给数控系统，从而可进行自动换刀（ATC）或其他动作。磁发体与磁传感器在主轴上的位置如图 3—54 所示，准停控制时序如图 3—55 所示。磁传感器在主轴上的安装如图 3—56 所示。磁发体安装在主轴后端，磁传感器安装在主轴箱上，其安装位置决定了主轴的准停点，磁发体和磁传感器之间的间隙为（1.5 ±0.5）mm。

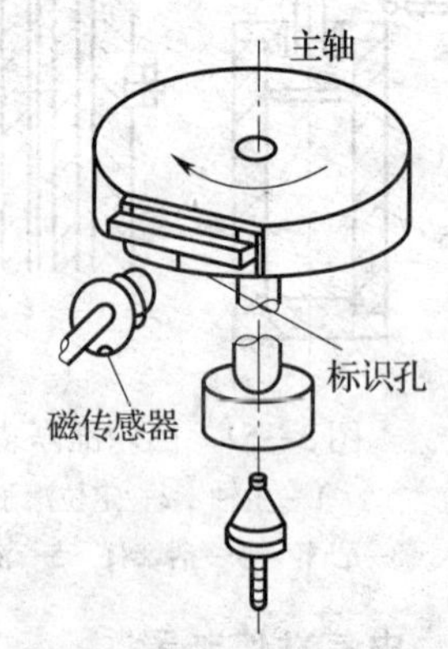

图 3—54 磁发体与磁传感器在主轴上位置示意图

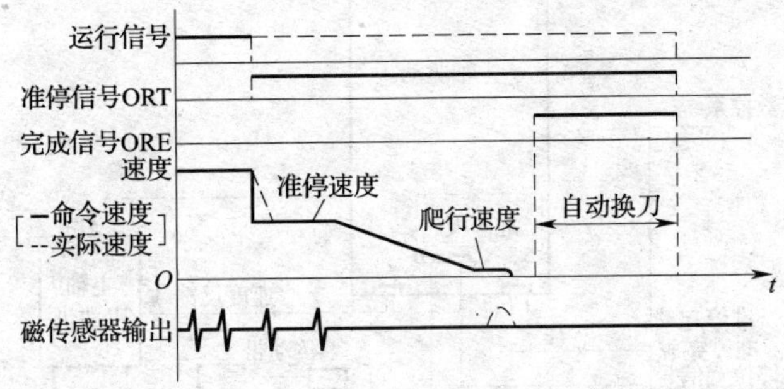

图 3—55　磁传感器准停时序图

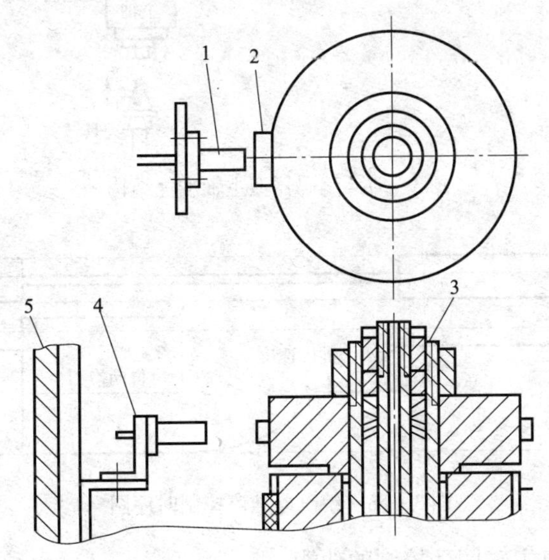

图 3—56　磁传感器主轴准停装置

1—磁传感器　2—磁发体　3—主轴　4—支架　5—主轴箱

（2）编码器主轴准停装置

这种准停控制也是完全由主轴驱动完成的，CNC 只需发出准停命令 ORT 即可，主轴驱动完成准停后回答准停完成 ORE 信号。

图 3—57 为编码器主轴准停控制结构图。可采用主轴电动机内置安装的编码器信号（来自主轴驱动装置），也可在主轴上直接安装另一个编码器。采用前一种方式要注意传动链对主轴准停精度的影响。主轴驱动装置内部可自动转换，使主轴驱动处于速度控制或位置控制状态。采用编码器准停，准停角度可由外部开关量随意设定。这一点与磁准停不同，磁准停的角度无法随意指定，要想调整准停位置，只有调整磁发体与磁传感器的相对位置。编码器准停控制时序图如图 3—58 所示，其步骤与磁传感器类似。

（3）数控系统控制准停

这种准停控制方式是由数控系统完成的，采用这种准停控制方式需注意如下问题：

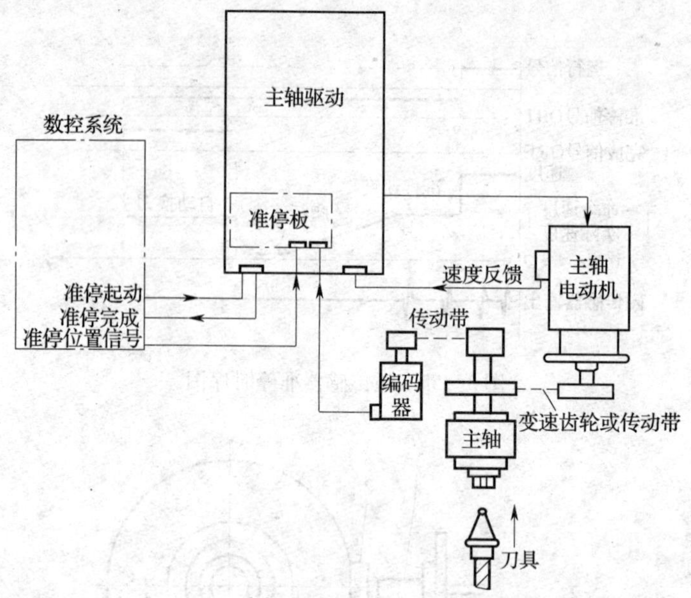

图 3—57 编码器型主轴准停结构

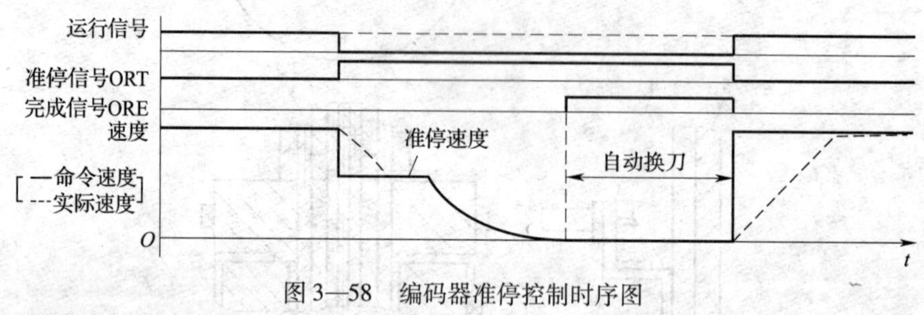

图 3—58 编码器准停控制时序图

1）数控系统须具有主轴闭环控制的功能。

2）主轴驱动装置应有进入伺服状态的功能。通常为避免冲击，主轴驱动都具有软起动等功能，但这对主轴位置闭环控制会产生不利影响。此时，位置增益过低则准停精度和刚度（克服外界扰动的能力）不能满足要求，而过高则会产生严重的定位振荡现象。因此，必须使主轴驱动可进入伺服状态。这种状态下的主轴特性与进给伺服装置特性相近，才可进行位置控制。

3）通常为方便起见，均采用电动机轴端编码器信号反馈给数控系统。这时，主轴传动链精度可能对准停精度产生影响。

数控系统控制主轴准停结构如图 3 59 所示。

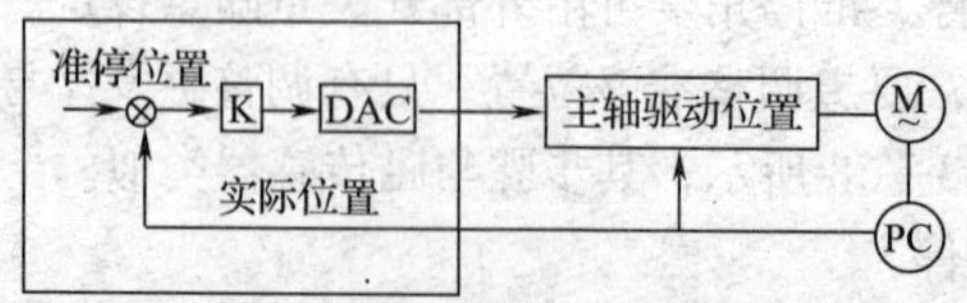

图 3—59 数控系统控制主轴准停结构

采用数控系统控制主轴准停的角度由数控系统内部设定，因此准停角度可更方便地设定。以下是准停步骤的一个例子：

M03　S1000　　主轴以 1 000 r/min 正转
M19　　主轴准停于缺省位置
M19 S100　　主轴准停转至 100°处
S1000　　主轴再次以 1 000 r/min 正转
M19 S200　　主轴准停至 200°处

4）无论采用何种准停方案（特别对磁传感器主轴准停方式），当需在主轴上安装元件时，应注意动平衡问题。因为数控机床主轴精度很高，因此对动平衡要求严格。尤其当主轴高速旋转时，不平衡量可能会引起主轴振动。为适应主轴高速化的需要，国外已开发出整环式磁传感器主轴准停装置。因为这种装置中磁发体是整环，所以动平衡性好。

二、主轴准停装置维护

对于主轴准停装置的维护，主要包括以下几个方面：

1）经常检查插件和电缆有无损坏，使它们保持接触良好。
2）保持磁传感器上的固定螺栓和连接器上的螺钉紧固。
3）保持编码器上连接套的螺钉紧固，保证编码器连接套与主轴连接部分的合理间隙。
4）保证传感器的合理安装位置。

三、主轴准停装置维修

1. 主轴准停装置故障诊断及排除

主轴发生准停错误时大都无报警，只能在换刀过程发生中断时才会被发现。发生主轴准停方面的故障应根据机床的具体结构进行分析处理，先检查电气部分，如确认正常后再考虑机械部分。机械部分结构简单，最主要的是连接。主轴准停装置常见故障见表 3—5。

表 3—5　　主轴准停装置常见故障

序号	故障现象	故障原因	排除方法
1	主轴不准停	传感器或编码器损坏	更换传感器或编码器
		传感器或编码器连接套上的紧定螺钉松动	紧固传感器或编码器的紧定螺钉
		插接件和电缆损坏或接触不良	更换或使之接触良好
2	主轴准停位置不准	重装后传感器或编码器位置不准	调整元件位置或对机床参数进行调整
		编码器与主轴的连接部分间隙过大使旋转不同步	调整间隙到指定值

2. 维修实例

主轴准停位置不准的故障排除

故障现象：某加工中心，采用编码器主轴准停控制，主轴准停位置不准，致使换刀过程发生中断。

故障分析：开始时，故障出现次数不多，重新开机又能工作。经检查，主轴准停后发生位置偏移，且主轴在准停后如用手碰一下，主轴会向相反方向漂移。检查电气部分无任何报警，所以从故障现象和可能发生的部位来看，属于电气部分的可能性比较小。检查机械连接部分，当检查到编码器的连接时发现编码器上连接套的紧定螺钉松动，使连接套后退造成与主轴的连接部分间隙过大，造成旋转不同步。

故障排除：将紧定螺钉按要求固定好，故障排除。

第四节　主传动部件装调与维修

一、数控车床主轴部件的调整

1. 主轴部件结构

图 3—60 是 CK7815 型数控车床主轴部件结构图，该主轴工作转速范围为 15 ~ 5 000 r/min。主轴 9 前端采用三个角接触轴承 12，通过前支承套 14 支承，由螺母 11 预紧。后端采用圆柱滚子轴承 15 支承，径向间隙由螺母 3 和螺母 7 调整。螺母 8 和螺母 10 分别用来锁紧螺母 7 和螺母 11，防止螺母 7 和 11 的回松。带轮 2 直接安装在主轴 9 上（不卸荷）。同步带轮 1 安装在主轴 9 后端支承与带轮之间，通过同步带和安装在主轴脉冲发生器 4 轴上的另一同步带轮，带动主轴脉冲发生器 4 和主轴 9 同步运动。在主轴前端，安装有液压卡盘或其他夹具。

2. 主轴部件的拆卸与调整

（1）主轴部件的拆卸　主轴部件在维修时需要进行拆卸。拆卸前应做好工作场地清理、清洁，拆卸工具及资料的准备工作，然后进行拆卸操作。拆卸操作顺序大致如下：

1）切断总电源及主轴脉冲发生器等电气线路。总电源切断后，应拆下保险装置，防止他人误合闸而引起事故。

2）切断液压卡盘（图 3—60 中未画出）油路，排放掉主轴部件及相关各部润滑油。油路切断后，应放尽管内余油，避免油溢出污染工作环境，管口应包扎，防止灰尘及杂物侵入。

3）拆下液压卡盘及主轴后端液压缸等部件。排尽油管中余油并包扎管口。

4）拆下电动机传动带及主轴后端带轮和键。

5）拆下主轴后端螺母 3。

6）松开螺钉 5，拆下支架 6 上的螺钉，拆去主轴脉冲发生器（含支架、同步带）。

7）拆下同步带轮 1 和后端油封件。

8）拆下主轴后支承处轴向定位盘螺钉。

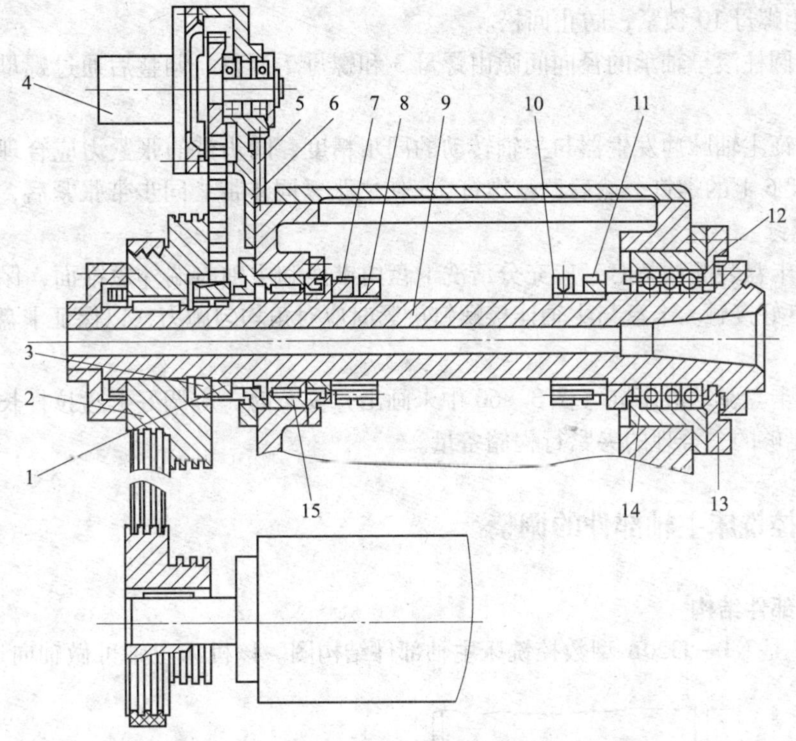

图 3—60　CK7815 型数控车床主轴部件结构图

1—同步带轮　2—带轮　3、7、8、10、11—螺母　4—主轴脉冲发生器　5—螺钉　6—支架
9—主轴　12—角接触球轴承　13—前端盖　14—前支承套　15—圆柱滚子轴承

9）拆下主轴前支承套螺钉。

10）拆下（向前端方向）主轴部件。

11）拆下圆柱滚子轴承 15 和轴向定位盘及油封。

12）拆下螺母 7 和螺母 8。

13）拆下螺母 10 和螺母 11 以及前油封。

14）拆下主轴 9 和前端盖 13。主轴拆下后要轻放，不得碰伤各部螺纹及圆柱表面。

15）拆下角接触球轴承 12 和前支承套 14。

以上各部件、零件拆卸后，应清洗及防锈处理，并妥善存放保管。

（2）主轴部件装配及调整　装配前，各零件、部件应严格清洗，需要预先加涂油的部件应加涂油。装配设备、装配工具以及装配方法，应根据装配要求及配合部位的性质选取。操作者必须注意，不正确或不规范的装配方法，将影响装配精度和装配质量，甚至损坏被装配件。

对 CK7815 数控车床主轴部件的装配过程，可大体依据拆卸顺序逆向操作，这里就不再叙述。主轴部件装配时的调整，应注意以下几个部位的操作：

1）前端三个角接触球轴承，应注意前面两个大口向外，朝向主轴前端，后一个大口向里（与前面两个相反方向）。预紧螺母 11 的预紧量应适当（查阅制造厂家说明书），预紧后一定要注意用螺母 10 锁紧，防止回松。

2）后端圆柱滚子轴承的径向间隙由螺母 3 和螺母 7 调整。调整后通过螺母 8 锁紧，防止回松。

3）为保证主轴脉冲发生器与主轴转动的同步精度，同步带的张紧力应合理。调整时先略略松开支架 6 上的螺钉，然后调整螺钉 5，使之张紧同步带。同步带张紧后，再旋紧支架 6 上的紧固螺钉。

4）液压卡盘装配调整时，应充分清洗卡盘内锥面和主轴前端外短锥面，保证卡盘与主轴短锥面的良好接触。卡盘与主轴连接螺钉旋紧时应对角均匀施力，以保证卡盘的工作定心精度。

5）液压卡盘驱动液压缸（图 3—60 中未画出）安装时，应调好卡盘拉杆长度，保证驱动液压缸有足够的、合理的夹紧行程储备量。

二、数控铣床主轴部件的调整

1. 主轴部件结构

图 3—61 是 NT—J320A 型数控铣床主轴部件结构图。该机床主轴可做轴向运动，主轴

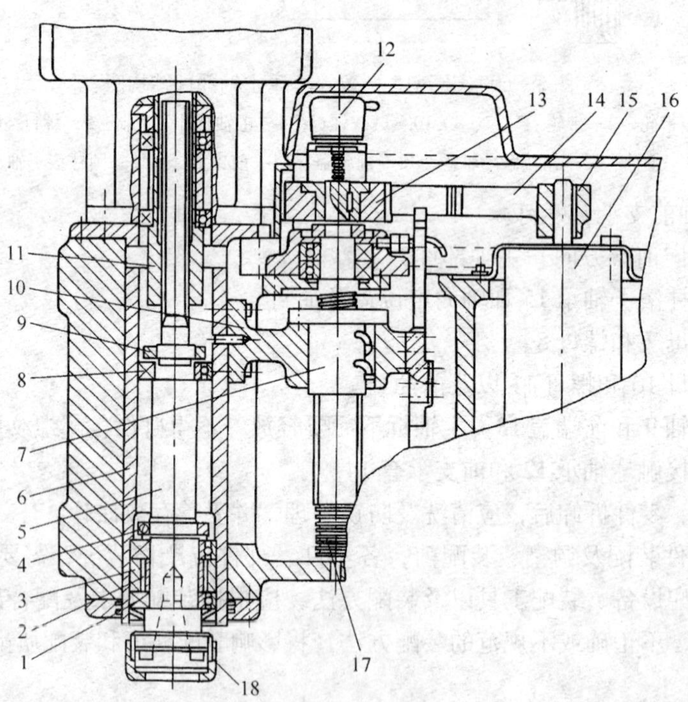

图 3—61　NT—J320A 型数控铣床主轴部件结构图

1—角接触球轴承　2、3—轴承隔套　4、9—圆螺母　5—主轴　6—主轴套筒　7—丝杠螺母　8—深沟球轴承　10—螺母支承　11—花键套　12—脉冲编码器　13、15—同步带轮　14—同步带　16—伺服电动机　17—丝杠　18—快换夹头

的轴向运动坐标为数控装置中的 Z 轴，轴向运动由直流伺服电动机 16，经同步齿形带轮 13、15，同步带 14，带动丝杠 17 转动，通过丝杠螺母 7 和螺母支承 10 使主轴套筒 6 带动主轴 5 做轴向运动，同时也带动脉冲编码器 12，发出反馈脉冲信号进行控制。

主轴为实心轴，上端为花键，通过花键套 11 与变速箱连接，带动主轴旋转。主轴前端采用两个特轻系列角接触球轴承 1 支承，两个轴承背靠背安装，通过轴承内圈隔套 2，外圈隔套 3 和主轴台阶与主轴轴向定位，用圆螺母 4 预紧，消除轴承轴向间隙和径向间隙。后端采用深沟球轴承，与前端组成一个相对于套筒的双支点单固式支承。主轴前端锥孔为 7∶24 锥度，用于刀柄定位。主轴前端端面键，用于传递铣削转矩。快换夹头 18 用于快速松或夹紧刀具。

2．主轴部件的拆卸与调整

（1）主轴部件的拆卸

主轴部件维修拆卸前的准备工作与前述数控车床主轴部件拆卸准备工作相同。在准备就绪后，即可进行如下顺序的拆卸工作：

1）切断总电源及脉冲编码器 12 以及主轴电动机等电器的线路。

2）拆下电动机法兰盘连接螺钉。

3）拆下主轴电动机及花键套 11 等部件（根据具体情况，也可不拆此部分）。

4）拆下罩壳螺钉，卸掉上罩壳。

5）拆下丝杠座螺钉。

6）拆下螺母支承 10 与主轴套筒 6 的连接螺钉。

7）向右移动丝杠 7 和螺母支承 10 等部件，卸下同步带 14 和螺母支承 10 处与主轴套筒连接的定位销。

8）卸下主轴部件。

9）拆下主轴部件前端法兰和油封。

10）拆下主轴套筒。

11）拆下圆螺母 4 和 9。

12）拆下前后轴承 1 和 8 以及轴承隔套 2 和 3。

13）卸下快换夹头 18。

拆卸后的零件、部件应进行清洗和防锈处理，并妥善保管存放。

（2）主轴部件的装配及调整

装配前的准备工作与前述车床相同。装配设备，工具及装配方法根据装配要求和装配部位配合性质选取。

装配顺序可大体按拆卸顺序逆向操作。机床主轴部件装配调整时应注意以下几点：

1）为保证主轴工作精度，调整时应注意调整好螺母 4 的预紧量。

2）前后轴承应保证有足够的润滑油。

3）螺母支承 10 与主轴套筒的连接螺钉要充分旋紧。

4）为保证脉冲编码器与主轴的同步精度，调整时同步带 14 应保证合理的张紧量。

三、加工中心主轴部件的调整

1．主轴部件结构

图 3—62 为 THK6380 加工中心主轴部件结构图。其结构如下：

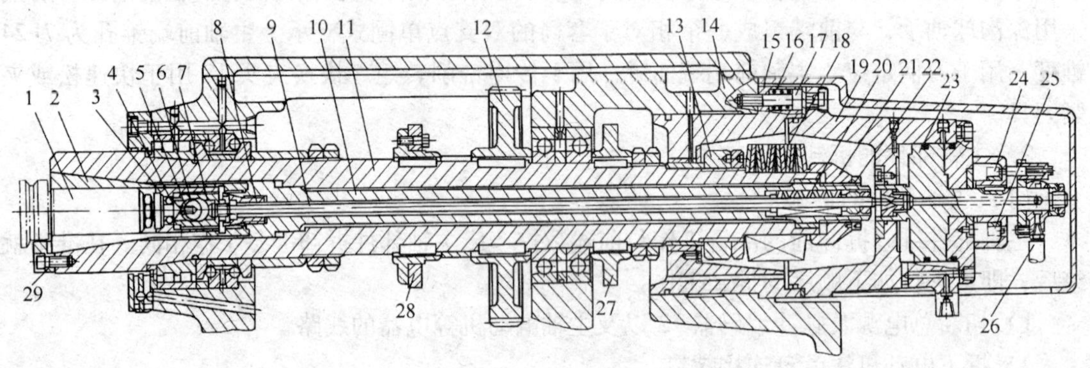

图 3—62　THK6380 加工中心主轴部件结构图

1—刀夹　2—弹簧夹头　3—套筒　4—钢球　5—定位螺钉　6—定位小轴　7—定位套筒　8—锁紧件　9—拉杆　10—拉套　11—主轴　12—齿轮　13—圆螺母　14—主轴箱　15—连接座　16—连接弹簧　17—螺钉　18、20—碟形弹簧　19—液压缸支架　21—套筒　22—垫圈　23—活塞　24、25—继电器　26—压缩空气管接头　27、28—凸轮　29—定位块

（1）刀具自动夹紧装置

刀具自动夹紧装置中的刀夹 1 内孔用来安装刀具，刀夹 1 的夹紧与松开动作由弹簧夹头 2 和轴向拉紧机构控制。弹簧夹头 2 与拉套 10 螺纹连接，拉套 10 左端螺纹部分开有轴向槽，其内孔为锥孔，锁紧件 8 旋入拉套 10 左端内螺纹孔内，在锁紧件 8 外锥体作用下，使拉套 10 开有轴向槽的螺纹部分与弹簧夹头 2 上的螺纹连接膨胀而夹紧。主轴 11 后端有碟形弹簧 18，在弹簧力作用下，拉套 10 向右拉紧弹簧夹头 2，将刀夹 1 紧紧夹住。为使刀夹 1 在主轴孔内准确定位，固定于主轴 11 的小轴 6 上有一定位螺钉 5，其端面即是刀夹 1 的轴向定位面。装在拉杆 9 右端的碟形弹簧 20 使拉杆 9 经常承受向右的弹簧力作用，固定在拉杆 9 左端定位套筒 7 内的钢球 4 就将刀夹 1 右端轴颈夹持向右拉动，直至刀夹 1 右端面紧靠在定位螺钉 5 的定位端面上。

以上看出，刀夹 1 被夹持的动力主要决定于碟形弹簧 18 的弹力，刀夹 1 轴向定位的拉紧力主要决定于碟形弹簧 20 的弹力。刀夹 1 的松开动作由主轴后端的液压缸提供动力。当液压缸右腔进入压力油时，液压缸中的活塞 23 向左移动，液压缸活塞 23 的左端面首先推动拉杆左移，同时碟形弹簧 20 被压缩，拉杆 9 左端的定位套筒 7 左移（此时固定在主轴 11 上的定位小轴 6 因主轴不动而不移动）。由于定位套筒 7 左移，使钢球 4 进入套筒 3（套筒 3 也不移动）的大直径部分，从而使得刀夹 1 由拉紧状态变成放松状态，而且当拔取刀夹 1 时，钢球 4 能径向退让开。当活塞 23 继续左移时，使左端面外圈与拉套 10 右端面接触，且活塞 23 再向前移动，压缩碟形弹簧 18 并推动拉套 10 左移，从而使与拉套 10 相连的弹簧夹头 2 同时向左移动而松开，刀夹 1 即不再受夹紧力并可从主轴中取出。

加工中心具有存储刀具的刀库，刀具和刀夹组合好后按给定的位置存入刀库。当加工程序间需要更换刀具时，根据程序指令，将已不再受夹紧力的刀具连同刀夹从主轴中取出，放回刀库中给定位置，然后再将下一加工程序所需的刀具连同刀夹从刀库中取出并插入主轴中的弹簧夹头内。

当机械手将新更换的刀具连同刀夹插入主轴中的弹簧夹头 2 内后，刀夹 1 的尾部顶在定位螺钉 5 端面上，这时发出夹紧信号，主轴后端液压缸左腔进入压力油，液压缸活塞 23 向右移动复位，此时在碟形弹簧 18 和 20 弹簧力作用下，刀夹 1 被弹簧夹头 2 夹紧和拉紧。松开刀夹 1 时，为使主轴轴承免受来自液压缸活塞的推力，在结构上采用卸荷措施，即在液压缸支架 19 与主轴箱 14 间采用浮动连接方式，液压缸支架 19 是用螺钉与连接座 15 固定连接的，而连接座 15 则是用螺钉 17 通过弹簧 16 压紧在主轴箱 14 后端面上的。当液压缸右腔通压力油而活塞 23 左移时，液压缸的右端面也同时承受液压作用力，此时整个液压缸支架 19 及连接座 15 压缩弹簧 16 而向右移动，使连接座 15 的右端面与主轴上的螺母 13 压紧，这样在松开刀夹 1 时，液压作用力直接由连接座 15 及液压缸支架 19 承受，从而使主轴不承受液压推力作用。

（2）清洁装置

当机械手将使用过的刀具连同刀夹取出后，主轴后端的液压缸活塞中心孔通入压缩空气，经垫圈 22 的径向孔进入主轴前端弹簧夹头 2 内，将夹头内的脏物或铁屑吹掉，保证弹簧夹头与刀夹接触面的清洁。

（3）主轴准停装置

由图 3—62 可以看到，主轴 11 前端装有定位块 29。刀夹 1 插入时，其上的缺口必须与定位块 29 对准，使定位块正好与刀夹 1 的缺口相接合，切削加工时传递转矩。当机械手将刀具连同刀夹 1 抓取时，刀夹 1 的缺口位置在机械手中确定，这就要求主轴 11 上的定位块 29 每次必须停止在一个相对固定的位置上，才能顺利地实现刀具的安装。图 3—63 中的件 27 和 28 即是供主轴准停用的凸轮。

图 3—63 是主轴准停装置原理图。机床数控系统发出准停指令时，电气系统自动调整主轴至最低转速，约 0.2 ~ 0.6 s 后，定位凸轮 28 对应的定位液压缸与压力油接通，活塞压缩弹簧并使滚子与定位凸轮 28 的外圆接触。当主轴旋转使滚子落入定位凸轮 28 的直线部分时，由于活塞杆的移动，与其相连的挡块使微动开关 a 动作：一方面使主轴传动的各电磁离合器都脱开而使主轴以惯性慢慢转动，并且断开定位凸轮 27 对应的定位液压缸的压力油，在弹簧力作用下，活塞杆带动滚子退回；另一方面，隔 0.2 ~ 0.5 s 后，定位凸轮 27 的定位液压缸下腔接通压力油，活塞杆带着滚子移动，使滚子与定位凸轮 27 的外圆接触。当主轴以惯性转动，使滚子落入定位凸轮 27 上的 V 形槽内时，即将主轴定位，同时微动开关 b 动作，发出主轴准停完毕信号。当刀具连同刀夹装入主轴并使主轴重新转动时，先发出信号，控制换向阀，使凸轮 27 的油路变换，将定位器滚子从定位凸轮 27 的 V 形槽中退出，同时使微动开关动作，发出主轴准停定位器释放信号。

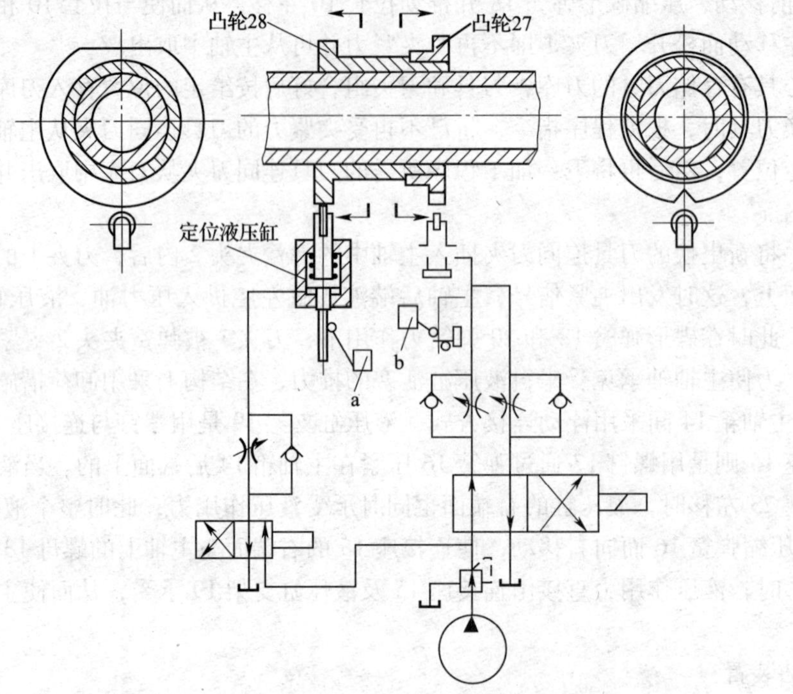

图 3—63　主轴准停装置原理图

2. 主轴部件的拆卸与调整

以下所述主轴部件序号参见图 3—62。

(1) 主轴部件的拆卸

在切断总电源和做好拆卸前的准备工作后，可按如下顺序进行拆卸工作：

1）拆下主轴前端压盖螺钉，卸下压盖。

2）拆下主轴后端防护罩壳。

3）拆卸与主轴部件相连的油、气管路，排放尽余油，包扎好管口，以防尘屑进入管内。

4）拆下液压缸支架 19 上的螺钉，取出液压缸支架 19 及隔圈，并包扎好管口。

5）拆卸套筒 21 前，先测量好碟形弹簧 18 的安装高度，做好记录供装配时参照。拆下右端圆螺母，分别取出套筒 21、垫圈 22、碟形弹簧 18。

6）拆下锁紧螺母和圆螺母 13，再拆下连接座 15 的螺钉 17，取出弹簧 16、连接座 15。拆卸螺钉 17 前，测出弹簧 16 的压缩量或螺钉 17 头部端面到连接座 15 端面距离尺寸，做好记录以供装配时参照；另外还应保持每个螺钉 17 和相应弹簧 16 的原组合不变。装配时，原配组装到原安装位置上。

7）抽出主轴上右端（圆螺母 13 前）的轴向定位套（也可拆下主轴箱盖后进行）。

8）拆下主轴箱盖及凸轮 27 右边两圆螺母，做好凸轮 27 上 V 形槽与主轴在圆周上相对位置记号，拆下凸轮 27，取出平键。

9）拆下前支承调整用圆螺母，同时做好凸轮 28 的相对安装位置记号。

10）将主轴向左拉动移位（最好使用专用拆卸工具），同时用敲击方法拆凸轮 28、传动齿轮 12 及背对背安装的角接触球轴承。在主轴向左移位过程中，应注意防止支承轴承脱离定位面时，主轴因自重产生倾斜，造成主轴表面碰伤和弯曲变形。在主轴支承脱离定位面前，应采取加装浮动支承等方法来保证安全拆卸。

11）当齿轮 12 与其键处于脱离状态后，取出平键，然后向右拆卸凸轮 28 组件，同时将主轴 11 及部分剩下零件向左抽出，然后将主轴 11 妥善安放，待进一步拆卸，再从主轴箱体中取出凸轮 28 组件及齿轮 12。

12）拆卸前支承主件。

13）测出垫圈 22 右边锁紧圆螺母端面到拉杆 9 或拉套 10 右端面的安装距离尺寸，并做好记录供装配时参考。然后，依次拆下锁紧螺母的紧定螺钉，拆下两个圆螺母。

14）拆下定位小轴上的定位螺钉 5。

15）拆下定位小轴 6。

16）将主轴内刀具夹紧装置从主轴孔（前锥孔内）抽出。

17）分解刀具夹紧装置。

18）清洗分解出来的主轴 11、拉杆 9、拉套 10 等细长零件，涂油保护后垂直挂放，防止弯曲变形。然后再分别分解和清洗其余各零件，并妥善存放保管。

以上介绍的主轴部件拆卸顺序，并非唯一顺序，有些步骤是可以变换次序或同时进行的，操作时应根据具体情况安排拆卸顺序。

（2）主轴部件的装配及调整

装配前应做好准备工作，各零部件应严格清洗，需预先加涂油的部位应加涂油。装配设备、工具及装配方法根据装配要求和配合性质选取。对于装配顺序，大体可依据前述拆卸顺序逆向操作即可。对于主轴部件的调整，要注意以下几点：

1）主轴前端轴承安装方向和预紧量调整。

2）凸轮 28 的相对安装位置。

3）凸轮 27 上 V 形槽与主轴在圆周上的相对位置。

4）弹簧 16 的压缩量。

5）碟形弹簧的安装高度。

6）主轴重要表面的防护。

7）注意夹紧行程储备量的调整。

以上各部分的调整要求，可参考前文中各零部件功能和拆卸顺序的介绍。

四、主传动链的维护

1. 熟悉数控机床主传动链的结构、性能参数，严禁超性能使用。
2. 主传动链出现不正常现象时，应立即停机排除故障。
3. 每天开机前检查主轴润滑系统，发现油量过低时及时加油。如图 3—64 所示。

4．操作者应注意观察主轴油箱温度，检查主轴润滑恒温油箱，调节温度范围，使油量充足。机床运行时间过长时，要检查主轴的恒温系统，如果温度表显示温度过高，应马上停机，检查主轴冷却系统是否有问题。如图3—65所示。

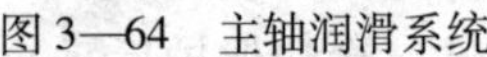

图3—64　主轴润滑系统

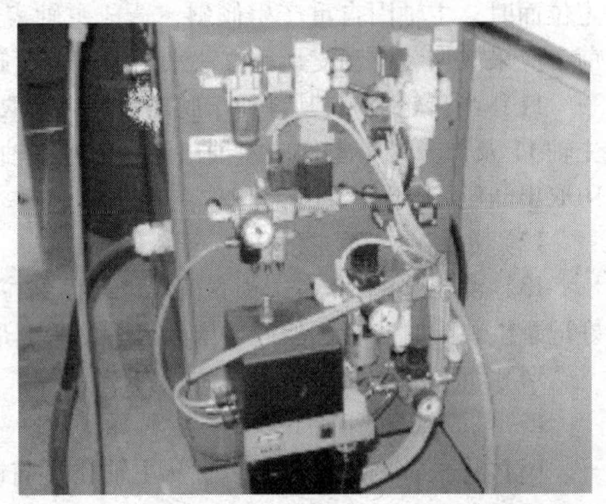

图3—65　主轴恒温系统

5．使用带传动的主轴系统，需定期观察调整主轴驱动皮带的松紧程度，防止因皮带打滑造成的丢转现象。

①用手在垂直于V带的方向上拉V带，作用力必须在两轮中间。②拧紧电动机底座上四个安装螺栓。③拧动调整螺栓，移动电动机底座，使V带具有适度的松紧度。④V带轮槽必须清理干净，V带轮槽沟内若有油、污物、灰尘等会使V带打滑，缩短V带的使用寿命。

6．若用液压系统平衡主轴箱重量的平衡系统，则需定期观察液压系统的压力表：当油压低于要求值时，要进行补油。

7．使用液压拨叉变速的主传动系统，必须在主轴停车后变速。

8．使用啮合式电磁离合器变速的主传动系统，离合器必须在低于1～2 r/min的转速下变速。

9．注意保持主轴与刀柄连接部位及刀柄的清洁，防止对主轴的机械碰击。

10．每年对主轴润滑恒温油箱中的润滑油更换一次，并清洗过滤器。

11．每年清理润滑油池底一次，并更换液压泵滤油器。

12．每天检查主轴润滑恒温油箱，使其油量充足，工作正常。

13．防止各种杂质进入润滑油箱，保持油液清洁。

14．经常检查轴端及各处密封，防止润滑油液的泄漏。

15．刀具夹紧装置长时间使用后，会使活塞杆和拉杆间的间隙加大，造成拉杆位移量减少，使碟形弹簧张闭伸缩量不够，影响刀具的夹紧，故需及时调整液压缸活塞的位移量。

16．经常检查压缩空气气压，并调整到标准要求值。足够的气压才能使主轴锥孔中的切屑和灰尘得到彻底清理。

17. 定期检查主轴电动机上的散热风扇，看看是否运行正常，发现异常情况及时修理或更换，以免电动机产生的热量传递到主轴上，损坏主轴部件或影响加工精度。如图 3—66 所示。

图 3—66　主轴电动机散热风扇

五、主传动链的维修

1. 主传动链故障诊断

主传动链常见故障诊断及维修方法见表 3—6。

表 3—6　主传动链常见故障诊断及维修

序号	故障现象	故障原因	排除方法
1	主轴在强力切削时停转	电动机与主轴连接的皮带过松	调整皮带张紧力
		皮带表面有油	用汽油清洗后擦干净，再装上
		皮带老化失效	更换新皮带
		摩擦离合器调整过松或磨损	调整摩擦离合器，修磨或更换摩擦离合器
2	主轴噪声	小带轮与大带轮传动平衡情况不佳	重新进行动平衡
		主轴与电动机连接的皮带过紧	调整皮带张紧力
		齿轮啮合间隙不均匀或齿轮损坏	调整齿轮啮合间隙或更换齿轮
3	齿轮损坏	变挡压力过大，齿轮受冲击产生破损	按液压原理图，调整到适当的压力和流量
		变挡机构损坏或固定销脱落	修复或更换零件
4	主轴发热	主轴前端盖与主轴箱压盖研伤	修磨主轴前端盖使其压紧主轴前轴承，轴承与后盖有 0.02 ~ 0.05 mm 间隙
5	主轴没有润滑油循环或润滑不足	液压泵转向不正确，或间隙过大	改变液压泵转向或修理液压泵
		吸油管没有插入油箱的油面以下	吸油管插入油面以下 2/3 处
		油管或滤油器堵塞	清除堵塞物
		润滑油压力不足	调整供油压力

续表

<table>
<tr><th>序号</th><th>故障现象</th><th>故障原因</th><th>排除方法</th></tr>
<tr><td rowspan="4">6</td><td rowspan="4">液压变速时齿轮推不到位</td><td rowspan="4">主轴箱内拨叉磨损</td><td>选用球墨铸铁做拨叉材料</td></tr>
<tr><td>在每个垂直滑移齿轮下方安装塔簧作为辅助平衡装置，减轻对拨叉的压力</td></tr>
<tr><td>协调活塞的行程与滑移齿轮的定位</td></tr>
<tr><td>若拨叉磨损，予以更换</td></tr>
<tr><td rowspan="3">7</td><td rowspan="3">润滑油泄漏</td><td>润滑油量多</td><td>调整供油量</td></tr>
<tr><td>检查各处密封件是否有损坏</td><td>更换密封件</td></tr>
<tr><td>管件损坏</td><td>更新管件</td></tr>
</table>

2. 维修实例

(1) 变挡滑移齿轮引起主轴停转的故障维修

故障现象：机床在工作过程中，主轴箱内机械变挡滑移齿轮自动脱离啮合，主轴停转。

故障分析：图 3—67 为带有变速齿轮的主传动。这种主传动采用液压缸推动滑移齿轮进行变速，液压缸同时也锁住滑移齿轮。变挡滑移齿轮自动脱离啮合，一般是由液压缸内压力变化引起的。控制液压缸的三位四通换向阀在中间位置时不能闭死，液压缸前后两腔油路相渗漏，这样势必造成液压缸上腔推力大于下腔，使活塞杆渐渐向下移动，逐渐使滑移齿轮脱离啮合，造成主轴停转。

故障处理：更换新的三位四通换向阀，即可解决问题；或改变控制方式，采用二位四通换向阀，使液压缸一腔始终保持压力油。

(2) 变挡不能啮合的故障维修

故障现象：发出主轴箱变挡指令后，主轴处于慢速来回摇摆状态，一直挂不上挡。

故障分析：在带有变速齿轮的主传动系统工作过程中，为了保证滑移齿轮移动顺利啮合于正确位置，机床接到变挡指令后，主电动机会带动主轴做慢速来回摇摆运动。此时，如果电磁阀发生故障（阀芯卡孔或电磁铁失效），油路不能切换，液压缸不动作，或者液压缸动作，发反馈信号的无触点开关失效，滑移齿轮变挡到位后不能发出反馈信号，都会造成机床循环动作中断。

故障处理：更换新的液压阀或失效的无触点开关后，故障消除。

(3) 变挡后主轴箱噪声大的故障维修

故障现象：主轴箱经过数次变挡后，噪声变大。

故障分析：当机床接到变挡指令后，液压缸通过拨叉带动滑移齿轮移动。此时，相啮合的齿轮相互间必然发生冲击和摩擦。如果齿面硬度不够，或齿端倒角、倒圆不好，变挡速度太快，冲击过大，都将造成齿面破坏，主轴箱噪声则会变大。

故障处理：使齿面硬度大于 55HRC，认真做好齿端倒角、倒圆工作，调节变挡速度，减小冲击。

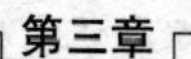

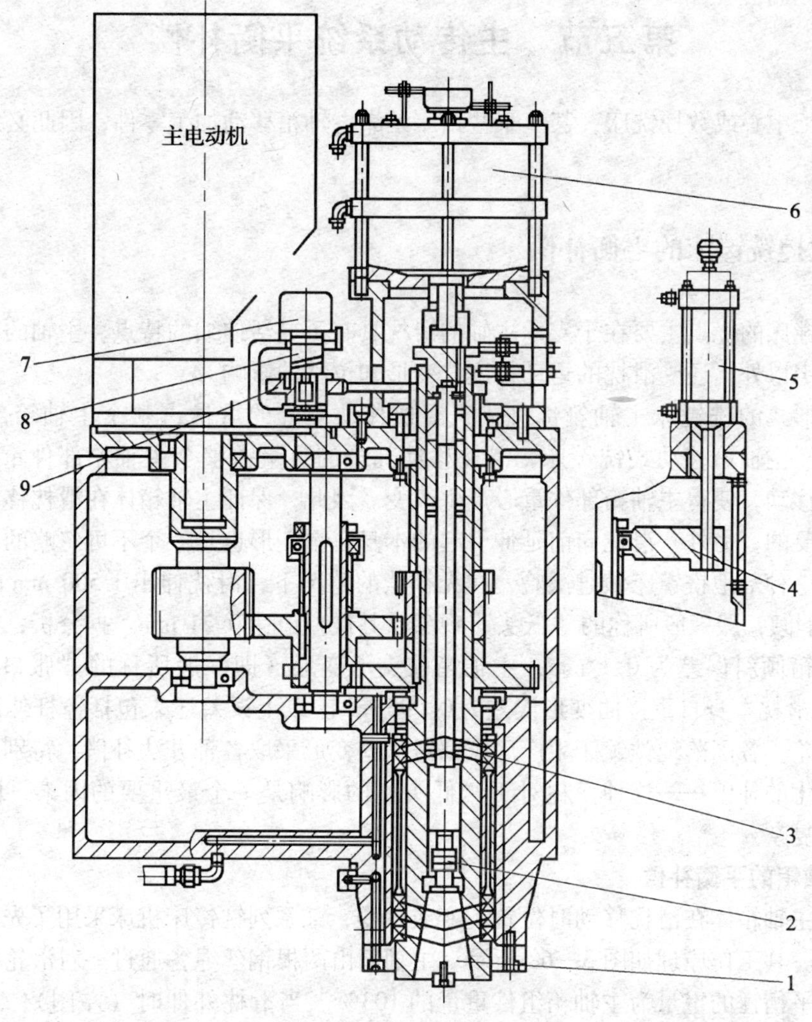

图 3—67 带有变速齿轮的主传动

1—主轴 2—弹簧卡头 3—碟形弹簧 4—拨叉 5—变速液压缸
6—松刀气缸 7—编码器 8—联轴器 9—同步带轮

（4）变速无法实现的故障维修

故障现象：TH5840 立式加工中心换挡变速时，变速气缸不动作，无法变速。

故障分析：变速气缸不动作的原因有：①气动系统压力太低或流量不足；②气动换向阀未得电或换向阀有故障；③变速气缸有故障。

故障处理：根据分析，首先检查气动系统的压力，压力表显示气压为 0.6 MPa，压力正常。然后，检查换向阀，电磁铁已带电。手动操作换向阀，变速气缸动作。因此，判定气动换向阀有故障。拆下气动换向阀，检查发现有污物卡住阀芯。进行清洗后，重新装好，故障排除。

第五节　主传动系统平衡补偿

卧式加工中心或数控铣床，甚至某些钻床是靠主轴箱移动加工零件，因此必须增加平衡补偿。

一、数控铣镗床的平衡补偿

卧式铣镗床的优点主要在于支承主轴的滑枕具有可灵活伸缩的特点。主轴的精度除了由本身特性决定以外，还受滑枕的运动精度、变形和位移的影响。

在滑枕形式的铣镗床主轴箱部件中，滑枕移动部分的重量占整个主轴箱部件重量的35%左右，而主轴箱移动式铣镗床，滑枕移动部分的重量占整个主轴箱部件重量的60%。由于滑枕的移动，使得主轴箱部件重心产生改变。因此，保证主轴箱体在滑枕移动时位置不变是十分重要的。另外，滑枕向前延伸引起的本身自重变形也是一个不可忽略的因素。某机床研究所对一种落地铣镗床做过试验，在无补偿的情况下，滑枕伸出 1 500 mm 时，轴端在 Y 坐标方向下倾，即一般所称的“低头”现象，其误差值达 0. 21 mm。据分析，由滑枕移动产生的主轴箱倾斜误差为 0. 1 mm，主轴箱前支承变形（即一般所称的“张口”）误差为 0. 015 mm，滑枕本身自重挠曲变形误差为 0. 095 mm。以上误差还未包括镗杆伸出时的自重挠曲变形误差。各国落地铣镗床生产厂家都对这些变形采取各种办法补偿，特别是对主轴箱部件重心变化的补偿——这种变化对于“低头”的影响是一个最重要的因素，而且相应补偿装置比较复杂。

1. 主轴箱的平衡补偿

为保证主轴箱体在滑枕移动时位置不变或少变，某系列铣镗床机床采用了先进的电子液压平衡方法。其工作原理如图 3—68 所示。主轴箱由两根钢丝绳各通过一对滑轮挂在同一个平衡锤上。平衡锤的重量为主轴箱组件重量的103%。当滑枕外伸时（左图），主轴箱的重心发生变化，原平衡力系遭受破坏，相对原平衡位置产生了一附加倾覆力矩，使主轴箱体前倾。主轴箱体的前倾尽管使前钢绳张力增加，但由于前钢丝绳的弹性较大，其增加的张力不足以克服全部附加倾覆力矩，其中的一部分由立柱导轨承受。前钢丝绳与主轴箱体之间设有一个串接的液压缸。当滑枕外伸时，液压缸上腔的油升高，使前钢丝绳张力增加，从而形成一个反倾覆力矩。

如反倾覆力矩等于主轴箱体因滑枕外伸而产生的倾覆力矩，主轴箱即可不因滑枕的外伸而前倾。为了使前钢丝绳的张力变化与主轴箱因滑枕的外移而产生的倾覆力矩相适应，一般采用图 3—69 所示的电子液压补偿系统。电位计 9 输出的电位与滑枕的外伸量成正比，力传感器 6 测量钢钢丝绳的张力。由于滑枕的向外移动，使前后钢丝的张力重新分配，前钢丝绳张力增加，后钢丝绳张力减小。滑枕的位置与后钢丝绳张力之间的关系呈一曲线形状，如图 3—70 所示。为便于数据处理，将这一曲线简化成两段折线，用 F_0、σ_1、σ_2和 L 四个参数即可进行描述。根据滑枕前端安装的刀具和附件不同的选择，在后钢丝绳吊架附近有一调节箱，预设了15种不同的参数组合，以适应不同的工作情况。更换刀具或附件后，如其重量有较大变化，可在调节箱内预设的15组参数中选择相应的一组。

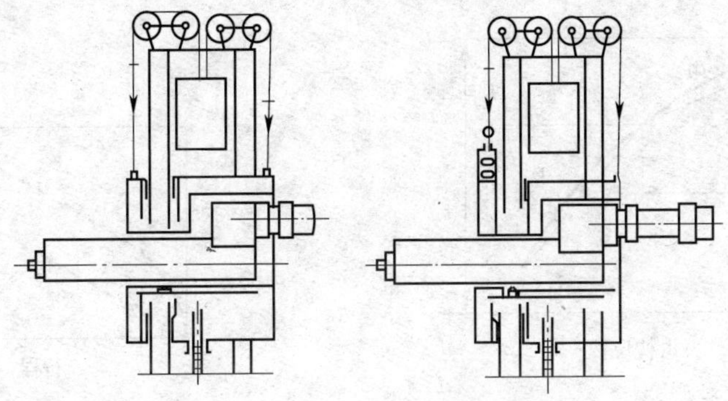

图3—68　主轴箱平衡补偿原理

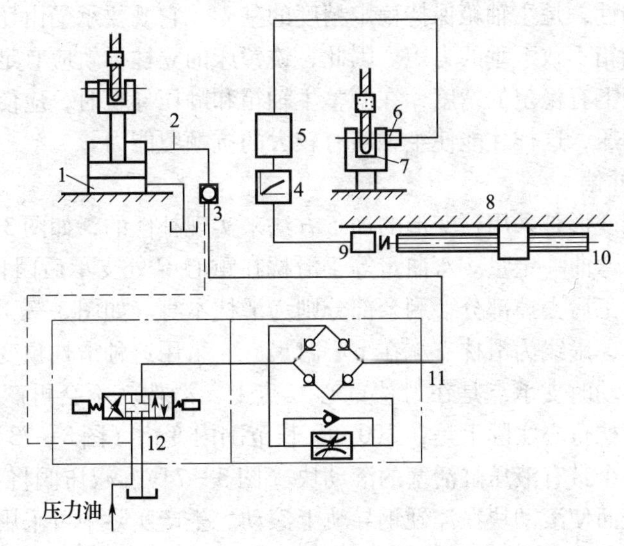

图3—69　电子液压补偿系统

1—液压缸　2—微测引线　3—液控单向阀　4—控制器　5—调节箱　6—力传感器　7—钢丝绳吊架　8—主轴箱　9—电位计　10—滚珠丝杠　11—分油器　12—三位四通电磁阀

如图3—69所示，来自电位计9和传感器6的数据（分别表示滑枕位置和后钢丝绳张力）进入控制器4进行比较。如两数据之间的关系不符合所选择的曲线时，则产生控制信号使电磁阀12左向或右向接通，液压缸1的上腔接通压力油，使前钢丝绳张力增加；或接通油池排油，使前钢丝绳张力减小。这样，就始终使主轴箱处于平衡状态。

当滑枕按不同方向移动时，由于平衡系统中摩擦力方向的变化，使液压缸1所需的油压与滑枕行程的关系呈磁滞曲线形状，如图3—71所示。图中可明显看出，液压缸1所需的油压与滑枕的行程方向有关。为提高滑枕的移动精度，可根据实测值来调整滞后补偿旋钮，使其达到理想的效果。

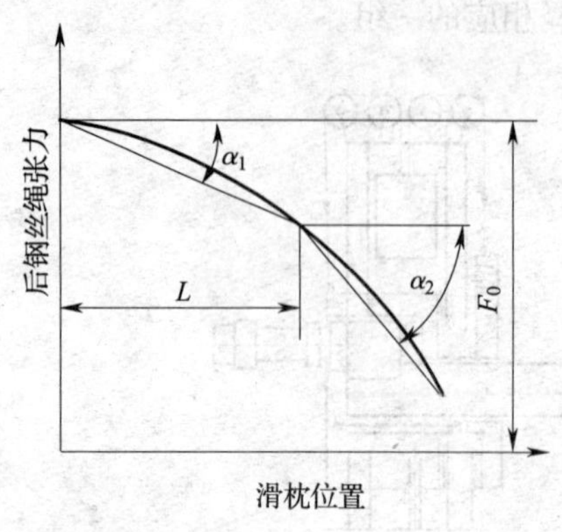

图 3—70　滑枕位置与后钢丝绳张力的关系

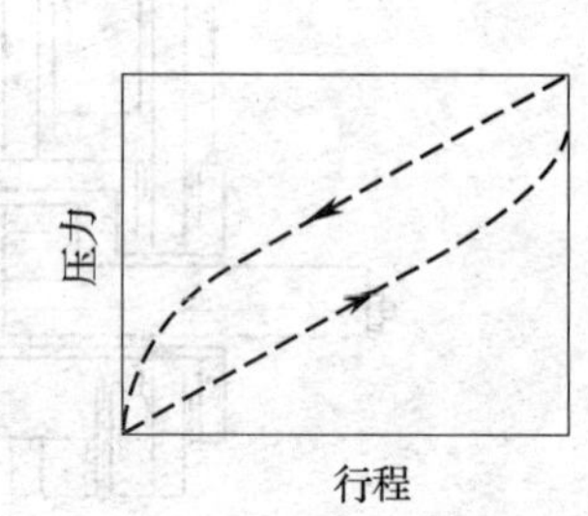

图 3—71　液压缸压力与滑枕行程的关系

立柱前导轨的刚性，是主轴箱保持稳定精度的基础。它既要承受由切削引起的抗力；同时还要承受保持主轴箱不致下垂的力矩。因此，铣镗床的立柱导轨应有足够的刚性。为了保证主轴箱在立柱导轨上有稳定的精度，在调整主轴箱和静压导轨时，应使各油腔两端头的油压大于内部油腔的油压，这样才能使主轴箱有较大的抗颠覆能力。

2．滑枕的平衡补偿

滑枕的自重挠曲变形是采用预变形的加工方法来实现补偿的，如图 3—72 所示。滑枕加工前靠装夹使之向下弯曲一定量。弯曲量等于滑枕在重心 G 处支承后因自重而产生的挠度。图中剖面线部分为加工后去掉部分，剩余部分则为滑枕本身。如图 3—73 所示为某铣镗床滑枕加工后的实际尺寸，虚线为滑枕支承在重心时尺寸。采用这种滑枕预变形的补偿方法简单可靠，只要滑枕在移动时支承点是在滑枕重心 G 点上，滑枕就不会再产生弯曲现象。由于附件重量的影响，滑枕重心实际上是在 300 mm 长范围内变化（图 3—73）。在该 300 mm 长的支承点前后装有 2 个带有液压缸活塞的滚动块（图 3—74）。减压阀将油压降至 2. 5 MPa，作用在滚动块上，从而使滚动块在淬硬钢导轨上滚动。生产实际中可采用上述两种办法综合补偿，如图 3—75 所示。滑枕在移动过程中，支承点始终在重心 G 点上。

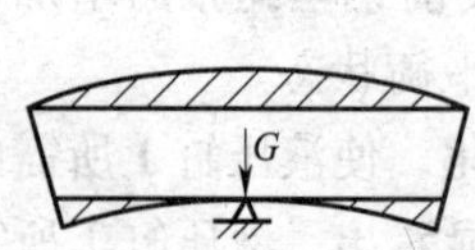

图 3—72　预变形加工补偿法示意

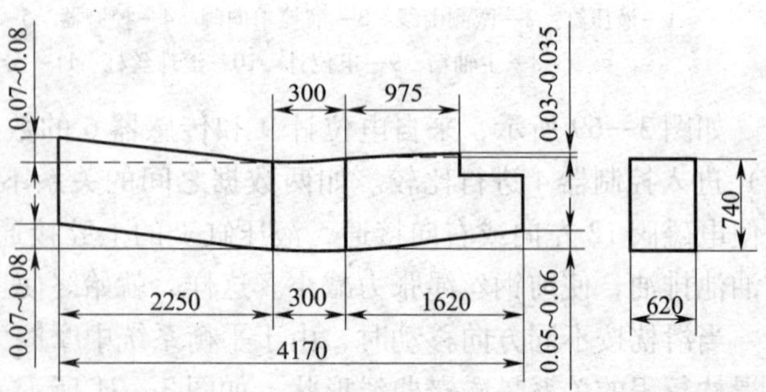

图 3—73　滑枕加工后实际尺寸

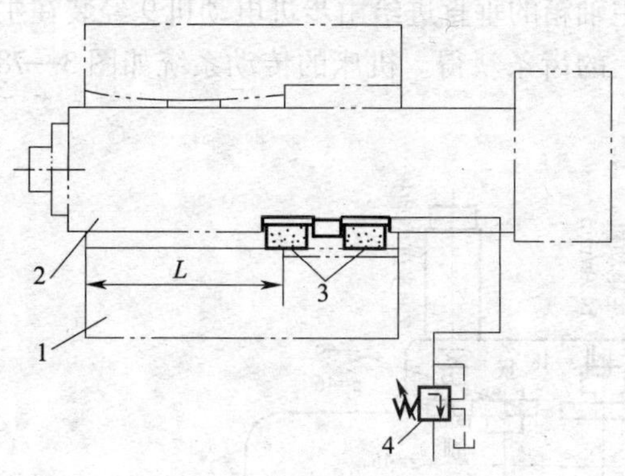

图 3—74　滑枕自重变形的补偿
1—主轴箱　2—滑枕
3—带有液压缸活塞的滚动块　4—减压阀

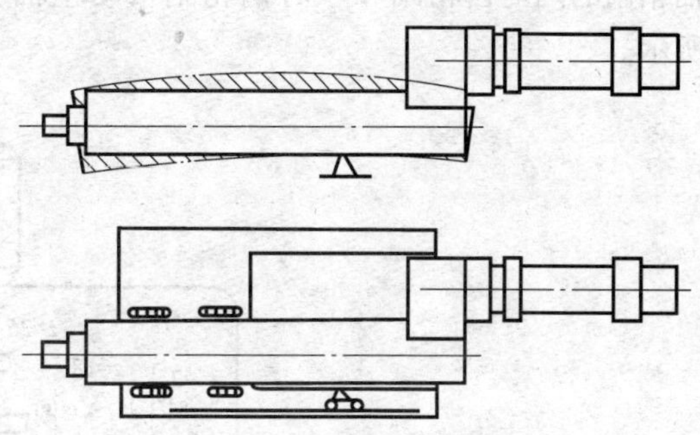

图 3—75　滑枕变形的综合补偿

3. 镗轴自重挠曲的补偿

铣镗床镗轴的自身挠曲补偿也是一个重要问题。某铣镗床，镗轴直径 260 mm，行程 1 700 mm，本身自重挠曲 0. 09 mm，再加上与铣镗配合间隙和对主轴箱重心的影响，使镗轴在全行程时，镗轴的下垂量竟达 0. 28 mm。这个误差的补偿在普通机床上难以解决，但在数控机床上采用 Y 轴位置补偿的办法，很容易实现。如图 3—76 所示，镗轴每外伸 12. 5 mm 补偿一次，每次补偿量为 0. 005 mm，由 Y 轴完成。补偿后挠度值仅为 0. 015 mm，效果非常明显。

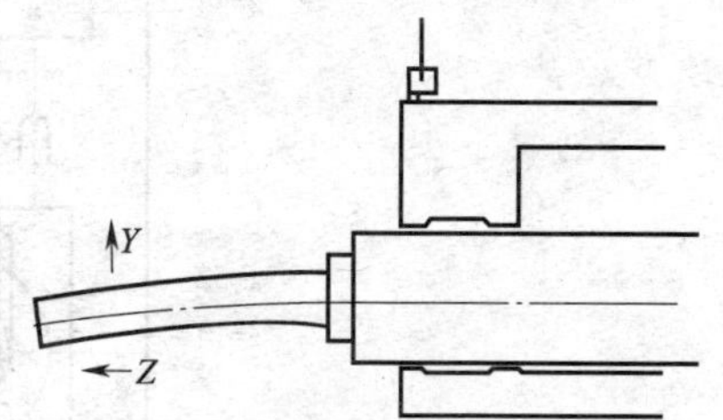

图 3—76　镗轴自重挠曲的补偿

二、数控钻床的平衡补偿

1. 机床运动

图3　77 是 ZKS140C 数控钻床外形图，其主要组成部件有立柱 10、底座 1、工作台 4。滑座 14、主轴箱 7、主轴 5 以及数控装置 12 等。

机床主运动由主轴箱 7 上的主电动机 8 提供，经过主轴箱内的齿轮传动将运动传到主轴 5 上，使主轴获得 12 级转速，转速由手柄 6 调整。工作台 4 的纵向（X 向）和横向（Y 向）进给运动传动由步进电动机通过同步齿形带和滚珠丝杠螺母副实现，13 是纵向滚珠丝杠，2 为横向滚珠丝杠，两轴可联动。纵向进给步进电动机装在滑座 14 的左侧，横向

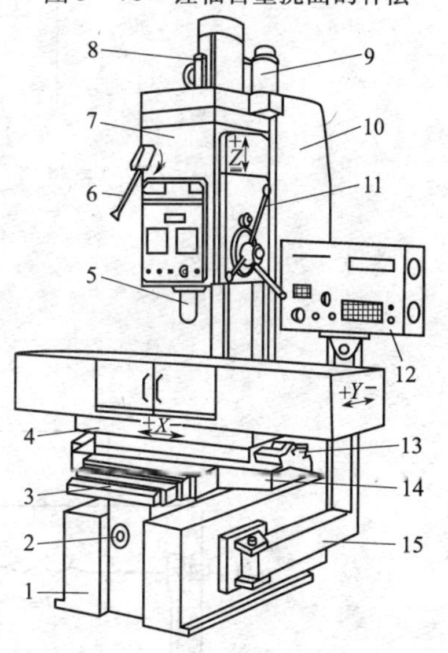

图 3—77　ZKS140C 数控钻床外形图
1—底座　2、13—滚珠丝杠　3—防护罩
4—工作台　5—主轴　6—转速调整手柄
7—主轴箱　8—主电动机　9—步进电动机
10—立柱　11—手柄　12—数控装置
14—滑座　15—支架

进给步进电动机装在底座的后部（图中未画出）。主轴箱的垂直进给由步进电动机 9 经装在主轴箱内的两对齿轮副和一对蜗轮副带动主轴套筒上的齿条获得。机床的传动系统如图 3—78 所示。

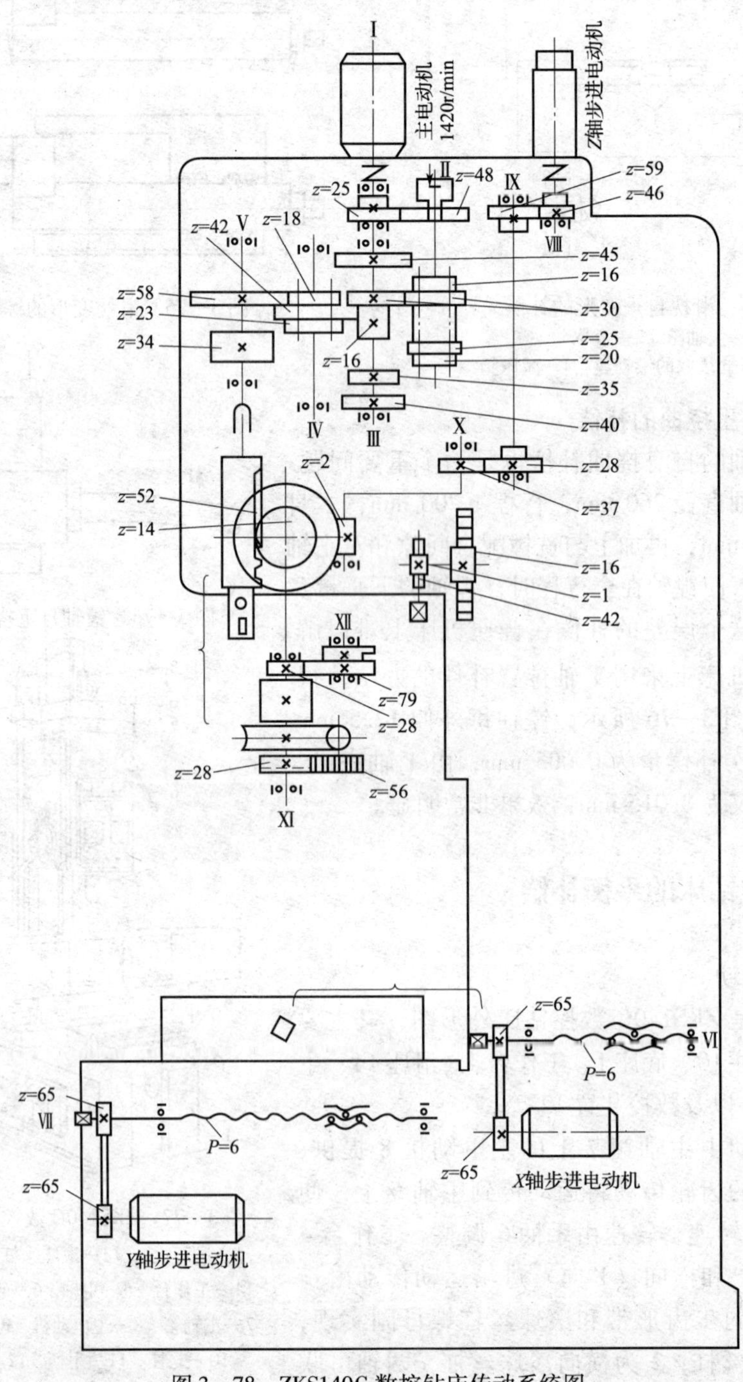

图 3—78　ZKS140C 数控钻床传动系统图

进给运动既可以数控，也可以手动操作。工作台纵、横移动可由转动丝杠端部的方头手柄来实现。主轴垂直进给也可由转动手柄 11 来实现。主轴箱 7 沿立柱 10 的升降，是由转动主轴箱左侧的手柄（图中未画出），通过一对蜗轮副使齿轮在固定于立柱的齿条上转动获得的。

2. 主轴部件及平衡机构

图 3—79 为主轴部件和平衡机构图。主轴 1 的旋转运动是通过与主轴花键连接的齿轮传到主轴。加工时主轴在主轴套筒 2 中做旋转运动，同时随主轴套筒做轴向进给运动。主轴与套筒支承选用 D 级和 E 级精度的推力球轴承和角接触球轴承支承。在主轴的右侧有重力平衡机构。齿轮 4 通过与套筒上的齿条啮合，带动主轴上下移动的同时，通过另一齿轮 10 带动凸轮 9 逆时针旋转，使链条 5 随之运动而压缩弹簧 8，弹簧力作用在主轴上，与主轴箱的重量相平衡。螺钉 14 调整平衡力的大小，凸轮的曲线可使平衡保持恒定。

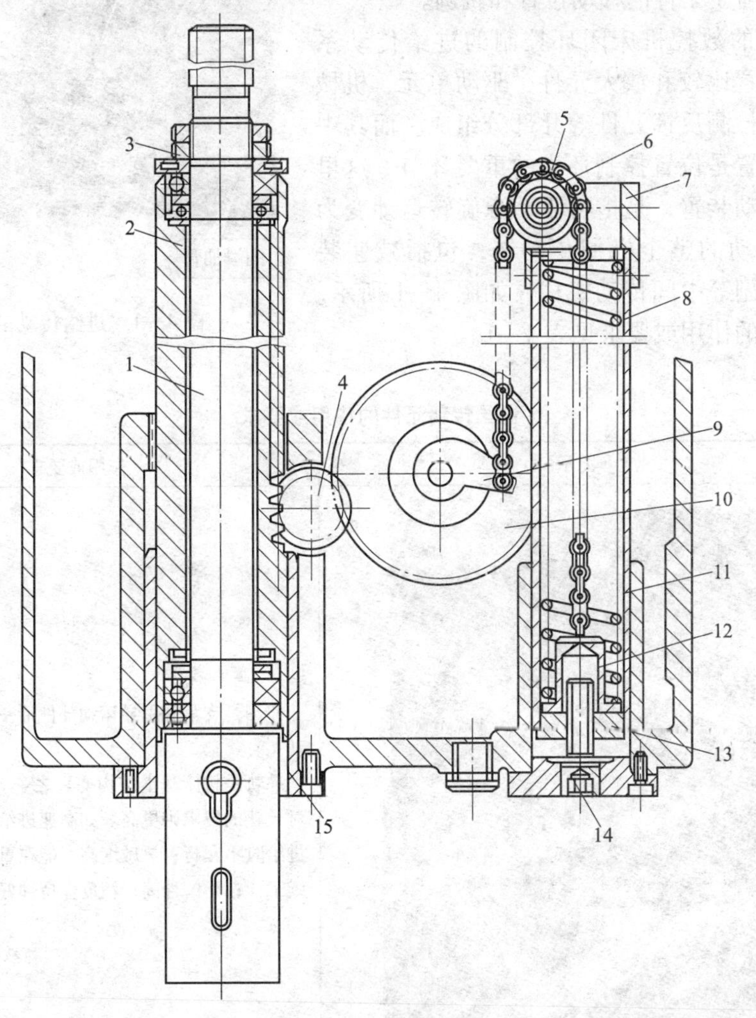

图 3—79　主轴部件和平衡机构图

1—主轴　2—主轴套筒　3、13—螺母　4—齿轮　5—链条　6—链轮　7—主轴箱　8—弹簧　9—凸轮　10—齿轮　11—弹簧套筒　12—弹簧支座　14—螺钉　15—主轴套

第四章

进给传动系统装调与维修

数控机床进给传动系统的作用是，根据数控系统传来的指令信息，进行放大，从而控制执行部件的运动。它不仅控制进给运动的速度，同时还要精确控制刀具相对于工件的移动位置和轨迹。

一个典型的数控机床闭环控制的进给传动系统，通常由位置比较和放大元件、驱动单元、机械传动装置以及检测反馈元件等几部分组成。而其中的机械传动装置是位置控制环中的重要环节。这里所说的机械传动装置，是指将驱动源旋转运动变为工作台直线运动的整个机械传动链，包括减速装置、丝杠螺母副等中间传动机构，如图4—1所示。进给传动元件的作用或要求见表4—1。

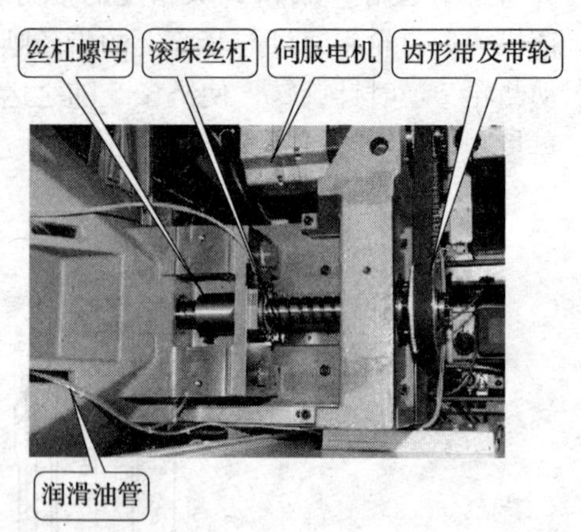

图4—1　进给传动的组成

表4—1　进给传动元件的作用或要求

名称	图示	作用或要求
导轨		作用是支承和引导运动部件沿一定的轨道进行运动。 导轨是机床基本结构要素之一。在数控机床上，对导轨的要求则更高。如高速进给时不振动；低速进给时不爬行；灵敏度高；能在重负载下，长期连续工作；耐磨性高；精度保持性好等

续表

名称	图示	作用或要求
丝杠		丝杠螺母副作用是使直线运动与回转运动相互转换。 数控机床上对丝杠的要求：传动效率高；传动灵敏，摩擦力小，动静摩擦力之差小，能保证运动平稳，不易产生低速爬行现象；轴向运动精度高，施加预紧力后，可消除轴向间隙，反向时无空行程
轴承		主要用于安装、支承丝杠，使其能够转动，在丝杠的两端均要安装
丝杠支架		基座两端各安装一个，内装轴承，主要用于安装滚珠丝杠，传动工作台
联轴器		是伺服电动机与丝杠之间的连接元件，电动机的转动通过联轴器传给丝杠，使丝杠转动，移动工作台

续表

名称	图示	作用或要求
伺服电动机		是工作台移动的动力元件，传动系统中传动元件的动力均由其产生，每根丝杠都装有一个伺服电动机
润滑系统		可减少阻力和磨损，避免低速爬行，降低高速时的温升，并且可防止导轨面、滚珠丝杠副锈蚀。常用的润滑剂有润滑油和润滑脂，导轨主要用润滑油，丝杠主要用润滑脂

第一节　进给传动系统概述

为确保数控机床的加工精度和工作平稳性等，对进给传动系统提出如下要求。

1．摩擦阻力小

在数控机床进给系统中，普遍采用滚珠丝杠螺母副、静压丝杠螺母副；滚动导轨、静压导轨和塑料导轨。在减小摩擦阻力的同时，还必须考虑传动部件要有适当的阻尼，以保证系统的稳定性。

2．不受运动惯量影响

运动部件的惯量对伺服机构的启动和制动特性都有影响，尤其是处于高速运转的零部件，其惯量的影响更大。因此，在满足部件强度和刚度的前提下，一般会尽可能减小运动部件的质量、减小旋转零件的直径和质量，以减小运动部件的惯量。

3．传动精度与定位精度高

数控机床的进给传动装置的传动精度和定位精度对零件的加工精度起着关键作用，对采用步进电动机驱动的开环控制系统尤其如此。通过在进给传动链中加入减速齿轮，以减小脉冲当量（即伺服系统接收一个指令，脉冲驱动工作台移动的距离），以及预紧传动滚珠丝杠，消除齿轮、蜗轮等传动件间隙等办法，可达到提高传动精度和定位精度的目的。

4. 进给调速范围宽

伺服进给系统在承担全部工作负载的条件下，应具有很宽的调速范围，以适应各工件材料、尺寸和刀具等变化的需要，工作进给速度范围可达 3 ~ 60 000 mm/min（调速范围 1∶2 000）。为了完成精密定位，伺服系统的低速趋近速度达 0.1 mm/min；为了缩短辅助时间，提高加工效率，快速移动速度高达 240 m/min 或更高。

5. 响应速度快

这里的响应速度快是指进给系统对指令输入信号的反应快，瞬态过程结束迅速。即跟踪指令信号的响应要快，定位速度和轮廓切削进给速度要满足要求，工作台应能在规定的速度范围内灵敏而精确地跟踪指令，进行单步或连续移动，在运行时不出现丢步或多步现象。进给系统响应速度的大小不仅影响机床的加工效率，而且影响加工精度。应使机床工作台及其传动机构的刚度、间隙、摩擦以及转动惯量尽可能达到最佳值，以提高伺服进给系统的快速响应性。

6. 无间隙传动

进给系统的传动间隙一般指反向间隙，即反向死区误差。它存在于整个传动链的各传动副中，直接影响数控机床的加工精度。设计中一般会采用消除间隙的联轴节及有消除间隙措施的传动副等方法，消除传动间隙。

7. 稳定性好、寿命长

稳定性是伺服进给系统能够正常工作的最基本的条件，特别是在低速进给情况下不产生爬行，并能适应外加负载的变化而不发生共振。稳定性与系统的惯性、刚性、阻尼及增益等都有关系，适当选择各项参数，并能达到最佳的工作性能，是伺服系统设计的目标。所谓进给系统的寿命，主要指其保持数控机床传动精度和定位精度的时间长短，即各传动部件保持其原来制造精度的能力。为此，组成进给机构的各传动部件应选择合适的材料及合理的加工工艺与热处理方法，对于滚珠丝杠及传动齿轮，必须具有一定的耐磨性和适宜的润滑方式，以延长其寿命。

8. 使用维护方便

数控机床属高精度自动控制机床，主要用于单件、中小批量、高精度及复杂的生产加工，因而机床的开机率相应高。为此，进给系统的结构一般均便于维护和保养，最大限度地减小维修工作量，以提高机床的利用率。

一、联轴器连接式

联轴器是用来连接进给机构的两根轴，使之一起回转，以传递扭矩和运动的一种装置。机器运转时，被连接的两轴不能分离，只有停车后将联轴器拆开，两轴才能脱开。

1. 联轴器分类

目前联轴器的类型繁多，有液压式、电磁式和机械式；而机械式联轴器是应用最广泛的一种，它借助于机械构件相互的机械作用力来传递扭矩，大致可作如下划分：

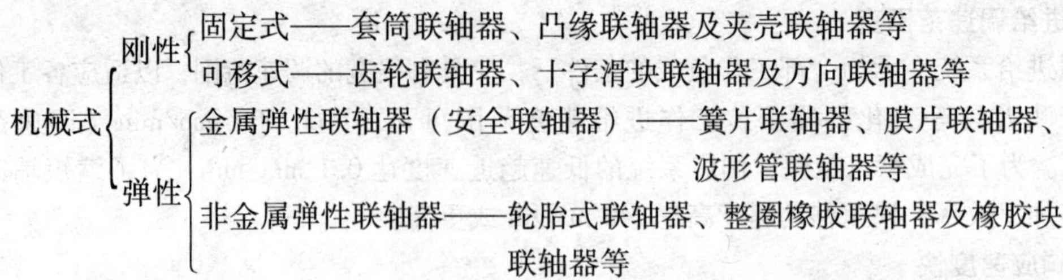

（1）套筒联轴器

套筒联轴器（图4—2）由连接两轴轴端的套筒和连接套筒与轴的连接件（键或销钉）组成，一般当轴端直径 $d \leqslant 80$ mm 时，套筒用35或45钢制造；$d > 80$ mm 时，可用强度较高的铸铁制造。

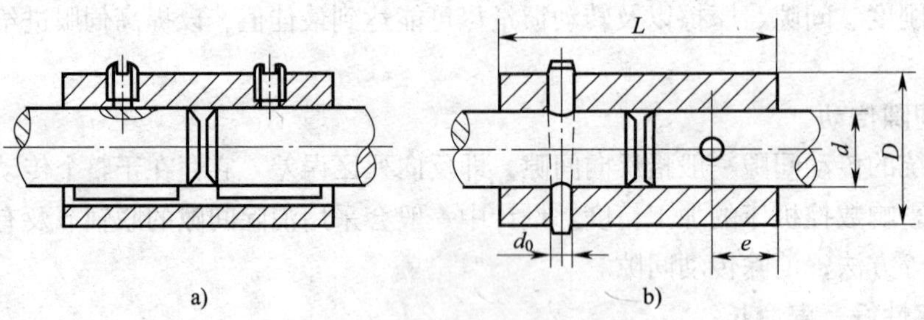

图4—2 套筒联轴器

a）键连接 b）销钉连接

套筒联轴器各部分尺寸间的关系如下：

套筒长 $L \approx 3d$；

套筒外径 $D \approx 1.5d$；

销钉直径 $d_0 = (0.3 \sim 0.5)d$（对小联轴器取0.3；对大联轴器取0.25）；

销钉中心到套筒端部的距离 $e \approx 0.75d$。

此种联轴器构造简单，径向尺寸小，但其装拆困难（装拆时轴需做轴向移动）且要求两轴严格对中，不允许有径向及角度偏差，因此使用上受到一定限制。图4—3为套筒联轴器的应用实例。

（2）凸缘式联轴器

凸缘式联轴器的工作形式为：以两个带有凸缘的半联轴器分别与两轴连接，然后用螺栓把两个半联轴器连成一体，以传递动力和扭矩，如图4—4所示。凸缘式联轴器有两种对中方法：一种是用一个半联轴器上的凸肩与另一个半联轴器上的凹槽相配合而对中（图4—4a）；另一种则是共同与另一部分环相配合而对中（图4—4b）。前者在装拆时轴必须做轴向移动，后者则无此缺点。连接螺栓可以采用半精制的普通螺栓，此时螺栓杆与钉孔壁间存有间隙，扭矩靠半联轴器结合面间的摩擦力来传递（图4—4b）；也可采用铰制孔用螺栓，此时螺栓杆与钉孔为过渡配合，靠螺栓杆承受挤压与剪切来传递扭矩（图4—4a）。凸缘式联轴器可带防护边（图4—4a）或不带防护边（图4—4b）。

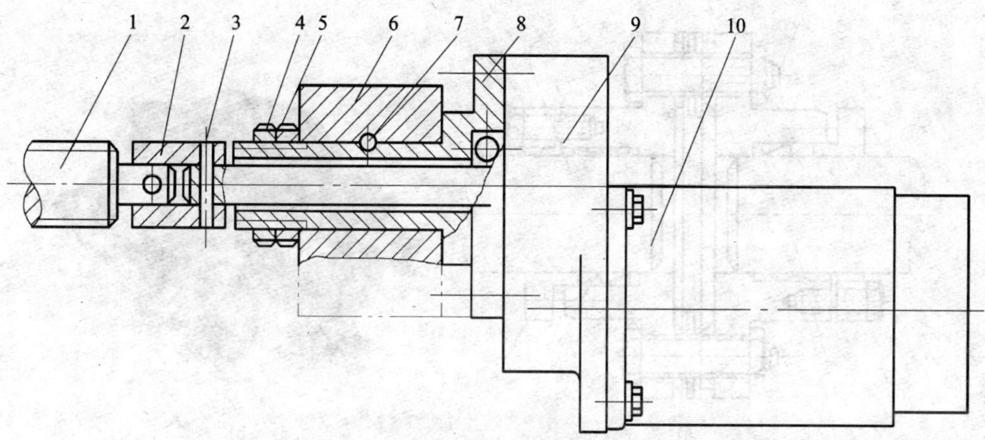

图 4—3　套筒联轴器应用实例：齿轮减速式（电动机通过减速器与丝杠连接）

1—丝杠　2—套筒联轴器　3、7—锥销　4—螺母　5—垫圈

6—支架　8—支承架　9—减速器　10—步进电动机

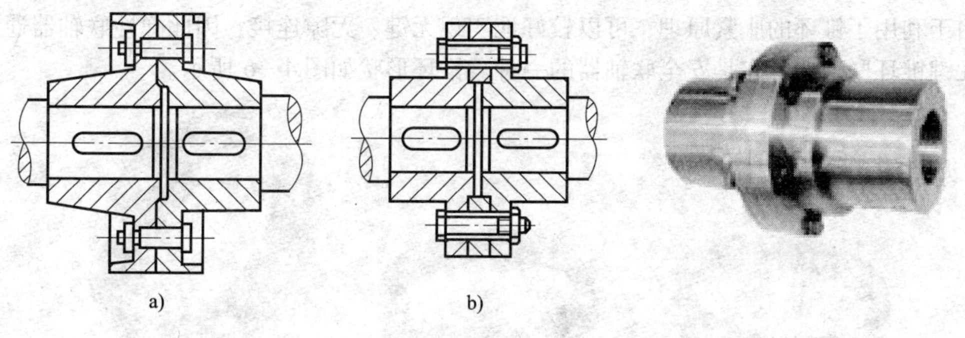

图 4—4　凸缘式联轴器

凸缘式联轴器的材料可用 HT250 或碳钢，重载时或圆周速度大于 30 m/s 时应用铸钢或锻钢。

凸缘式联轴器对于所连接的两轴的对中性要求很高，当两轴间有位移与倾斜存在时，会在机件内引起附加载荷，使工作情况恶化，这是它的主要缺点。但由于其构造简单、成本低以及可传递较大扭矩，故当转速低、无冲击、轴的刚性大以及对中性较好时亦常采用。

（3）弹性联轴器

在大扭矩宽调速直流电动机及传递扭矩较大的步进电动机的传动机构中，与丝杠之间可采用直接连接的方式，即使用弹性联轴器。这不仅可简化结构、减少噪声，而且对减少间隙、提高传动刚度也大有好处。

图 4—5 所示为弹性联轴器。弹簧片 7 分别用螺钉和球面垫圈与两边的联轴套相连。弹簧片用于传递扭矩。弹簧片每片厚 0. 25 mm，材料为不锈钢。两端的位置偏差由弹簧片的变形抵消。

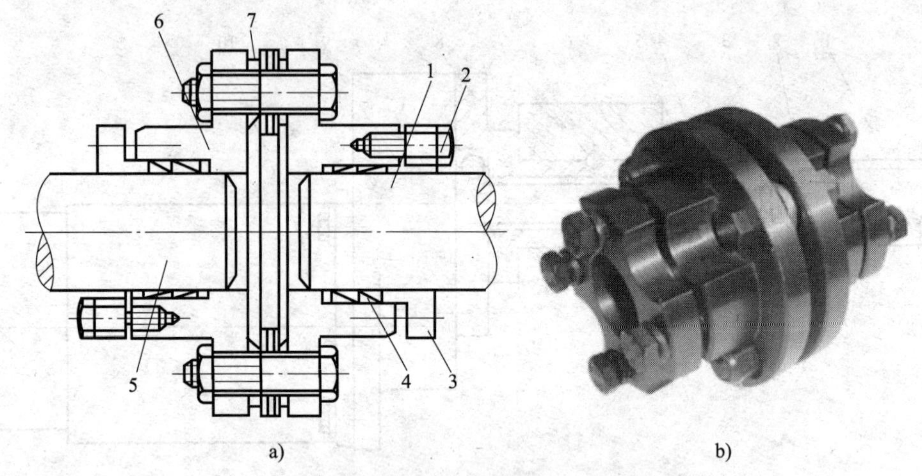

图 4—5　弹性（无键锥环）联轴器

a）弹性联轴器的结构　b）弹性联轴器的实物

1—丝杠　2—螺钉　3—端盖　4—锥环　5—电动机轴　6—联轴器　7—弹簧片

由于利用了锥环的胀紧原理，可以较好地实现无键、无隙连接，因此弹性联轴器通常又称为无键锥环联轴器，它是安全联轴器的一种。锥环形状如图 4—6 所示。

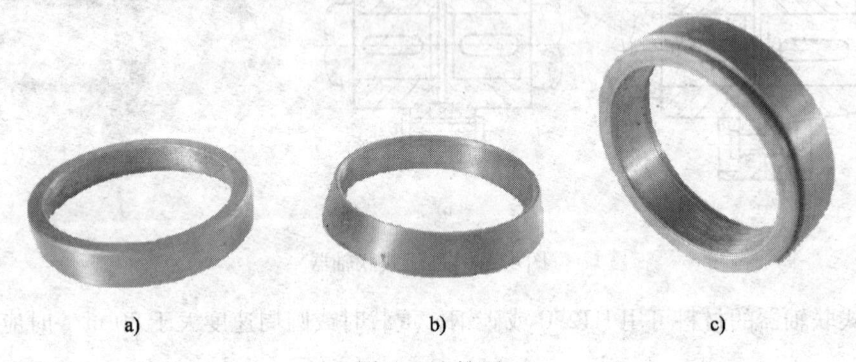

图 4—6　锥环

a）外锥环　b）内锥环　c）成对锥环

（4）安全联轴器

图 4—7 所示为 TND360 数控车床的纵向滑板的传动系统图。该传动系统由纵向直流伺服电动机，经安全联轴器直接驱动滚珠丝杠螺母副，传动纵向滑板，使其沿床身上的纵向导轨运动，直流伺服电动机由尾部的旋转变压器和测速发电机进行位置反馈和速度反馈，纵向进给的最小脉冲当量是 0.001 mm。这样构成的伺服系统为半闭环伺服系统。

安全联轴器的作用是，在进给过程中当进给力过大或滑板移动过载时，为了避免整个运动传动机构的零件损坏，安全联轴器动作，终止运动的传递。其原理如图 4—8 所示，在正常情况下，运动由联轴器传递到滚珠丝杠上（图 4—8a），当出现过载时，滚珠丝杠上的扭矩增大，通过安全联轴器端面上的三角齿传递的扭矩也随之增加，以使端面三角齿处的轴向力超过弹簧的压力，于是便将联轴器的右半部分推开（图 4—8b）。这时联轴器的左半部分和中间环节继续旋转，而右半部分却不能被带动，所以在两者之间产生打滑现象，将传动链断开（图4—8c），从而使传动机构不致因过载而损坏。机床许用的最大进给力取决于弹簧的弹力。拧动弹簧的调整螺母可以调整弹簧的弹力。机床上采用无触点磁传感器监测安全联轴器的右半部分的工作状况。当右半部分产生滑移时，传感器产生过载报警信号，通过机床可编程序制动器使进给系统制动，并将此状态信号送到数控装置，由数控装置发出报警指示。

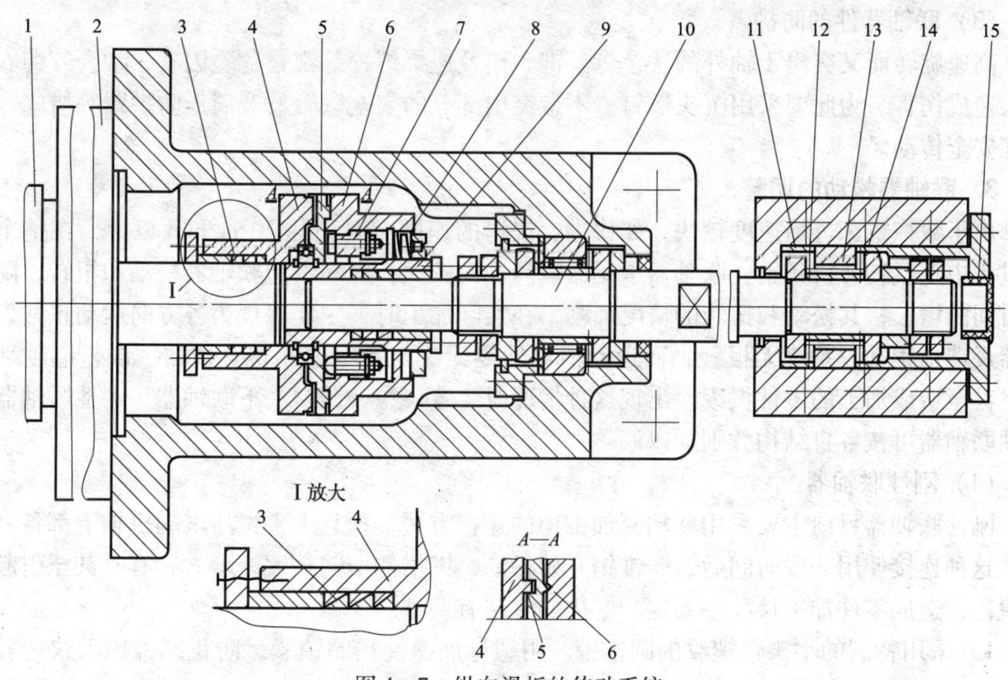

图4—7　纵向滑板的传动系统

1—旋转变压器和测速发电机　2—直流伺服电动机　3—锥环　4、6—半联轴器　5—滑块　7—钢片　8—碟形弹簧　9—轴套　10—滚珠丝杠　11—垫圈　12、13、14—滚针轴承　15—堵头

安全联轴器与电动机轴、滚珠丝杠相连时，采用了无键锥环连接，其放大图见图4—7 Ⅰ。无键锥环是相互配合的锥环，拧紧螺钉，压紧锥环，使内环的内孔收缩，外环的外圆胀大，靠摩擦力连接轴和孔。锥环的对数可根据所传递的扭矩进行选择。这种结构不需要开键槽，避免出现传动间隙。安全联轴器的结构如图4—7所示，由件4至件9组成。件4与件5之间由矩形齿相连，件5与件6之间由三角形齿相连（参见*A—A*剖视图）。件6上通过螺栓装有一组钢片件7，钢片件7的形状像摩擦离合器的内片，中心部分是花键孔。件7与件9套的外圆上的花键部分相配合，件6的转动可通过件7件至件9，并且件6和件7可一起沿件9做轴向相对移动。件9通过无键锥环与滚珠丝杠相连。碟形弹簧组件8使件6紧紧地靠在件5上。如果进给力过大，则件5、件6之间的三角形

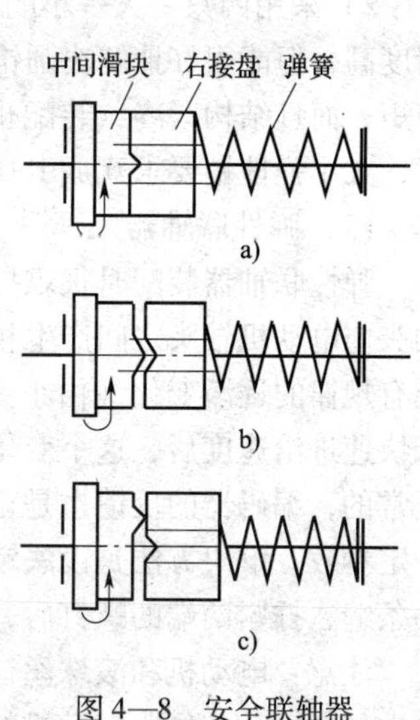

图4—8　安全联轴器

齿产生的轴向力超过了碟形弹簧件 8 的弹力，使件 6 右移，无触点磁开关发出监控信号给数控装置，使机床停机，直到消除过载因素后才能继续运动。

2．联轴器维护

（1）及时清理联轴器上的灰尘和切屑等；及时润滑联轴器上需要润滑的部位。

（2）定期检查联轴器、锥套上螺钉有无松动现象。

（3）联轴器件的防护

高速旋转而又突出于轴外的法兰盘、键、销及连接螺栓等都是危险因素，常会绞缠衣服对人造成伤害。为此要采用沉头螺钉、不带突出部分的安全联轴器及筒形防护罩等措施，以保证安全传动。

3．联轴器松动的调整

由于数控机床进给速度较快，如快进、快退的速度有时高达 20 m/min 以上，在整个加工过程中正反转转换频繁。联轴器承受的瞬间冲击较大，容易引起联轴器松动和扭转，随使用时间的增长，其松动和扭转的情况加剧。在实际加工时，主要表现为各方向运动正常、编码器反馈也正常、系统无报警，而运动值却始终无法与指令值相符合，加工误差值越来越大，甚至造成加工的零件报废。出现这种情况时，建议检查调整一下联轴器。刚性联轴器和弹性联轴器可按各自结构分别加以调整。

（1）刚性联轴器

刚性联轴器目前主要采用联轴套加锥销的连接方法，而且大多进给电动机轴上都备有平键。这种连接使用一段时间后，圆锥销开始松动，键槽侧面间隙逐渐增大，有时甚至引起锥销脱落，造成零件加工尺寸不稳定。解决的方法有两种。

1）采用特制的小头带螺纹的圆锥销，用螺母加弹性垫圈锁紧，防止圆锥销因快速转换而引起的松动。该方法能很好地解决圆锥销松动的问题，同时也减轻了平键所承受的扭矩。当然，这种方法因圆锥销小头有螺母，必须确保联轴器有一定的回转空间。

2）采用两只一大一小的弹性销取代圆锥销连接，这种方法虽然没有圆锥销的连接方法精度高，但能很好地解决圆锥销松动问题，弹性销具有一定的弹性，能分解部分平键承受的扭矩，而且结构紧凑，装配也十分方便。这种方法应用在维修中效果很好。但装配时要注意，大小弹性销要求互成 180°装配，否则会影响零件加工的精度。

（2）弹性联轴器

弹性联轴器装配时很难把握锥套是否锁紧，如果锥形套胀开后摩擦力不足，就会使丝杠轴头与电动机轴头之间产生相对滑移扭转，造成数控机床工作运行中，被加工零件的尺寸呈现有规律的逐渐变化（由小变大或由大变小），每次的变化值基本上是恒定的。如果调整机床快速进给速度后，这个变化量也会有变化，此时 CNC 系统并不报警，因为电动机转动是正常的，编码器的反馈也是正常的。一旦机床出现这种情况，单纯靠拧紧两端螺钉的方法不一定奏效。解决方法是设法锁紧联轴器的弹性锥形套，若锥形套过松，可将锥形套轴向切开一条缝，拧紧两端的螺钉后，就能彻底消除故障。

注意：电动机和滚珠丝杠连接用的联轴器松动或联轴器本身的缺陷，如裂纹等，会造成滚珠丝杠转动与伺服电动机的转动不同步，从而使进给运动忽快忽慢，产生爬行现象。

4. 联轴器的拆卸与装配

图4—9是图4—5弹性（无键锥环）联轴器的结构图。它的拆卸与装配方法如下：

（1）拆卸

1）以如图4—9所示的次序逐渐松开螺栓3，开始时不要超过1/4圈，以免圆盘1偏歪、卡住。松开后的螺栓3仍留在圆盘上，不要卸下。

2）把轴套5与圆盘组件一起从轴6上卸下。

3）从轴套5上取下圆盘组件。

（2）装配

装配前，锥环4与圆盘1之间一般不需要清洗，如发现脏，应清洗并加润滑脂和更换O形圈。装配顺序如下：

1）轻轻拧紧三个相隔120°的螺栓3，保持两盘平行，在三处检查两盘间距离。拧紧力的大小以锥环4在两盘上不转动即可，力过大会使锥环4变形。

2）在轴套5外表面涂上润滑脂，把圆盘组件装配到轴套5上，此时仍不要拧紧螺栓。

3）去除轴6与轴套5内孔的油污和杂质，把装好的轴套组件装配到轴6上。

4）按如图4—9所示的次序逐个地、逐渐地拧紧螺栓3，最后用限力扳手拧，保持两圆盘1平行。如此反复多次拧紧，直到全部螺栓达到规定的转矩。转矩值标记在圆盘1的端面上。

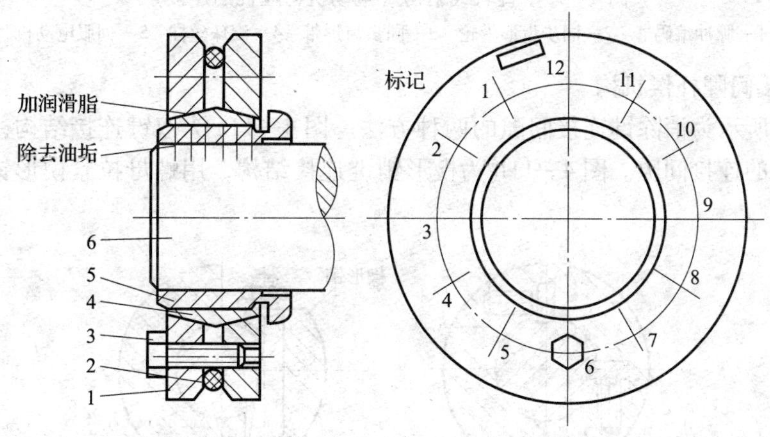

图4—9　弹性（无键锥环）联轴器结构图

1—圆盘　2—O形圈　3—螺栓　4—锥环　5—轴套　6—轴

（3）电动机联轴器松动的故障维修

故障现象：某半闭环控制数控车床运行时，被加工零件径向尺寸呈忽大忽小的变化。

故障分析：检查控制系统及加工程序均正常。进一步检查传动链，发现伺服电动机与丝杠连接处的联轴器紧固螺钉松动，使电动机与丝杠产生相对运动。由于机床是半闭环控制，机械传动部分误差无法得到修正，从而导致零件尺寸不稳定。

故障处理：紧固电动机与丝杠联轴器紧固螺钉后，故障排除。

二、直联式

直联式（采用键连接的形式）进给传动系统不仅可简化结构，减小噪声，而且能消除传动间隙，提高刚度。

1．结构

图 4—10 所示为同步带式，同步带式与齿轮减速式进给传动系统相比，成本低、噪声低，使用条件基本相同。

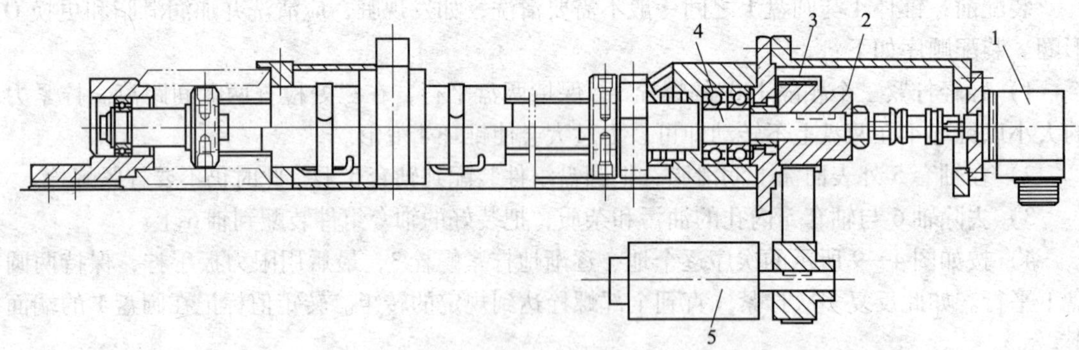

图 4—10　直联式结构（电动机与丝杠的连接）

1—脉冲编码器　2—同步齿形带轮　3—同步齿形带　4—滚珠丝杠　5—伺服电动机

2．键连接间隙补偿机构

图 4—11 所示为消除键连接间隙的两种方法。图 4—11a 为双键连接结构，用紧定螺钉顶紧以消除键的连接间隙。图 4—11b 为楔形销键连接结构，用螺母拉紧楔形销以消除键的连接间隙。

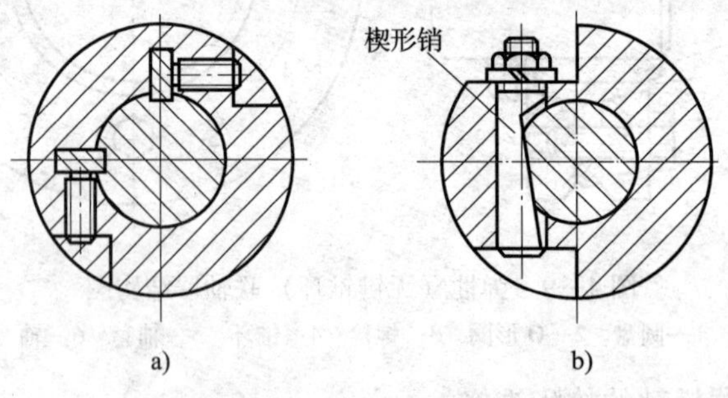

图 4—11　键连接间隙的消除方法

三、齿轮连接式

在数控设备的进给驱动系统中，考虑到惯量、转矩或脉冲当量的要求，有时要在电动机与丝杠之间加入齿轮传动副，而齿轮等传动副存在的间隙，会使进给运动反向滞后于指令信号，造成反向死区而影响其传动精度和系统的稳定性。因此，必须消除齿轮副的间隙。下面介绍几种常用的齿轮间隙消除连接结构形式。

1．直齿圆柱齿轮传动副

（1）偏心套调整法　图4—12所示为偏心套消隙结构。电动机1通过偏心套2安装到机床壳体上，通过转动偏心套2，就可以调整两齿轮的中心距，从而消除齿侧的间隙。

（2）锥度齿轮调整法　图4—13所示为锥度齿轮的消除间隙结构。在加工齿轮1和2时，将假想的分度圆柱面改变成带有小锥度的圆锥面，使其齿厚在齿轮的轴向稍有变化。调整时，只要改变垫片3的厚度就能调整两个齿轮的轴向相对位置，从而消除齿侧间隙。

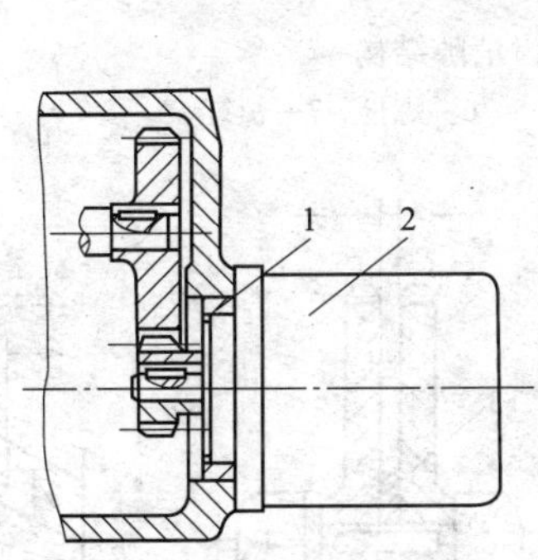

图4—12　偏心套式消除间隙结构
1—电动机　2—偏心套

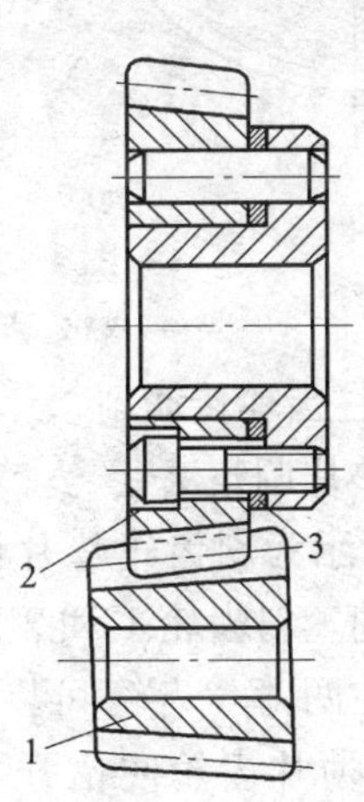

图4—13　锥度齿轮的消除间隙结构
1、2—齿轮　3—垫片

以上两种方法的特点是结构简单，能传递较大扭矩，传动刚度较好，但齿侧间隙调整后不能自动补偿，又称为刚性调整法。

（3）双片齿轮错齿调整法　图4—14a是双片齿轮周向弹簧错齿消隙结构。两个相同齿数的薄片齿轮1和2与另一个宽齿轮啮合，两薄片齿轮可相对回转。在两个薄片齿轮1和2的端面均匀分布着四个螺孔，分别装上凸耳3和8。齿轮1的端面还有另外四个通孔，凸耳8可以在其中穿过。弹簧4的两端分别钩在凸耳3和调节螺钉7上。通过螺母5调节弹簧4的拉力，调节完后用螺母6锁紧。弹簧的拉力使薄片齿轮错位，即两个薄片齿轮的左右齿面分别贴在宽齿轮齿槽的左右齿面上，从而消除了齿侧间隙。

图4—14b是另一种双片齿轮周向弹簧错齿消隙结构，两片薄齿轮1和2套装在一起，每片齿轮各开有两条周向通槽。在齿轮的端面上装有短柱3，用来安装弹簧4。装配时使弹簧4具有足够的拉力，从而使两个薄齿轮的左右面分别与宽齿轮的左右面贴紧，以消除齿侧间隙。

用双片齿轮错齿法调整间隙，在齿轮传动时，由于正向和反向旋转分别只有一片齿轮承受转矩，因此承载能力受到限制，并且弹簧的拉力要足以能克服最大转矩，否则起不到消隙作用。故双片齿轮错齿法称为柔性调整法，适用于负荷不大的传动装置。这种结构装配好后，齿侧间隙自动消除（补偿），可始终保持无间隙啮合，是一种常用的无间隙齿轮传动结构。

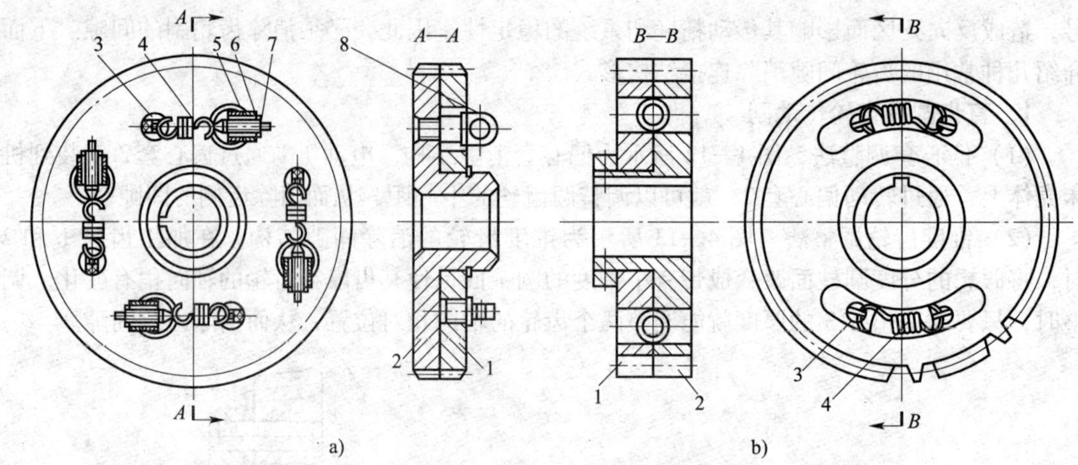

图 4—14　双片齿轮周向弹簧错齿消隙结构

1、2—薄齿轮　3、8—凸耳或短柱　4—弹簧　5、6—螺母　7—螺钉

2. 斜齿圆柱齿轮传动副

（1）轴向垫片调整法

图 4—15 所示为斜齿轮垫片调整法，其原理与错齿调整法相同。斜齿轮 1 和 2 的齿形拼装在一起加工，装配时在两薄片齿轮间装入已知厚度为 t 的垫片 3，这样两薄片齿轮便错开了，使两薄片齿轮分别与宽齿轮 4 的左、右齿面贴紧，消除了间隙。垫片 3 的厚度 t 与齿侧间隙 Δ 的关系可用下式表示。

$$t = \Delta\cot\beta$$

式中　β 为螺旋角。

垫片厚度一般由测试法确定，往往要经几次修磨才能调整好。这种结构的齿轮承载能力较小，且不能自动补偿消除间隙。

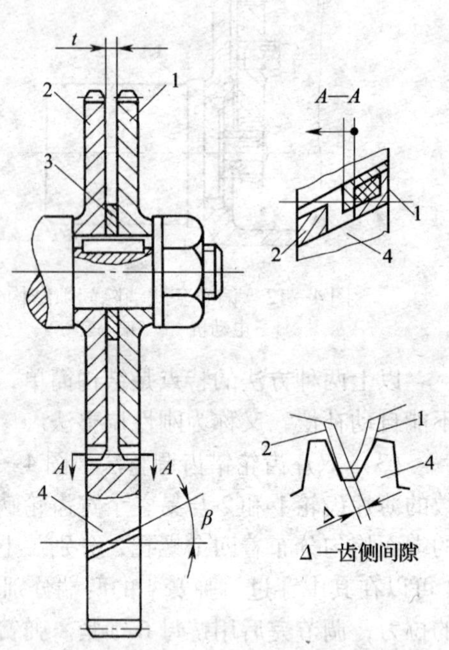

图 4—15　斜齿轮垫片调整法

1、2—薄片齿轮　3—垫片　4—宽齿轮

（2）轴向压簧调整法

图 4—16 所示为斜齿轮轴向压簧错齿消隙结构。该结构消隙原理与轴向垫片调整法相似，所不同的是，该结构利用齿轮 2 右面的弹簧压力使两个薄片齿轮的左右齿面分别与宽齿轮的左右齿面贴紧，以消除齿侧间隙。图 4—16a 采用的是压簧，图 4—16b 采用的是碟形弹簧。

弹簧 3 的压力可利用螺母 5 来调整，压力的大小要调整合适，压力过大会加快齿轮磨损，压力过小达不到消隙作用。这种结构齿轮间隙能自动消除，始终保持无间隙的啮合，但它只适于负载较小的场合，而且这种结构轴向尺寸较大。

3. 锥齿轮传动副

锥齿轮同圆柱齿轮一样可用上述类似的方法来消除齿侧间隙。

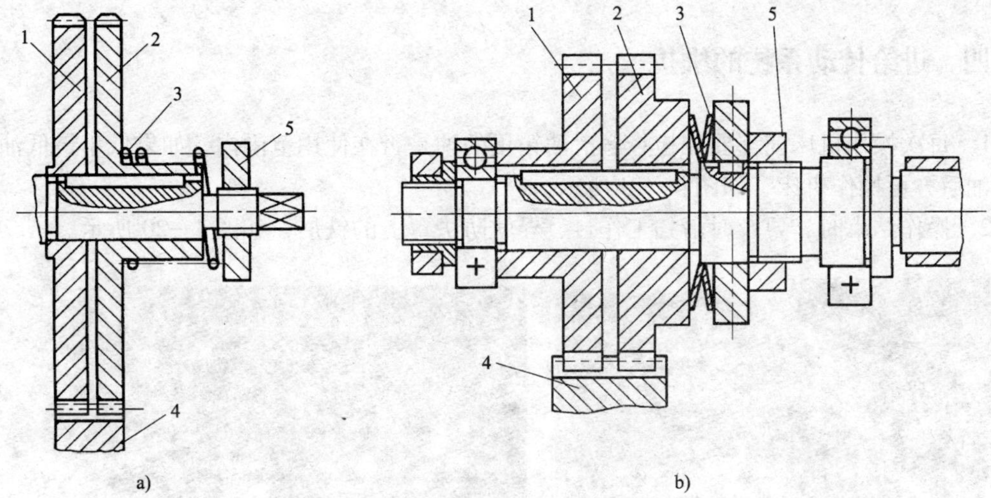

图 4—16 斜齿轮轴向压簧错齿消隙结构

1、2—薄片斜齿轮 3—弹簧 4—宽齿轮 5—螺母

（1）轴向压簧调整法

图 4—17 所示为轴向压簧调整法。锥齿轮 1 和 2 互相啮合。其中在装锥齿轮 1 的传动轴 5 上装有压簧 3，锥齿轮 1 在弹簧力的作用下可稍做轴向移动，从而消除间隙。弹簧力的大小由螺母 4 调节。

（2）周向弹簧调整法

图 4—18 所示为周向弹簧调整法。将一对啮合锥齿轮中的一个齿轮做成大小两片 1 和 2，在大片上制有三个圆弧槽，而在小片的端面上制有三个凸爪 6，凸爪 6 伸入大片的圆弧槽中。弹簧 4 一端顶在凸爪 6 上，而另一端顶在镶块 3 上，为了安装方便，用螺钉 5 将大小两片齿圈相对固定，安装完毕之后将螺钉卸去，利用弹簧力使大小两片锥齿轮稍微错开，从而达到消除间隙的目的。

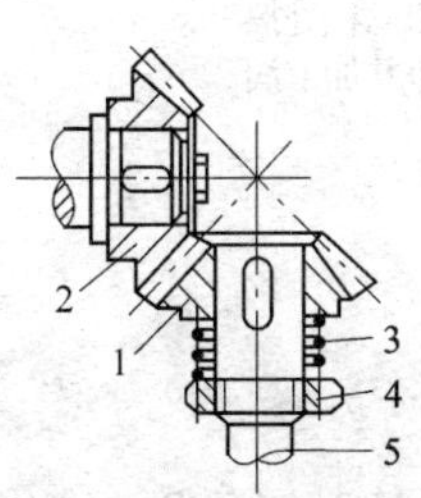

图 4—17 锥齿轮轴向压簧调整法

1、2—锥齿轮 3—压簧 4—螺母 5—传动轴

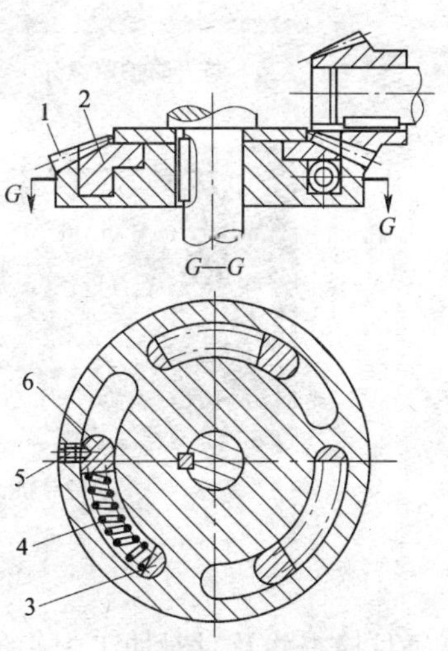

图 4—18 锥齿轮周向弹簧调整法

1、2—锥齿轮 3—镶块 4—弹簧 5—螺钉 6—凸爪

四、进给传动系统的维护

1．每次操作机床前都要先检查润滑油箱里的油是否在使用范围内，如果低于最低油位，需加油后方可操作机床，如图 4—19 所示。

2．操作结束时，要及时清扫工作台、导轨防护罩上的铁屑，如图 4—20 所示。

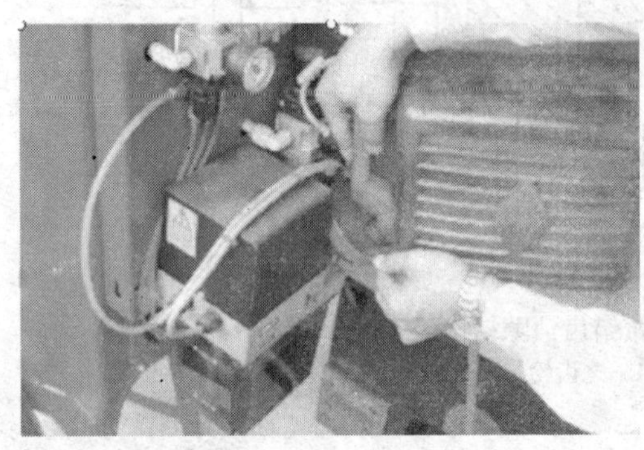

图 4—19　加润滑油

图 4—20　清除铁屑

3．如果机床停放时间过长（停机时间太长没有运行，进给传动零件容易生锈），应先打开导轨、丝杠防护罩，擦干净导轨、滚珠丝杠等零件，然后上油再开机运行，如图 4—21 所示。

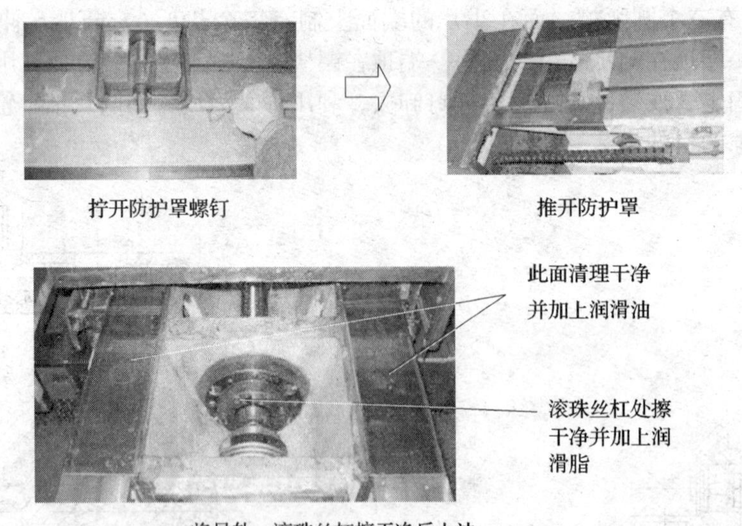

图 4—21　进给系统的维护

4．每月检查并及时对加工中心各轴行程开关进行清洁，保持其灵敏度，如图 4—22 所示。

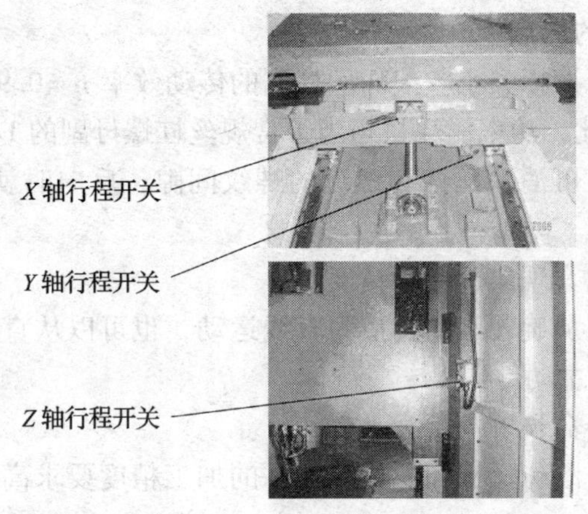

图4—22 行程开关的维护

第二节 典型进给传动装置

数控机床的进给运动链中，将旋转运动转换为直线运动的方法很多，采用丝杠螺母副是常用的方法之一。

一、滚珠丝杠螺母副

1. 工作原理

滚珠丝杠螺母副是一种在丝杠和螺母间装有滚珠作为中间元件的丝杠副，其结构原理如图4—23所示。在丝杠3和螺母1上都有半圆弧形的螺旋槽，当它们套装在一起时便形成了滚珠的螺旋滚道。螺母上有滚珠回路管道4，将几圈螺旋滚道的两端连接起来构成封闭的循环滚道，并在滚道内装满滚珠2。当丝杠3旋转时，滚珠2在滚道内沿滚道循环转动即自转，迫使螺母（或丝杠）轴向移动。

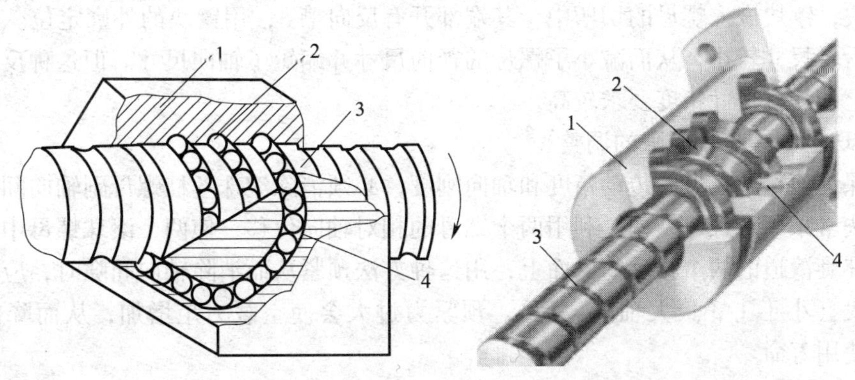

图4—23 滚珠丝杠螺母副的结构原理

1—螺母 2—滚珠 3—丝杠 4—滚珠回路管道

2. 滚珠丝杠螺母副的特点

（1）传动效率高，摩擦损失小。滚珠丝杠副的传动效率 $\eta=0.92\sim0.96$，比常规的丝杠螺母副提高 3 ~4 倍。因此，功率消耗只相当于常规丝杠螺母副的 1/4 ~1/3。

（2）给予适当预紧，可消除丝杠和螺母的螺纹间隙，反向时就可以消除空程死区，定位精度高，刚度好。

（3）运动平稳，无爬行现象，传动精度高。

（4）有可逆性，可以从旋转运动转换为直线运动，也可以从直线运动转换为旋转运动，即丝杠和螺母都可以作为主动件。

（5）磨损小，使用寿命长。

（6）制造工艺复杂。滚珠丝杠和螺母等元件的加工精度要求高，表面粗糙度也要求高。故制造成本高。

（7）不能自锁。特别是垂直丝杠，若下降时切断传动，由于自重惯力的作用，不能立即停止运动，故常需添加制动装置。

3. 滚珠丝杠螺母副的循环方式

常用的循环方式有两种：滚珠在循环过程中有时与丝杠脱离接触的称为外循环；始终与丝杠保持接触的称为内循环。

（1）外循环

图 4—24 所示为常用的一种外循环方式。这种结构在螺母体上轴向相隔数个半导程处钻两个孔与螺旋槽相切，作为滚珠的进口与出口；在螺母的外表面上铣出回珠槽并沟通两孔；另外在螺母内进出口处各装一挡珠器，并在螺母外表面装一套筒。这样就构成封闭的循环滚道。外循环结构制造工艺简单，使用较广泛。其缺点是滚道接缝处很难做得平滑，影响滚珠滚动的平稳性，甚至发生卡珠现象，噪声也较大。

（2）内循环

内循环均采用反向器实现滚珠循环，反向器有两种形式。图 4—25a 所示为圆柱凸键反向器，反向器的圆柱部分嵌入螺母内，端部开有反向槽 2。反向槽靠圆柱外圆面及其上端的凸键 1 定位，以保证对准螺纹滚道方向。图 4—25b 为扁圆镶块反向器，反向器为一半圆头平键形镶块，镶块嵌入螺母的切槽中，其端部开有反向槽 3，用镶块的外廓定位。两种反向器比较，后者尺寸较小，从而减小了螺母的径向尺寸并缩短了轴向尺寸。但这种反向器的外廓和螺母上的切槽尺寸精度要求较高。

4. 滚珠丝杠螺母副间隙的调整

为了保证滚珠丝杠反向传动精度和轴向刚度，必须消除滚珠丝杠螺母副轴向间隙。消除间隙的方法常采用双螺母结构，利用两个螺母的相对轴向位移，使两个滚珠螺母中的滚珠分别贴紧在螺旋滚道的两个相反的侧面上，用这种方法预紧从而消除轴向间隙时，应注意预紧力不宜过大（小于 1/3 最大轴向载荷）。预紧力过大会使空载力矩增加，从而降低传动效率，缩短使用寿命。

（1）双螺母消隙

常用的双螺母丝杠消除间隙方法有：

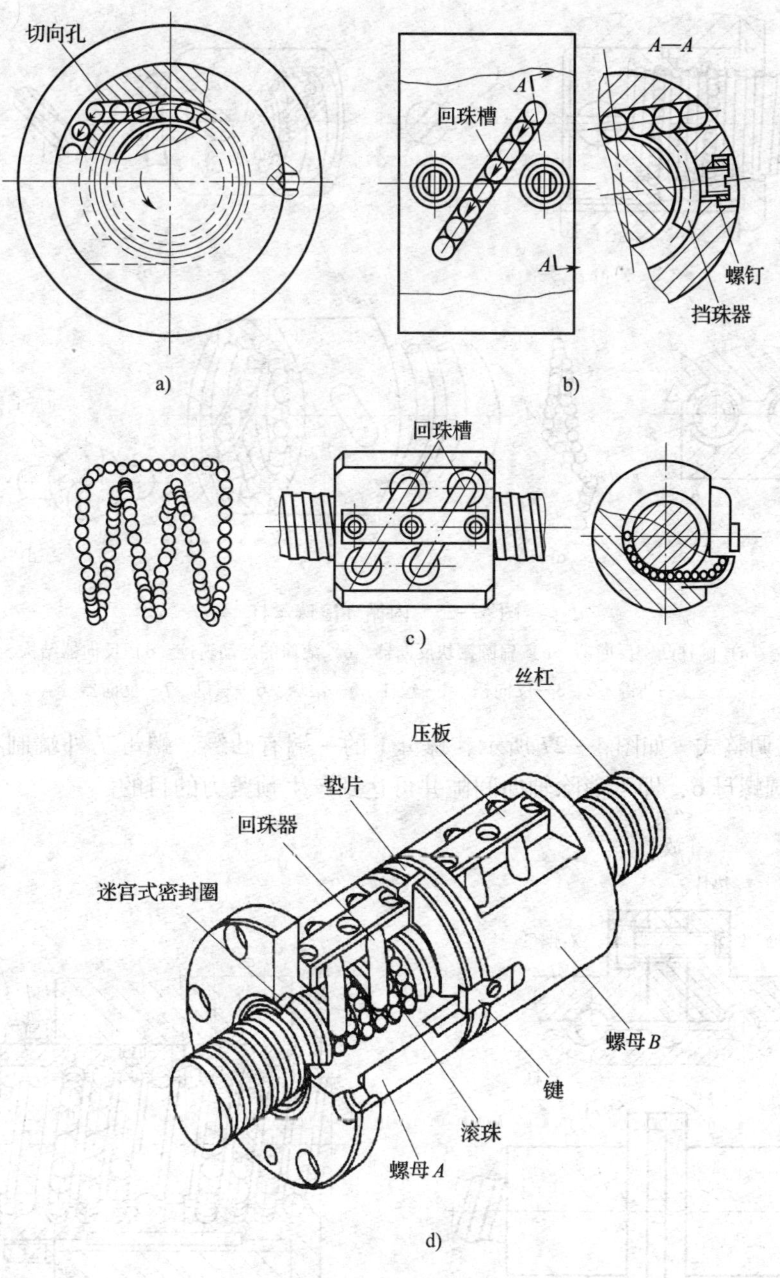

图 4—24 外循环滚珠丝杠

a）切向孔结构 b）回珠槽结构 c）滚珠的运动轨迹 d）结构图

1）垫片调隙式　如图 4—26 所示，调整垫片厚度使左右两螺母产生轴向位移，即可消除间隙和产生预紧力。这种方法结构简单，刚性好，但调整不便，滚道有磨损时不能随时消除间隙和进行预紧。

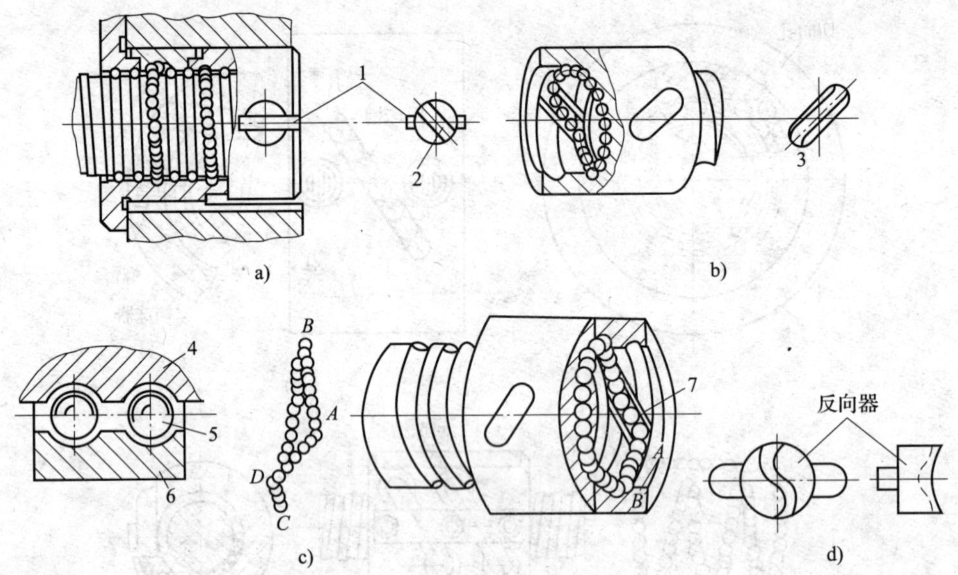

图 4—25　内循环滚珠丝杠

a）圆柱凸键反向器　b）扁圆镶块反向器　c）滚珠的运动轨迹　d）反向器结构

1—凸键　2、3—反向槽　4—丝杠　5—滚珠　6—螺母　7—反向器

2）螺纹调整式　如图 4—27 所示，螺母 1 的一端有凸缘，螺母 7 外端制有螺纹，调整时只要旋动圆螺母 6，即可消除轴向间隙并可达到产生预紧力的目的。

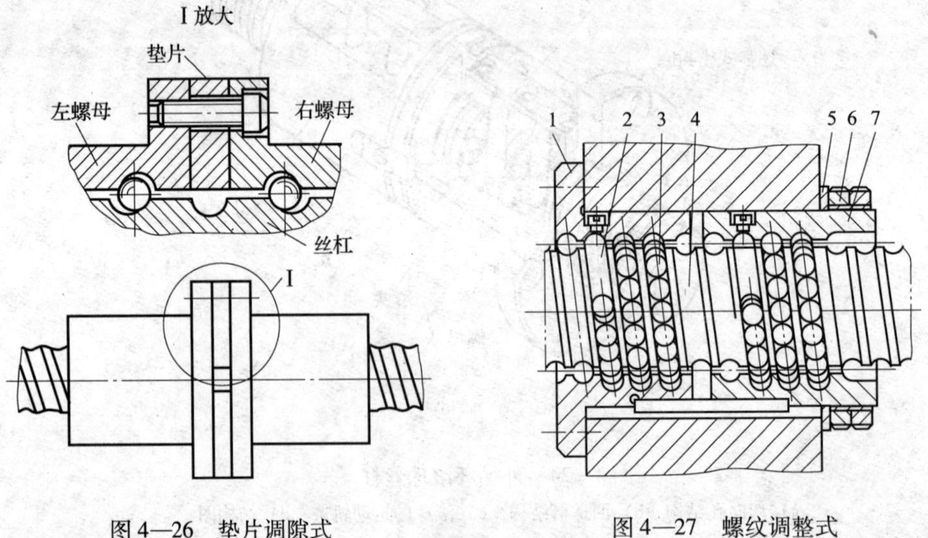

图 4—26　垫片调隙式

图 4—27　螺纹调整式

1、6、7—螺母　2—反向器　3—滚珠　4—丝杠　5—垫圈

3）齿差调隙式　如图 4—28 所示，在两个螺母的凸缘上各制有圆柱外齿轮，分别与固紧在套筒两端的内齿圈相啮合，其齿数分别为 z_1 和 z_2，并相差一个齿。调整时，先取下内齿

圈，让两个螺母相对于套筒同方向都转动一个齿，然后再插入内齿圈，则两个螺母便产生相对角位移，其轴向位移量 $S=(1/Z_1-1/Z_2)P_n$。例如，$Z_1=80$，$Z_2=81$，滚珠丝杠的导程为 $P_n=6$ mm 时，$S=6/6\,480\approx0.001$ mm，这种调整方法能精确调整预紧量，调整方便、可靠，但结构尺寸较大，多用于高精度的传动。

（2）单螺母消隙

1）单螺母变螺距预加负荷　如图 4—29 所示，这种方式是使内螺母滚道在轴向产生一个 ΔL_0 的螺距突变量，从而使两列滚珠在轴向错位实现预紧。这种调隙方法结构简单，但负荷量须预先设定且不能改变。

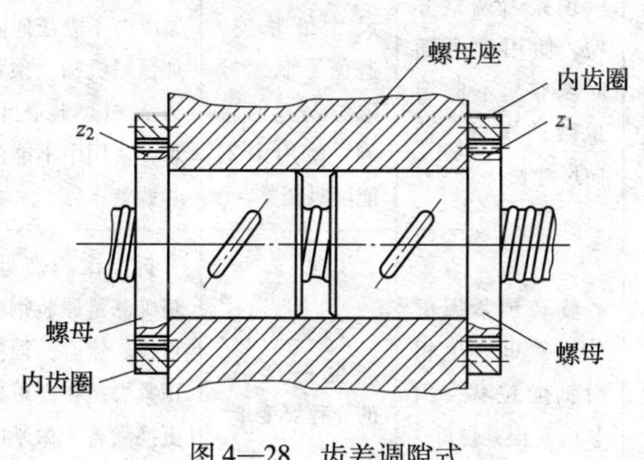

图 4—28　齿差调隙式

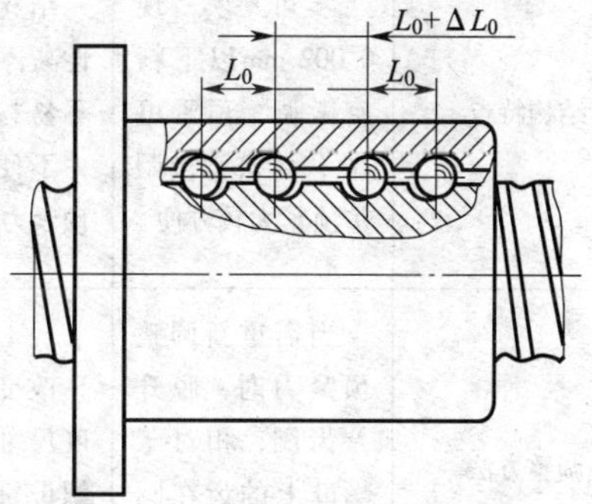

图 4—29　单螺母变螺距预加负荷

2）单螺母螺钉预紧　如图 4—30 所示，螺母的生产过程中，完成精磨之后，沿径向开一薄槽，通过内六角调整螺钉实现间隙的调整和预紧。这种方式使开槽后滚珠在螺母中具有良好的通过性。单螺母结构不仅有很好的性能价格比，而且间隙的调整和预紧极为方便。

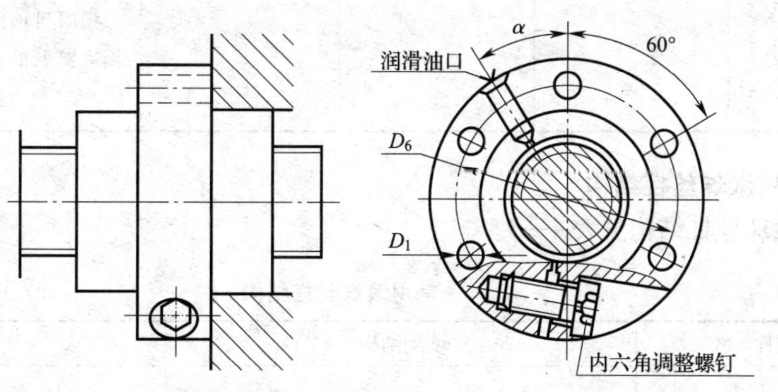

图 4—30　单螺母螺钉预紧

（3）国产滚珠丝杠螺母副的预紧方式

国产滚珠丝杠副预加负荷的方式如表 4—2 所示。

表4—2　　国产滚珠丝杠副预加负荷方式及其特点

预加负荷方式	双螺母齿差预紧	双螺母垫片预紧	双螺母螺纹预紧	单螺母变导程自预紧	单螺母钢珠过盈预紧
JB/T 3162.1—1991 行业标准代号	C	D	L	B	Z
螺母受力方式	拉伸式	拉伸式 压缩式	拉伸式（外） 压缩式（内）	拉伸式（$+\Delta L$） 压缩式（$-\Delta L$）	—
结构特点	可实现0.002 mm以下精密微调，预紧可靠不会松弛，调整预紧力较方便	结构简单，刚性高，预紧可靠，不易松弛。使用中不便随时调整预紧力	预紧力调整方便，使用中可随时调整。不能定量微调螺母，轴向尺寸长	结构最简单，尺寸最紧凑，避免了双螺母形位误差的影响。使用中不能随时调整	结构简单，尺寸紧凑，不需任何附加预紧机构。预紧力大时，装配困难，使用中不能随时调整
调整方法	当需重新调整预紧力时，脱开差齿圈，相对于螺母上的齿在圆周上错位，然后复位	改变垫片的厚度尺寸，可使双螺母重新获得所需预紧力	旋转预紧螺母使双螺母产生相对轴向位移，预紧后需锁紧螺母	调整负荷，产生一个 ΔL 的导程突变量	拆下滚珠螺母，精确测量原装钢球直径。然后，根据预紧力需要，重新更换大若干微米的钢球
适用场合	要求获得准确预紧力的精密定位系统	高刚度、重载荷的传动定位系统，目前用得较普遍	不要求得到准确的预紧力，但需要随时可调节预紧力大小的场合	中等载荷，对预紧力要求不大，又不经常调节预紧力的场合	
备注				我国目前刚开始发展的结构	双圆弧齿形钢球四点接触，摩擦力矩较大

5. 常用滚珠丝杠结构

常用滚珠丝杠结构见表4—3。

表4—3　　常用滚珠丝杠结构

名称	实物结构	备注
FFB型内循环变位导程预紧螺母式滚珠丝杠副		滚珠内循环，单螺母预紧，若因磨损出现间隙，则一般无法再进行预紧

续表

名称	实物结构	备注
FF 型内循环单螺母式滚珠丝杠副		滚珠内循环，无预紧
FFZD 型内循环垫片预紧螺母式滚珠丝杠副		滚珠内循环，双螺母预紧
LR－CF（LR－CFZ）型大导程滚珠丝杠副		滚珠外循环，无预紧
CMD 型滚珠丝杠副		滚珠外循环，双螺母垫片预紧
CBT 型滚珠丝杠副	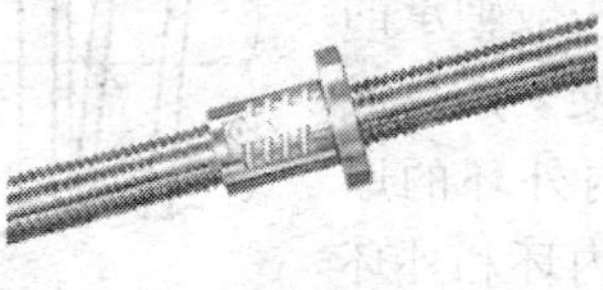	滚珠外循环，单螺母变位导程预加负荷

6．滚珠丝杠的支承与制动

（1）支承方式

螺母座、丝杠的轴承及其支架等刚度不足将严重地影响滚珠丝杠副的传动刚度。因此螺母座应有加强肋，以减少受力变形，螺母与床身的接触面积宜大一些，其连接螺钉的刚度要高，定位销要紧密配合。

滚珠丝杠常用推力轴承支座，以提高轴向刚度（当滚珠丝杠的轴向负载很小时，也可用角接触球轴承支座）。滚珠丝杠在机床上的安装支承方式有以下几种：

1）一端装推力轴承　如图 4—31a 所示，这种安装方式的承载能力小，轴向刚度低。只适用于短丝杠，一般用于数控机床的调节环节或升降台式数控铣床的立向（垂直）坐标中。

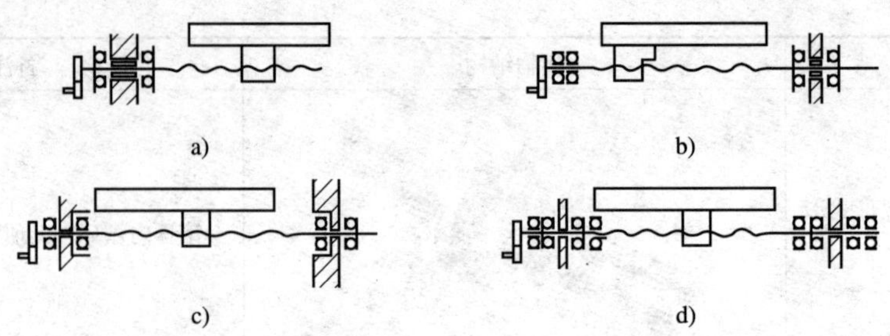

图 4—31　滚珠丝杠在机床上的支承方式

a）一端装推力轴承　b）一端装推力轴承，另一端装向心球轴承

c）两端装推力轴承　d）两端装推力轴承及向心球轴承

2）一端装推力轴承，另一端装向心球轴承　如图 4—31b 所示，此种方式可用于丝杠较长的情况。应使推力轴承远离液压马达等热源及丝杠上的常用段，以减少丝杠热变形的影响。

3）两端装推力轴承　如图 4—31c 所示，把推力轴承装在滚珠丝杠的两端，并施加预紧拉力，这样有助于提高刚度，但这种安装方式对丝杠的热变形较为敏感，轴承的寿命较两端装推力轴承及向心球轴承方式低。

4）两端装推力轴承及向心球轴承　如图 4—31d 所示，为使丝杠具有最大的刚度，它的两端可用双重支承，即推力轴承加向心球轴承，并施加预紧拉力。这种结构方式不能精确地预先测定预紧力，预紧力的大小是由丝杠的温度变形转化而产生的。但设计时要求提高推力轴承的承载能力和支架刚度。

近来出现一种滚珠丝杠专用轴承，其结构如图 4—32 所示。这是一种能够承受很大轴向力的特殊角接触球轴承，与一般角接触球轴承相比，接触角增大到 60°，增加了滚珠的数目并相应减小滚珠的直径。这种新结构的轴承比一般轴承的轴向刚度提高两倍以上，使用极为方便。产品成对出售，而且在出厂时已经选配好内外环的厚度，装配调试时只要用螺母和端盖将内环和外环压紧，就能获得出厂时已经调整好的预紧力。

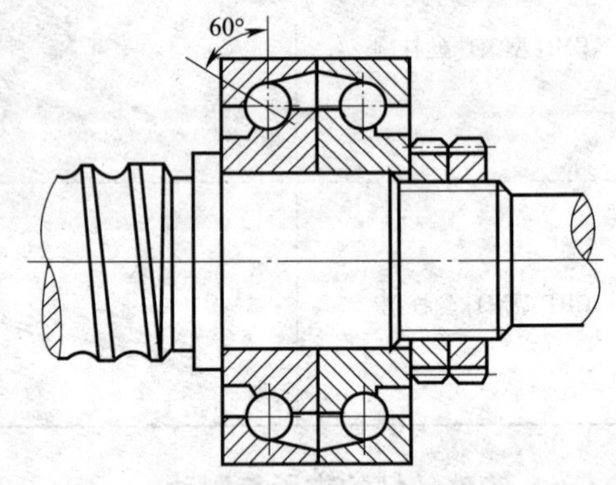

图 4—32　接触角 60°的角接触球轴承

（2）制动方式与结构

由于滚珠丝杠副的传动效率高，无自锁作用（特别是滚珠丝杠处于垂直传动时），为防止因自重而下降，必须装有制动装置。

1）制动方式

①用具有刹车作用的制动电动机。

②在传动链中配置逆转效率低的高减速比系统，如齿轮、蜗杆减速器等。此法系靠摩擦损失达到制动目的，故不经济。

③采用超越离合器。

④采用摩擦离合器。

2）制动结构

图 4—33 为数控卧式镗床主轴箱进给丝杠制动装置。机床工作时，电磁铁通电，使摩擦离合器脱开。运动由步进电动机经减速齿轮传给丝杠，使主轴箱上下移动。当加工完毕，或中间停车时，步进电动机和电磁铁同时断电，借压力弹簧作用合上摩擦离合器，使丝杠不能转动，主轴箱便不会下落。

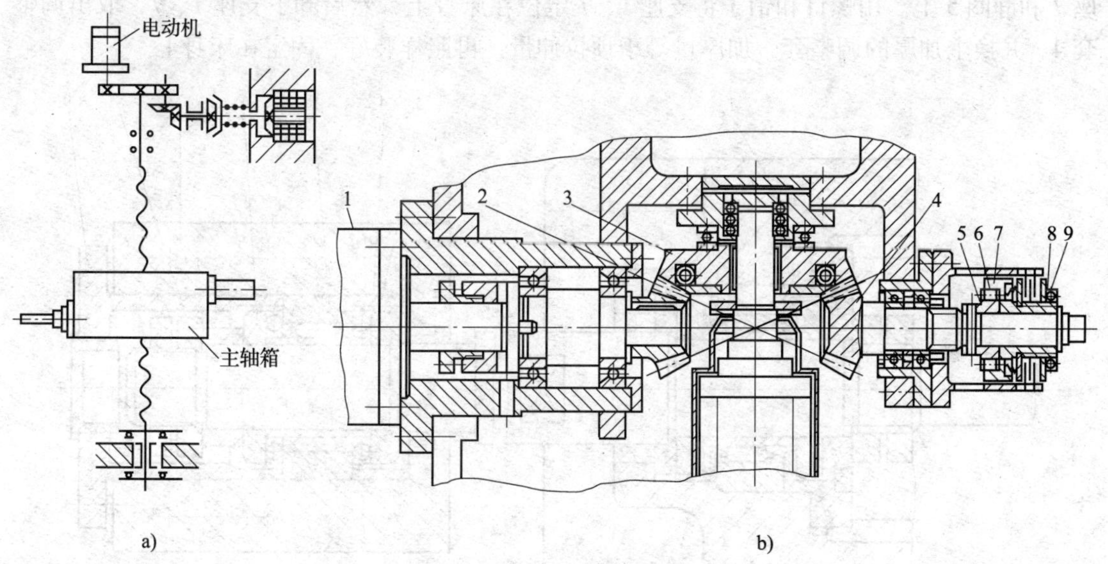

图 4—33 丝杠制动装置

a）制动原理图 b）升降台制动装置

1—伺服电动机 2、3、4—圆锥齿轮 5—星轮 6—滚子 7—外壳 8—螺母 9—锁紧螺钉

XK5040A 型数控铣床升降台制动装置如图 4—33b 所示。伺服电动机 1 经过锥环连接带动十字联轴节以及圆锥齿轮 2、3，使升降丝杠转动，工作台上升或下降。同时圆锥齿轮 3 带动圆锥齿轮 4，经超越离合器和摩擦离合器相连，这一部分称作升降台自动平衡装置。

当圆锥齿轮 4 转动时，通过锥销带动单向超越离合器的星轮 5。工作台上升时，星轮的转向是使滚子 6 和外壳 7 脱开的方向，外壳不转，摩擦片不起作用；而工作台下降时，星轮的转向是使滚子 6 楔在星轮 5 与外壳 7 之间的方向，外壳 7 随圆锥齿轮 4 一起转动。经过花键与外壳连在一起的内摩擦片与固定的外摩擦片之间产生相对运动，由于内、外摩擦片之间由弹簧压紧，有一定摩擦阻力，所以上升与下降的力量得以平衡。

XK5040A 型数控铣床选用了带制动器的伺服电动机。阻尼力量的大小，可以通过螺母 8 来调整，调整前应先松开螺母 8 的锁紧螺钉 9，调整后应将锁紧螺钉锁紧。

7．滚珠丝杠的预拉伸

滚珠丝杠在工作时会发热，其温度高于床身。丝杠的热膨胀将使导程加大，影响定位精度。为了补偿热膨胀，可将丝杠预拉伸。预拉伸量应略大于热膨胀量。发热后，热膨胀量抵消了部分预拉伸量，使丝杠内的拉应力下降，但长度却没有变化。需进行预拉伸的丝杠在制造时应使其目标行程（螺纹部分在常温下的长度）等于公称行程（螺纹部分的理论长度，等于公称导程乘以丝杠上的螺纹圈数）减去预拉伸量。拉伸后恢复公称行程值。减去的量称为“行程补偿值”。

图 4—34 所示是丝杠预拉伸的一种结构图。丝杠两端有推力轴承和滚针轴承 3、6 支承，拉伸力通过螺母 8、推力轴承 6、静圈 5、调整套 4 作用到支座上。当丝杠装到两个支座 1、7 上之后，拧紧螺母 8，使件 3 靠在丝杠的台肩上。再压紧压盖 9，使调整套 4 两端顶紧在支座 7 和静圈 5 上。用螺钉和销子将支座 1、7 定位在床身上，然后卸下支座 1、7，取出调整套 4，并换上加厚的调整套，加厚量等于预拉伸量，再照样装好，固定在床身上。

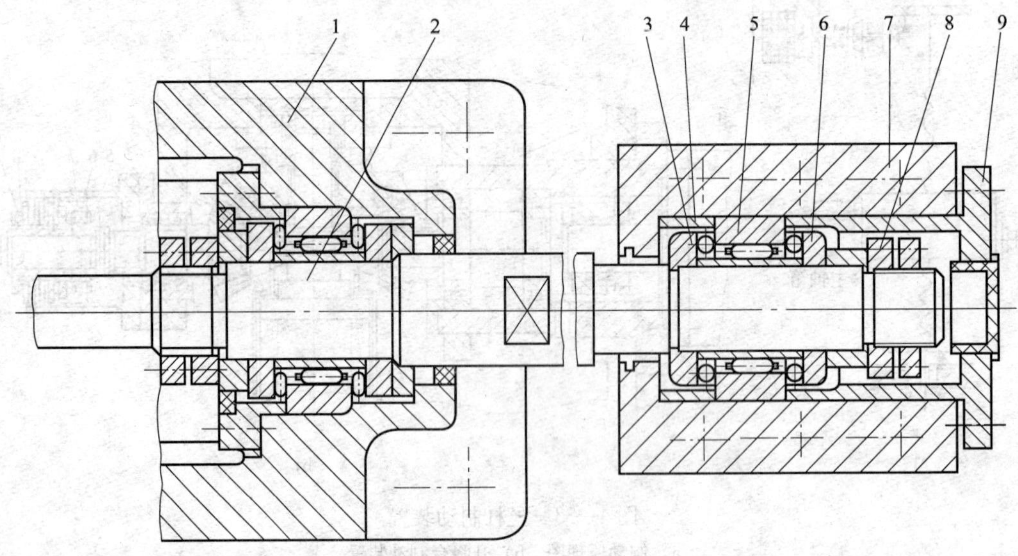

图 4—34　丝杠的预拉伸

1、7—支座　2—轴　3、6—推力轴承和滚针轴承　4—调整套　5—静圈　8—螺母　9—压盖

除预拉伸外，可将丝杠制成空心，通入冷却液强行冷却，从而有效地散发丝杠传动中的热量，对保证定位精度大有益处，由此也可获得较高的进给速度。目前，国外已有铝合金加工端铣时，进给速度达到 70 m/min。图 4—35 所示为带中空强冷的滚珠丝杠传动图。图中所示结构在支承法兰处通入恒温油循环冷却，使丝杠保持在恒温状态下工作。

8．滚珠丝杠的安装

滚珠丝杠副仅用于承受轴向负荷，径向力、弯矩会使滚珠丝杠副产生附加表面接触应力等负荷，从而可能造成丝杠的永久性损坏。正确的安装是有效维护的前提，因此，滚珠丝杠副安装到机床时，应注意以下事项。

1）丝杠的轴线必须和与之配套导轨的轴线平行，机床的两端轴承座与螺母座必须三点成一线。

2）安装螺母时，尽量靠近支撑轴承。

3）同时安装支撑轴承时，尽量靠近螺母安装

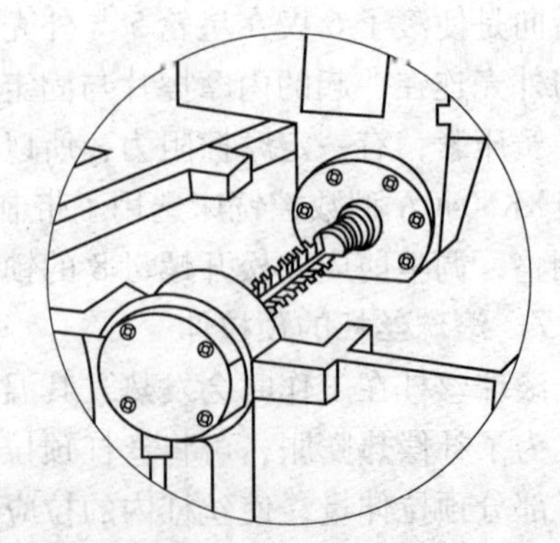

图 4—35　带中空强冷的滚珠丝杠传动图

部位。

4）将滚珠丝杠安装到机床时，不要把螺母从丝杠轴上卸下来。如必须卸下来，则应使用辅助套，否则装卸时滚珠有可能脱落。螺母装卸时应注意以下几点：

①辅助套外径应比丝杠底径小 0.1 ~ 0.2 mm。②辅助套在使用中必须靠紧丝杠螺纹轴肩。③卸装时，不可使用过大力，以免损坏螺母。④装入安装孔时，要避免撞击和偏心。

滚珠丝杠的安装步骤如表 4—4 所示。

表 4—4 滚珠丝杠的安装步骤

步骤	图示	说明
1		丝杠的两端底座预紧
2		用游标卡尺分别测丝杠两端与导轨之间的距离，使之相等，以保持丝杠的同轴度
3	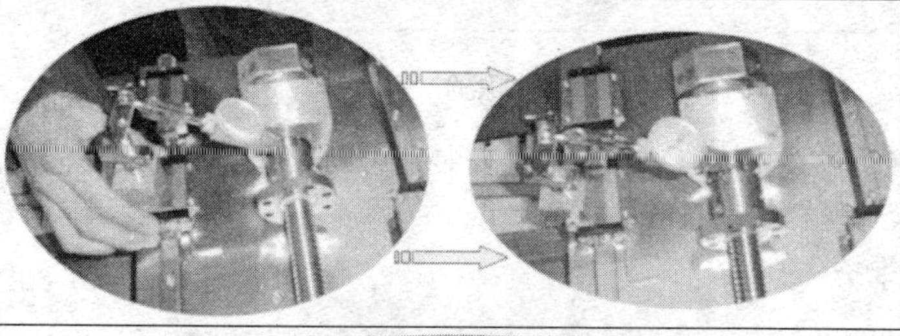	把杠杆百分表放在导轨的滑块上，分别测量导轨上螺栓的高度（即同轴度），低的一端底座下边垫上铜片，保证导轨两端在同一高度上
4		若底座下面垫铜片，底座位置改变，丝杠与导轨之间的距离会变，则进行下一步；若底座没垫铜片，丝杠高度合适时，而底座没动，就不用进行下一步

续表

步骤	图示	说明
5	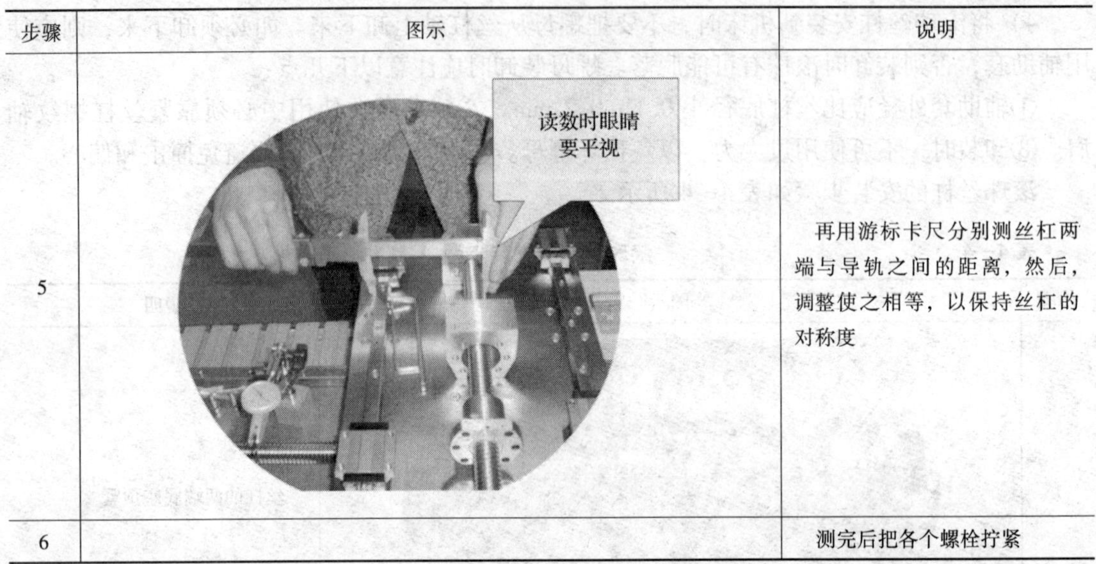	再用游标卡尺分别测丝杠两端与导轨之间的距离，然后，调整使之相等，以保持丝杠的对称度
6		测完后把各个螺栓拧紧

注意：滚珠丝杠副安装到机床时，一般不要把螺母从丝杠上拆下来。如果必须拆下，要使用比丝杠底径小 0.2 ~0.3 mm 安装辅助套筒（图 4—36）。将安装辅助套筒推至螺纹起始端面，从丝杠上将螺母旋至辅助套筒上，连同螺母、辅助套筒一并小心取下，注意不要使滚珠散落。

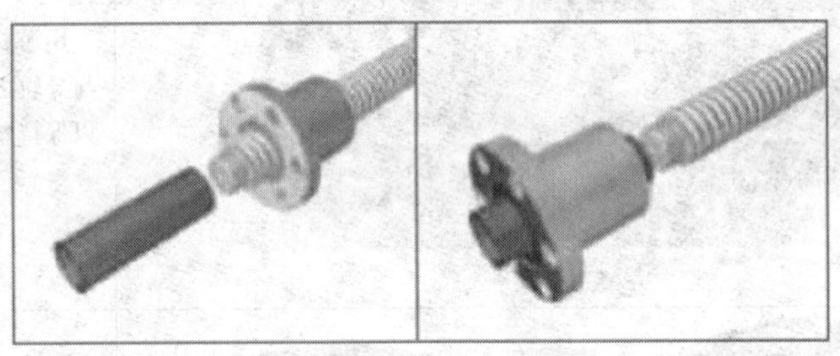

图 4—36　安装辅助套筒

安装顺序与拆卸顺序相反。必须特别小心谨慎地安装，否则螺母、丝杠或其他内部零件可能会受损或掉落，导致滚珠丝杠传动系统提前失效。

9. 滚珠丝杠螺母副的维护

（1）防护罩防护

若滚珠丝杠副在机床上外露，应采用封闭的防护罩，如表 4—5 与图 4—37 所示。常采用螺旋弹簧钢带套管，伸缩套管、锥形套筒以及折叠式（风琴式）的塑料或人造革等形式的防护罩，以防止尘埃和磨粒黏附到丝杠表面。安装时将防护罩的一端连接在滚珠螺母的端面，另一端固定在滚珠丝杠的支配座上。防护罩的材料必须具有防腐蚀及耐油的性能。

表 4—5　　防护套（防护罩防护）系列

名称	实物
伸缩套管	
锥形套筒	
折叠式	

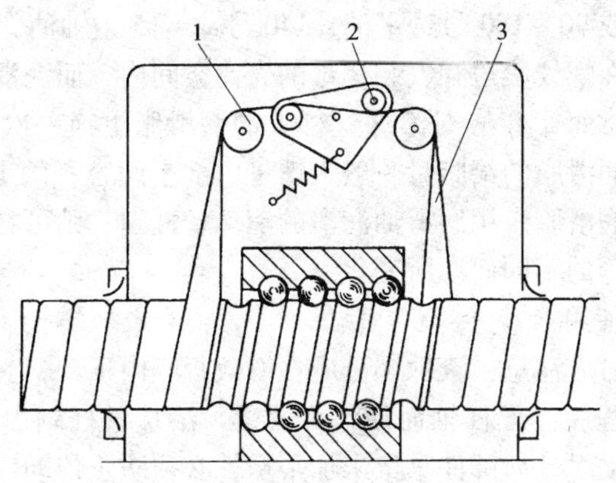

图 4—37　螺旋弹簧钢带套管防护

1—支承滚子　2—张紧轮　3—钢带

图 4—37 中防护装置和螺母一起固定在拖板上，整个装置由支承滚子 1，张紧轮 2 和钢带 3 等零件组成。钢带的两端分别固定在丝杠的外圆表面。防护装置中的钢带绕过支承滚子，并靠弹簧和张紧轮将钢带张紧。当丝杠旋转时，工作台（或拖板）相对丝杠做轴向移动，丝杠一端的钢带按与丝杠相同的螺距被放开，而另一端则以同样的螺距将钢带缠卷在丝

杠上。由于钢带的宽度正好等于丝杠的螺距，因此螺纹槽被严密地封住。还因为钢带的正反面始终不接触，钢带外表面黏附的脏物就不会被带到内表面去，使内表面保持清洁。这是其他防护装置很难做到的。

（2）密封圈防护

如图4—38所示，如果滚珠丝杠副处于隐蔽的位置，可采用密封圈对螺母进行密封，密封圈厚度为螺距的2~3倍，装在滚珠螺母的两端。接触式的弹性密封圈系用耐油橡胶或尼龙制成，其内孔做成与丝杠螺纹滚道相配的形状。接触式密封圈的防尘效果好，但因有接触压力，使摩擦力矩略有增加。非接触式密封圈系用聚氯乙烯等塑料制成，又称迷宫式密封圈，其内孔形状与丝杠螺纹滚道的形状相反，并略有间隙，这样可避免摩擦力矩，但防尘效果较差。

图4—38　密封圈防护

10．滚珠丝杠副的润滑

滚珠丝杠副也可用润滑剂来提高耐磨性及传动效率。润滑剂可分为润滑油和润滑脂两大类。润滑油为一般机油或90~180号透平油、140号或N15主轴油，而润滑脂一般采用锂基润滑脂。润滑脂通常加在螺纹滚道和安装螺母的壳体空间内，而润滑油则是经过壳体上的油孔注入螺母的内部。通常每半年应对滚珠丝杠上的润滑脂更换一次，清洗丝杠上的旧润滑脂，涂上新的润滑脂。润滑脂的给脂量一般为螺母内部空间容积的1/3，滚珠丝杠副出厂时在螺母内部已加注锂基润滑脂。用润滑油润滑的滚珠丝杠副，则可在每次机床工作前加油一次，给油量随使用条件等的不同而有所变化。

11．滚珠丝杠副的使用

滚珠丝杠副在使用时应注意：滚珠螺母应在有效行程内运动，必要时在行程两端配置限位开关，以避免螺母行程脱离丝杠轴而使滚珠脱落。滚珠丝杠副由于传动效率高，不能自锁，在用于垂直方向传动时，如部件重量未加平衡，必须防止传动停止或电动机失电后，因部件自重而产生的逆传动。滚珠丝杠副正常工作环境温度范围为±60℃。

图4—39所示为某立式数控铣床的工作台*X*轴进给机械传动系统。工作台部件由滑座1、十字滑台2和工作台3等零件组成，主要完成纵向、横向运动。*X*轴滚珠丝杠副的螺母5通过安装在工作台3上的螺母座4紧固在工作台上。滚珠丝杠6的固定端通过安装在电动机座11内的专用轴承固定在十字滑台上，伺服电动机通过同步齿形带副9驱动滚珠丝杠6，实现工作台的纵向移动。

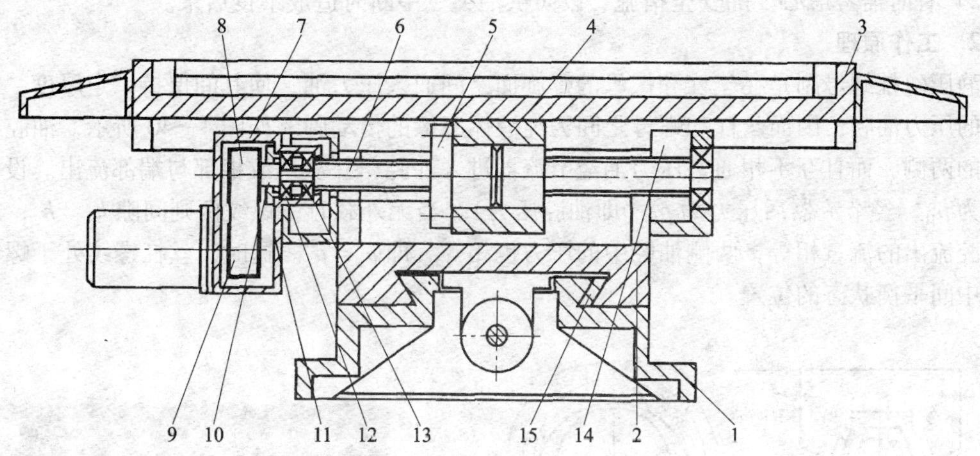

图 4—39 数控铣床 X 向进给机构

1—滑座 2—十字滑台 3—工作台 4—螺母座 5—滚珠丝杠副螺母 6—滚珠丝杠 7—防护罩 8、9—同步齿形带副 10—联轴器 11—电动机座 12、13、14—轴承组 15—垫铁（镶条）

二、静压丝杠螺母副

1. 工作特点和应用

静压丝杠螺母副（简称静压丝杠，或静压螺母，或静压丝杠副）在丝杠和螺母的螺纹间维持一定厚度且有一定刚度的压力油膜，当丝杠转动时，即通过油膜推动螺母移动，或作相反的传动。

我国于 1970 年开始在数控非圆齿轮插齿机上应用，随后又在螺纹磨床、高精度滚刀铲磨机床和大型精密车床上应用静压丝杠。

（1）静压丝杠的主要优点

1）摩擦因数小，仅为 0. 000 5。比滚珠丝杠（摩擦因数一般为 0. 002 ~ 0. 005）的摩擦损失还小。因起动力矩很小，故有利于保证传动灵敏性，避免爬行，提高和长期保持运动精度。

2）因油膜层具有一定的刚度，故可大大减小反向时的传动间隙。

3）油膜层可以吸振，且由于油液不断地流动，故可减少丝杠因其他热源引起的热变形，有利于提高机床的加工精度和减小表面粗糙度。

4）油膜层介于丝杠螺纹和螺母螺纹之间，对于丝杠的传动误差能起到“均化”作用，即丝杠的传动误差可比丝杠本身的制造误差还小。

5）承载能力与供油压力成正比，而与转速无关。提高供油压力即可提高承载能力。

（2）静压丝杠的不足

1）对原无液压系统的机床，需增加一套供油系统。且静压系统对于油液的清洁程度要求较高。

2）有时需考虑必要的安全措施，以防供油突然中断时造成不良后果。

2. 工作原理

静压丝杠螺母副是在丝杠和螺母的螺旋面之间通入压力油，使其间保持一定厚度、一定刚度的压力油膜，因而丝杠和螺母之间为纯液体摩擦的传动副。如图4—40所示，油腔在螺旋面的两侧，而且互不相通，压力油经节流器进入油腔，并从螺纹根部与端部流出。设供油压力为 p_H，经节流器后压力为 p_i（即油腔压力）。当无外载时，螺纹两则间隙 $h_1 = h_2$，从两侧油腔流出的流量相等，两侧油腔中的压力也相等，即 $p_1 = p_2$。这时，丝杠螺纹处于螺母螺纹的中间平衡状态的位置。

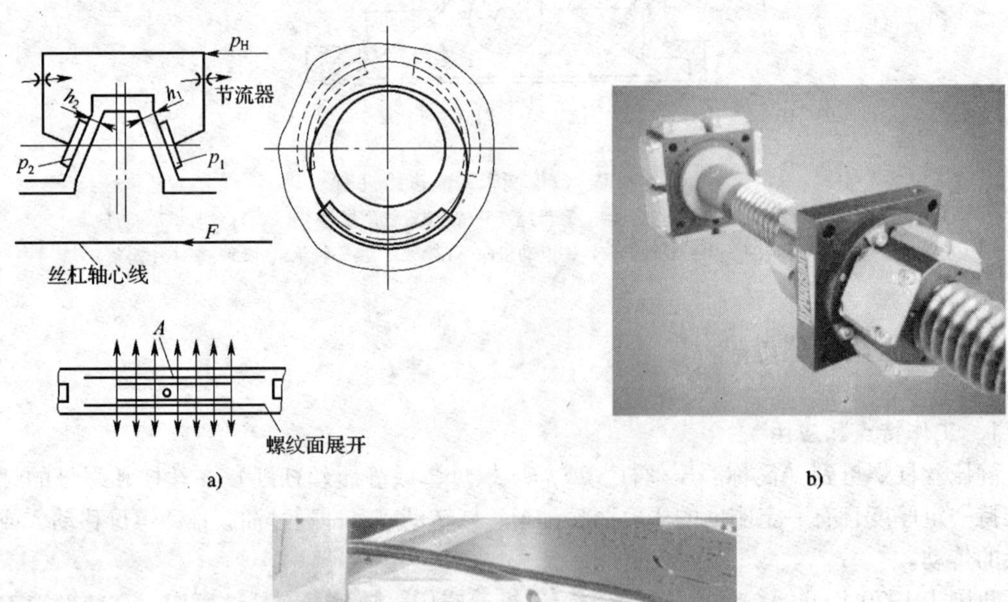

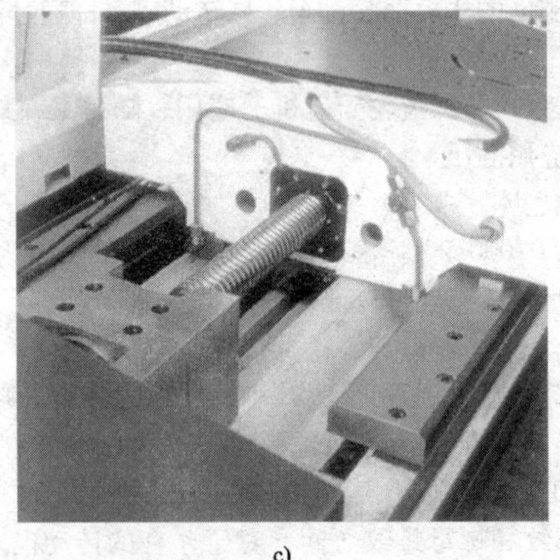

图4—40　静压丝杠螺母副工作原理

a）原理图　b）结构图　c）安装图

当丝杠或螺母受到轴向力 F 作用后，受压一侧的间隙减小，由于节流器的作用，油腔压力 p_2 增大。相反的一侧间隙增大，而压力 p_1 下降。因而形成油膜压力差 $\Delta p = p_1 - p_2$，以

平衡轴向力 F。平衡条件近似地表示为：

$$F = (p_1 - p_2)AnZ$$

式中　A—单个油腔在丝杠轴线垂直面内的有效承载面积；

n—每扣螺纹单侧油腔数；

Z—螺母的有效扣数。

油膜压力差作用是平衡轴向力，使间隙差减小并保持不变，这种调节作用总是自动进行的。

3．结构

静压丝杠副结构设计主要是螺母部分的结构设计，油腔节流器一般在螺母上，而丝杠结构与一般滑动丝杠基本相同。静压丝杠副的设计原则是：保证设计要求刚度的条件下，使结构尽量简单，制造、安装和维修尽量方便。

图4—41所示为YK53型和YK5332型数控非圆齿轮插齿机上的静压丝杠螺母副。节流器7装在螺母1的两侧端面上。螺母全长有效扣的所有同侧、同方位的油腔共用一个节流器。若螺纹一侧上有3个油腔，则共需6个节流器。节流器7靠本身1∶50的圆锥面塞进螺母1内。此二者锥度配合紧密，并配以油塞6，可防渗油和影响节流比。从油泵来的油，经螺母座4上的油孔3和5，再经节流器7进入螺母1外圆面上的油槽13，然后经由油孔12进入油腔11。从油腔11流出的油，经螺纹顶部和根部的回油槽10，从螺母1的两端面流出，然后将油导向回油箱。螺母座4与螺母1采用静配合连接，并用两个螺钉9固紧，以防松动。油孔2接压力表，以显示节流前的油压。

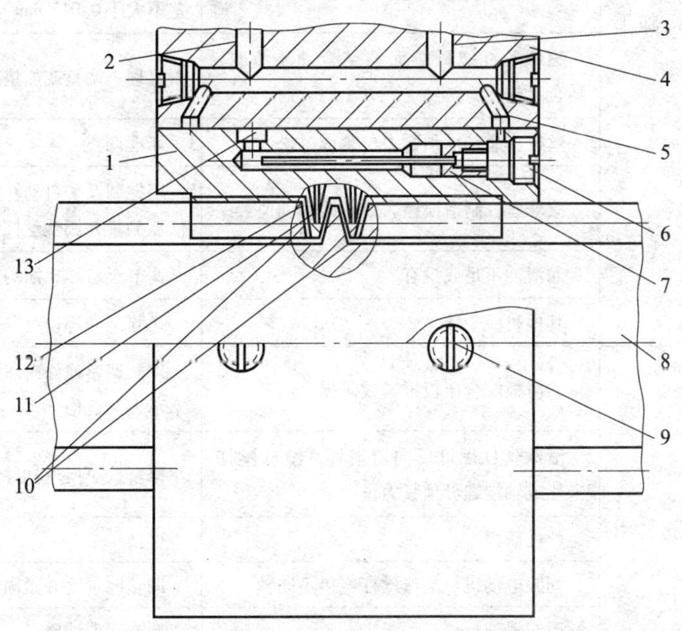

图4—41　静压丝杠螺母副装配图

1—螺母　2—接压力表油孔　3、5、12—进油孔　4—螺母座　6—油塞　7—节流器　8—丝杠　9—螺钉　10—回油槽　11—油腔　13—进油槽

三、丝杠副的故障诊断

1. 丝杠副的故障诊断

表 4—6 为滚珠丝杠副故障诊断的方法。

表 4—6　　滚珠丝杠副故障诊断

序号	故障现象	故障原因	排除方法
1	加工件表面粗糙度值大	导轨的润滑油不足够，致使溜板爬行	加润滑油，排除润滑故障
		滚珠丝杠有局部拉毛或研损	更换或修理丝杠
		丝杠轴承损坏，运动不平稳	更换损坏轴承
		伺服电动机未调整好，增益过大	调整伺服电动机控制系统
2	反向误差大，加工精度不稳定	丝杠轴联轴器锥环松动	重新紧固并用百分表反复测试
		丝杠轴滑板配合压板过紧或过松	重新调整或修研，用 0.03 mm 塞尺塞不入为合格
		丝杠轴滑板配合楔铁过紧或过松	重新调整或修研，使接触率达 70% 以上，用 0.03 mm 塞尺塞不入为合格
		滚珠丝杠预紧力过紧或过松	调整预紧力。检查轴向窜动值，使其误差不大于 0.015 mm
		滚珠丝杠螺母端面与结合面不垂直，结合过松	修理、调整或加垫处理
		丝杠支座轴承预紧力过紧或过松	修理调整
		滚珠丝杠制造误差大或轴向窜动值大	用控制系统自动补偿功能消除间隙，用仪器测量并调整丝杠窜动
		润滑油不足或没有	调节至各导轨面均有润滑油
		其他机械干涉	排除干涉部位
3	滚珠丝杠在运转中转矩过大	二滑板配合压板过紧或研损	重新调整或修研压板，使 0.04 mm 塞尺塞不入为合格
		滚珠丝杠螺母反向器损坏，滚珠丝杠卡死或轴端螺母预紧力过大	修复或更换丝杠并精心调整
		丝杠研损	更换
		伺服电动机与滚珠丝杠连接不同轴	调整同轴度并紧固连接座
		无润滑油	调整润滑油路
		超程开关失灵造成机械故障	检查故障并排除
		伺服电动机过热报警	检查故障并排除

续表

序号	故障现象	故障原因	排除方法
4	丝杠螺母润滑不良	分油器是否分油	检查定量分油器
		油管是否堵塞	清除污物使油管畅通
5	滚珠丝杠副噪声	滚珠丝杠轴承压盖压合不良	调整压盖，使其压紧轴承
		滚珠丝杠润滑不良	检查分油器和油路，使润滑油充足
		滚珠产生破损	更换滚珠
		电动机与丝杠联轴器松动	拧紧联轴器锁紧螺钉
6	滚珠丝杠不灵活	轴向预加载荷太大	调整轴向间隙和预加载荷
		丝杠与导轨不平行	调整丝杠支座位置，使丝杠与导轨平行
		螺母轴线与导轨不平行	调整螺母座的位置
		丝杠弯曲变形	校直丝杠

2. 丝杠副的故障诊断与排除实例

(1) 位置偏差过大的故障排除

故障现象：某卧式加工中心出现 ALM421 报警，即 Y 轴移动中的位置偏差量大于设定值而报警。

故障分析：该加工中心使用 FANUC 0M 数控系统，采用闭环控制。伺服电动机和滚珠丝杠通过联轴器直接连接。根据该机床控制原理及机床传动连接方式，初步判断出现 ALM421 报警的原因是 Y 轴联轴器间隙过大（松动）。

故障处理：对 Y 轴传动系统进行检查，发现联轴器中的胀紧套与丝杠连接松动，紧定 Y 轴传动系统中所有的紧定螺钉后，故障消除。

(2) 加工尺寸不稳定的故障排除

故障现象：某加工中心运行 9 个月后，发生 Z 轴方向加工尺寸不稳定，尺寸超差且无规律，CRT 显示器及伺服放大器无任何报警显示。

故障分析：该加工中心采用三菱 M3 系统，交流伺服电动机与滚珠丝杠通过联轴器直接连接。根据故障现象分析故障原因可能是联轴器连接螺钉松动，导致联轴器与滚珠丝杠或伺服电动机间产生滑动。

故障处理：对 Z 轴联轴器连接进行检查，发现联轴器的 6 只紧定螺钉都出现松动。紧固螺钉后，故障排除。

(3) 加工尺寸存在不规则偏差的故障排除

故障现象：由龙门数控铣削中心加工的零件，在检验中发现工件 Y 轴方向的实际尺寸与程序编制的理论数据存在不规则的偏差。

故障分析：从数控机床控制角度来判断，Y 轴尺寸偏差是由 Y 轴位置环偏差造成的。该机床数控系统为 SEIMENS 810M，伺服系统为 SIMODRIVE 611A 驱动装置，Y 轴进给电动机为1FT5交流伺服电动机（带内装式的ROD320检测装置）。

1）检查 Y 轴有关位置参数，发现反向间隙、夹紧允差等均在要求范围内，故可排除由于参数设置不当引起故障的因素。

2）检查 Y 轴进给传动链。图4—42所示为该机床 Y 轴进给传动图。这种传动链中任何连接部分存在间隙或松动，均可引起位置偏差，从而造成加工零件尺寸超差。

3）具体检测：

①如图4—43a所示，将一个千分表座吸在横梁上，表头找正主轴 Y 运动的负方向，并使表头压缩到50 μm左右，然后把表头复位到零。

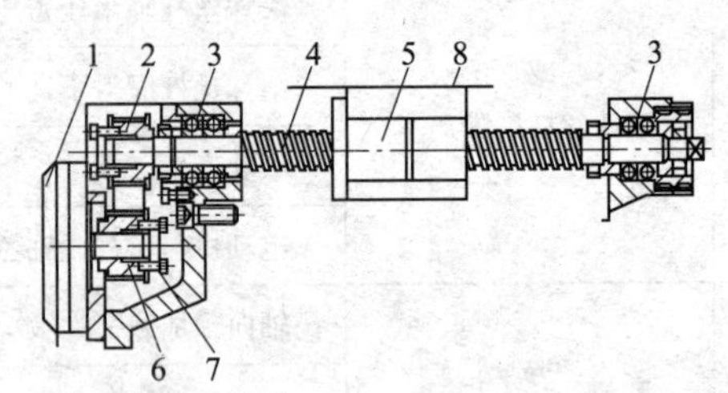

图4—42　龙门数控铣削中心 Y 轴进给传动图

1—电动机　2—弹性联轴器　3—轴承

4—滚珠丝杠　5—滚珠丝杠螺母

6—弹性胀紧套　7—锁紧螺钉　8—工作盒

②将机床操作面板上的工作方式开关置于增量方式（INC）的“×10”挡，轴选择开关置于 Y 轴挡，按负方向进给键，观察千分表读数的变化。理论上应该每按一下，千分表读数增加10 μm。经测量，Y 轴正、负方向的增量运动都存在不规则的偏差。

③找一粒滚珠置于滚珠丝杠的端部中心，用千分表的表头顶住滚珠，如图4—43b所示。将机床操作面板上的工作方式开关置于手动方式（JOG），按正、负方向的进给键，主轴箱沿 Y 轴正、负方向连续运动，观察千分表读数无明显变化，故排除滚珠丝杠轴向窜动的可能。

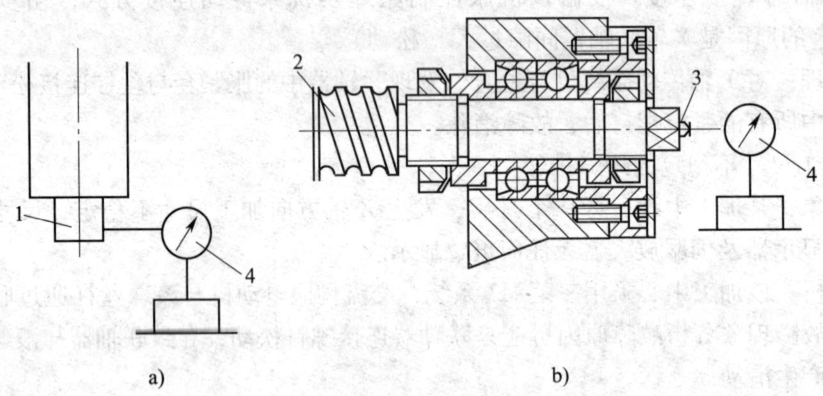

图4—43　安装千分表示意图

a）表头找正主轴　b）表头找正丝杠端面

1—主轴　2—滚珠丝杠　3—滚珠　4—千分表

④检查与 Y 轴伺服电动机和滚珠丝杠连接的同步齿形带轮，发现与伺服电动机转子轴连接的带轮锥套有松动，使得进给传动与伺服电动机驱动不同步。由于在运行中松动是不规则的，从而造成位置偏差的不规则，最终使零件加工尺寸出现不规则的偏差。

故障处理：由于 Y 轴通过 ROD320 编码器组成半闭环的位置控制系统，编码器检测的位置值不能真正反映 Y 轴的实际位置值，位置控制精度在很大程度上由进给传动链的传动精度决定。

1）在日常维护中要注意对进给传动链的检查，特别是有关连接元件，如联轴器、锥套等有无松动现象。

2）根据传动链的结构形式，采用分步检查的方式，排除可能引起故障的因素，最终确定故障的部位。

3）通过对加工零件的检测，随时监测数控机床的动态精度，以决定是否对数控机床的机械装置进行调整。

（4）位移过程中产生机械抖动的故障排除

例1

故障现象：某加工中心运行时，工作台 Y 轴方向位移过程中产生明显的机械抖动故障，故障发生时系统不报警。

故障分析：因故障发生时系统不报警，同时观察 CRT 显示器显示出来的 Y 轴位移脉冲数字量的速率均匀（通过观察 X 轴与 Z 轴位移脉冲数字量的变化速率比较后得出），故可排除系统软件参数与硬件控制电路的故障影响。由于故障发生在 Y 轴方向，故可以采用交换法判断故障部位。通过交换伺服控制单元，故障没有转移，所以故障部位应在 Y 轴伺服电动机与丝杠传动链一侧。为区别电动机故障，可拆卸电动机与滚珠丝杠之间的弹性联轴器，单独通电检查电动机。检查结果表明，电动机运转时无振动现象，显然故障部位在机械传动部分。

故障处理：脱开弹性联轴器，用扳手转动滚珠丝杠进行手感检查。通过手感检查，感觉到这种抖动故障的存在，且丝杠的全行程范围均有这种异常现象。拆下滚珠丝杠检查，发现滚珠丝杠轴承损坏。换上新的同型号规格的轴承后，故障排除。

例2

故障现象：某加工中心运行时，工作台 X 轴方向位移过程中产生明显的机械抖动故障，故障发生时系统不报警。

故障分析：因故障发生时系统不报警，但故障明显，故采用上述方法，通过交换法检查，确定故障部位应在 X 轴伺服电动机与丝杠传动链一侧。为区别电动机故障，可拆卸电动机与滚珠丝杠之间的弹性联轴器，单独通电检查电动机。检查结果表明，电动机运转时无振动现象，显然故障部位在机械传动部分。脱开弹性联轴器，用扳手转动滚珠丝杠进行手感检查。

故障处理：通过手感检查，感觉到这种抖动故障的存在，且丝杠的全行程范围均有这种异常现象。拆下滚珠丝杠检查，发现滚珠丝杠螺母在丝杠副上转动不畅，时有卡死现象，故而引起机械转动过程中的抖动现象。拆下滚珠丝杠螺母，发现螺母内的反向器处有脏物和小铁屑，因此钢球流动不畅，时有卡死现象。经过认真清洗和修理，重新装好，故障排除。

（5）丝杠窜动引起的故障维修

故障现象：TH6380 卧式加工中心，启动液压后，手动运行 Y 轴时，液压自动中断，

CRT 显示器显示报警，驱动失效，其他各轴正常。

故障分析：该故障涉及电气、机械、液压等部分。任一环节有问题均可导致驱动失效，故障检查的顺序大致如下：

伺服驱动装置→电动机及测量器件→电动机与丝杠连接部分→液压平衡装置→开口螺母和滚珠丝杠→轴承→其他机械部分。

1）经检查发现驱动装置外部接线及内部元器件的状态良好，电动机与测量系统正常。

2）拆下 Y 轴液压抱闸后情况同前，将电动机与丝杠的同步传动带脱离，手摇 Y 轴丝杠，发现丝杠上下窜动。

3）拆开滚珠丝杠上轴承座正常。

4）拆开滚珠丝杠下轴承座后发现轴向推力轴承的紧固螺母松动，导致滚珠丝杠上下窜动。

由于滚珠丝杠上下窜动，造成伺服电动机转动带动丝杠空转约一圈。在数控系统中，当 NC 指令发出后，测量系统应有反馈信号，若间隙的距离超过了数控系统所规定的范围，即电动机空走若干个脉冲后光栅尺无任何反馈信号，则数控系统必报警，导致驱动失效，机床不能运行。

故障处理：拧好紧固螺母，滚珠丝杠不再窜动，则故障排除。

第三节　其他进给传动装置

一、齿轮齿条传动

在大型数控机床（如大型数控龙门铣床）中，工作台的行程很大，其进给运动不宜采用滚珠丝杠副实现（滚珠丝杠只能应用在行程≤6 m 的传动中）。原因是太长的丝杠易于下垂，将影响其螺距精度及工作性能，而且扭转刚度也会相应下降。实际上，大型数控机床常用齿轮齿条传动。

1．消除间隙方法

当驱动负载小时，可采用双片薄齿轮错齿调整，如图 4—44 所示。两片齿轮分别与齿条齿槽左、右侧贴紧，而消除齿侧隙。进给运动由轴 2 输入，通过两对斜齿轮将运动传给轴 1 和轴 3，然后由两个直齿轮 4 和 5 传动给齿条，带动工作台移动。轴 2 上两个斜齿轮的螺旋线方向相反。如果通过弹簧在轴 2 上作用一个轴向力 F，则使斜齿轮产生微量的轴向移动，这时轴 1 和轴 3 便以相反的方向转过微小的角度，使齿轮 4 和 5 分别与齿条的两齿面贴紧，消除间隙。

当驱动负载大时，采用径向加载法消除间隙。如图 4—45 所示，两个小齿轮 1 和 6 分别与齿条 7 啮合，并用加载装置 4 在齿轮 3 上预加负载，于是齿轮 3 使与之啮合的大齿轮 2 和 5 向外伸开，与其同轴上的齿轮 1、6 也同时向外伸开，与齿条 7 上齿槽的左、右两侧相应贴紧而无间隙。齿轮 3 可由液压马达直接驱动。

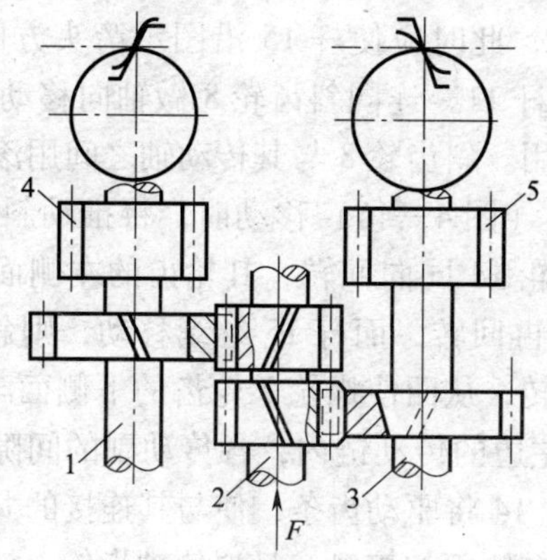

图 4—44 双齿轮消除间隙原理

1、2、3—轴 4、5—直齿轮

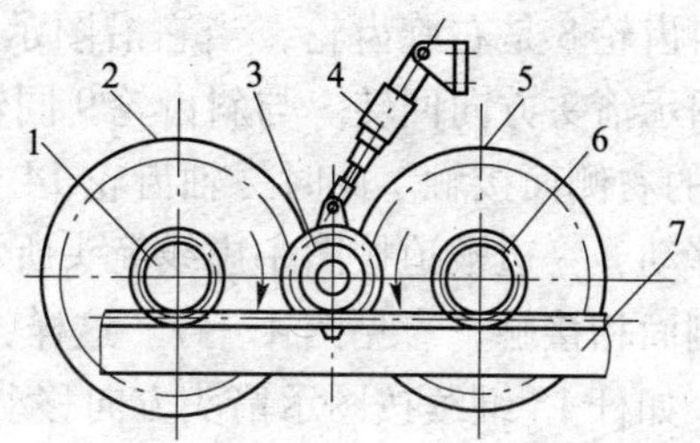

图 4—45 径向加载法消除间隙

1、2、3、5、6—齿轮 4—加载装置 7—齿条

2. 应用实例

现以 XKB—2320 型数控龙门铣床为例，介绍齿轮齿条传动的具体工作情况。

(1) 传动原理

如图 4—46 所示，以液压马达直接驱动蜗杆 6，蜗杆 6 同时带动蜗轮 2 和 7。蜗轮 2 通过双面齿离合器 3 和单面齿离合器 4，把运动传给轴齿轮 1；蜗轮 7 经一对速比等于 1 的斜齿轮 8 和 9，把运动传给另一轴齿轮 14。这样，可使两个轴齿轮的转向相同。

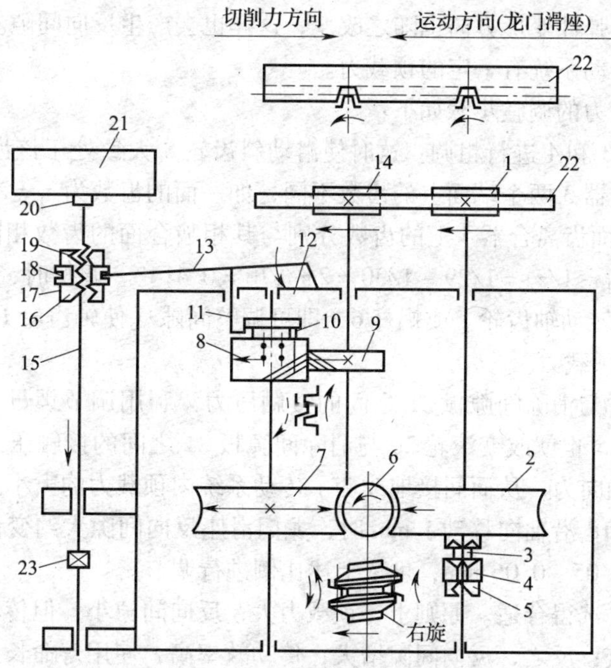

图 4—46 齿轮齿条机构传动原理图

1、14—轴齿轮 2、7—蜗轮 3—双面齿离合器 4—单面齿离合器 5—紧固螺母 6—蜗杆 8、9—斜齿轮 10—弹簧 11、15—杆 12—支点 13—杠杆 16、19—调节螺母 17—垫片 18—拨叉 20—滚轮 21—消除间隙板 22—齿条 23—撞块

如在工作开始前，传动链各环节中都存在间隙，此时应使杆 15 沿图示箭头方向移动，通过拨叉 18，使杠杆 13 绕支点 12 转动，从而推动杆 11，连同斜齿轮 8 做轴向移动。杆 11 和斜齿轮 8 返回时靠压力弹簧 10（图 4—47）的作用。斜齿轮 8 与其传动轴之间用滚珠花键连接。斜齿轮 8 是右旋齿轮，当它沿图示箭头方向（图 4—46）移动时，将推动斜齿轮 9，使之按图示箭头方向回转。与斜齿轮 9 同轴的轴齿轮 14 同向回转，其轮齿的左侧面将与齿条 22 齿的右侧面接触。此时，轴齿轮 14 受阻已不再回转，而杆 15 继续移动，则斜齿轮 8 将一边移动，一边被迫按图中虚线箭头所示方向回转，从而使蜗轮 7 轮齿的下侧面与蜗杆 6 齿的上侧面相接触，参见图 4—47。这样，蜗杆 6 左边的传动链内，各传动副的间隙就完全消除了。如杆 15 继续按图示箭头方向移动，轴齿轮 14 将驱动齿条，使与其连接的龙门滑座一起左移，并使齿条齿的左侧面与轴齿轮 1 轮齿的右侧面相接触，且迫使轴齿轮 1 按箭头所示方向回转。通过离合器 4 和 3，使蜗轮 2 按图示箭头方向回转，使其齿轮上侧面与蜗杆 6 齿的下侧面相接触，参见图 4—47。至此，蜗杆 6 右边传动链内，各传动副的间隙也都消除了。这时，无论驱动龙门滑座向哪个方向移动，传动链中各元件间的接触情况不变，因此消除了整个传动系统的全部间隙。

工作过程中，如果整个系统的传动间隙增大，只要杆 15 按箭头方向移动，即可消除。反之，杆 15 按与箭头相反方向移动，则可使传动间隙增大。

（2）反向间隙和预载力的调整

当龙门滑座反向时，传动系统中所有传动元件的受力方向随之改变。由于传动元件皆有弹性，各传动元件的弹性变形方向也随之改变，这样也会产生反向间隙。为了减少这种反向间隙，必须使整个传动系统有一定的预载力。

反向间隙和预载力的调整步骤如下：

1）通过离合器 3 和 4 进行粗调：这时使滑动斜齿轮 8 大致处于该齿轮移动行程的中间位置上。双面齿离合器 3 两个端面上的齿数不同，如一面的齿数为 $z_1=29$，另一面的齿数为 $z_2=30$。蜗轮 2 和单面齿离合器 4 上的齿数分别与其相啮合面的齿数相同。因此，轴齿轮 1 的最小调整角为 $1/z_1-1/z_2=1/29-1/30=2\pi/870=0.414°$。调整时，先松开紧固螺母 5，脱开离合器 3 和 4，转动轴齿轮 1 或蜗杆 6，即可调整间隙（使轴齿轮 1 和 14 按图示情况与齿条 22 相接触）和预载力。

2）调整滚轮 20 与消除间隙板 21 之间的接触压力：利用调节螺母 16 和 19，改变拨叉 18 在杆 15 上的位置，也就改变滚轮 20 与消除间隙板 21 之间的接触压力。同时，也改变了作用于斜齿轮 8 的轴向力，从而间接地改变了传动系统内预载力的大小。

当杆 15 或拨叉 18 沿轴向移动 1 mm 时，龙门滑座反向间隙大约变化 0.02 mm。该机床允许反向间隙约为 0.05～0.06 mm，可依上述比例进行调节。

预载力的大小要选得合适。原则上，预载力大，反向间隙小，但传动效率低，摩擦损失增加，使用寿命降低；反之，反向间隙增大，传动效率高，使用寿命长。因此，在保证机床不超过允许的反向间隙前提下，预载力不宜过大。

一般情况下，可用试验方法来获得清除接触压力前提下的滚轮最佳位置，即以一定大小的力拉动杆 15，如能使滚轮 20 刚刚离开消除间隙板 21，即认为已达到预载要求。

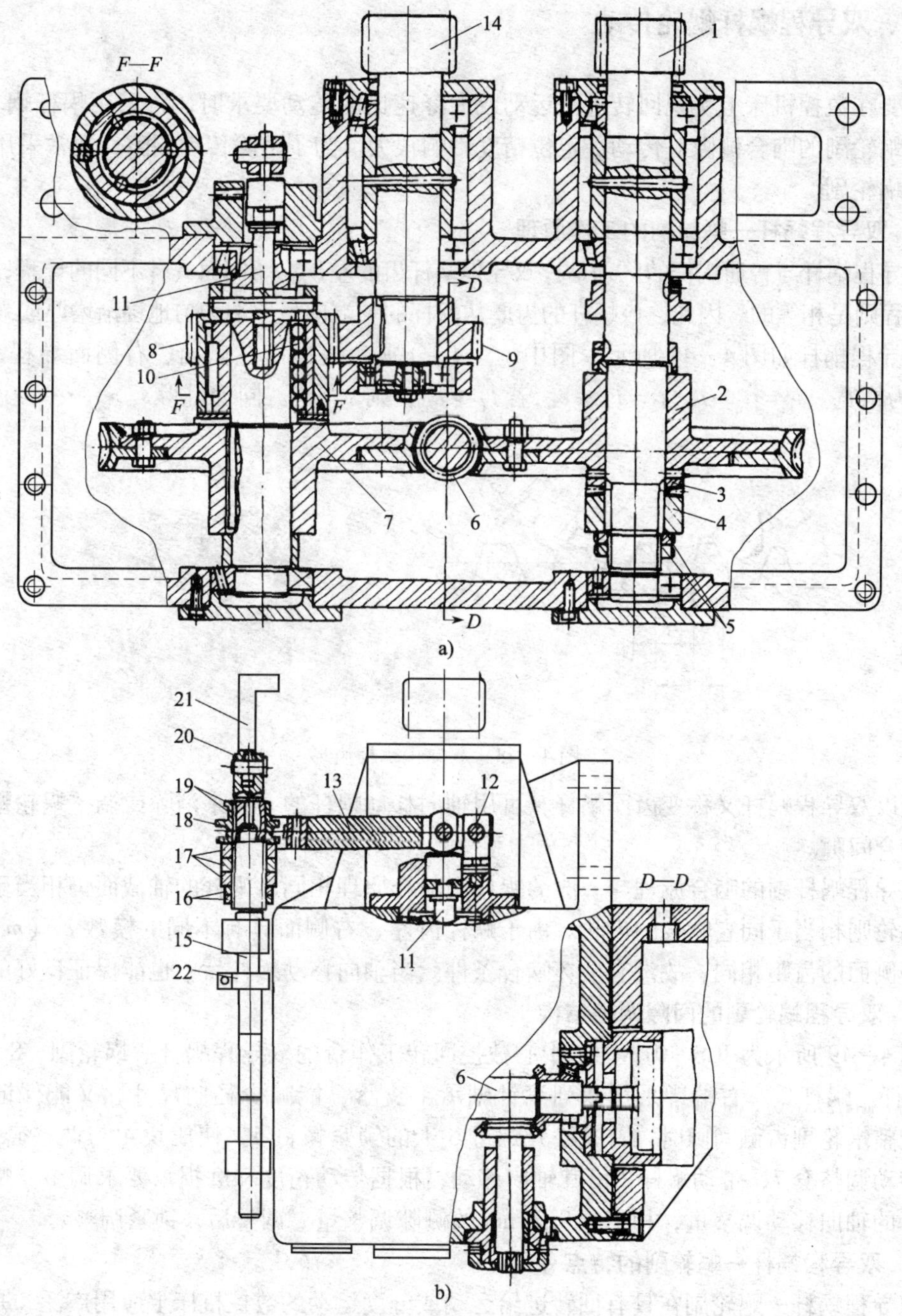

图 4—47 龙门纵向传动结构图

1、14—轴齿轮 2、7—蜗轮 3—双面齿离合器 4—单面齿离合器 5—紧固螺母 6—蜗杆 8、9—斜齿轮 10—弹簧 11、15—杆 12—支点 13—杠杆 16、19—调节螺母 17—垫片 18—拨叉 20—滚轮 21—消除间隙板 22—撞块

二、双导程蜗杆蜗轮传动

当要在数控机床上实现回转进给运动或大降速比的传动要求时，常采用蜗杆蜗轮传动。蜗杆—蜗轮副的啮合侧隙对传动、定位精度影响很大。为了消除传动侧隙，通常采用双导程蜗杆—蜗轮副。

1．双导程蜗杆—蜗轮副的工作原理

双导程蜗杆与普通蜗杆的区别是：双导程蜗杆齿的左、右两侧面具有不同的导程，而同一侧的导程则是相等的。因此，该蜗杆的齿厚从蜗杆的一端向另一端均匀地逐渐增厚或减薄。

双导程蜗杆如图 4—48 所示，图中 $t_{左}$、$t_{右}$ 分别为蜗杆齿左侧面、右侧面导程，s 为齿厚，c 为槽宽。$s_1 = t_{左} - c$，$s_2 = t_{右} - c$。若 $t_{右} > t_{左}$，则 $s_2 > s_1$。同理可得 $s_3 > s_2$……

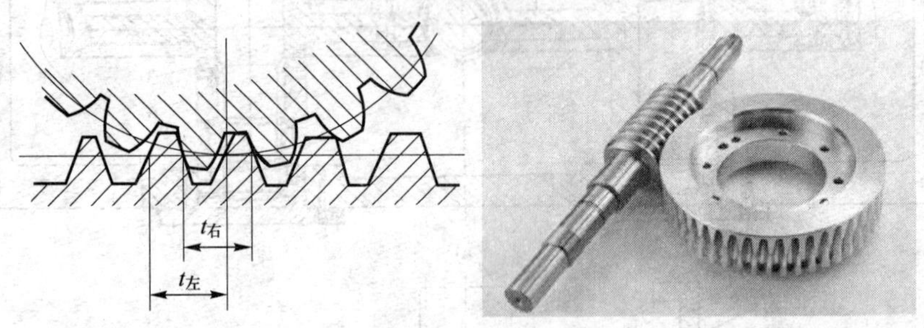

图 4—48　双导程蜗杆齿形

所以双导程蜗杆又称变齿厚蜗杆，可用轴向移动蜗杆的方法来消除或调整蜗轮蜗杆副之间的啮合间隙。

双导程蜗杆副的啮合原理与一般的蜗杆副啮合原理相同，蜗杆的轴截面仍相当于基本齿条，蜗轮则相当于同它啮合的齿轮。由于蜗杆齿左、右侧面具有不同的模数 m （$m = t/\pi$），但同一侧面的齿距相同，故没有破坏啮合条件。当轴向移动蜗杆后，也能保证良好的啮合。

2．双导程蜗轮副的间隙调整结构

图 4—49 所示为 JCS—013 加工中心数控回转工作台的双导程蜗杆—蜗轮副，8 为蜗轮，2 为蜗杆。蜗杆 2 左右端皆采用双列滚针轴承 1 支承，能减少径向尺寸，又能保证传动刚度。调整蜗轮副齿侧间隙时，首先松开螺母 6 上的锁紧螺钉 5，使压块 4 与调整套 7 松开。然后转动调整套 7，带动蜗杆 2 沿其轴向移动，根据传动精度和磨损量要求调整。蜗杆 2 有 10 mm 的轴向移动调整量，相当于 0.2 mm 的侧隙调整量。调整后，锁紧调整套 7。

3．双导程蜗杆—蜗轮副的特点

双导程蜗杆—蜗轮副在具有回转进给运动或分度运动的数控机床上应用广泛，是因为其具有突出优点。

1）啮合间隙可调整得很小：根据实际经验，侧隙调整可以小至 0.01 ~ 0.015 mm。而普通蜗轮副一般只能达到 0.03 ~ 0.08 mm，如果再小，就容易产生咬死现象。因此双导程蜗轮—蜗杆副能在较小的侧隙下工作，对提高数控转台的分度精度非常有利。

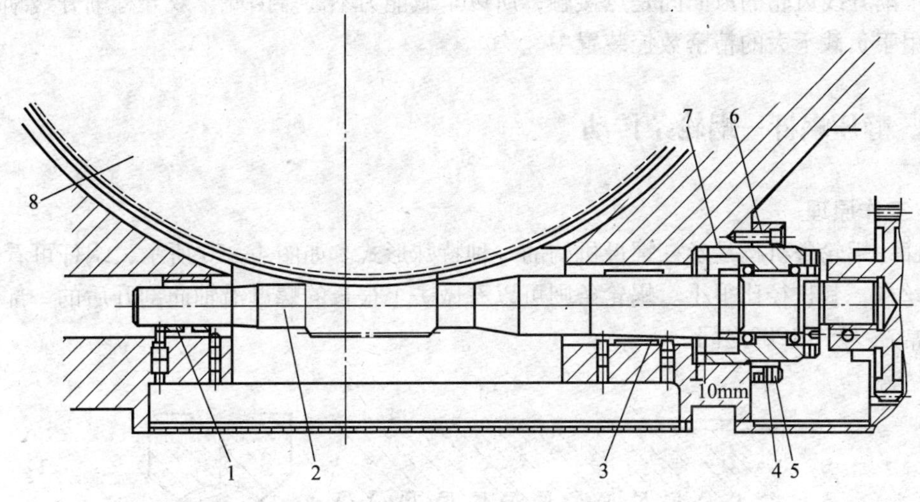

图4—49 数控回转工作台的双导程蜗杆—蜗轮副

1、3—轴承 2—蜗杆 4—压块 5—螺钉 6—螺母 7—调整套 8—蜗轮

2）普通蜗轮副以蜗杆沿蜗轮做径向移动来调整啮合侧隙，因而改变了传动副的中心距，从啮合原理角度看，这是很不合理的。因为改变中心距会引起齿面接触情况变差，甚至加剧它们的磨损，不利于保持蜗轮—蜗杆副的精度。而双导程蜗轮—蜗杆副是用蜗杆轴向移动来调整啮合侧隙的，不会改变它们的中心距，可以避免上述缺点。

3）双导程蜗杆是用修磨调整环来控制调整量，调整准确，方便可靠；而普通蜗轮副的径向调整量较难掌握，调整时也容易产生蜗杆轴线歪斜。

4）双导程蜗轮副的蜗杆支承直接做在支座上，只需保证支承中心线与蜗轮中截面重合，中心距公差可略微放宽。装配时，用调整环来获得合适的啮合侧隙，这是普通蜗轮副无法办到的。

双导程蜗杆的不足是：蜗杆加工比较麻烦，尤其在普通机床上车削和磨削蜗杆左、右齿面时，螺纹传动链要选配不同的两套挂轮，而这两种齿距（不是标准模数）往往是烦琐的小数，精确配算挂轮很费时。在制造加工蜗轮的滚刀时，也存在同样的问题。由于双导程蜗杆左右齿面的齿距不同，螺旋升角也不同，与它啮合的蜗轮左、右齿面也应同蜗杆相适应，才能保证正确啮合，因此，加工蜗轮的滚刀也应根据双导程蜗杆的参数来设计制造。

4. 双导程渐开线蜗杆齿轮传动

双导程渐开线蜗杆齿轮传动副的本质是一对渐开线螺旋齿轮传动副。它的蜗杆是一个渐开线蜗杆，并利用双导程变齿厚的原理，使蜗杆左、右两侧的导程不相等（即其轴向模数不相等），因而左、右两侧的分度圆柱螺旋升角也不相等。与渐开线蜗杆啮合的是一个斜齿轮，并且两齿侧面的模数、分度圆柱螺旋角和基圆直径都相等，与普通斜齿轮没有区别。

这种传动副与普通的双导程蜗杆—蜗轮副相比的优点是：制造方便，不需要制造高精度的专用蜗轮滚刀；蜗杆和斜齿轮都可采用硬齿面，最后用磨齿方法可得到高精度。

由于渐开线齿轮的齿面间是点接触，所以承载能力不高。因此，双导程渐开线蜗杆齿轮副仅适用于负载不大的精密数控装置中。

三、静压蜗杆—蜗轮条传动

1. 工作原理

蜗杆—蜗轮条机构是丝杠螺母机构的一种特殊形式。如图4—50所示，蜗杆可看作长度很短的丝杠，其长径比很小。蜗轮条则可以看做一个很长的螺母沿轴向剖开后的一部分，其包容角常在90°~120°之间。

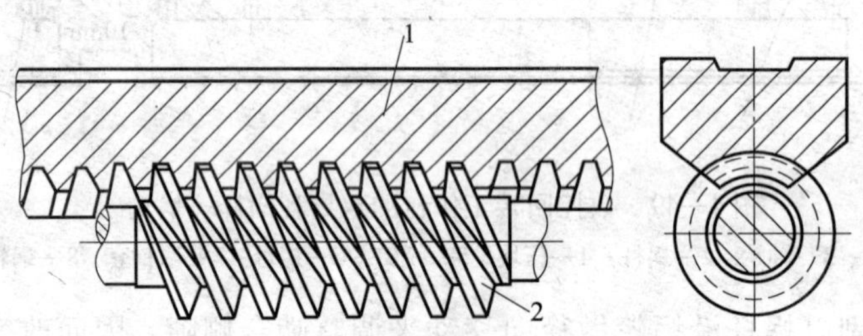

图4—50　蜗杆—蜗轮条传动机构

1—蜗轮条　2—蜗杆

液体静压蜗杆—蜗轮条机构的特点是在蜗杆—蜗轮条的啮合面间注入压力油，以形成一定厚度的油膜，使两啮合面间成为液体摩擦，其工作原理如图4—51所示。图中油腔开在蜗轮条上，用毛细管节流的定压供油方式给静压蜗杆—蜗轮条供压力油。从液压泵输出的压力油，经过蜗杆螺纹内的毛细管节流器10，分别进入蜗轮条齿的两侧面油腔内，然后经过啮合面之间的间隙，再进入齿顶与齿根之间的间隙，压力降为零，流回油箱。

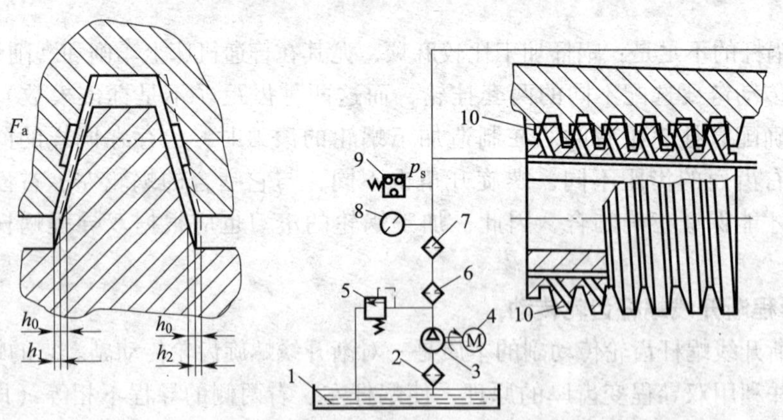

图4—51　液体静压蜗杆—蜗轮条工作原理

1—油箱　2—滤油器　3—液压表　4—电动机　5—溢流阀　6—粗滤油器
7—精滤油器　8—压力表　9—压力继电器　10—节流器

2. 传动方式

（1）蜗杆箱固定，蜗轮条固定在运动件上，如图4—52所示。伺服电动机4和进给箱3置于机床床身或其他部件上，并通过联轴器2使蜗杆轴产生旋转运动。蜗轮条1与运动部件（如工作台）相连，以获得往复直线运动。这种传动常应用于龙门式铣床的移动工作台进给驱动机构中。

（2）蜗轮条固定，蜗杆箱固定在运动件上，如图4—53所示。伺服电动机4和进给箱3与蜗杆箱5相连，使蜗杆旋转。行程长度可大大超过运动部件的长度。常用于桥式镗铣床桥架进给驱动机构中。

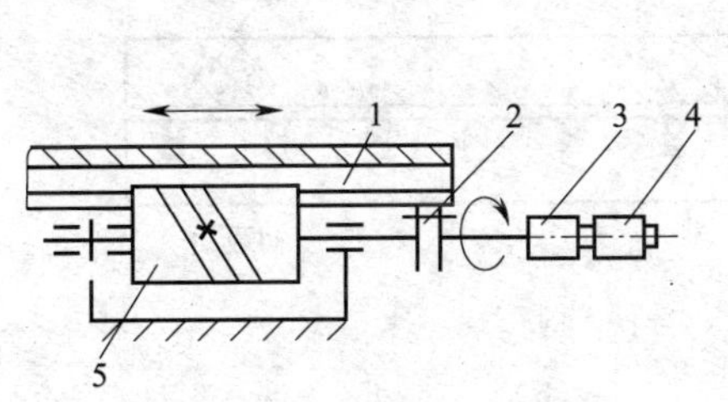

图4—52 蜗杆箱固定式

1—蜗轮条 2—联轴器 3—进给箱
4—伺服电动机 5—蜗杆

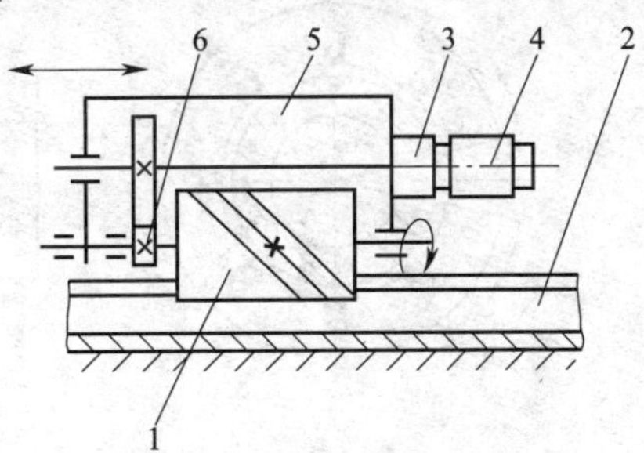

图4—53 蜗杆箱移动式

1—蜗杆 2—蜗轮条 3—进给箱
4—伺服电动机 5—蜗杆箱 6—变速齿轮

四、直线电动机

直线电动机是指可以直接产生直线运动的电动机，可作为进给驱动系统，如图4—54所示。其雏形在旋转电动机出现之后不久就出现了，但由于受制造技术水平和应用能力的限制，一直未能在制造业领域作为驱动电动机使用。

在常规的机床进给系统中，仍一直采用“旋转电动机＋滚珠丝杠”的传动体系。随着近几年来超高速加工技术的发展，滚珠丝杠机构已不能满足高速度和高加速度的要求，直线电动机才有了用武之地。特别是大功率电子器件、新型交流变频调速技术、微型计算机数控技术和现代控制理论的发展，为直线电动机在高速数控机床中的应用提供了条件。

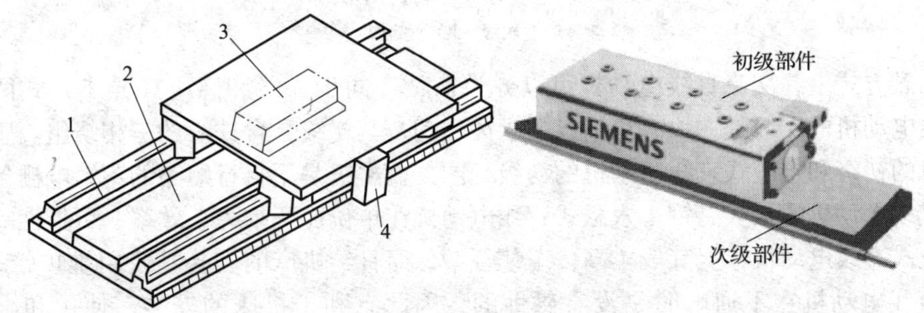

图4—54 直线电动机进给系统外观

1—导轨 2—次级 3—初级 4—检测系统

1. 工作原理

直线电动机的工作原理与旋转电动机相比，并没有本质的区别，可以将其视为旋转电动机沿圆周方向拉开展平的产物，如图 4—55 所示。对应于旋转电动机定子的部分，称为直线电动机的初级；对应于旋转电动机转子的部分，称为直线电动机的次级。当多相交变电流通入多相对称绕组时，就会在直线电动机初级和次级之间的气隙中产生一个行波磁场，从而使初级和次级之间相对移动。当然，二者之间也存在一个垂直力，可以是吸引力，也可以是排斥力。

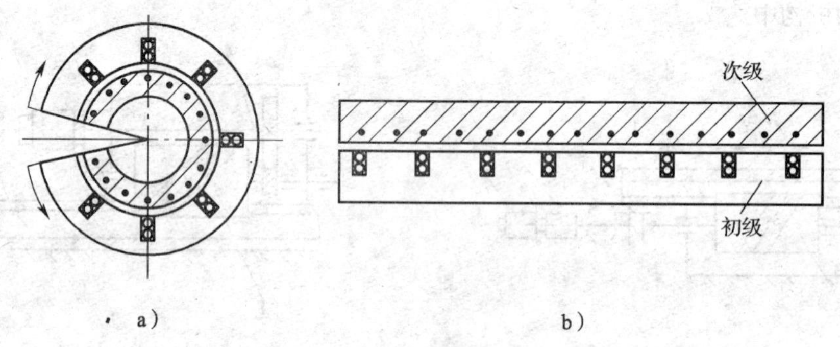

图 4—55　旋转电动机展平为直线电动机的过程
a）旋转电动机　b）直线电动机

直线电动机可以分为直流直线电动机、步进直线电动机和交流直线电动机三大类。在机床上主要使用交流直线电动机。

在结构上，可以有如图 4—56 所示的短次级和短初级两种形式。为了减小发热量和降低成本，高速机床所用直线电动机一般采用图 4—56b 所示的短初级、长次级结构。

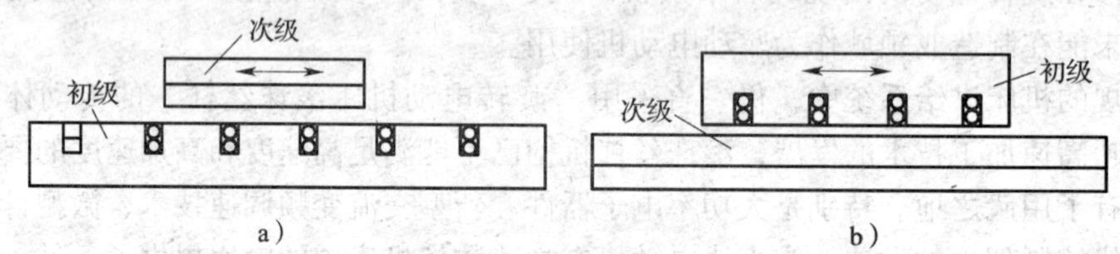

图 4—56　直线电动机的形式
a）短次级　b）短初级

在励磁方式上，交流直线电动机可以分为永磁（同步）式和感应（异步）式两种。永磁式直线电动机的次级是一块一块铺设的永久磁钢，其初级是含铁心的三相绕组。感应式直线电动机的初级和永磁式直线电动机的初级相同，而次级是用自行短路的不馈电栅条来代替永磁式直线电动机的永久磁钢。永磁式直线电动机在单位面积推力、效率、可控性等方面均优于感应式直线电动机，但其成本高，工艺复杂，而且给机床的安装、使用维护带来不便。感应式直线电动机在不通电时是没有磁性的，因此有利于机床的安装、使用和维护。近年来，其性能不断改进，已接近永磁式直线电动机的水平，在机械行业的应用已受到欢迎。

2．直线电动机的维护

（1）直线电动机的热保护

直线电动机安装在工作台和导轨之间，处于机床的腹部，散热条件不好。直线电动机的发热主要是由初级部件中产生的热损失引起的，次级部件中所产生的热量是由其涡流损失引起的，而涡流损失的大小取决于电动机电流的频率。一般来说损失不大，仅为初级部件热损失的 8% 左右。为了减小电动机发热对机械的影响，电动机采用了双冷却回路：主冷却回路和精密冷却回路。

1）初级绕组的主冷却　主冷却回路又称内冷却回路，如图 4—57 中 3 所示，它是最重要的冷却回路，必须要通冷却水。内部主冷却回路的冷却水可以带走初级部件 90% 左右的发热量，如果内部主冷却回路没有冷却，直线电动机输出的连续进给力只能达到其额定连续进给力的 8%。

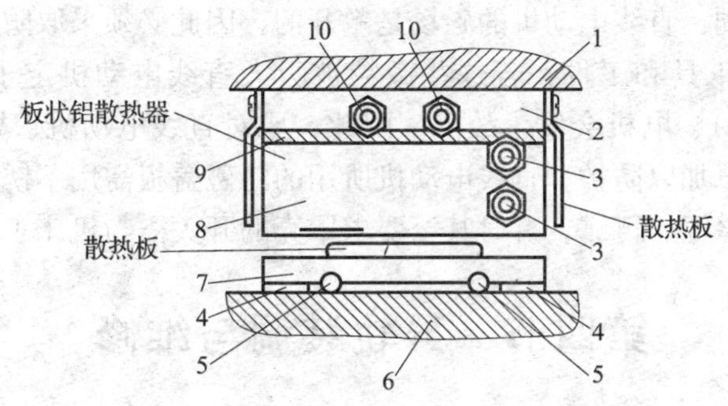

图 4—57　直线电动机的冷却

1—运动部件　2—铝板式冷却器　3—内部主冷却回路　4—次级绝缘层
5　次级冷却回路　6—固定部件　7—次级　8—初级　9—初级绝缘层　10—外部精冷回路

2）次级绕组的精密冷却　次级部件所产生的热量虽然不多，但对于连续移动速度很高的直线电动机来说，次级部件所产生的热量也需冷却。次级冷却回路即精密冷却回路，又称外冷却回路，如图 4—57 中 5 所示。如果在直线电动机工作期间，次级部件中心的温度超过 60℃，次级将会被永久性地消磁，直线电动机将会损坏。

3）直线电动机冷却注意事项

①每次工作换班的时候都应该检查一下冷却液的存量。如果冷却液降到了一定的水位，报警灯会闪光。这时候就必须加入冷却液，以避免泵气穴现象和冷却液断流的现象。

②冷却液箱内位于泵前的过滤网，需要每周清洁一次；冷却液罐本身也需要每周清洁一次；要注意罐中的所有地方都要清理。

③冷却液系统过滤器需要每天检查，当指示器显示流动受限时就应该清洁。

④一般使用水溶性的合成冷却液。使用矿物切削油会损坏设备的橡胶部件；使用纯净水作为冷却液会造成设备内部部件的侵蚀（生锈）；绝不能使用易燃性液体作为冷却液，否则可能产生灾难性后果。

⑤冷却液应该每 6 个月更换 1 次。排出的冷却液应妥善处理，因为大多数类型的冷却液都会污染环境。

⑥当冷却液排出时，最好打开盖并彻底清洁罐体内部、过滤网和泵体；还需要检查冷却液软管有无泄漏或裂缝，必要时更换。

4）直线电动机的隔热　即使内部主冷回路通了冷却水，初级的内部温度还会高达120℃。为了防止这里的高温传到运动部件，从而影响机床精度，直线电动机在安装时，增加了初级绝缘层和次级绝缘层，用于隔绝直线电动机的内部热量迅速传给机床，如图4—57所示；在初级部件上面安装有板状铝散热器，其间还设置了外部冷却回路（精密冷却回路），外部回路的冷却水能把通过初级绝缘层的热量加以冷却；铝板两侧也安装有散热板，以增加散热面积；另外，直线电动机次级部件与机床固定部件之间也有一层隔热材料和空气层，连接的螺栓及次级冷却回路所用的冷却管材料均采用导热性较差的不锈钢。

（2）直线电动机的防磁

和旋转电动机不同，直线电动机的磁场是敞开的，因此必须采取防磁措施，否则会吸住加工中的铁屑、金属工具和工件，若这些微粒被吸入直线电动机定子和转子之间的气隙（一般为0.3~0.4 mm），电机会发生故障。因此，要对直线电动机、导轨和床身用三维折叠和耐热的高速防护罩加以防护。直线电动机所用的防磁盖板需用不锈钢，对加工区的防护罩壳要求设计得更加坚固、可靠，有时甚至要求罩壳的开关需与机床工作互锁。

第四节　导轨装调与维修

导轨主要用来支承和引导运动部件沿一定的轨道运动。在导轨副中，运动的一方叫做动导轨，不动的一方叫做支承导轨。动导轨相对于支承导轨的运动，通常是直线运动或回转运动。

一、导轨简介

1. 对导轨的要求

（1）导向精度高

导向精度主要是指动导轨沿支承导轨运动的直线度或圆度。影响导向精度的主要因素有：导轨的几何精度、导轨的接触精度、导轨的结构形式、动导轨及支承导轨的刚度和热变形、装配质量以及动压导轨和静压导轨之间油膜的刚度。

导轨的几何精度综合反映在静止或低速下的导向精度。直线运动导轨的检验内容为导轨在垂直平面内的直线度、导轨在水平面内的直线度以及两导轨平行度。如导轨全长为20 m的龙门刨床，其直线度误差为0.02/1 000，导轨全长允差为0.08 mm。

回转运动导轨几何精度检验内容与主轴回转精度的检验方法相类似，用导轨回转时端面跳动及径向跳动表示。如最大切削直径为4 m的立式车床，其允差规定为0.05 mm。

（2）耐磨性好及寿命长

导轨的耐磨性决定了导轨的精度保持性。

动导轨沿支承导轨面长期运行会引起导轨的不均匀磨损，破坏导轨的导向精度，从而影响机床的加工精度。例如，卧式车床的铸铁导轨，若结构欠佳，润滑不良及维修不及时，则靠近床头箱一段的前导轨，每年磨损量可达0.2～0.3 mm，这样就降低了刀架移动的直线度和对主轴的平行度，加工精度也随之下降，还会增加螺母与丝杠的同轴度误差，加剧螺母和丝杠的磨损。

(3) 足够的刚度

导轨要有足够的刚度，保证在载荷作用下不产生过大的变形，从而保证各部件间的相对位置和导向精度。

(4) 低速运动的平稳性

在低速运动时，作为运动部件的动导轨易产生爬行。进给运动中的爬行，将加大被加工表面的表面粗糙度值，故要求导轨低速运动平稳，不产生爬行，这对于高精度机床尤其重要。

(5) 工艺性和经济性好

导轨要求制造、调整和维修方便，以及结构简单，从而获得良好的工艺性和经济性。

2. 导轨的基本类型及特点

导轨按运动轨迹可分为直线运动导轨和圆运动导轨。按工作性质可分为主运动导轨、进给运动导轨和调整导轨。按受力情况可分为开式导轨和闭式导轨。按两轨道面摩擦性质分为滑动导轨和滚动导轨。

(1) 滑动导轨

两导轨工作面的摩擦性质为滑动摩擦，其中有滑动导轨、液体动压导轨和液体静压导轨。

1）液体静压导轨　两导轨面间有一层静压油膜，其摩擦性质属于纯液体摩擦，多用于进给运动导轨。

2）液体动压导轨　当导轨面之间相对滑动速度达到一定值时，液体的动压效应使导轨面间形成压力油膜，把导轨面隔开。这种导轨属于纯液体摩擦，多用于主运动导轨。

3）混合摩擦导轨　这种导轨在导轨面间有一定的动压效应，但相对滑动速度还不足以形成完全的压力油楔，导轨面大部分仍处于直接接触，介于液体摩擦和干摩擦（边界摩擦）之间。大部分进给运动属于此类型。

(2) 滚动导轨

这种导轨两导轨面之间为滚动摩擦，导轨面间采用滚珠、滚柱或滚针等滚动体，它在进给运动中用得较多。

二、塑料导轨

1. 塑料导轨的种类

塑料导轨也称为镶粘塑料导轨，已广泛用于数控机床上。其摩擦因数小，且动、静摩擦因数差很小，能防止低速爬行现象；耐磨性，抗撕伤能力强；加工性和化学稳定性好，工艺简单；成本低；有良好的自润滑性和抗震性。塑料导轨多与铸铁导轨或淬硬钢导轨相配使用。

（1）贴塑导轨

贴塑导轨的特点是在动导轨的摩擦表面上贴上一层塑料软带，以降低摩擦因数，提高导轨的耐磨性。导轨软带材料以聚四氟乙烯为基体，加入青铜粉、二硫化钼和石墨等填充混合烧结，并做成软带状。这种导轨摩擦因数在 0.03 ~0.05 范围内，且耐磨性、减振性、工艺性均好，广泛应用于中小型数控机床。

（2）注塑导轨

注塑导轨又称为涂塑导轨。其抗磨涂层是环氧型耐磨导轨涂层。其材料是以环氧树脂和二硫化钼为基体，加入增塑剂，混合成膏状为一组分。固化剂为另一组分的双组分塑料涂层。这种导轨有良好的可加工性，有良好的摩擦特性和耐磨性，其抗压强度比聚四氟乙烯导轨软带要高，特别是可在调整好固定导轨和运动导轨间的相对位置精度后注入塑料，可节省很多工时，适用于大型和重型机床。

贴塑导轨有逐渐取代滚动导轨的趋势，不仅适用于数控机床，而且还适用于其他各种类型机床导轨，它在旧机床修理和数控化改装中可以减少机床结构的修改，因而更加扩大了塑料导轨的应用领域。

2. 贴塑导轨的装配工艺

（1）表面处理

一般软带表面具有不可粘性，故必须对其表面进行处理及使用配套的粘接剂。国内对软带一般采用单面钠 - 萘表面处理。

（2）粘接剂

是一种以双组酚 A 型环氧树脂为主剂、异氰酸脂为固化剂，并有液体橡胶为增韧剂的双组酚室温固化的粘接剂。

（3）粘接工艺

塑料软带通常粘接于机床的动导轨即工作台或溜板上，使它与支承导轨即床身导轨的表面配合运动，如图 4—58 所示。

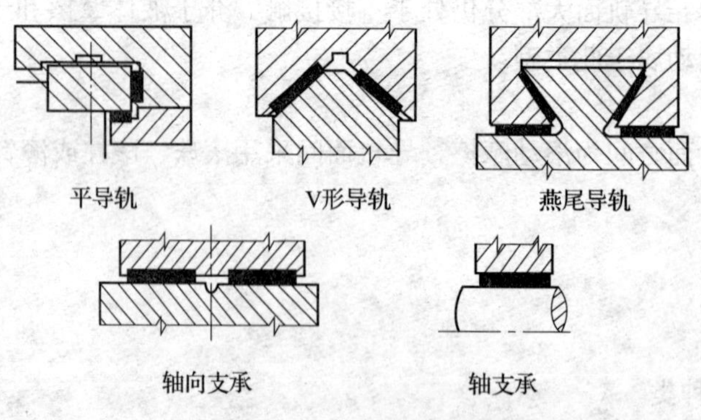

图 4—58　软带应用部位

粘接时，先用清洗剂（如丙酮、三氯乙烯或全氯乙烯）彻底清洗被粘贴导轨面，清洗后用白色的擦布反复擦拭，直至擦不出任何污迹为止。另外，塑料软带的粘贴面（黑褐色表面）也应该用清洗剂擦拭干净。然后用配套的粘接剂分别均匀涂敷在软带和导轨粘接面上。为了保证粘接可靠，被贴导轨面应纵向涂抹，而塑料软带的粘接面则沿横向涂抹。粘贴时，从一端向另一端缓慢挤压，以利于赶跑气泡，粘贴后在导轨面上施加一定压力加以固化。为保证粘接剂充分扩散和硬化，一般在室温下的固化时间为 24 h 以上。通常情况下粘接剂用量约为 500 g/m^2。粘接层厚度约为 0.1 mm，接触压力为 0.05 ~ 0.1 MPa，如图 4—59 所示。

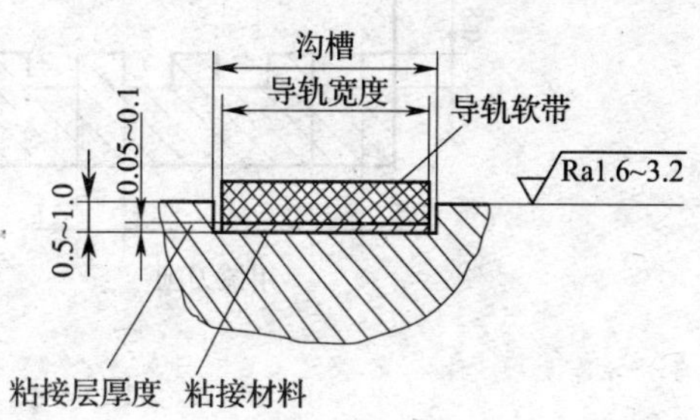

图 4—59 贴塑导轨的粘接

（4）制作油槽

在软带上开油槽，油槽的形状因要求而异（图 4—60）。V 形油槽应为倒角状，底部内角为圆角，避免产生局部的应力集中。进油孔应位于油槽的中央，其直径尺寸应略大于油槽的宽度。

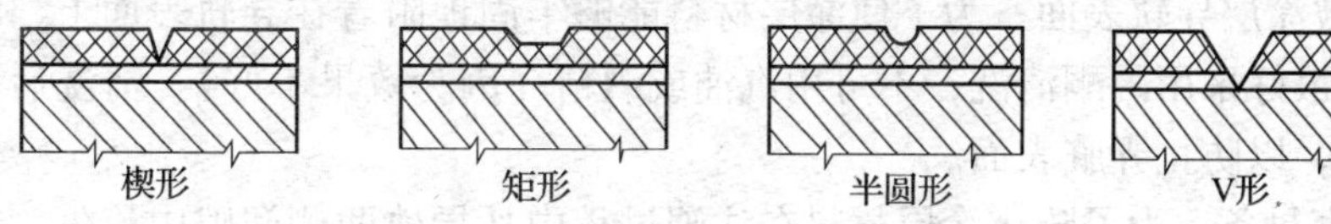

图 4—60 油槽形状

（5）精加工

对于贴塑导轨均需要进行精加工，通常采用手工刮研方法。刮研的目的主要有以下两点。第一，改善接触情况。工作台或溜板导轨面与相配床身导轨面的配刮要求为 8 ~ 10 点/25 mm × 25 mm，导轨中间部分的接触较轻一些。第二，改善润滑性能。由于贴塑导轨表面经过刮研后，所形成的低凹部分容易储存润滑油，移动部件在运动中形成一层油膜，有效地改善了导轨的润滑性能。

3. 注塑导轨的装配工艺

注塑涂层材料是由以环氧树脂为基材的填有某些填料的糊状混合物和环氧树脂组合而成。这种材料固化后具有摩擦因数低、耐磨性能高、收缩率小、成型性好、与金属的附着力强、有足够的硬度和强度、工艺简单、维修方便等优点，因此得到广泛的应用。

（1）预加工

涂层材料应注射在机床导轨副的短导轨面上，而与其相配的导轨面（支承导轨面）则需要用周边导轨磨削工艺方法加工，表面粗糙度值要求达到 $Ra0.8$ μm。为了保证涂层材料能和导轨的不同金属材料（如铸铁、钢或铜等）牢固地结合在一起，就需要对其进行预加工，不同导轨的预加工形式如图 4—61 所示。

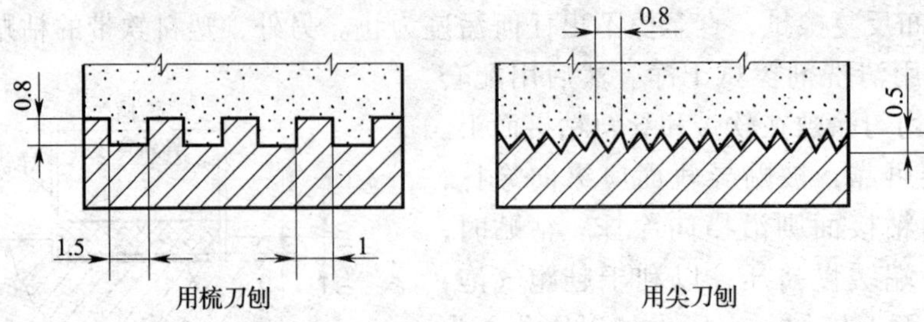

图 4—61　导轨的预加工形式

1）用梳刀刨：适用于灰铸铁、球墨铸铁、钢等材料。

2）用 60°尖刀刨：适用于灰铸铁材料。

3）用端面铣：用盘铣刀进行端面铣削，对钢或铜都适用，但铣削后需进行喷砂处理。

（2）注塑装配工艺过程

1）用脱模剂涂敷支承导轨面　首先将支承导轨面用丙酮清洗干净，去除油污和脏物。然后用毛刷将脱模剂均匀地涂敷在上面，约等 10 min 左右吹干，干燥后的脱模剂呈乳白色。用一块软质擦布在干燥的脱模剂表面轻轻擦拭，直至其表面不再有强光闪烁为止。

2）清洗被涂层导轨表面　为了使涂层材料能够牢固地附着在导轨表面上，清洗工序是十分重要的，最好采用丙酮清洗，不可用汽油或酒精（因为效果不好）。清洗后的导轨面再不能用手触摸，以防止弄脏表面。

3）粘贴密封条　为了防止涂层材料在注塑过程中从导轨两侧间隙中流失，同时保证注塑导轨具有一定厚度，导轨的两侧需要加工成支承边形式（图 4—62a），或者采用橡胶密封条并以 502 胶粘贴（图 4—62b），两种边缘密封方式应根据具体结构需要而定。采用支承边密封方式的优点是注塑时调整精度方便，缺点是涂层导轨面高出支承边的高度尺寸受到一定限制，一般只有 0.05 ~0.10 mm，因为高度尺寸过大，涂层材料就会从导轨边缘流失。采用橡胶密封条密封的最大优点是，可保证较厚的涂层厚度，在同样条件下其磨损期限较长，缺点是注塑时调整比较困难。

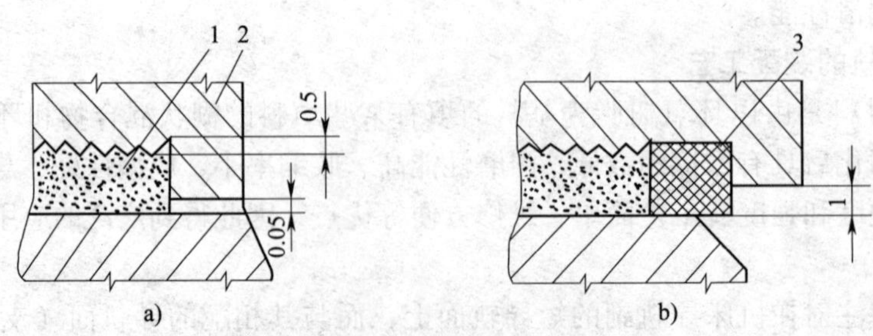

图 4—62　密封方式的截面

1—涂层　2—支承边　3—橡胶条

4）翻转被注塑导轨并安放在支承导轨上　用橡胶密封条粘贴好之后，将工作台或溜板翻转，安放在支承导轨已涂敷脱模剂的部位上。在安放过程中，起吊要平，放置要轻，不得偏斜，其最大偏斜量不得超过0.5 mm，否则就可能损坏密封条。

5）调整注塑夹具　为保证被注塑导轨的位置精度，必须对其进行认真的精度调整。对于中小型机床的注塑是通过安装在溜板或工作台两端的专用夹具进行调整（图4—63）的。夹具用螺钉和工作台或溜板连接在一起，压板经修磨后与工作台或溜板用螺钉紧固，其压板和床身导轨之间的间隙控制在0.05～0.10 mm。调整时，首先将置于注塑夹具上的垂直和水平位置的百分表调整至“0”位，然后通过夹具上的调整螺钉调整被注塑导轨的抬起量（涂层导轨厚度），一般为0.06 mm，两只百分表的偏摆数值应一致，最终将锁紧螺母紧固。应该注意的是，在紧固锁紧螺母时切不可用力过大，以免对那些较长的导轨造成弯曲变形。以致在注塑结束后，松开调整螺钉，导轨恢复到原来形态而造成涂层厚度不均。

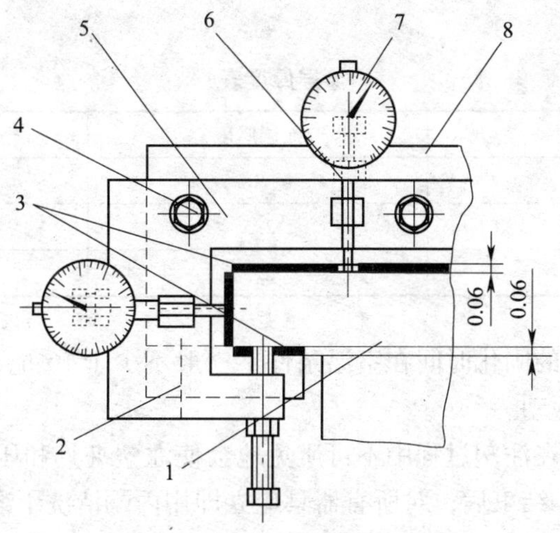

图4—63　溜板注塑调整示意图

1—导轨　2—压板　3—密封条　4—螺钉　5—注塑夹具
6—调整螺钉　7—百分表　8—溜板

6）搅拌注塑材料　注塑材料在注塑前需要认真搅拌，通常情况下，固化剂是按照注塑材料的不同包装重量按比例匹配好，搅拌时只需将固化剂直接混合，用一根塑料棒在包装盒中一起搅拌即可。

7）注塑　注入涂层材料是通过专用压注器进行的。如图4—64所示，首先将右盖旋下，丝杠、手把和活塞同时取下，将已搅拌好的材料倒入贮料筒中（图4—65），材料的残存气体在倒入过程中会自动排出。当材料灌满后，压上活塞，旋进后盖，开始注塑。首先，将压注器接头旋入注塑螺孔中，然后转动手把，涂层材料就会缓缓地流向导轨间，此时应注意观察注塑夹具上的百分表，每只百分表的偏摆量不得大于0.01 mm。如果偏摆量数值过大，就应该立即调整注塑压力，即减慢压注器手把的旋转速度。当涂层材料整齐地从被注塑导轨缝隙整个宽度方向溢出时，表明导轨间已注满涂层材料。此时，立即用早已准备好的适合金属板堵住导轨面间隙缝，整个过程结束。

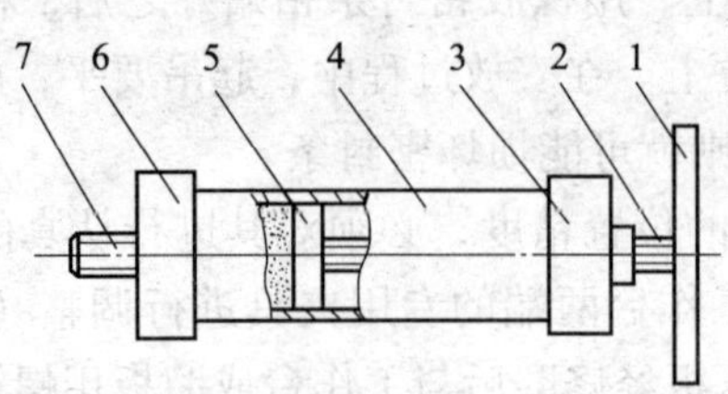

图 4—64　压注器

1—手把　2—丝杠　3—后盖　4—贮料筒

5—活塞　6—前盖　7—接头

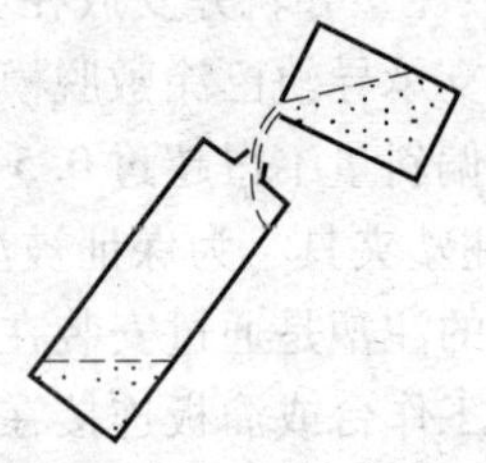

图 4—65　倒入贮料筒

为了保证注塑导轨的质量，根据不同的导轨长度对应涂层的厚度（不包括齿槽），按表 4—7 所列进行选择。

表 4—7　　**涂层厚度表**　　mm

导轨长度	涂层厚度	备　注
<400	2	
400 ~ 1200	2.5	
>1200	2.5	增加一个出气口

8）固化　涂层导轨的固化时间在室温条件下一般不少于 16 h，在这段时间里，涂层导轨不允许有任何受压和振动。

9）清理注塑器具　在注塑过程中不可避免地会使注塑夹具和压注器等工具粘结上涂层材料。因此，在注塑工作结束后，对所有器具应立即用丙酮清洗干净。

10）分离被涂层导轨　首先，松开所有的紧固螺钉和调整螺钉，拆下注塑夹具，然后用一小型千斤顶或用一根撬杠，在被注塑导轨的适当位置上微微撬动，直至听到分离的声音，即可用吊车吊离。

11）清除橡胶密封条　清理被涂层导轨，将其所有橡胶密封条彻底清除干净，对注塑导轨的四周和边角处多余的注塑材料用刮刀清除干净，最终用丙酮将涂层导轨清洗干净。

12）修补涂层导轨面，制作润滑油槽　经涂层后的导轨面上，有时会出现一些小的气孔，这就需要进行修补。首先用小刮刀或手电钻将出现气孔的部位清除干净，然后用丙酮擦洗，略等片刻，再补上适量的含有固化剂的涂层材料，待固化后再用刮刀刮平即可。

制作润滑油槽的方法有两种：一种方法是通过高速手磨工具磨制（图 4—66）；另外一种是模制润滑油槽。首先用硬纸板根据设计需要裁剪成润滑油槽模板，一般厚度为 2 ~ 3 mm（图 4—67）。在注塑时，将成型模板用 502 胶粘贴在已涂敷过脱模剂的支承导轨上。在翻转被涂层导轨时，按照已画好的位置将该导轨安放在支承导轨上进行注塑。当涂层材料完全固化后，分离开导轨，将纸质油槽模板彻底清除干净，即会在涂层导轨上制成整齐美观的润滑油槽。

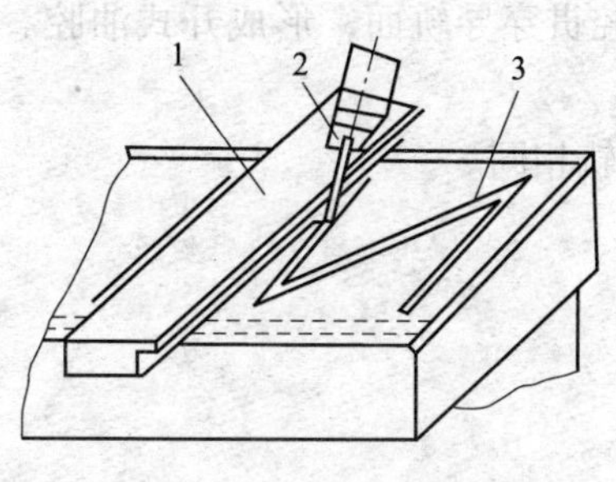

图 4—66　手磨工具磨制油槽

1—直尺　2—手动磨具　3—油槽

图 4—67　纸质油槽模板

13）手工刮研　手工刮研涂层导轨的目的主要是改善接触性能和润滑性能。经过手工刮研，导轨面的刀痕所形成的凹下部分可以存油，并在运动中形成油膜以改善润滑性能。

三、动压导轨

动压导轨的工作原理与动压轴承相同，它们都借助于导轨面间的相对运动，形成压力油楔将动导轨微微抬起。这样就有充满润滑油形成的高压油膜将导轨面隔离，形成液体摩擦，提高了导轨的耐磨性。

形成压力油楔的条件是，有一定的相对运动速度，油腔沿运动方向的间隙逐渐减小。速度越高，油楔的承载能力越大，所以动压导轨适用于运行速度高的主运动导轨，如立式车床工作台、龙门刨床工作台等。其油腔开在运动部件上，如图 4—68a 所示。但由于运动部件上进油困难，故仍从固定导轨进油。油腔也可刻在固定导轨上，如图 4—68b 所示。动压导轨可用于直线运动导轨，也可用于圆运动轨。

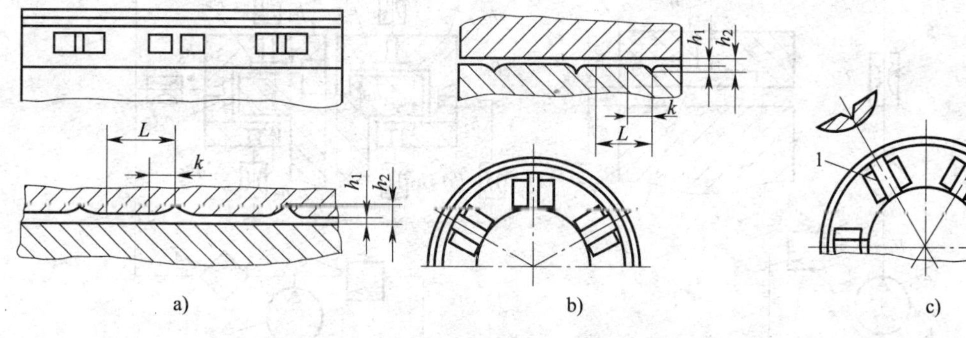

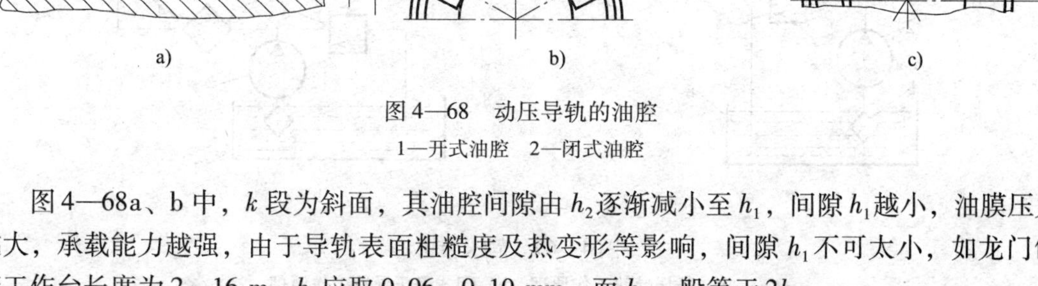

图 4—68　动压导轨的油腔

1—开式油腔　2—闭式油腔

图 4—68a、b 中，k 段为斜面，其油腔间隙由 h_2 逐渐减小至 h_1，间隙 h_1 越小，油膜压力越大，承载能力越强，由于导轨表面粗糙度及热变形等影响，间隙 h_1 不可太小，如龙门刨床工作台长度为 2 ~ 16 m，h_1 应取 0. 06 ~ 0. 10 mm，而 h_2 一般等于 $2h_1$。

图 4—68c 所示为目前用得较多的立式车床的动压导轨。在机床底座上做出若干个开式

油腔1和闭式油腔2，两者间隔排列。径回油腔贯穿导轨面，形成开式油腔。它除形成动压油楔外，还起冷却作用。

动压导轨材料的耐磨性要求和普通滑动导轨相同。

四、静压导轨

1. 液体静压导轨

静压导轨的滑动面之间开有油腔，将有一定压力的油通过节流器输入油腔，形成压力油膜，浮起运动部件，使导轨工作表面处于纯液体摩擦，不产生磨损，精度保持性好。同时摩擦因数也极低（0.000 5），使驱动功率大大降低；其运动不受速度和负载的限制，低速无爬行，承载能力大，刚度好；油液有吸振作用，抗振性好，导轨摩擦发热也小。其缺点是结构复杂，要有供油系统，油的清洁度要求高。

（1）工作原理

由于承载的要求不同，静压导轨分为开式和闭式两种，其工作原理与静压轴承完全相同。开式静压导轨的工作原理，如图4—69a所示。油泵2启动后，油经滤油器1吸入，用溢流阀3调节供油压力 p_s，再经滤油器4，通过节流器5降压至 p_r（油腔压力），进入导轨的油腔，并通过导轨间隙向外流出，回到油箱8。油腔压力 p_r 形成浮力将运动部件6浮起，形成一定导轨间隙 h_0。当载荷增大时，运动部件下沉，导轨间隙减小，液阻增加，流量减小，从而使油经过节流器时的压力损失减小，油腔压力 p_r 增大，直至与载荷 W 平衡时为止。

开式静压导轨只能承受垂直方向的负载，承受颠覆力矩的能力差。闭式静压导轨能承受较大的颠覆力矩，导轨刚度也较高，其工作原理如图4—69b所示。当运动部件6受到颠覆

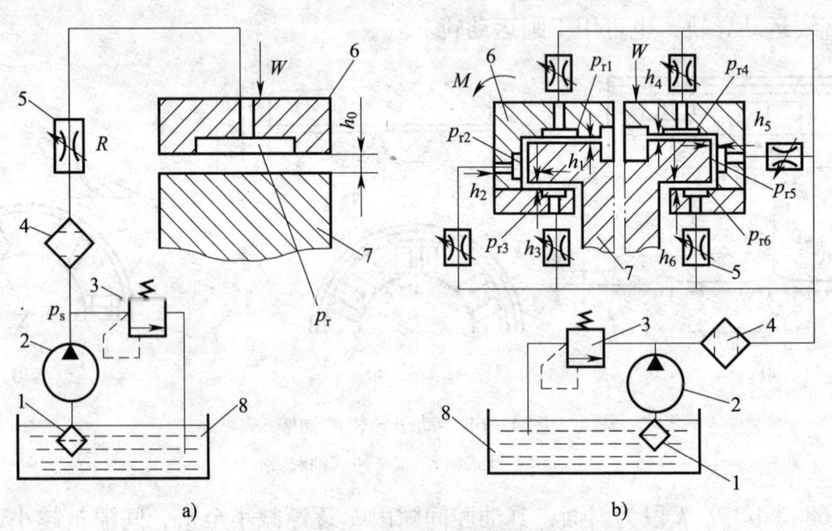

图4—69　静压导轨

a）开式静压导轨工作原理　b）闭式静压导轨工作原理

1、4—滤油器　2—液压泵　3—溢流阀　5—节流器　6—运动部件　7—静止导轨　8—油箱

力矩 M 后，油腔 3、4 的间隙 h_3、h_4 增大，油腔 1、6 的间隙 h_1、h_6 减小。由于各相应的节流器的作用，使 p_{r3}、p_{r4} 减小，p_{r1}、p_{r6} 增大，由此作用在运动部件上的力，形成一个与颠覆力矩方向相反的力矩，从而使运动部件保持平衡。而在承受载荷 W 时，油腔 1、4 间隙 h_1、h_4 减小，油腔 3、6 间隙 h_3、h_6 增大。由于各相应的节流器的作用，使 p_{r1}、p_{r4} 增大，p_{r3}、p_{r6} 减小，由此形成的力向上，以平衡载荷 W。

（2）静压导轨的结构

1）开式静压导轨的结构

开式静压导轨是指不能限制工作台从导轨上分离的静压导轨，如图 4—70 所示。这种导轨的载荷总是指向导轨，不能承受相反方向的载荷，并且不易达到很高的刚性。这种静压导轨用于运动速度比较低的重型机床。

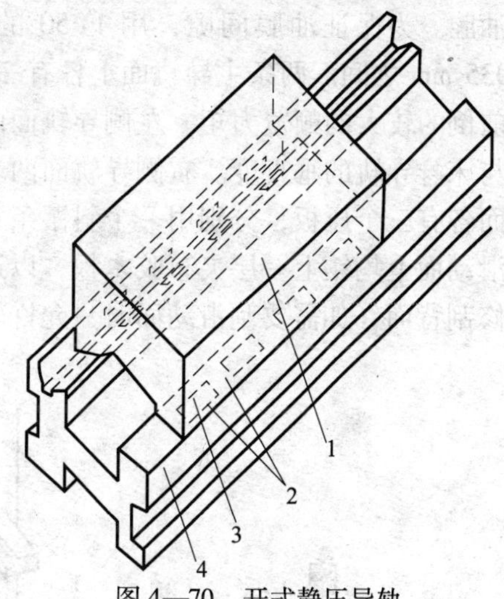

图 4—70 开式静压导轨

1—工作台 2—油封面 3—油腔 4—导轨座

2）闭式静压导轨

闭式静压导轨是指导轨设置在机座的几个面上，能够限制工作台从导轨上分离的静压导轨，如图 4—71 所示。闭式导轨承受载荷的能力小于开式导轨，但闭式静压导轨具有较高的刚性和承受反向载荷的能力，因此闭式静压导轨常用于要求承受颠覆力矩的场合。

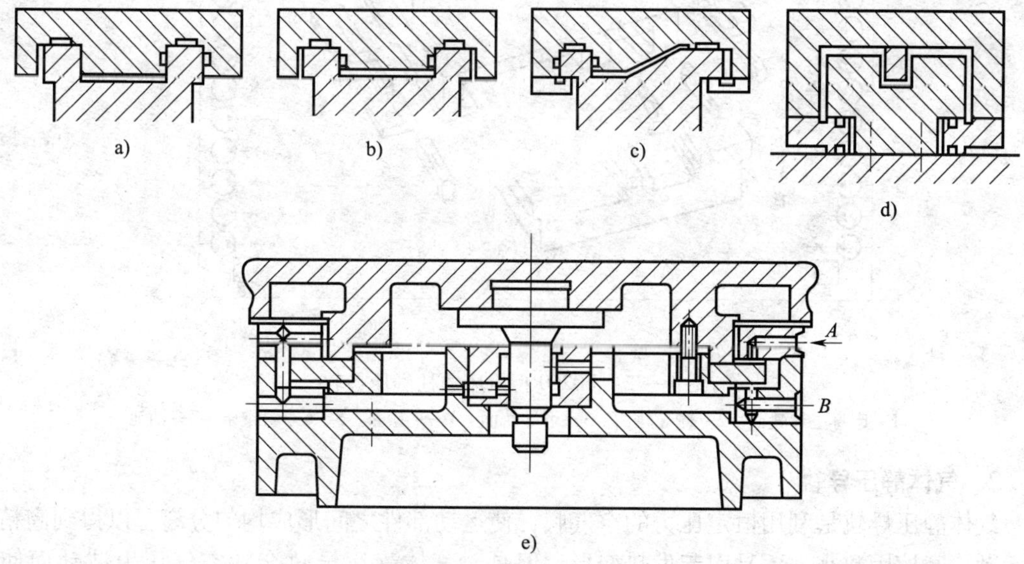

图 4—71 闭式静压导轨

a）油腔在床身一条导轨两侧 b）油腔在床身两导轨内侧 c）油腔在床身两条导轨上下和一条导轨两侧

d）油腔在床身呈三个方向分布 e）回转运动闭式静压导轨结构

A—进油 B—出油

液体静压导轨的尺寸不受限制，可根据具体需要确定，但要考虑载荷的性质、大小与情况灵活选用油腔的形状、数目及配置。因此，液体静压导轨的设计主要是确定导轨油腔结构参数、节流器参数以及供油系统的压力、流量等参数。

（3）静压导轨的装配与调整

图 4—72 所示是 FB260 型机床立柱静压导轨，电动机 M 驱动多头泵。每一个泵供应一个油腔。为保证油膜间隙，用 1∶50 的斜镶条进行间隙调整，油膜间隙一般在 0.025 ~ 0.035 mm 之间。两条主导轨面上各有三个油腔，前面两个油腔的距离较近，以承受使立柱向前倒的较大的颠覆力矩。左侧导轨面两端各有一个平镶条 4。修刮镶条 4，可调整主轴轴线与床身导轨的垂直度。右侧导轨面两端各有一个斜镶条 5，用以调整侧向间隙。每侧下导轨面各有三个压板，分别用一个斜镶条 6 调整间隙。除上油腔外，油腔均开在镶条上。各镶条滑动面上均镶上一层夹布胶木板，以避免失压时金属对金属的接触，引起擦伤。镶条一般仅修刮背面，如需要刮滑动面时只允许轻刮。

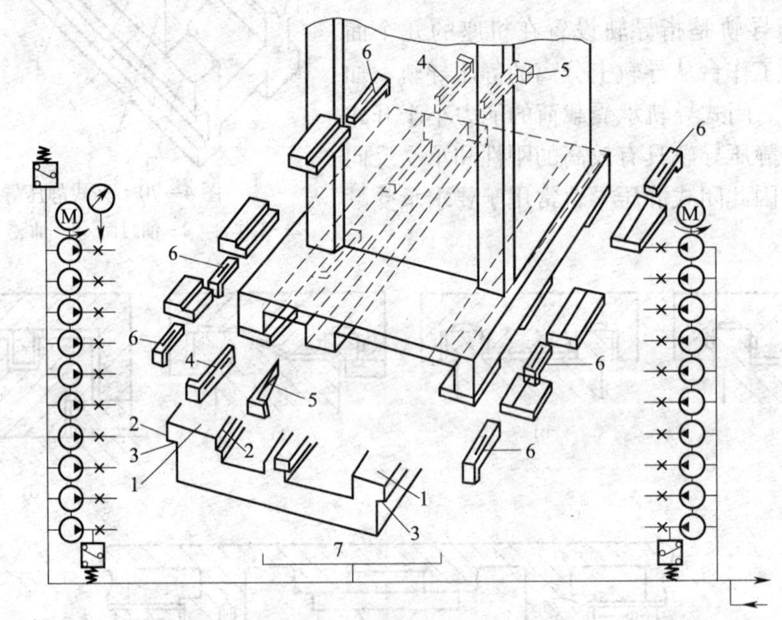

图 4—72　FB260 型机床立柱静压导轨

1—床身主导轨面　2—侧导轨面　3—下导轨面　4—平镶条　5、6—斜镶条　7—油池

2. 气体静压导轨

气体静压导轨是利用恒定压力的空气膜，使运动部件之间形成均匀分离，以得到高精度的运动，摩擦因数小，不易引起发热变形。但是，气体静压导轨会随空气压力波动而使空气膜发生变化，且承载能力小，故常用于负荷不大的场合，如数控坐标磨床和三坐标测量机。

五、滚动导轨

1. 滚动导轨的特点

如图 4—73 所示为滚动导轨。这种导轨的工作面间放有滚动体，使导轨面间形成滚动摩擦。滚动导轨摩擦因数小（$\mu=0.0025\sim0.005$），动、静摩擦因数很接近，且不受运动速度变化的影响，因而运动轻便灵活，所需驱动功率小；摩擦发热少、磨损小、精度保持性好；低速运动时，不易出现爬行现象，定位精度高；滚动导轨可以预紧，显著提高了刚度。适用于要求移动部件运动平稳、灵敏，以及实现精密定位的场合。

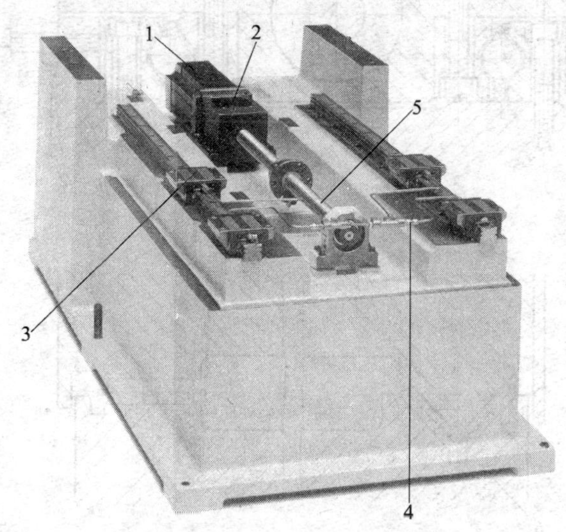

图 4—73 滚动导轨

1—伺服电动机 2—联轴器 3—滚动导轨 4—润滑油管 5—滚珠丝杠

滚动导轨的缺点是结构较复杂、制造较困难、成本较高。此外，滚动导轨对脏物较敏感，必须要有良好的防护装置。

2. 滚动导轨的种类

滚动导轨也分为开式和闭式两种，开式用于加工过程中载荷变化较小，颠覆力矩较小的场合。当颠覆力矩较大，载荷变化较大时则用闭式。此时采用预加载荷，能消除其间隙，减小工作时的振动，并大大提高导轨的接触刚度。

滚动导轨的结构形式可按滚动体的种类分为：滚珠导轨、滚柱导轨和滚针导轨。图 4—74a 为滚珠导轨结构。它用滚珠作为滚动体 4，并用保持架 6 隔开。利用螺钉 1 可调整镶钢导轨 3 和 5 与滚珠的间隙，并实现预紧，调整后用螺母 2 锁紧。其特点是结构紧凑、运动灵活、制造容易，但由于属点接触，故刚度和承载能力较差，适用于载荷较小的机床，如工具磨床的工作台导轨。图 4—74b 为滚柱导轨结构。它用滚柱作为滚动体 4，并在其间装有保持架 6，以减少相邻滚柱间的摩擦。其特点是结构简单、制造方便。图 4—74c 为十字交叉滚柱导轨。其结构是前后相邻的滚柱轴线交叉成 90°，分别承受不同方向的载荷。利用螺钉 1 可调整导轨的间隙，并使其实现预紧。滚柱导轨承载能力和刚度较高，适于载荷较大的机床，但滚柱导轨对导轨面的平行度要求较高。目前，精密机床及数控机床多采用滚柱导轨。滚针导轨与滚柱导轨结构相似，只是滚针的长径比较滚柱大。由于滚针尺寸小，结构紧凑，在同样长度内，可排列更多的滚针，所以滚针导轨的承载能力大。滚针导轨适用于导轨结构受限制的机床。

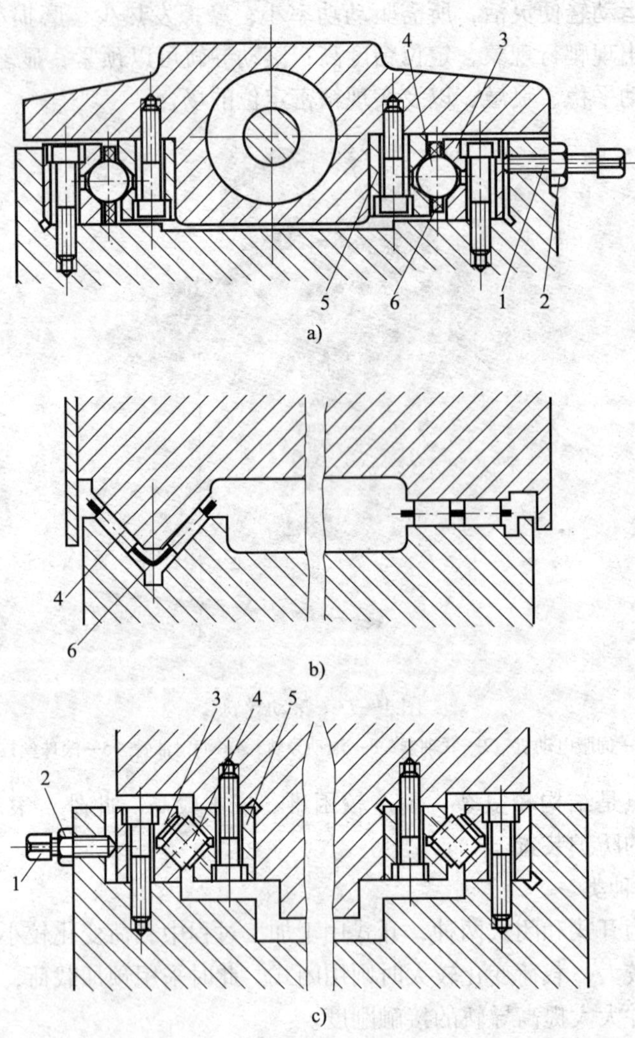

图 4—74 滚动体不循环式滚动导轨

a）滚珠导轨结构 b）滚柱导轨结构 c）十字交叉滚柱导轨结构

1—调节螺钉 2—锁紧螺母 3、5—镶钢导轨 4—滚动体 6—保持架

滚动导轨也可以按照滚动体的滚动是否沿封闭的轨道返回做连续运动分为：滚动体循环式和滚动体不循环式两类。

图 4—74 所示的滚动导轨显然是滚动体不循环式。图 4—75 所示为滚动体循环式的结

构。按滚动体的不同又可分为滚珠式和滚柱式两种。这种导轨常做成独立的标准化部件，由专业工厂生产，简称为滚动导轨支承。在一条动导轨上，可根据导轨长度不同而固定不同数量的滚动导轨支承。滚动体 1 可通过支承体 2 两端的返回滚道 3 循环滚动（图 4—75a）。图 4—75b 所示为山—矩组合导轨上的滚动导轨支承。

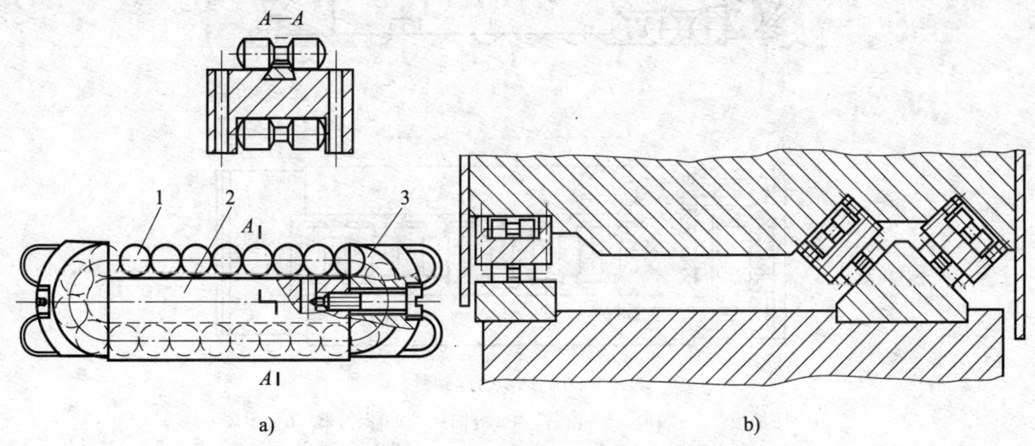

图 4—75　滚动体循环式的滚动导轨（滚动导轨支承）
a）滚动体循环滚动　b）山—矩组合导轨上的滚动导轨支承
1—滚动体　2—支承体　3—返回滚道

滚动导轨支承由于结构紧凑、使用方便、刚度良好，并可应用在任意行程长度的运动部件上，故已被国内外新式精密机床与数控机床所逐渐采用。

3. 滚动导轨的结构形式

（1）滚动导轨块

这是一种滚动体做循环运动的滚动导轨，又称单元滚动导轨。移动部件运动时，滚动体沿封闭轨道做循环滚动。滚动导轨支承块一般被做成独立的标准部件，其特点是刚度高，承载能力大，便于拆装，可直接装在任意行程长度的运动部件上，其结构型式如图 4—76 所示。1 为防护板，端盖 2 与导向片 4 引导滚动体返回，5 为保持器。使用时用螺钉将滚动导轨块固定在导轨面上。当运动部件移动时，滚柱 3 在导轨面与本体 6 之间滚动不接触，同时又绕本体 6 循环运动，因而该导轨面不需淬硬磨光。

（2）直线滚动导轨

直线滚动导轨由专业生产厂家生产，又称单元直线滚动导轨。直线滚动导轨除导向外还能承受颠覆力矩，它制造精度高，可高速运行，并能长时间保持高精度，通过预加负载可提高刚性，具有自调的能力，安装基面许用误差大。直线滚动导轨的外形如图 4—77 所示。

图 4—78 所示为 TBA—UU 型直线滚动导轨。它由 4 列滚珠组成，分别配置在导轨的两个肩部，可以承受任意方向（上、下、左、右）的载荷。和图 4—76 所示的滚动导轨块相比较，TBA—UU 型直线滚动导轨可承受颠覆力矩和侧向力。

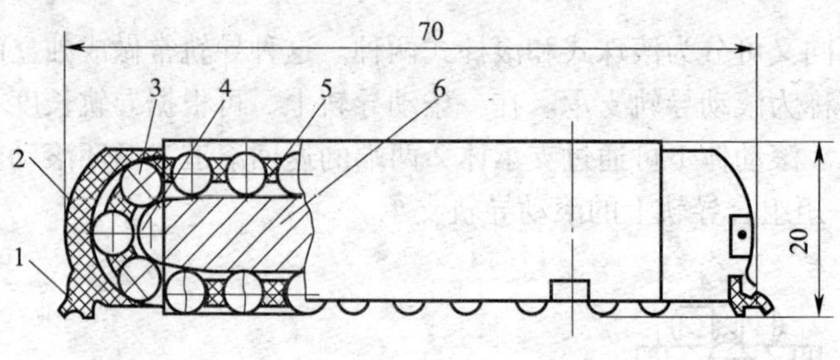

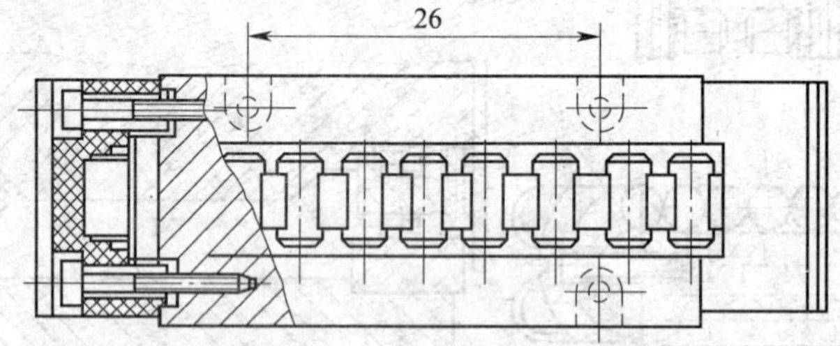

图 4—76　滚动导轨块

1—防护板　2—端盖　3—滚柱　4—导向片　5—保持器　6—本体

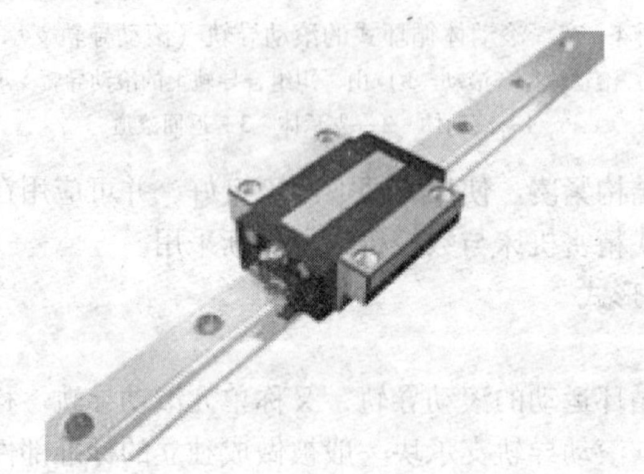

图 4—77　直线滚动导轨

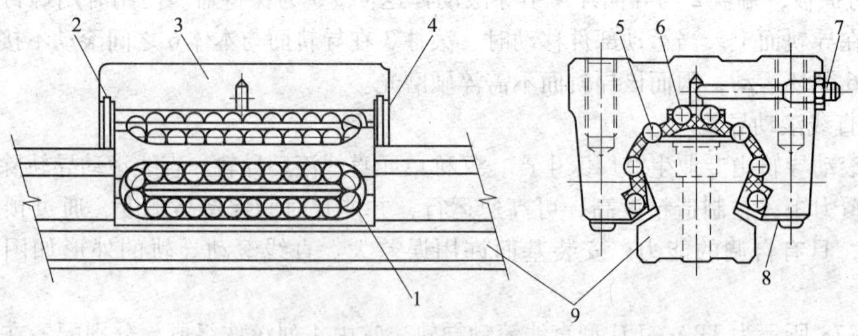

图 4—78　TBA—UU 型直线滚动导轨副

1—保持器　2—压紧圈　3—支承块　4—密封板　5—承载滚珠列

6—反向滚珠列　7—加油嘴　8—侧板　9—导轨

直线滚动导轨摩擦因数小，精度高，安装和维修都很方便。由于它是一个独立部件，对机床支承导轨的部分要求不高，即不需要淬硬也不需磨削或刮研，只要精铣或精刨。由于这种导轨可以预紧，因而比滚动体不循环的滚动导轨刚度高，承载能力大，但不如滑动导轨。抗振性也不如滑动导轨。为提高抗振性，有时装有抗振阻尼滑座（图 4—79）。有过大的振动和冲动载荷的机床不宜应用直线滚动导轨副。

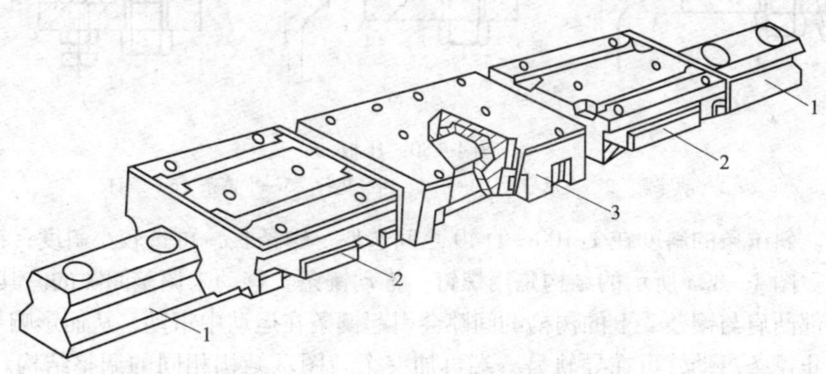

图 4—79 带抗振阻尼滑座的直线滚动导轨副

1—导轨条 2—循环滚柱滑座 3—抗振阻尼滑座

直线运动导轨副的移动速度可以达到 60 m/min，在数控机床和加工中心上有广泛应用。

六、导轨副的维护

1. 导轨副的间隙调整

导轨的结合面之间的间隙大小直接影响导轨的工作性能。若间隙过小，不仅会增加运动阻力，且会加速导轨磨损；若间隙过大，又会导致导向精度降低，还易引起振动。因此，导轨必须设置间隙调整装置。这种装置一般是压板和镶条。

（1）压板

图 4—80 所示的是矩形导轨常用的几种压板调整间隙装置。图 4—80a 所示的是在压板 3 的顶面用沟槽将 d、e 面分开，若导轨间隙过大，可修磨或刮研 d 面，若间隙过小，可修磨或刮研 e 面。这种结构刚性好，结构简单，但调整费时，适用于不经常调整间隙的导轨。图 4—80b 所示的是在压板和动导轨结合面之间放几片垫片 4，调整时根据情况更换或增减垫片数量。这种结构调整方便，但刚度较差，且调整量受垫片厚度限制。图 4—80c 所示的是在压板和支承导轨面之间装一平镶条 5，通过拧动带锁紧螺母的调整螺钉 6 来调整间隙。这种方法调整方便，但由于镶条与螺钉只是几个点接触，刚度较差。多用于需要经常调整间隙、刚度要求不高的场合。

（2）镶条

常用的镶条有平镶条与斜镶条两种。图 4—81 所示的是平镶条的两种形式，用来调整矩形导轨和燕尾形导轨的间隙，特点与图 4—80c 所示的结构类似。图4—82 所示的是斜镶条

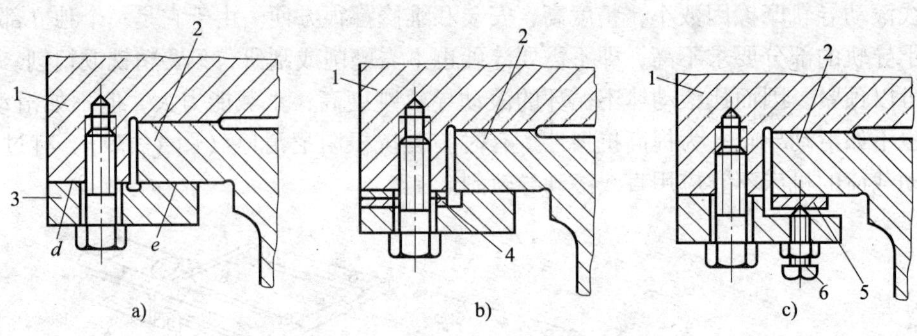

图 4—80　压板

1—动导轨　2—支承导轨　3—压板　4—垫片　5—平镶条　6—螺钉

的三种结构。斜镶条的斜度在 1∶100 ~ 1∶40 之间选取。镶条长，可选较小斜度；镶条短，则选较大斜度。图 4—82a 所示的结构是用螺钉 1 推动镶条 2 移动来调整间隙的。其结构简单，但螺钉 1 头部凸肩与镶条 2 上的沟槽的间隙会引起镶条在运动中窜动，从而影响导向精度和刚度。为防止镶条窜动，可在导轨另一端再加一个与图示结构相同的调整结构。图 4—82b 所示的结构是通过修磨开口垫圈 3 的厚度来调整间隙。这种方法的缺点是调整麻烦。图 4—82c 所示的结构用螺母 6、7 来调整间隙，用螺母 5 锁紧。其特点是工作可靠，调整方便。斜镶条两侧面分别与动导轨和支承导轨均匀接触，故刚度比平镶条高，但制造工艺性较差。

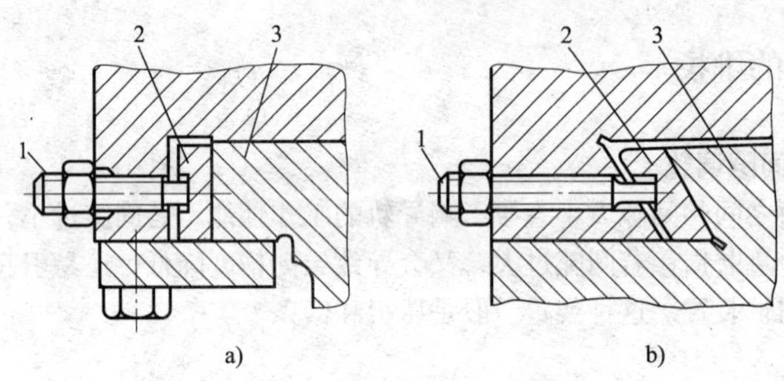

图 4—81　平镶条

1—螺钉　2—平镶条　3—支承导轨

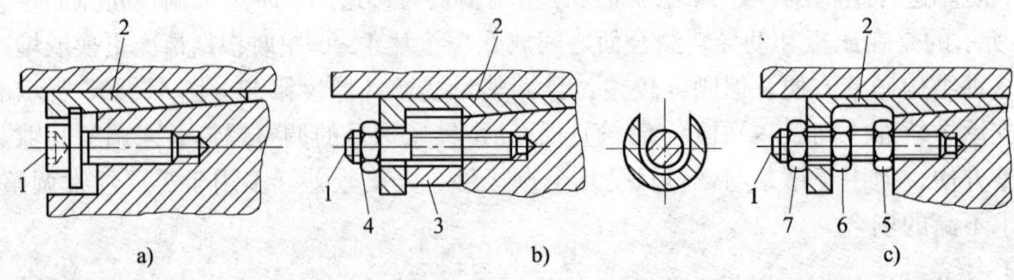

图 4—82　斜镶条

1—螺钉　2—镶条　3—开口垫圈　4、5、6、7—螺母

(3) 压板镶条调整间隙

如图 4—83 所示，T 形压板用螺钉固定在运动部件上，运动部件内侧和 T 形压板之间放置斜镶条，镶条不是在纵向有斜度，而是在高度方面做成倾斜。调整时，借助压板上几个推拉螺钉，使镶条上下移动，从而调整间隙。

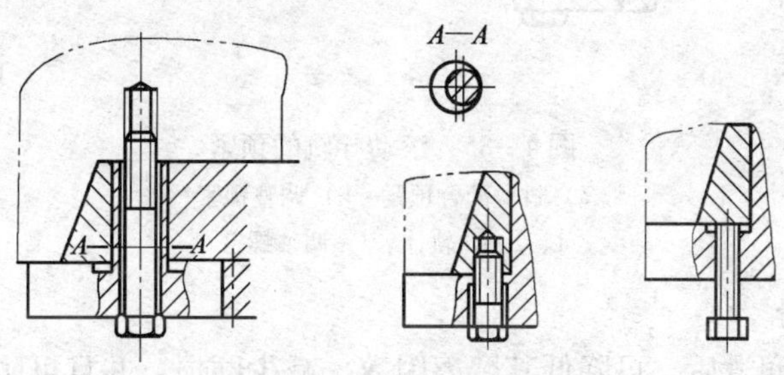

图 4—83　压板镶条调整间隙

图 4—84 是滚动导轨块的调整实例（楔铁调整机构）。楔铁 1 固定不动，滚动导轨块 2 固定在楔铁 4 上，可随楔铁 4 移动，扭动调整螺钉 5、7 可使楔铁 4 相对楔铁 1 运动，因而可调整滚动导轨块对支承导轨的间隙和预加载荷。

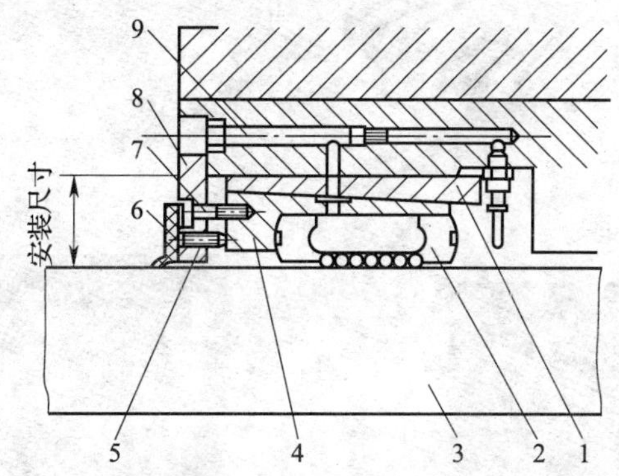

图 4—84　滚动导轨块调整间隙

1、4—楔铁　2—标准导轨　3—支承导轨　5、7—调整螺钉

6—刮板　8—楔铁调整板　9—润滑油路

2. 滚动导轨的预紧

为了提高滚动导轨的刚度，应对滚动导轨预紧。预紧可提高接触刚度和消除间隙；在立式滚动导轨上，预紧可防止滚动体脱落和歪斜。常见的预紧方法有两种：

(1) 采用过盈配合

如图 4—85a 所示，在装配导轨时，量出实际尺寸 A，然后再刮研压板与溜板的接合面或通过改变其间垫片的厚度，使之形成 δ（约为 2～3 μm）大小的过盈量。

(2) 调整法

如图 4—85b 所示，拧动调整螺钉 3，即可调整导轨体 1、2 的距离而预加负载。也可以改用斜镶条调整，则过盈量沿导轨全长的分布较均匀。

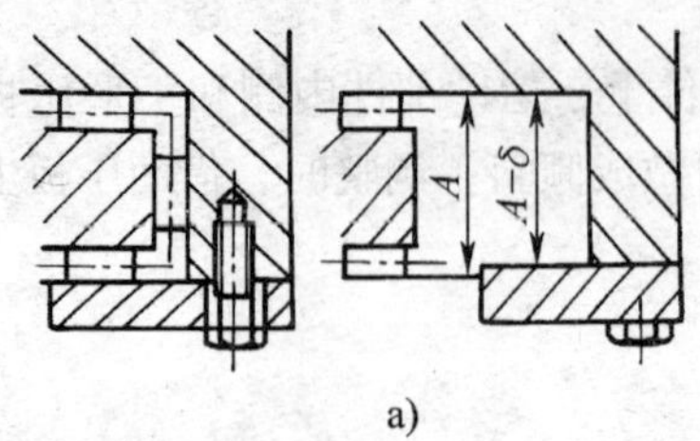

a)

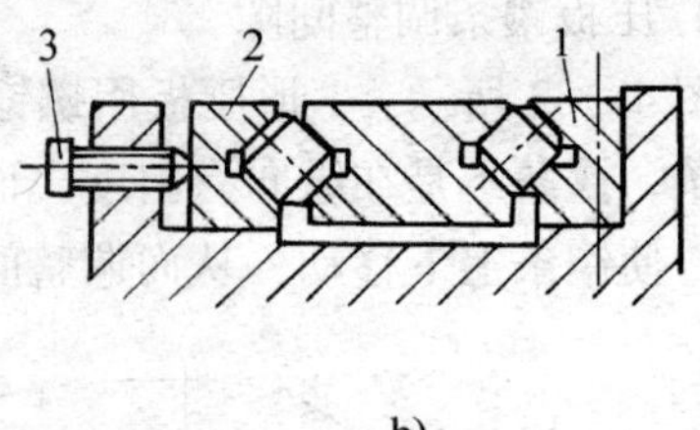

b)

图 4—85 滚动导轨的预紧

a）过盈配合预紧 b）调整预紧

1、2—导轨体 3—调整螺钉

3. 导轨副的润滑

导轨副表面进行润滑后，可降低其摩擦因数，减少磨损，并且可防止导轨面锈蚀，如图 4—86 所示。

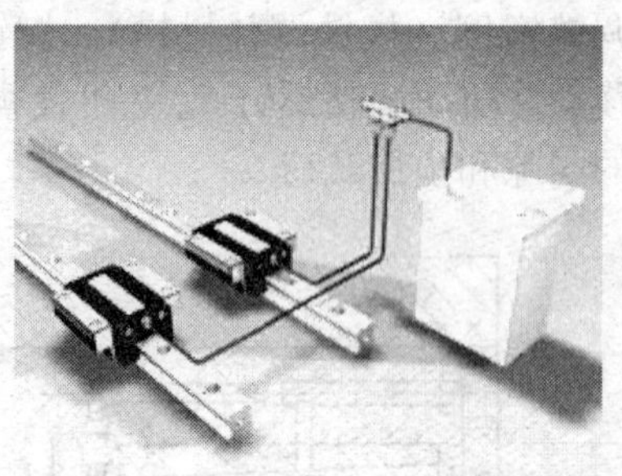

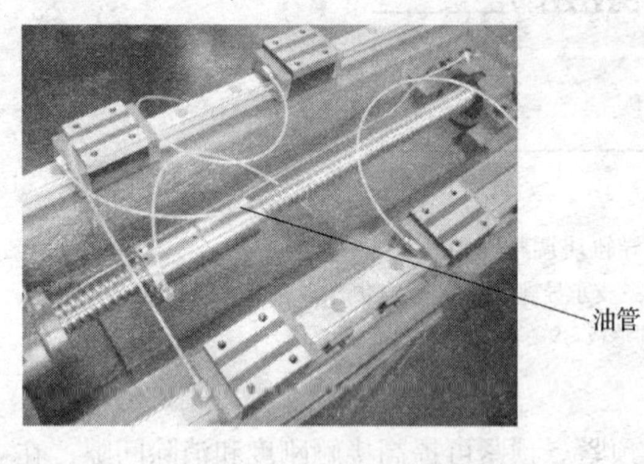

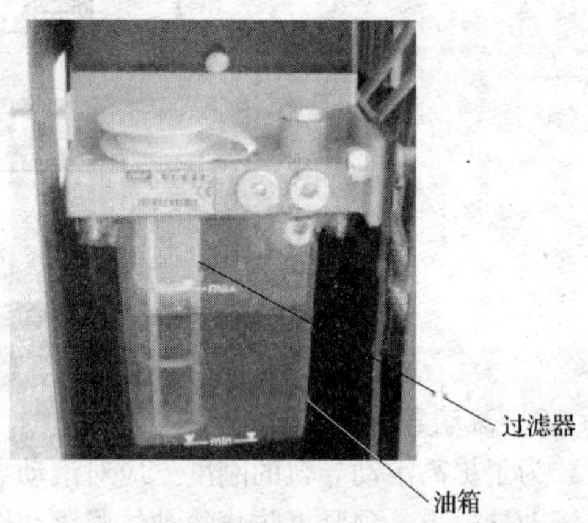

图 4—86 滚动导轨副的润滑

导轨副常用的润滑剂有润滑油和润滑脂，前者用于滑动导轨，而滚动导轨则两种都用。滚动导轨低速时（$v<15$ m/min）推荐用锂基润滑脂润滑。

导轨副最简单的润滑方法是人工定期加油或用油杯供油，这种方法简单，成本低，但不可靠，一般用于调节用的辅助导轨及运动速度低、工作不频繁的滚动导轨。

在数控机床上，对运动速度较高的导轨主要采用压力润滑，一般常用压力循环润滑和定时定量润滑两种方式。数控机床大都采用润滑泵，以压力油强制润滑。这样不但可连续或间歇供油给导轨进行润滑，而且可利用油的流动冲洗和冷却导轨表面。

常用的全损耗系统用油（俗称机油）型号有 L－AN10、L－AN15、L－AN32、L－AN42、L－AN68，精密机床导轨油 L－HG68，汽轮机油 L－TSA32、L－TS46 等。油液牌号不能随便选，要求润滑油黏度随温度的变化要小，以保证有良好的润滑性能和足够的油膜刚度，且油中杂质应尽可能少以不侵蚀机件。

4．导轨副的防护

为了防止切屑、磨粒或切削液散落覆盖在导轨面上，从而引起磨损、擦伤和锈蚀，导轨面上应设置有可靠的防护装置（防护罩）。常用的导轨防护罩有刮板式、卷帘式、叠层式等。这些防护罩大多用于长导轨上。在机床使用过程中应防止损坏防护罩，对叠层式防护罩应经常用刷子蘸机油清理移动接缝，以避免碰壳现象。关于导轨副的防护装置，第七章第五节有详细介绍。

七、导轨副的安装

以直线滚动导轨副的安装为例介绍。

1．导轨及滑块座的固定

导轨及滑块座的固定方法如图 4—87 所示。

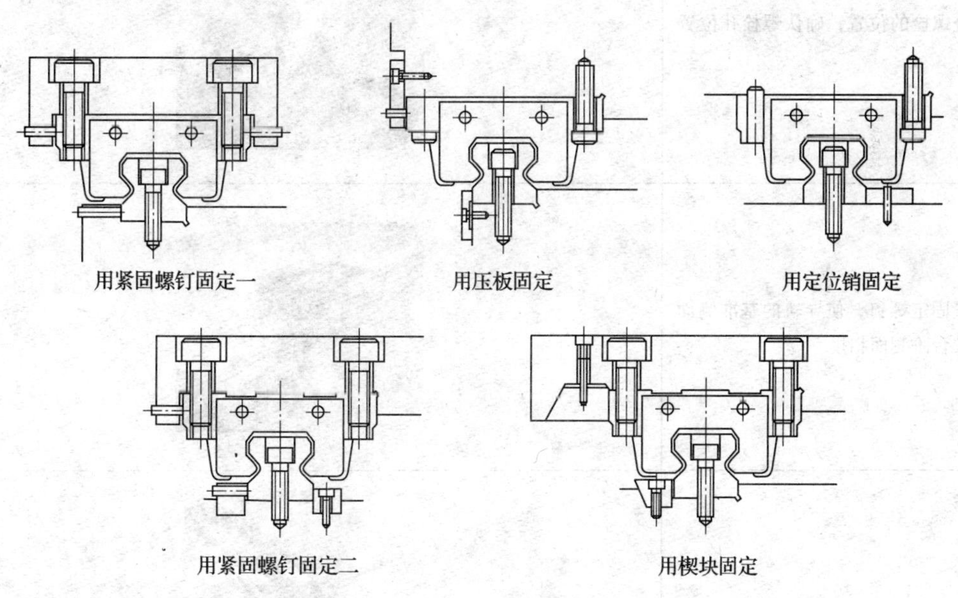

图 4—87　导轨及滑块座固定

2．安装步骤

导轨副的安装步骤见表 4—8。

表 4—8　　导轨副的安装步骤

安装步骤	简图
检查装配面	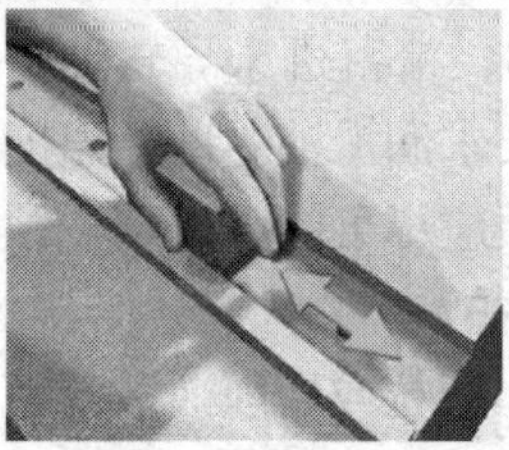
设置导轨的基准侧面与安装台阶的基准侧面相对	
检查螺栓的位置，确认螺栓孔位置正确	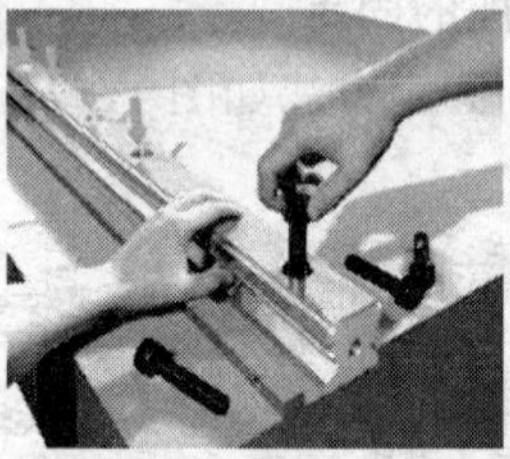
拧紧固定螺钉，使导轨的基准侧面与安装台阶侧面相接	
最终拧紧安装螺钉	

续表

安装步骤	简图
依次拧紧滑块的紧固螺钉	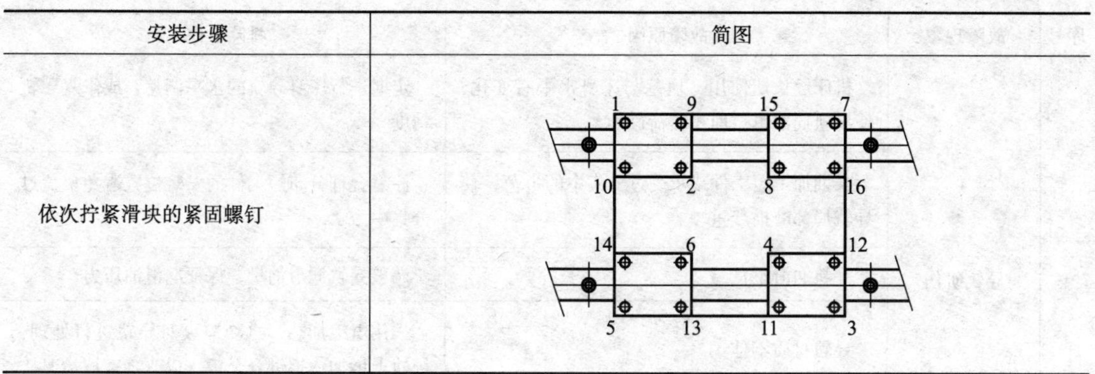

3. 注意事项

安装时首先要正确区分基准导轨副与非基准导轨副，一般基准导轨上有 J 的标记，滑块上有磨光的基准侧面，如图 4—88 所示；其次认清导轨副安装时所需的基准侧面，如图 4—89 所示。

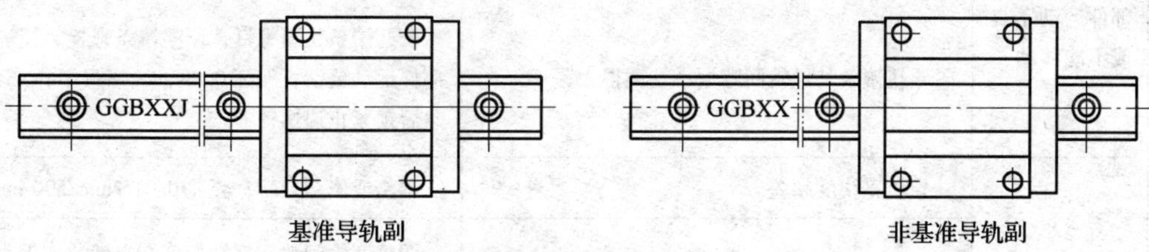

图 4—88　基准导轨副与非基准导轨副的区分

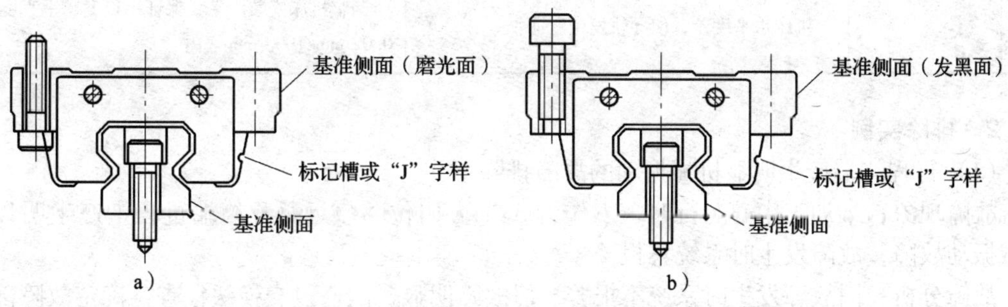

图 4—89　基准侧面的区分

八、导轨的故障排除

1. 导轨的故障诊断

表 4—9 为导轨故障诊断的方法。

表 4—9　　导轨故障诊断

序号	故障现象	故障原因	排除方法
1	导轨研伤	机床经长期使用，地基与床身水平有变化，使导轨局部单位面积负荷过大	定期进行床身导轨的水平调整，或修复导轨精度
		长期加工短工件或承受过分集中的负荷，使导轨局部磨损严重	注意合理分布短工件的安装位置避免负荷过分集中
		导轨润滑不良	调整导轨润滑油量，保证润滑油压力
		导轨材质不佳	采用电镀加热、自冷淬火对导轨进行处理，导轨上增加锌铝铜合金板，以改善摩擦情况
		刮研质量不符合要求	提高刮研修复的质量
		机床维护不良，导轨里落入脏物	加强机床保养，保护好导轨防护装置
2	导轨上移动部件运动不良或不能移动	导轨面研伤	用 180 号砂布修磨机床导轨面上的研伤
		导轨压板研伤	卸下压板，调整压板与导轨间隙
		导轨镶条与导轨间隙太小，调得太紧	松开镶条止退螺钉，调整镶条螺栓，使运动部件运动灵活，保证 0.03 mm 塞尺不得塞入，然后锁紧止退螺钉
3	加工面在接刀处不平	导轨直线度超差	调整或修刮导轨，允差 0.015 mm/500 mm
		工作台塞铁松动或塞铁弯度太大	调整塞铁间隙，塞铁弯度在自然状态下小于 0.05 mm/全长
		机床水平度差，使导轨发生弯曲	调整机床安装水平，保证平行度、垂直度在 0.02 mm/1000 mm 之内

2. 排除实例

(1) 行程终端产生明显机械振动的故障排除

故障现象：某加工中心运行时，工作台 X 轴方向位移接近行程终端过程中产生明显的机械振动故障，故障发生时系统不报警。

故障分析：因故障发生时系统不报警，但故障明显，故通过交换法检查，确定故障部位应在 X 轴伺服电动机与丝杠传动链一侧。为区别电动机故障，可拆卸电动机与滚珠丝杠之间的弹性联轴器，单独通电检查电动机。检查结果表明，电动机运转时无振动现象，显然故障部位在机械传动部分。

故障处理：脱开弹性联轴器，用扳手转动滚珠丝杠进行手感检查。工作台 X 轴方向位移接近行程终端时，感觉到阻力明显增加。拆下工作台检查，发现滚珠丝杠与导轨不平行，故而引起机械转动过程中的振动现象。经过认真修理、调整后，重新装好，故障排除。

(2) 电动机过热报警的排除

故障现象：X 轴电动机过热报警

故障分析：电动机过热报警，产生的原因有多种，除伺服单元本身的问题外，可能是切削参数不合理，亦可能是传动链的问题。经检查，该机床的故障原因是导轨镶条与导轨间隙太小，调得太紧。

故障处理：松开镶条防松螺钉，调整镶条螺栓，使运动部件运动灵活，保证 0.03 mm 的塞尺不得塞入，然后锁紧防松螺钉。故障排除。

(3) 机床定位精度不合格的故障排除

故障现象：某加工中心运行时，工作台 Y 轴方向位移接近行程终端过程中，丝杠反向间隙明显增大，机床定位精度不合格。

故障分析：故障部位明显在 Y 轴伺服电动机与丝杠传动链一侧。拆卸电动机与滚珠丝杠之间的弹性联轴器，用扳手转动滚珠丝杠进行手感检查。工作台 Y 轴方向运动接近行程终端时，感觉到阻力明显增加。拆下工作台检查，发现 Y 轴导轨平行度严重超差，故而引起机械转动过程中阻力明显增加，滚珠丝杠弹性变形，反向间隙增大，机床定位精度不合格。

故障处理：经过认真修理、调整后，重新装好，故障排除。

(4) 移动过程中产生机械干涉的故障排除

故障现象：某加工中心采用直线滚动导轨，安装后用扳手转动滚珠丝杠进行手感检查，发现工作台 X 轴方向移动过程中产生明显的机械干涉故障，运动阻力很大。

故障分析：故障明显在机械结构部分。拆下工作台，首先检查滚珠丝杠与导轨的平行度，检查合格。再检查两条直线导轨的平行度，发现导轨平行度严重超差。拆下两条直线导轨，检查中滑板上直线导轨的安装基面的平行度，检查合格。再检查直线导轨，发现一条直线导轨的安装基面与其滚道的平行度严重超差（0.5 mm）。

故障处理：更换合格的直线导轨，重新装好后，故障排除。

第五节　常用检测装置的装调与维修

检测元件是一种极其精密和容易受损的器件，使用和维护保养时，一定要注意下面几个方面。

(1) 不能受到强烈振动和摩擦以免损伤码盘（板），不能受到灰尘、油污的污染，以免影响正常信号的输出。

(2) 工作环境温度不能超标，额定电源电压一定要满足，以便于集成电路的正常工作。

(3) 要保证反馈线电阻、电容正常，保证正常信号的传输。

(4) 防止外部电源、噪声干扰，要保证屏蔽良好，以免影响反馈信号。

(5) 安装方式要正确，如编码器连接轴要同心对正，防止轴的载重量超出允许范围，以保证其性能的正常。

在数控设备的故障中，检测元件的故障比例是比较高的。只要正确地使用并加强维护保养，对出现的问题进行深入分析，就一定能降低故障率，并能迅速排除故障，保证设备的正常运行。

一、位置检测装置的装配与调整

1. 直线感应同步器的装配

图 4—90 所示是直线感应同步器的安装图。定尺组件和滑尺组件分别安装在机床两个做相对移动的部件（如工作台和床身）上。

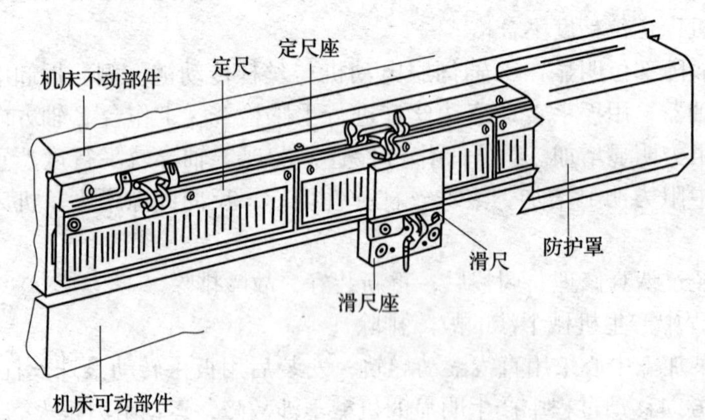

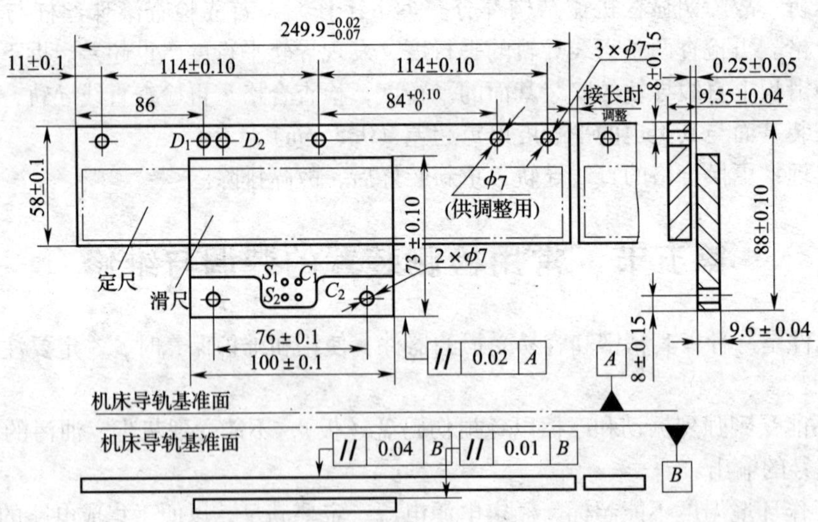

图 4—90　直线感应同步器的安装图

（1）定尺侧母线与机床导轨基准面 A 的平行度允差为 0.1 mm/全长，定尺安装平面与平行面 B 的平行度允差为 0.04 mm/全长。

（2）滑尺侧母线与机床导轨基准面 A 的平行度允差为 0.02 mm/全长。

（3）定尺基准侧面与滑尺基准侧面的距离为 88 ±0.1 mm。

（4）定、滑尺之间的间隙为 0.25 ±0.05 mm。

（5）定、滑尺四角间隙差不大于 0.05 mm，如图 4—91 所示。

（6）定尺安装面的挠曲度为 <0.01 mm/250 mm，如图 4—92 所示。

（7）在切削机床上使用时应加防护罩，防止铁屑等飞入定、滑尺之间。

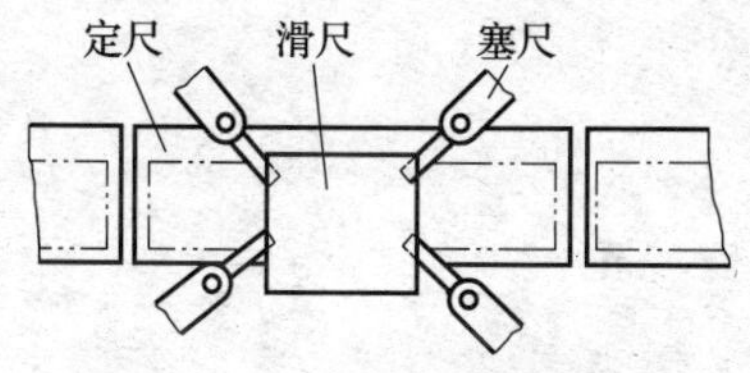

图 4—91 定、滑尺四角间隙差测量

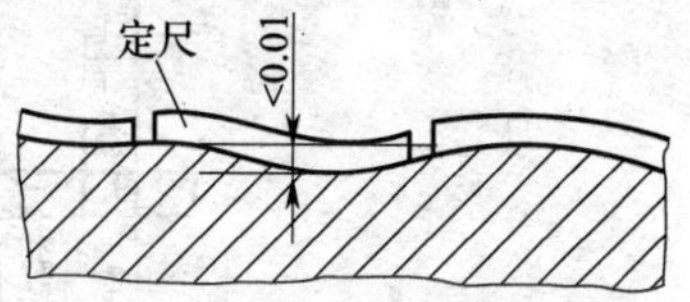

图 4—92 定尺安装面的挠曲度

2. LB326 型增量式直线编码器的安装与调整

（1）安装方案

图 4—93 所示为 LB326 型增量式直线编码器的外形图。其安装可采用图 4—94、图 4—95 和图 4—96 所示三种不同的方案。三种方案的区别在于扫描头安装面的位置不同及是否采用支架安装。其在数控车床的安装示意图如图 4—97 所示。

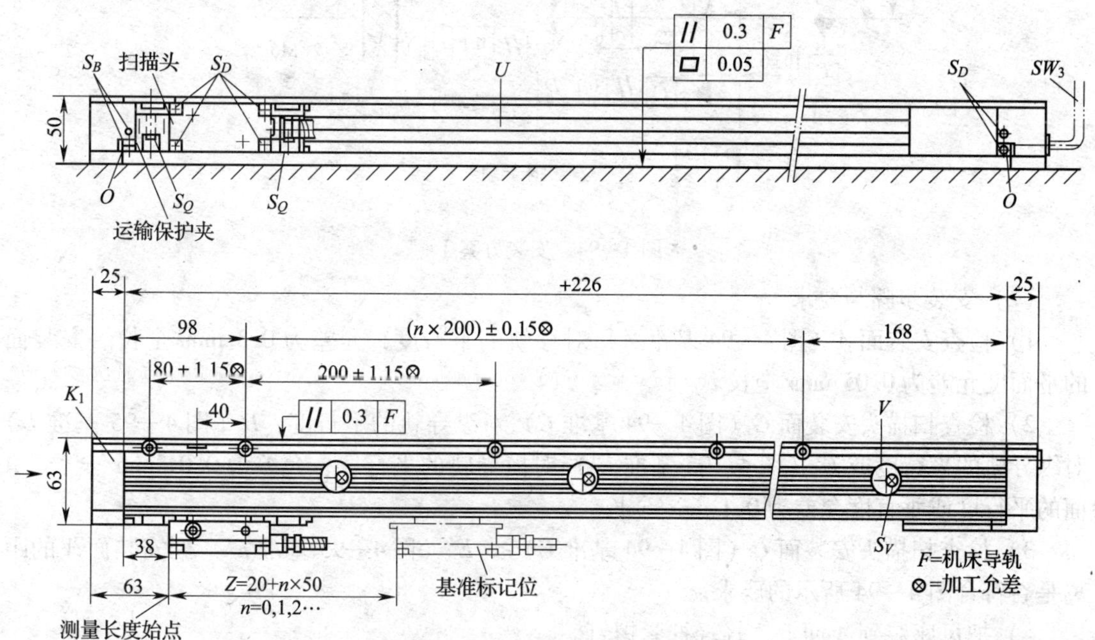

图 4—93 LB326 型增量式直线编码器

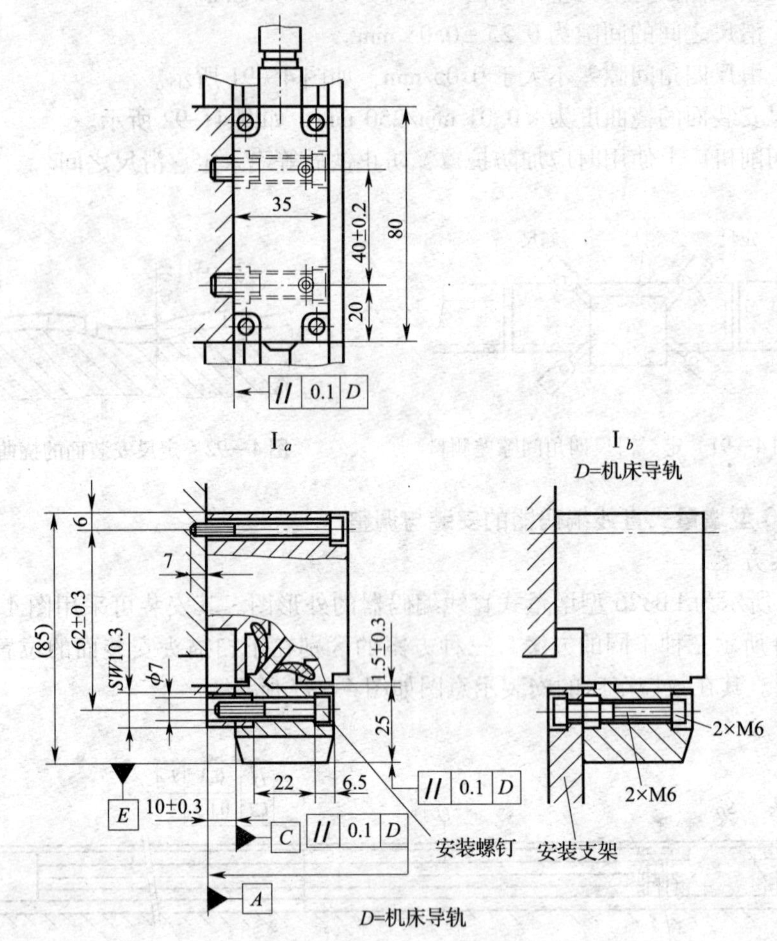

图 4—94　安装方案Ⅰ

（2）安装步骤与要求

1）检查安装面 A（图 4—94 基准 A）对导轨的平行度，允差为 0.3 mm/全长。安装面的平面度允差为 0.05 mm/全长。

2）检查扫描头安装面 C（图 4—94 基准 C）对纵导轨的平行度，D（图 4—95 基准 D）对纵导轨的平行度或 E′（图 4—95 基准 E′）对横导轨的平行度，允差为 0.01 mm/全长。A 面的平行度或垂直度允差为 0.1 mm/全长。

3）检查扫描头安装面 C（图 4—94 基准 C）或 E′（图 4—95 基准 E′）到安装面 A 的距离是否符合图 4—94 所示的要求。

4）把尺座装到 A 面上，轻轻拧紧螺钉。

5）找正尺座侧面与导轨的平行度，允差为 0.3 mm/全长。拧紧固定螺钉（扭矩为 5 N · m）。

6）移动扫描头安装面，使其与扫描头对准，装上扫描头固定螺钉，轻轻拧紧。

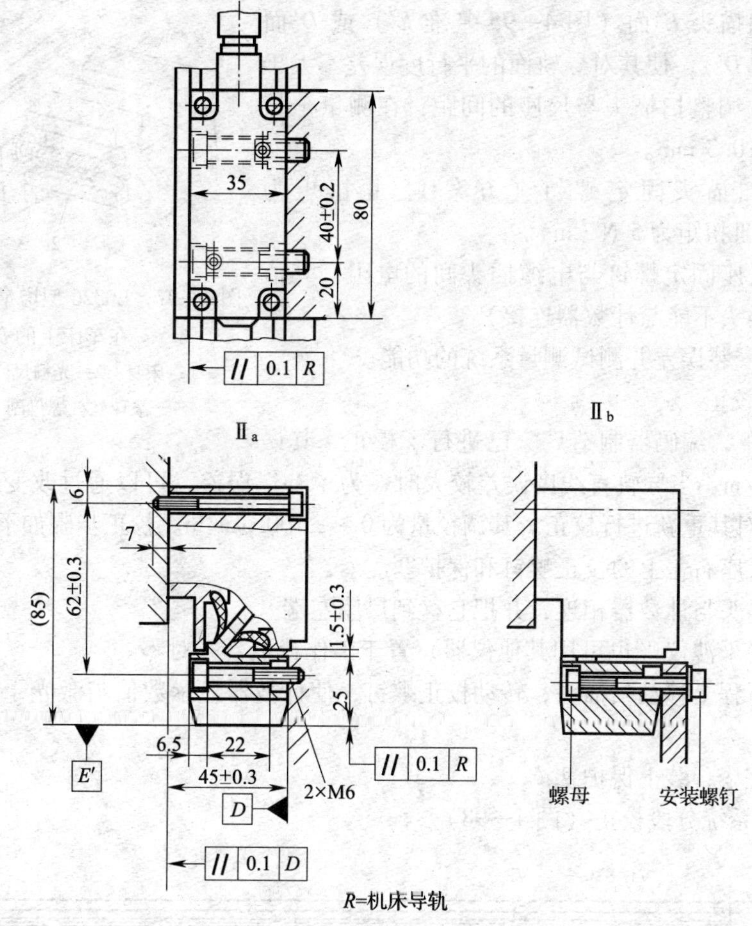

图 4—95 安装方案Ⅱ

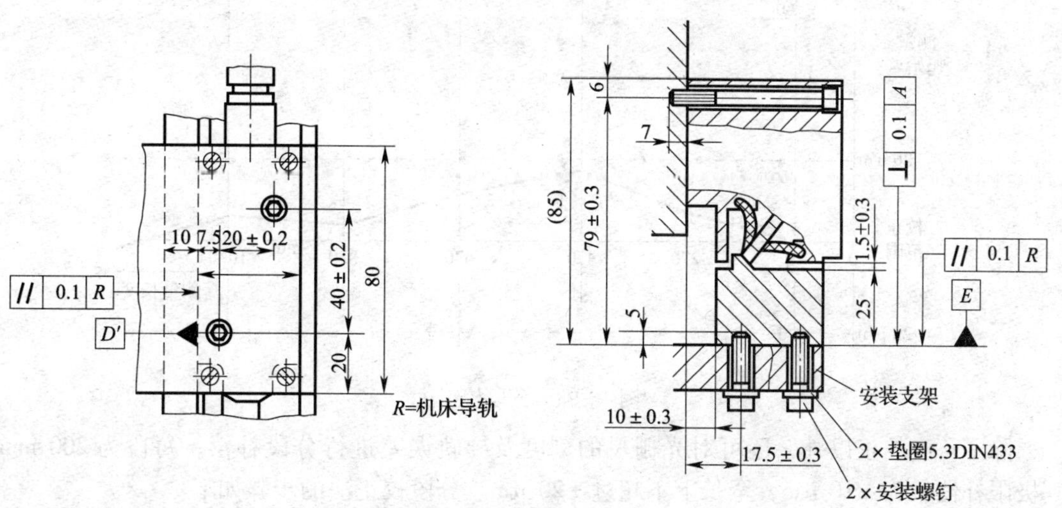

图 4—96 安装方案Ⅲ

7）找正扫描头 E' 面（图 4—95 基准 E'）或 D' 面（图 4—96 基准 D'），使其对导轨面的平行度误差不大于 0.1 mm/全长。调整扫描头与尺座的间距，在测量全长上保持为 1.5 ±0.3 mm。

8）拧紧扫描头固定螺钉（方案Ⅰ、Ⅱ扭矩为 8 N·m，方案Ⅲ扭矩为 5 N·m）。

9）检查尺座固定螺钉与电缆插头间的电阻，其值应小于 1Ω（插头不能与计数器连接）。

10）检查安装误差并测试测量系统的功能。

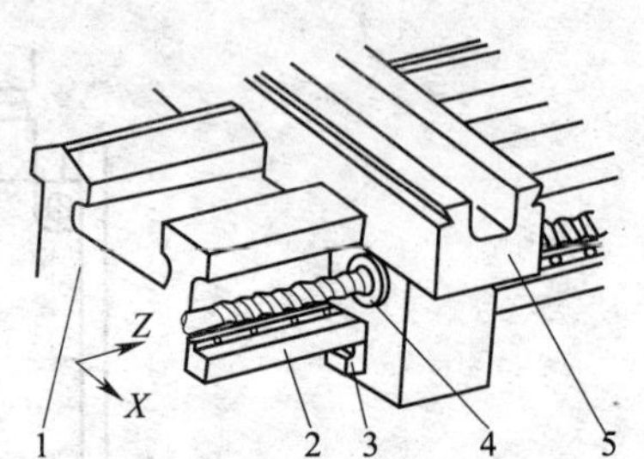

图 4—97　LB326 型增量式直线编码器在车床上的安装示意图

1—床身　2—光栅尺　3—扫描头　4—滚珠丝杠螺母副　5—床鞍

（3）长度校正

一般情况下，编码器制造厂家已进行了校正，其误差小于 ±5 μm/m。当导轨直线度误差较大时，为了补偿误差，可以通过改变金属带状光栅尺的预张力，对其重新进行校正。其调校量为 0 ~ ±100 μm/m。校正步骤如下：

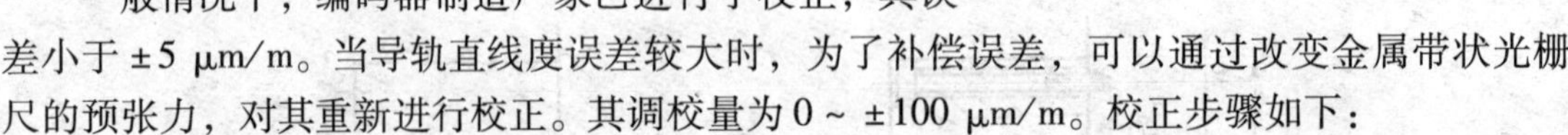

1）取下尺座右盖上的校正螺钉和保护塞。

2）把扫描头与计数器相连，并把它移到尺座左端。

3）把激光干涉仪（也可用其他仪器）置于工作台上，并对零。

4）在全行程上移动扫描头，转动校正螺钉，使计数器显示数值与激光干涉仪的读数相符。

5）调校完毕，装上保护塞。

（4）测量系统分段校正（图 4—98）

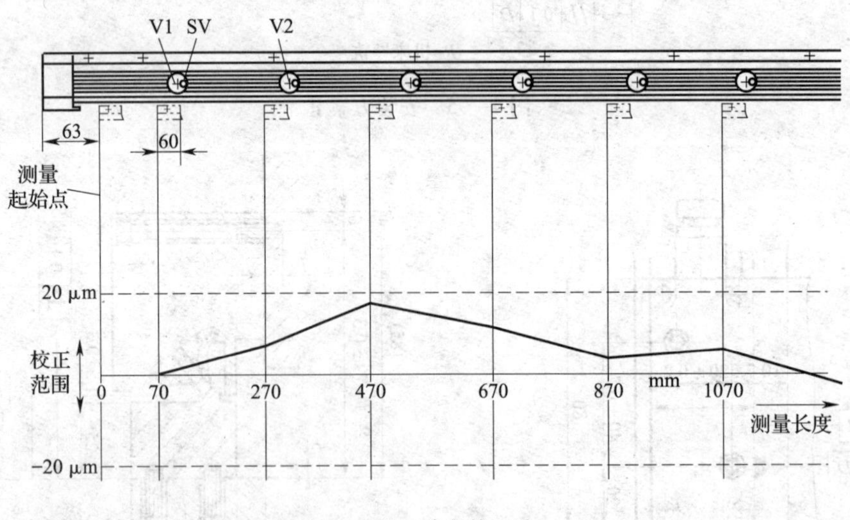

图 4—98　分段校正法

除了长度校正以外，还可对光栅尺的刻度及导轨误差进行分段补偿，每段为 200 mm，其极限补偿量为 ±10 μm，全长上不超过 ±20 μm。分段校正法的步骤如下：

1）将激光干涉仪置于工作台上。

2）把扫描头移到尺座左端（量程起点），使计数器与干涉仪对零。

3）把扫描头右移 70 mm，此时扫描头的左侧与第一个校正盘 V1 的中心距约为 60 mm，转动校正盘，使测量系统显示数值与激光干涉仪读数相符（校正盘每转过一条刻线约为 7 μm）。

4）拧松第一个校正盘 V1 的螺钉 SV。

5）重新拧紧螺钉 SV（扭矩为 0.5 N · m）。

6）扫描头右移 200 mm。

7）按步骤 4）5）校正第一段。

8）逐段校正。必须从左开始向右逐段校正，不可反向。

9）检查全程误差曲线，需要重调时应从头开始。

3．旋转变压器的安装

（1）安装部位

旋转变压器的安装有以下三种方式：

1）旋转变压器与电动机同轴（图 4—99）。

2）旋转变压器与最终传动环节同轴。

3）旋转变压器与电动机或传动轴不同轴，但由两处传出旋转运动（图 4—100）。

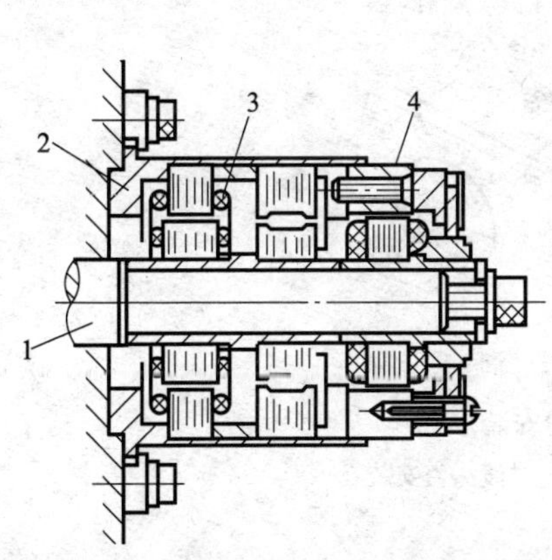

图 4—99　旋转变压器与电动机同轴安装

1—电动机轴　2—机壳

3—旋转变压器　4—测速发电机

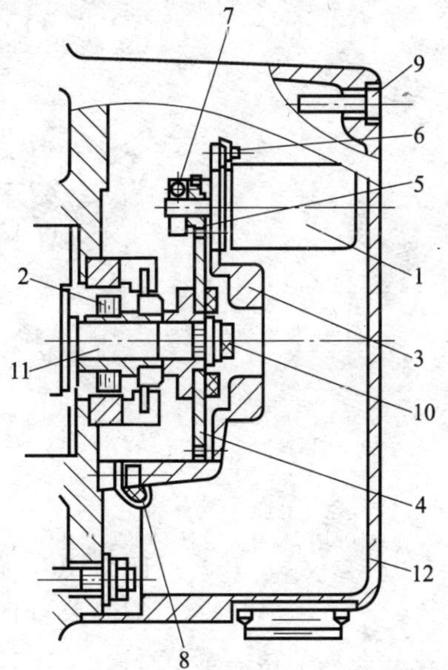

图 4—100　旋转变压器由电动机轴经齿轮副传动

1—旋转变压器　2—测速发电机　3—安装板

4—大齿轮　5—小齿轮　6、9、10—螺钉

7—夹紧块　8—电缆夹与螺钉

11—电动机轴　12—防护罩

（2）与轴的连接方式

1）直接连接：通过各种联轴器连接。联轴器有锥销套筒型、夹紧环型、波纹管型、膜片型等。

波纹管型、膜片型联轴器为 HEIDENHAIN 角度编码器专用，可实现弹性无间隙传递，精度高，结构轻，装拆方便。

2）间接连接：通过齿轮、同步带传动（图 4—100）。

4．角度编码器的安装

（1）安装方式

角度编码器的安装均为法兰式安装，其安装形式有三种，如图 4—101 所示。

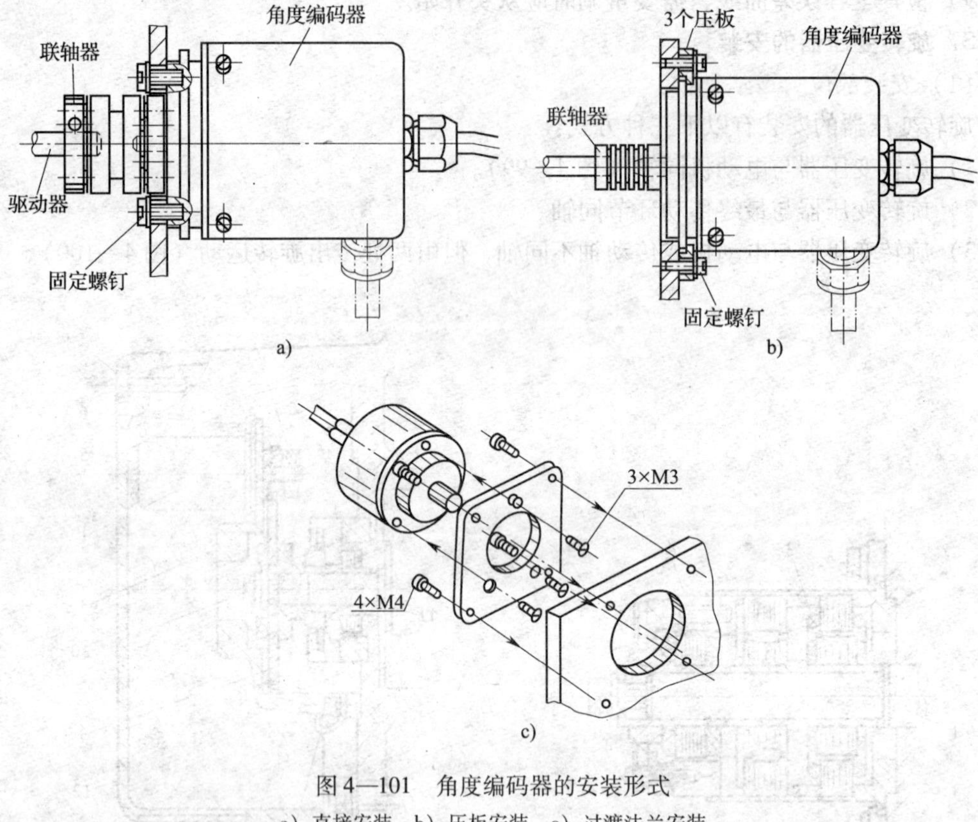

图 4—101　角度编码器的安装形式

a）直接安装　b）压板安装　c）过渡法兰安装

（2）联轴器的连接要求

1）两连接轴之间的误差应小于规定值。

2）夹紧螺钉的转矩应达到规定值，螺钉要用防松剂封固。

3）驱动轴轴径尺寸精度要求为 f7（普通型）或 h6（精密型）。

（3）齿轮、同步带的传动要求

1）传动件配合孔的尺寸精度为 F7。

2）同步带张紧力的调整要合适。工作一段时间后应检查、调整。

3）安装时应注意消除传动间隙，如齿轮啮合处、扭矩传递处的间隙等。

安装、拆卸编码器时，注意不要使转轴受力过大，以防轴变形。

5．光电脉冲编码器的更换

（1）拆卸

如交流伺服电动机的脉冲编码器不良，就应更换脉冲编码器。更换编码器应按规定步骤进行，以 FANUC S 系列伺服电动机为例，编码器在交流伺服电动机中的安装如图 4—102 所示，更换步骤如下：

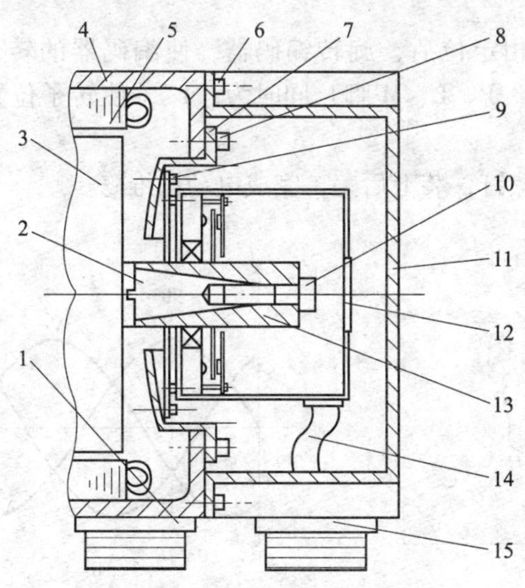

图 4—102　伺服电动机结构示意图

1—电枢线插座　2—连接轴　3—转子　4—外壳　5—绕组　6—后盖连接螺钉　7—安装座　8—安装座连接螺钉　9—编码器固定螺钉　10—编码器连接螺钉　11—后盖　12—橡胶盖　13—编码器轴　14—编码器电缆　15—编码器插座

1）松开后盖连接螺钉 6，取下后盖 11。

2）取出橡胶盖 12。

3）取出编码器连接螺钉 10，脱开编码器和电动机轴之间的连接。

4）松开编码器固定螺钉 9，取下编码器。

注意：由于实际编码器和电动机轴之间是锥度啮合，连接较紧，取编码器时应使用专门的工具，小心取下。

5）松开安装座的连接螺钉 8，取下安装座 7。

编码器维修完成后，再根据图 4—102 重新安装上安装座 7，并固定编码器连接螺钉 10，使编码器和电动机轴啮合。

（2）调整

为了保证编码器的安装位置的正确，在编码器安装完成后，应对转子的位置进行调整，方法如下：

1）将电动机电枢线的V、W相（电枢插头的B、C脚）相连。

2）将U相（电枢插头的A脚）和直流调压器的“+”端相连，V、W相和直流调压器的“-”端相连（图4—103a），编码器加+5V电源（编码器插头的J、N脚间）。

3）通过调压器对电动机电枢加入励磁电流。这时，因为 $I_U=I_V+I_W$，且 $I_V=I_W$，事实上相当于使电动机工作在图4—103b所示的90°位置，因此伺服电动机（永磁式）将自动转到U相的位置进行定位。

注意：加入的励磁电流不可以太大，只要保证电动机能进行定位即可（实际维修时调整在3～5A）。

4）在电动机完成U相定位后，旋转编码器，使编码器的转子位置检测信号 C_1、C_2、C_4、C_8（编码器插头的C、P、L、M脚）同时为“1”，使转子位置检测信号和电动机实际位置一致。

5）安装编码器固定螺钉，装上后盖，完成电动机维修。

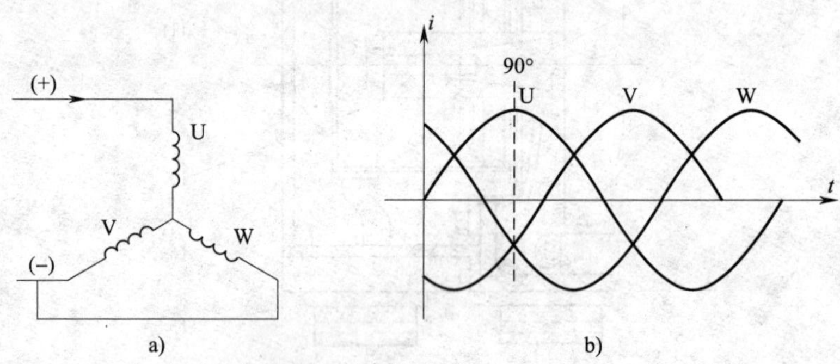

图4—103　转子位置调整示意图

a）励磁连接图　b）电动机定位示意图

二、位置检测装置的故障诊断

1. 机械振荡（加/减速时）

（1）脉冲编码器出现故障，此时检查速度单元上的反馈线端子电压是否下降，如有下降表明脉冲编码器不良。

（2）脉冲编码器十字联轴节可能损坏，导致轴转速与检测到的速度不同步。

（3）测速发电机出现故障。

2. 机械暴走（飞车）

在检查位置控制单元和速度控制单元时，应检查：

（1）脉冲编码器接线是否错误，检查编码器接线是否为正反馈，A相和B相是否接反。

（2）脉冲编码器联轴节是否损坏，更换联轴节。

（3）检查测速发电机端子是否接反和励磁信号线是否接错。

3．主轴不能准停或准停不到位

在检查准停控制电路设置时，应检查准停板与调整主轴控制印制电路板，还应检查位置检测器（编码器）是否不良。

4．坐标轴振动进给

在检查电动机线圈是否短路，机械进给丝杠同电动机的连接是否良好，整个伺服系统是否稳定时，应检查：

（1）脉冲编码器是否良好。

（2）联轴节连接是否平稳可靠。

（3）测速发电机是否可靠。

5．伺服系统的报警号

如 FANUC 6ME 系统的伺服报警：416、426、436、446、456；SIEMENS 880 系统的伺服报警：1364；SIEMENS 8 系统的伺服报警：114、104 等。

当出现如上报警号时，有可能是：

（1）进给轴脉冲编码器反馈信号断线、短路和信号丢失，用示波器测 A 相、B 相转一周的信号。

（2）编码器内部受到污染、太脏，信号无法正确接收。

三、检测系统的故障诊断与排除实例

1．坐标轴回参考点时 CNC 报警

故障现象：某配套 FANUC 11M 系统的卧式加工中心，在 *X* 轴回参考点时，CNC 显示 PS200 报警。

故障分析：检查该机床回参考点减速动作正确，系统与回参考点有关的全部参数设定无误，初步判定故障是由于“零脉冲”不良引起的。

由于机床使用了 HEIDENHAIN 光栅尺，通过更换 EXE601 前置放大器，故障仍然不变，由此确认故障是由于光栅尺不良引起的。

故障处理：拆下光栅尺检查，发现该光栅尺由于使用时间较长，内部光栅尺已被污染，重新清洗处理，经测试确认光栅输出信号恢复后，重新安装光栅尺，故障排除，机床恢复正常。

2．工作台定位后仍移动，但数控系统不报警

故障现象：进给轴定位时数控系统显示正常，但用千分表测量发现工作台定位后机床仍移动 10 μm 的距离。

故障分析：检查 CNC、进给驱动部分均未发现异常，因此重点检查位置反馈装置。该机床采用 HEIDENHAIN 光栅尺，易受到污染，检查发现该光栅尺周围油污较多，分析可能是油污染严重，引起位置环节测量反馈有微量误差，但不足以使系统报警。

故障处理：按照光栅尺维护保养的要求，对其进行认真细致的清洗，该故障消除。

3. 数控机床产生飞车故障

故障现象：所谓飞车是指机床的速度失控。该机床伺服系统为 SIEMENS 6SC610 驱动装置，采用 1FT5 交流伺服电动机。在机床运行中，*X* 进给轴很快从低速升到高速，产生速度失控报警。

故障分析：在排除数控系统、驱动装置、速度反馈等故障因素后，将故障定位在位置检测装置。经检查，编码器输出电缆及连接器均正常，拆开编码器（ROD320），发现一紧固螺钉脱落，造成 +5V 与接地端之间短路，编码器无信号输出，数控系统位置环处于开环状态，从而引起速度失控的故障。

故障处理：重装紧固螺钉后，检查所有的连接件，故障消除。

4. 位置检测报警

故障现象：一卧式加工中心采用 SIEMENS 8 系统，带 EXE 光栅测量装置，在机床运行中出现 114 号报警，同时伴有 113 号报警。

故障分析：查阅机床维修手册，根据报警信息将故障部位定位在位置测量装置。114 号报警有两种可能：一是电缆断线或接地；二是信号丢失。前者可通过外观检查和测量来诊断，对后者主要是通过示波器测量。如果由于某种原因，光栅尺输出的正弦信号幅度降低，在信号处理过程中，影响到被处理信号过零的位置，严重时会使输出脉冲挤在一起，造成丢失。信号幅度下降是因为光源亮度下降或光学系统脏污所致，从尺身中抽出扫描单元，仔细观察透镜表面呈毛玻璃状，指示光栅表面有一层雾状物，发光灯泡和光电池上也有这种污物，这些污物导致了光源发光率下降和输出信号降低。

故障处理：按照光栅尺维护保养的要求，认真细致地清洗，重装后报警消除。

5. 坐标轴回不到参考点

故障现象：某车削中心配 SIEMENS 840C 数控系统，开机后 *X* 坐标轴回不到参考点，*X* 坐标轴在回零过程中有减速但不停，直至压上硬限位。坐标值突变、显示值很大，同时显示“x AXIS SW LIMIT SWITCH MINUS”报警。

故障分析：检查机床参数设置无误，电缆连接可靠。机床在手动方式下能动作和定位，坐标值显示正常。机床使用的德国 HEIDENHAIN 公司光栅尺的回零方式与其他产品不同：它将参考标记按距离来编码，在光栅尺刻线旁增加了一道刻线，通过两个相邻参考标记来确定基准位置。为了确定是否是该部分的问题，将防护罩拆下检查，发现零标志被油污遮盖，导致没有零标志位脉冲信号输出。

故障处理：进行清洁维护后故障消除。

第五章

自动换刀装置装调与维修

第一节　自动换刀装置概述

为进一步提高加工效率，数控机床的发展方向是：工件在一台机床一次装夹即可完成多道乃至全部加工工序。目前，已出现了各种类型的加工中心机床，如车削中心、镗铣加工中心、钻削中心等。这类多工序加工的数控机床加工中使用多种刀具，因此必须有自动换刀装置（简称 ATC），以便选用不同刀具，完成不同工序的加工工艺。自动换刀装置应当具备换刀时间短、刀具重复定位精度高、足够的刀具储备量、占地面积小、安全可靠等特性。

一、自动选刀方式

按数控装置的刀具选择指令，从刀库中将所需要的刀具转换到取刀位置，称为自动选刀。在刀库中选择刀具通常采用两种方法。

1．顺序选择刀具

刀具按预定工序的先后顺序插入刀库的刀座中，使用时按顺序转到取刀位置。用过的刀具放回原来的刀座内，也可以按加工顺序放入下一个刀座内。该法不需要刀具识别装置，驱动控制也较简单，工作可靠。但刀库中每一把刀具在不同的工序中不能重复使用，为了满足加工需要，只能增加刀具的数量和刀库的容量，这就降低了刀具和刀库的利用率。此外，装刀时必须十分谨慎，如果刀具不按顺序装在刀库中，将会产生严重的后果。

2．任意选择刀具

这种方法根据程序指令的要求任意选择所需要的刀具，刀具在刀库中不必按照工件的加工顺序排列，可以任意存放。每把刀具（或刀座）都编上代码，自动换刀时，刀库旋转，每把刀具（或刀座）都经过“刀具识别装置”接受识别。当某把刀具的代码与数控指令的代码相符合时，该把刀具被选中，刀库将刀具送到换刀位置，等待机械手来抓取。任意选择刀具法的优点是刀库中刀具的排列顺序与工件加工顺序无关，相同的刀具可重复使用。因此，刀具数量比顺序选择法的刀具可少一些，刀库也相应的小一些。任意选择法主要有以下三种编码方式：

（1）刀具编码方式

这种方式是对每把刀具进行编码。由于每把刀具都有自己的代码（表 5—1），因而可存放于刀库的任一刀座中。这样，刀库中的刀具在不同的工序中就可重复使用，用过的刀具也不一定放回原刀座中，避免了因刀具存放在刀库中的顺序差错而造成的事故，同时也缩短了刀库的运转时间。

（2）刀座编码方式

这种编码方式对每个刀座都进行编码，刀具也编号（表5—1），并将刀具放到与其号码相符的刀座中，换刀时刀库旋转，使各个刀座依次经过识刀器，直至找到规定的刀座，刀库便停止旋转。由于这种编码方式取消了刀柄中的编码环，使刀柄结构大为简化。因此，识刀器的结构不受刀柄尺寸的限制，而且可以放在较适当的位置。另外，在自动换刀过程中必须将用过的刀具放回原来的刀座中，增加了换刀动作。与顺序选择刀具的方式相比，刀座编码的突出优点是刀具在加工过程中可重复使用。

表5—1　任意选择刀具的编码方式

序号	编码方式	图示
1	刀具编码方式	
2	刀座编码方式	
3	编码附件方式	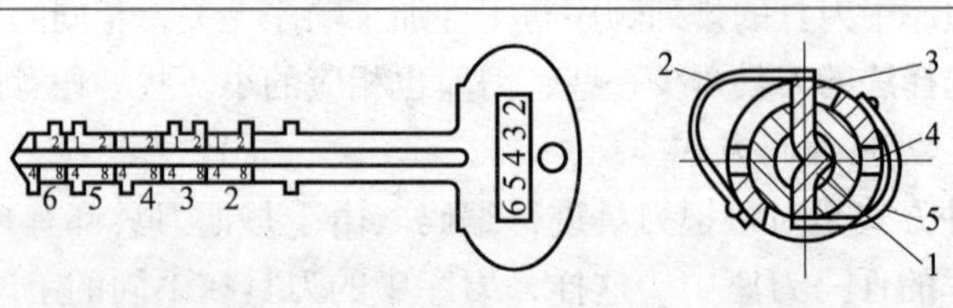 1—钥匙　2、5—接触片　3—钥匙齿　4—槽

(3) 编码附件方式

编码附件方式可分为编码钥匙（表5—1）、编码卡片、编码杆和编码盘等。其中，应用最多的是编码钥匙。这种方式是先给各刀具都缚上一把表示该刀具号的编码钥匙，当把各刀具存放到刀库的刀座中时，将编码钥匙插进刀座旁边的钥匙孔中。这样就把钥匙的号码转记到刀座中，给刀座编上了号码。识刀器可以通过识别钥匙上的号码来选取该钥匙旁边刀座中的刀具。

近年来出现了在刀柄上嵌入 IC 芯片的办法，即给刀具建立“身份证”和“档案”，不仅编号，而且还存入该刀的多种数据供读取。

二、利用 PLC（可编程控制器）实现随机换刀

由于计算机技术的发展，可以利用软件选刀，它代替了传统的编码环和识刀器。在这种选刀与换刀的方式中，刀库上的刀具能与主轴上的刀具任意地直接交换，即随机换刀。主轴上换来的新刀号及还回刀库上的刀具号，均在 PLC 内部相应的存储单元记忆。随机换刀控制方式需要在 PLC 内部设置一个模拟刀库的数据表，其长度和表内设置的数据与刀库的位置数和刀具号相对应。这种方法主要由软件完成选刀，从而消除了由于识刀装置的稳定性、可靠性不足带来的选刀失误。

1. ATC（自动换刀）控制和刀号数据表

如图5—1a 所示，刀库有 8 个刀座，可存放 8 把刀具。刀座固定位置编号为方框内 1 ~ 8 号，0 为主轴刀位置号，由于刀具本身不附带编码环，所以刀具编号可任意设定，如图中 10 ~ 18 的刀号。一旦给某刀编号后，这个编号不应随意改变。为了使用方便，刀号采用 BCD 码编写。

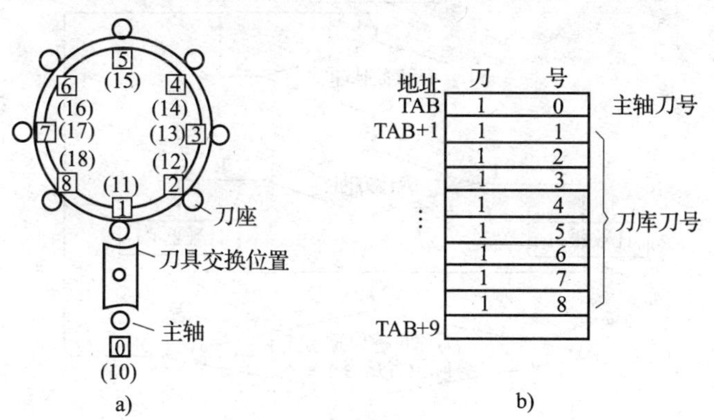

图 5—1 随机选刀、换刀

a）刀库 b）刀号数据表

PLC 内部建有一个模拟刀库的刀号数据表，如图5—1b 所示。数据表的表序号与刀库刀座编号相对应，每个表序号中的内容就是对应刀座中所插入的刀具号。图中刀号表首地址 TAB 单元固定存放主轴上刀具的号数，TAB +1 ~ TAB +9 存放刀库上的刀具号。由于刀号数据表实际上是刀库中存放刀具的位置的一种映象，所以刀号表与刀库中刀具的位置应始终保待一致。

2. 刀具的识别

虽然刀具不附带任何编码装置，而且采取任意换刀方式，即刀具在刀库中不是顺序存放

的，但是，由于在PLC内部设置的刀号数据表始终与刀具在刀库中的实际位置相对应，对刀具的识别实质上转变为对刀库位置的识别。当刀库旋转，每个刀座通过换刀位置（基准位置）时，产生一个脉冲信号送至PLC，作为计数脉冲。同时，在PLC内部设置一个刀库位置计数器：当刀库正转（CW）时，每发一个计数脉冲，该计数器便进行一次递增计数；当刀库反转（CCW）时，每发一个计数脉冲，计数器则进行一次递减计数。于是计数器的计数值始终在1~8之间循环，而通过换刀位置时的计数值（当前值）总是指示刀库的现在位置。

当PLC接到寻找新刀具的指令（T××）后，即在模拟刀库的刀号数据表中进行数据检索。若检索到T代码给定的刀具号，则将该刀具号所在数据表中的表序号数存放在一个缓冲存储单元中。这个表序号数就是新刀具在刀库中的目标位置。刀库旋转后，测得刀库的实际位置与要求得的刀库目标位置一致时，即识别了所要寻找的新刀具。刀库停转并定位，等待换刀。识别刀具的PLC程序流程如图5—2所示。

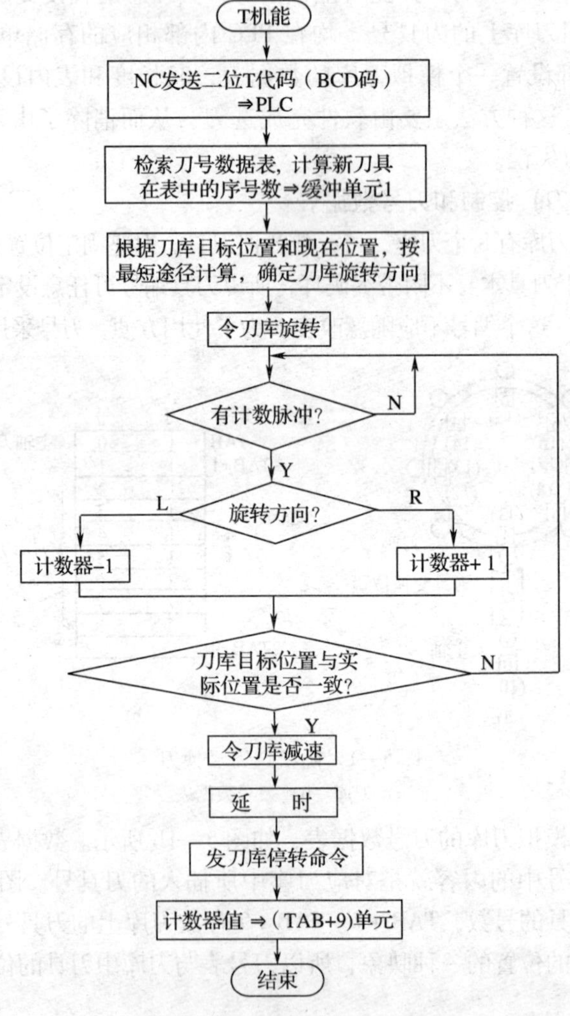

图5—2　识别刀具程序流程图

3. 刀具的交换及刀号数据表的修改

当前工序加工结束后，需要更换新刀加工时，NC 系统发出自动换刀指令 M06，控制机床主轴准停，机械手执行换刀动作，将主轴上用过的旧刀和刀库上选好的新刀进行交换。与此同时，应通过软件修改 PLC 内部的刀号数据表，使相应刀号表单元的刀号与交换后的刀号相应，修改刀号表的流程如图 5—3 所示。

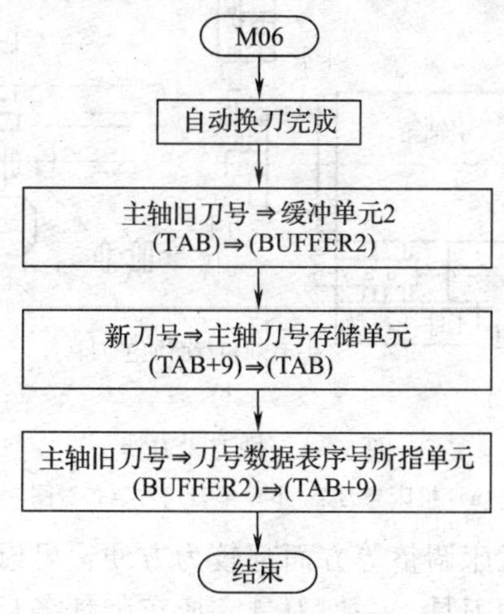

图 5—3　刀号数据表的修改

第二节　刀架换刀装置装调与维修

一、排刀式刀架

排刀式刀架一般用于小规格数控车床，以加工棒料或盘类零件为主。在排刀式刀架中，夹持着各种不同用途刀具的刀夹，沿着机床的 X 坐标轴方向排列在横向滑板上（图 5—4a)。刀具的典型布置方式如图 5—4b 所示。

a)

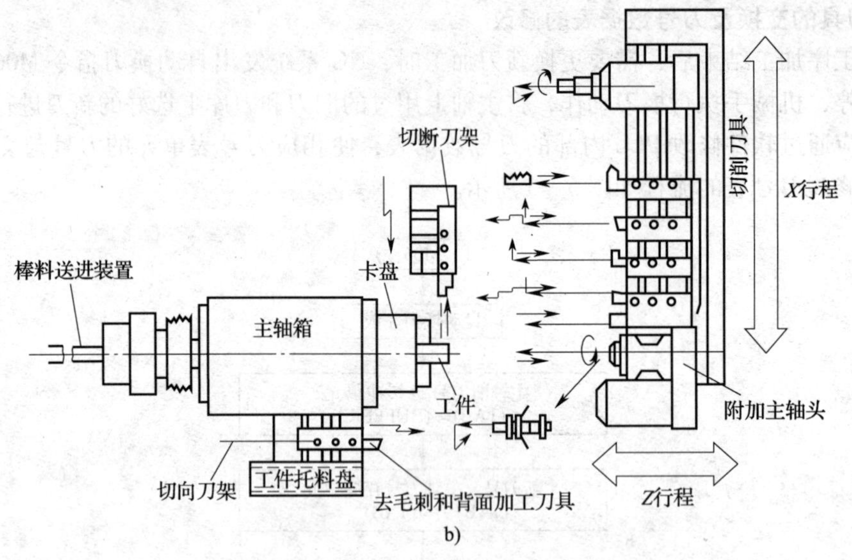

图 5—4 排刀式刀架

a）机床与刀架 b）排刀式刀架布置图

这种刀架在刀具布置和机床调整等方面都较为方便，可以根据具体工件的车削工艺要求，任意组合各种不同用途的刀具。一把刀具完成车削任务后，横向滑板只要按程序沿 X 轴移动预先设定的距离后，第二把刀就到达加工位置，这样就完成了机床的换刀动作。这种换刀方式迅速省时，有利于提高机床的生产效率。

排刀式刀架只适合加工旋转直径比较小的工件，且只适合较小规格的机床配置，不适用于加工较大规格的工件或细长的轴类零件。一般情况下，旋转直径超过 100 mm 的机床大都不采用排刀式刀架。

使用如图 5—5 所示的快换台板，可以实现成组刀具的机外预调，即当机床在加工某一工件的同时，可以利用快换台板在机外组成加工同一种零件或不同零件的排刀组，利用对刀装置进行预调。当刀具磨损或需要更换加工零件品种时，可以通过更换台板来成组地更换刀具，从而使换刀的辅助时间大为缩短。

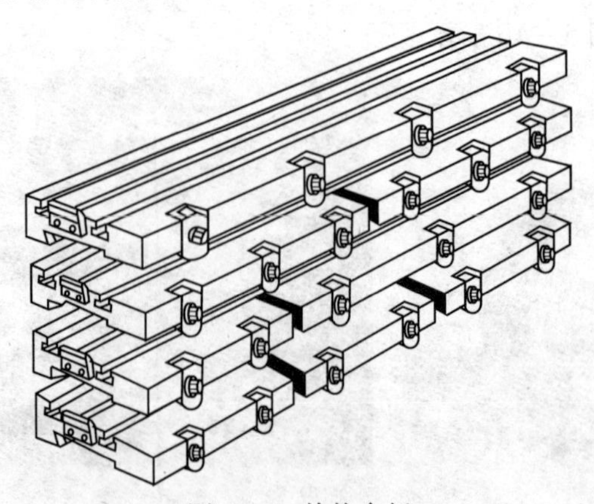

图 5—5 快换台板

二、回转刀架

1. 常用回转刀架的种类

回转刀架是数控车床最常用的一种典型换刀刀架，是一种最简单的自动换刀装置。回转式刀架的回转头上装有多个刀座。各刀座用于安装或支持各种不同用途的刀具，通过回转头的旋转、分度和定位，实现机床的自动换刀。回转刀架分度准确，定位可靠，重复定位精度高，转位速度快，夹紧性好，可以保证数控车床的高精度和高效率。

根据加工要求，回转刀架可设计成四方、六方刀架或圆盘式刀架，并相应地安装 4 把、6 把或更多的刀具。回转刀架根据刀架回转轴与安装底面的相对位置，分为立式刀架和卧式刀架两种。立式回转刀架的回转轴垂直于机床主轴，多用于经济型数控车床；卧式回转刀架的回转轴平行于机床主轴，可径向与轴向安装刀具。常见回转刀架结构如表 5—2 所示。

表 5—2 常见回转刀架结构

名称	结构形状
GSK 立式四工位刀架	
六工位数控电动刀架	
十二工位卧式回转刀架	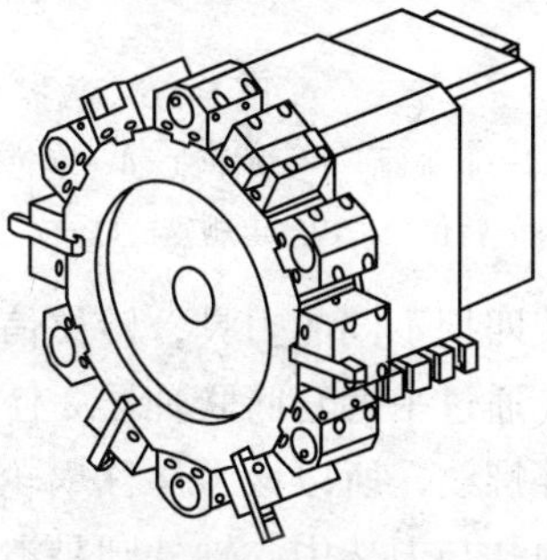

2. 经济型数控车床方刀架

经济型数控车床方刀架是在普通车床四方刀架的基础上发展的一种自动换刀装置，其功能和普通四方刀架一样：有四个刀位，能装夹四把不同功能的刀具，方刀架回转90°时，刀具交换一个刀位。方刀架的回转和刀位号的选择由加工程序指令控制。换刀时方刀架的动作顺序是：刀架抬起、刀架转位、刀架定位和夹紧。为完成上述动作要求，要有相应的机构来实现，下面就以WZD4型刀架为例说明其具体结构（图5—6）。

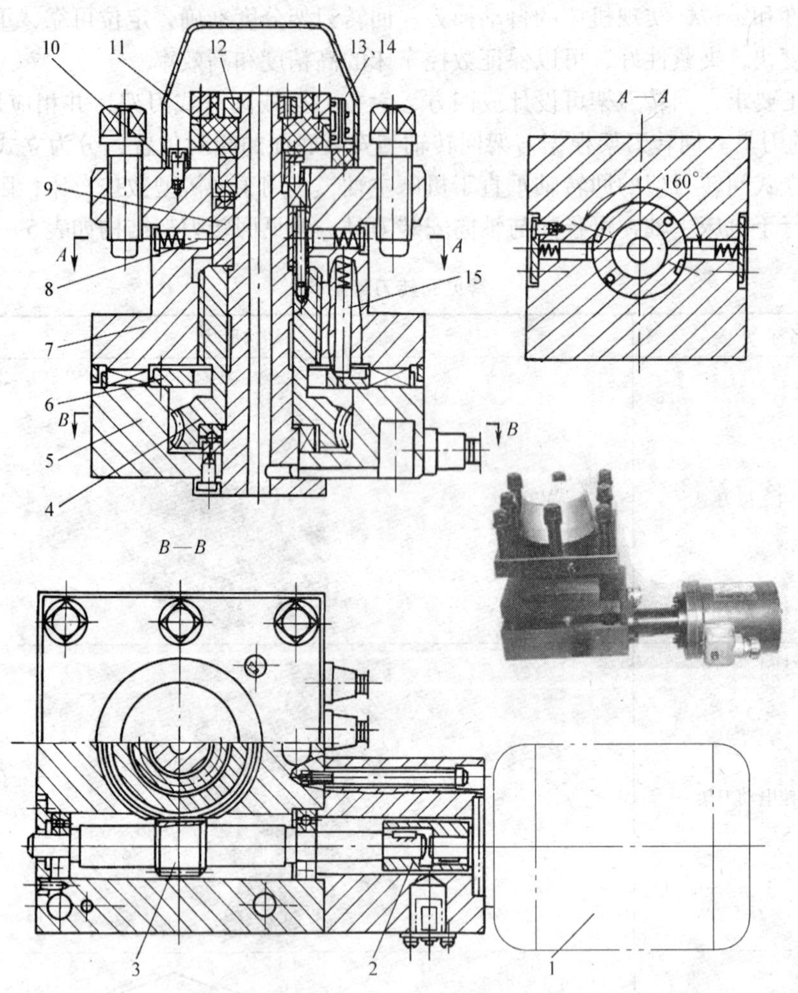

图5—6 数控车床方刀架结构

1—电动机 2—联轴器 3—蜗杆轴 4—蜗轮丝杠 5—刀架底座 6—粗定位盘 7—刀架体 8—球头销 9—转位套 10—电刷座 11—发信体 12—螺母 13、14—电刷 15—粗定位销

该刀架可以安装四把不同的刀具，转位信号由加工程序指定。当换刀指令发出后，小型电动机1起动正转，通过平键套筒联轴器2使蜗杆轴3转动，从而带动蜗轮4转动。蜗轮的上部外圆柱加工有外螺纹，所以该零件称蜗轮丝杠。刀架体7内孔加工有内螺纹，与蜗轮丝杠旋合。蜗轮丝杠内孔与刀架中心轴外圆是滑动配合，在转位换刀时，中心轴固定不动，蜗

轮丝杠环绕中心轴旋转。当蜗轮开始转动时，由于在刀架底座5和刀架体7上的端面齿处在啮合状态，且蜗轮丝杠轴向固定，故刀架体7抬起。当刀架体抬至一定距离后，端面齿脱开。转位套9用销钉与蜗轮丝杠4连接，随蜗轮丝杠一同转动。当端面齿完全脱开，转位套正好转过160°（*A—A*向视图），球头销8在弹簧力的作用下进入转位套9的槽中，带动刀架体转位。刀架体7转动时带着电刷座10转动，当转到程序指定的刀号时，粗定位销15在弹簧的作用下进入粗定位盘6的槽中进行粗定位，同时电刷13、14接触导通，使电动机1反转。由于粗定位槽的限制，刀架体7不能转动，使其在该位置垂直落下，刀架体7和刀架底座5上的端面齿啮合，实现精确定位。电动机继续反转，此时蜗轮停止转动，蜗杆轴3继续转动，随夹紧力增加，转矩不断增大。转矩达到一定值时，在传感器的控制下，电动机1停止转动。

译码装置由发信体11和电刷13、14组成，电刷13负责发信，电刷14负责位置判断。刀架不定期会出现过位或不到位，此时可松开螺母12，调好发信体11与电刷14的相对位置。

这种刀架在经济型数控车床及普通车床的数控化改造中得到广泛的应用。

3. 双齿盘转塔刀架（转塔刀架）

转塔刀架由刀架换刀机构和刀盘组成，如图5—7所示。转塔刀架的刀盘用于刀具的安装。刀盘的背面装有端面齿盘，用于刀盘的圆周定位。换刀机构是刀盘实现开定位、转动换刀位、定位和夹紧的传动机构。换刀时，使刀盘的定位机构首先脱开，驱动电动机带动刀盘转动。当刀盘转动到位后，定位机构重新定位，并由夹紧机构夹紧。转塔刀架的换刀传动由刀架电动机提供动力。换刀运动传递路线如下。

刀架电动机经轴Ⅰ，由齿轮传动副14/65驱动轴Ⅱ，再经齿轮副传动轴Ⅲ，轴Ⅲ是凸轮轴，凸轮轴上的凸轮槽带动拨叉，由拨叉使轴Ⅳ实现纵向运动（开定位和定位夹紧）。在拨叉将轴Ⅳ轴向移动，定位齿盘脱开（开定位）时，轴Ⅲ上齿轮$z=86$的齿轮体与在它上面和短圆柱滚子组成的槽杆，驱动在轴上的槽轮（槽数$n=4$）转动，实现刀盘的转动。当转位完成后凸轮槽驱动拨叉，压动碟形弹簧，使轴Ⅳ轴向移动，实现刀盘的定位和夹紧。轴每转一圈，刀盘转动一个刀位。刀盘的转动，经齿轮副66/66传到轴Ⅴ上的圆光栅，由圆光栅将转位信号送至可编程控制器进行刀位计数。加工时，如端面齿盘上的定位销拨出、切削力过大或撞车时，刀盘会产生微量转动，这时圆光栅会检测到刀架的转动信号，数控系统收到信号后通过PMC发出刀架过载报警信号，机床会迅速停车。

4. 三齿盘转塔刀架

图5—8所示是一种电动机驱动的转塔刀架的结构图。这种刀架定位用的是端齿盘结构。过去用的双齿盘转塔刀架，脱齿时刀盘需要轴向移动，因而容易将污物带入端齿盘内。使用三齿盘避免了上述不足。如图5—8所示，定齿盘3用螺钉及定位销固定在刀架体4上。动齿盘2用螺钉及定位销紧固在中心轴套1上（动齿盘2左端面可安装转塔刀盘）。齿盘2、3对面有一个可轴向移动的齿盘5，齿长为以上二者之和。齿盘沿轴向右移时，合齿定位、夹紧（依靠碟形弹簧18），其沿轴向左移时，松开脱齿。

可轴向移动的齿盘5的右端面，在三个等分位置上装有三个滚子6。此滚子与端面凸轮盘7的凹槽相接触，其工作情况如图5—8b、c所示。当端面凸轮盘回转使滚子落入端面凸轮的凹槽时，可轴向移动的齿盘右移，齿盘松开、脱齿（图5—8b）。当端面凸轮盘反向回转时，端面凸轮盘的凸面使滚子左移，可轴向移动的齿盘左移，齿盘合齿、定位（图5—8c），并通过碟形弹簧将动齿盘向左拉使齿盘进一步贴紧（夹紧）。

端面凸轮盘除控制齿盘2松开、脱齿、合齿定位、夹紧之外，还带动一个与中心轴套以齿形花键相连的驱动套10和驱动盘11，使转塔刀盘分度，如图5—8a所示。端面凸轮盘的右端面有凸出部分，作用是带动驱动盘、驱动套、中心轴回转进行分度。

三齿盘转塔刀架的整个换刀动作，脱齿（松开）、分度、合齿定位（夹紧），用一个交流电动机12驱动，经两次减速传到套在端面凸轮盘外圆的齿圈8上。此齿圈通过缓冲键9（减少传动冲击）和端面凸轮盘7相连，同样，驱动盘和中心轴上的驱动套10之间也有类似的缓冲键。

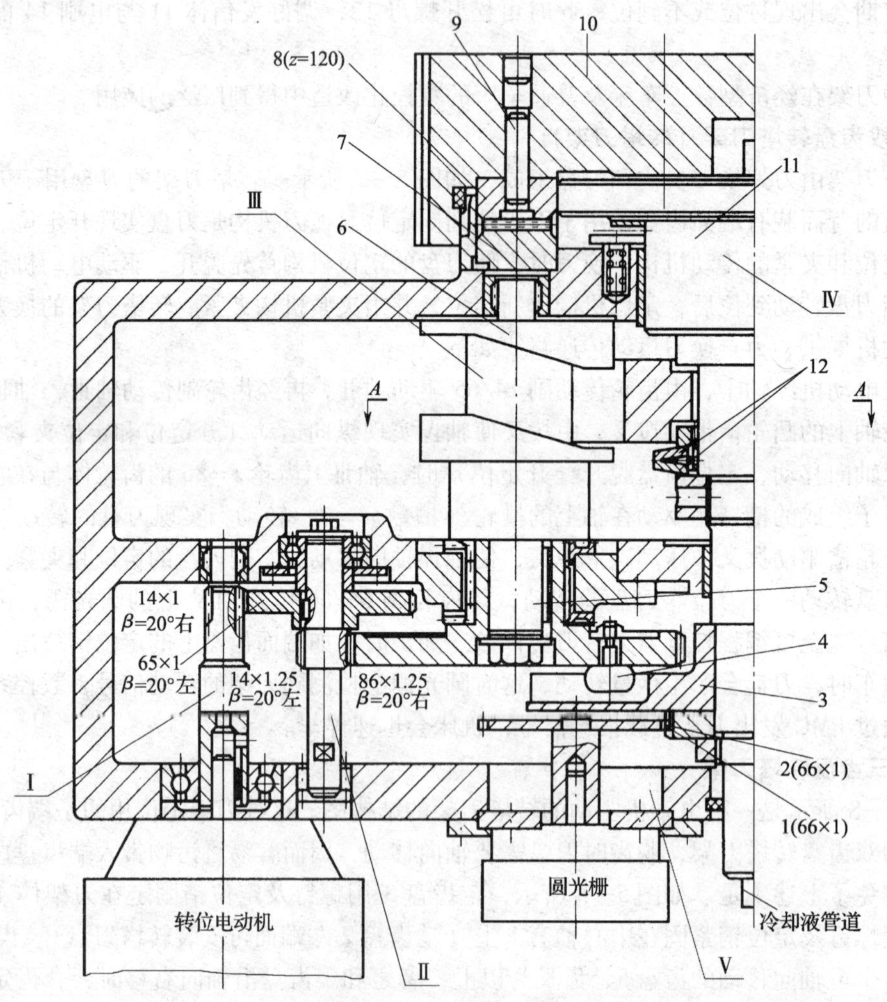

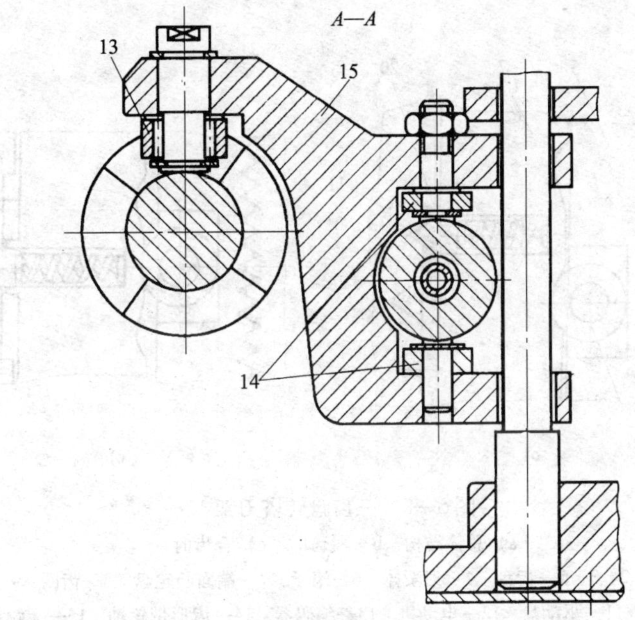

图 5—7 转塔刀架

1、2—齿轮 3—槽轮盘 4—滚子 5—换刀轴 6—凸轮 7、8—端面齿盘 9—锥销 10—转塔盘 11—转塔轴 12—碟形弹簧 13、14—滚子 15—杠杆

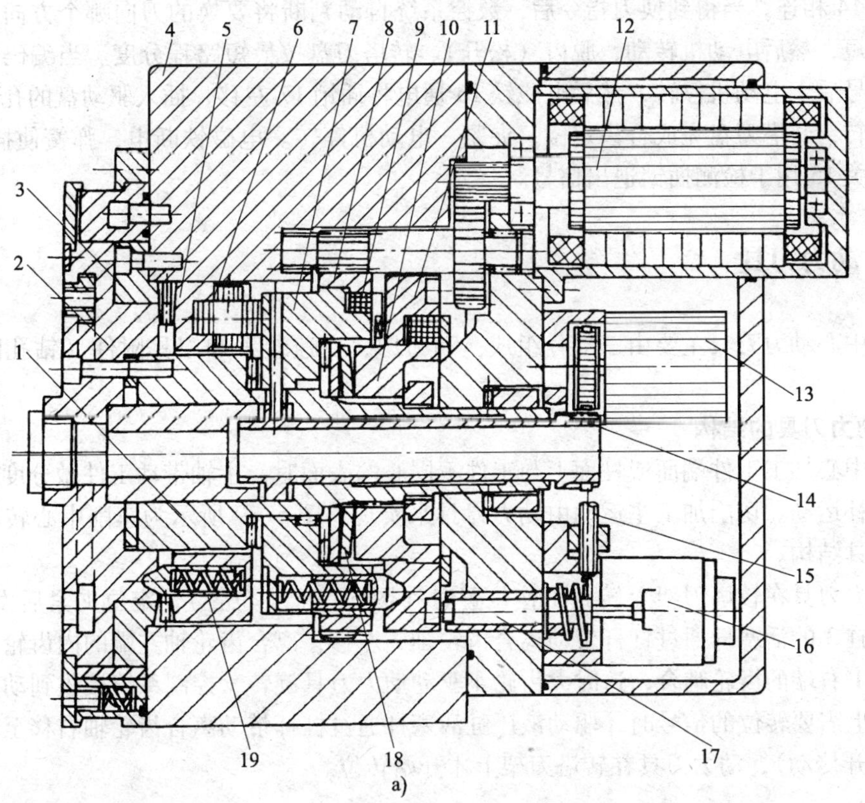

a)

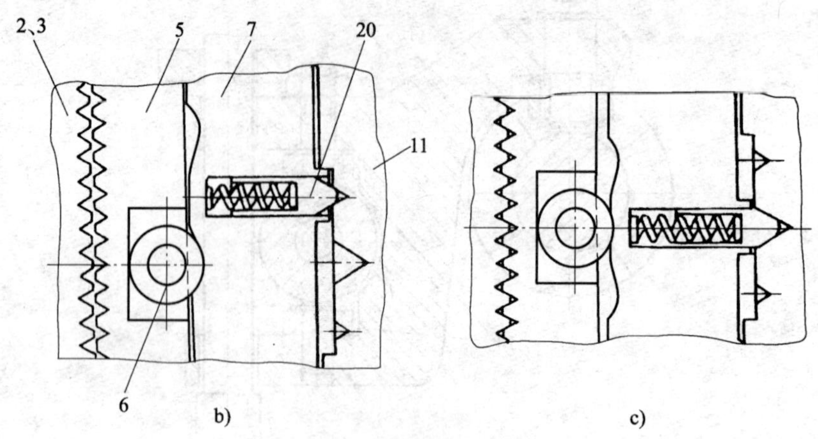

图 5—8　三齿盘转塔刀架

a）总体结构　b）脱齿时　c）合齿时

1—中心轴套　2、3、5—齿盘　4—刀架体　6—滚子　7—端面凸轮盘　8—齿圈　9—缓冲键　10—驱动套　11—驱动盘　12—电动机　13—编码器　14—齿形带轮轴　15—无触点开关　16—电磁铁　17—插销　18—碟形弹簧　19、20—定位销

为识别刀位，三齿盘转塔刀架中装有一个编码器 13，其用齿形带与中心轴套中间的齿形带轮轴 14 相连。当得到换刀指令后，数控系统自动判断将要换的刀向哪个方向回转分度的路程最短，然后电动机转动，脱齿（松开）、转塔刀盘按最短路程分度。当编码器测到分度到位信号后，电动机停转，然后电磁铁 16 通电将插销 17 左移，插入驱动盘的孔中，之后电动机反转，转塔刀盘完成合齿定位、夹紧，电动机停转。电磁铁断电，弹簧使插销右移，无触点开关 15 用于检测插销退出信号。

三、动力刀具

车削中心动力刀具主要由三部分组成：动力源、变速装置和刀具附件（钻孔附件和铣削附件等）。

1．动力刀具的结构

车削中心加工工件端面或柱面上与工件不同心的表面时，主轴带动工件做分度运动或直接参与插补运动。切削加工主运动由动力刀具来实现。图 5—9 所示为车削中心转塔刀架上的动力刀具结构。

当动力刀具在转塔刀架上转到工作位置时（图 5—9a 中位置），定位夹紧后发出信号，驱动液压缸 3 的活塞杆通过杠杆带动离合齿轮轴 2 左移，离合齿轮轴左端的内齿轮与动力刀具传动轴 1 右端的齿轮啮合，这时大齿轮 4 驱动动力刀具旋转。控制系统接收到动力刀具在转塔刀架上需要转位的信号时，驱动液压缸活塞杆通过杠杆带动离合齿轮轴右移至转塔刀盘体内（脱开传动），动力刀具在转塔刀架上才开始转位。

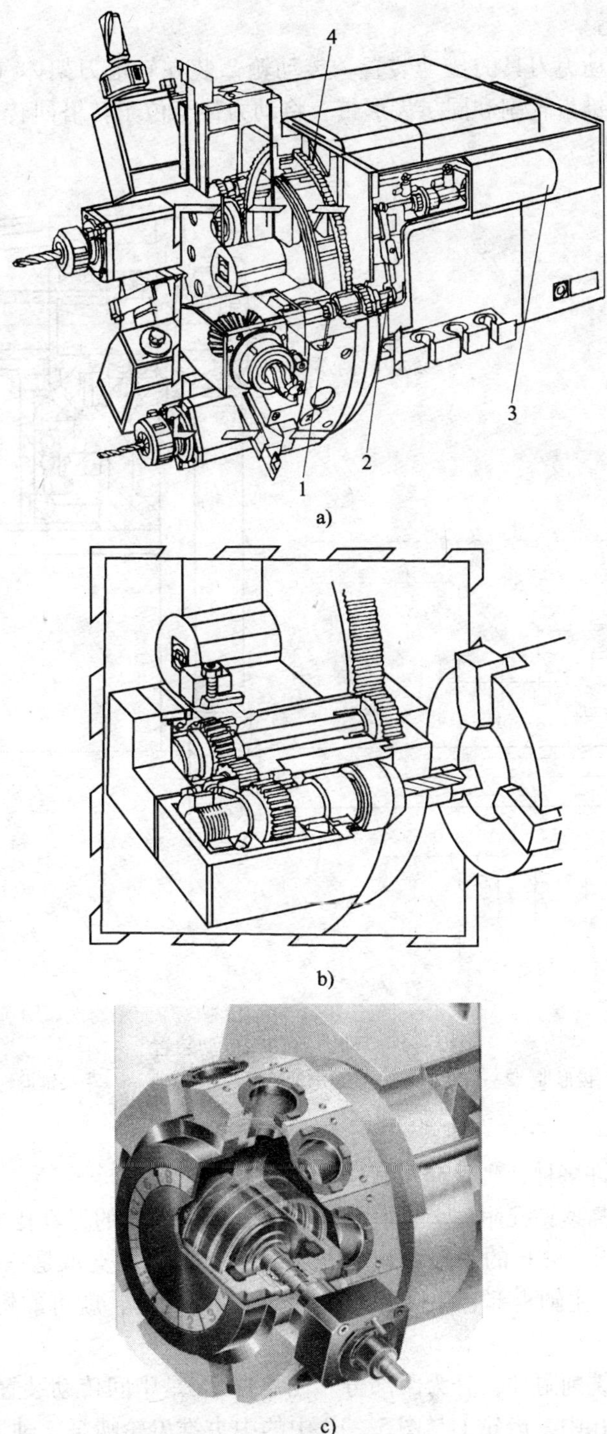

a)

b)

c)

图 5—9 车削中心上的动力刀具

a）总体结构 b）反向设置的动力刀具 c）动力刀具照片图

1—刀具传动轴 2—齿轮轴 3—液压缸 4—大齿轮

2．变速传动装置

图 5—10 所示是动力刀具的传动装置。传动箱 2 装在转塔刀架体（图中未画出）的上方。变速电动机 3 经锥齿轮副和同步齿形带，将动力传至位于转塔回转中心的空心轴 4。轴 4 的左端是中央锥齿轮 5。

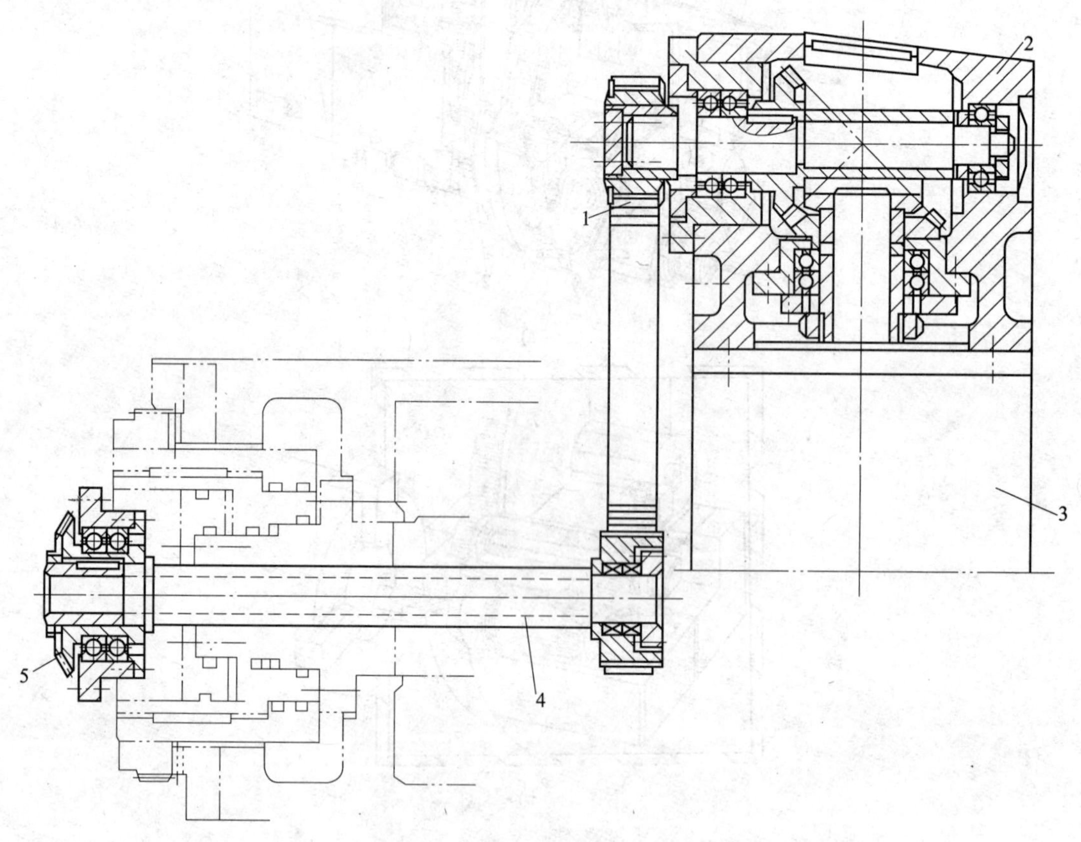

图 5—10　动力刀具的传动装置

1—齿形带　2—传动箱　3—变速电动机　4—空心轴　5—中央锥齿轮

3．动力刀具附件

动力刀具附件有许多种，现仅介绍常用的两种。

图 5—11 所示是高速钻孔附件。轴套的 *A* 部装入转塔刀架的刀具孔中。刀具主轴 3 的右端装有锥齿轮 1，与图 5—10 的中央锥齿轮相啮合。主轴前端支承是三联角接触球轴承 4，后支承为滚针轴承 2。主轴头部有弹簧夹头 5。拧紧外面的套，就可靠锥面的收紧力夹持刀具。

图 5—12 所示是铣削附件，分为两部分。图 5—12a 是中间传动装置，仍由锥套的 *A* 部装入转塔刀架的刀具孔中，齿轮 1 与图 5—10 中的中央锥齿轮啮合。轴 2 经锥齿轮副 3、横轴 4 和圆柱齿轮 5，将运动传至图 5—12b 所示的铣主轴 7 上的齿轮 6（铣主轴 7 上装铣刀）。中间传动装置可连同铣主轴一起转动。

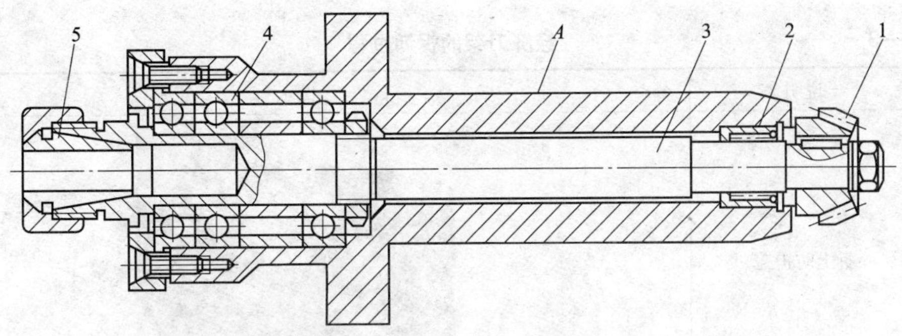

图 5—11 高速钻孔附件

1—锥齿轮 2—滚针轴承 3—刀具主轴 4—角接触球轴承 5—弹簧夹头

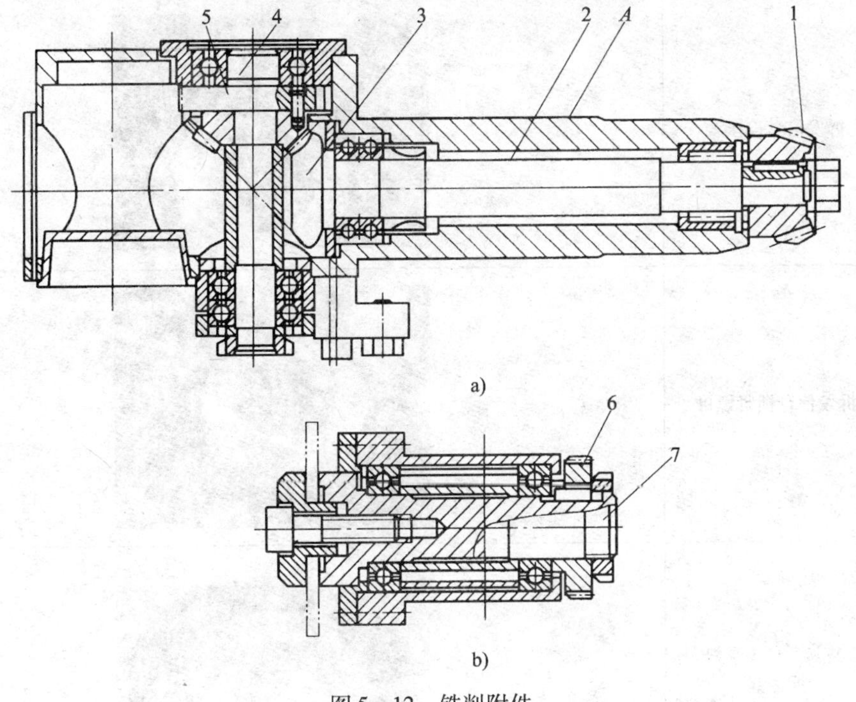

图 5—12 铣削附件

a）中间传动装置 b）铣主轴

1、3—锥齿轮 2—轴 4—横轴 5、6—圆柱齿轮 7—铣主轴 A—轴套

四、刀架的拆卸

以经济刀架为例来介绍数控车床刀架的拆卸过程（表 5—3）。

刀架拆卸时应注意：

1. 拆卸过程中，应将各零部件集中放置，特别注意细小零件的存放，避免遗失。

2. 刀架的安装基本上是拆卸的逆过程。操作时要注意保持双手的清洁，并注意零部件的防护。

表 5—3　　经济刀架的拆卸过程

步骤	说明	图示
1	拆上防护盖	
2	拆发信盘连接线	
3	拆发信盘锁紧螺母	
4	拆磁钢	
5	拆转位盘锁紧部件	

续表

步骤	说明	图示
6	拆转位盘	
7	拆刀架体	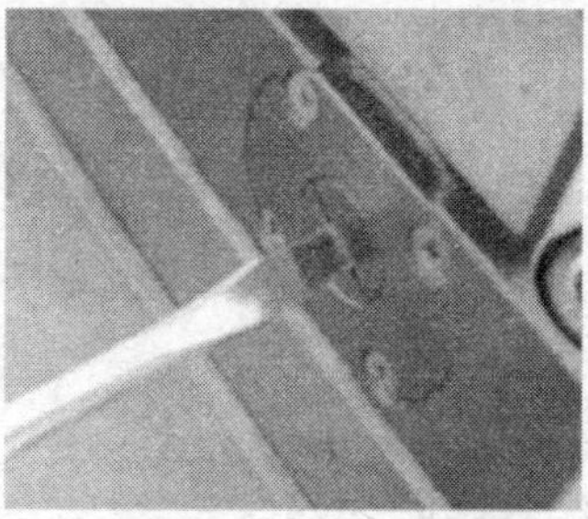
8	旋出刀架体	 
9	拆粗定位盘	

续表

步骤	说明	图示
10	拆刀架底座	
11	拆刀架轴和 蜗轮—丝杠	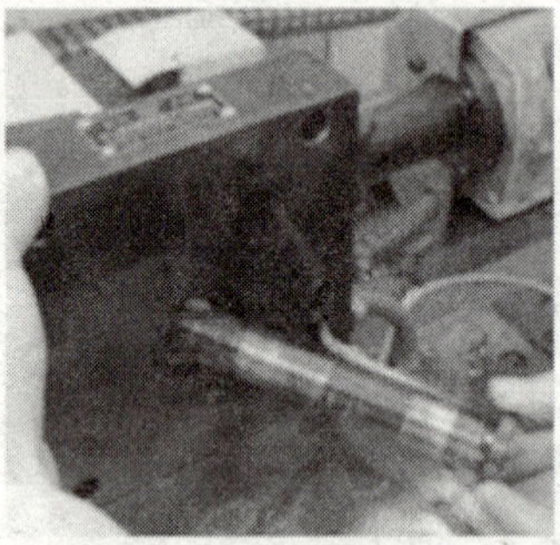
12	拆分蜗轮—丝杠	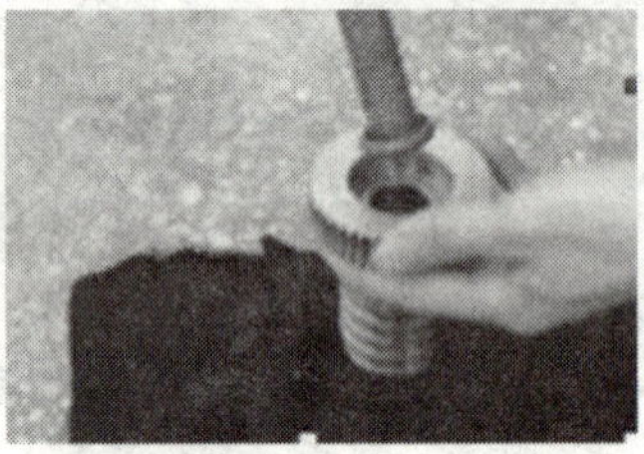

五、刀架的维护

刀架的维护与维修，一定要紧密结合起来，维修中容易出现故障的地方，就要加以重点维护。对于刀架的维护，主要包括以下几个方面。

1．每次上下班清扫散落在刀架表面上的灰尘和切屑。刀架体一类部件容易积留一些切屑，仅几天就会粘连成一体，清理起来很费事，且容易与切削液混合氧化腐蚀。特别是刀架体，都是旋转时抬起，到位后反转落下，最容易将未及时清理的切屑卡在里面。

2．及时清理刀架体上的异物，防止其进入刀架内部，保证刀架换位的顺畅无阻，利于刀架回转精度的保持（图 5—13）。及时拆开清洁刀架内部机械接合处，否则容易产生故障：如内齿盘上有碎屑就会造成夹紧不牢或导致加工尺寸变化不定。

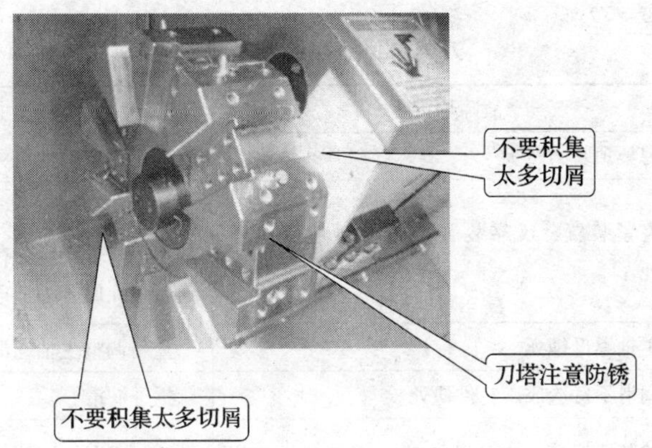

图5—13 清理刀架体上的异物

3. 严禁超负荷使用。

4. 严禁撞击、挤压通往刀架的连线。

5. 减少刀架被间断撞击（断续切削）的机会，保持良好操作习惯，严防刀架与卡盘、尾座等部件的碰撞。

6. 保持刀架的润滑良好，定期检查刀架内部润滑情况（图5—14）。如果润滑不良，易造成旋转件研死，导致刀架不能启动。

图5—14 刀架内部润滑

7. 尽可能减少腐蚀性液体的喷溅，无法避免时，下班后应及时擦拭涂油。

8. 注意刀架预紧力的大小调节要适度。如预紧力过大会导致刀架不能转动。

9. 经常检查并紧固连线、传感器元件盘（发信盘）、磁铁，注意发信盘螺母连接紧固，如松动易引起刀架的越位过冲或转不到位。

10. 定期检查刀架内部机械配合是否松动，否则容易导致刀架不能正常夹紧。

11. 定期检查刀架内部的后靠定位销、弹簧、后靠棘轮等是否起作用，以免造成机械卡死。

六、刀架的维修

1. 刀架故障诊断

（1）刀架常见故障诊断及维修方法（表5—4）

表 5—4 刀架常见故障诊断及排除

序号	故障现象	故障原因	排除方法
1	刀架不能启动	刀架预紧力过大	调小刀架电动机夹紧电流
		夹紧装置、反靠装置位置不对造成机械卡死	反靠定位销如不在反靠棘轮槽内，就调整反靠定位销位置；若在，则需将反靠棘轮与螺杆连接销孔回转一个角度重新打孔连接
		主轴螺母锁死	重新调整主轴螺母
		润滑不良造成旋转件研死	拆开润滑
		熔断器损坏、电源开关接通不好、开关位置不正确，或是刀架至控制器断线、刀架内部断线、霍尔元件位置变化导致不能正常通断	更换保险、使接通部位接触良好、调整开关位置，重新连接，调整霍尔元件位置
		电动机相序接反	通过检查线路，变换相序
		如果手动换刀正常、不执行自动换刀，则应重点检查数控装置与刀架控制器引线、微机I/O接口及刀架到位回答信号	分别对其加以调整、修复
2	刀架连续运转，到位不停	若没有刀架到位信号，则是发信盘故障	检查发信盘是否损坏、发信盘地线是否断路、接触不良或漏接，针对其线路中的继电器接触情况、到位开关接触情况、线路连接情况相应地进行线路故障排除
		若仅为某号刀不能定位，一般是该号刀位线断路或发信盘上霍尔元件烧毁	重新连接或更换霍尔元件
3	刀架越位过冲或转不到位	后靠定位销不灵活，弹簧疲劳	应修复定位销，使其恢复灵活或更换弹簧
		后靠棘轮与蜗杆连接断开	需更换连接销
		刀具太长过重	应更换弹性模量稍大的定位销弹簧
		发信盘位置固定偏移	重新调整发信盘与弹性片触头位置并固定牢靠
		发信盘夹紧螺母松动，造成位置移动	紧固调整
4	刀架不能正常夹紧	夹紧开关位置固定不当	调整至正常位置
		刀架内部机械配合松动，有时会由于内齿盘上有碎屑造成夹紧不牢而使定位不准	应调整其机械装配并清洁内齿盘

(2) 经济型电动刀架常见故障

经济型数控车床配置较低，精度不高，一般用来加工一些批量大、精度低、大切削量的工件，机床刀架故障相对频繁。经济型数控车床一般配装经济型电动刀架，它由普通三相异步电动机驱动机械换位并锁紧，其常见的故障及排除方法如下：

1）机械卡死，电动机堵转无法转位　大致有四种原因：粗定位销（两个）折断，中轴弯曲或折断，蜗轮、蜗杆损坏，电动机与刀架体连接之联轴器损坏。更换相应部件即可修复。

2）转位不停　大致有三种原因：磁铁位置不正确，调整它与传感元件相对位置，左右对正、前后距离适中（一般为2～3 mm）；被换位的传感元件损坏或连线折断，更换传感元件、恢复连线；刀架+24 V电源没有连接，重新连接+24 V电源。

3）换位正常，有锁紧动作但锁不紧　大致有两种原因：中轴弯曲需更换；反转时间不足需修改相应参数。

4）执行换位命令时无动作　大致有两种原因：电动机缺相需恢复其动力电路；电动机损坏需更换。

2．维修实例

（1）经济型数控车床刀架旋转不停故障的处理

故障现象：刀架旋转不停。

故障分析：刀架刀位信号未发出。应检查发信盘弹性片触点是否磨坏；发信盘地线是否断路。

故障排除：更换弹性片触点或调整发信盘地线。

（2）经济型数控车床刀架越位故障的处理

故障现象：刀架越位。

故障分析：反靠装置不起作用。应检查反靠定位销是否灵活，弹簧是否疲劳，反靠棘轮与螺杆连接销是否折断，使用的刀具是否太长。

故障排除：针对检查的具体原因给予排除。

（3）经济型数控车床刀架转不到位故障的处理

故障现象：刀架转不到位。

故障分析：发信盘触点与弹簧片触点错位。应检查发信盘夹紧螺母是否松动。

故障排除：重新调整发信盘与弹簧片触点位置，锁紧螺母。

（4）经济型数控车床自动刀架不动故障的排除

故障现象：刀架不动。

故障分析：造成刀架不动的原因如下所述。

①电源无电或控制箱开关位置不对。

②电动机相序反。

③夹紧力过大。

④机械卡死。当用6 mm六角扳手插入蜗杆端部，顺时针转不动时，即为机械卡死。

故障排除：针对上述原因，故障处理方法如下所述。

①检查电动机有无旋转现象。

②检查电动机是否反转。

③可用6 mm六角扳手插入蜗杆端部，顺时针旋转，如用力可转动，但下次夹紧后仍不能起动，则可将电动机夹紧电流按说明书稍调小。

④观察夹紧位置，检查反靠定位销是否在反靠棘轮槽内。如定位销在反靠棘轮槽内，将

反靠棘轮与蜗杆连接销孔回转一个角度，并重新打孔连接；检查主轴螺母是否锁死，如螺母锁死应重新调整；检查润滑情况，如因润滑不良造成旋转零件研死，应拆开处理。

（5）SAG210/2NC 数控车床上刀体不转故障

故障现象：上刀体抬起但不能转动。

故障分析：该车床配套的刀架为 LD4－I 四工位电动刀架。根据电动刀架的机械原理分析，上刀体不能转动可能是粗定位销在锥孔中卡死或断裂。拆开电动刀架更换新的定位销后，上刀体仍然不能旋转到位。重新拆卸，发现在装配上刀体时，应与下刀体的四边对齐，而且端齿盘必须啮合。

故障处理：按上述要求装配后，故障排除。

（6）SAG210/2NC 数控车床刀架不能动作

故障现象：电动机不能起动，刀架不能动作。

故障分析：SAG210/2NC 及 CKD6140 数控车床，与之配套的刀架为 LD4－I 四工位电动刀架。分析该故障产生的原因，可能是电动机相序接反或电源电压偏低，但调整电动机电枢线及电源电压，故障不能排除。由此说明故障为机械原因所致。将电动机罩卸下，旋转电动机风叶，发现阻力过大。拿开电动机进一步检查发现，蜗杆轴承损坏，电动机轴与蜗杆离合器质量差，使电动机出现阻力。

故障处理：更换轴承，修复离合器后，故障排除。

第三节　刀库与机械手的结构

数控加工刀具的交换，除用刀架外，还可以用刀库换刀。目前多坐标数控机床（如加工中心）大多数采用这类自动换刀装置。

一、刀具交换

1. 无机械手换刀

无机械手换刀的方式是利用刀库与机床主轴的相对运动实现刀具交换。XH754 型卧式加工中心就是采用这类刀具交换装置的实例。

该机床主轴在立柱上可以沿 Y 方向上下移动，工作台横向运动沿 Z 轴方向，纵向移动沿 X 轴方向。鼓轮式刀库位于机床顶部，有 30 个装刀位置，可装 29 把刀具。换刀过程如图 5—15 所示。

图 5—15a：当加工工步结束后执行换刀指令，主轴实现准停，主轴箱沿 Y 轴上升。这时机床上方刀库的空挡刀位正好处在交换位置，装夹刀具的卡爪打开。

图 5—15b：主轴箱上升到极限位置，被更换刀具的刀柄进入刀库空刀位，即被刀具定位卡爪钳住，与此同时，主轴内刀柄自动夹紧装置放松刀具。

图 5—15c：刀库伸出，从主轴锥孔中将刀具拔出。

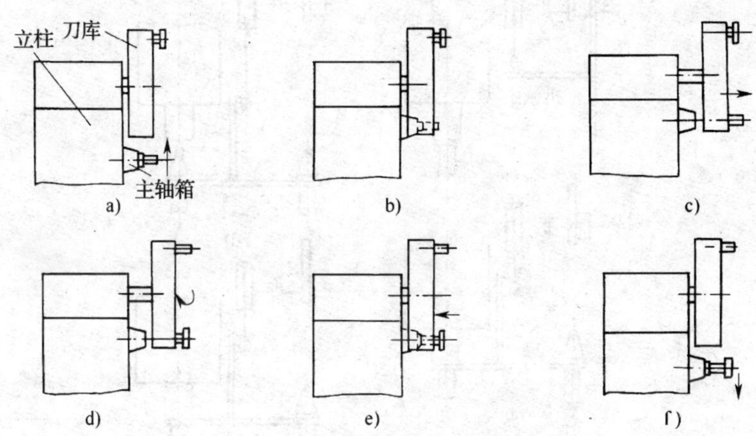

图 5—15 无机械手换刀过程示意

图 5—15d：刀库转出，按照程序指令要求将选好的刀具转到最下面的位置，同时，压缩空气将主轴锥孔吹净。

图 5—15e：刀库退回，同时将新刀具插入主轴锥孔。主轴内有夹紧装置将刀柄拉紧。

图 5—15f：主轴下降到加工位置后起动，开始下一工步的加工。

这种换刀机构不需要机械手，结构简单、紧凑。由于交换刀具时机床不工作，所以不会影响加工精度，但会影响机床的生产效率。另外，刀库尺寸有限制，故装刀数量不能太多。这种换刀方式常用于小型加工中心。

2. 机械手换刀

采用机械手进行刀具交换的方式应用得最为广泛，这是因为机械手换刀有很大的灵活性，而且可以减少换刀时间。机械手的结构形式是多种多样的，因此换刀运动也有所不同。下面以卧式镗铣加工中心为例说明采用机械手换刀的工作原理。

该机床采用的是链式刀库，位于机床立柱左侧。由于刀库中存放刀具的轴线与主轴的轴线垂直，故而机械手需要三个自由度。机械手沿主轴轴线的插拔刀动作，由液压缸实现；绕竖直轴 90°摆动，进行刀库与主轴间刀具的传送，由液压马达实现；绕水平轴旋转 180°，完成刀库与主轴上的刀具交换的动作，也由液压马达实现。其换刀分解动作如图 5—16 所示。

图 5—16a：抓刀爪伸出，抓住刀库上的待换刀具，刀库刀座上的锁板拉开。

图 5—16b：机械手带着待换刀具绕竖直轴逆时针方向转 90°，与主轴轴线平行，另一个抓刀爪抓住主轴上的刀具，主轴将刀柄松开。

图 5—16c：机械手前移，将刀具从主轴锥孔内拔出。

图 5—16d：机械手绕自身水平轴转 180°，将两把刀具交换位置。

图 5—16e：机械手后退，将新刀具装入主轴，主轴将刀具锁住。

图 5—16f：抓刀爪缩回，松开主轴上的刀具。机械手竖直轴顺时针转 90°，将刀具放回刀库的相应刀座上，刀库上的锁板合上。

最后，抓刀爪缩回，松开刀库上的刀具，恢复到原始位置。

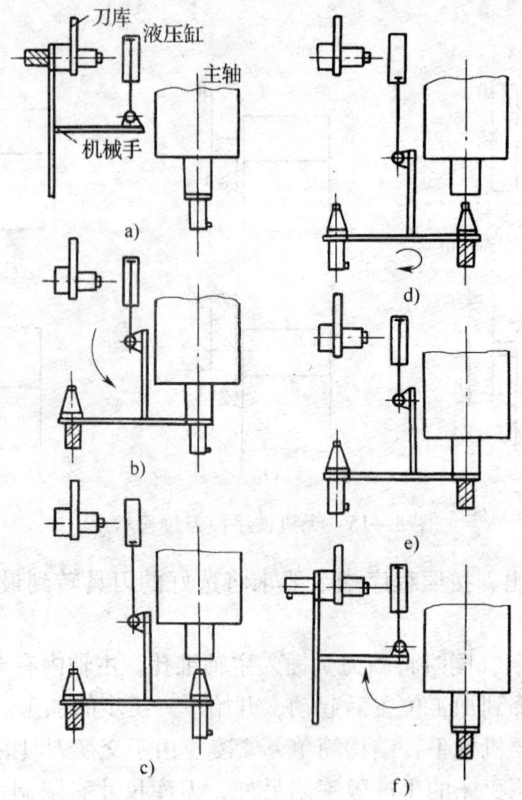

图 5—16 机械手换刀过程示意

二、刀库

1. 刀库的种类

刀库一般使用电动机或液压系统提供转动动力，用刀具运动机构保证换刀的可靠性，用定位机构保证更换的每一把刀具或刀套都能可靠地准停。

刀库的功能是储存加工工序所需的各种刀具，并按程序指令，把将要用的刀具准确地送到换刀位置，并接受从主轴送来的已用刀具。刀库的储存量一般在 8 ~ 64 把范围内，多的可达 100 ~ 200 把，甚至更多。常见的刀库如表 5—5 与表 5—6 所示。

2. 刀库的容量

设置刀库的容量首先要考虑加工工艺的需要。例如，立式加工中心的主要工艺为钻、铣。据初步统计，4 把铣刀可完成工件 95% 左右的铣削工艺，10 把孔加工刀具可完成 70% 的钻削工艺，因此，14 把刀的容量就可完成 70% 以上的工件钻铣工艺。如果按完成工件的全部加工所需的刀具数目统计，约 80% 的工件（中等尺寸，复杂程度一般）完成全部加工任务所需的刀具数在 40 种以下。所以一般的中、小型立式加工中心配有 14 ~ 30 把刀具的刀库就能够满足 70% ~ 95% 的工件加工需要。

表5—5　刀库的种类

<table>
<tr><th colspan="3">类型</th><th>简图</th><th>特点</th><th>适用范围</th></tr>
<tr><td rowspan="4">鼓轮式刀库</td><td rowspan="4">单鼓轮式刀库</td><td>刀具、鼓轮轴线平行</td><td> 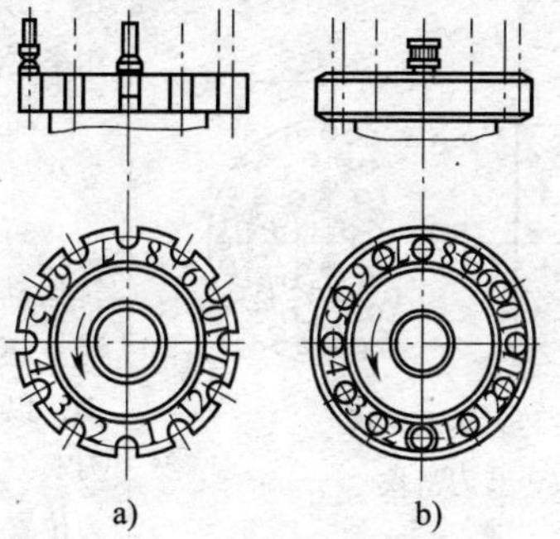a)　b)</td><td>图a为径向取刀形式
图b为轴向取刀形式</td><td rowspan="3">结构简单紧凑，应用较多，但因刀具单环排列，空间利用率低，大容量刀库的外径将较大，转动惯量大，选刀运动时间长。因此，适用于刀库容量较小的场合（一般不多于32把）</td></tr>
<tr><td>刀具、鼓轮轴线垂直</td><td> 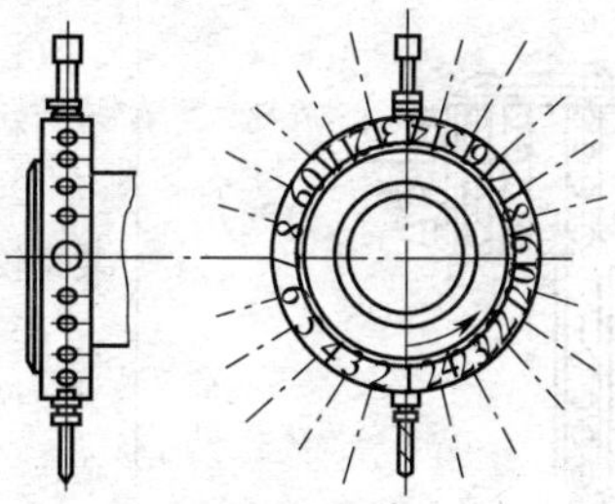</td><td>占地面积大，刀库位置受限制，换刀时间较短，整个换刀装置较简单</td></tr>
<tr><td>刀具、鼓轮轴线成锐角</td><td> 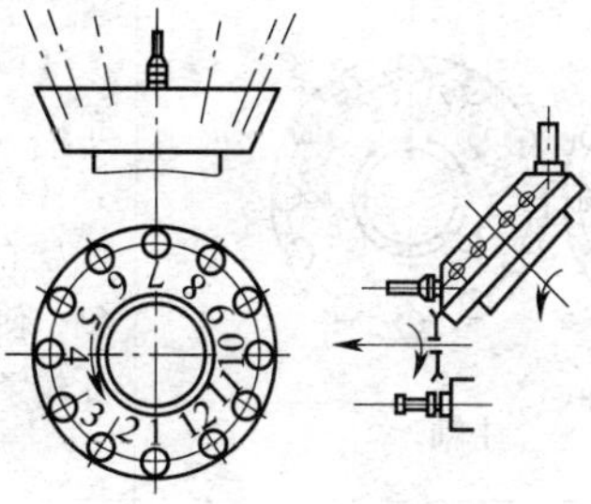a)　b)</td><td>（1）可根据机床的总体布局要求安排刀库的位置
（2）刀库容量不宜过大</td></tr>
<tr><td>在鼓轮端面上呈环形排列</td><td> 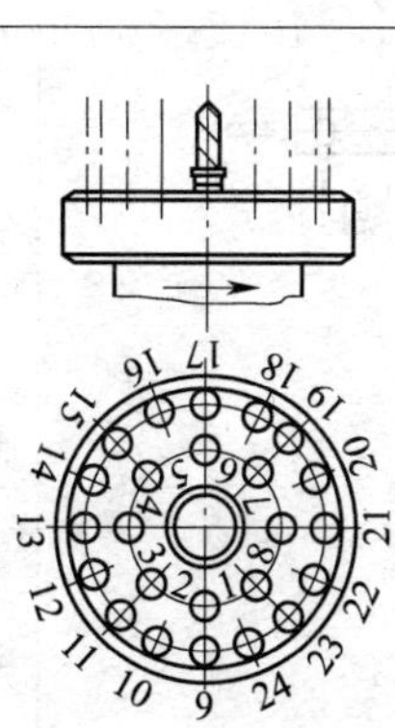</td><td>（1）刀库空间利用率较高
（2）装、取刀机构较复杂</td><td>适用于机床空间有限制而刀库容量又较大的场合</td></tr>
</table>

续表

类型			简图	特点	适用范围
鼓轮式刀库	单鼓轮式刀库	在鼓轮上呈多环排列	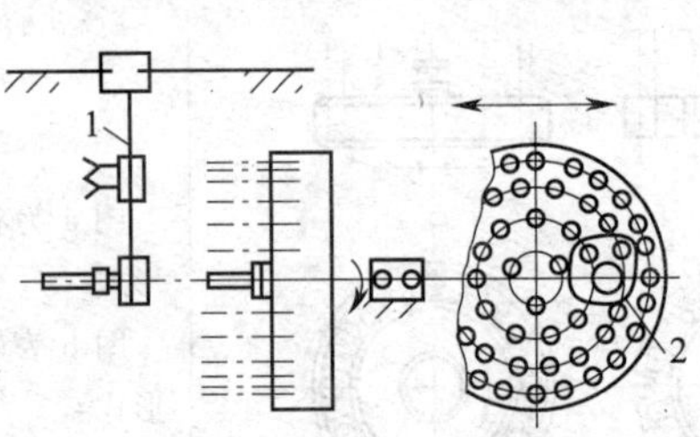 1—取、装刀运动机构 2—取、装刀滑块	（1）刀库空间利用率更高 （2）取刀机构更复杂 （3）刀库除有回转运动外，装刀的滑块还须有直线运动，以便把选中的刀具送至固定的换刀位置	适用于大容量刀库（一般为60把以上的刀库）
		鼓轮弹夹式	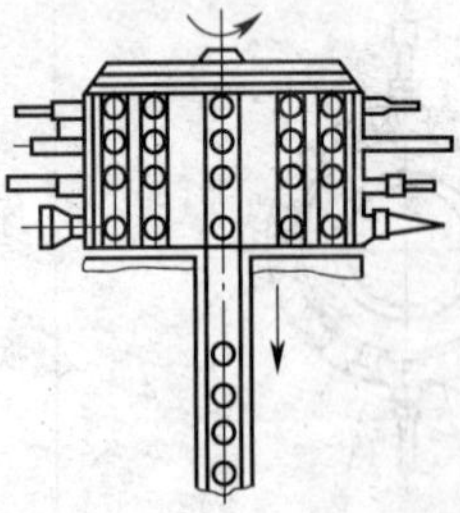	（1）结构紧凑，空间利用率高 （2）结构与控制装置较复杂 （3）转动惯量较大，换刀运动较复杂	可将刀库置于机床立柱顶部，适用于要求刀库容量较大的场合
	多鼓轮式刀库	双鼓式	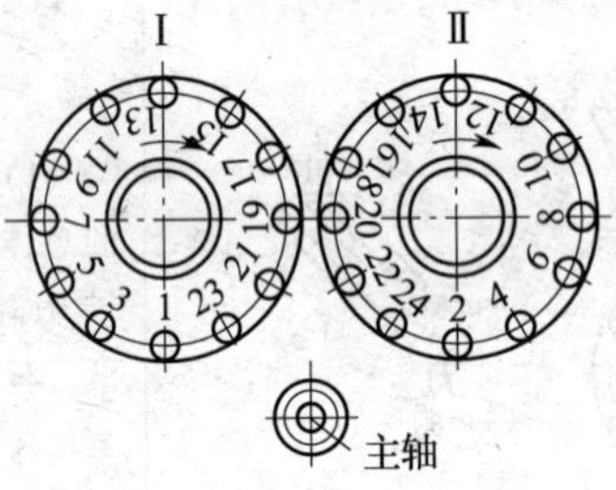	（1）刀库结构简单 （2）两刀库分别配置在机床主轴两侧，使机床总布局比较紧凑	适用于中小型加工中心
		重叠双鼓式	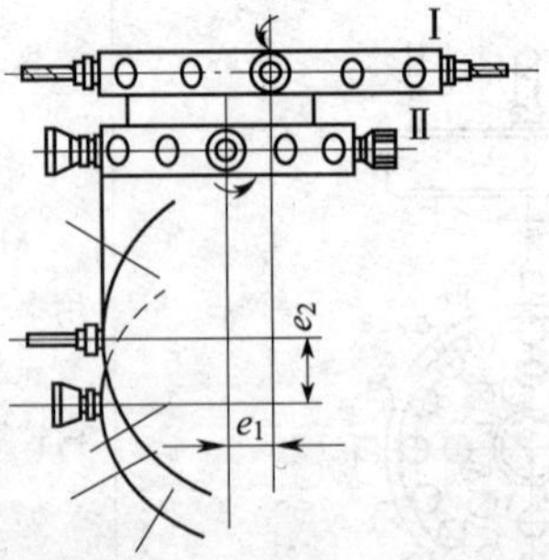	（1）上刀库为小型刀具刀库（储存钻、镗、铰刀等） （2）下刀库为大型刀具刀库（储存大型铣刀） （3）刀库结构较复杂 （4）由于轻、重型刀具分别安置在各自适当的位置，刀库得到充分利用	适用于双主轴的大型加工中心

续表

类型		简图	特点	适用范围
链式刀库	多环链式		(1) 刀库容量较大 (2) 对于同样容量的刀库，采用多环链式（与单环链式比较）可使刀库外形紧凑 (3) 所占空间小，刀具识别装置所用元件少，选刀时间可较短 (4) 轴向取刀，位置精度较低	适用于刀库容量较大的场合（在增加储存刀具数目时，可以增加链条长度，而不增加链轮直径，因此链轮的圆周速度可不增加，因而刀库的运动惯量不像鼓轮式刀库增加得那样多） 还有多种不同环形的单环链式刀库
格子箱式刀库	单面格子箱式		(1) 结构紧凑 (2) 刀库空间利用率高 (3) 换刀时间较长 (4) 小直径刀具为轴向取刀，大直径刀具为径向取刀	布局不灵活，刀库通常安置在工作台上，应用较少
	多面格子箱式		(1) 刀库容量大 (2) 辅助装置较复杂	用在需刀库容量大的机床上。这种刀库可根据需要，在机床上使用刀库一侧的刀座板时，更换其另一侧的刀座板
直线式刀库		主轴位置	(1) 结构较简单 (2) 刀库容量小，一般容纳十几把	多用于自动换刀数控车床，在钻床上也有应用

表 5—6　　常见刀库实物图

名称	结构形状
盘式刀库	
斗笠式刀库	
链式刀库	
加长链条式刀库	

3. 刀库的结构

(1) 斗笠式刀库的结构

斗笠式刀库的结构如表 5—7 所示。

表 5—7 斗笠式刀库各零部件的名称和作用

名称	图示	作用
刀库防护罩	 防护罩	防护罩起保护转塔和转塔内刀具的作用，防止加工时铁屑直接从侧面飞进刀库，影响转塔转动
刀库转塔电动机		主要是用于转动刀库转塔
刀库导轨		由两圆管组成，用于刀库转塔的支承和移动
气缸	 气缸	用于推动和拉动刀库，执行换刀

续表

名称	图示	作用
刀库转塔		用于装夹备用刀具

（2）圆盘式刀库的结构

图5—17所示是JCS－018A型加工中心的盘式刀库的结构简图。当数控系统发出换刀指令后，直流伺服电动机1接通，其运动经过十字联轴器2、蜗杆4、蜗轮3传到如图5—17右图所示的刀盘14。刀盘带动其上面的16个刀套13转动，完成选刀工作。每个刀套尾部

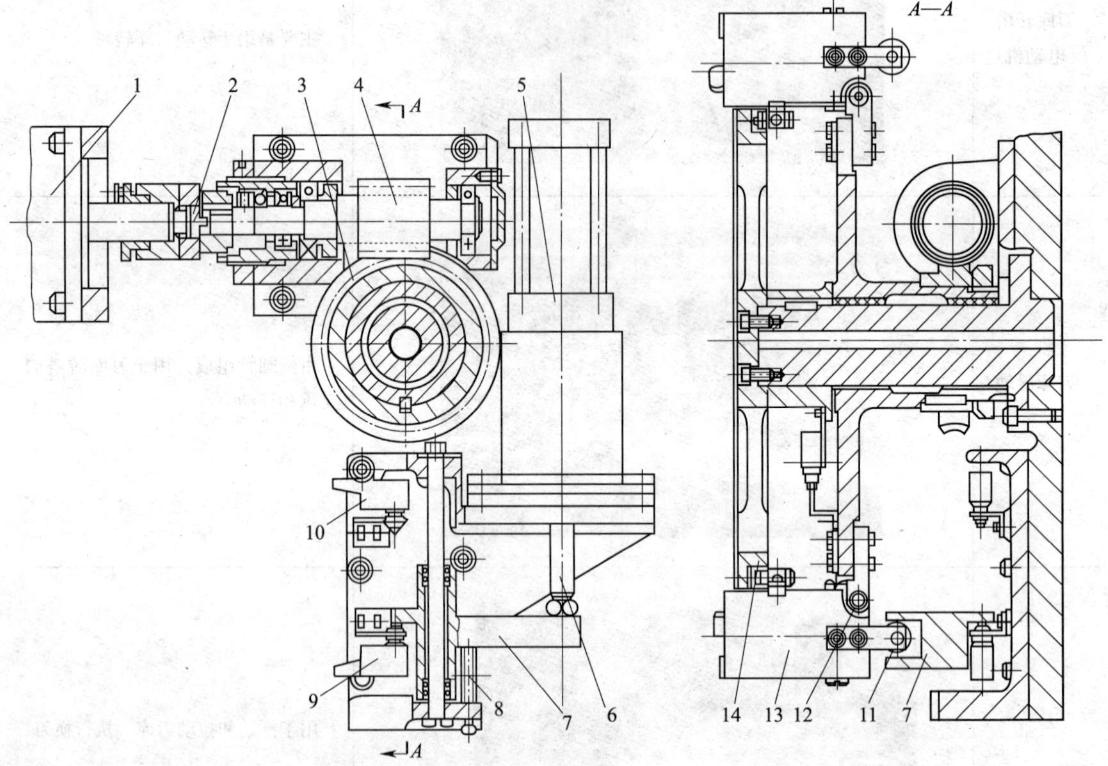

图5—17　JCS－018A型加工中心刀库结构简图

1—直流伺服电动机　2—十字联轴器　3—蜗轮　4—蜗杆　5—气缸　6—活塞杆　7—拨叉
8—螺杆　9—位置开关　10—定位开关　11—滚子　12—销轴　13—刀套　14—刀盘

有一个滚子11，当待换刀具转到换刀位置时，滚子11进入拨叉7的槽内。同时气缸5的下腔通压缩空气，活塞杆6带动拨叉7上升，放开位置开关9，用以断开相关的电路，防止刀库、主轴等有误动作。如图5—17右图所示，拨叉7在上升的过程中，带动刀套绕着销轴12逆时针向下翻转90°，从而使刀具轴线与主轴轴线平行。

刀库下转90°后，拨叉7上升到终点，压住定位开关10，发出信号使机械手抓刀。通过图5—17左图中的螺杆8，可以调整拨叉的行程。拨叉的行程决定刀具轴线相对主轴轴线的位置。

刀套的结构如图5—18所示，*F—F*剖视图中的件7即为图5—17中的滚子11，*E—E*剖视图中的件6即为图5—17中的销轴12。刀套4的锥孔尾部有两个球头销钉3。在螺纹套2与球头销之间装有弹簧1。当刀具插入刀套后，由于弹簧力的作用，使刀柄被夹紧。拧动螺纹套，可以调整夹紧力大小，当刀套在刀库中处于水平位置时，靠刀套上部的滚子5来支承。

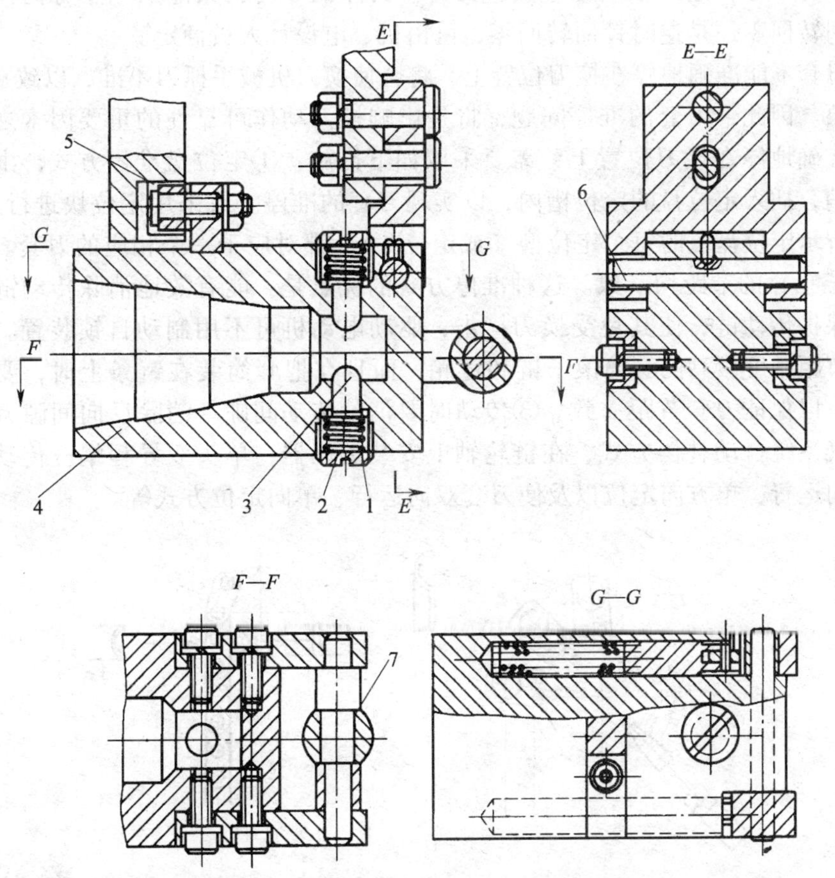

图5—18 JCS-018A型加工中心刀套结构图

1—弹簧 2—螺纹套 3—球头销钉 4—刀套 5、7—滚子 6—销轴

(3) 链式库的结构

图 5—19 所示是方形链式刀库的典型结构示意图。主动链轮由伺服电动机通过蜗轮减速装置驱动（根据需要，还可经过齿轮副传动）。这种传动方式，不仅在链式刀库中采用，在其他形式的刀库传动中，也多采用。

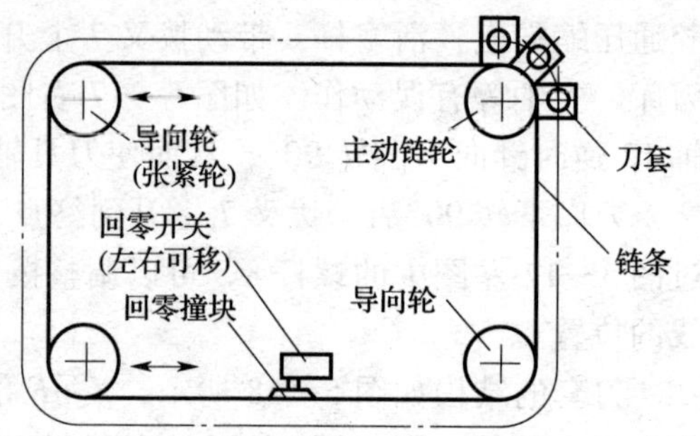

图 5—19　方形链式刀库示意图

导向轮一般做成光轮，圆周表面硬化处理。兼起张紧轮作用的左侧两个导轮，其轮座必须带有导向槽（或导向键），以免松开安装螺钉时，轮座位置歪扭，给张紧调节带来麻烦。回零撞块可以装在链条的任意位置上，而回零开关则安装在便于调整的地方。调整回零开关位置，使刀套准确地停在换刀机械手抓刀位置上。这时处于机械手抓刀位置的刀套，编号为 1 号，然后依次编上其他刀号。刀库回零时，只能从一个方向回零，至于是顺时针回转回零还是逆时针回转回零，可由机、电设计人员商定。

如果刀套不能准确地停在换刀位置上，将会使换刀机械手抓刀不准，以致在换刀时发生掉刀现象。因此，刀套的准停问题，将是影响换刀动作可靠性的重要因素之一。为了确保刀套准确地停在换刀位置上，需要采取如下措施：①定位盘准停方式，由液压缸推动的定位销，插入定位盘的定位槽内，以实现刀套的准停。或采用定位块进行刀套定位。图 5—20 所示定位盘上的每个定位槽（或定位孔），都对应于一个相应的刀套。而且定位槽（或定位孔）的节距均一致。这种准停方式的优点是：能有效地消除传动链反向间隙的影响；保护传动链，使其免受换刀撞击；驱动电动机可不用制动自锁装置。②链式刀库要选用节距精度较高的套筒滚子链和链轮，而且在把套筒装在链条上时，要用专用夹具来定位，以保证刀套节距一致。③传动时要消除传动间隙。消除反向间隙方法有以下几种：电气系统自动补偿方式，在链轮轴上安装编码器，单头双导程蜗杆传动方式，使刀套单方向运行、单方向定位以及使刀套双向运行、单向定位方式等。

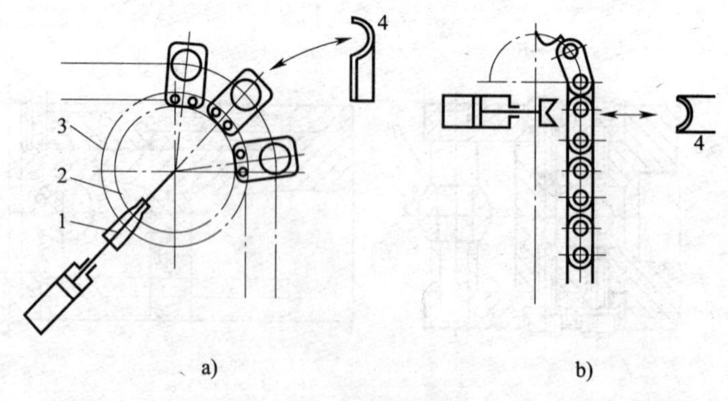

图 5—20　刀套的准停

1—定位插锁　2—定位盘　3—链轮　4—手爪

4. 刀库的转位

刀库转位机构由伺服电动机通过消隙齿轮 1、2 带动蜗杆 3，通过蜗轮 4 使刀库转动，如图 5—21 所示。蜗杆为右旋双导程蜗杆，可以用轴向移动的方法来调整蜗轮副的间隙。压盖 5 内孔螺纹与套 6 相配合，转动套 6 即可调整蜗杆的轴向位置，也就调整了蜗轮副的间隙。调整好后用螺母 7 锁紧。

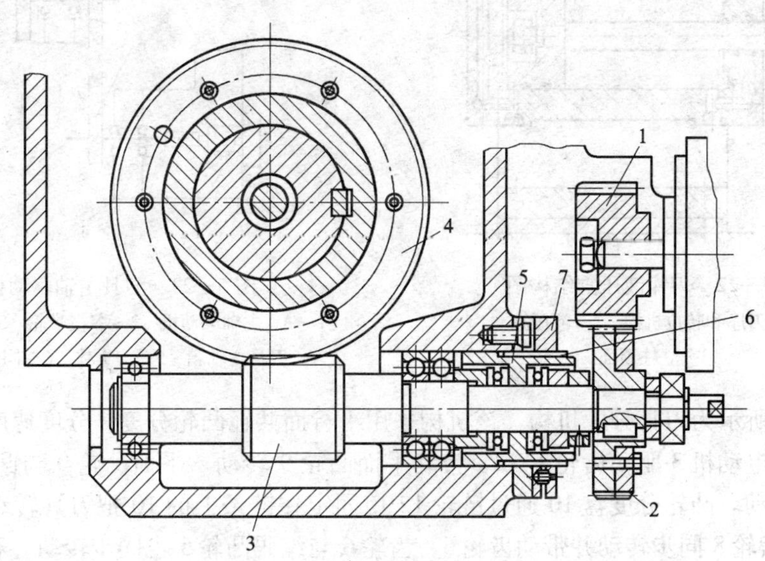

图 5—21　刀库转位机构

1、2—齿轮　3—蜗杆　4—蜗轮　5—压盖　6—蜗杆套　7—螺母

刀库的最大转角为 180°，根据所换刀具的位置决定正转或反转，由控制系统自动判别，以使找刀路径最短。每次转角大小由位置控制系统控制，进行粗定位，最后由定位销精确定位。

刀库及转位机构在同一个箱体内，由液压缸实现其移动。图 5—22 所示为刀库液压缸结构图。图中 1 是刀库和转位机构，2 是液压缸，3 是立柱顶部平面。

这种刀库，每把刀具在刀库上的位置是固定的，从哪个刀位取下的刀具，用完后仍然送回到哪个刀位去。

5. 刀库的驱动、分度和夹紧机构

济南第一机床厂生产的 CH6144ATC 型车削中心和 CH6144FMC 车削柔性加工单元的链式刀库，可存放 16 把动力或非动力刀具。这种刀库结构紧凑，可自动沿最短路径换刀，动力刀具数可根据需要扩展，刀具与工件的干涉情况比转塔刀架小，制造成本较低，适用于中、小型车削中心。

图 5—23 所示为刀具主轴驱动机构。刀具主轴由 AC 主轴电动机通过两组皮带轮驱动，转速可在 16 ~ 1 600 r/min 内任意设定。根据加工种类的不同，刀具主轴转速可随程序自动转换。刀具主轴仅在使用动力刀具时旋转。

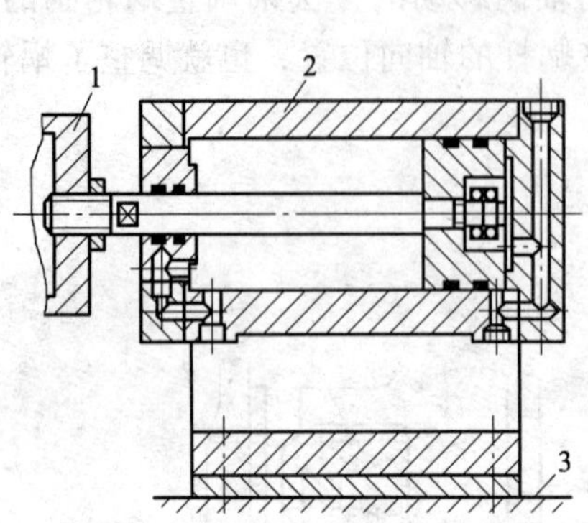

图 5—22 刀库液压缸结构图

1—刀库和转位机构 2—液压缸 3—立柱顶面

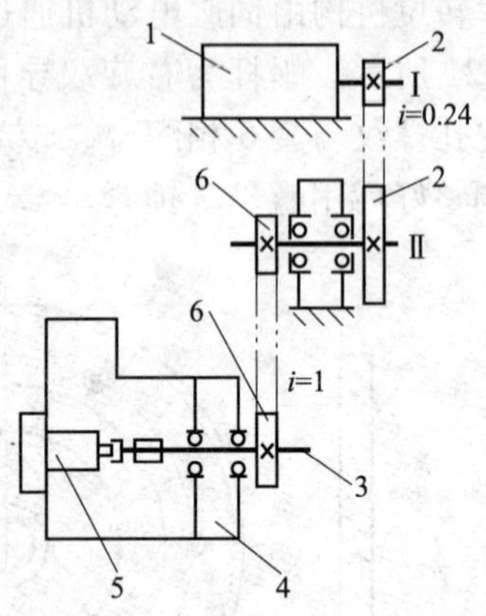

图 5—23 刀具主轴驱动机构

1—AC 主轴电动机 2—多楔带轮 3—刀具主轴 4—刀具主轴箱 5—刀夹体 6—同步齿形带轮

图 5—24 所示为刀具分度机构。该机构采用平行面共轭凸轮分度，分度速度快，工作平稳可靠。摆线电动机 3 驱动齿轮 1、2，带动平面凸轮 9 转动。平面凸轮 9 与凸轮分度盘 10 之间为间歇运动。凸轮分度盘 10 通过链轮 12 使固定在链条上的 10 把刀具转动换位。凸轮分度盘 10 与齿轮 8 同步转动并带动齿轮 6，齿轮 6 与编码凸轮 5 也同步转动。利用一组与编码凸轮一一对应的接近开关 4 检测到的通、断信号，对刀位号进行编码选择。接近开关 14 的作用是发出选通同步信号，使刀库可实现沿最短路径换刀。

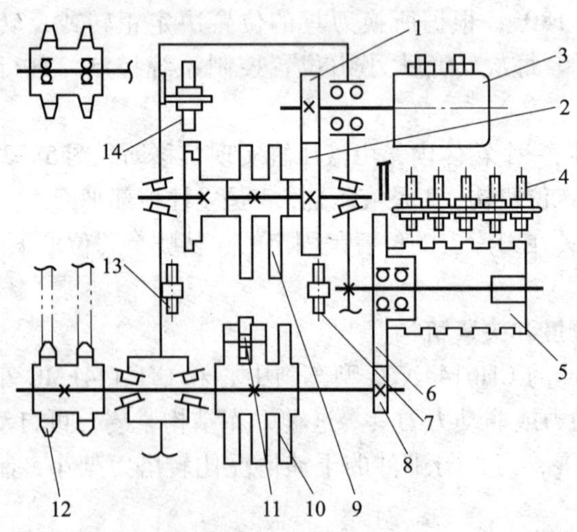

图 5—24 刀具分度机构

1、2、6、8—齿轮 3—摆线电动机 4、7、13、14—接近开关 5—编码凸轮 9—平面凸轮 10—凸轮分度盘 11—滑轮 12—链轮

图 5—25 所示为换刀和刀具夹紧机构。刀库具有自动换刀功能，16 个刀位上分别装有刀座夹。刀座夹固定在两根链条上，每个刀座夹上装有刀夹体 3。当需换刀时，由一油缸驱动，使刀座夹同刀夹体随链条支承沿拔刀方向（主轴方向）移动，刀夹体 3 柄部即脱离刀具主轴孔。当刀具在分度机构驱动下实现换位后，再返回链上移动，新更换的刀夹体即可置入刀具主轴孔中。

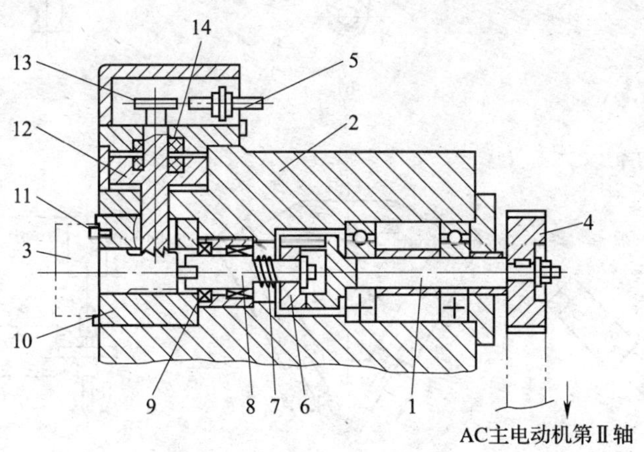

图 5—25　换刀和刀具夹紧机构

1—刀具主轴　2—刀具主轴箱　3—刀夹体　4—同步带轮　5—接近开关　6—花键套　7—弹簧　8—花键传动轴　9—密封圈　10—刀柄套　11—刀夹体定位销　12—活塞　13—夹紧定位块　14—碟形弹簧

实现刀具换位后，刀夹体还需处于夹紧状态下才可进入加工状态。夹紧动作是由夹紧机构实现的。

装有动力刀具的刀夹体插入刀具主轴孔后，首先由定位销 11 初定位，然后在油缸活塞 12 和碟形弹簧 14 的作用下完成精定位并夹紧。靠近夹紧定位块的接近开关 5 检测确认已夹紧后，刀具主轴 1 才能起动。在弹簧力的作用下，刀夹体 3 尾部的扁键卡入花键传动轴 8 的槽中，刀具开始旋转。对于非动力刀具，刀夹体尾部无扁键，刀具主轴也无须转动。确认夹紧后，机床主轴转动，即可进入加工状态。

二、机械手

采用机械手进行刀具交换的方式应用得最为广泛，这是因为机械手换刀有很大的灵活性，而且可以减少换刀时间。

1. 机械手的形式与种类

在自动换刀数控机床中，机械手的形式也是多种多样的，常见的有图 5—26 与表 5—8 所示的几种形式。

（1）单臂单爪回转式机械手（图 5—26a）　这种机械手的手臂可以回转不同的角度进行自动换刀，手臂上只有一个夹爪，不论在刀库上或在主轴上，均靠这一个夹爪来装刀及卸刀，因此换刀时间较长。

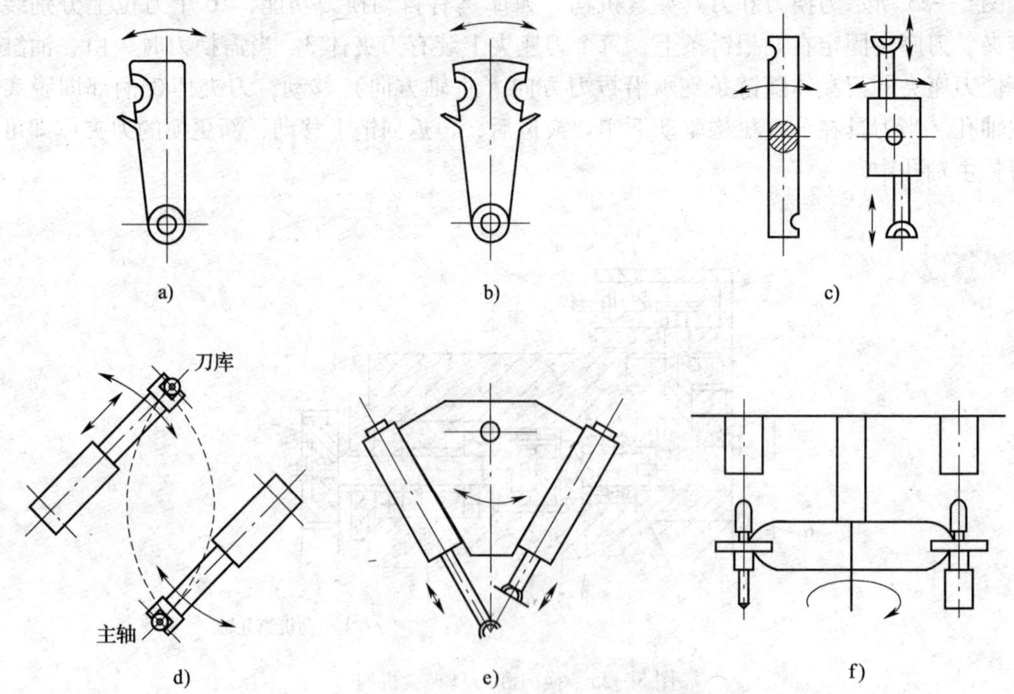

图 5—26　机械手形式

a）单臂单爪回转式　b）单臂双爪摆动式　c）单臂双爪回转式
d）双机械手　e）双臂往复交叉式　f）双臂端面夹紧式

（2）单臂双爪摆动式机械手（图 5—26b）　这种机械手的手臂上有两个夹爪，两夹爪有所分工，一个夹爪只执行从主轴上取下“旧刀”送回刀库的任务，另一个爪则执行由刀库取出“新刀”送到主轴的任务，其换刀时间较上述单爪回转式机械手要少。

（3）单臂双爪回转式机械手（图 5—26c）　这种机械手的手臂两端各有一个夹爪，两个夹爪可同时抓取刀库及主轴上的刀具，回转 180°后，又同时将刀具放回刀库及装入主轴。换刀时间较以上两种单臂机械手均短，是最常用的一种形式。图 5—26c 右边的一种机械手在抓取刀具或将刀具送入刀库及主轴时，两臂可伸缩。

（4）双机械手（图 5—26d）　这种机械手相当两个单爪机械手，相互配合进行自动换刀。其中一个机械手从主轴上取下“旧刀”送回刀库；另一个机械手由刀库里取出“新刀”装入机床主轴。

（5）双臂往复交叉式机械手（图 5—26e）　这种机械手的两手臂可以往复运动，并交叉成一定的角度。一个手臂从主轴上取下“旧刀”送回刀库，另一个手臂由刀库取出“新刀”装入主轴。整个机械手可沿某导轨直线移动或绕某个转轴回转，以实现刀库与主轴间的运刀运动。

（6）双臂端面夹紧式机械手（图 5—26f）　这种机械手只是在夹紧部位上与前几种不同。前几种机械手均靠夹紧刀柄的外圆表面以抓取刀具，这种机械手则夹紧刀柄的两个端面。

表 5—8 常见机械手实物

名称	结构形状
单臂单爪式机械手	
单臂双爪式机械手	 
双机械手	

2．常用换刀机械手的结构

（1）单臂双爪式机械手

单臂双爪式机械手，也叫扁担式机械手，它是目前加工中心用得较多的一种。这种机械手的拔刀、插刀动作，大都由液压缸来完成。根据结构要求，可以采取液压缸动，活塞固定，或活塞动，液压缸固定的结构形式。而手臂的回转动作，则通过活塞的运动带动齿条齿轮传动来实现。机械手臂的不同回转角度，由活塞的可调行程来保证。

这种机械手采用了液压装置，既要不漏油，又要保证机械手动作灵活，而且每个动作结束之前均必须设置缓冲，以保证机械手的工作平衡、可靠。因为液压驱动的机械手需要严格的密封，所以这种机械手的缓冲机构较复杂。另外，控制机械手动作的电磁阀都有一定的时间常数，因而换刀速度慢。

1）机械手的结构与动作过程

图 5—27 所示为 JCS－018A 型加工中心机械手传动结构示意图。当刀库中的刀套逆时针旋转 90°后，压下上行程位置开关，发出机械手抓刀信号。此时，机械手 21 正处在如图所示的上面位置，液压缸 18 右腔通压力油，活塞杆推着齿条 17 向左移动，使得齿轮 11 转动。

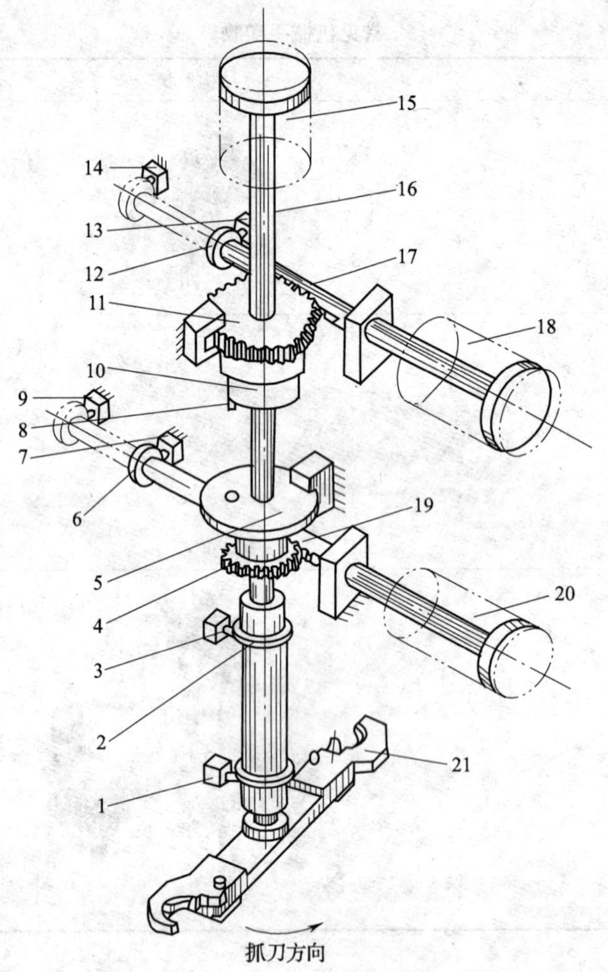

图 5—27 JCS－018A 机械手传动结构示意图

1、3、7、9、13、14—位置开关 2、6、12—挡环 4、11—齿轮 5—连接盘 8—传动销
10—传动盘 15、18、20—液压缸 16—轴 17、19—齿条 21—机械手

如图 5—28 所示，8 为液压缸的活塞杆，齿轮 1、齿条 7 和轴 2 即为图 5—27 中的齿轮 11、齿条 17 和轴 16。连接盘 3 与齿轮 1 用螺钉连接，它们空套在机械手臂轴 2 上，传动盘 5 与机械手臂轴 2 用花键连接，它上端的销子 4 插入连接盘 3 的销孔中，因此齿轮转动时带动机械手臂轴转动，使机械手回转 75°抓刀。如图 5—27 所示，抓刀动作结束时，齿条 17 上的挡环 12 压下位置开关 14，发出拔刀信号，于是液压缸 15 的上腔通压力油，活塞杆推动机械手臂轴 16 下降拔刀。在轴 16 下降时，传动盘 10 随之下降，其下端的销子 8（即图 5—28 中的销子 6）插入连接盘 5 的销孔中，连接盘 5 和其下面的齿轮 4 也是用螺钉连接的，它们空套在轴 16 上。当拔刀动作完成后，轴 16 上的挡环 2 压下位置开关 1，发出换刀信号。这时液压缸 20 的右腔通压力油，活塞杆推着齿条 19 向左移动，使齿轮 4 和连接盘 5 转动，通过销子 8，由传动盘带动机械手转 180°，交换主轴上和刀库上的刀具位置。换刀动作完成后，齿条 19 上的挡环 6 压下位置开关 9，发出插刀信号，使液压缸 15 下腔通压力油，活塞杆带着机械手臂轴上升插刀，

同时传动盘下面的销子 8 从连接盘 5 的销孔中移出。插刀动作完成后，16 上的挡环压下位置开关 3，使液压缸 20 的左腔通压力油，活塞杆带着齿条 19 向右移动复位，而齿轮 4 空转，机械手无动作。齿条 19 复位后，其上挡环压下位置开关 7，使液压缸 18 的左腔通压力油，活塞杆带着齿条 17 向右移动，通过齿轮 11 使机械手反转 75°复位。机械手复位后，齿条 17 上的挡环压下位置开关 13，发出换刀完成信号，使刀套向上翻转 90°，为下次选刀做好准备。

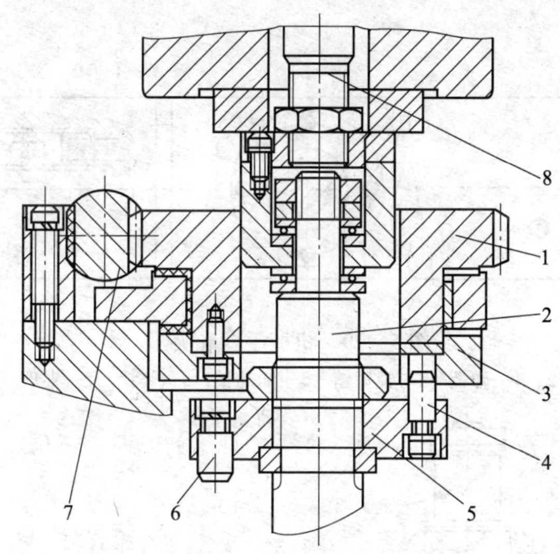

图 5—28 机械手传动结构局部视图

1—齿轮 2—轴 3—连接盘 4、6—销子 5—传动盘 7—齿条 8—活塞杆

2）机械手抓刀部分结构

图 5—29 所示为机械手抓刀部分的结构，它主要由手臂 1 和固定于两端的结构完全相同的两个夹爪 7 组成。夹爪上握刀的圆弧部分有一个锥销 6，机械手抓刀时，该锥销插入刀柄的键槽中。当机械手由原位转 75°抓住刀具时，两夹爪上的长销 8 分别被主轴前端面和刀库上的挡块压下，使轴向开有长槽的活动销 5 在弹簧 2 的作用下右移顶住刀具。机械手拔刀时，长销 8 与挡块脱离接触，锁紧销 3 被弹簧 4 弹起，使活动销顶住刀具不能后退，这样机械手在回转 180°时，刀具不会被甩出。当机械手上升插刀时，两长销 8 又分别被两挡块压下，锁紧销从活动销的孔中退出，松开刀具，机械手便可反转 75°复位。

近年来国内外先后研制出凸轮联动式单臂双爪机械手。其工作原理如图 5—30 所示。

这种机械手的优点是：由电动机驱动，不需较复杂的液压系统及其密封、缓冲机构，没有漏油现象，结构简单，工作可靠。同时，机械手手臂的回转和插刀、拔刀的分解动作是联动的，部分时间可重叠，从而大大缩短了换刀时间。

（2）两手呈 180°的回转式单臂双爪机械手

1）两手不伸缩的回转式单臂双爪机械手

如图 5—31 所示，这种机械手适用于刀库中刀座轴线与主轴轴线平行的自动换刀装置。安装时应注意机械手回转全过程不能与相邻于换刀位置刀座的刀具干涉。手臂的回转由蜗杆凸轮机构传动，快速可靠，换刀时间在 2 s 以内。

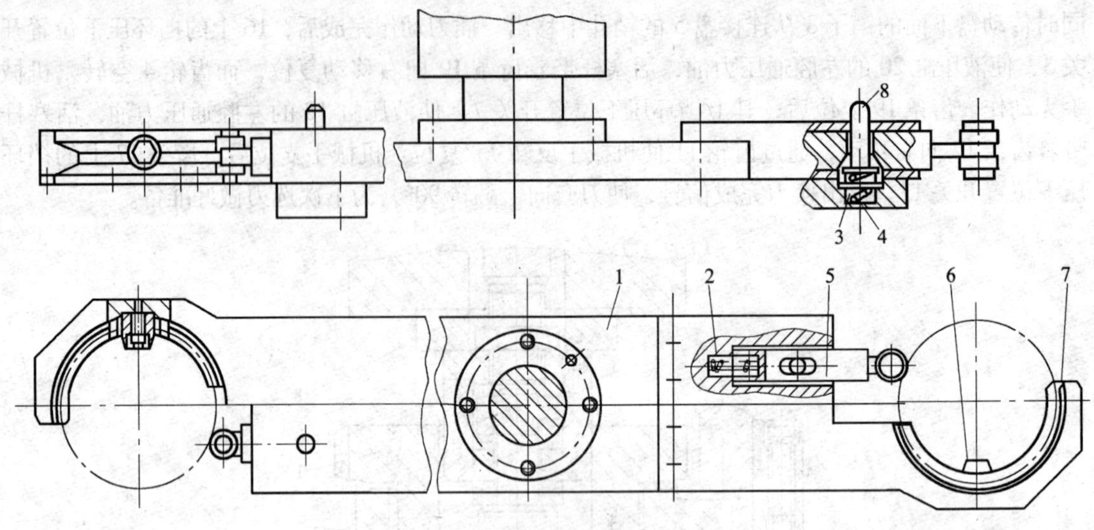

图 5—29　机械手臂和夹爪

1—手臂　2、4—弹簧　3—锁紧销　5—活动销　6—锥销　7—夹爪　8—长销

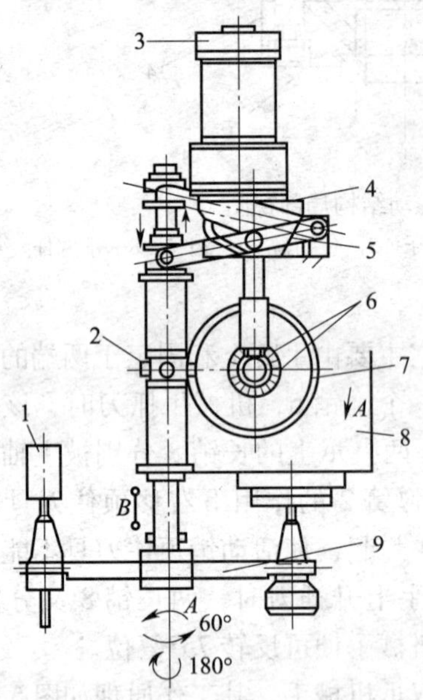

图 5—30　凸轮式换刀机械手

1—刀套　2—十字轴　3—电动机　4—圆柱槽凸轮（手臂上下）　5—杠杆　6—锥齿轮　7—凸轮滚子（平臂旋转）　8—主轴箱　9—换刀手臂

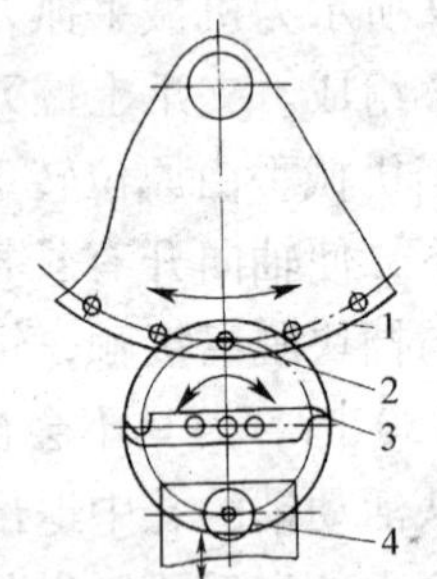

图 5—31　两手不伸缩的回转式单臂双爪机械手

1—刀库　2—换刀位置的刀座　3—机械手　4—机床主轴

2）两手伸缩的回转式单臂双爪机械手

如图 5—26c 所示，这种机械手适用于刀库中刀座轴线与主轴轴线平行的自动换刀装置。由于两手可伸缩，缩回后回转，可避免与刀库中其他刀具干涉。由于增加了两手的伸缩动作，因此换刀时间相对较长。

3）剪式手爪的回转式单臂双爪机械手

这种机械手用两组剪式手爪夹持刀柄，故又称剪式机械手，其刀库刀座轴线与机床主轴轴线可平行亦可垂直。这种机械手的两组剪式夹爪分别动作，因此换刀时间较长。

（3）两手互相垂直的回转式单臂双爪机械手

图 5—32 所示的机械手用于刀库刀座轴线与机床主轴轴线垂直，刀库为径向存取刀具的自动换刀装置。机械手有伸缩、回转和抓刀、松刀等动作。伸缩动作：液压缸（图中未示出）带动手臂托架 5 沿主轴轴向移动。回转动作：液压缸活塞驱动齿条 2 使与机械手相连的齿轮 3 旋转。抓刀动作：液压驱动抓刀活塞 4 移动，通过活塞杆末端的齿条传动带动两个小齿轮 10 转动，再分别通过小齿条 14、小齿轮 12、小齿条 13，移动两个手部中的抓刀动块 7。抓刀动块上的销子 8 插入刀具颈部后法兰上的对应孔中，抓刀动块 7 与抓刀定块 9 撑紧在刀具颈部两法兰之间。松刀动作：换刀后在弹簧 11 的作用下，抓刀动块松开及销子 8 退出。

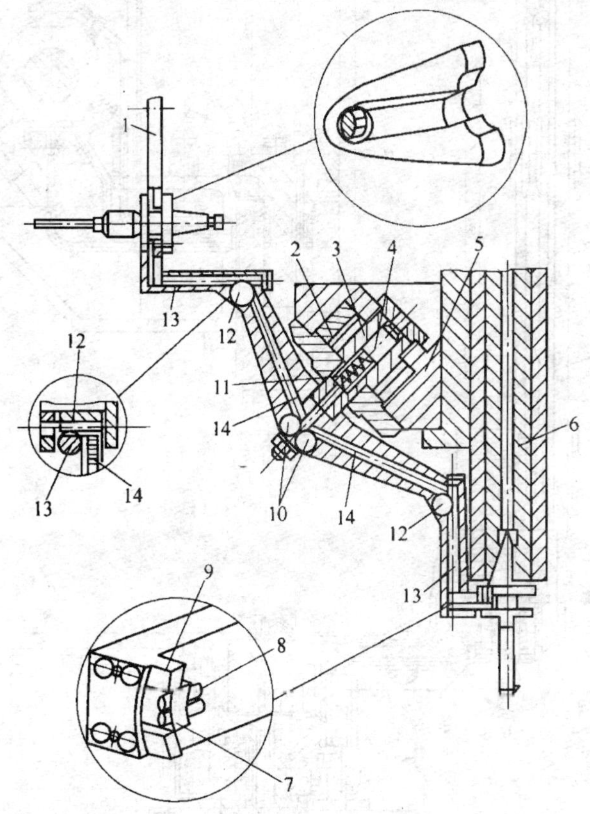

图 5—32 两手互相垂直的回转式单臂双爪机械手

1—刀库 2—齿条 3—齿轮 4—抓刀活塞 5—手臂托架 6—机床主轴 7—抓刀动块 8—销子 9—抓刀定块 10、12—小齿轮 11—弹簧 13、14—小齿条

（4）两手平行的回转式单臂双爪机械手

如图 5—33 所示，由于刀库中刀具的轴线与机床主轴轴线方向相垂直，故机械手需有三个动作：沿主轴轴线移动（Z 向），进行主轴的插、拔刀；绕垂直轴作 90°摆动（S_1向），完

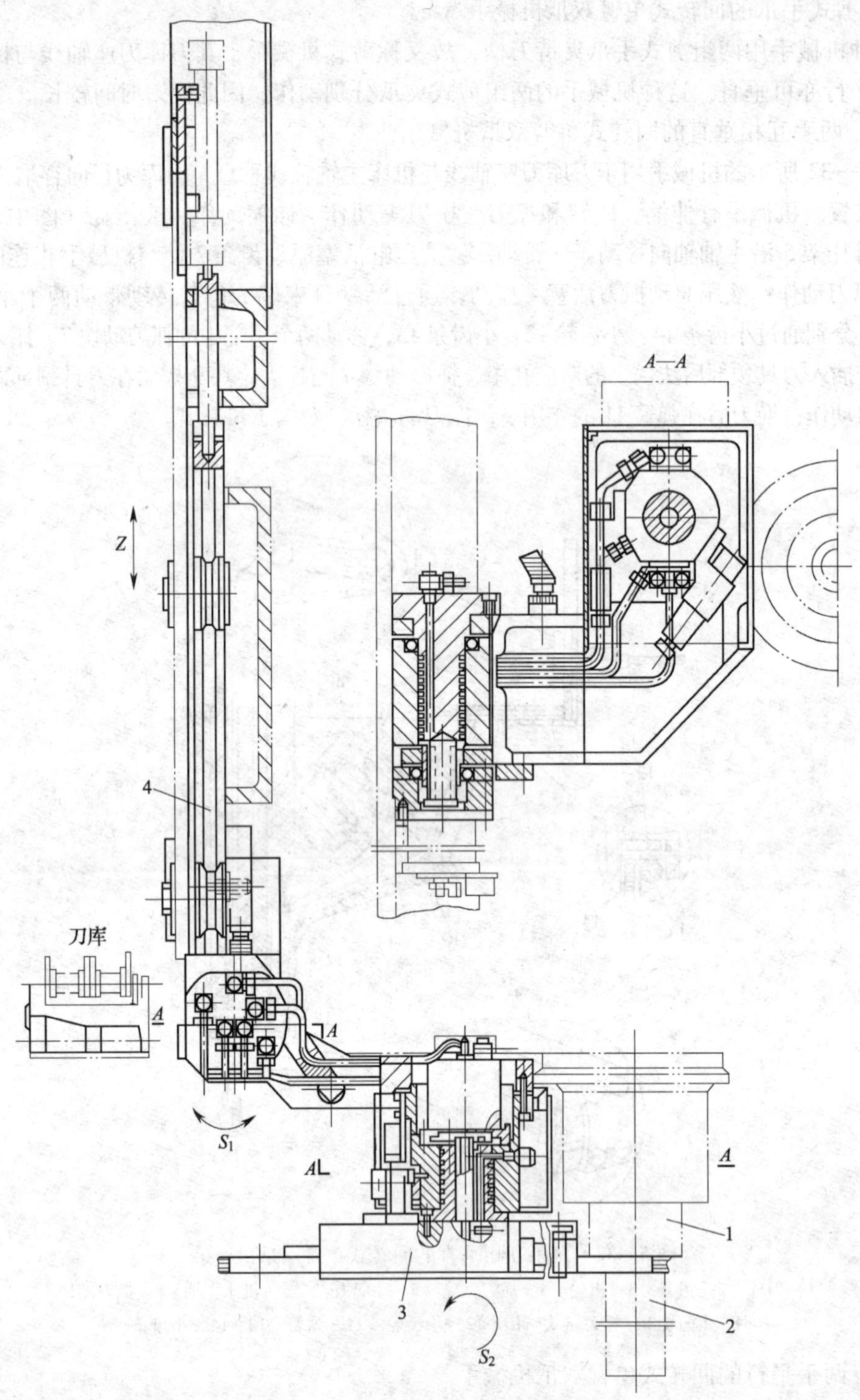

图5—33　两手平行的回转式单臂双爪机械手

1—主轴　2—刀具　3—机械手　4—刀库链

成主轴与刀库间的刀具传递；绕水平轴作180°回转（S_2向），完成刀具交换。抓刀、松刀动作如图5—34所示。机械手有两对夹爪，由液压缸1驱动夹紧和松开。液压缸1驱动夹爪外伸时（图中上部夹爪），支架上的导向槽2拨动销子3，使该对夹爪绕销轴4摆动，夹爪合拢实现抓刀动作。液压缸驱动夹爪回缩时（图中下部夹爪），支架上的导向槽2使该对夹爪放开，实现松刀动作。

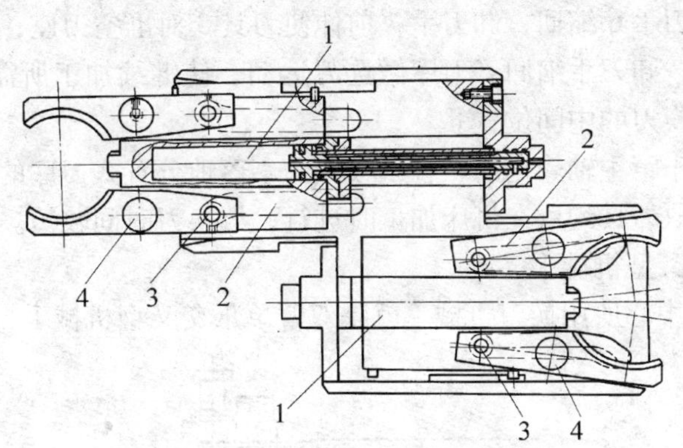

图5—34　机械手夹爪结构

1—液压缸　2—导向槽　3—销子　4—销轴

（5）双手交叉式机械手

图5—35所示为手臂座移动的双手交叉式机械手。其换刀动作过程如下：

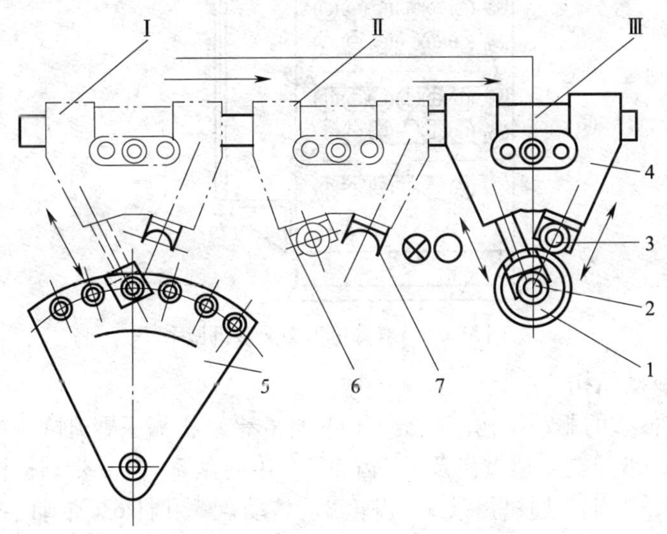

图5—35　双手交叉式机械手换刀示意图

Ⅰ—向刀库归还用过的刀具并选取下一工序要使用的刀具　Ⅱ—等待与主轴交换刀具　Ⅲ—完成主轴的刀具交换

1—主轴　2—装上的刀具　3—卸下的刀具　4—手臂座　5—刀库　6—装刀手　7—卸刀手

1）机械手移动到机床主轴处，卸、装刀具。卸刀手7伸出，抓住主轴1中的刀具3，手臂座4沿主轴轴向前移，拔出刀具3，卸刀手7缩回；装刀手6带着刀具2前伸到对准主轴；手臂座4沿主轴轴向后退，装刀手6把刀具2插入主轴；装刀手缩回。

2）机械手移动到刀库处送回卸下的刀具，并选取继续加工所需的刀具（这些动作可在机床加工时进行）。手臂座4横移至刀库上方位置Ⅰ并轴向前移；卸刀手7前伸使刀具3对准刀库空刀座；手臂座4后退，卸刀手7把刀具3插入空刀座；卸刀手缩回。刀库的选刀运动与上述动作相同。选刀后，横移到等待换刀的中间位置Ⅱ。如果采用跟踪记忆任选刀具的方式，则上述动作应改为：手臂座4横移至刀库上方位置Ⅰ；装刀手6前伸抓住新刀具；手臂座4前移拔刀；装刀手6缩回；卸刀手7前伸使刀具3对准空刀座；手臂座后退，卸刀手把刀具3插入空刀座；卸刀手缩回，刀库做选刀运动，使继续加工所需刀具转至换刀位置，手臂座4横移到等待换刀的中间位置Ⅱ。

这类机械手适用于距主轴较远的、容量较大的、落地分置式刀库的自动换刀装置。由于向刀库归还刀具和选取刀具均可在机床加工时进行，故换刀时间较短。

（6）双臂单爪交叉型机械手

JCS013卧式加工中心所用换刀机械手就是双臂单爪交叉型机械手，如图5—36所示。

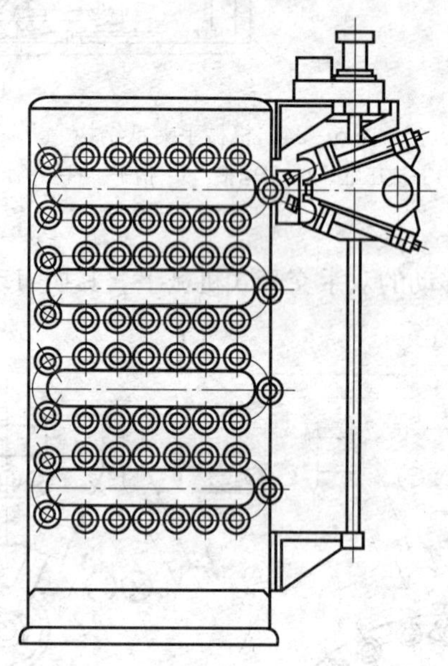

图5—36　双臂单爪交叉型机械手

3. 机械手的驱动机构

图5—37为机械手的驱动机构。气缸1通过杆6带动机械手臂升降。当机械手在上边位置时（图示位置），液压缸4通过齿条2、齿轮3、传动盘5、杆6带动机械手臂回转；当机械手在下边位置时，气缸7通过齿条9、齿轮8、传动盘5和杆6，带动手臂回转。

4. 夹爪形式

（1）钳形机械手夹爪

钳形手的杠杆夹爪如图5—38所示。图中的锁销2在弹簧（图中未画出此弹簧）作用下，其大直径外圆顶着止退销3，杠杆夹爪6就不能摆动张开，爪中的刀具就不会被甩出。当抓刀和换刀时，锁销2被装在刀库主轴端部的撞块压回，止退销3和杠杆夹爪6就能够摆动放开，从而使刀具9能装入和取出，这种夹爪完全通过直线运动抓刀。

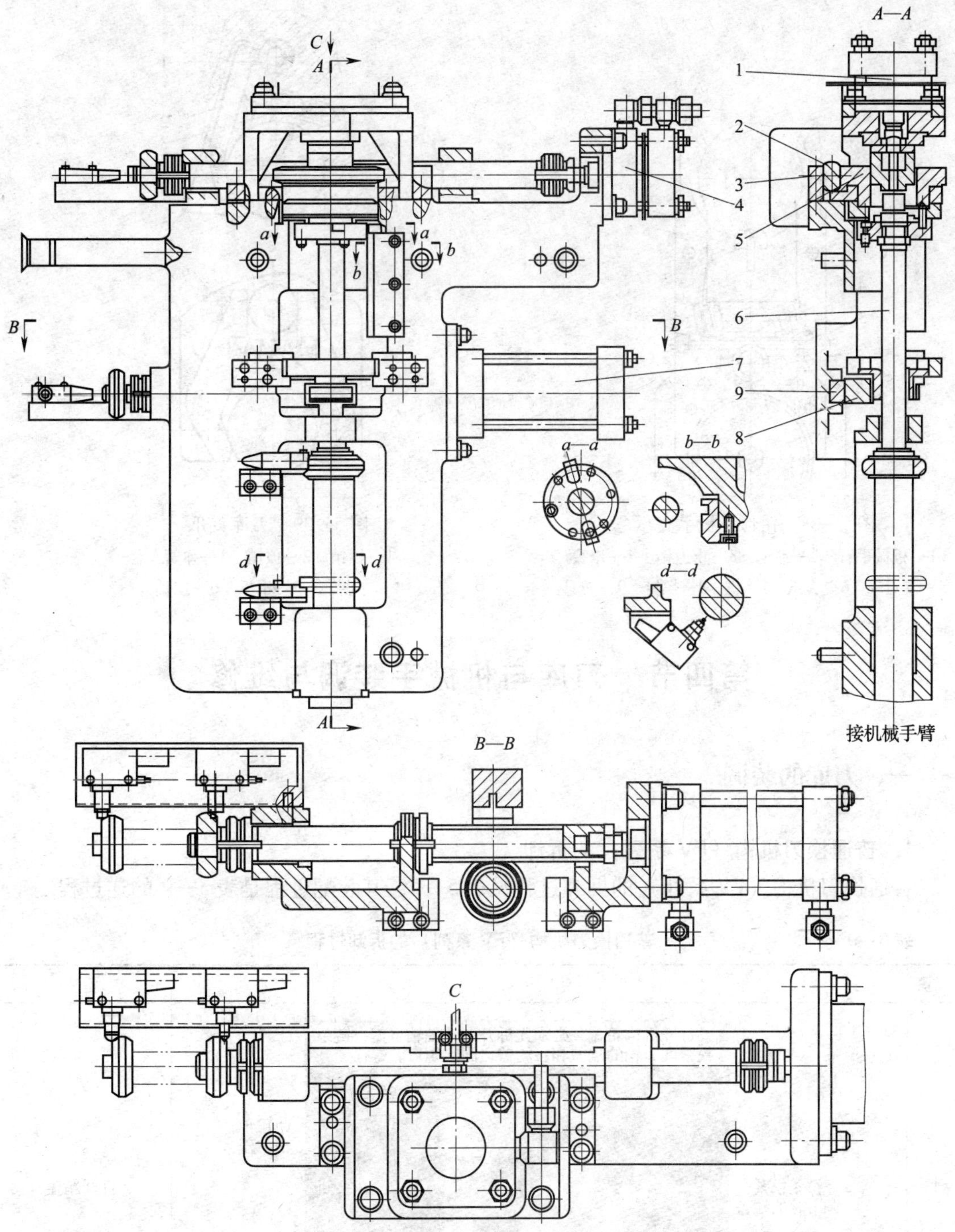

图5—37 机械手的驱动机构

1—升降气缸 2、9—齿条 3、8—齿轮 4—液压缸 5—传动盘 6—杆 7—转动气缸

（2）刀库夹爪

刀库夹爪既起着刀套作用，又起着夹爪的作用。图5—39所示为刀库夹爪。

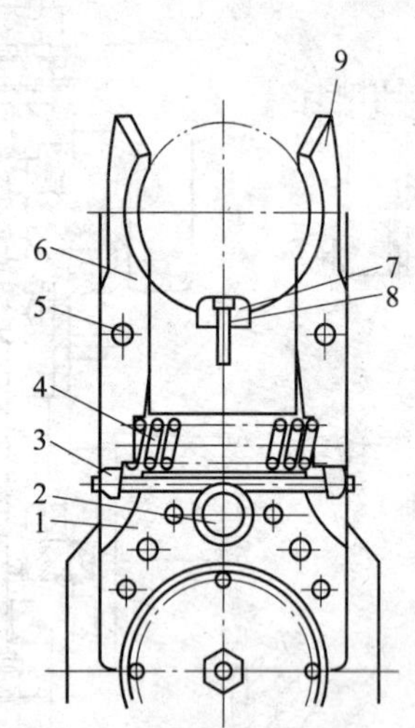

图 5—38　钳形机械手夹爪

1—机械手臂　2—锁销　3—止退销　4—弹簧　5—支点轴　6—夹爪　7—键　8—螺钉　9—刀具

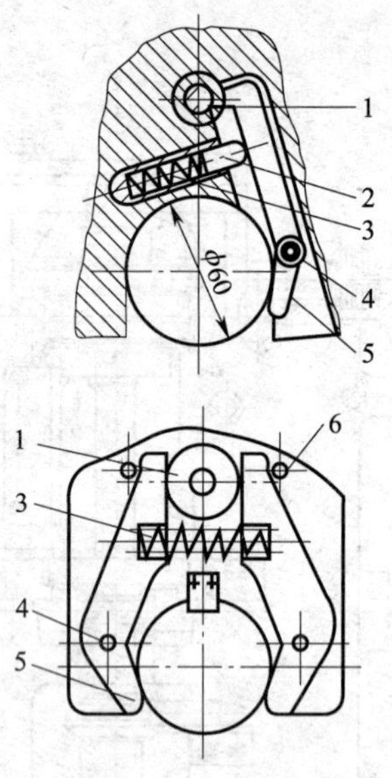

图 5—39　刀库夹爪

1—锁销　2—顶销　3—弹簧　4—支点轴　5—手爪　6—挡销

第四节　刀库与机械手装调与维修

一、刀库的装调

1. 普通换刀机构（FV 系列）的拆卸

普通换刀机构（FV 系列）的拆卸过程见表 5—9，其装配过程是表 5—9 的逆过程。

表 5—9　　普通换刀机构（FV 系列）的拆卸过程

步骤	图示	备注
1	要打开机构箱盖，必须先拆开凸轮轴轴承盖，链条松紧调节轮的端盖和各箱盖之固定螺钉、螺栓 凸轮轴轴承盖 链条松紧调节轮的端盖	打开箱盖

续表

步骤	图示	备注
1	FV系列换刀机构箱盖打开后的内部结构	内部结构
	FV系列刀库拆掉换刀机构后背面结构	背面结构
	FV系列换刀机构箱盖背面机构	箱盖结构

续表

步骤	图示	备注
2	 FV系列换刀机构取出凸轮单元后之内部结构	取出凸轮
3	 换刀臂处于原点时凸轮位置	做标记
4		取出齿轮

2. 同步换刀机构（QM 系列）的拆装

同步换刀机构（QM 系列）的结构如图 5—40 所示，其拆卸过程见表 5—10，其装配过程是表 5—10 的逆过程，其注意事项如图 5—41 所示。

QM-22系列换刀机构完整结构

图 5—40　同步换刀机构（QM 系列）的结构

表 5—10　　　同步换刀机构（QM 系列）的拆卸过程

步骤	图示	备注
1	拆掉机械手电动机	

续表

步骤	图示	备注
2	 拆掉电动机固定板	
3	 用记号笔把刀库轴承预压螺冒做上记号	此记号在装配时供参考
4	 用勾形扳手或錾子旋开预压螺冒	用錾子时注意用力要均匀

续表

步骤	图示	备注
5	 拆下刀库电动机	
6	 旋开刀盘盖4颗螺钉，旋转刀盘盖，将刀套退出沟槽外	
7	 将刀盘盖取下	

续表

步骤	图示	备注
8	 取下平键及轴承	
9	 拆下整个刀盘	
10	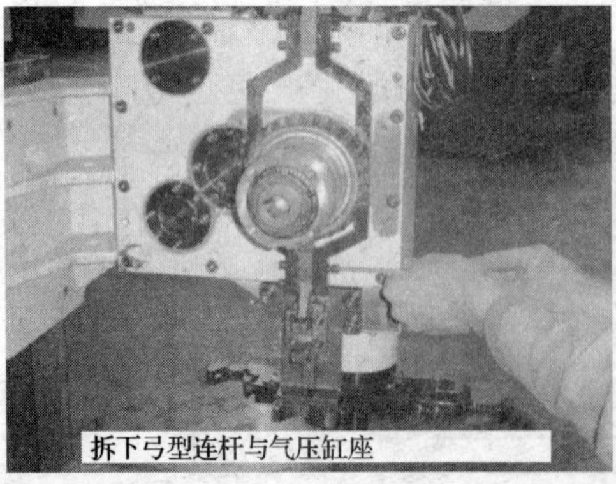 拆下弓型连杆与气压缸座	

续表

步骤	图示	备注
11	 打开连杆轴轴承防尘盖	
12	 拆下轴承预压螺冒(在拆前先做好螺冒预压位置记号)，卸下箱盖固定螺钉及定位销	
13	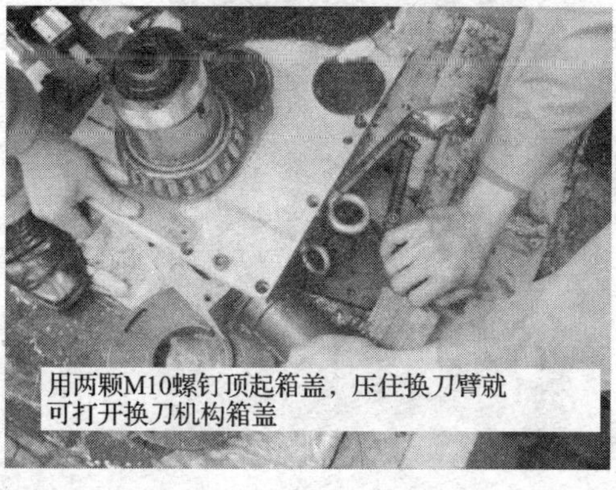 用两颗M10螺钉顶起箱盖，压住换刀臂就可打开换刀机构箱盖	

续表

步骤	图示	备注
13	 打开箱盖后的内部结构	
14	  一手按住换刀臂就可取出凸轮机构	

续表

步骤	图示	备注
15	 	

a)

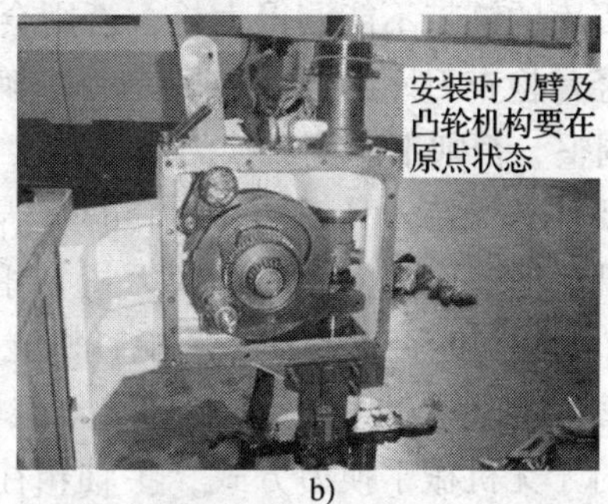

b)

c)

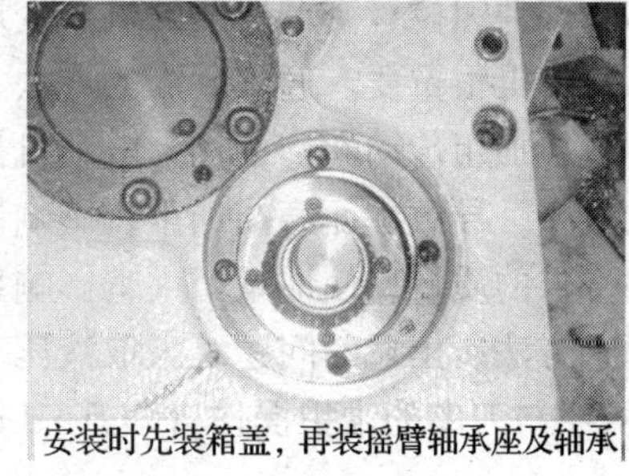

d)

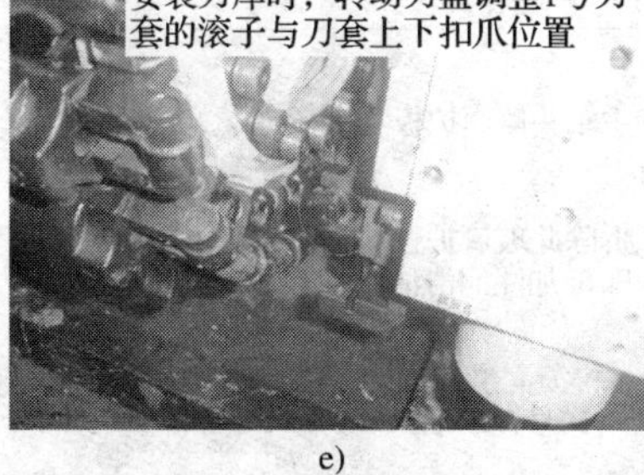

e)

图 5—41　装配注意事项

二、机械手与刀库的维护

1. 机械手与刀库的维护项目

(1) 严禁把超重，超长，非标准的刀具装入刀库，防止在机械手换刀时掉刀或使刀具与工件、夹具等发生碰撞。

(2) 采取顺序选刀方式的机床必须注意刀具放置在刀库上的顺序是否正确。其他的选刀方式也要注意所换刀具号是否与所需刀具一致，防止换错刀具导致事故发生。

(3) 用手动方式往刀库上装刀时，要确保放置到位、牢固，同时还要检查刀座上锁紧装置是否可靠。

(4) 刀库容量较大时，重而长的刀具在刀库上应均匀分布，避免集中于一段。否则易造成刀库的链带拉得太紧，变形较大，并且可能有阻滞现象，使换刀不到位。

(5) 刀库的链带不能调得太松，否则会有“飞刀”的危险。

(6) 经常检查刀库的回零位置是否正确，机床主轴回换刀点的位置是否到位，发现问题应及时调整，否则不能完成换刀动作。

(7) 要注意保持刀具刀柄和刀套的清洁，严防异物进入。

(8) 开机时，应先使刀库和换刀机械手空运行，检查各部分工作是否正常，特别是各行程开关和电磁阀能否正常动作。检查机械手液压系统的压力是否正常，刀具在机械手上锁紧是否可靠，发现异常时应及时处理。

(9) 对于无机械手换刀方式，主轴箱往往要做上下运动。如何平衡垂直运动部件的重量，减少移动部件因位置变动造成的机床变形，使主轴箱上下移动灵活、运行稳定性好、迅速且准确，就显得很重要。通常平衡的方法主要有三种：第一是当垂直运动部件的重量较轻时，可采用直接加粗传动丝杠，加大电动机扭矩的方法。但这样将使得传动丝杠始终承担着运动部件的重量，导致单面磨损加重，影响机床精度的保持。第二种是使用平衡重锤，但这将增加运动部件的质量，使惯量增大，影响系统的反应速度。第三种是液压平衡法。它可以避免前面两种方法所出现的问题。采取液压平衡法时，要定期检查液压系统的压力。

2. 机械手与刀库的维护操作（表 5—11）

表 5—11　　机械手与刀库的维护操作

项目	图示	说明
刀库维护	主轴头侧面护板 拆除此玻璃护板即可加注润滑油 换刀润滑油缸(10号锭子油)	每半年检查加工中心换刀缸润滑油，不足时需要及时添加

续表

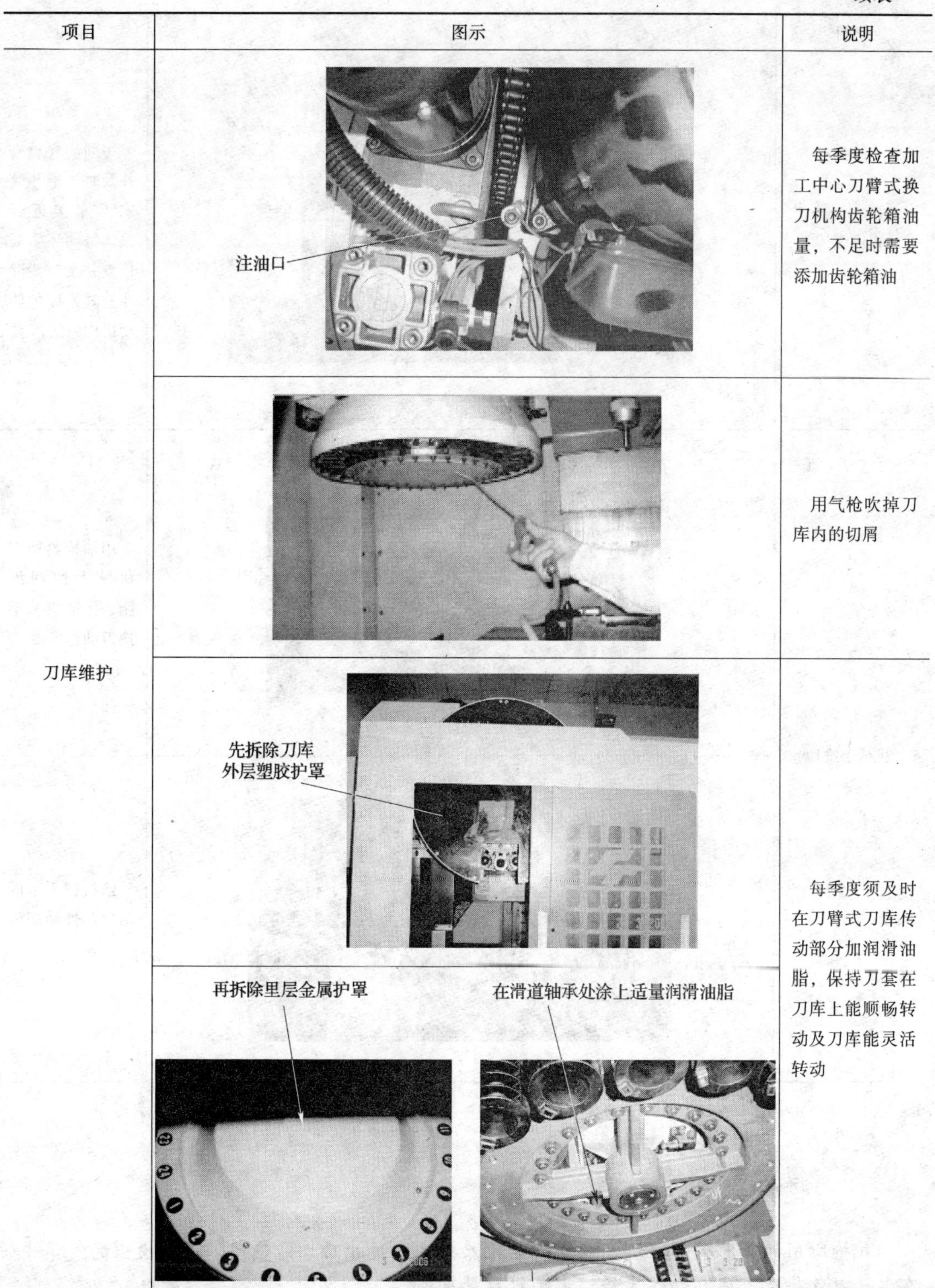

项目	图示	说明
刀库维护	注油口	每季度检查加工中心刀臂式换刀机构齿轮箱油量，不足时需要添加齿轮箱油
		用气枪吹掉刀库内的切屑
	先拆除刀库外层塑胶护罩；再拆除里层金属护罩；在滑道轴承处涂上适量润滑油脂	每季度须及时在刀臂式刀库传动部分加润滑油脂，保持刀套在刀库上能顺畅转动及刀库能灵活转动

续表

项目	图示	说明
刀库维护	斗笠式刀库接近开关 斗笠式刀库驱动机构	每周需要检查并及时清洁斗笠式刀库接近开关，每周还需要检查并及时清除斗笠式刀库的驱动机构内的切屑
机械手维护		用油枪给换刀机械手加润滑脂，保证机械手换刀动作灵敏
		给机械手上的活动部件加润滑油

操作提示

气枪所用的气源必须经过压缩空气净化器将水分过滤后才能使用。严禁吹出的气体中带有水，以免导致刀库零部件生锈，影响机械精度。

三、常见故障诊断与排除

1．刀库及机械手常见故障诊断

刀库及换刀机械手结构复杂，且在工作中又频繁运动，所以故障率较高。目前数控机床50%以上故障都与它们有关。

刀库及换刀机械手的常见故障及排除方法见表5—12。

表5—12　　刀库、机械手常见故障及排除方法

序号	故障现象	故障原因	排除方法
1	刀库不能旋转	连接电动机轴与蜗杆轴的联轴器松动	紧固联轴器上的螺钉
		刀具重量超重	刀具重量不得超过规定值
2	刀套不能夹紧刀具	刀套上的调整螺钉松动或弹簧太松，造成卡紧力不足	顺时针旋转刀套两端的调节螺母，压紧弹簧，顶紧卡紧销
		刀具超重	刀具重量不得超过规定值
3	刀套上不到位	换刀装置调整不当或加工误差过大而造成拨叉位置不正确	调整好换刀装置，提高加工精度
		限位开关安装不正确或调整不当造成反馈信号错误	重新调整安装限位开关
4	刀具不能夹紧	气压不足	调整气压使其处在额定范围内
		增压系统漏气	关紧增压系统
		刀具卡紧后液压缸漏油	更换密封装置，卡紧液压缸使其不漏油
		刀具松卡弹簧上的螺母松动	旋紧螺母
5	刀具夹紧后不能松开	松锁刀的弹簧压力过紧	调节锁刀弹簧上的螺钉，使其最大载荷不超过额定值
6	刀具从机械手中脱落	机械手卡紧销损坏或没有弹出来	更换卡紧销或弹簧
		换刀时主轴箱没有回到换刀点或换刀点发生漂移	重新操作，使主轴箱运动，并使其回到换刀点位置，并重新设定换刀点
		机械手抓刀没有到位，就开始拔刀	调整机械手手臂，使夹爪抓紧刀柄后再拔刀
		刀具重量超重	更换刀具，使其重量不超规定值
7	机械手换刀速度过快或过慢	气压太高或节流阀开口过大	保证气泵的压力和流量，旋转节流阀，使换刀速度合适

2．故障排除实例

(1) 刀库无法旋转的故障排除

故障现象：自动换刀时，刀链运转不到位，刀库就停止运转，机床自动报警。

故障分析：由故障报警可知，此故障是伺服电动机过载。检查电气控制系统，没有发现什么异常，问题可能是：刀库链或减速器内有异物卡住；刀库链上的刀具太重；润滑不良。经检查上述三项均正常，则问题可能出现在其他方面，卸下伺服电动机，发现伺服电动机内部有许多切削液，致使线圈短路。原因是电动机与减速器连接处的密封圈磨损，导致切削液渗入电动机。

故障处理：更换密封圈和伺服电动机后，故障排除。

（2）机械手不能缩爪故障排除

故障现象：某配套 FANUC 11 系统的 BX－110P 加工中心在 JOG 状态下加工工件时，机械手将刀具从主刀库中取出送入送刀盒中，不能缩爪，但却不报警，将方式选择到 ATC 状态，手动操作都正常。

故障分析：经查看梯形图，发现限位开关 LS916 并没有压合。调整限位开关位置后，机床恢复正常。但过一段时间后，再次出现此故障，检查 LS916 并没松动，但却没有压合，由此怀疑机械手的液压缸拉杆没伸到位。经查发现液压缸拉杆顶端锁紧螺母的紧定螺钉松动，使液压缸伸缩的行程发生了变化。

故障排除：调整锁紧螺母并拧紧紧定螺钉后，此故障排除。

（3）机械手无法从主轴和刀库中取出刀具的故障排除

故障现象：某卧式加工中心机械手在换刀过程中动作中断，报警指示灯显示器发出 2012 号报警，显示内容为“ARM EXPENDING TROUBLE”（机械手伸出故障）。

故障分析：机械手不能伸出，以致无法完成从主轴和刀库中拔刀故障的可能原因如下。

1）“松刀”感应开关失灵。在换刀过程中，各动作的完成信号均由感应开关发出，只有上一动作完成后才能进行下一步动作。第 3 步为“主轴松刀”，如果感应开关未发信号，则机械手“拔刀”就不会动作。检查两感应开关，信号正常。

2）“松刀”电磁阀失灵。主轴的“松刀”，是由电磁阀接通液压缸来完成的。如电磁阀失灵，则液压缸未进油，刀具就“松”不了。检查主轴的“松刀”电磁阀，动作均正常。

3）“松刀”液压缸因液压系统压力不够或漏油而不动作，或液压缸行程不到位。检查刀库松刀液压缸，动作正常，行程到位。打开主轴箱后罩，检查主轴松刀液压缸，发现已到达松刀位置，油压也正常，液压缸无漏油现象。

4）电动机控制电路有问题，建立不起拔刀条件。检查电动机控制电路系统正常。

5）主轴系统不松刀。碟形弹簧通过拉杆和弹簧卡头将刀具尾端的拉钉拉紧。松刀时，液压缸的活塞杆顶压顶杆，顶杆通过空心螺钉推动拉杆，一方面使弹簧卡头松开刀具的拉钉，另一方面又顶动拉钉，使刀具右移，从而在主轴锥孔中变松。若主轴系统不松刀，则可能是：

①刀具尾部拉钉的长度不够，致使液压缸虽已运动到位，但仍未将刀具顶松。

②拉杆尾部空心螺钉位置起了变化，使液压缸行程满足不了松刀要求。

③顶杆故障（如变形或磨损）而使刀具无法松开。

④弹簧卡头故障，不能张开。

⑤主轴装配调整时，刀具移动量调得太小，致使在使用过程中出现一些综合因素，导致

不能满足松刀条件。

拆下松刀液压缸，检查发现这一故障系制造装配时，空心螺钉的伸出量调整得太小，故松刀液压缸行程虽到位，但刀具在主轴锥孔中压出不够，无法取出。

故障处理：调整空心螺钉的伸出量，保证在主轴松刀液压缸行程到位后，刀柄在主轴锥孔中的压出量为0.4 ~0.5 mm。经以上调整后，故障排除。

(4) JCS－018A 立式加工中心机械手失灵故障排除

故障现象：

1）起初，刀具交换刀时手臂旋转速度快慢不均匀，气液转换器失油频率加快，机械手旋转不到位。

2）后来，装刀时手臂升降系统不动作，或手臂复位不灵。手动调整 SC－15 节流阀，只能维持短时间正常运行，且排气声音逐渐混浊，不如正常动作时清晰。

3）最后不能换刀。

故障分析：

1）刀具交换时，手臂旋转 75°抓主轴和刀套上的刀具，必须到位抓牢，才能下降脱刀。动作到位后，机械手旋转 180°换刀。机械手到装刀位置后，上升并分别插刀。然后，手臂再复位，刀库上的刀套由垂直位置变为水平位置。机械手 75°、180°的旋转运动是由数控程序控制压缩空气，通过气液转换器完成的。其旋转速度由 SC－15 节流阀调整，换向由 5ED－10N18F 电磁阀控制。一般情况下，这些元部件寿命是很长的，可以排除这类元件存在的问题。

2）刀库上的刀套水平位置和垂直位置的转换，机械手的插、拔刀（手臂的上下）由各自独立的气源推动，排气也采用各自独立的消声排气口。所以，机械手臂的上下（插、拔刀动作）不受手臂旋转力矩的影响。但是，机械手旋转不到插拔刀位置时，手臂升降是不可能的。根据这一原理可知，着重检查手臂旋转系统执行元件是必要的工作。

3）观察机械手 75°、180°旋转，以及不旋转时，液压缸伸缩对应气液转换各油标的升降与高低情况。发觉左右配对的气液转换器的左边呈上限右边就呈下限，反之亦然，且公用排气口有较大的油液排出。分析气液转换器、尼龙管道均属密闭安装，所以此故障原因应在执行器件液压缸上。

4）拆卸机械手液压缸，解体检查，发现活塞支承环 O 形圈均有直线性磨损，已不能密封。液压缸内壁粗糙，环状刀纹明显，精度太差。

故障处理：更换液压缸缸筒与 O 形圈，重装调整后故障消失。

(5) 刀库互锁，M03 不能执行的故障排除

故障现象：某配套 SIEMENS 810M 的立式加工中心，自动运行如下指令：

T * * M06;

S * * M03;

G00Z－100;

偶然，出现主轴不转，而 *Z* 轴向下运动的情况。

故障分析：此机床采用的是无机械手换刀方式。换刀动作由气缸控制刀库的前后、上下

移动实现。由于故障偶然出现，其原因应同机床换刀动作与主轴移动的互锁有关。仔细检查机床的 PLC 程序设计，发现确实存在这种互锁，即：只有当刀库在后位时，主轴才能旋转；一旦刀库离开后位，主轴立即停止。现场观察刀库的动作过程，发现该刀库运动存在明显的冲击，在刀库到达后位时，存在振动现象。通过系统诊断功能，可以明显发现刀库的“后位”信号有多次通断的情况。而程序中的“换刀完成”信号（M06 执行完成）为刀库的“后位到达”信号。因此，当刀库后退时，在第一次发出到位信号后，系统就认为换刀已经完成，并开始执行 S＊＊M03 指令。但 M03 执行过程中（或执行完成后），由于振动，刀库后位信号再次消失，引起主轴锁止，从而出现了主轴停止转动而 Z 轴继续向下的现象。

故障处理：通过调节气动回路，使得刀库振动消除，并适当减少无触点开关的检测距离，避免出现后位信号的多次通断现象。在以上调节不能解决时，可以通过增加 PLC 程序中的延时或加工程序中的延时解决。

第六章

液压与气动装置装调与维修

现代数控机床在实现整机的全自动化控制中，除数控系统外，还需要配备液压和气动装置来辅助实现整机的自动运行。所用的液压和气动装置应结构紧凑、工作可靠、易于控制和调节。

这些装置在机床中具有如下辅助功能：

1. 自动换刀所需的动作。如机械手的伸、缩、回转和摆动及刀具的松开和拉紧动作。
2. 机床运动部件的平衡。如机床主轴箱的重力平衡、刀库机械手的平衡装置等。
3. 机床运动部件的制动和离合器的控制，齿轮拨叉挂挡等。
4. 机床的润滑冷却。
5. 机床防护罩、板、门的自动开关。
6. 工作台的松开夹紧，交换工作台的自动交换动作。
7. 夹具的自动松开、夹紧。
8. 工件、工具定位面和交换工作台的自动吹屑、清理定位基准面等。

第一节　液压装置装调与维修

一、数控车床液压系统

1. MJ—50 数控车床液压系统

MJ—50 数控车床液压系统主要承担卡盘、回转刀架与刀盘及尾架套筒的驱动与控制。它能实现卡盘的夹紧与放松及两种夹紧力（高与低）之间的转换；回转刀盘的正反转及刀盘的松开与夹紧；尾架套筒的伸缩。液压系统的所有电磁铁的通、断均由数控系统用 PLC 来控制。整个系统由卡盘、回转刀盘与尾架套筒三个分系统组成，并以一变量液压泵为动力源。系统的压力调定为 4 MPa。图 6—1 是 MJ—50 数控车床液压系统的原理图。各分系统的工作原理如下。

（1）卡盘分系统

卡盘分系统的执行元件是一液压缸，控制油路则由一个有两个电磁铁的二位四通换向阀 1、一个二位四通换向阀 2、两个减压阀 6 和 7 组成。

高压夹紧：3DT 失电、1DT 得电，换向阀 2 和 1 均位于左位。分系统的进油路：液压泵→减压阀 6→换向阀 2→换向阀 1→液压缸右腔。回油路：液压缸左腔→换向阀 1→油箱。

这时活塞左移使卡盘夹紧（称正卡或外卡），夹紧力的大小可通过减压阀 6 调节。由于阀 6 的调定值高于阀 7，所以卡盘处于高压夹紧状态。松夹时，使 2DT 得电、1DT 失电，阀 1 切换至右位。进油路：液压泵→减压阀 6→换向阀 2→换向阀 1→液压缸左腔。回油路：液压缸右腔→换向阀 1→油箱。活塞右移，卡盘松开。

低压夹紧：油路与高压夹紧状态基本相同，唯一的不同是，这时 3DT 得电而使阀 2 切换至右位，因而液压泵的供油只能经减压阀 7 进入分系统。通过调节减压阀 7 便能实现低压夹紧状态下的夹紧力。

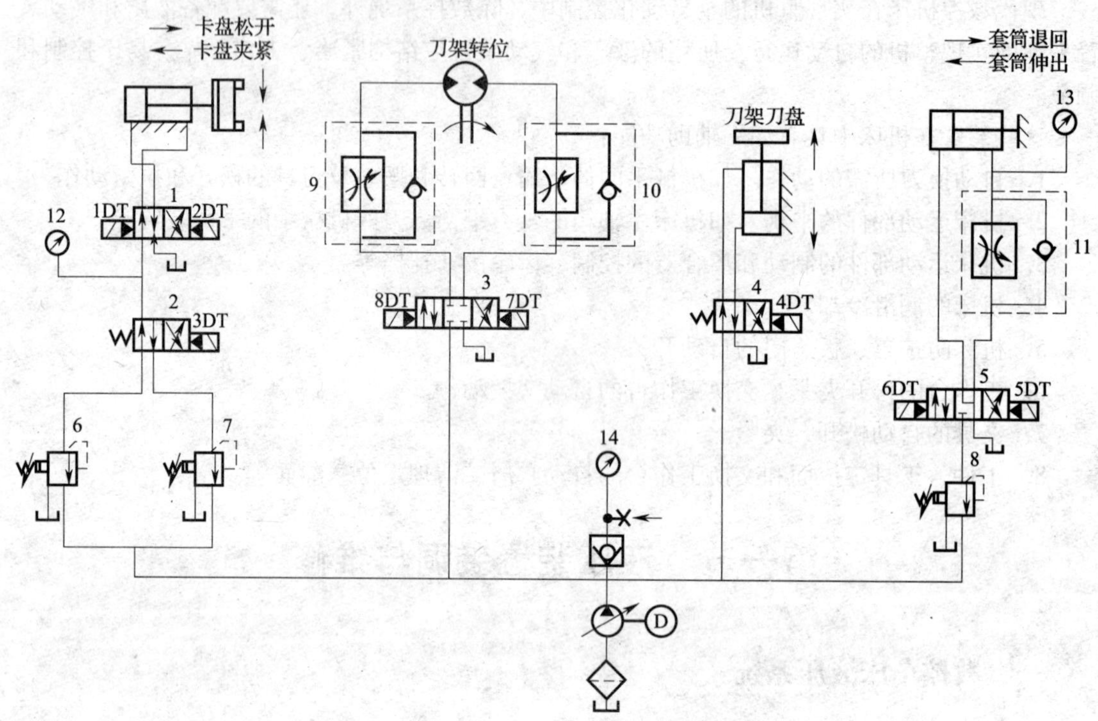

图 6—1　MJ—50 数控车床液压系统的原理图

1、2、3、4、5—换向阀　6、7、8—减压阀　9、10、11—调速阀　12、13、14—压力表

（2）回转刀盘分系统

回转刀盘分系统有两个执行元件，刀盘的松开与夹紧由液压缸执行，而液压马达则驱动刀盘回转。因此，分系统的控制回路也有两条支路。第一条支路由三位四通换向阀 3 和两个单向调速阀 9 和 10 组成。通过三位四通换向阀 3 的切换，控制液压马达及刀盘正、反转。两个单向调速阀 9 和 10 与变量液压泵，则使液压马达在正、反转时都能通过进油路容积节流调速来调节旋转速度。第二条支路控制刀盘的放松与夹紧，它是通过二位四通换向阀的切换来实现的。

刀盘的完整旋转过程是刀盘松开→刀盘通过左转或右转就近到达指定刀位→刀盘夹紧。因此，电磁铁的动作顺序是 4DT 得电（刀盘松开）→8DT（正转）或 7DT（反转时）得电（刀盘旋转）→8DT（正转时）或 7DT（反转时）失电（刀盘停止转动）→4DT 失电（刀盘夹紧）。

(3) 尾架套筒分系统

尾架套筒通过液压缸实现顶出与缩回。控制回路由减压阀 8、三位四通换向阀 5 和单向调速阀 11 组成。分系统通过调节减压阀 8，将系统压力降为尾架套筒顶紧所需的压力。单向调速阀 11 用于在尾架套筒伸出时实现回油节流调速，从而控制伸出速度。所以尾架套筒伸出时 6DT 得电，其油路为系统供油经阀 8、阀 5 左位进入液压缸的无杆腔，而有杆腔的液压油则经阀 11 的调速阀和阀 5 回油箱。尾架套筒缩回时 5DT 得电，系统供油经阀 8、阀 5 右位、阀 11 的单向阀进入液压缸的有杆腔，而无杆腔的油则经阀 5 直接回油箱。

通过对上述系统的分析，不难发现数控机床液压系统的特点为：

1）数控机床控制的自动化程度要求较高，类似于机床的液压控制，它对动作的顺序要求较严格，并有一定的速度要求。液压系统一般由数控系统的 PLC 或 PC 来控制，所以动作顺序直接用电磁换向阀切换来实现的较多。

2）由于数控机床的主运动已趋于直接用伺服电动机驱动，所以液压系统的执行元件主要承担各种辅助功能，虽负载变化幅度不是太大，但要求稳定。因此，常采用减压阀来保证支路压力的恒定。

2. CK3225 数控车床液压系统

CK3225 数控车床可以车削内圆柱、外圆柱和圆锥及各种圆弧曲线，适用于形状复杂、精度高的轴类和盘类零件的加工。

图 6—2 所示为 CK3225 系列数控机床的液压系统。它的作用是用来控制卡盘的夹紧与松开；主轴变挡、转塔刀架的夹紧与松开；转塔刀架的转位和尾座套筒的移动。

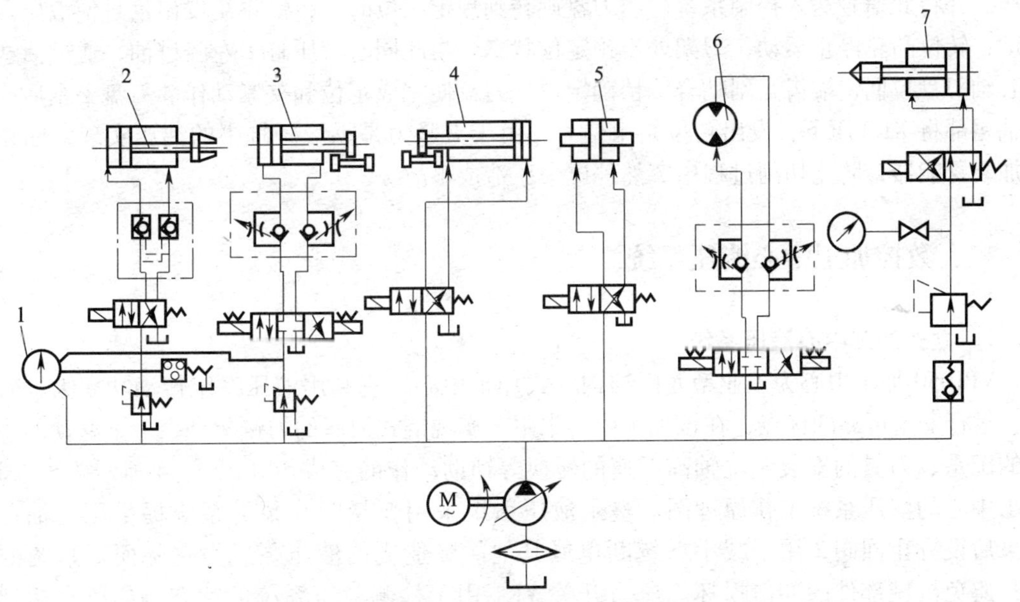

图 6—2 CK3225 数控车床的液压系统图

1—压力表 2—卡盘液压缸 3—变挡液压缸 Ⅰ 4—变挡液压缸 Ⅱ
5—转塔夹紧缸 6—转塔转位液压马达 7—尾座液压缸

（1）卡盘支路

支路中减压阀的作用是调节卡盘夹紧力，使工件既能夹紧，又尽可能减小变形。压力继电器的作用是当液压缸压力不足时，立即使主轴停转，以免卡盘松动而将旋转工件甩出。该支路中还采用了由液控单向阀组成的锁紧回路。在液压缸的进、回油路中都串联液控单向阀（又称液压锁），活塞可以在行程的任何位置锁紧，其锁紧精度只受液压缸内少量的内泄漏影响，因此锁紧精度较高。

（2）液压变速机构

变挡液压缸Ⅰ回路中，减压阀的作用是防止拨叉在变挡过程中滑移齿轮和固定齿轮端部接触（没有进入啮合状态），如果液压缸压力过大会损坏齿轮。

（3）刀架系统的液压支路

根据加工需要，CK3225 数控车床的刀架有 8 个工位可供选择。因以加工轴类零件为主，转塔刀架采用回转轴线与主轴轴线平行的结构形式，如图 6—3 所示。转塔刀架用液压缸夹紧，液压马达驱动换刀盘分度换刀，并通过端齿盘副定位、锁紧。

图 6—3 为转塔刀架处于夹紧状态，当刀架接收到转位指令后，液压油进入液压缸 1 的右腔，通过活塞推动中心轴 2 使刀盘 3 左移，并使定位副端齿盘 4 和 5 脱离啮合状态，为转位做好准备。当刀盘处于完全脱开位置时，行程开关 XK2 发出转位信号，液压马达带动转位凸轮 6 旋转，凸轮依次推动回转盘 7 上的柱销 8 使回转盘通过键带动中心轴及刀盘做分度运动。凸轮每转一周拨过一个柱销。使刀盘旋转 $1/n$ 周（n 为刀架的工位数）。中心轴的尾端固定着一个有 n 个齿的凸轮，当中心轴和刀盘转过一个工位时，凸轮压合计数开关 XK1 一次，并将此信号送入控制系统。当刀盘旋转到预定工位时，控制系统发出信号使液压马达制动，转位凸轮停止运动，刀架处于预定位状态。与此同时液压缸 1 左腔进油，通过活塞将中心轴刀盘拉回，端齿盘副啮合。精确定位，刀盘便完成定位和夹紧动作。刀盘夹紧后，中心轴尾部将 XK2 压下，发出转位结束信号。由于夹紧力是靠液压缸中的油压实现，油路中应加装蓄能器，防止切削过程中突然停电失压造成事故。

二、数控加工中心液压系统

1. 立式加工中心液压系统

VP1050 加工中心为工业型龙门结构立式加工中心，它利用液压系统传动功率大、效率高、运行安全可靠的优点，在该加工中心中主要实现链式刀库的刀链驱动、上下移动的主轴箱的配重、刀具的安装和主轴高低速的转换等辅助动作的完成。如图 6—4 所示为 VP1050 加工中心的液压系统工作原理图。整个液压系统采用变量叶片泵为系统提供压力油，并在泵后设置止回阀 2 用于减小系统断电或其他故障造成的液压泵压力突降而对系统的影响，避免机械部件的冲击损坏。压力开关 YK1 用于检测液压系统的状态，如压力达到预定值，则发出液压系统压力正常的信号，该信号作为 CNC 系统开启后 PLC 高级报警程序自检的首要检测对象。如 YK1 无信号，PLC 自检发出报警信号，整个数控系统的动作将全部停止。

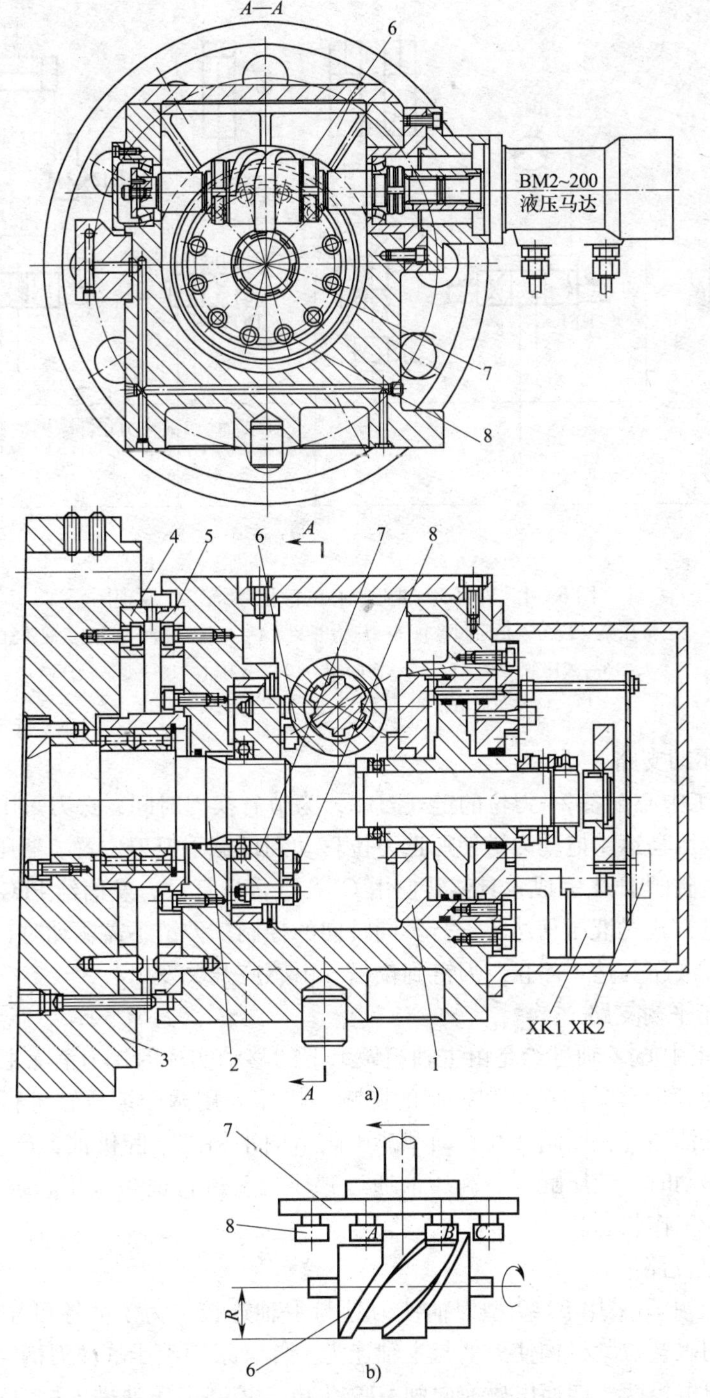

图 6—3 双齿盘转塔刀架

a）刀架结构 b）圆柱凸轮步进传动机构简图

1—液压缸 2—刀架中心轴 3—刀盘 4、5—端齿盘 6—转位凸轮 7—回转盘

8—分度柱销 XK1—计数行程开关 XK2—啮合状态行程开关

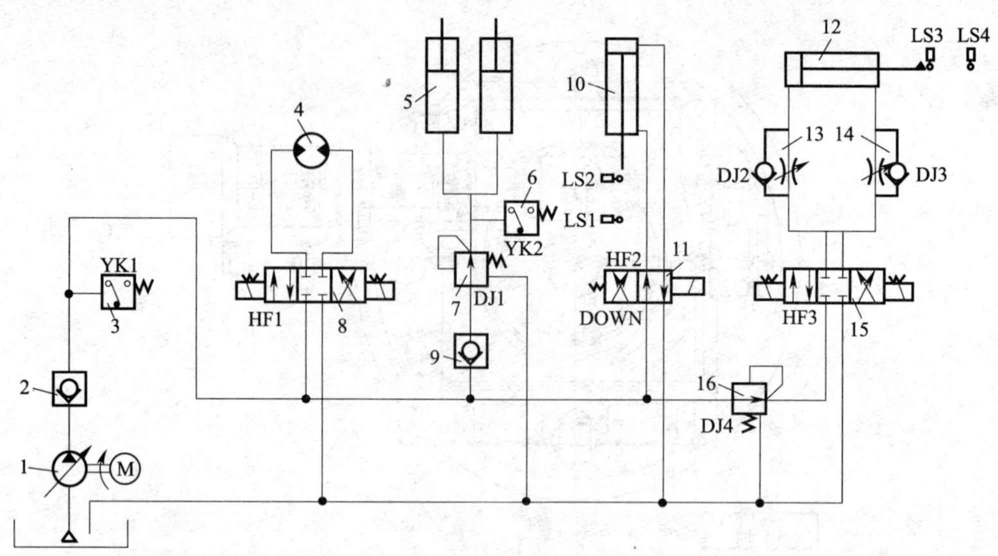

图6—4　VP1050加工中心的液压系统工作原理图

1—液压泵　2、9—止回阀　3、6—压力开关　4—液压马达　5—配重液压缸

7、16—减压阀　8、11、15—换向阀　10—松刀缸　12—变速液压缸

13、14—单向节流阀　LS1、LS2、LS3、LS4—行程开关

（1）刀链驱动支路

VP1050加工中心配备24刀位的链式刀库，为节省换刀时间，选刀采用就近原则。在换刀时，由双向液压马达4拖动刀链使所选刀位移动到机械手抓刀位置。液压马达的转向控制由双电控三位电磁阀HF1完成，具体转向由CNC进行运算后，发信给PLC控制HF1，用与HF1不同的得电方式对液压马达4进行不同转向的控制。刀链不需驱动时，HF1失电，处于中位截止状态，液压马达4停止。刀链到位信号由感应开关发出。

（2）主轴箱平衡支路

VP1050加工中心 Z 轴进给是由主轴箱做上下的移动实现的，为消除主轴箱自重对 Z 轴伺服电动机驱动 Z 向移动的精度和控制的影响，机床采用两个液压缸进行平衡。主轴箱向上移动时，高压油通过止回阀9和直动型减压阀7向平衡缸下腔供油，产生向上的平衡力；当主轴箱向下移动时，液压缸下腔高压油通过减压阀7进行适当减压。压力开关YK2用于检测平衡支路的工作状态。

（3）松刀缸支路

VP1050加工中心采用BT40型刀柄使刀具与主轴连接。为了能够可靠地夹紧与快速地更换刀具，采用碟簧拉紧机构使刀柄与主轴连为一体，采用液压缸使刀柄与主轴脱开。机床在不换刀时，单电控两位四通电磁换向阀HF2失电，控制高压油进入松刀缸10下腔，松刀缸10的活塞始终处于上位状态，行程开关LS2检测松刀缸上位信号。当主轴需要换刀时，通过手动或自动操作使单电控两位四通电磁阀HF2得电换位，松刀缸10上腔通入高压油，活塞下移，使主轴抓刀爪松开刀柄拉钉，刀柄脱离主轴，松刀缸运动到位后，感应开关LS1

发出到位信号并提供给 PLC 使用，协调刀库、机械手等其他机构完成换刀操作。

（4）高低速转换支路

VP1050 主轴传动链中，通过一级双联滑移齿轮进行高低速转换。在由高速向低速转换时，主轴电动机接收到数控系统的调速信号后，降低电动机的转速到额定值，然后进行齿轮滑移，完成进行高低速的转换。在液压系统中该支路采用双电控三位四通电磁阀 HF3 控制液压油的流向，变速液压缸 12 通过推动拨叉控制主轴变速箱的交换齿轮的位置，来实现主轴高低速的自动转换。高速、低速齿轮位置信号分别由行程开关 LS3、LS4 向 PLC 发送。当机床停机时或控制系统出现故障时，液压系统通过双电控三位四通电磁阀 HF3 使变速齿轮处于原工作位置，避免高速运转的主轴传动系统产生硬件冲击损坏。单向节流阀 DJ2、DJ3 用于控制液压缸的速度、避免齿轮换位时的冲击振动。减压阀 16 用于调节变速液压缸 12 的工作压力。

2. 卧式加工中心液压系统

图 6—5 所示为 TH6350 卧式加工中心的液压系统原理图。系统由液压油箱、管路和控制阀等组成。控制阀采取分散布局，分别装在刀架和立柱上，电磁控制阀上贴上磁铁号码，便于用户维修。

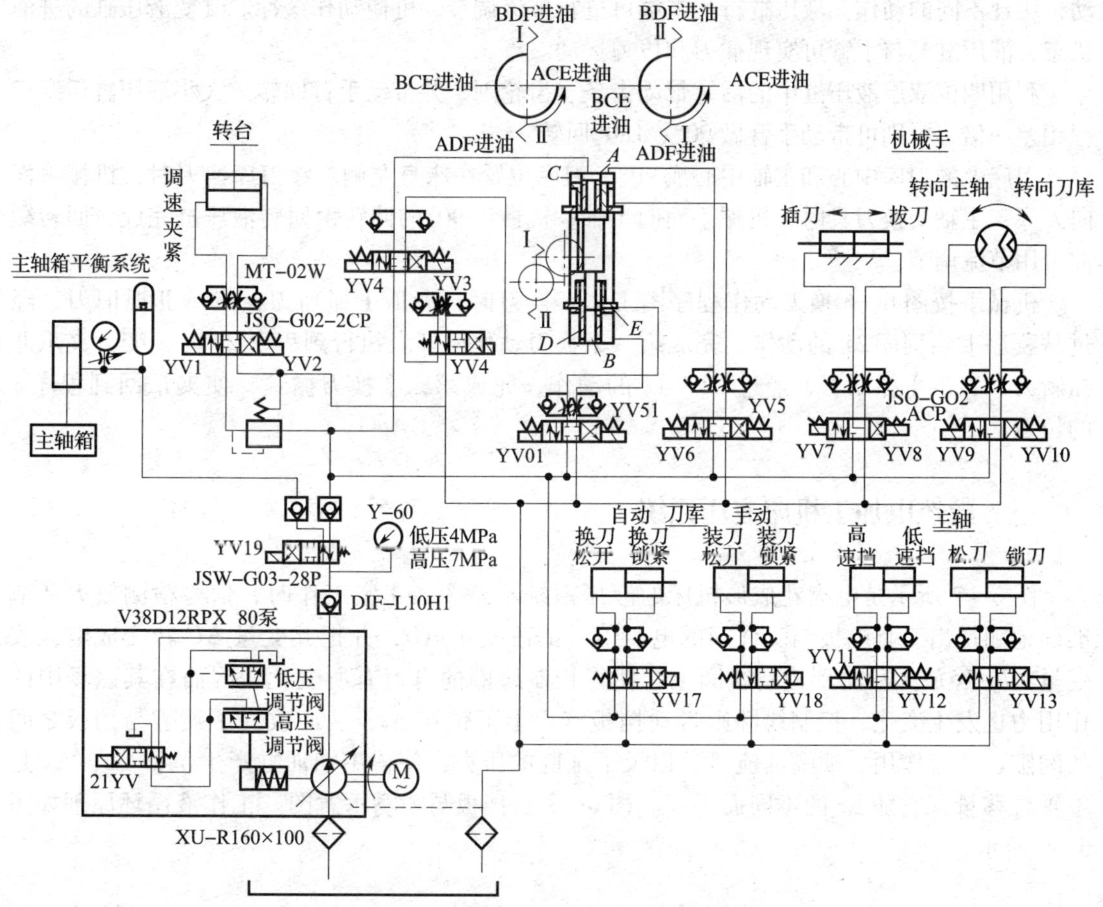

图 6—5 TH6350 卧式加工中心的液压系统原理图

(1) 油箱泵源部分

液压泵采用双级压力控制变量柱塞泵，低压调至4 MPa，高压调至7 MPa。低压用于分度转台抬起、下落及夹紧；机械手交换刀具的动作；刀具的松开与夹紧；主轴速度高、低挡的变换动作等。高压用于主轴箱的平衡。液压平衡采用闭式油路，系统压力由蓄能器补油和吸油来保持稳定。

(2) 刀库刀具锁紧装置和自动换刀部分

刀库存刀数有30、40、60把三种，由用户选用。由伺服电动机带动减速齿轮副并通过链轮机构带动刀库回转。

1) 刀具锁紧装置

在弹簧力作用下，刀套下部两夹紧块处于闭合状态，夹住刀具尾部的拉紧螺钉使刀具固定。换刀时，松开液压缸活塞，活塞杆伸出将夹紧块打开，即可进行插刀、拔刀。

2) 机械手

机械手是完成主轴与刀库之间刀具交换的自动装置，该机床采用回转式双臂机械手。机械手手臂装在液压缸套筒上，活塞杆固定，由进入液压缸的压力油使手臂同液压缸一起移动，实现不同的动作。液压缸行程末端可进行节流调节，可使动作缓冲。改变液压缸的进油状态，液压缸套与手臂可实现插刀和拔刀运动。

利用四位双层液压缸中的活塞带动齿条、齿轮副，并带动手臂回转。大小液压缸活塞行程相差一倍，分别可带动手臂做90°、180°回转。

刀库上的刀库中心和主轴中心成90°，刀库位置在床身左侧。在刀库换刀时，机械手面向刀库；主轴交换刀具时，机械手面向主轴。机械手90°的回转由回转液压缸完成，回转缓冲可用节流调节。

机械手按图6—6换刀动作程序图工作。换刀时，夹爪Ⅰ抓新刀，夹爪Ⅱ抓旧刀，经过从程序1到程序21的动作，完成第一个换刀动作循环。执行到程序22时，变为夹爪Ⅱ抓新刀、夹爪Ⅰ抓旧刀，经过22～42的动作，完成第二个换刀循环，使夹爪回到程序1的位置。

三、数控电加工机床液压系统

图6—7所示是电火花成形机床的液压系统示意图，正常工作时，信号检测放大环节准确地测量出工具电极与工件间的电压信号的改变量ΔU，并把此变量ΔU转变成电流改变量ΔI，经放大后送到控制线圈上，使得控制线圈的电流有所变化，因而在其磁场中的作用力也发生变化，控制线圈则带动挡板产生上下位移Δz，从而改变了喷嘴与挡板之间的间隙、节流作用、喷嘴的流量，以及下油腔的压力，使得主轴油缸产生位移Δx。Δx是主轴位移量，它随Δz的不同而不同。图6—8是挡板与喷嘴示意图。工作液循环原理如图6—9所示。

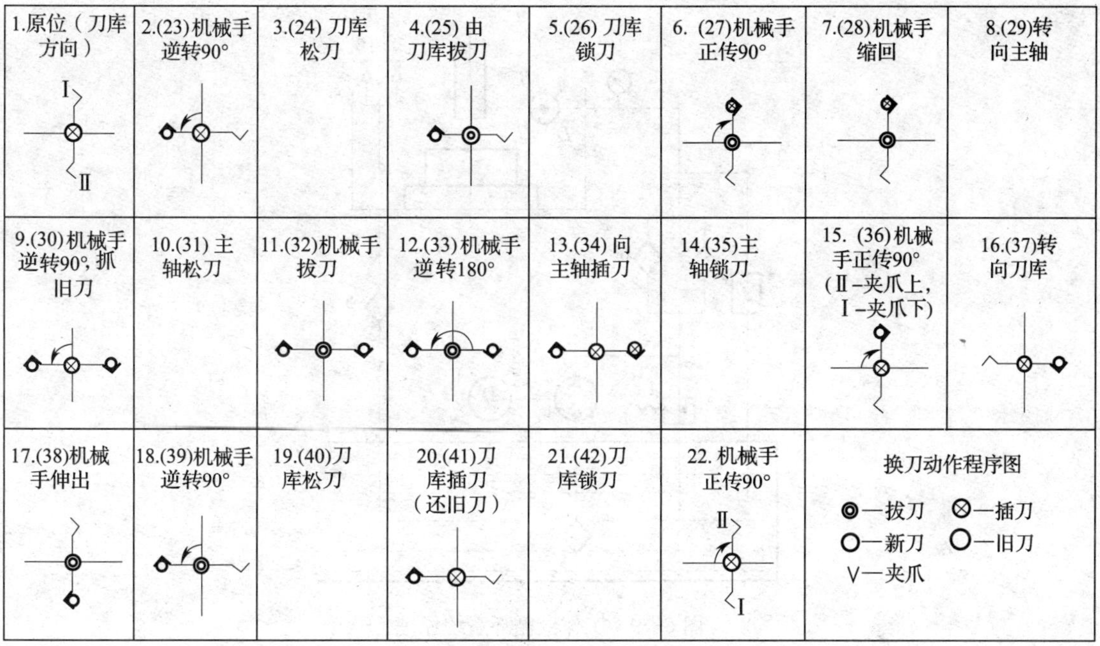

1.原位（刀库方向）	2.(23)机械手逆转90°	3.(24) 刀库松刀	4.(25) 由刀库拔刀	5.(26) 刀库锁刀	6. (27)机械手正传90°	7.(28)机械手缩回	8.(29)转向主轴
9.(30)机械手逆转90°, 抓旧刀	10.(31) 主轴松刀	11.(32)机械手拔刀	12.(33)机械手逆转180°	13.(34) 向主轴插刀	14.(35)主轴锁刀	15. (36)机械手正传90°（Ⅱ-夹爪上，Ⅰ-夹爪下）	16.(37)转向刀库
17.(38)机械手伸出	18.(39)机械手逆转90°	19.(40)刀库松刀	20.(41)刀库插刀（还旧刀）	21.(42)刀库锁刀	22. 机械手正传90°	换刀动作程序图 ◎—拔刀 ⊗—插刀 ○—新刀 ○—旧刀 V—夹爪	

图 6—6 换刀动作程序图

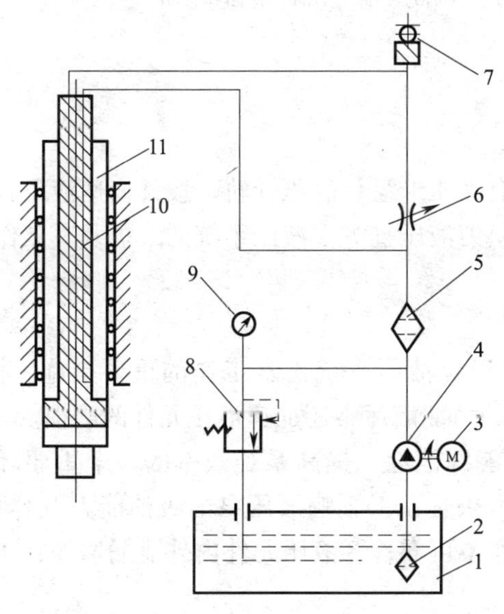

图 6—7 电火花成形机床液压系统示意图

1—油箱 2—粗过滤器 3—电动机 4—叶片泵
5—精过滤器 6—节流阀 7—喷嘴挡板 8—溢流阀
9—压力计 10—活塞 11—主轴油缸

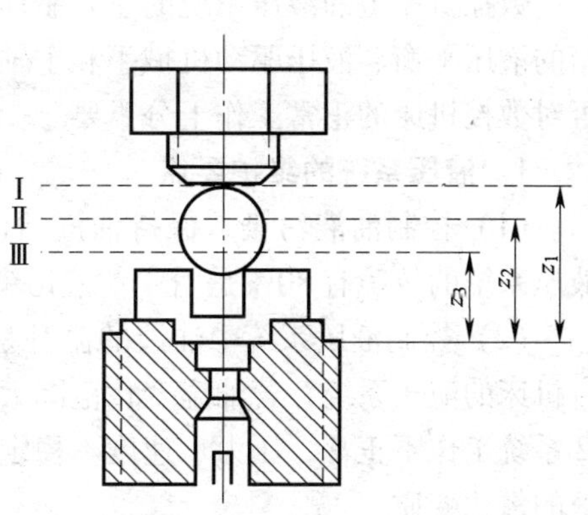

图 6—8 挡板与喷嘴示意图

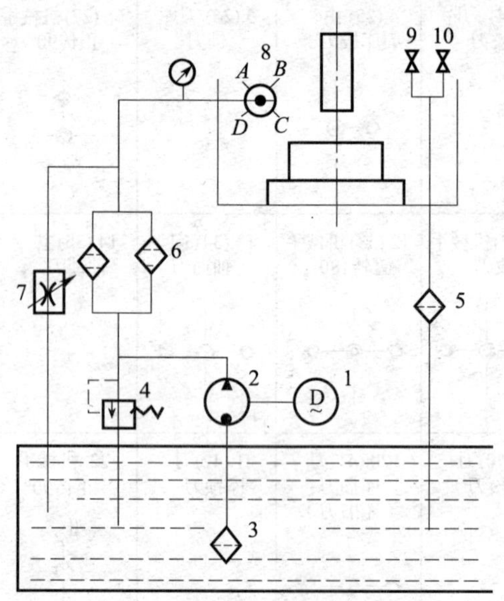

图 6—9　工作液循环系统原理

1—电动机　2—液泵　3—粗过滤器　4—溢流阀　5—静过滤器　6—精过滤器
7—可调节流阀　8—快速上油分配器　9—液面控制阀　10—快速泄油阀
A、*B*、*C*、*D*—分配器的四个位置，分别为冲油、抽油、补油和关闭

四、液压系统的维护

数控机床上的液压系统的主要驱动对象有液压卡盘、静压导轨、拨叉变速液压缸、主轴箱的液压平衡、液压驱动机械手和主轴上的松刀液压缸等。液压系统的维护及其工作正常与否对数控机床的正常工作十分重要。

1．液压系统的维护要点

（1）控制油液污染，保持油液清洁，是确保液压系统正常工作的重要措施。据统计，液压系统的故障有 80% 是由于油液污染引发的，油液污染还加速液压元件的磨损。

（2）控制液压系统中油液的温升是减少能源消耗、提高系统效率的一个重要环节。一台机床的液压系统，若油温变化范围大，其后果是：①影响液压泵的吸油能力及容积效率；②系统工作不正常，压力、速度不稳定，动作不可靠；③液压元件内外泄漏增加；④加速油液的氧化变质。

（3）控制液压系统泄漏极为重要，因为泄漏和吸空是液压系统常见的故障。要控制泄漏，首先是提高液压元件零部件的加工精度和元件的装配质量以及管道系统的安装质量。其次是提高密封件的质量，注意密封件的安装使用与定期更换。最后是加强日常维护。

（4）防止液压系统振动与噪声。振动影响液压件的性能，使螺钉松动、管接头松脱，从而引起漏油。因此要防止和排除振动现象。

（5）严格执行日常点检制度。液压系统故障具有隐蔽性、可变性和难于判断性。因此应对液压系统的工作状态进行点检，把可能产生的故障现象记录在日检维修卡上，并将故障排除在萌芽状态，减少故障的发生。

（6）严格执行定期紧固、清洗、过滤和更换制度。液压设备在工作过程中，由于冲击振动、磨损和污染等因素，使管件松动，金属件和密封件磨损，因此必须对液压件及油箱等实行定期清洗和维修，对油液、密封件执行定期更换制度。

2. 液压系统的维护操作

液压系统的维护操作如图6—10～图6—13所示。

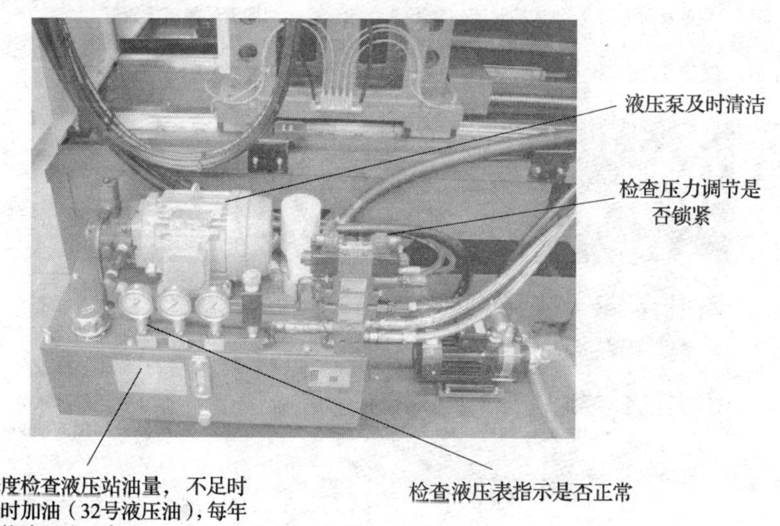

图6—10　液压站的维护

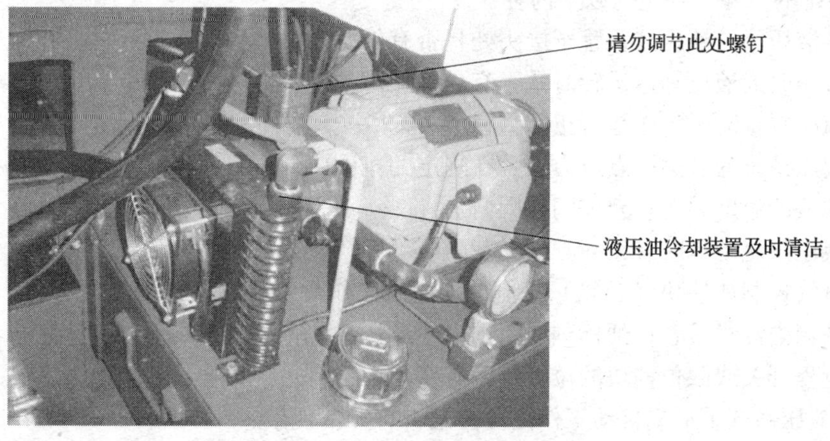

图6—11　液压油冷却装置的维护

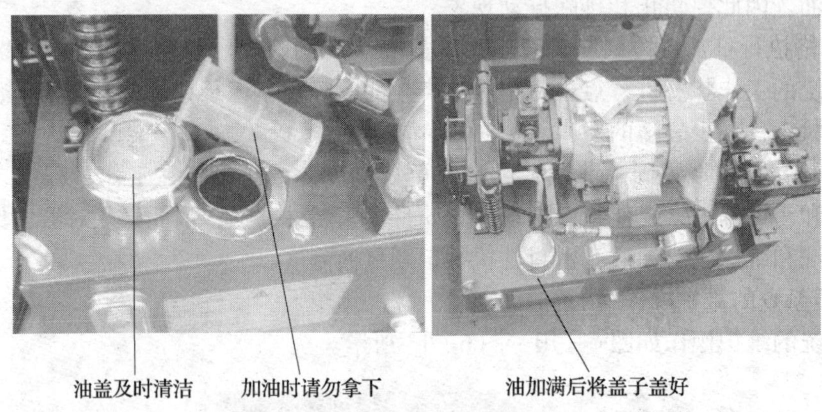

图 6—12　液压油箱的维护

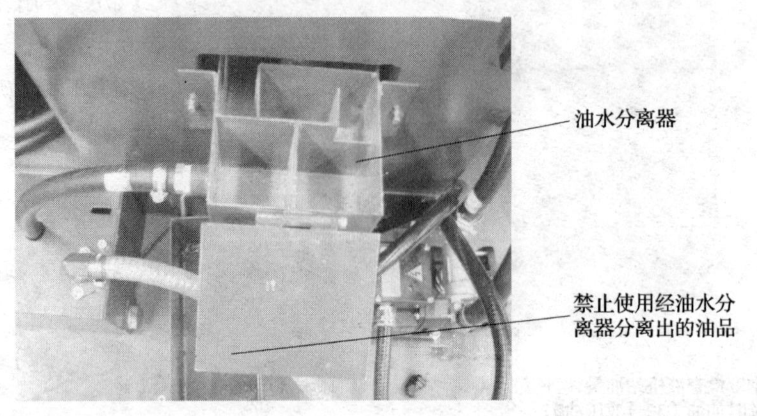

图 6—13　油水分离器的维护

3. 液压系统的点检

液压系统的点检主要包括以下内容：

（1）各液压阀、液压缸及管子接头处是否有外漏。

（2）液压泵或液压马达运转时是否有异常噪声等现象。

（3）液压缸移动时工作是否正常平稳。

（4）液压系统的各测压点压力是否在规定的范围内，压力是否稳定。

（5）油液的温度是否在允许的范围内。

（6）液压系统工作时有无高频振动。

（7）电气控制或撞块（凸轮）控制的换向阀工作是否灵敏可靠。

（8）油箱内油量是否在油标刻线范围内。

（9）行程开关或限位挡块的位置是否有变动。

（10）液压系统手动或自动工作循环时是否有异常现象。

（11）定期对油箱内的油液进行取样化验，检查油液质量，定期过滤或更换油液。

（12）定期检查蓄能器工作性能。

（13）定期检查冷却器和加热器的工作性能。
（14）定期检查和紧固重要部位的螺钉、螺母、接头和法兰螺钉。
（15）定期检查更换密封件。
（16）定期检查清洗或更换液压件。
（17）定期检查清洗或更换滤油器的滤芯。
（18）定期检查清洗油箱和管道。

五、液压系统常见故障及维修

1．液压系统的故障（表 6—1）

表 6—1　数控机床液压故障表

故障现象	产生原因	排除方法
系统没有压力或压力提不高	1．液压泵 1）转向错误 2）零件损坏 3）运动件磨损间隙过大泄漏严重 4）进油吸气、排油泄漏	1．相应采取如下措施 1）纠正转向 2）更换 3）修复或更换 4）拧紧各接合处，保证密封。
	2．溢流阀 1）阀在开口位置被卡住，无法建立压力 2）阻尼孔堵塞 3）阀中钢球与管座密合不严 4）弹簧变形或折断	2．相应采取如下措施 1）修研，使阀在阀中移动灵活 2）清洗阻尼通道 3）更换钢球或研配阀座 4）更换弹簧
	3．液压缸因间隙过大或密封圈损坏，使高低压互通	3．修配活塞或更换密封圈
	4．压力油路上某些阀（例如止通阀，远控阀、调压阀等），由于污物或其他原因使阀在开口处被卡住而卸荷	4．寻找故障部位，清洗或修研，使阀在阀体中移动灵活
	5．压力油路上泄漏	5．拧紧各结合处，排除泄漏
	6．压力表失灵损坏，不能反映系统的实际压力	6．更换压力表
系统爬行	1．空气侵入液压系统 1）油面过低，吸油不畅 2）吸油口处滤油器被堵，形成局部真空 3）吸、排油管相距太近，排油飞溅吸入气泡 4）回油管在油面上，停车时空气侵入系统 5）接头密封不严，空气侵入 6）元件密封质量差，空气侵入	1．相应采取如下措施 1）加足油液至油标线上 2）拆卸清洗，更换脏油 3）两者适当远离 4）将回油管插入油液中 5）拧紧接头，严防空气侵入 6）修正或更换，保证密封

续表

故障现象	产生原因	排除方法
系统爬行	2. 摩擦阻力变化 1）导轨精度不好，局部阻力变化，接触不良，油膜不易形成 2）液压缸中心线与导轨不平行，活塞杆弯曲，缸孔拉毛，活塞与活塞杆不同轴等，产生不均匀的摩擦力 3）润滑情况不良，缺乏润滑油，导轨刮研点过多或过少，润滑条件较差不能形成油膜，使摩擦因数变化 4）滑板的楔铁或压板调整太紧，以及楔铁弯曲等	2. 相应采取如下措施 1）恢复导轨规定精度，对新导轨或重新刮研过的导轨，可在导轨接触面均匀地涂上一层薄薄的氧化铬，用手动方法使之对研几次，减少刮研点引起的阻力 2）相应重装，校直、修复，更换，配制等 3）根据故障原因：采取相应措施：采用黏性较大的油，可使摩擦因数在很大速度范围内保持常量 4）重新进行调整或修刮楔铁，使运动部件移动无阻滞现象
系统产生噪声和振动	1. 液压泵 (1) 外界因素 1）液压泵吸油口密封不严，引起空气侵入 2）油箱中的油液不足 3）吸油管浸入油箱太少 4）液压泵吸油位置太高 5）油液黏度太大，增加流动阻力 6）液压泵吸油口面积过小，造成吸油不畅 7）滤油器表面被污物阻塞	1. 相应采取如下措施 1）拧紧进油口螺帽 2）加油至油标线上 3）将吸油管浸入油箱的2/3高度处 4）液压泵吸油口至进油口一般不超过500 mm 5）更换黏度较小的油液 6）将进油管口斜切成45°，以增加吸油面积 7）清除附着在滤油器上的污物
	(2) 内部因素 1）齿轮泵的齿形精度不高，叶片泵的叶片卡死、断裂或配合不良，柱塞泵的柱塞卡死或移动不灵活 2）液压泵内零件磨损，轴向、径向间隙过大，油量不足，压力波动	1）修复或更换损坏零件 2）修复或配换有关零件
	2. 溢流阀作用失灵 1）阀座损坏 2）油口杂质较多，将阻尼孔堵塞 3）阀与阀体孔配合间隙过大 4）弹簧疲劳或损坏，使阀移动不灵活 5）因拉毛或脏物等使阀在阀体孔内移动不灵活	2. 相应采取如下措施 1）修复阀座 2）疏通阻尼孔 3）研磨阀孔，更换新阀，研配间隙 4）更换弹簧 5）去毛刺，清除阀体内脏物，使其移动灵活无阻滞现象
	3. 油管管道碰击 1）管道细长，没有用管夹装置固定而叠在一起，造成进回油互相碰击 2）吸油管距回油管太近	3. 相应采取如下措施 1）尽可能使管道之间，管道与机床之间保持一定距离 2）使两者适当远离

续表

故障现象	产生原因	排除方法
系统产生噪声和振动	4. 电磁铁失灵 1）电磁铁焊接不良 2）弹簧损坏或过硬 3）滑阀在阀体中卡住	4. 相应采取如下措施 1）重新焊接 2）更换弹簧 3）研配滑阀，使其在阀体内移动灵活
	5. 其他因素 1）液压泵电动机联轴器不同轴或松动 2）运动件换向时缺乏阻尼 3）管道泄漏或油管没有浸入油池，而造成大量空气进入系统 4）液压泵及电动机振动而引起液压元件的振动	5. 相应采取如下措施 1）使联轴器同轴度在0.1 mm之内，最好在联轴器销座内装橡胶圈 2）增设或调整换向阀的阻尼器，使换向平稳无冲击 3）紧固各连接处，并将主要回油管浸入油箱 4）平衡各运动部件
油温过高	1. 液压系统设计不太理想，系统在非工作过程中有大量的压力油损耗	1. 合理地选用液压泵，按工作速度要求调节泵的吸油量。采用差动式的溢流阀使液压泵自动卸荷，这样可以减少溢流阀在节流调速时大量油液溢向油箱而发热。采用出口节流方式。将闭式系统改为开式系统以改善散热条件（以不影响工作性能为准）
	2. 压力调整不当，比实际所需偏高较多	2. 合理调整系统压力，在满足机床正常工作的前提下尽量调低。如在装有背压阀的油路中，背压阀的压力调整以保证工作速度稳定的前提下尽量调低。对于人批量生产其压力应按被加工零件所需的切削力、系统的背压和摩擦力来调整
	3. 液压泵及各连接处的泄漏，造成容积损失而发热	3. 紧固各连接处，严防泄漏
	4. 油管过细，油道过长，弯曲太多等因素造成压力损失而发热	4. 将油管适当加粗，特别是总回油管应保证回油舒畅，增加进油管口的吸油面积（斜切45°），尽量减小弯曲，缩短管道
	5. 滑阀与阀体，活塞杆与油封等液压系统内各相对运动零件的机械摩擦生热	5. 修复时注意提高各相对运动零件的加工精度（如滑阀）和各液压元件的装配精度（如液压缸），改善相对运动零件间的润滑条件（如导轨润滑等）
	6. 油箱散热性能差和容积小	6. 对于精密液压传动机床，不宜以床身作油箱，应在机床外另设油箱以减少机床的热变形，如果油箱的容积小可适当加大油箱的容积，以改善散热条件，必要时还可采用强迫冷却，如增加冷却装置等
	7. 油液黏度太大，增加了摩擦发热	7. 合理选择油液的黏度和油液的质量，最好用温度升高时黏度变化最小的油液

续表

故障现象	产生原因	排除方法
油温过高	8. 周围温度高，切削热等使油温过高	8. 减少和隔绝外界热流
快速行程时工作速度不够	1. 液压泵供油量不足，压力不够 1）液压泵吸空 2）液压泵磨损，容积效率下降 3）电动机转速不足	1. 相应采取如下措施 1）提高供油量 2）检查，按泵的轴向、径向配合间隙修理或更换 3）检查电动机转速
	2. 安全溢流阀失灵 1）溢流阀弹簧调整太松 2）溢流阀弹簧太软或失效	2. 相应采取如下措施 1）调节溢流阀 2）更换弹簧
	3. 油液串腔 活塞与液压缸配合间隙过大	3. 相应采取如下措施 修复液压缸，保证密封
	4. 系统漏油	4. 检查泄漏原因进行妥善处理
启动开停阀（开关）工作台不运动	1. 系统压力建立不起来，油量不足 1）电动机转向不对，转速不够 2）油温低或黏度大 3）液压泵故障 4）溢流阀故障 5）系统漏油	1. 相应采取如下措施 1）重新接线纠正转向，纠正电动机转速 2）开开停停重复几次使系统升温 3）维修或更换液压泵 4）维修或更换溢流阀 5）检查漏油原因，并排除
	2. 换向阀不换向 1）脏物卡死 2）电磁铁损坏或力量不足 3）滑阀拉毛或卡死 4）有中间位置的阀的弹簧力超过电磁铁吸力或弹簧折断 5）滑阀摩擦力过大	2. 检查换向阀根据原因进行处理 1）清洗换向阀，排除脏物 2）更换电磁铁 3）清洗、修研滑阀 4）更换弹簧 5）检查滑阀配合及两端密封阻力
	3. 电气失灵	3. 检查电气部位进行即时处理
	4. 液压泵供油不足	4. 维修排除
工作时产生冲击	1. 导向阀或换向阀的制动锥斜角太大，致使换向时的液流速度变化剧烈 2. 节流缓冲失灵——单向节流缓冲装置中节流阀磨损，单向阀密封不严或有其他泄漏之处 3. 工作压力调整过高 4. 溢流阀存在故障，使压力突然升高 5. 背压阀压力太低或存在故障 6. 油液黏度太小 7. 用针阀节流缓冲时，节流变化大，且稳定性差 8. 系统中有大量的空气	1. 减少滑阀的制动锥斜角，或增加制动锥度的长度 2. 作对应修复或更换 3. 调整压力阀，适当降低工作压力 4. 参照溢流阀有关故障的排除方法排除 5. 适当提高背压阀的压力，或排除其故障 6. 更换黏度较大的油液 7. 改针阀式节流为三角槽式节流 8. 排除系统中的空气

2. 维修实例

(1) 弹性夹具无法张开的故障排除

故障现象：某配套 GSK980M 系统的数控磨床，在装卸工件时，发现夹具无法张开。

故障分析：本机床采用的是液压弹性夹具（液压系统原理图如图 6—14 所示），靠液压缸压力顶开夹具进行工件装夹。经检查后发现夹具顶开的行程远远不够。因此，调整夹具行程，但调整后发现效果不佳，工件仍很难装夹。为此，进一步检查电气控制回路，发现 DC24 V 电磁阀线圈两端电压为 22 V（属正常），检查液压管路，发现管路正常，手动控制液压阀，使其处于左位机能，工件装夹正常；拆开电磁阀，发现阀芯处一固定螺钉松脱，导致电磁阀在得电过程中，阀芯不能准确到位，引起部分用于顶开液压缸的液压油处于卸荷状态。

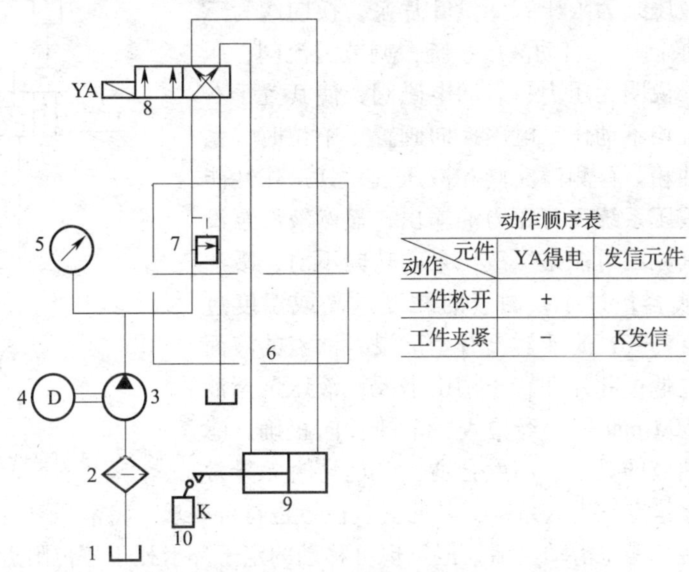

动作顺序表

元件 动作	YA得电	发信元件
工件松开	+	
工件夹紧	−	K发信

图 6—14 液压系统原理图

1—油箱 2—过滤器 3—液压泵 4—电动机 5—压力表 6—基板 7—溢流阀 8—换向阀 9—液压缸 10—信号开关

故障处理：拧紧该螺钉，重新调试夹具行程后，故障排除。

(2) 液压泵噪声大的故障排除修

故障现象：某配套 FANUC PM0 系统的数控专用磨床，大修后发现其起动后液压泵噪声特别大。

故障分析：据用户反映，在机床大修前，液压泵起动声音较小，而在维修液压泵后反而噪声变大了。根据用户反映和现场分析可知，产生该现象的原因可能是液压系统某处管路堵塞、液压泵损坏等，因此拆开液压油管和液压泵，发现泵和油管均正常，在拆的过程中，偶尔发现液压油黏度特别高，核对机床使用说明书，发现液压油牌号不正确，故障时正值冬天，从而使液压泵噪声变大。

故障处理：更换液压油后，机床故障排除。

（3）润滑油路电磁阀的故障排除

故障现象：一台配套 SIEMENS 810T 系统的数控立式车床，一次出现刀架上下运动时，刀架顶端进油管路出现异常连续冒油，系统报警显示油压过低。

故障分析：检查液压系统管路无损坏，PLC 控制系统正常，进一步检查液压系统控制元件，发现刀架润滑油路中的一个两位三通电磁阀线圈烧坏，阀芯不能回位，使得刀架润滑供油始终处于常开状态。

故障处理：更换电磁阀后，故障排除。

（4）供油回路的故障排除

故障现象：供油回路不输出压力油。

故障分析：以一种常见的供油装置回路（图 6—15）为例进行分析。液压泵为限压式变量叶片泵，换向阀为三位四通 M 型电磁换向阀。启动液压系统，调节溢流阀，压力表指针不动作，说明无压力；启动电磁阀，使其置于右位或左位，液压缸均不动作。电磁换向阀置于中位时，系统没有液压油回油箱。检测溢流阀和液压缸，其工作性能参数均正常。而液压系统没有压力油输出，显然液压泵没有吸进液压油，其原因可能是：液压泵的转向不对；吸油滤油器严重堵塞或容量过小；油液的黏度过高或温度过低；吸油管路严重漏气；滤油器没有全部浸入油液的液面以下或油箱液面过低；叶片在转子槽中卡死；液压泵至油箱液面高度大于 500 mm 等。经检查，泵的转向正确，滤油器工作正常，油液的黏度、温度合适，泵运转时无异常噪声，说明没有过量空气进入系统，泵的安装位置也符合要求。将液压泵解体，检查泵内各运动副，叶片在转子槽中滑动灵活，但发现可移动的定子环卡死于零位附近。变量叶片泵的输出流量与定子相对转子的偏心距成正比。定子卡死于零位，即偏心距为零，因此泵的输出流量为零。具体说，叶片泵与其他液压泵一样都是容积泵，吸油过程是依靠吸油腔的容积逐渐增大，形成部分真空，液压油箱中液压油在大气压力的作用下，沿着管路进入泵的吸入腔，若吸入腔不能形成足够的真空（管路漏气，泵内密封破坏），或大气压力和吸入腔压力差值低于吸油管路压力损失（过滤器堵塞，管路内径小，油液黏度高），或泵内部吸油腔与排油腔互通（叶片卡死于转子槽内，转子体与配油盘脱开）等因素存在，液压泵都不能完成正常的吸油过程。液压泵压油过程是依靠密封工作腔的容积逐渐减小，油液被挤压在密封的容积中，压力升高，由排油口输送到液压系统中。由此可见，变量叶片泵密封的工作腔逐渐增大（吸油过程），密封的工作腔逐渐减小（压油过程），完全是由于定子和转子存在偏心距而形成的。当其偏心距为零时，密封的工作腔容积不变化，所以不能完成吸油、压油过程。因此，上述回路中无液压油输入，系统也就不能工作。

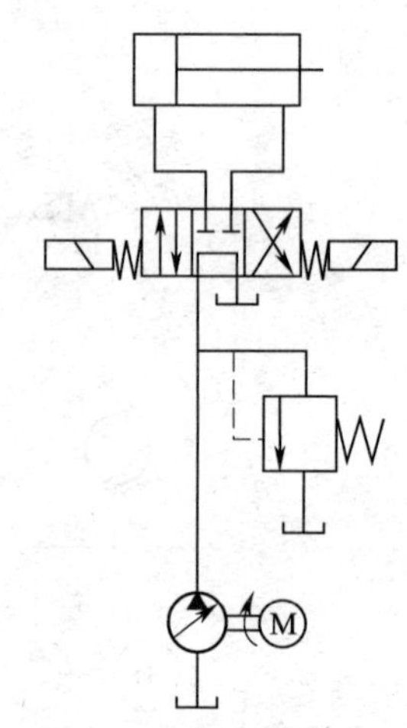

图 6—15　变量泵供油装置回路

故障处理：将叶片泵解体，清洗并正确装配，重新调整泵的上支承盖和下支承盖螺钉，使定子、转子和泵体的水平中心线互相重合，使定子在泵体内调整灵活，并无较大的上下窜动，从而避免定子卡死而不能调整的故障。

（5）压力控制回路的故障排除

故障现象：压力控制回路中溢流不正常。

故障分析：如图6—16所示的压力控制回路中，溢流阀主阀芯卡住，液压泵为定量泵，采用三位四通换向阀，中位机能为Y型。所以，液压缸停止工作运行时，系统不卸荷，液压泵输出的压力油全部由溢流阀溢回油箱。系统中的溢流阀通常为先导式溢流阀，这种溢流阀的结构为三级同心式。三处同轴度要求较高，但这种溢流阀用在高压大流量系统中，调压溢流性能较好。将系统中换向阀置于中位，调整溢流阀的压力时发现，当压力值调在10 MPa以下时，溢流阀工作正常。当压力调整到高于10 MPa的任一压力值时，系统会发出像吹笛一样的尖叫声，此时可看到压力表指针剧烈振动，并发现噪声来自溢流阀。其原因是在三级同轴高压溢流阀中，主阀芯与阀体、阀盖有两处滑动配合，如果阀体和阀盖装配后的内孔同轴度超出规定要求，主阀芯就不能灵活地动作，而是贴在内孔的某一侧做不正常运动。当压力调整到一定值时，就必然激起主阀芯振动。这种振动不是主阀芯在工作运动中出现的常规振动，而是主阀芯卡在某一位置（此时因主阀芯同时承受着液压卡紧力）而激起的高频振动。这种高频振动必将引起弹簧、特别是调压弹簧的强烈振动，并出现共振噪声。另外，由于高压油不通过正常的溢流口溢流，而是通过被卡住的溢流口和内泄油道溢回油箱，这股高压油流将发出高频率的流体噪声。而这种振动和噪声是在系统特定的运行条件下激发出来的，这就是为什么在压力低于10 MPa时不产生尖叫声的原因。

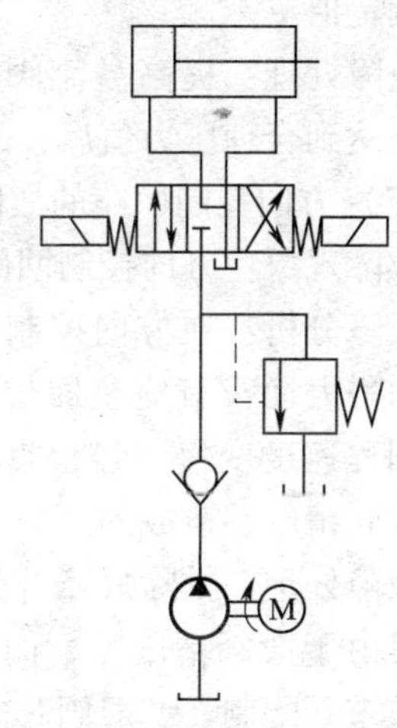

图6—16　定量泵压力控制回路

故障处理：首先可以调整阀盖，因为阀盖与阀体配合处有调整余地；装配时，调整同轴度，使主阀芯能灵活运动，无卡紧现象，然后按装配工艺要求，依照一定的顺序用定扭矩扳手拧紧，使拧紧力矩基本相同。当阀盖孔有偏心时，应进行修磨，消除偏心。主阀芯与阀体配合滑动面若有污物，应清洗干净，目的就是保证主阀芯保持滑动灵活的工作状态，避免产生振动和噪声。另外，主阀芯上的阻尼孔，在主阀芯振动时有阻尼作用，当工作油液黏度降低，或温度过高时，阻尼作用将相应减小。因此，选用合适黏度的油液和控制系统温升过高也有利于减振降噪。

（6）速度控制回路的故障排除

故障现象：速度控制回路中速度不稳定。

故障分析：节流阀前后压差小致使速度不稳定，在图6—17所示系统中，液压泵为定量泵，属于进口节流调速系统，采用三位四通电动换向阀，中位机能为O型。系统回油路上设置单向阀以起背压阀作用。系统的故障是：液压缸推动负载运动时，运动速度达不到调定值。经检查，系统中各元件工作正常，油液温度属正常范围。但发现溢流阀的调节压力只比液压缸工作压力高0.3 MPa，压力差值偏小，即溢流阀的调节压力较低，再加上回路中，油

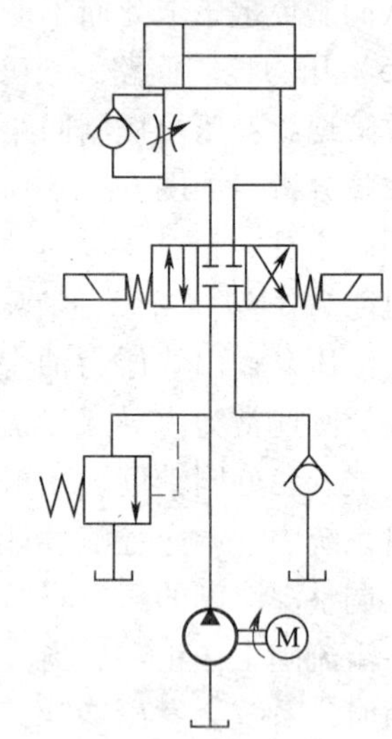
图 6—17　进口节流调速回路示意图

液通过换向阀的压力损失为 0.2 MPa，这样造成节流阀前后压差值低于 0.2 ~ 0.3 MPa，致使通过节流阀的流量达不到设计要求的数值，于是液压缸的运动速度就不可能达到调定值。

故障处理：提高溢流阀的调节压力，使节流阀的前后压差达到合理压力值后，故障排除。

(7) 方向控制回路的故障排除

故障现象：方向控制回路中滑阀没有完全回位。

故障分析：在方向控制回路中，换向阀的滑阀因回位阻力增大而没有完全回位是最常见的故障，将造成液压缸回程速度变慢。经检查，此故障是由于弹簧不合格以及滑阀精度差造成的。

故障处理：排除故障首先应更换合格的弹簧。其次，如果是由于滑阀精度差，而使径向卡紧，应对滑阀进行修磨或重新配制。一般阀芯的圆度和锥度允差为 0.003 ~ 0.005 mm，最好使阀芯有微量的锥度，并使它的大端在低压腔一边，这样可以自动减小偏心量，从而减小摩擦力，减小或避免径向卡紧力。

注意：引起卡紧的原因还可能有：脏物进入滑阀缝隙，使阀芯移动困难；间隙配合过小，以致当油温升高时阀芯膨胀而卡死；电磁铁推杆在密封圈处阻力过大，以及安装紧固电动阀时使阀孔变形等。

(8) 阀换向滞后引起的故障排除

故障现象：在图 6—18a 所示系统中，液压泵为定量泵，三位四通换向阀中位机能为 Y 型。系统采用进口节流调速方式。液压缸快进、快退时，二位二通阀接通。系统故障是液压缸在开始完成快退动作时，首先出现向工件方向前冲，然后再完成快退动作。此种现象影响加工精度，严重时还可能损坏工件和刀具。

故障分析：从系统中可以看出，在执行快退动作时，三位四通电动换向阀和二位二通换向阀必须同时换向。由于三位四通换向阀换向时间的滞后，即在二位二通换向阀接通的一瞬间，有部分压力油进入液压缸工作腔，使液压缸出现前冲。当三位四通换向阀换向终了时，压力油才全部进入液压缸的有杆腔，无杆腔的油液才经二位二通阀回油箱。

故障处理：改进系统。改进后的系统如图 6—18b 所示。在二位二通换向阀和节流阀上并联一个单向阀，液压缸快退时，无杆腔油液经单向阀回油箱，二位二通阀仍处于关闭状态，这样就避免了液压缸前冲的故障。

(9) 数控车床卡盘失压故障

故障现象：液压卡盘夹紧力不足，卡盘失压，监视不报警。

故障分析：该数控车床，配套的电动刀架为 LD4—I 型。卡盘夹紧力不足，可能是系统压力不足、执行件内泄、控制回路动作不稳定及卡盘移动受阻造成。

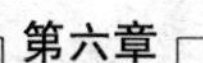

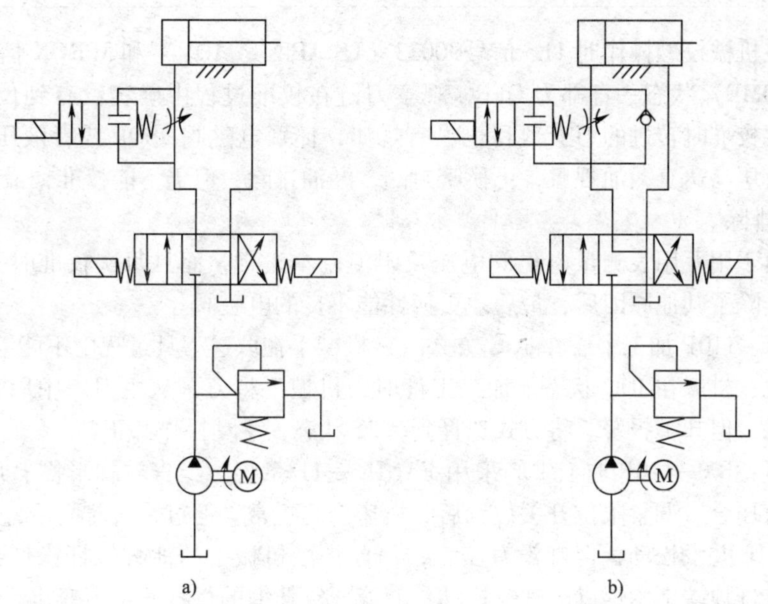

图 6—18　液压系统原理图

故障处理：调整系统压力至要求值，检查液压缸的内泄及控制回路动作情况，检查卡盘各摩擦副的滑动情况，发现无异常，但卡盘夹紧力仍然不足。经过分析，调整液压缸与卡盘间连接拉杆的调整螺母，故障排除。

（10）T40 卧式加工中心刀链不执行校准回零

故障现象：开机自检通过后，启动液压系统，执行轴校准，其后在执行机械校准时出现以下两个报警：

ASL40　ALERTCODE　16154
　CHAIN　NOT　ALIGNED
ASL40　ALERT　CODE　17176
　CHAIN　POSITION　ERROR

因此，机床不能正常工作。

故障分析：T40 卧式加工中心的 CNC 采用的是 A950 系统。T40 加工中心的刀链校准是在 NC 接到校准指令后，使电磁阀 3SOL 得电，控制液压马达驱动刀链顺时针转动，同时 NC 等待接收刀链回归校准点（HOME POSITION）的接近开关 3PROX（常开）信号。收到该信号后电磁阀 3SOL 失电，并使电磁阀 1SOL 得电，刀链制动销插入，同时 NC 再接收到制动销插入限位开关 1LS（常开）信号，刀链校准才能完成。

据此分析故障范围在以下 3 方面：①刀链因故未能转到校准位置（HOME POSITION）就停止；②刀链确已转到了校准位置，但由于接近开关 3PROX 故障，CNC 没有接收到到位信号，刀链一直转动，直到 CNC 在设定接收该信号的时间范围到时产生以上报警，刀链才停止校准；③刀链在转到校准位置时，CNC 虽接到了到位信号，但由于 1SOL 故障，导致制动销不能插入，限位开关 1LS 信号没有，而且 3SOL 因惯性使刀链错开回归点，接近开关信号又没有。

故障处理：根据以上分析，首先检查接近开关 3PROX，发现正常。再通过该机在线诊断功能发现在机械校准操作时1LS信号I0033（LS APIN - ADV）和3PROX信号I0034（PR - CHNA—HOME）状态一直都为OFF，观察刀链在校准过程中确实没有到位就停止转动，而且发现每次校准时转过的刀套数目也没有规律，怀疑电磁阀3SOL或者液压马达有问题。进一步查得液压马达有漏油现象，更换密封圈，漏油排除，但仍不能校准，最后更换电磁阀3SOL后故障排除。

说明：由于用万用表测量电磁阀电压及阻值基本正常，而且每次校准时刀链也确实转动，因此在排除了其他原因后，最后才更换性能不良的电磁阀。

（11）BX - 110P加工中心在JOG方式时，机械手在取送刀具过程中不能缩爪

故障现象：机床在JOG状态下加工工件时，机械手将刀具从主刀库中取出送入送刀盒中，不能缩爪，但却不报警。将方式选择到ATC状态，手动操作都正常。

故障分析：BX—110P加工中心采用FANUC—11系统。经查看梯形图，原来是限位开关LS916没有压合，调整限位开关位置后，机床恢复正常。但过一段时间后，再次出现此故障，检查LS916并没松动，但却没有压合，由此怀疑机械手的油缸拉杆没伸到位，经查发现，液压缸拉杆顶端锁紧螺母的螺钉松动，使液压缸伸缩的行程发生了变化。

故障处理：调整锁紧螺母并拧紧锁紧螺钉后，此故障排除。

第二节　气动装置装调与维修

一、典型气压回路

1. H400型卧式加工中心气动系统

加工中心气动系统的设计及布置与加工中心的类型、结构、要求完成的功能等有关，结合气压传动的特点，一般在要求力或力矩不太大的情况下采用气压传动。

H400型卧式加工中心作为一种中小功率、中等精度的加工中心，为降低制造成本、提高安全性、减少污染，结合气、液压传动的特点，该加工中心的辅助动作以气压驱动装置为主来完成。

图6—19所示为H400型卧式加工中心气动系统原理图。主要包括松刀缸、双工作台交换、工作台与鞍座之间的拉紧、工作台回转分度、分度插销定位、刀库前后移动、主轴锥孔吹气清理等几个动作的气动支路。

H400型卧式加工中心气动系统要求提供额定压力为0.7 MPa的压缩空气，压缩空气通过ϕ8 mm的管道连接到气动系统调压、过滤、油雾气动三联件ST，经过气动三联件ST后，得以干燥、清洁并加入适当润滑用油雾，然后提供给后面的执行机构使用，保证整个气动系统的稳定安全运行，避免或减少因执行部件、控制部件的磨损而使寿命降低。YK1为压力开关，该元件在气动系统达到额定压力时发出电参量开关信号，通知机床气动系统正常工作。在该系统中为了减小载荷变化对系统的工作稳定性的影响，在气动系统设计时均采用单向出口节流的方法调节气缸的运行速度。

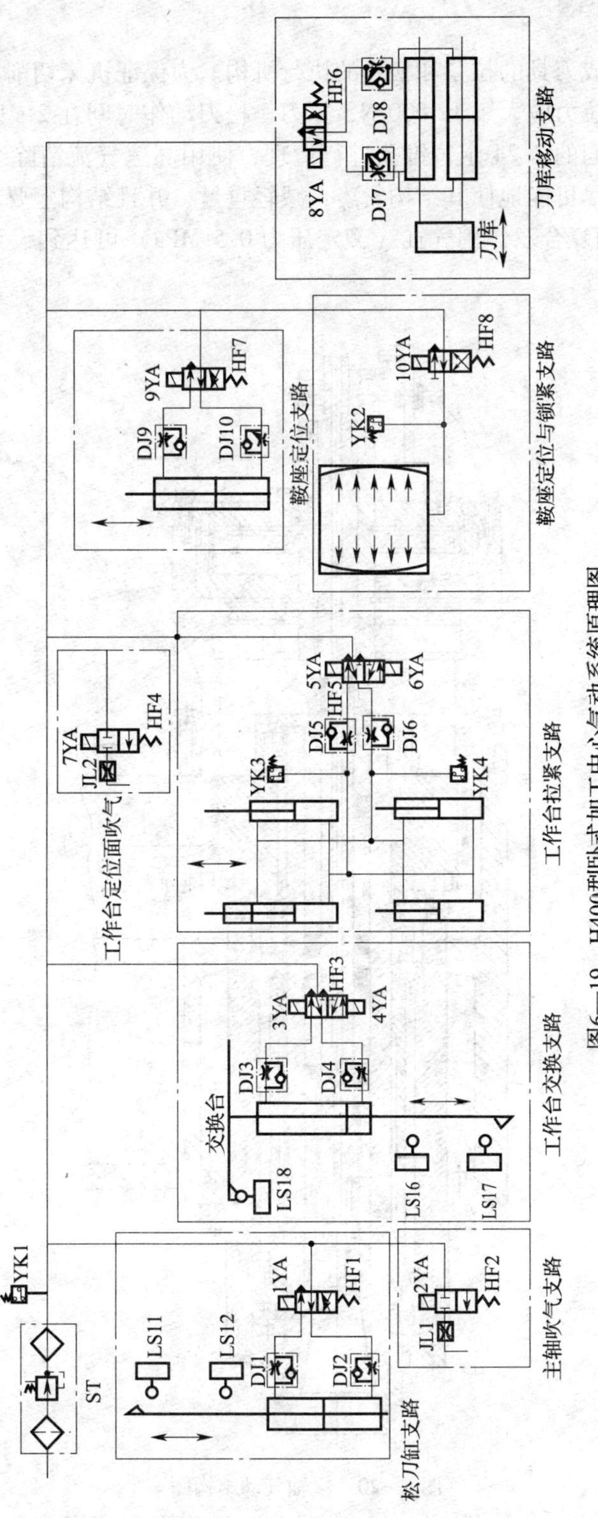

图6—19　H400型卧式加工中心气动系统原理图

(1) 松刀缸支路

松刀缸支路是完成刀具的拉紧和松开的执行机构。为保证机床切削加工过程的稳定、安全、可靠，刀具拉紧拉力应大于12 000 N，抓刀、松刀动作时间在2 s以内。换刀时通过气动系统对刀柄与主轴间的7:24定位锥孔进行清理，使用高速气流清除结合面上的杂物。为达到这些要求，并且尽可能地使其结构紧凑，减轻重量，并且结构上要求工作缸直径不能大于150 mm，所以采用复合双作用气缸（额定压力0.5 MPa）可达到设计要求。图6—20所示为主轴气动结构图。

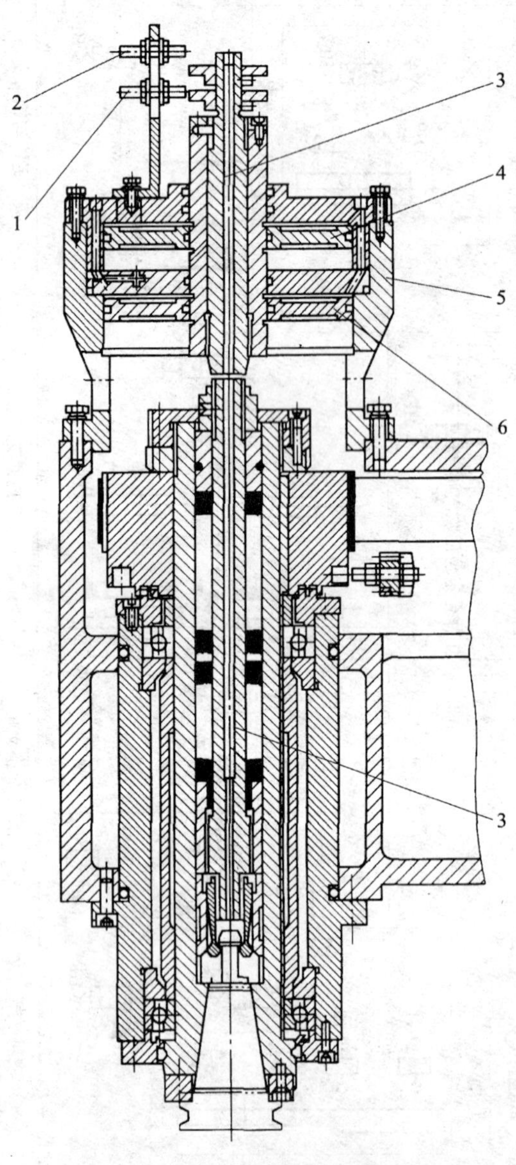

图6—20 主轴气动结构图

1、2—感应开关 3—吹气孔 4、6—活塞 5—缸体

在无换刀操作指令的状态下，松刀缸在自动复位控制阀 HF1（图 6—19）的控制下始终处于上位状态，并由感应开关 LS11 检测该位置信号，以保证松刀缸活塞杆与拉刀杆脱离，避免主轴旋转时活塞杆与拉刀杆摩擦损坏。主轴对刀具的拉力由碟形弹簧受压产生的弹力提供。当进行自动或手动换刀时，两位四通电磁阀 HF1 线圈 1YA 得电，松刀缸上腔通入高压气体，活塞向下移动，活塞杆压住拉刀杆克服弹簧弹力向下移动，直到拉刀爪松开刀柄上的拉钉，刀柄与主轴脱离。感应开关 LS12 检测到位信号，通过变送扩展板传送到 CNC 的 PMC，作为对换刀机构进行协调控制的状态信号。DJ1、DJ2 是调节气缸压力和松刀速度的单向节流阀，用于避免气流的冲击和振动的产生。电磁阀 HF2 是用来控制主轴和刀柄之间的定位锥面在换刀时的吹气清理气流的开关，主轴锥孔吹气的气体流量大小用节流阀 JL1 调节。

（2）工作台交换支路（交换台）

交换台是实现双工作台交换的关键部件，由于 H400 加工中心交换台提升载荷较大（12 000 N），工作过程中冲击较大，设计上升、下降动作时间为 3 s，且交换台位置空间较大，故采用大直径气缸（$D = 350$ mm），6 mm 内径的气管，可满足设计载荷和交换时间的要求。机床无工作台交换时，在两位双电控电磁阀 HF3 的控制下，交换台托升缸处于下位，感应开关 LS17 有信号，工作台与托叉分离，工作台可以进行自由的运动。当进行自动或手动的双工作台交换时，数控系统通过 PMC 发出信号，使两位双电控电磁阀 HF3 的 3YA 得电，托升缸下腔通入高压气体，活塞带动托叉连同工作台一起上升，当达到上下运动的上终点位置时，由接近开关 LS16 检测其位置信号，并通过变送扩展板传送到 CNC 的 PMC，控制交换台回转 180°运动开始动作，接近开关 LS18 检测到回转到位的信号，并通过变送扩展板传送到 CNC 的 PMC，控制 HF3 的 4YA 得电，托升缸上腔通入高压气体，活塞带动托叉连同工作台在重力和托升缸的共同作用下一起下降，当达到上下运动的下终点位置时，由接近开关 LS17 检测其位置信号，并通过变送扩展板传送到 CNC 的 PMC，双工作台交换过程结束，机床可以进行下一步的操作。在该支路中采用 DJ3、DJ4 单向节流阀调节交换台上升和下降的速度，避免较大的载荷冲击及对机械部件的损伤。

（3）工作台拉紧支路

由于 H400 加工中心要进行双工作台的交换，为了节约交换时间，保证交换的可靠，所以工作台与鞍座之间必须具有能够快速、可靠地定位、夹紧及脱离的功能。可交换的工作台固定于鞍座上，由四个带定位锥的气缸夹紧。为了达到拉力大于 12 000 N 的可靠工作要求，以及受位置结构的限制，该气缸采用了弹簧增力结构，在气缸内径仅为 ϕ63 mm 的情况下就能达到设计拉力要求。如图 6—19 所示，该支路采用两位双电控电磁阀 HF5 进行控制，当双工作台交换将要进行或已经进行完毕时，数控系统通过 PMC 控制电磁阀 HF5，使线圈 5YA 或 6YA 得电，分别控制气缸活塞的上升或下降，通过滚珠拉套机构放松或拉紧工作台上的拉钉，完成鞍座与工作台之间的放松或夹紧。为了避免活塞运动时的冲击，该支路采用具有得电动作、失电不动作、双线圈同时得电不动作特点的两位双电控电磁阀 HF5 进行控制，以避免在动作进行过程中突然断电造成的机械部件冲击损伤。并采用单向节流阀 DJ5、

DJ6 来调节夹紧的速度，避免较大的冲击载荷。该位置由于受结构限制，用感应开关检测放松与拉紧信号较为困难，故采用可调工作点的压力继电器 YK3、YK4 检测压力信号，并以此信号作为气缸到位信号。

（4）鞍座定位与锁紧支路

H400 型卧式加工中心工作台具有回转分度功能。与工作台连结为一体的鞍座采用蜗轮蜗杆机构使之可以进行回转，鞍座与床鞍之间具有相对回转运动，并分别采用插销和可以变形的薄壁气缸实现床鞍和鞍座之间的定位与锁紧。当数控系统发出鞍座回转指令并做好相应的准备后，两位单电控电磁阀 HF7 得电，定位插销缸活塞向下带动定位销从定位孔中拔出，到达下运动极限位置后，由感应开关检测到位信号，通知数控系统可以进行鞍座与床鞍的放松，此时两位单电控电磁阀 HF8 得电动作，锁紧薄壁缸中高压气体放出，锁紧活塞弹性变形回复，使鞍座与床鞍分离。该位置由于受结构限制，检测放松与锁紧信号较困难，故采用可调工作点的压力继电器 YK2 检测压力信号，并以此信号作为位置检测信号。该信号送入数控系统，控制鞍座进行回转动作，鞍座在电动机、同步带、蜗杆—蜗轮机构的带动下进行回转运动。当达到预定位置时，由感应开关发出到位信号，停止转动，完成回转运动的初次定位。电磁阀 HF7 断电，插销缸下腔通入高压气体，活塞带动插销向上运动，插入定位孔，进行回转运动的精确定位。定位销到位后，感应开关发信通知锁紧缸锁紧，电磁阀 HF8 失电，锁紧缸充入高压气体，锁紧活塞变形，YK2 检测到压力达到预定值后，即是鞍座与鞍床夹紧完成。至此，整个鞍座回转动作完成。另外，在该定位支路中，DJ9、DJ10 是为避免插销冲击损坏而设置的调节上升、下降速度的单向节流阀。

（5）刀库移动支路

H400 加工中心采用盘式刀库，具有 10 个刀位。在加工中心进行自动换刀时，由气缸驱动刀盘前后移动，与主轴的上下左右方向的运动进行配合来实现刀具的装卸，并要求在运行过程中稳定、无冲击。如图 6—19 所示，在换刀时，当主轴到达相应位置后，通过对电磁阀 HF6 得电和失电使刀盘前后移动，到达两端的极限位置，并由位置开关感应到位信号，与主轴运动、刀盘回转运动协调配合完成换刀动作。其中 HF6 断电时，刀库部件处于远离主轴的原位。DJ7、DJ8 是为避免冲击而设置的单向节流阀。

该气动系统中，在工作台交换支路和工作台拉紧支路采用两位双电控电磁阀（HF3、HF4），以避免在动作进行过程中突然断电造成的机械部件的冲击损伤。并且系统中所有的控制阀完全采用板式集装阀连接，该种安装方式结构紧凑，易于控制、维护与故障点检测。为避免气流放出时所产生的噪声，在各支路的放气口均加装了消声器。

2. 数控车床用真空卡盘

薄的加工件进行车削加工时是难于夹紧的，这已成为长期困扰工艺技术人员的一大难题。虽然对铁系材料的工件可以使用磁性卡盘，但是加工件容易被磁化，这又是一个很麻烦的问题，而真空卡盘则是较理想的夹具。

真空卡盘的结构原理如图 6—21 所示，下面简单介绍其工作原理。

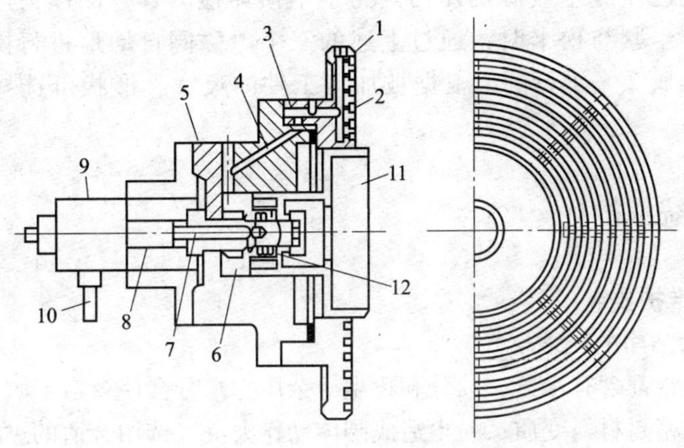

图6—21　真空卡盘的结构简图

1—卡盘本体　2—沟槽　3—小孔　4—孔道　5—转接件　6—腔室
7—中心孔　8—连接管　9—转阀　10—软管　11—活塞　12—弹簧

在卡盘的前面装有吸盘，盘内形成真空，而薄的被加工件就靠大气压力被压在吸盘上以达到夹紧的目的。一般在卡盘本体1上开有数条圆形的沟槽2，这些沟槽就是前面提到的吸盘，这些吸盘是通过转接件5的孔道4与小孔3相通，然后与卡盘体内气缸的腔室6相连接。另外腔室6通过气缸活塞杆后部的孔7通向连接管8，然后与装在主轴后面的转阀9相通。通过软管10同真空泵系统相连接。按上述的气路造成卡盘本体沟槽内的真空，可以吸着工件。反之，要取下被加工的工件时，则向沟槽内通以空气。气缸腔室6内有时真空有时充气，所以活塞11有时缩进有时伸出。此活塞前端的凹窝在卡紧时起到吸着的作用。即工件被安装之前，缸内腔室与大气相通，所以在弹簧12的作用下活塞伸出卡盘的外面。当工件被卡紧时，缸内造成真空则活塞头缩进，一般真空卡盘的吸引力与吸盘的有效面积和吸盘内的真空度成正比例。在自动化应用时，有时要求卡紧速度要快，而卡紧速度则由真空卡盘的排气量来决定。

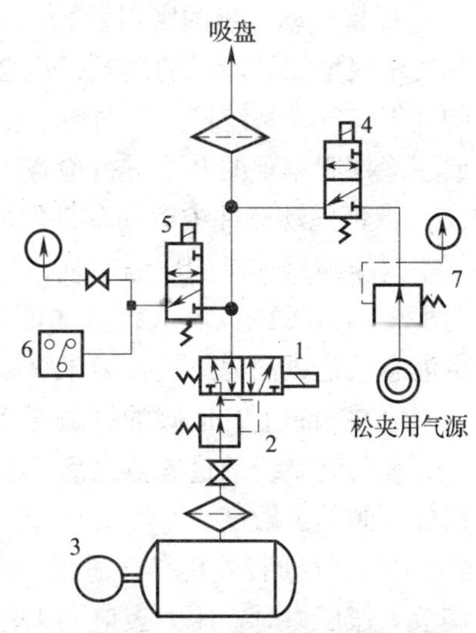

图6—22　真空卡盘的气动回路

1、4、5—电磁阀　2—真空调节阀
3—真空罐　6—继电器　7—压力表

真空卡盘的夹紧与松夹是由图6—22中电磁阀1的换向来进行的。即打开包括真空罐3在内的回路以造成吸盘内的真空，实现卡紧动作。松夹时，在关闭真空回路的同时，通过电磁阀4迅速地打开空气源回路，以实现真空下瞬间松卡的动作。电磁阀5是用以开闭压力继电器6的回路。在卡紧的情况下此回路打开，当吸盘内真空度达到压力继电器的规定压力时，给出夹紧完了的信号。在松卡的情况下，回路已换成空气源的压力。为了不损坏检测真空的压力继电器，将此回路关闭。如上所述，卡紧与松卡时，通过上述的三个电磁阀自动地进行操作，而卡紧力的调节是由真空调节阀2来进行的。根据被加工工件的尺寸、形状可选择最合适的卡紧力数值。

二、气压系统维护

1．气压系统维护要点

（1）保证供给洁净的压缩空气

压缩空气中通常都含有水分、油分和粉尘等杂质。水分会使管道、阀和气缸腐蚀；油分会使橡胶、塑料和密封材料变质；粉尘造成阀体动作失灵。选用合适的过滤器，可以清除压缩空气中的杂质，使用过滤器时应及时排除积存的液体，否则，当积存液体接近挡水板时，气流仍可将积存物卷起。

（2）保证空气中含有适量的润滑油

大多数气动执行元件和控制元件都要求适度的润滑。如果润滑不良将会发生以下故障：①由于摩擦阻力增大则造成气缸推力不足，阀芯动作失灵。②由于密封材料的磨损造成空气泄漏。③由于生锈造成元件的损伤及动作失灵。润滑的方法一般采用油雾器进行喷雾润滑，油雾器一般安装在过滤器和减压阀之后。油雾器的供油量一般不宜过多，通常每10 m^3的自由空气供1 mL的油量（即40到50滴油）。检查润滑是否良好的一个方法是：找一张清洁的白纸放在换向阀的排气口附近，如果阀在工作3 ~ 4个循环后，白纸上只有很轻的斑点时，表明润滑是良好的。

（3）保持气动系统的密封性

漏气不仅增加了能量的消耗，也会导致供气压力的下降，甚至造成气动元件工作失常。严重的漏气在气动系统停止运行时，由漏气引起的响声很容易发现；轻微的漏气则应利用仪表，或用涂抹肥皂水的办法进行检查。

（4）保证气动元件中运动零件的灵敏性

从空气压缩机排出的压缩空气，包含有粒度为0.01 ~ 0.8 μm的压缩机油微粒，在排气温度为120 ~ 220℃的高温下，这些油粒会迅速氧化，氧化后油粒颜色变深，黏性增大，并逐步由液态固化成油泥。这种微米级以下的颗粒，一般过滤器无法滤除。当它们进入到换向阀后便附着在阀芯上，使阀的灵敏度逐步降低，甚至出现动作失灵。为了清除油泥，保证灵敏度，可在气动系统的过滤器之后，安装油雾分离器，将油泥分离出来。此外，定期清洗阀也可以保证阀的灵敏度。

（5）保证气动装置具有合适的工作压力和运动速度

调节工作压力时，压力表应当工作可靠，读数准确。减压阀与节流阀调节好后，必须紧固调压阀盖或锁紧螺母，防止松动。

2．气压系统维护操作

气压系统的维护操作如表6—2所示。

表 6—2　　气压系统的维护操作

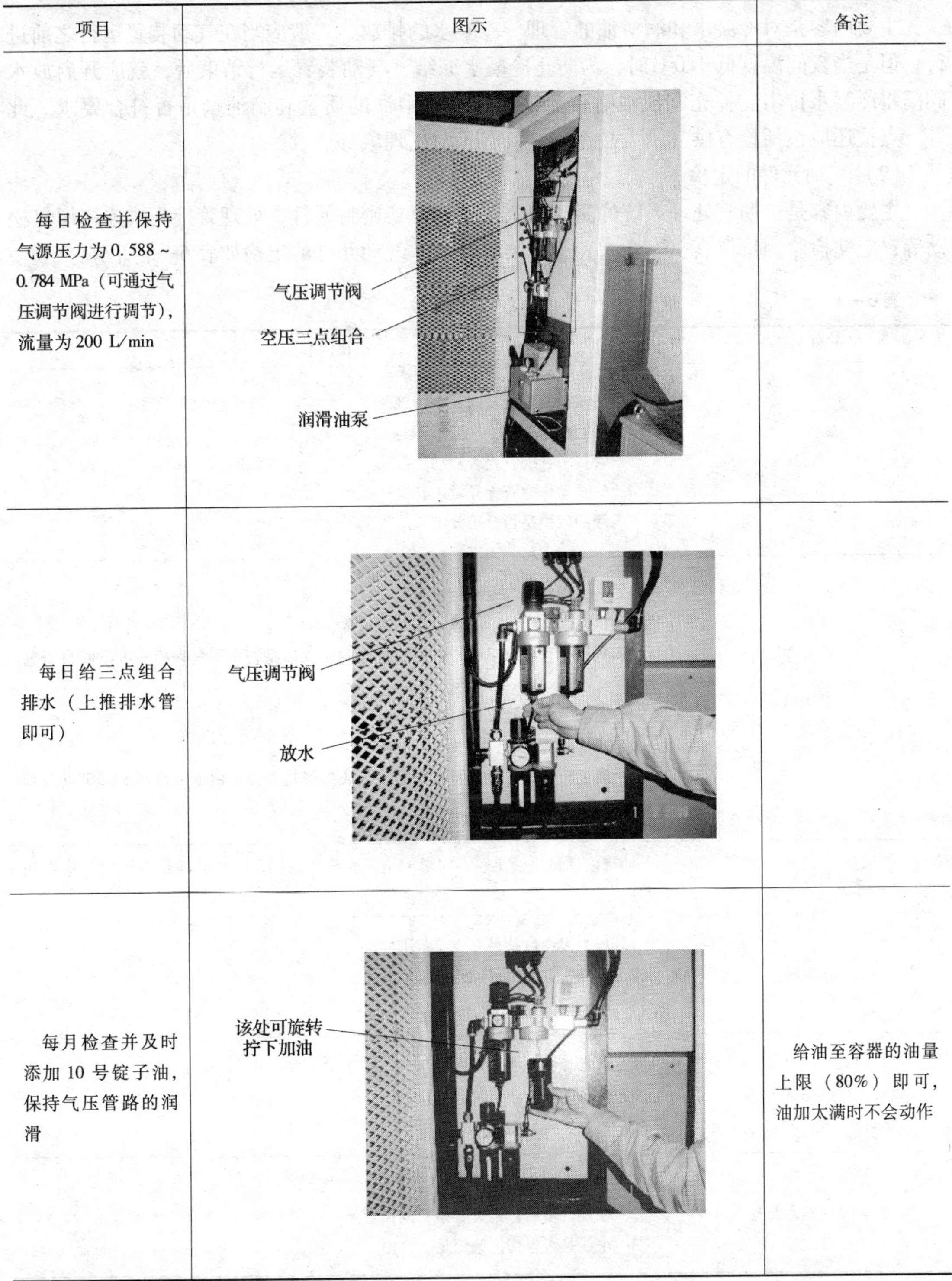

项目	图示	备注
每日检查并保持气源压力为 0.588 ~ 0.784 MPa（可通过气压调节阀进行调节），流量为 200 L/min	气压调节阀 空压三点组合 润滑油泵	
每日给三点组合排水（上推排水管即可）	气压调节阀 放水	
每月检查并及时添加 10 号锭子油，保持气压管路的润滑	该处可旋转拧下加油	给油至容器的油量上限（80%）即可，油加太满时不会动作

3. 气动系统点检与定检

(1) 管路系统点检

主要内容是对冷凝水和润滑油的管理。冷凝水的排放，一般应当在气动装置运行之前进行。但是当夜间温度低于0℃时，为防止冷凝水冻结，气动装置运行结束后，就应开启放水阀门将冷凝水排出。补充润滑油时，要检查油雾器中油的质量和滴油量是否符合要求。此外，点检还应包括检查供气压力是否正常，有无漏气现象等。

(2) 气动元件的定检

主要内容是：彻底处理系统的漏气现象，例如更换密封元件，处理管接头或连接螺钉松动等；定期检验测量仪表、安全阀和压力继电器等。气动元件的定检如表6—3所示。

表6—3　　气动元件的定检

元件名称	点检内容
气缸	1. 活塞杆与端盖之间是否漏气 2. 活塞杆是否划伤、变形 3. 管接头、配管是否松动、损伤 4. 气缸动作时有无异常声音 5. 缓冲效果是否合乎要求
电磁阀	1. 电磁阀外壳温度是否过高 2. 电磁阀动作时，阀芯工作是否正常 3. 气缸行程到末端时，通过检查阀的排气口是否有漏气来确诊电磁阀是否漏气 4. 紧固螺栓及管接头是否松动 5. 电压是否正常，电线有否损伤 6. 通过检查排气口是否被油润湿，或排气是否会在白纸上留下油雾斑点来判断润滑是否正常
油雾器	油杯内油量是否足够，润滑油是否变色、混浊，油杯底部是否沉积有灰尘和水
减压阀	1. 压力表读数是否在规定范围内 2. 调压阀盖或锁紧螺母是否锁紧 3. 有无漏气
过滤器	1. 贮水杯中是否积存冷凝水 2. 滤芯是否应该清洗或更换 3. 冷凝水排放阀动作是否可靠
安全阀及压力继电器	1. 在调定压力下动作是否可靠 2. 校验合格后，是否有铅封或锁紧 3. 电线是否损伤，绝缘是否合格

三、气压系统故障实例及维修

(1) 五轴联动数控叶片铣床空气静压单元故障处理

故障现象：机床开机时出现空气静压压力不足故障报警而停机。查看空气静压单元压力表无压力显示。

故障分析：RAPID—6K 数控叶片铣床，采用 SIEMENS 8 数控系统。

叶片铣床采用空气静压导轨，其空气是由空气静压单元提供，工作原理如图 6—23 所示。可能产生故障原因是：①进口空气过滤器阻塞；②出口管路有泄漏；③安全阀失灵；④排气阀失灵；⑤进气阀没有打开；⑥压缩机失效。

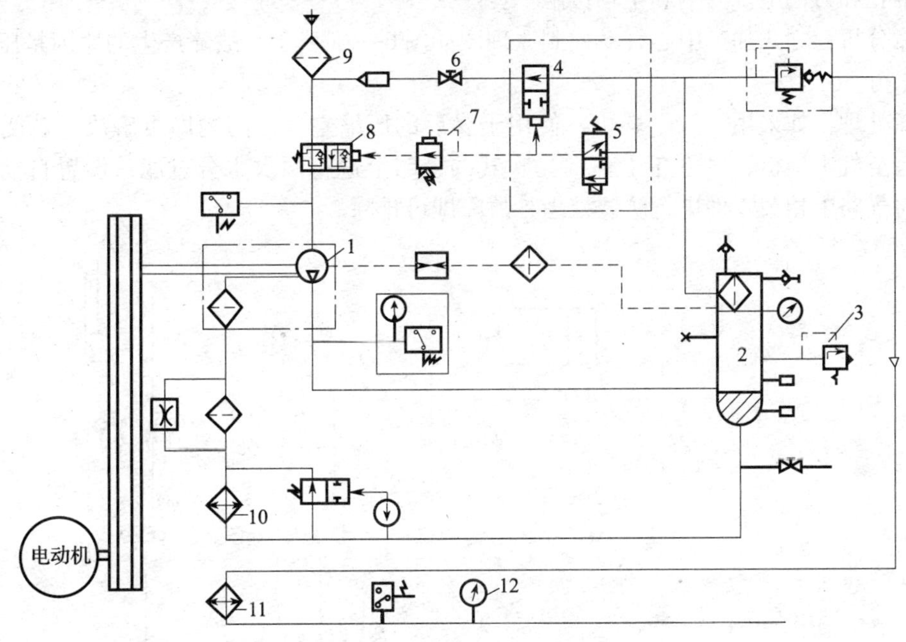

图 6—23 空气静压单元系统原理图

1—压缩机 2—油气分离器 3—安全阀 4、5—控制－排气组合阀 6—球阀 7—局部调节阀 8—进气阀 9—过滤网 10—油冷却器 11—空气冷却器 12—压力表

按照故障原因的分析逐一查找故障点。首先查找压缩机出口外部元件。经检查管道及各插头无任何泄漏，安全阀也正常。

其次查找控制进气—排气回路。从原理图中可以看出，如果压缩机在工作状态，排气阀动作失灵没有断开排气回路，就会造成空气直接排回进气口。所以检查该回路时，让压缩机处于工作状态，将球阀关闭，这时压力表显示压力 6.5 MPa，证明空气在此回路跑失。但仍然达不到工作压力 10 MPa 的要求。进而判断压缩机也存在进气阀工作不到位而造成吸气不足。由于排气阀和进气阀动作是由阀 5 控制，工作时阀 5 没有动作，那么进气阀和排气阀无法正常工作，故而导致该故障的出现。所以决定拆卸阀 5，发现其电磁铁线圈坏了。

故障处理：由于控制阀5是组合阀，而且连同球阀6等一起安装在油气分离器壁体上，进出气口并不都是管路连接，没有原样阀体根本无法替换。在修理过程中只好将原回路作微小改动。第一步，将控制阀的阀芯取出，使其处于常通状态，并将排气小孔堵死。第二步，借助局部调节阀引出管路，在其上接一排气阀（图6—24），利用它来解决当压缩机停机时的排气问题。同时把该阀电磁铁线圈接到原控制阀控制线路上。经过改动后空气静压单元已保证正常工作。

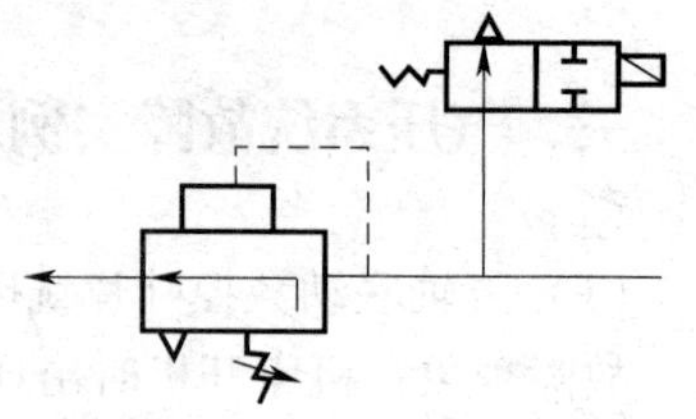

图6—24　排气组合阀更改图

（2）刀柄和主轴故障的排除

故障现象：一立式加工中心换刀时，主轴锥孔吹气，把含有铁锈的水分子吹出，并附着在主轴锥孔和刀柄上。刀柄和主轴接触不良。

故障分析：立式加工中心气动控制原理图如图6—25所示。故障产生的原因是压缩空气中含有水分。

故障处理：如采用空气干燥机，使用干燥后的压缩空气，问题即可解决。若受条件限制，没有空气干燥机，也可在主轴锥孔吹气的管路上进行两次水分过滤，设置自动放水装置，并对气路中相关零件进行防锈处理，故障即可排除。

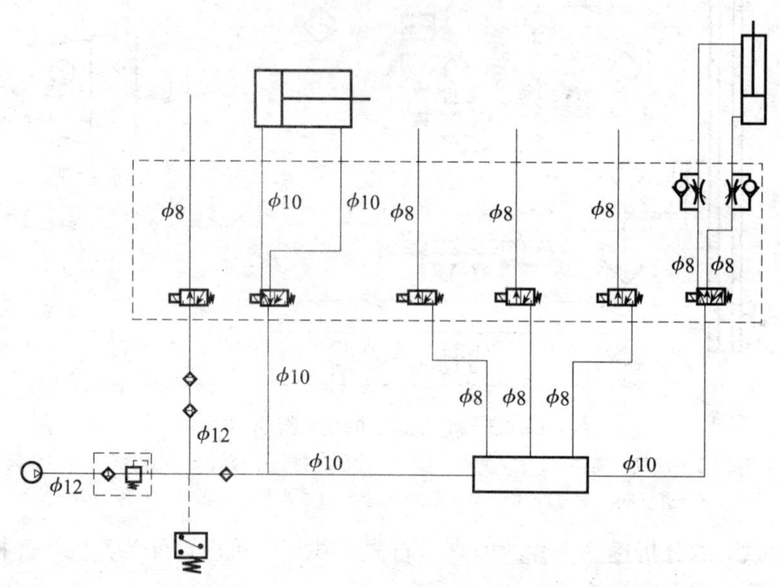

图6—25　某立式加工中心的气动控制原理图

（3）松刀动作缓慢的故障维修

故障现象：一立式加工中心换刀时，主轴松刀动作缓慢。

故障分析：根据图6—25所示的气动控制原理图进行分析，主轴松刀动作缓慢的原因有：①气动系统压力太低或流量不足；②机床主轴拉刀系统有故障，如碟形弹簧破损等；③主轴松刀气缸有故障。根据分析，首先检查气动系统的压力，压力表显示气压为0.6

MPa，压力正常；将机床操作转为手动，手动控制主轴松刀，发现系统压力下降明显，气缸的活塞杆缓慢伸出，故判定气缸内部漏气。

故障处理：拆下气缸，打开端盖，压出活塞和活塞环，发现密封环破损，气缸内壁拉毛。更换新的气缸后，故障排除。

（4）变速无法实现的故障排除

故障现象：一立式加工中心换挡变速时，变速气缸不动作，无法变速。

故障分析：根据图 6—25 所示的气动控制原理图进行分析，变速气缸不动作的原因有：

1）气动系统压力太低或流量不足。

2）气动换向阀未得电或换向阀有故障。

3）变速气缸有故障。

根据分析，首先检查气动系统的压力，压力表显示气压为 0.6 MPa，压力正常；检查换向阀电磁铁已带电，用手动换向阀，变速气缸动作，故判定气动换向阀有故障。

故障处理：拆下气动换向阀，检查发现有污物卡住阀芯。进行清洗后，重新装好，故障排除。

第七章

辅助装置维护与维修

第一节 工作台的维护与维修

为了扩大数控机床的加工性能，适应某些零件加工的需要，数控机床的进给运动，除 *X*、*Y*、*Z* 三个坐标轴的直线进给运动之外，还可以有绕 *X*、*Y*、*Z* 三个坐标轴的圆周进给运动。这里的三个坐标轴分别称 *A*、*B*、*C* 轴。数控机床的圆周进给运动，一般由数控回转工作台（简称数控转台）来实现。数控转台除了可以实现圆周进给运动之外，还可以完成分度运动，例如加工分度盘的轴向孔，可采用间歇分度转位结构进行分度，即分度工作台与分度头来完成。数控转台的外形和分度工作台没有多大区别，但在结构上则具有一系列的特点。由于数控转台能实现进给运动，所以它在结构上和数控机床的进给驱动机构有许多共同之点。不同之点在于数控机床的进给驱动机构实现的是直线进给运动，而数控转台实现的是圆周进给运动。数控转台从控制方式分为开环和闭环两种。数控回转工作台按其台面直径可分为160 mm、200 mm、250 mm、320 mm、400 mm、500 mm、630 mm、800 mm 等；数控转台按照不同分类方法大致有以下几大类（图7—1）：

等分转台　任意分度转台　液压转台

电动转台　立式转台　卧式转台

可倾转台

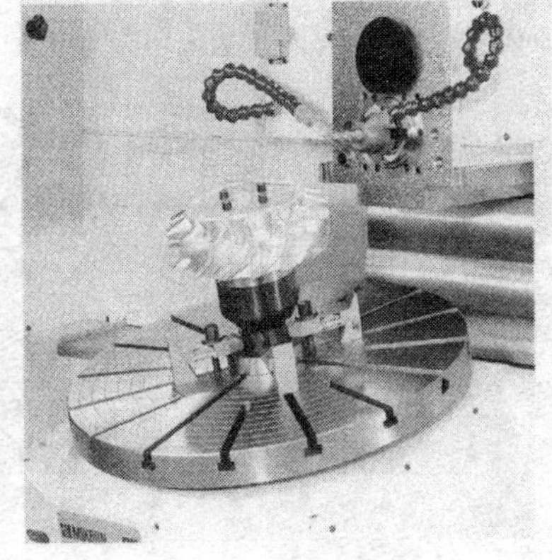

多轴并联转台

图 7—1　数控转台实物图

1. 按照分度形式可分为等分转台和任意分度转台。

2. 按照驱动方式可分为液压转台和电动转台。

3. 按照安装方式可分为立式转台和卧式转台。

4. 按照回转轴轴数可分为单轴转台（图 7—1 中除最后两图外均为单轴转台）、可倾转台（两轴联动）和多轴并联转台。

一、回转工作台

1. 开环数控回转工作台

开环数控转台和开环直线进给机构一样，都可以用功率步进电动机来驱动。图 7—2 所示为自动换刀数控立式镗铣床数控回转台的结构图。

在步进电动机 3 的输出轴上齿轮 2 与齿轮 6 啮合，啮合间隙由偏心环 1 来消除。齿轮 6 与蜗杆 4 用花键结合，花键结合间隙应尽量小，以减小对分度精度的影响。蜗杆 4 为双导程蜗杆，可以用轴向移动蜗杆的办法来消除蜗杆 4 和蜗轮 15 的啮合间隙。调整时，只要将调整环 7（两个半圆环垫片）的厚度尺寸改变，便可使蜗杆沿轴向移动。

蜗杆 4 的两端装有滚针轴承，左端为自由端，可以伸缩。右端装有两个角接触球轴承，承受蜗杆的轴向力。蜗轮 15 下部的内、外两面装有夹紧瓦 18 和 19，数控回转台的底座 21 上固定的支座 24 内均布 6 个液压缸 14。液压缸 14 上端进压力油时，柱塞 16 下行，通过钢球 17 推动夹紧瓦 18 和 19 将蜗轮夹紧，从而将数控转台夹紧，实现精确分度定位。当数控转台实现圆周进给运动时，控制系统首先发出指令，使液压缸 14 上腔的油液流回油箱，在弹簧 20 的作用下把钢球体 17 抬起，夹紧瓦 18 和 19 就松开蜗轮 15。柱塞 16 到上位发出信号，功率步进电动机起动并按指令脉冲的要求，驱动数控转台实现圆周进给运动。当转台做圆周分度运动时，先分度回转再夹紧蜗轮，以保证定位的可靠，并提高承受负载的能力。

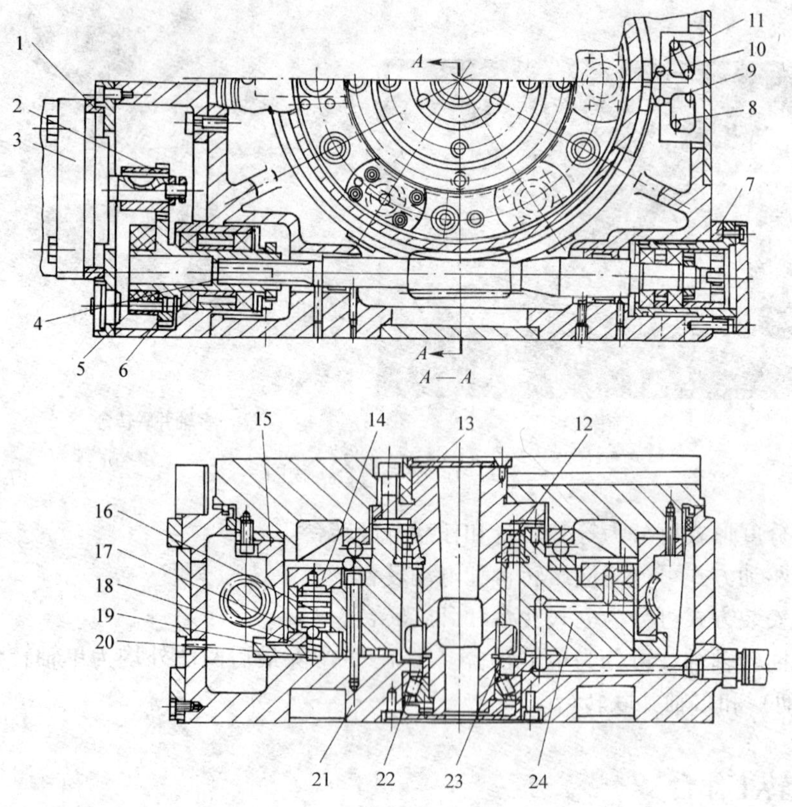

图 7—2　开环数控回转工作台

1—偏心环　2、6—齿轮　3—电动机　4—蜗杆　5—垫圈　7—调整环　8、10—微动开关　9、11—挡块　12、13—轴承　14—液压缸　15—蜗轮　16—柱塞　17—钢球　18、19—夹紧瓦　20—弹簧　21—底座　22—圆锥滚子轴承　23—调整套　24—支座

数控转台的分度定位和分度工作台不同，它是按控制系统所指定的脉冲数来决定转位角度，没有其他的定位元件。因此，对开环数控转台的传动精度要求高、传动间隙应尽量小。数控转台设有零点，当它作回零控制时，先快速回转运动至挡块 11 压合微动开关 10，发出“快速回转”变为“慢速回转”的信号，再由挡块 9 压合微动开关 8 发出从“慢速回转”变为“点动步进”信号，最后由功率步进电动机停在某一固定的通电相位上（称为锁相），从而使转台准确地停在零点位置。数控转台的圆形导轨采用大型推力滚珠轴承 13，使回转灵活。径向导轨由滚子轴承 12 及圆锥滚子轴承 22 保证回转精度和定心精度。调整轴承 12 的预紧力，可以消除回转轴的径向间隙。调整轴承 22 的调整套 23 的厚度，可以使圆导轨上有适当的预紧力，保证导轨有一定的接触刚度。这种数控转台可做成标准附件，回转轴可水平安装也可垂直安装，以适应不同工件的加工要求。

数控转台的脉冲当量是指数控转台每个脉冲所回转的角度（度/脉冲），现在尚未标准化。现有的数控转台的脉冲当量有小到 0.001°/脉冲，也有大到 2′/脉冲。设计时应根据加工精度的要求和数控转台直径大小来选定。一般来讲，加工精度愈高，脉冲当量应选得愈小；数控转台直径愈大，脉冲当量应选得愈小。但也不能盲目追求过小的脉冲当量。脉冲当量δ选定之后，根据步进电动机的脉冲步距角θ就可决定减速齿轮和蜗轮副的传动比

$$\delta = \frac{z_1}{z_2} \cdot \frac{z_3}{z_4}\theta$$

式中　z_1，z_2——分别为主动、被动齿数；

z_3，z_4——分别为蜗杆头数和蜗轮齿数。

在决定z_1、z_2、z_3、z_4时，一方面要满足传动比的要求，同时也要考虑到结构的限制。

2. 闭环数控回转工作台

闭环数控转台的结构与开环数控转台大致相同，其区别在于闭环数控转台有转动角度的测量元件（圆光栅或圆感应同步器）。所测量的结果经反馈与指令值进行比较，按闭环原理进行工作，使转台分度精度更高。图7—3所示为闭环数控转台结构图。

回转工作台由电液脉冲马达1驱动。在它的轴上装有主动齿轮3（$z_1=22$），与从动齿轮4（$z_2=66$）相啮合，齿的侧隙靠调整偏心环2来消除。从动齿轮4与蜗杆10用楔形的拉紧销钉5连接，这种连接方式能消除轴与套的配合间隙。蜗杆10系双螺距式，即相邻齿的厚度是不同的。因此，可用轴向移动蜗杆的方法来消除蜗杆10和蜗轮11的齿侧间隙。调整时，先松开壳体螺母套筒7上的锁紧螺钉8，使压块6把调整套9放松，然后转动调整套9，它便和蜗杆10同时在壳体螺母套筒7中做轴向移动，消除齿侧间隙。调整完毕后，再拧紧锁紧螺钉8，把压块6压紧在调整套9上，使其不能再作转动。

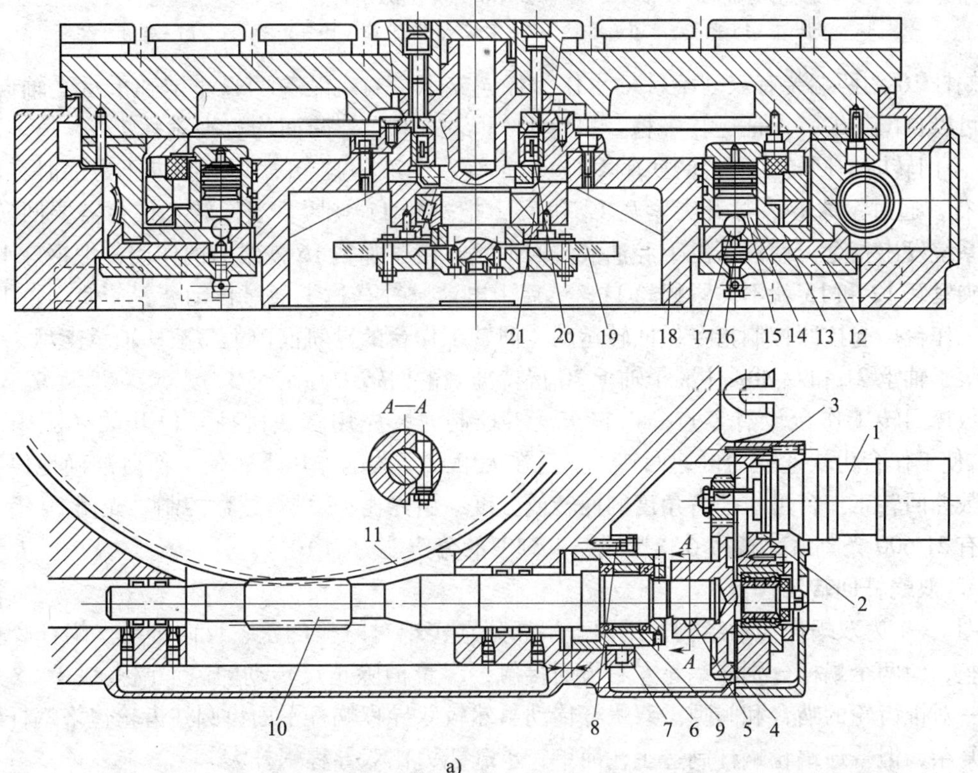

a)

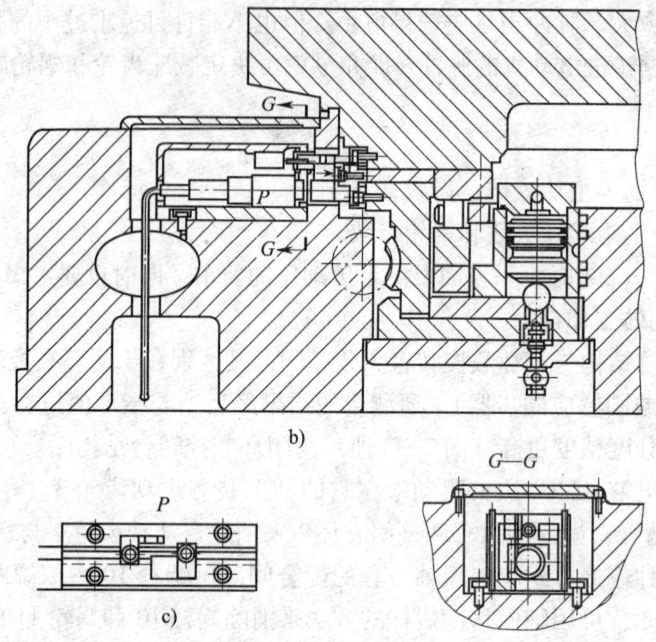

图 7—3　闭环数控回转工作台

a）闭环数控回转工作台结构　b）液压回路　c）压力油入口结构

1—电液脉冲马达　2—偏心环　3—主动齿轮　4—从动齿轮　5—销钉　6—压块　7—螺母套筒　8—螺钉　9—调整套　10—蜗杆　11—蜗轮　12、13—夹紧瓦　14—液压缸　15—活塞　16—弹簧　17—钢球　18—底座　19—光栅　20、21—轴承

蜗杆 10 的两端装有双列滚针轴承作为径向支承，右端装有两只止推轴承承受轴向力，左端可以自由伸缩，保证运转平稳。蜗轮 11 下部的内、外两面均有夹紧瓦 12 及 13。当蜗轮 11 不回转时，回转工作台的底座 18 内均布有八个液压缸 14，其上腔进压力油时，活塞 15 下行，通过钢球 17，撑开夹紧瓦 12 和 13，把蜗轮 11 夹紧。当回转工作台需要回转时，控制系统发出指令，使液压缸上腔油液流回油箱。由于弹簧 16 恢复力的作用，把钢球 17 抬起，夹紧瓦 12 和 13 就不夹紧蜗轮 11，然后由电液脉冲马达 1 通过传动装置，使蜗轮 11 和回转工作台一起按照控制指令做回转运动。回转工作台的导轨面由大型滚柱轴承支承，并由圆锥滚子轴承 21 和双列圆柱滚子轴承 20 保持准确的回转中心。

数控回转工作台设有零点，当它作返零控制时，先用挡块碰撞限位开关（图中未示出），使工作台由快速变为慢速回转，然后在无触点开关的作用下，使工作台准确地停在零位。数控回转工作台可作任意角度的回转或分度，由光栅 19 进行读数控制。光栅 19 沿其圆周上有 21 600 条刻线，通过 6 倍频线路，刻度的分辨能力为 10″。

3．双蜗杆回转工作台

图 7—4 为双蜗杆传动结构，用两个蜗杆分别实现对蜗轮的正、反向传动。蜗杆 2 可轴向调整，使两个蜗杆分别与蜗轮左右齿面接触，尽量消除正反传动间隙。调整垫 3、5 用于调整一对锥齿轮的啮合和间隙。双蜗杆传动虽然较双导程蜗杆平面齿圆柱齿轮包络蜗杆传动结构复杂，但普通蜗轮蜗杆制造工艺简单，承载能力比双导程蜗杆大。

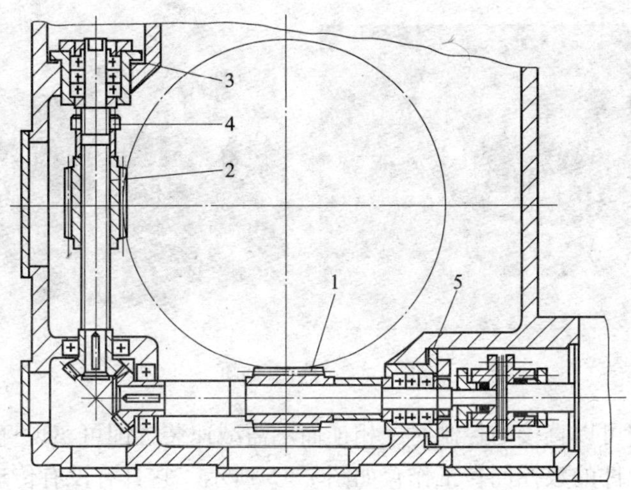

图 7—4　双蜗杆传动

1—轴向固定蜗杆　2—轴向调整蜗杆　3、5—调整垫　4—锁紧螺母

4. 直接驱动回转工作台

直接驱动回转工作台（图 7—5）。一般采用力矩电动机驱动。力矩电动机（图 7—6）是一种具有软机械特性和宽调速范围的特种电动机。它在原理上与他激直流电动机和两相异步电动机一样，只是在结构和性能上有所不同。力矩电动机的转速与外加电压成正比，通过调压装置改变电压即可调速。不同的是它的过载电流小，允许超低速运转，它有一个调压装置调节输入电压以改变输出力矩。比较适合低速调速系统，甚至可长期工作于过载状态而只

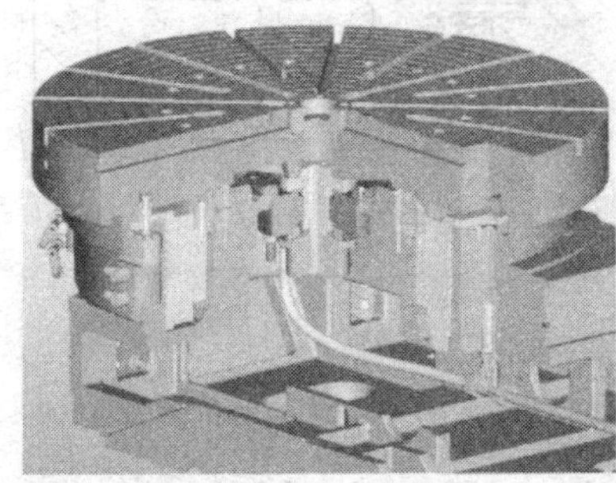

图 7—5　直接驱动回转工作台

图 7—6　力矩电动机

输出力矩。因此，它可以直接与控制对象相连而不需减速装置即可实现直接驱动。采用力矩电动机为核心动力元件的数控回转工作台如图 7—5 所示。它具有没有传动间隙，没有磨损，传动精度和效率高等优点。

二、分度工作台

分度工作台的分度和定位按照控制系统的指令自动进行，每次转位回转一定的角度（90°、60°、45°、30°等）。为满足分度精度的要求，要使用专门的定位元件。常用的定位元件有插销定位、反靠定位、端齿盘定位和钢球定位等几种。

1．插销定位的分度工作台

这种工作台的定位元件由定位销和定位套孔组成，图 7—7 所示是自动换刀数控卧式镗铣床分度工作台的结构图。

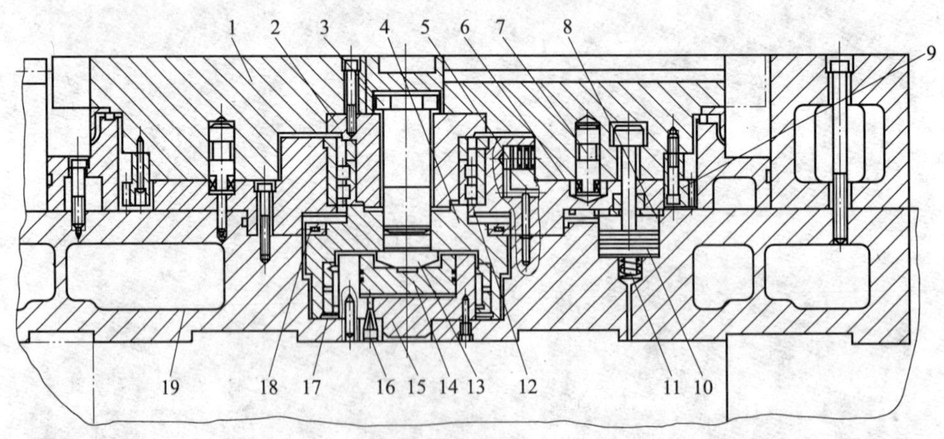

图 7—7　插销定位分度工作台

1—工作台　2—转台轴　3—六角螺钉　4—轴套　5—活塞　6—定位套
7—定位销　8—液压缸　9—齿轮　10—活塞　11—弹簧　12—轴承
13—止推螺钉　14—活塞　15—液压缸　16—管道　17、18—轴承　19—转台座

工作台下方有八个均布的圆柱定位销7和定位套6及一个马蹄式环形槽。定位时，只有一个定位销插入定位套的孔中，其他七个则进入马蹄形环槽中。此种分度工作台只能实现45°等分的分度定位。当需要分度时，首先由机床控制系统发出指令，使六个均布于固定工作台圆周上的夹紧液压缸8（图中只画出一个）上腔中的压力油流回油箱。在弹簧11的作用下，推动活塞上升15 mm，使分度工作台放松。同时中央液压缸15从管道16进压力油，于是活塞14上升，通过止推螺钉13，止推轴套4将推力圆柱滚子轴承18向上抬起15 mm而顶在转台座19上。再通过六角螺钉3、转台轴2使分度工作台1也抬高15 mm。与此同时，定位销7从定位套6中拔出，完成了分度前的准备动作。控制系统再发出指令，使液压马达回转，并通过齿轮传动（图中未表示出）使和工作台固定在一起的大齿轮9回转，分度工作台便进行分度，当其上的挡块碰到第一个微动开关时开始减速，然后慢速回转，碰到第二个微动开关时准停。此时，新的定位销7正好对准定位套的定位孔，准备定位。分度工作台的回转部分由于在径向有双列滚柱轴承12及滚针轴承17作为两端径向支承，中间又有推力球轴承，故运动平稳。分度运动结束后，中央液压缸15的油液流回油箱，分度工作台下降定位，同时夹紧液压缸8上端进压力油，活塞10下降，通过活塞杆上端的台阶部分将工作台夹紧，在工作台定位之后，夹紧之前，活塞5顶向工作台，将工作台转轴中的径向间隙消除后再夹紧，以提高工作台的分度定位精度。

2. 端齿盘定位的分度工作台

（1）结构

齿盘定位的分度工作台能达到很高的分度定位精度，一般为±3″，最高可达±0.4″。能承受很大的外载，定位刚度高，精度保持性好。实际上，齿盘啮合脱开相当于两齿盘对研过程，因此，随着齿盘使用时间的延续，其定位精度还有不断提高的趋势。端齿盘定位分度工作台广泛用于数控机床，也用于组合机床和其他专用机床。

图7—8a所示为THK6370自动换刀数控卧式镗铣床分度工作台的结构。主要由一对端齿盘13、14（图7—8b），升夹液压缸12，活塞8，液压马达，蜗杆副3、4和减速齿轮副5、6等组成。分度转位动作包括：①工作台抬起，齿盘脱离啮合，完成分度前的准备工作；②回转分度；③工作台下降，齿盘重新啮合，完成定位夹紧。

工作台9的抬起是由升夹油缸的活塞8来完成，其油路工作原理如图7—9所示。当需要分度时，控制系统发出分度指令，工作台升夹液压缸的换向阀电磁铁E2通电，压力油便从管道24进入分度工作台9中央的升夹液压缸12的下腔，于是活塞8向上移动，通过止推轴承10和11带动工作台9也向上抬起，使上、下齿盘13、14相互脱离啮合，油缸上腔的油则经管道23排出，通过节流阀L3流回油箱，完成分度前的准备工作。

当分度工作台9向上抬起时，通过推杆和微动开关，发出信号，使控制液压马达ZM—16的换向阀电磁铁E3通电。压力油从管道25进入液压马达使其旋转。通过蜗杆副3、4和齿轮副5、6带动工作台9进行分度回转运动。液压马达的回油是经过管道26、节流阀L2及换向阀E5流回油箱。调节节流阀L2开口的大小，便可改变工作台的分度回转速度（一般调在2 r/min左右）。工作台分度回转角度的大小由指令给出，共有八个等分，即为45°的整倍数。当工作台的回转角度接近所要分度的角度时，减速挡块使微动开关动作，发出减速

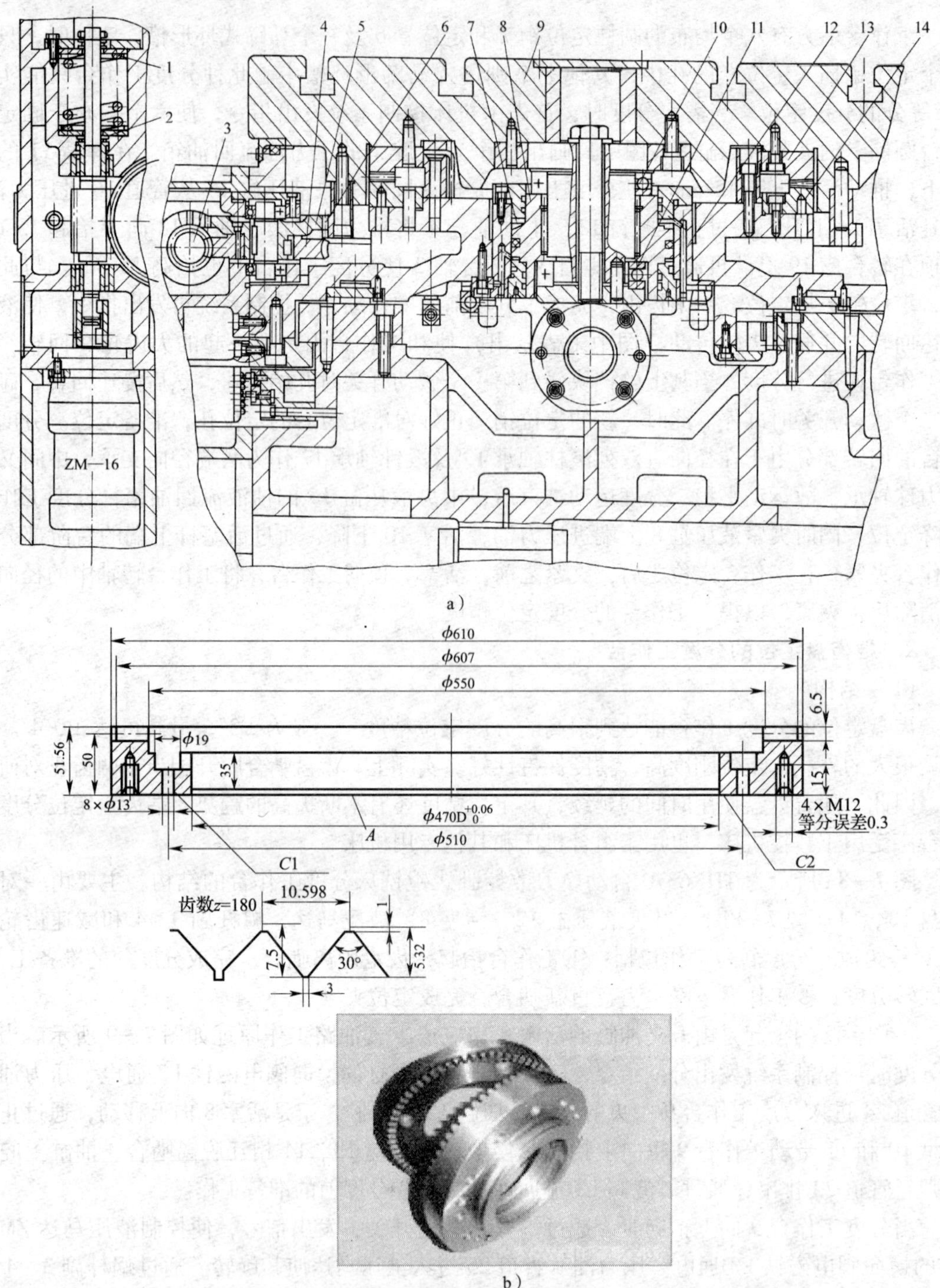

图 7—8　端齿盘定位分度工作台

a）端齿盘定位分度工作台的结构　b）端齿盘及其齿形结构图

1—弹簧　2—轴承　3—蜗杆　4—蜗轮　5、6—齿轮　7—管道

8—活塞　9—工作台　10、11—轴承　12—液压缸　13、14—端齿盘

信号，换向阀电磁铁 E5 通电，该换向阀将液压马达的回油管道关闭，此时，液压马达的回油除了通过节流阀 L2 还要通过节流阀 L4 才能流回油箱，节流阀 L4 的作用是使其减速。因此，工作台在停止转动之前，其转速已显著下降，为齿盘准确定位创造条件。当工作台的回转角度达到所要求的角度时，准停挡块压合微动开关，发出信号，使电磁铁 E3 断电，堵住液压马达的进油管道 25，液压马达便停止转动。到此，工作台完成了准停动作，与此同时，电磁铁 E2 断电，压力油从管道 24 进入升夹油缸上腔，推动活塞 8 带着工作台下降，于是上下齿盘又重新啮合，完成定位夹紧。油缸下腔的油便从管道 23，经节流阀 L3 流回油箱。在分度工作台下降的同时，由推杆使另一微动开关动作，发出分度转位完成的回答信号。

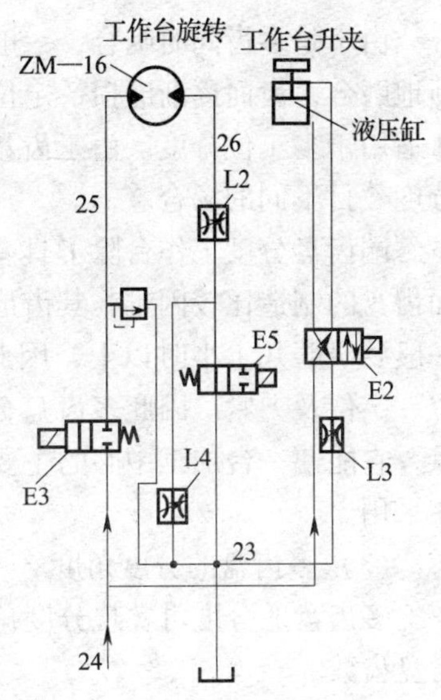

图 7—9　油路工作原理图

分度工作台的转动是由蜗杆副 3、4 带动的，而蜗轮副转动具有自锁性，即运动不能从蜗轮 4 传至蜗杆 3。但是工作台下降时，最后的位置由定位元件——齿盘所决定，即由齿盘带动工作台做微小转动来纠正准停时的位置偏差。如果工作台由蜗轮 4 和蜗杆 3 锁住而不能转动，便会产生动作上的矛盾。为此，将蜗杆轴设计成浮动式的结构，即其轴向用两个止推轴承 2 抵在一个螺旋弹簧 1 上面。这样，工作台作微小回转时，便可由蜗轮带动蜗杆压缩弹簧 1 作微量的轴向移动，从而解决它们的矛盾。

若分度工作台的工作台尺寸较小，工作台面下凹程度不会太多，但是当工作台面较大（例如 800 mm × 800 mm 以上）时，如果仍然只在台面中心处拉紧，势必增大工作台面下凹量，不易保证台面精度。为了避免这种现象，常把工作台受力点从中央附近移到离多齿盘作用点较近的环形位置上，改善工作台受力状况，有利于台面精度的保证，如图 7—10 所示。

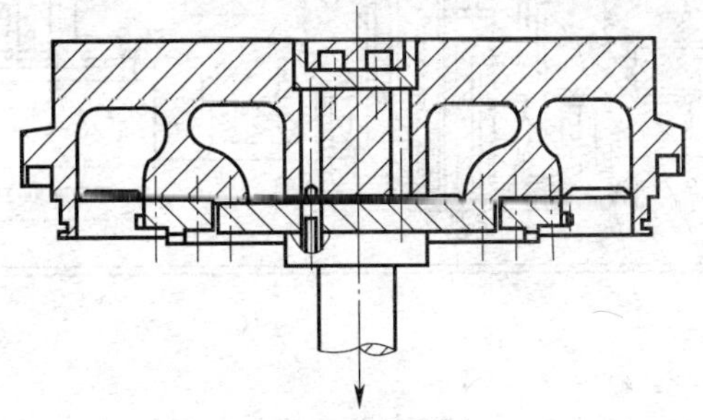

图 7—10　工作台拉紧机构

（2）端齿盘的特点

端齿盘在使用中有很多优点：①定位精度高。端齿盘采用向心端齿结构，它既可以保证分度精度，同时又可以保证定心精度，而且不受轴承间隙及正反转的影响，一般定位精度可达 ±3″，高精度的可达 ±0.3″。同时重复定位精度既高又稳定。②承载能力强，定位刚度好。由于是多齿同时啮合，一般啮合率不低于90%，每齿啮合长度不少于60%。③随着不断地磨合，齿面逐渐磨损，定位精度不仅不会下降，而且有所提高，因而使用寿命也较长。④适用于多工位分度。由于齿数的所有因数都可以作为分度工位数，因此一种齿盘可以用于分度数目不同的场合。

端齿盘分度工作台除了具有上述优点外，也还有些不足之处：①其主要零件——多齿端面齿盘的制造比较困难，其齿形及形位公差要求很高，而且成对齿盘的对研工序很费工时，一般要研磨几十小时以上，因此生产效率低，成本也较高。②在工作时动齿盘要升降、转位、定位及夹紧。因此多齿盘分度工作台的结构也相对的要复杂些。但是从综合性能来衡量，它能使一台加工中心的主要指标——加工精度得到保证，因此目前在卧式加工中心上仍在采用。

（3）多齿盘的分度角度

多齿盘的分度可实现分度角度为 $\theta=360°/z$。式中 θ 为可实现的分度数（整数），z 为多齿盘齿数。

3．带有托板交换的分度工作台

图7—11所示是ZHS—K63卧式加工中心上的带有托板交换工件的分度工作台，其采用端齿盘分度结构。其分度工作原理如下。

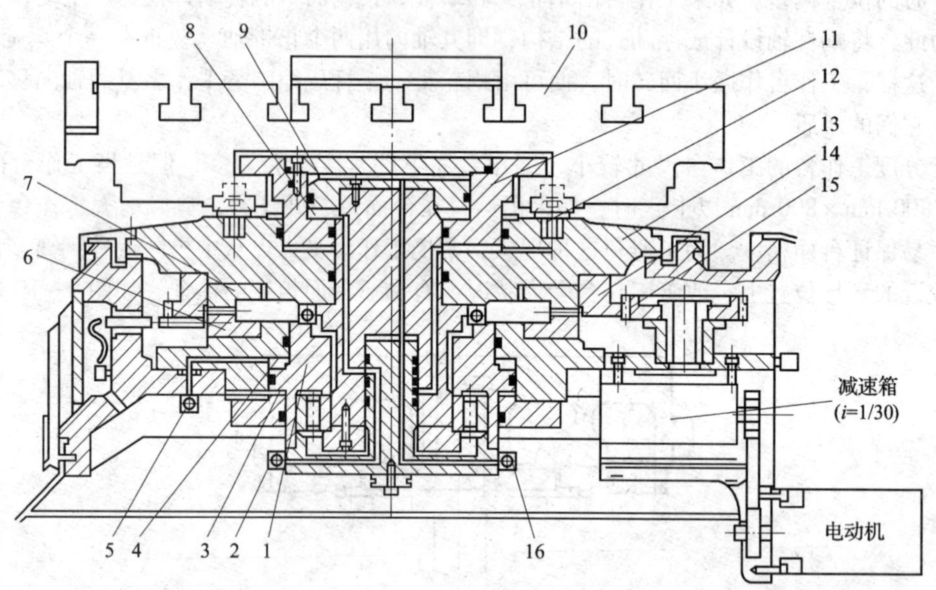

图7—11 带有托板交换的分度工作台

1—活塞体 2、5、16—液压阀 3、4、8、9—油腔 6、7—端齿盘
10—托板 11—液压缸 12—定位销 13—工作台体 14—齿圈 15—齿轮

当工作台不转位时，上齿盘7和下齿盘6总是啮合在一起，当控制系统给出分度指令后，电磁铁控制换向阀运动（图中未画出），使压力油进入油腔3，使活塞体1向上移动，并通过滚珠轴承带动整个工作台台体13向上移动，台体13的上移使得端齿盘6与7脱开，

装在工作台 13 上的齿圈 14 与驱动齿轮 15 保持啮合状态，电动机通过皮带和一个降速比为 $i=1/30$ 的减速箱带动齿轮 15 和齿圈 14 转动，当控制系统给出转动指令时，驱动电动机旋转并带动上齿盘 7 旋转进行分度，当转过所需角度后，驱动电动机停止，压力油通过液压阀 5 进入油腔 4，迫使活塞体 1 向下移动并带动整个工作台台体 13 下移，使上下齿盘相啮合，可准确地定位，从而实现了工作台的分度。

驱动齿轮 15 上装有剪断销（图中未画出），如果分度工作台发生超载或碰撞等现象，剪断销将被切断，从而避免了机械部分的损坏。

分度工作台根据编程命令可以正转，也可以反转，由于该齿盘有 360 个齿，故最小分度单位为 1°。

分度工作台上的两个托板是用来交换工件的，托板规格为 ϕ630 mm。托板台面上有 7 个 T 形槽，两个边缘定位块用来定位夹紧。托板台面利用 T 形槽可安装夹具和零件，托板是靠四个精磨的圆锥定位销 12 在分度工作台上定位，由液压夹紧。托板的交换过程如下。

当需要更换托板时，控制系统发出指令，使分度工作台返回零位，此时液压阀 16 接通，使压力油进入油腔 9，使得液压缸 11 向上移动，托板则脱开定位销 12，当托板被顶起后，液压缸带动齿条（图 7—12 中虚线部分）向左移动，从而带动与其相啮合的齿轮旋转并使整个托板装置沿着滑动轨道旋转 180°，从而达到托板交换的目的。当新的托板到达分度工作台上面时，空气阀接通，压缩空气经管路从托板定位销 12 中间吹出，清除托板定位销孔中的杂物。同时，液压阀 2 接通，压力油进入油腔 8，迫使液压缸 11 向下移动，并带动托板夹紧在 4 个定位销 12，完成整个托板的交换过程。

托板夹紧和松开一般不单独操作，而是在托板交换时自动进行。图 7—12 中所示的是二托板交换装置。作为选件也有四托板交换装置（图略）。

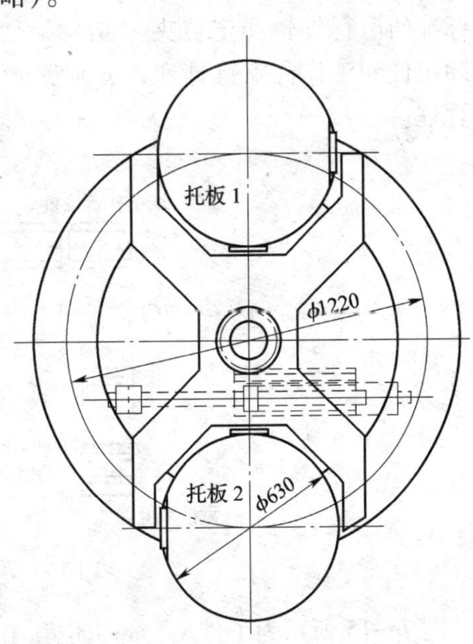

图 7—12　二托板交换装置

三、柔性制造单元（FMC）的工件交换装置

作为柔性制造系统的基本单位是各种“制造单元”，例如在加工型柔性制造系统中，它的基本单位就是数控机床和工业机器人等组成的“加工单元”。图 7—13 所示为制造单元示意图，它由数控机床、工件台架、工业机器人或可交换工作台、单元控制器、监控装置、检验装置及加工单元的控制器等六部分组成。

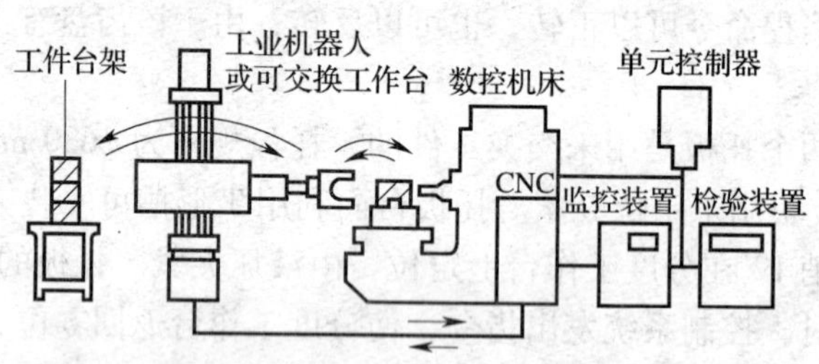

图 7—13　FMC 示意图

如前所述，在采用自动换刀装置后，数控加工的辅助时间主要用于工件安装及调整，如果需要进一步提高生产效率，就必须设法减少工件安装调整的时间，如在工作台加工第一个工件时，在工作台的另一端安装调整第二个工件。待第一个工件加工完后，工作台快速移动使第二个工件进入加工区进行加工，即工件安装调整时间与加工时间重合。目前普遍采用自动随行夹具（亦称托盘）的方式来减少工件安装调整时间。图 7—14 所示为工件装、卸工位分开的自动更换随行夹具的方案。可预先在随行夹具上将坯件安装调整好。随行夹具有标准的滑行导轨和定位夹紧结构，便于在工件台面上传送、定位和夹紧。图示结构、装卸工位和工作台串行排列，分别置于工作台两端，其优点是坯件与成品堆栈分开，便于管理。

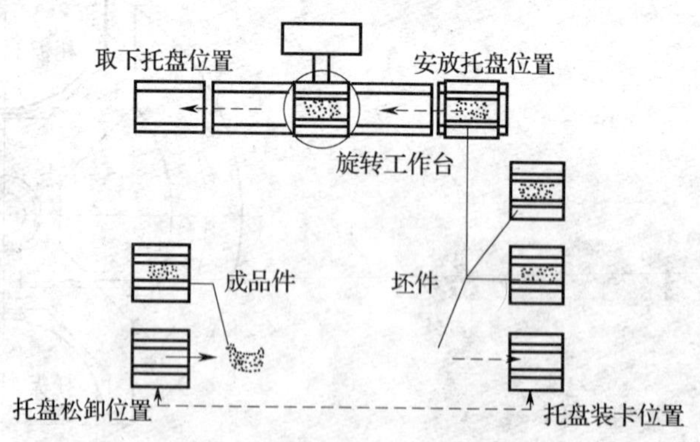

图 7—14　随行夹具与托盘

图 7—15 所示为工件装、卸工位和工作台垂直排列的情况，此时旋转工作台必须先移到卸荷工位，将随行夹具连同成品卸下，然后移到安装工位，接受装有坯件的随行夹具。

图7—16所示为转动工作台更换随行夹具的方案，这种方案操作者无须来回走动。当加工完毕，成品随行夹具卸于装卸工作台的空位处后，工作台转180°，坯件随行夹具移向加工工位，进行加工。同时操作者卸下成品，装上待加工坯件。

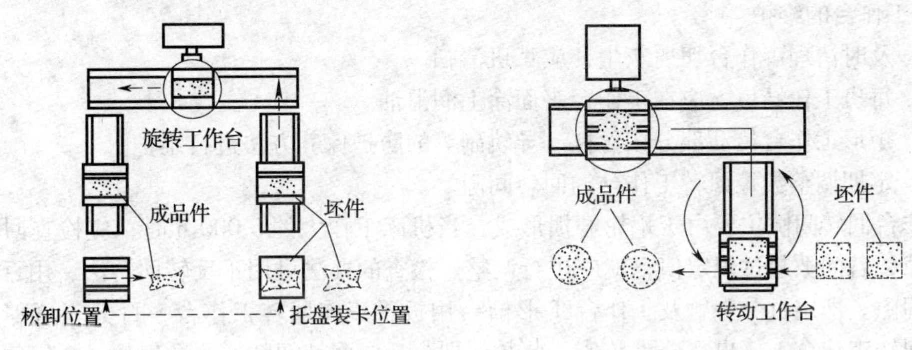

图7—15　工件装、卸工位和工作台垂直　　图7—16　摆动工作台

四、具有托板交换工作站的加工系统

随着科学技术的不断发展，产品的更新换代加速。单一的数控机床、加工中心已满足不了产品的加工要求。为了进一步提高机床的利用率，节省各种辅助时间，近几年出现了带托板交换工作站的加工系统。图7—17所示是国内研究部门开发的柔性制造系统（FMS）。该系统由4台ZHS—K63加工中心组成。托板输送工作站是由有轨输送车（RGV）加上若干个托板站和装卸工位组成的。最基本的调度是由PLC来实现。整个FMS控制系统由中央计算机来承担。它将加工中心、托板输送车和各个装卸工位连接到一起，以机床的请求和优先级的原则安排调度。为使各机床负荷均衡，进一步提高加工中心的利用率，可在托板站存放的托板上装满足够的待加工零件，就可实现第二、第三班或者无人看管的加工要求。

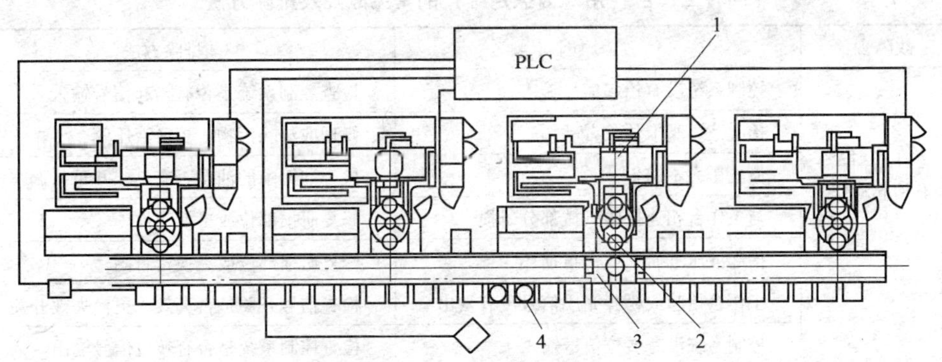

图7—17　柔性制造系统

1—机床　2—可换托板　3—托板运输装置　4—托板站

五、工作台的维修

1. 工作台的维护

（1）及时清理工作台切屑灰尘，应每班清扫。

（2）每班工作结束，应在工作台表面涂上润滑油。

（3）矩形工作台传动部分按丝杠、导轨副等的防护保养方法进行维护。

（4）定期调整数控回转工作台的回转间隙。

工作台回转间隙主要由于蜗轮磨损形成，当机床工作大约 5 000 h 时，应检查回转轴的回转间隙，若间隙超过规定值，就应进行调整。检查的办法可用正反转回转法，用百分表测定回转间隙。即用百分表触及工作台 T 形槽→用扳手正向回转工作台→百分表清零→用扳手反向回转工作台→读出百分表数值。此数值即为反向回转间隙，当数值超过一定值时，就需进行调整。

（5）维护好数控回转工作台的液压装置。对数控回转工作台，定期检查油箱是否充足；油液的温度是否在允许的范围内；液压马达运动时是否有异常噪声等现象；限位开关与撞块是否工作可靠、位置是否变动；夹紧液压缸移动时是否正常；液压阀、液压缸及管接头处是否有外漏；液压转台的转位液压缸是否研损；工作台抬起液压阀、夹紧液压阀部有没有被切屑卡住等；对液压件及油箱等定期清洗和维修，对油液、密封件执行定期更换。

（6）定期检查与工作台相连接的部位是否有机械研损，定期检查工作台支承面回转轴及轴承等机械部分是否研损。

2. 工作台的维修

（1）回转工作台的故障诊断

回转工作台的常见故障及维修方法见表 7—1。

表 7—1　　回转工作台（用端齿盘定位）的常见故障及排除方法

序号	故障现象	故障原因	排除方法
1	工作台没有抬起动作	控制系统没有抬起信号输入	检查控制系统是否有抬起信号输入
		抬起液压阀卡住没有动作	修理或清除污物，更换液压阀
		液压压力不够	检查油箱中的油是否充足，并重新调整压力
		与工作台相连接的机械部分研损	修复研损部位或更换零件
		抬起液压缸研损或密封损坏	修复研损部位或更换密封圈
2	工作台不转位	工作台抬起或松开完成信号没有发出	检查信号开关是否失效，更换失效开关
		控制系统没有转位信号输入	检查控制系统是否有转位信号输出
		与电动机或齿轮相连的胀套松动	检查胀套连接情况，拧紧胀套压紧螺钉
		液压转台的转位液压阀卡住没有动作	修理或清除污物，更换液压阀
		工作台支承面回转轴及轴承等机械部分研损	修复研损部位或更换新的轴承

续表

序号	故障现象	故障原因	排除方法
3	工作台转位分度不到位，发生顶齿或错齿	控制系统输入的脉冲数不够	检查系统输入的脉冲数
		机械转动系统间隙太大	调整机械转动系统间隙，轴向移动蜗杆，或更换齿轮、锁紧胀紧套等
		液压转台的转位液压缸研损，未转到位	修复研损部位
		转位液压缸前端的缓冲装置失效，固定挡铁松动	修复缓冲装置，拧紧固定挡铁螺母
		闭环控制的圆光栅有污物或裂纹	修理或清除污物，或更换圆光栅
4	工作台不夹紧，定位精度差	控制系统没有输入工作台夹紧信号	检查控制系统是否有夹紧信号输出
		夹紧液压阀卡住没有动作	修理或清除污物，更换液压阀
		液压压力不够	检查油箱内油是否充足，并重新调整压力
		与工作台相连接的机械部分研损	修复研损部位或更换零件
		上下齿盘受到冲击松动，两齿牙盘间有污物，影响定位精度	重新调整固定，修理或清除污物
		闭环控制的圆光栅有污物或裂纹，影响定位精度	修理或清除污物，或更换圆光栅

（2）维修实例

1）工作台不能回转到位，中途停止的故障排除

故障现象：输入指令要工作台回转180°，或回零时，工作台只能转约114°左右就停下来。当停顿时用手用力推动，工作台也会继续转下去，直到目标为止。但再次启动分度工作时，仍出现同样故障。

故障分析：在CRT显示器上检查回转状态时，发现每次工作台在转动时，传感器显示正常，表示工作台上升到规定的高度。但每次工作台半途停转或晃动工作台时，传感器不能维持正常工作状态。拆开工作台后，发现传动杆中心线偏离传感器中心线距离较大。

故障处理：调整和校工传感器，故障排除。

2）数控回转工作台回参考点的故障排除

故障现象：TH6363卧式加工中心数控回转工作台，在返回参考点（正向）时，经常出现抖动现象。有时抖动大，有时抖动小，有时不抖动；如果按正向继续做若干次不等值回转，则抖动很少出现。做负向回转时，第一次肯定要抖动，而且十分明显，此后各次会明显减少，直至消失。

故障分析：TH6363卧式加工中心，在机床调试时就出现过数控回转工作台抖动现象，并一直从电气角度来分析和处理，但始终没有得到满意的结果。为此，转而考虑机械因素：怀疑转台的驱动系统故障。顺着这个思路，从传动机构方面找原因，对驱动系统的每个相关件逐个进行仔细的检查。终于发现固定蜗杆轴向的轴承右边的锁紧螺母左端没有紧靠其垫

圈，有 3 mm 的空隙，用手可以往紧的方向转两圈。由此说明这个螺母根本就没起锁紧作用，致使蜗杆产生窜动，即转台抖动的原因是锁紧螺母松动造成的。锁紧螺母之所以没有起作用，乃是其直径方向开槽深度及所留变形量不够合理，使 4 个 M4 ×6 紧定螺钉拧紧后，不能使螺母产生明显变形，起到防松作用。在转台经过若干次正、负方向回转后，不能保持其初始状态，逐渐松动，而且越松越多，导致轴承内环与蜗杆出现 3 mm 轴向窜动。这样回转工作台就不能与电动机同步动作。这不仅造成工作台的抖动，而且随着反向间隙增大，蜗轮与蜗杆相互碰撞，使蜗杆副的接触表面出现伤痕，影响了机床的精度和使用寿命。

故障排除：将原锁紧螺母所开的宽 2. 5 mm、深 10 mm 的槽开通，与螺纹相切，并超过半径，调整好安装位置后，用 2 个紧定螺钉紧固，即可起到防松作用。经以上修改后，故障排除。

3）低压报警的故障排除

故障现象：一台配套 FANUC 0MC 系统，型号为 XH754 的数控机床，出现油压低报警。

故障分析：经检查发现气液转换的气源压力正常，工作台压紧液压缸油位指示杆已到上限，可能缺油。用螺钉旋具拧工作台上升、下落电磁阀手动钮，让工作台压紧气液转换缸补油，油位指示杆回到中间位置，报警消除。但过半小时左右，报警又出现，再查压紧液压缸油位，又缺油，故怀疑油路有泄漏。查油管各接头正常，怀疑对象缩小为工作台夹紧工作液压缸和夹紧气液转换缸，查气液转换缸，发现油腔端 Y 形聚氨酯密封件有裂纹，导致压力油慢慢回流到补油腔，最后因油不够不能形成油压而报警。

故障排除：更换密封圈后故障排除。

4）工作台回零不旋转故障的排除（一）

故障现象：TH6232 加工中心开机后工作台回零不旋转且出现 05、07 号报警。

故障分析：首先利用梯形图和状态信息对工作台夹紧开关的状态进行实验检查。检查过程 138. 0 为“1”正常。手动松开工作台，138. 0 由“1”变为“0”，表明工作台能松开。回零时，工作台松开了，地址 211. 1TABSC$_1$由“0”变为“1”。211. 3TABSC 也由“0”变为“1”，然而经 2000 ms 延时后，由“1”变成了“0”，致使工作台旋转信号存在问题。由此确定是电动机过载，或是工作台液压有问题。经过反复几次实验，排除了是电动机过载故障，发现是工作台液压系统存在问题。工作台正常压力为 4. 0 ~ 4. 5 MPa，在工作台松开抬起时，液压由 4. 0 MPa 下降到 2. 5 MPa 左右，泄压严重，致使工作台未能完全抬起，松开延时后，无法旋转，产生过载。

故障处理：将液压泵维修后，保证正常的工作压力，故障排除。

5）工作台回零不旋转的故障排除（二）

故障现象：TH6232 加工中心，开机后工作台回零不旋转且出现 05、07 号报警。

故障分析：首先完全按例 4）所示的方法进行检查，检查状态信息，同例 4）基本一样，只是液压也正常。故此故障肯定是由过载引起的。而引起过载的原因有两方面：电动机故障和工作机械故障。首先检查电动机，将刀库电动机与工作台电动机交换（型号一致），故障仍未消除，因而排除了电动机故障。然后将工作台卸开，发现端齿盘中的 6 组碟形弹簧损坏不少，尝试更换碟形弹簧。本例中，更换后工作台仍不旋转，则仍利用梯形图和状态信息检查，139. 3INP. M 信息由“1”变成了“0”，139. 5SALM. M 由“0”变为“1”。即简易定位装置在位信号灯不亮，未在位，且报警。

故障排除：更换碟形弹簧，并手动旋转电动机使之进入在位区，使“INP”为“1”，灯亮，则故障排除。

第二节 分度头与万能铣头的维护与维修

一、数控分度头

数控分度头是数控铣床和加工中心等常用的附件。它的作用是按照控制装置的信号或指令做回转分度或连续回转进给运动，以使数控机床能完成指定的加工工序。数控分度头一般与数控铣床、立式加工中心配套，用于加工轴、套类工件。数控分度头可以由独立的控制装置控制，也可以通过相应的接口由主机的数控装置控制。

常用数控分度头如表 7—2 所示。

表 7—2 数控机床常用分度头

名称	实物	说明
FKNQ 系列数控气动等分分度头		FKNQ 系列数控气动等分分度头是数控铣床、数控镗床、加工中心等数控机床的配套附件，以端齿盘作为分度元件，它靠气动驱动分度，可完成以 5°为基数的整数倍的水平回转坐标的高精度等分分度工作
FK14 系列数控分度头		FK14 系列数控分度头是数控铣床、数控镗床、加工中心等数控机床的附件之一，可完成一个回转坐标的任意角度或连续分度工作。采用精密蜗杆副作为定位元件；采用组合式蜗轮结构，减少了气动刹紧时所造成的蜗轮变形，提高了产品精度；采用双导程蜗杆副，使得调整啮合间隙简便易行，有利于保持精度
FK15 系列数控分度头		FK15 系列数控立卧两用型分度头是数控机床、加工中心等机床的主要附件之一，分度头与相应的 CNC 控制装置或机床本身特有的控制系统连接，并与（4～6）$\times 10^5$ Pa 压缩气接通，可自动完成工件的夹紧、松开和任意角度的圆周分度工作
FK53 系列数控电动立式等分分度头		FK53 系列数控等分分度头是以端齿盘定位锁紧，以压缩空气推动齿盘，实现工作台的松开、刹紧，以伺服电动机驱动工作台旋转的具有间断分度功能的机床附件。该产品专门和加工中心及数控镗铣床配套使用，工作台可立、卧两用，完成 5°的整数倍的分度工作

图 7—18 所示为 FKNQ160 型数控气动等分分度头，其工作原理如下：采用三齿盘结构。滑动端齿盘 4 的前腔通入压缩空气后，借助弹簧 6 和滑动销轴 3 在镶套内平稳地沿轴向右移。齿盘完全松开后，无触点传感器 7 发信号给控制装置，这时分度活塞 17 开始运动，使棘爪 15 带动棘轮 16 进行分度，每次分度角度为 5°。在分度活塞 17 下方有两个传感器 14，用于检测活塞 17 的到位、返回位置并发出分度信号。当分度信号与控制装置预置信号重合时，分度台刹紧，这时滑动端齿盘 4 的后腔通入压缩空气，端齿盘啮合，分度过程结束。为了防止棘爪返回时主轴反转，在分度活塞 17 上安装凸块 11，使驱动销 10 在返回过程中插入定位轮 9 的槽中，以防转过位。

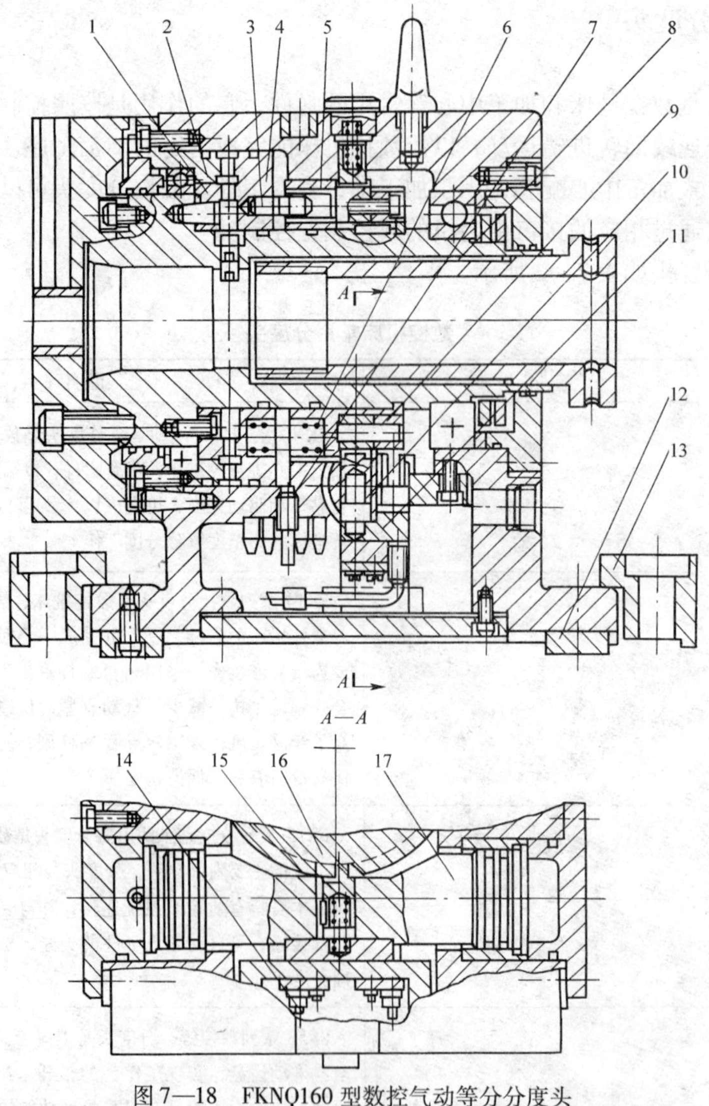

图 7—18　FKNQ160 型数控气动等分分度头

1—转动端齿盘　2—定位端齿盘　3—滑动销轴　4—滑动端齿盘　5—镶装套　6—弹簧　7—无触点传感器　8—主轴　9—定位轮　10—驱动销　11—凸块　12—定位键　13—压板　14—传感器　15—棘爪　16—棘轮　17—分度活塞

图7—19所示为FK14160B型数控分度头，其工作原理如下：刹紧液压缸活塞4的后腔（活塞右侧）通入压缩空气后，主轴松开。松开信号由传感器6发出。伺服电动机旋转至选定的角度后，刹紧液压缸的活塞4的前腔（活塞左侧）通入压缩空气，刹紧信号由传感器5发出。刹紧完毕后，主机发信号，开始切削加工。当工作台完成一个工作循环后，工作台返回零位，零位信号传感器8发出零位到位信号。

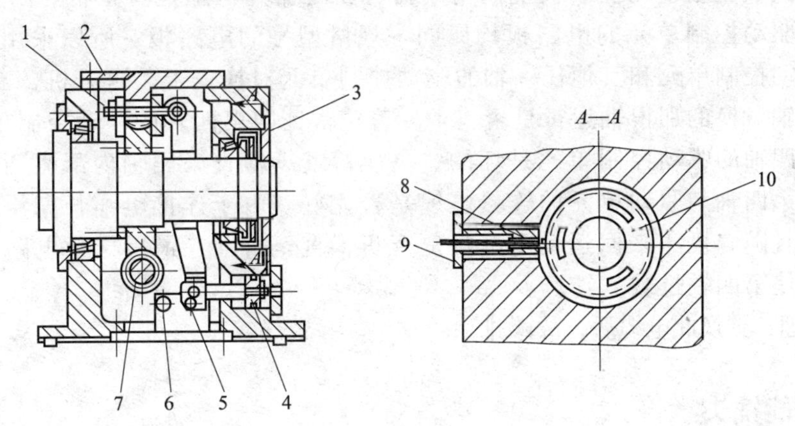

图7—19　FK14160B数控分度头

1—调整螺母　2—压板　3—法兰盘　4—活塞　5—刹紧信号传感器　6—松开信号传感器　7—双导程蜗杆　8—零位信号传感器　9—传感器支座　10—信号盘

1. 分度头维护

（1）及时调整挡铁与行程开关的位置。

（2）定期检查油箱是否充足，保持系统压力，使工作台能抬起和保持夹紧油缸的夹紧压力。

（3）控制油液污染，控制泄漏。对液压件及油箱等定期清洗和维修，对油液、密封件执行定期更换，定期检查各接头处的外泄漏。检查液压缸研损、活塞拉毛及密封圈损坏等。

（4）检查齿盘式分度工作台上下齿盘有无松动，两齿盘间有无污物，检查夹紧液压阀部有没有被切屑卡住等。

（5）检查与工作台相连的机械部分是否研损。

（6）如为气动分度头，则要保证供给洁净的压缩空气，保证空气中含有适量的润滑油，并经常检查压缩空气气压（或液压），并调整到要求值。足够的气压（或液压）才能使分度头动作。关于润滑的具体方法，以及气动系统的维护参见第六章第二节的相关内容。

润滑的方法一般采用油雾器进行喷雾润滑，油雾器一般安装在过滤器和减压阀之后。油雾器的供油量一般不宜过多，通常每10 m^3 的自由空气供1 mL的油量（即40～50滴油）。检查润滑是否良好的一个方法是：找一张清洁的白纸放在换向阀的排气口附近，如果阀在工作3~4个循环后，白纸上只有很轻的斑点，表明润滑是良好的。

2. 分度头维修实例

故障现象：机床开机后，第四轴报警。

故障分析：该机床的数控系统为 FANUC－0MC。其数控分度头即第四轴过载多为电动机缺相，反馈信号与驱动信号不匹配或机械负载过大引起。打开电气柜，先用万用表检查第四轴驱动单元控制板上的熔断器、断路器和电阻是否正常。因 X、Y、Z 轴和第四轴的驱动控制单元的电路板均属同一规格型号的电路板，所以采用替代法，把第四轴的驱动控制单元和其他任一轴的驱动控制单元对换安上，再开机，断开第四轴，测试与第四轴对换的那根轴运行是否正常。若正常证明第四轴的驱动控制单元是好的，否则证明第四轴的驱动控制单元是坏的；更换后继续检查第四轴内部驱动电动机是否缺相，检查第四轴与驱动单元的连接电缆是否完好。由于连接电缆长期浸泡在油中会产生老化，且随着机床来回运动电缆反复弯折，直至折断，最后导致电路短路而造成开机后报警使第四轴过载。

故障处理：更换此电缆后，故障排除。

二、万能铣头

常见的万能铣头部件结构如图7—20所示，主要由前、后壳体12、5，法兰3，传动轴Ⅱ、Ⅲ，主轴Ⅳ及两对弧齿锥齿轮组成。万能铣头用螺栓和定位销安装在滑枕前端。铣削主运动由滑枕上的传动轴Ⅰ（图7—21）的端面键传到轴Ⅱ，端面键与连接盘2的径向槽相配合，连接盘与轴Ⅱ之间由两个平键1传递运动，轴Ⅱ右端为弧齿锥齿轮，通过轴Ⅲ上的两个锥齿轮22、21和用花键连接方式装在主轴IV上的锥齿轮27，将运动传到主轴上。主轴为空心轴，前端有7:24的内锥孔，用于刀具或刀具心轴的定心；通孔用于安装拉紧刀具的拉杆通过。主轴端面有径向槽，并装有两个端面键18，用于主轴向刀具传递扭矩。

万能铣头能通过两个互成45°的回转面 A 和 B 调节主轴IV的方位。在法兰3的回转面 A 上开有T形圆环槽 a，用以固定螺栓4和24。松开T形螺栓4和24，可使铣头绕水平轴Ⅱ转动，调整到要求位置，将T形螺栓拧紧即可；在万能铣头后壳体5的回转面 B 内，也开有T形圆环槽 b，用以固定螺栓6和23。松开T形螺栓6和23，可使铣头主轴绕与水平轴线成45°夹角的轴Ⅲ转动。绕两个轴线转动组合起来，可使主轴轴线处于前半球面的任意角度。

万能铣头作为直接带动刀具的运动部件，不仅要能传递较大的功率，更要具有足够的旋转精度、刚度和抗振性。万能铣头除在零件结构、制造和装配精度要求较高外，还要选用承载力和旋转精度都较高的轴承。两个传动轴都选用了D级精度的轴承，轴上为一对D7029型圆锥滚子轴承，一对D6354906型向心滚针轴承20、26，承受径向载荷，轴向载荷由两个型号分别为D9107和D9106的推力短圆柱滚针轴承19和25承受。主轴上前后支承均为C

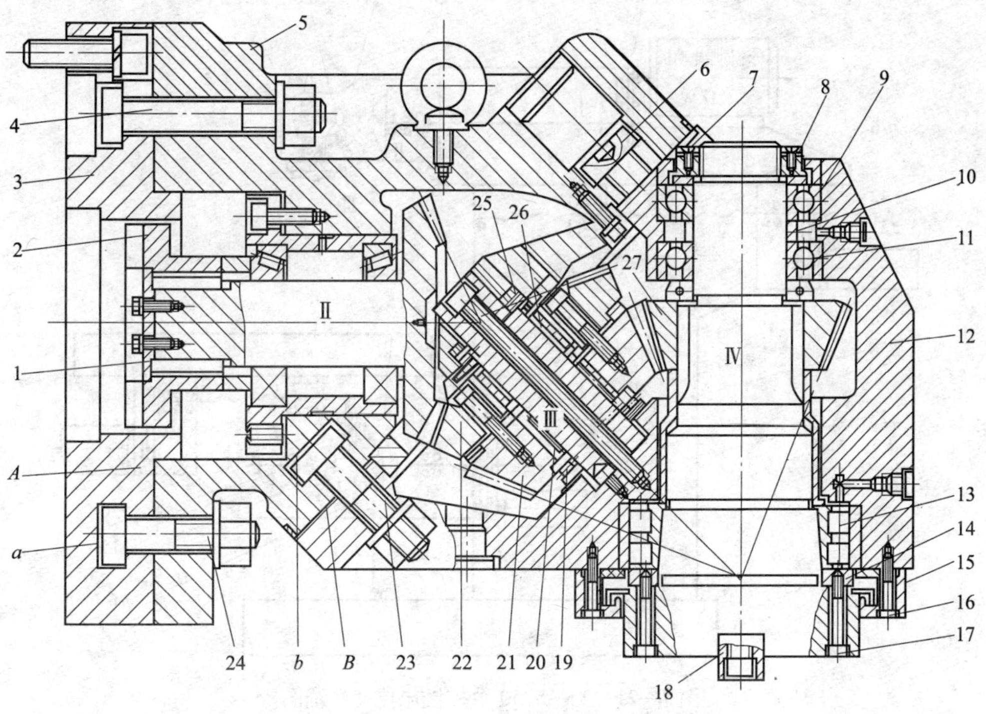

图 7—20　XKA5750 万能铣头部件结构

1—键　2—连接盘　3、15—法兰　4、6、23、24—T 形螺栓　5—后壳体　7—锁紧螺钉　8—螺母　9、11—向心推力角接触球轴承　10—隔套　12—前壳体　13—轴承　14—半圆环垫片　16、17—螺钉　18—端面键　19、25—推力短圆柱滚针轴承　20、26—向心滚针轴承　21、22、27—锥齿轮

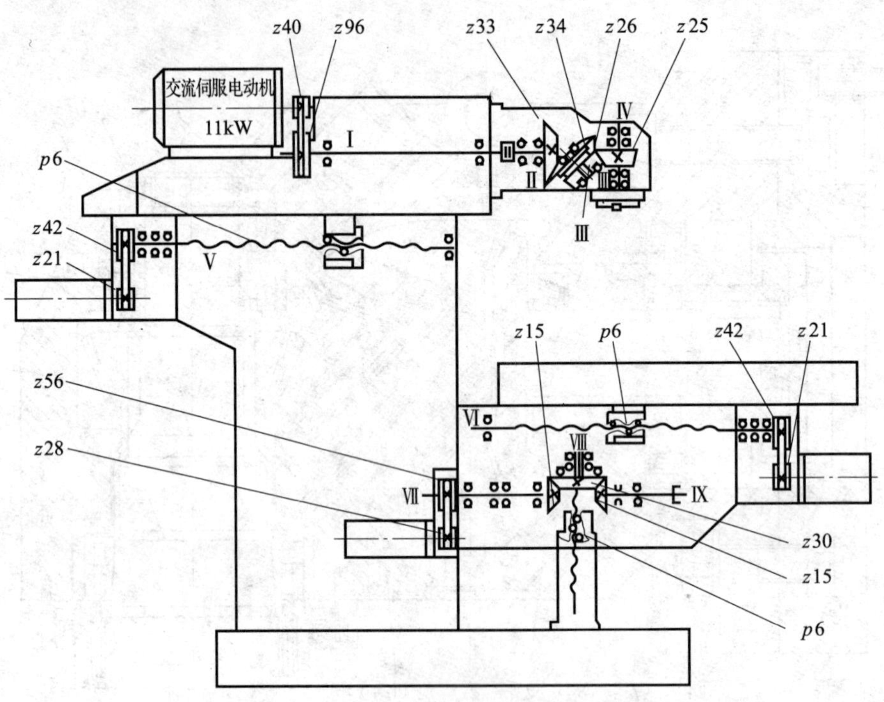

图 7—21　XKA5750 数控铣床传动系统图

级精度轴承，前支承是 C3182117 型双列圆柱滚子轴承，只承受径向载荷；后支承为两个 C36210 型向心推力角接触球轴承 9 和 11，既承受径向载荷，也承受轴向载荷。为了保证旋转精度，主轴轴承不仅要消除间隙，而且要有预紧力，轴承磨损后也要进行间隙调整。前轴承消除和预紧的调整是靠改变轴承内圈在锥形颈上的位置，使内圈外胀实现的。调整时，先拧下四个螺钉 16，卸下法兰 15，再松开螺母 8 上的锁紧螺钉 7，拧松螺母 8 将主轴Ⅳ向前（向下）推动 2 mm 左右，然后拧下两个螺钉 17，将半圆环垫片 14 取出，根据间隙大小磨薄垫片，最后将上述零件重新装好。后支承的两个向心推力角接触球轴承开口向背（轴承 9 开口朝上，轴承 11 开口朝下），做消隙和预紧调整时，使两轴承外圈不动，通过用相对减小内圈的端面距离的办法实现。目的是控制两轴承内圈隔套 10 的尺寸。调整时取下隔套 10，修磨到合适尺寸，重新装好后，用螺母 8 顶紧轴承内圈及隔套即可。最后要拧紧锁紧螺钉 7。

第三节　卡盘与尾座的维护与维修

一、卡盘

卡盘一般由卡盘体，活动卡爪和卡爪驱动机构三部分组成。卡盘体直径最小为 65 mm，最大可达 1 500 mm，中央有通孔，以便通过工件或棒料；背部有圆柱形或短锥形结构，直接或通过法兰盘与机床主轴端部相连接。卡盘通常安装在车床、外圆磨床和内圆磨床上使用，也可与各种分度装置配合，用于铣床和钻床上。

1．一般卡盘

一般数控车床用卡盘按驱动卡爪所用动力不同，分为手动卡盘和动力卡盘两种。手动卡盘为通用附件，常用的有自动定心式的三爪卡盘和每个卡爪可以单独移动的四爪卡盘。

三爪卡盘由小锥齿轮驱动大锥齿轮，大锥齿轮的背面有阿基米德螺旋槽，与三个卡爪相啮合。因此用扳手转动小锥齿轮，便能使三个卡爪同时沿径向移动，实现自动定心和夹紧，适用于夹持圆形、正三角形或正六边形等的工件。

四爪卡盘的每个卡爪底面有内螺纹与螺杆连接，用扳手转动各个螺杆便能分别使相连的卡爪做径向移动，适于夹持四边形或不对称形状的工件。

动力卡盘多为自动定心卡盘，配以不同的动力装置（气缸、油缸或电动机），便可组成气动卡盘、液压卡盘或电动卡盘。气缸或油缸装在机床主轴后端，用穿在主轴孔内的拉杆或拉管，推拉主轴前端卡盘体内的楔形套，由楔形套的轴向进退使 3 个卡爪同时径向移动。这种卡盘动作迅速，卡爪移动量小，适于在大批量生产中使用。

上述几种卡盘示意结构见表 7—3。

表 7—3　　　　卡盘结构

名称	结构形状	实物
三爪卡盘	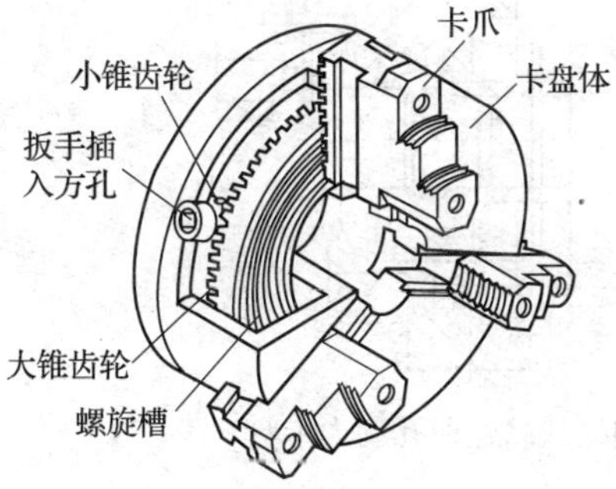 卡爪 小锥齿轮 卡盘体 扳手插入方孔 大锥齿轮 螺旋槽	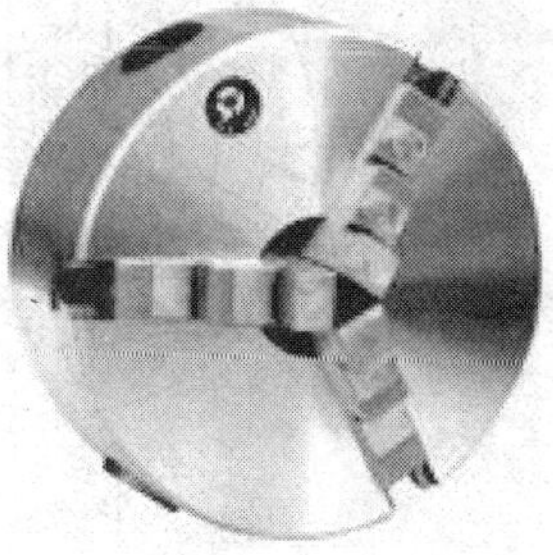
四爪卡盘	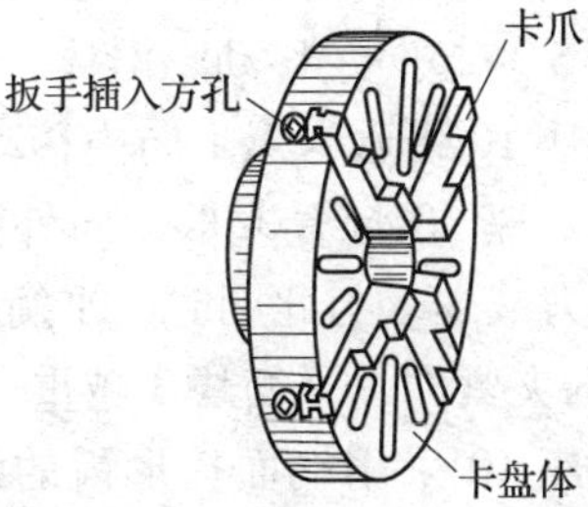 卡爪 扳手插入方孔 卡盘体	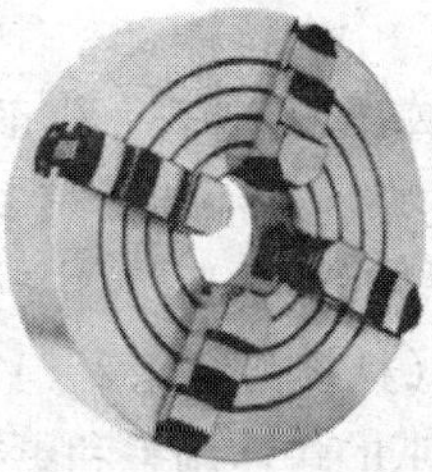

续表

名称	结构形状	实物
楔形套式动力卡盘	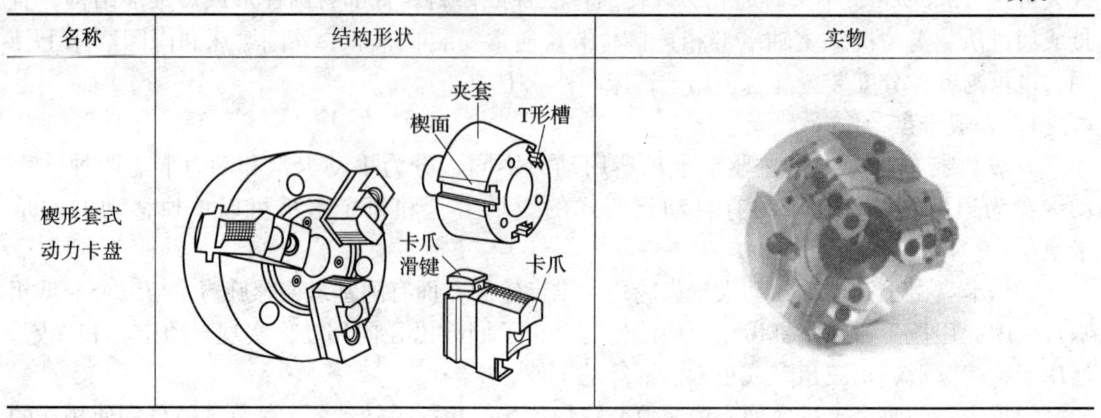	

2. 高速动力卡盘

现在数控车床的最高转速已由 1 000 ~ 2 000 r/min，提高到每分钟数千转，有的数控车床甚至达到 10 000 r/min。普通卡盘已不能胜任这样的高转速要求，必须采用高速卡盘。

图 7—22 所示为 K55 系列楔式高速通孔卡盘，卡盘的松夹是靠用拉杆连接的活塞和液压夹紧油缸的协调动作来实现的。卡盘配带梳齿坚硬卡爪和软爪各一副。适用于高速（转速小于或等于 4 000 r/min）全功能数控车床上进行各种棒料、盘类零件的加工。

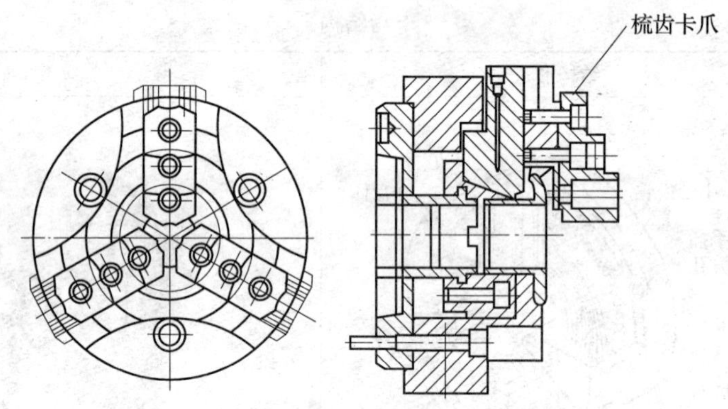

图 7—22　K55 系列楔式高速通孔动力卡盘

图 7—23 为中空式高速动力卡盘结构图，其右端为 KEF250 型卡盘，左端为 P24160A 型油缸。这种卡盘的动作原理是：当油缸 21 的右腔进油使活塞 22 向左移动时，通过与连接螺母 5 相连接的中空拉杆 26，使滑体 6 随连接螺母 5 一起向左移动，滑体 6 上有三组斜槽分别与三个卡爪座 10 相啮合，借助 10°的斜槽，卡爪座 10 带着卡爪 1 向内移动夹紧工件。反之，当油缸 21 的左腔进油使活塞 22 向右移动时，卡爪座 10 带着卡爪 1 向外移动松开工件。当卡盘高速回转时，卡爪组件产生的离心力使夹紧力减少。与此同时，平衡块 3 产生的离心力通过杠杆 4（杠杆力臂比 2∶1）变成压向卡爪座的夹紧力，平衡块 3 越重，其补偿作用越大。为了实现卡爪的快速调整和更换，卡爪 1 和卡爪座 10 采用端面梳形齿的活爪连接，只要拧松卡爪 1 上的螺钉，即可迅速调整卡爪位置或更换卡爪。

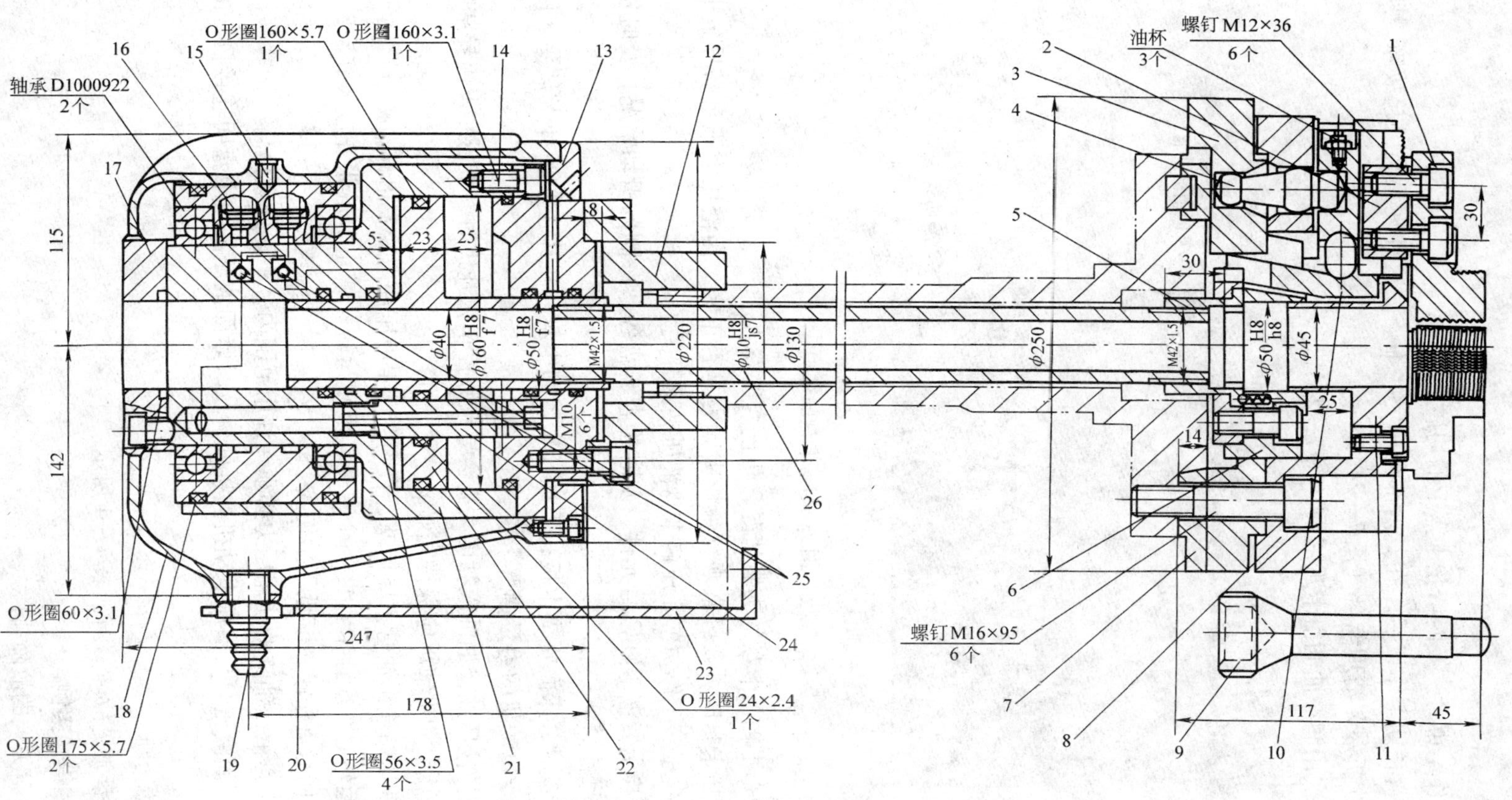

图7—23 KEF250型中空式动力卡盘及P24160A油缸结构图

1—卡爪 2—T形块 3—平衡块 4—杠杆 5—连接螺母 6—滑体 7、12—法兰盘 8—盘体 9—扳手 10—卡爪座 11—防护盘 13—前盖 14—油缸盖 15—紧定螺钉 16—压力管接头 17—后盖 18—罩壳 19—漏油管接头 20—导油套 21—油缸 22—活塞 23—防转支架 24—导向杆 25—安全阀 26—中空拉杆

3．卡盘维护

（1）每班工作结束时，及时清扫卡盘上的切屑。

（2）液压卡盘长期工作以后，在其内部会积一些细屑，这种现象会引起故障，所以应每6个月进行一次拆装，清理卡盘（图7—24）。

（3）每周一次用润滑油润滑卡爪周围（图7—24）。

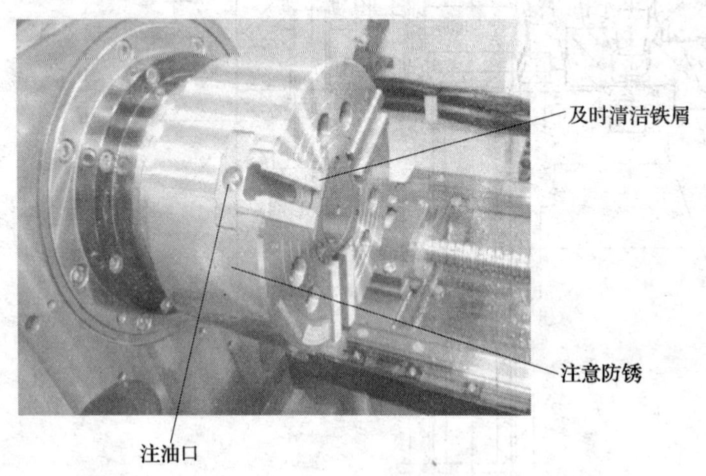

图7—24　卡盘的维护

（4）定期检查主轴上卡盘的夹紧情况，防止卡盘松动。

（5）采用液压卡盘时，要经常观察液压夹紧力是否正常，因液压力不足易导致卡盘夹紧力不足，卡盘失压。工作中禁止压碰卡盘液压夹紧开关。

（6）及时更换卡紧液压缸密封元件，及时检查卡盘各摩擦副的滑动情况，及时检查电磁阀芯的工作可靠性。

（7）装卸卡盘时，床面要垫木板，不准开车装卸卡盘。机床主轴装卸卡盘要在停机后进行，不可借助于电动机的力量摘取卡盘。

（8）及时更换液压油，如油液黏度太高会导致数控车床开机时，液压站发出异常响声。

（9）注意液压电动机轴承应保持完好。

（10）注意液压站输出油管不要堵塞，否则会产生液压冲击，发出异常噪声。

（11）卡盘运转时，应让卡盘夹一个工件，负载运转。禁止卡爪张开过大和空载运行。空载运行时容易使卡盘松懈，卡爪飞出伤人。

（12）液压卡盘液压油缸的使用压力必须在许用范围内，不得任意提高。

（13）及时紧固液压泵与液压电动机连接处，及时紧固液压缸与卡盘间连接拉杆的调整螺母。

4．卡盘故障诊断

数控机床卡盘常见故障诊断如表7—4所示。

5．卡盘故障维修实例

（1）液压卡盘失效的故障排除

表7—4　　数控机床卡盘常见故障诊断

状况	可能发生的原因	对策
卡盘无法动作	卡盘零件损坏	拆下并更换
	滑动件研伤	拆下，然后去除研伤零件的损坏部分并修理之，或更换新件
	液压缸无法动作	测试液压系统
底爪的行程不足	卡盘内部残留大量的碎屑	分解并清洁
	连接管松动	拆下连接管并重新锁紧
	底爪的行程不足	重新选定工件的夹持位置，以便使底爪能够在行程中点附近的位置进行夹持
	夹持力量不足	确认油压是否达到设定值
工件打滑	软爪的成形直径与工件不符	依照正确的方式重新成形
	切削力量过大	重新推算切削力量，并确认此切削力是否符合卡盘的规格要求
	底爪及滑动部位失油	自加油孔处施加润滑油，并空车实施夹持动作数次
	转速过高	降低转速直到能够获得足够的夹持力
精密度不足	卡盘偏摆	确认卡盘圆周及端面的偏摆度，然后锁紧螺栓予以校正
	底爪与软爪的齿状部位积尘，软爪的固定螺栓没有锁紧	拆下软爪，彻底清扫齿状部位，并按规定扭力确实锁紧螺栓
	软爪的成形方式不正确	确认成形圆是否与卡盘的端面相对面平行，平行圆是否会因夹持力而变形。同时，亦须确认成形时的油压，成形部位粗糙度等
	软爪高度过高，软爪变形或软爪固定螺栓已拉伸变形	降低软爪的高度（更换标准规格的软爪）
	夹持力量过大，使工件变形	将夹持力降低到机械加工得以实施而工件不会变形的程度

故障现象：某配套FANUC 0TD的数控车床，在开机后发现液压站发出异响，液压卡盘无法正常装夹。

故障分析：经现场观察，发现机床开机起动液压泵后，即产生异响，而液压站输出部分无液压油输出，因此，可断定产生异响的原因在液压站上。而产生该故障的原因可能有：

1）液压站油箱内液压油太少，导致液压泵因缺油而产生空转。

2）液压站油箱内液压油由于长久未换，污物进入油中，导致液压油黏度太高而产生异响。

3）由于液压站输出油管某处堵塞，产生液压冲击，发出声响。

4）液压泵与液压电动机连接处产生松动，而发出声响。

5）液压泵损坏。

6）液压电动机轴承损坏。

检查后，发现在液压泵起动后，液压泵出口处压力为零；油箱内油位处于正常位置，液压油还是比较干净的。进一步拆下液压泵检查，发现液压泵为叶片泵，叶片泵正常，液压电动机转动正常，因此，液压泵和液压电动机轴承均正常。而该泵与液压电动机连接的联轴器为尼龙齿式联轴器，由于该机床使用时间较长，液压站的输出压力调得太高，导致联轴器的啮合齿损坏，从而当液压电动机旋转时，联轴器不能很好地传递转矩，从而产生异响。

故障排除：更换该联轴器后，机床恢复正常。

（2）卡盘无松、夹动作的故障排除

故障现象：液压卡盘无松、夹动作。

故障分析：造成此类故障的原因可能是电气故障或液压部分故障。如液压压力过低、电磁阀损坏、夹紧液压缸密封环破损等。

故障排除：相继检查上述部位，调整液压系统压力或更换损坏的电磁阀及密封圈等，故障排除。

（3）CDK6140 数控车床卡盘失压的故障排除

故障现象：液压卡盘夹紧力不足，卡盘失压，监视不报警。

故障分析：CDK6140 SAG210/2NC 数控车床，配套的电动刀架为 LD4－Ⅰ型。卡盘夹紧力不足，可能是液压系统压力不足、执行件内泄、控制回路不稳定及卡盘移动受阻造成。

故障处理：调整系统压力至要求，维修液压缸的内泄及控制回路动作情况，检查卡盘各摩擦副的滑动情况，发现卡盘仍然夹紧力不足。经仔细检查，确定高速液压缸与卡盘间连接杆拉钉的调整螺母松动。紧固后故障排除。

二、尾座

1．尾座的结构

CK7815 型数控车床尾座结构如图 7—25 所示。当手动移动尾座到所需位置后，先用螺钉 16 进行预定位，拧紧螺钉 16 时，使两楔块 15 上的斜面顶出销轴 14，使得尾座紧贴在矩形导轨的两内侧面上，然后用螺母 3、螺栓 4 和压板 5 将尾座紧固。这种结构，可以保证尾座的定位精度。

尾座套筒内轴 9 上装有顶尖。因套筒内轴能在尾座套筒内的轴承上转动，故顶尖是活顶尖。为了使顶尖保证高的回转精度，前轴承选用 NN3000K 双列短圆柱滚子轴承，轴承径向间隙用螺母 8 和 6 调整；后轴承为三个角接触球轴承，由防松螺母 10 来固定。

尾座套筒与尾座孔的配合间隙，用内、外锥套 7 来作微量调整。当向内压外锥套时，使得内锥套内孔缩小，即可使配合间隙减小；反之变大，压紧力用端盖来调整。尾座套筒用压力油驱动。若在油孔 13 内通入压力油，则尾座套筒 11 向前运动，若在孔 12 内通入压力油，尾座套筒就向后运动。移动的最大行程为 90 mm，预紧力的大小用液压系统的压力来调整。在系统压力为 $5\times10^5\sim15\times10^5$ Pa 时，液压缸的推力为 1 500～5 000 N。

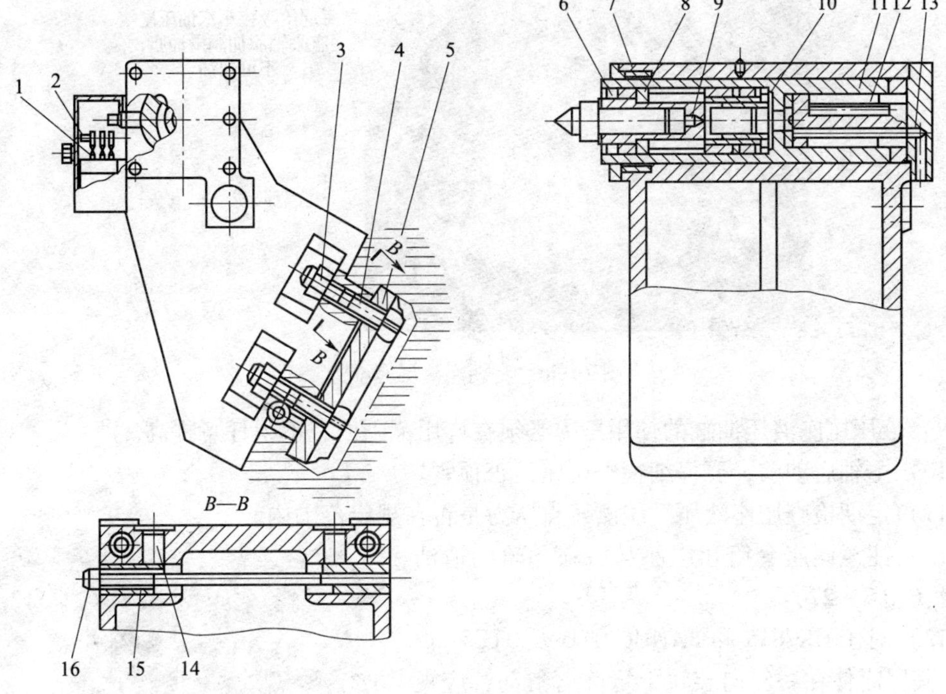

图 7—25 尾座

1—行程开关 2—挡铁 3、6、8、10—螺母 4—螺栓 5—压板 7—锥套 9—套筒内轴 11—套筒 12、13—油孔 14—销轴 15—楔块 16—螺钉

尾座套筒行程大小可以用安装在套筒 11 上的挡铁 2 通过行程开关 1 来控制。尾座套筒的进退由操作面板上的按钮来操纵。在电路上尾座套筒的动作与主轴互锁，即在主轴转动时，按动尾座套筒退出按钮，套筒并不动作，只有在主轴停止状态下，尾座套筒才能退出，以保证安全。

2．尾座的维护

（1）尾座精度调整

如尾座精度不够高时，先以百分表测出其偏差度，稍微放松尾座固定杆把手，再放松底座紧固螺钉，然后利用尾座调整螺钉调整到所要求的尺寸和精度，最后再拧紧所有被放松的螺钉，即完成调整工作。另外注意：机床精度检查时，按规定，尾座套筒中心应略高于主轴中心。

（2）定期润滑尾座本身（图 7—26）

（3）及时检查尾座套筒上的限位挡铁或行程开关的位置是否有变动。

（4）定期检查更换密封元件。

（5）定期检查和紧固其上的螺母、螺钉等，以确保尾座的定位精度。

（6）定期检查尾座液压油路控制阀，看其工作是否可靠。

（7）检查尾座套筒是否出现机械磨损。

（8）定期检查尾座液压缸移动时工作是否平稳。

图 7—26　定期润滑尾座本身

（9）液压尾座液压油缸的使用压力必须在许用范围内，不得任意提高。

（10）主轴启动前，要仔细检查尾座是否顶紧。

（11）定期检查尾座液压系统测压点压力是否在规定范围内。

（12）注意尾座套筒和尾座与所在导轨的清洁和润滑（图 7—27）。

（13）对于 CK7815 和 FANUC 0TD 及 0TE－A2 设备，其尾座体在一斜向导轨上可前后滑动，应视加工零件长度调整与主轴间的距离。如果操作者只是注意尾座本身的润滑而忽略了尾座所在导轨的清洁和润滑工作。时间一长，尾台和导轨间挤压上脏物，不但移动起来费力，而且使尾座中心严重偏离主轴中心线。轻者造成加工误差大，重者造成尾座及主轴故障。

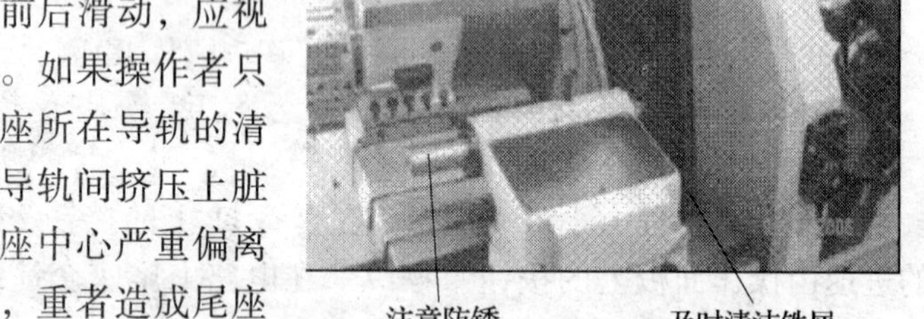

图 7—27　尾座套筒及尾座与所在导轨的清洁和润滑

3．尾座常见故障

液压尾座的常见故障是尾座顶不紧或不运动，其故障原因及维修方法见表 7—5。

表 7—5　　尾座常见故障及维修方法

序号	故障现象	故障原因	维修方法
1	尾座顶不紧	压力不足	用压力表检查
		液压缸活塞拉毛或研损	更换或维修
		密封圈损坏	更换密封圈
		液压阀断线或卡死	清洗、更换阀体或重新接线
2	尾座不运动	以上使尾座顶不紧的原因均可能造成尾座不运动	分别同上述各排除方法
		操作者保养不善、润滑不良使尾座研死	数控设备上设有自动润滑装置的附件，应保证做到每天人工注油润滑

续表

序号	故障现象	故障原因	维修方法
2	尾座不运动	尾座端盖的密封不好，进了铸铁屑以及切削液，使套筒锈蚀或研损，尾座研死	检查其密封装置，采取一些特殊手段避免铁屑和切削液的进入；修理研损部件
		尾座体较长时间未使用，尾座研死	较长时间不使用时，要定期使其活动，做好润滑工作

4. 故障维修实例

(1) CDK6140 数控车床尾座行程不到位故障

故障现象：尾座移动时，尾座套筒出现抖动且行程不到位。

故障分析：该机床为德州机床厂生产的 CDK6140 及 SAG210/2NC 数控车床，配套的电动刀架为 LD4 - Ⅰ型。检查发现液压系统压力不稳，套筒与尾座壳体内配合间隙过小，行程开关调整不当。

故障处理：调整系统压力及行程开关位置，检查套筒与尾座壳体孔的间隙并修复至要求。

(2) 数控车床尾座套筒报警的维修

故障现象：FANUC 0T 系统数控车床尾座套筒报警。

故障分析：该机床尾座套筒的伸缩由 FANUC 0T 系统中 PLC 控制。检查尾座套筒的工作状态，当脚踏开关顶紧时，系统产生报警。在系统诊断状态下，调出 PLC 参数检查，系统 PLC 输入/输出正常；进一步分析检查套筒液压系统，发现液压系统中压力继电器触点开关损坏，导致压力继电器触点信号不正常，造成 PLC 输入信号不正常，从而使系统认为尾座套筒未顶紧而产生报警。

故障处理：更换压力继电器，故障排除。

第四节　润滑与冷却系统的装调与维修

、数控机床的润滑系统

1. 润滑系统的种类

(1) 单线阻尼式润滑系统

此系统适合于机床润滑点需油量相对较少，并需周期供油的场合。它是利用阻尼式分配，把液压泵供给的油按一定比例分配到润滑点。一般用于循环系统，也可以用于开放系统，可通过时间的控制来控制润滑点的油量。该润滑系统非常灵活，多一个或少一个润滑点都可以，并可由用户安装，且当某一点发生阻塞时，不影响其他点的使用，故应用十分广泛。

(2) 递进式润滑系统

递进式润滑系统主要由泵站、递进片式分流器组成，并可附有控制装置加以监控。其特点是：能对任一润滑点的堵塞进行报警并终止运行，以保护设备；定量准确、压力高；不但可以使用稀油，而且还适用于使用油脂润滑的情况。润滑点可达 100 个，压力可达 21 MPa。

递进式分流器由一块底板、一块端板及最少三块中间板组成。一组阀最多可有 8 块中间板，可润滑 18 个点。其工作原理是由中间板中的柱塞从一定位置起依次动作供油，若某一点产生堵塞，则下一个出油口就不会动作，因而整个分流器停止供油。堵塞指示器可以指示堵塞位置，便于维修。图 7—28 所示为递进式润滑系统。

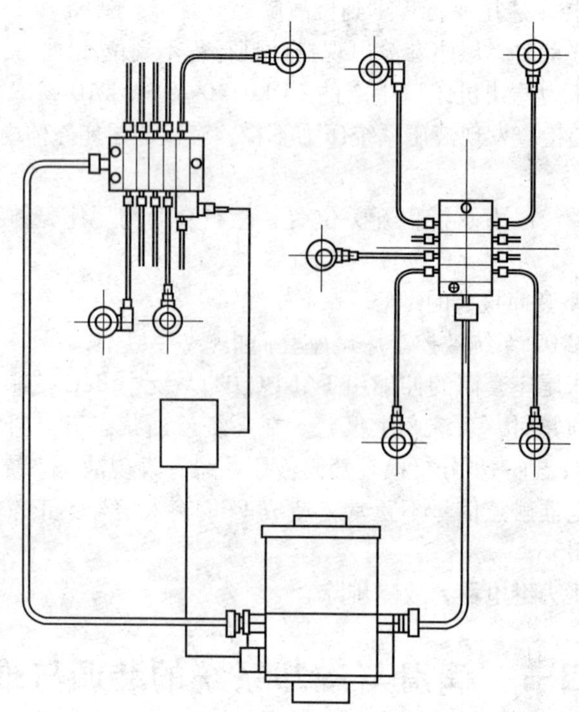

图 7—28　递进式润滑系统

（3）容积式润滑系统

系统以定量阀作为分配器向润滑点供油，在系统中配有压力继电器，使得系统油压达到预定值后发信，使电动机延时停止，润滑油由定量分配器供给，系统通过换向阀卸荷，并保持一个最低压力，使定量阀分配器补充润滑油，电动机再次起动，重复这一过程，直至达到规定润滑时间。该系统压力一般在 50 MPa 以下，润滑点可达几百个，其应用范围广、性能可靠，但不能作为连续润滑系统。图 7—29 所示为容积式润滑系统。

2．数控车床的润滑系统结构

为了确保机床正常工作，机床所有的摩擦表面均应按规定进行充分的润滑。

（1）床头箱（图 7—30）

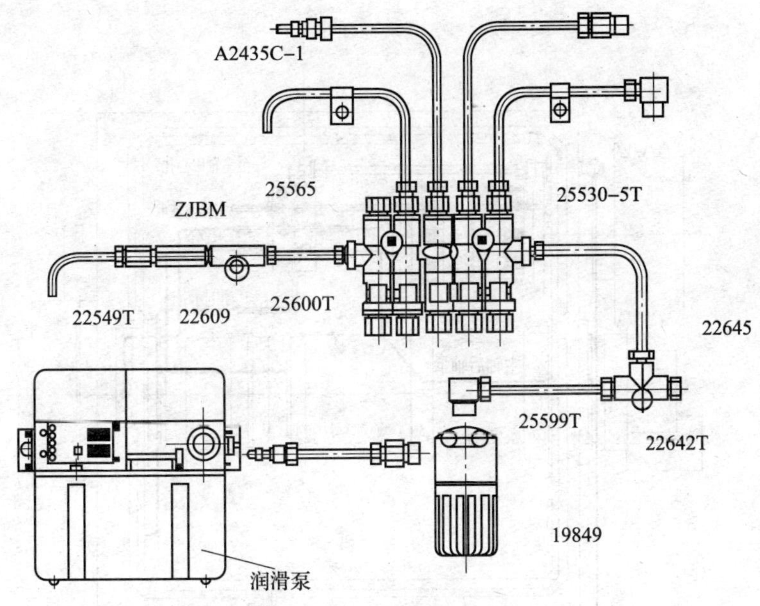

图 7—29　容积式润滑系统

润滑油箱及油泵放置在前床腿内，润滑油经线隙式滤油器由油泵打出至分油器，对床头箱内的各传动件及主轴前后轴承等进行润滑，然后由床头箱底部回油管回到油箱，供油情况可通过床头箱上面的油窗进行观察。

注意：机床首次注油应注意如下事项：

1）润滑油是通过床头箱注入润滑油箱的。

2）注油量为 10 L，不要过多，过多容易造成油溢出。

为保证机床的正常运转，建议用户每间隔 3～4 个月清洗一次床头箱润滑油箱（包括滤油器），以保证床头箱润滑油的清洁度。

（2）床鞍、滑板及 *X*、*Z* 轴滚珠丝杠润滑

床鞍、滑板及 *X*、*Z* 轴滚珠丝杠润滑是由安装在床身下方的集中润滑器集中供油完成的。集中润滑器每间隔 15 min 打出 5.5 mL 油，通过管路及计量件送至各润滑点。

数控车床润滑点一般有 6 个：

1）横滑板导轨 2 个。

2）*X* 轴丝杠螺母 1 个。

3）床鞍导轨 2 个。

4）*Z* 轴丝杠螺母 1 个。

机床首次起动时，应先起动集中润滑器，待各油路充满油并把油送至各润滑点后，再起动机床，以后则无须先起动集中润滑器。必要时可先采用手动方式供油，方法是将润滑器手动拉杆拉至上限脱手，让活塞自行复位，即一次供油完成，注意严禁用手按压手动拉杆强行排油，以免损坏泵内机件。

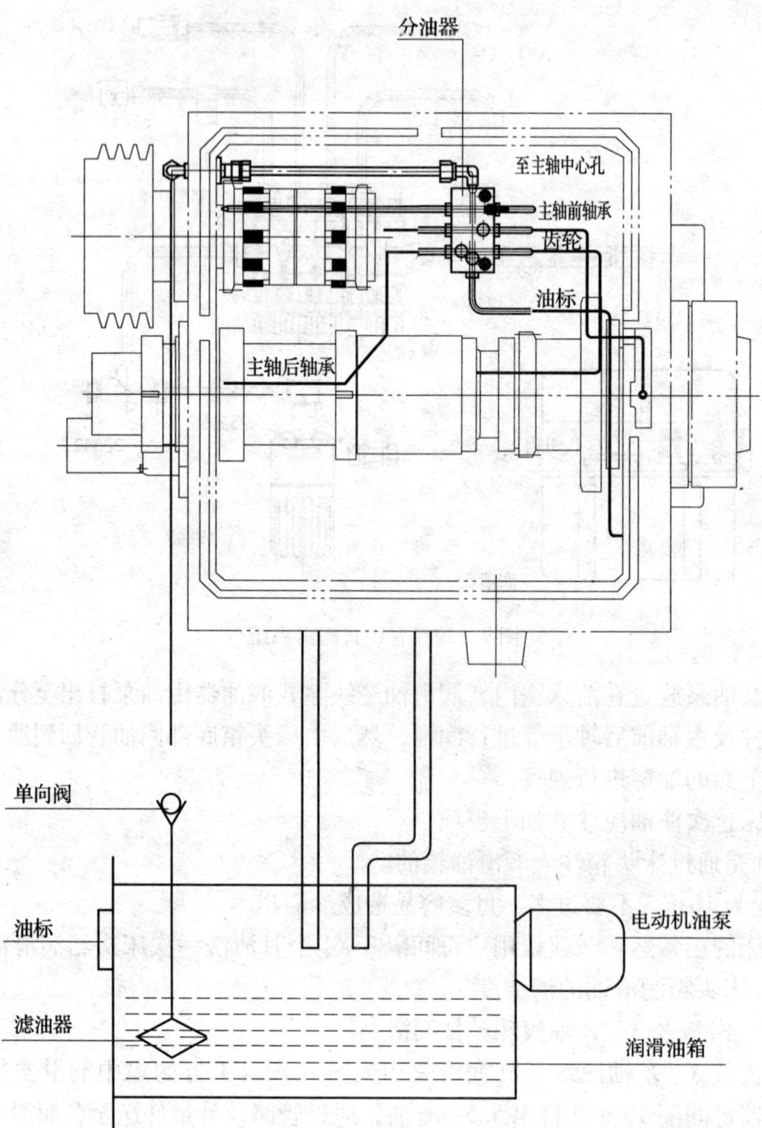

图 7—30 床头箱润滑示意图

当集中润滑器油液处于低位时，能自动报警，此时须及时添加润滑油。

（3）*X*、*Z* 轴轴承润滑

X、*Z* 轴轴承采用 NBU 长效润滑脂润滑，平时不需要添加，待机床大修时再更换。

（4）尾架润滑

尾架的润滑每班应将相应的油杯注满油一次。

（5）机床用油情况

机床润滑指示标志如图 7—31 所示。

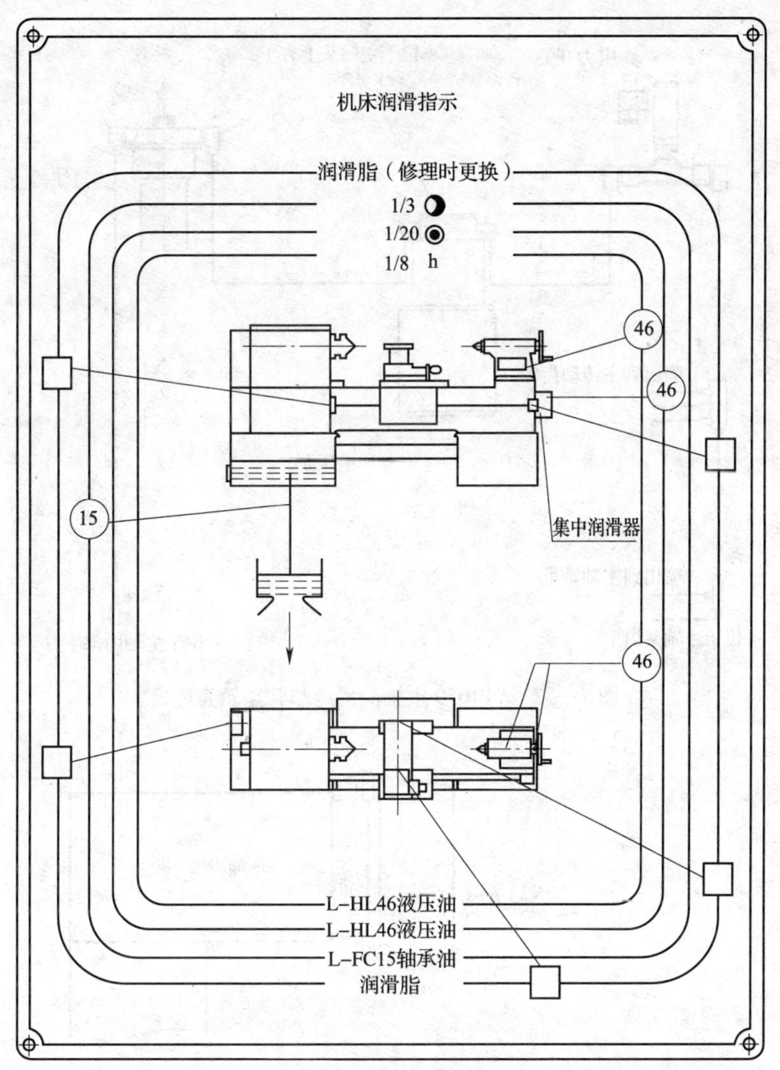

图 7—31 机床润滑指示

3. 加工中心的润滑

VP1050 加工中心润滑系统综合采用脂润滑和油润滑。其中主轴传动链中的齿轮和主轴轴承转速较高、温升剧烈，所以与主轴冷却系统采用循环油润滑。图 7—32 所示为 VP1050 主轴润滑冷却管路示意图。要求机床每运转 1 000 h 更换一次润滑油，当润滑油液位低于油窗下刻度线时，需补充润滑油到油窗液位刻度线规定位置（上下限之间），主轴每运转 2 000 h，需要清洗过滤器。VP1050 加工中心的滚动导轨、滚珠螺母丝杠及丝杠轴承等由于运动速度低，无剧烈温升，故这些部位采用脂润滑。图 7—33 为 VP1050 导轨润滑脂加注嘴示意图。要求在机床运转 1 000 h（或 6 个月）时补充一次适量的润滑脂，采用规定型号的锂基类润滑脂。

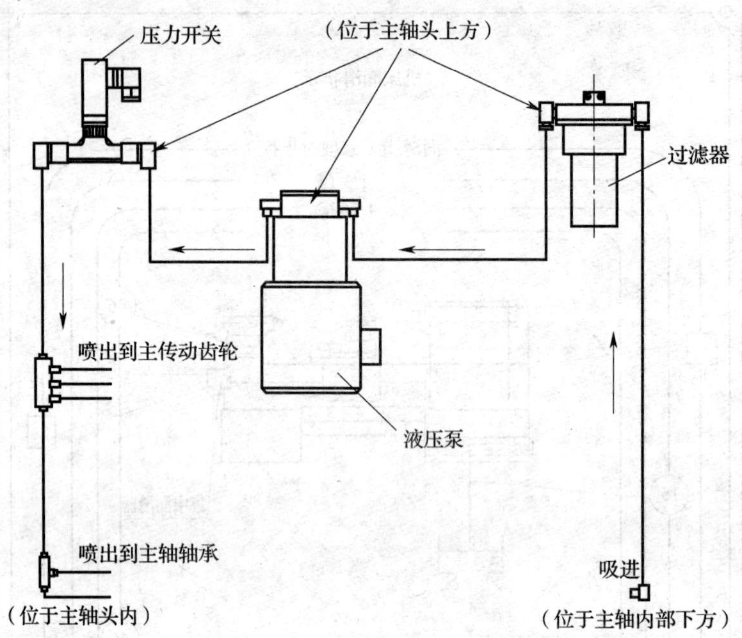

图 7—32　VP1050 主轴润滑冷却管路示意图

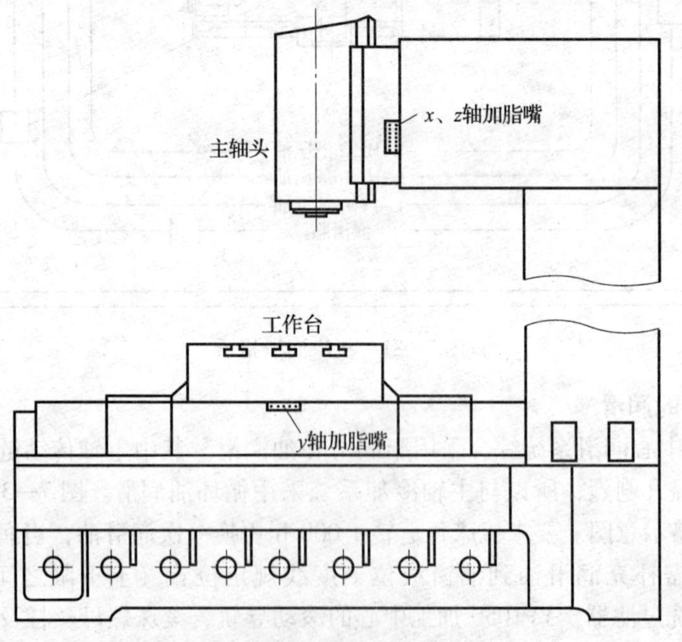

图 7—33　VP1050 导轨润滑脂加注嘴示意图

4. 润滑系统的维护

润滑系统的维护见表 7—6。

表 7—6　润滑系统的维护

项目	图示	说明
每天检查润滑油是否足够，不足时及时添加	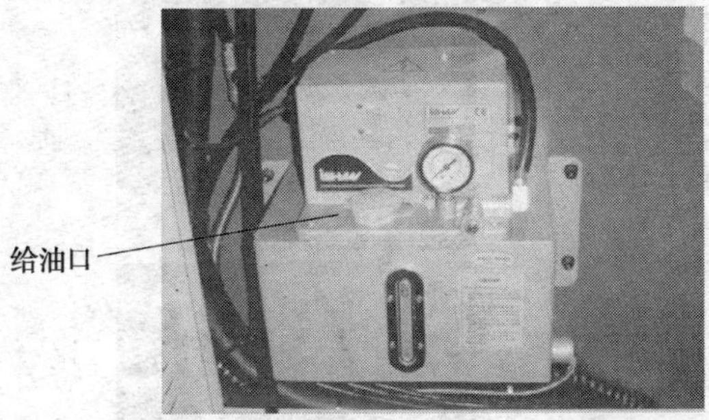 给油口	使用高品质的 68 号润滑油
每月定期检查给油口滤网，清除杂质	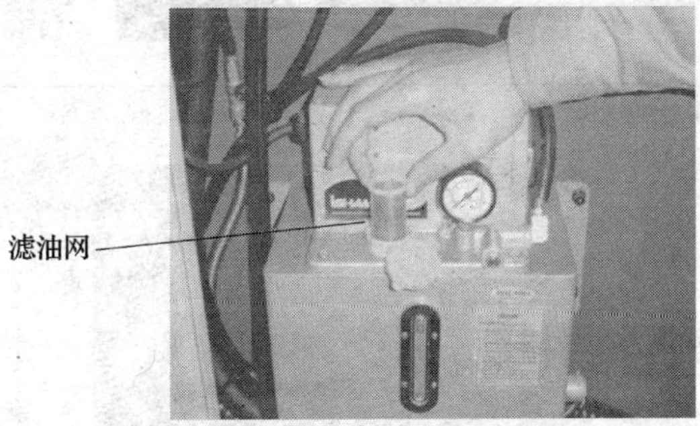 滤油网	每年对整个润滑油箱清洗一次
定期检查油泵各油管接头有否堵塞	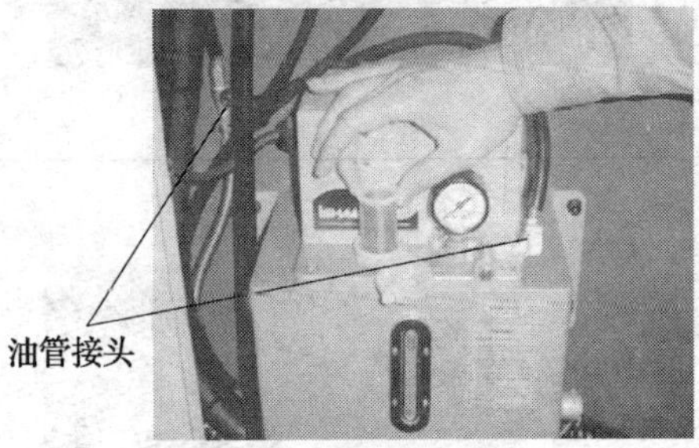 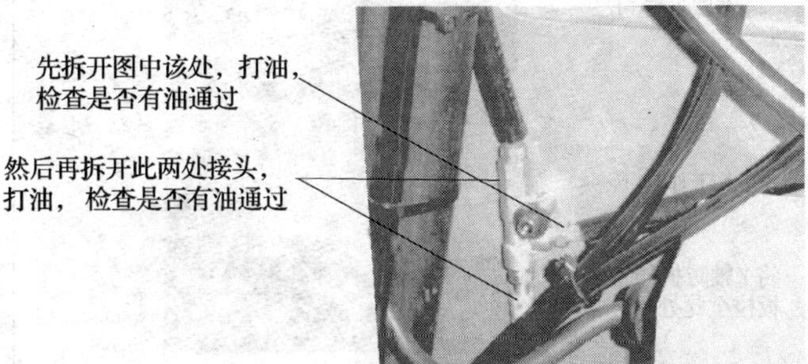 油管接头	
	先拆开图中该处，打油，检查是否有油通过 然后再拆开此两处接头，打油，检查是否有油通过	

续表

项目	图示	说明
	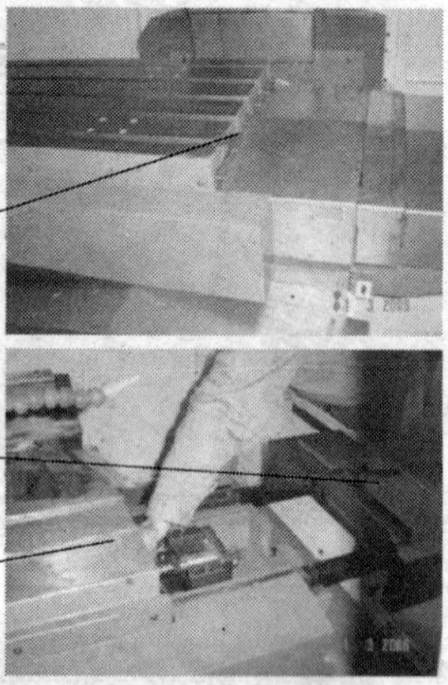 卸除此处螺钉 将X轴防护伸缩板拉到此处 伸入工作台下	
定期检查油排有否堵塞	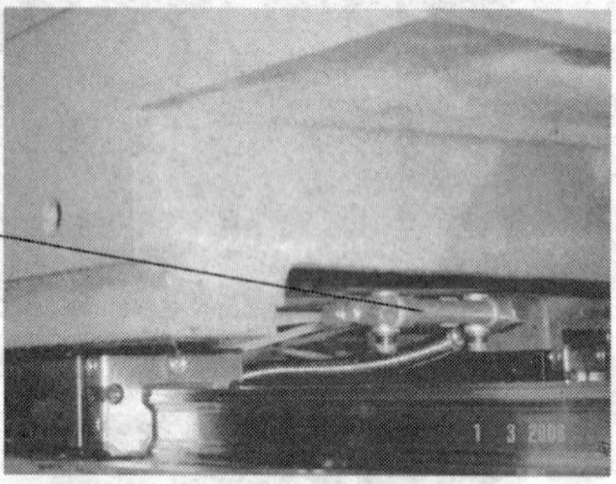 X轴油排	逐个拆开X轴油排各接口，检查是否有油通过
	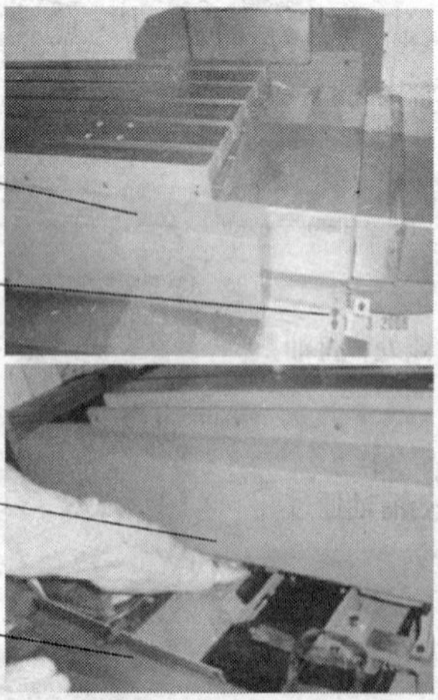 拆除此处盖板 卸除此处螺钉 伸入工作台下 将Y轴防护伸缩板拉至此处	

续表

项目	图示	说明
定期检查油排有否堵塞	 Y轴油排	逐个拆开 Y 轴油排各接口，检查是否有油通过
	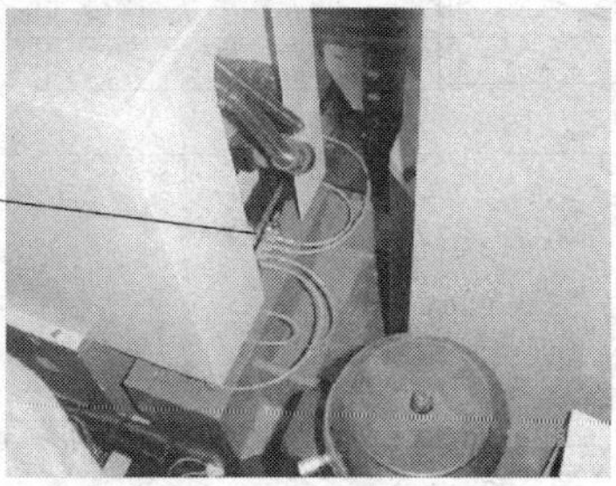 Z轴油排	在机床顶部找到 Z 轴油排，逐个拆开油排各接口，检查是否有油通过

注意：使用专用油桶加润滑油，避免与别种油品混合。油桶须加盖以防异物进入。

二、数控机床的冷却系统

1. 数控车床的冷却系统

数控车床的冷却装置安装在后床腿内，如图 7—34 所示，切削液由冷却泵经管路送至床鞍，再由床鞍经管路至滑板，再由刀架上的喷嘴送出。经济型数控车床的四工位刀架为内冷却刀架，如果喷嘴的方向不合适可调整。注意调整喷嘴方向一定要在停机状态下进行。

当机床采用卧式六工位刀架时，冷却系统为外循环式，由安装在床鞍后部的冷却软管将切削液送至切削部位，冷却液流量的大小可通过旋转安装在冷却支杆上的锥阀来进行控制。

用过的切削液流回油盘，经油盘底部的过滤小孔再流回后床腿内的冷却装置。为提高冷却泵的使用寿命防止冷却管路堵塞，在后床腿内安装一磁铁用来吸附细小铁末。该磁铁应与切削液槽一起定期进行清洗。

经济型数控车床常用的冷却泵为 AYB－25 型三相电泵，切削液为乳化液，用户可根据加工件的不同要求，自行配制或选用不同牌号的乳化液。

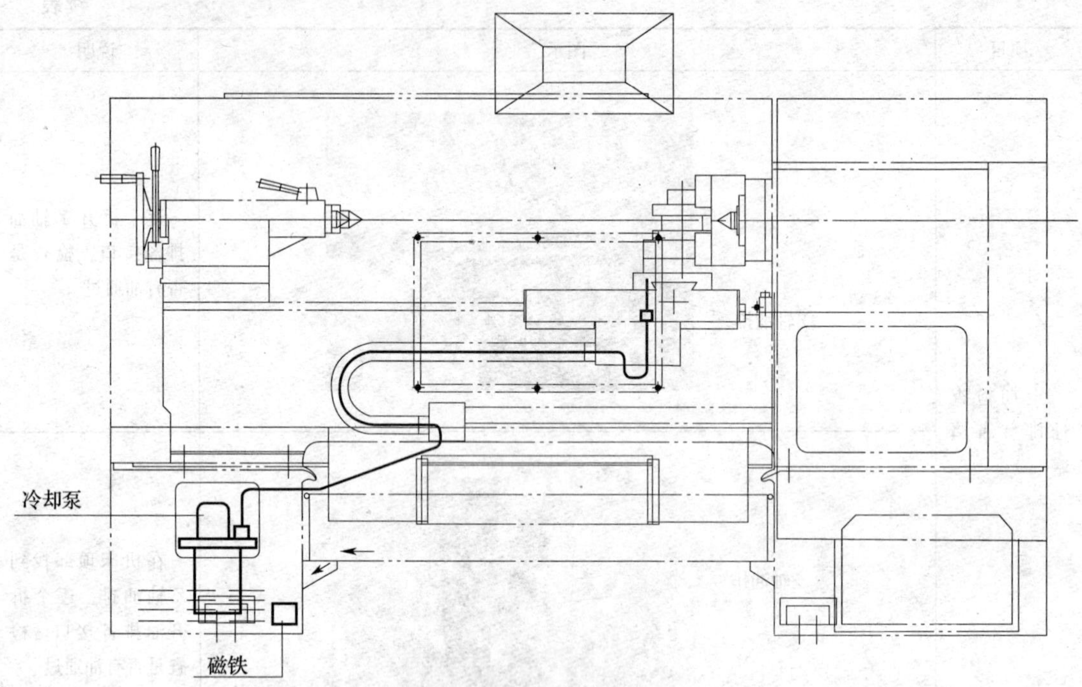

图 7—34　数控车床冷却装置

2. 数控加工中心冷却系统

(1) 机床冷却

图 7—35 所示为电控箱冷气机的原理图和结构图。其工作原理是：电控箱冷气机外部空气经过冷凝器，吸收冷凝器中来自压缩机的高温空气的热量，使电控箱内的热空气得到冷却。在此过程中蒸发器中的液态冷却剂变成低温低压气态制冷剂，压缩机再将其吸入并压缩成高温高压气态制冷剂，由此完成一个循环。同时，电控箱内的热空气再循环经过蒸发器，使其中的水蒸气被冷却，凝结成液态水而排出，这样热空气在经过冷却的同时也得到了干燥。

VP1050 加工中心采用专用的主轴温控机对主轴的工作温度进行控制。图 7—36a 所示为主轴温控机的工作原理图，循环液压泵 2 将主轴头内的润滑油（L－AN32 机油）通过管道 6 抽出，经过过滤器 4 过滤送入主轴头内，温度传感器 5 检测润滑油液的温度，并将温度信号传给温控机控制系统，控制系统根据操作人员在温控机上的预设值，来控制冷却器的开停。冷却润滑系统的工作状态由压力继电器 3 检测，并将此信号传送到数控系统的 PLC。数控系统把主轴传动系统及主轴的正常润滑作为主轴系统工作的充要条件，如果压力继电器 3 无信号发出，则数控系统 PLC 发出报警信号，且禁止主轴起动。图 7—36b 为温控机操作面板。操作人员可以设定油温和室温的差值，温控机根据此差值进行控制，面板上设置有循环液压泵、冷却机工作、冷却机故障等多个指示灯，供操作人员识别温控机的工作状态。主轴头内高负荷工作的主轴传动系统与主轴同时得到冷却。

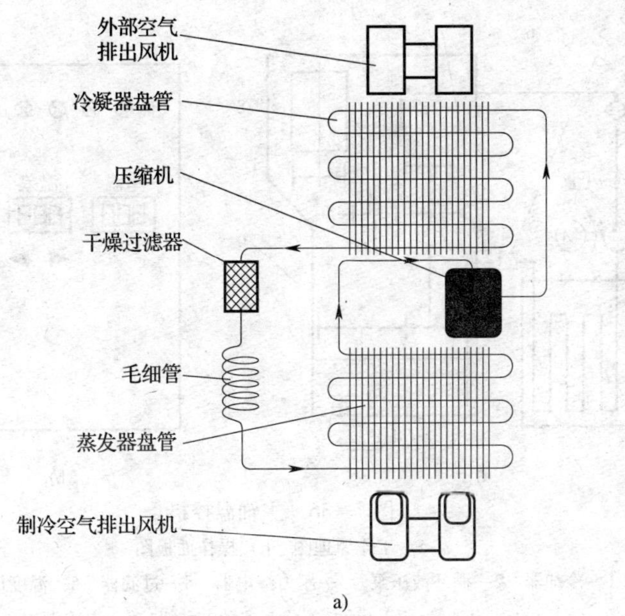

a)

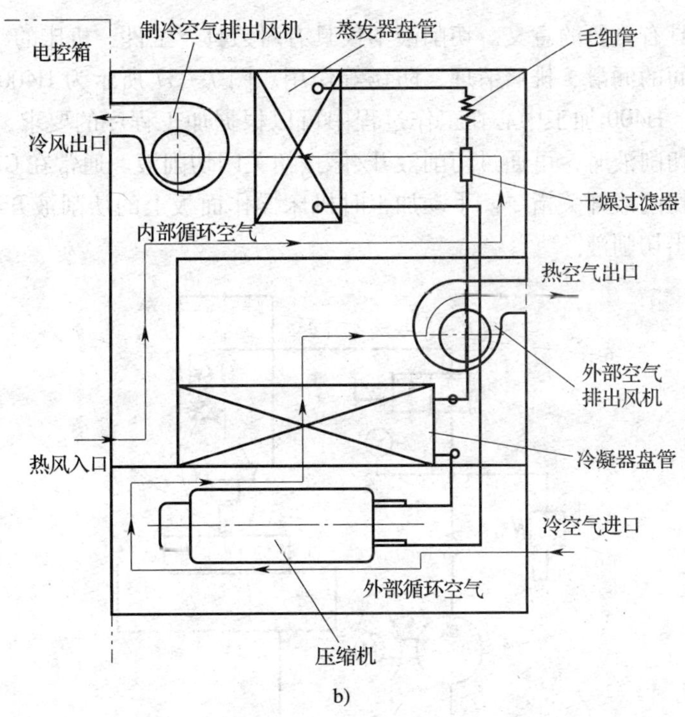

b)

图 7—35 电控箱冷气机的原理图和结构图
a）原理图 b）结构图

（2）工件切削冷却

数控机床在进行高速大功率切削时伴随大量的切削热产生，使刀具、工件和内部机床的温度上升，进而影响刀具的寿命、工件加工质量和机床的精度。所以，在数控机床中，良好

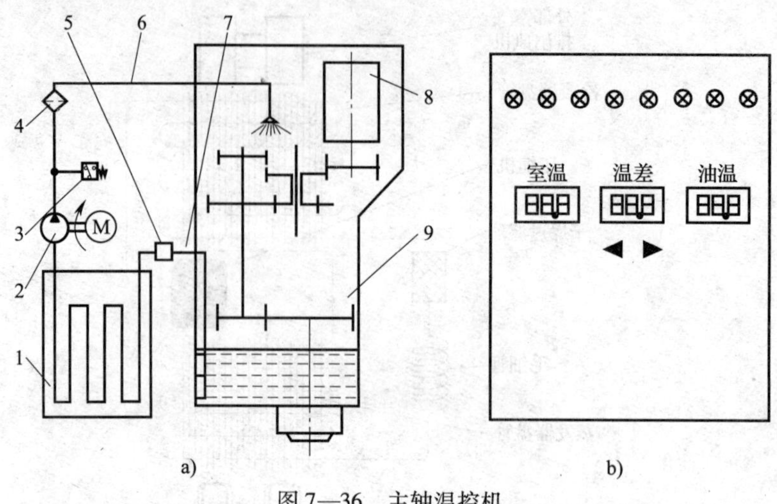

图 7—36　主轴温控机

a）工作原理图　b）操作面板图

1—冷却器　2—循环液压泵　3—压力继电器　4—过滤器　5—温度传感器

6—出油管　7—进油管　8—主轴电动机　9—主轴头

的工件切削冷却具有重要的意义。切削液不仅具有对刀具、工件、机床的冷却作用，还起到在刀具与工件之间的润滑、排屑清理、防锈等作用。图 7—37 所示为 H400 型加工中心切削冷却系统原理图。H400 加工中心在工作过程中可以根据加工程序的要求，由两条管道喷射切削液，不需要切削液时，可通过切削液开/停按钮关闭切削液。通常在 CAM 生成的程序代码中会自动加入切削液开关指令。手动加工时机床操作面板上的切削液开/停按钮可起动切削液电动机，送出切削液。

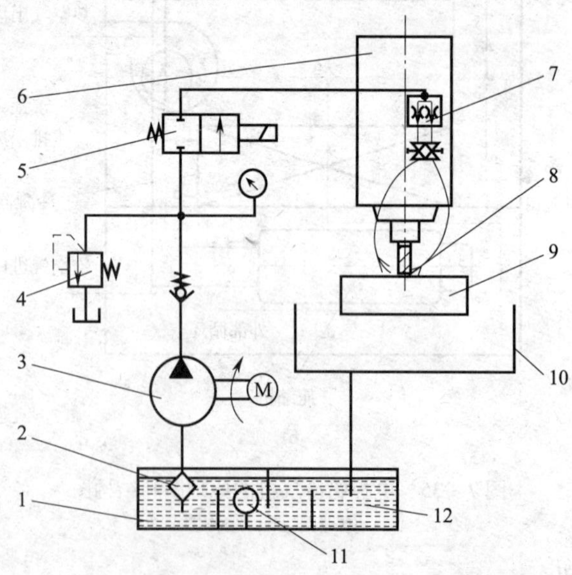

图 7—37　H400 加工中心切削冷却系统原理图

1—切削液箱　2—过滤器　3—液压泵　4—溢流阀　5—电磁阀　6—主轴部件

7—分流阀　8—切削液喷嘴　9—工件　10—切削液收集装置　11—液位指示计　12—冷却液槽

为了充分提高冷却效果，在一些数控机床上还采用了主轴中央通水和使用内冷却刀具的方式进行主轴和刀具的冷却。这种方式对提高刀具寿命、发挥数控机床良好的切削性能、切屑的顺利排出等方面具有较好的作用，特别是在加工深孔时效果尤为突出，所以目前应用越来越广泛。

3. 机床的冷却系统的维护（表 7—7）

表 7—7　　机床的冷却系统的维护

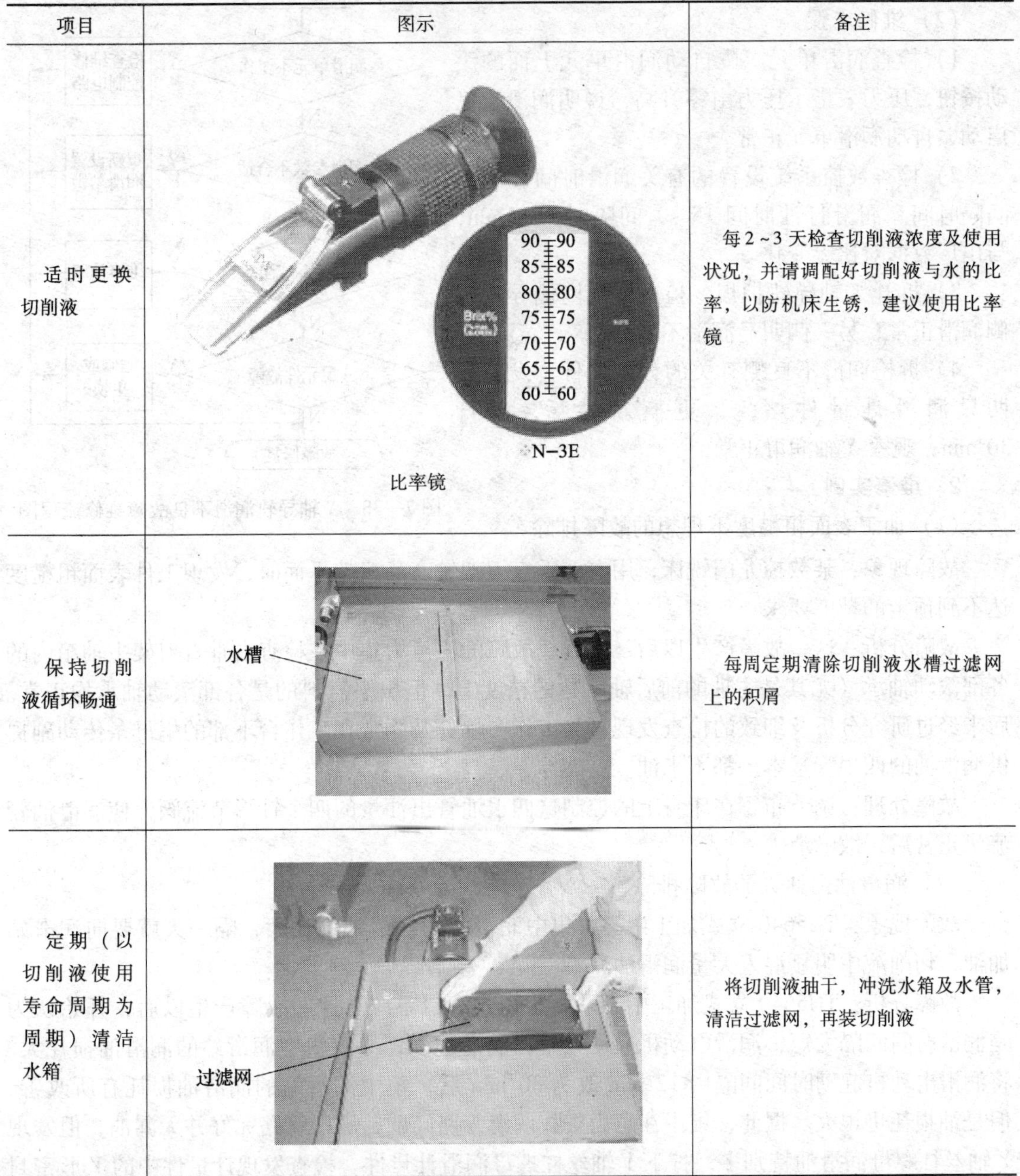

项目	图示	备注
适时更换切削液	比率镜	每 2 ~ 3 天检查切削液浓度及使用状况，并请调配好切削液与水的比率，以防机床生锈，建议使用比率镜
保持切削液循环畅通	水槽	每周定期清除切削液水槽过滤网上的积屑
定期（以切削液使用寿命周期为周期）清洁水箱	过滤网	将切削液抽干，冲洗水箱及水管，清洁过滤网，再装切削液

三、润滑系统故障维修

1. 维修方法

以 *X* 轴导轨润滑不良故障维修为例介绍。

（1）故障维修流程如图 7—38 所示。

（2）维修步骤

1）检查润滑单元。按自动润滑单元上面的手动按钮，压力表指示压力由零升高，说明润滑泵已启动，自动润滑单元正常。

2）检查数控系统设置的有关润滑时间和润滑间隔时间。润滑打油时间 15 s，间隔时间 6 min，与出厂数据对比无变化。

3）拆开 *X* 轴导轨护板，检查发现两侧导轨一侧润滑正常，另一侧明显润滑不良。

4）拆检润滑不良侧有关的分配元件，发现有两只润滑计量件堵塞，更换新件后，运行 30 min，观察 *X* 轴润滑正常。

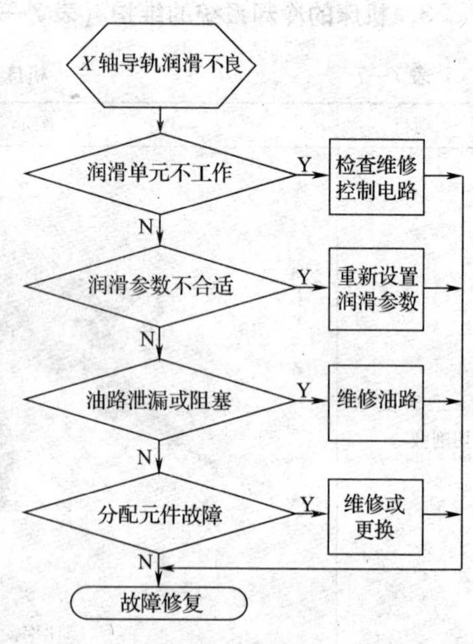

图 7—38　*X* 轴导轨润滑不良故障维修流程图

2. 维修实例

（1）加工表面粗糙度不理想的故障排除

故障现象：某数控龙门铣床，用右面垂直刀架铣产品机架平面时，发现工件表面粗糙度达不到预定的精度要求。

故障分析：这一故障产生以后，把查找故障的注意力集中在检查右垂直刀架主轴箱内的各部滚动轴承（尤其是主轴的前后轴承）的精度上，但出乎意料的是各部滚动轴承均正常。后来经过研究分析及细致的检查发现，为工作台蜗杆及固定在工作台下部的蜗母条传动副提供润滑油的四根管基本上都不来油。

故障处理：调节布置在床身上的控制这四根油管出油量的四个针形节流阀，使润滑油管流量正常后，故障消失。

（2）润滑油损耗大的故障排除

故障现象：TH5640 立式加工中心，集中润滑站的润滑油损耗大，隔一天就要向润滑站加油，切削液中明显混入大量润滑油。

故障分析：TH5640 立式加工中心采用容积式润滑系统。这一故障产生以后，开始认为是润滑时间间隔太短，润滑电动机起动频繁，润滑过多，导致集中润滑站的润滑油损耗大。将润滑电动机起动时间间隔由 12 min 改为 30 min 后，集中润滑站的润滑油损耗有所改善，但是油损耗仍很大。据此，集中注意力查找润滑管路问题，润滑管路完好并无漏油，但发现 *Y* 轴丝杠螺母润滑油特别多，拧下 *Y* 轴丝杠螺母润滑计量件，检查发现计量件中的 *Y* 形密封圈破损。

故障处理：换上新的润滑计量件后，故障排除。

(3) 导轨润滑不足的故障排除

故障现象：TH6363 卧式加工中心，Y 轴导轨润滑不足。

故障分析：TH6363 卧式加工中心采用单线阻尼式润滑系统。故障产生以后，开始认为是润滑时间间隔太长，导致 Y 轴润滑不足。将润滑电动机起动时间间隔由 15 min 改为 10 min，Y 轴导轨润滑有所改善但是油量仍不理想。据此，集中注意力查找润滑管路问题，润滑管路完好；拧下 Y 轴导轨润滑计量件，检查发现计量件中的小孔堵塞。

故障处理：清洗计量件后，故障排除。

(4) 润滑系统压力不能建立的故障排除

故障现象：TH68125 卧式加工中心，润滑系统压力不能建立。

故障分析：TH68125 卧式加工中心组装后，进行润滑试验。该卧式加工中心采用容积式润滑系统。通电后润滑电动机旋转，但是润滑系统压力始终上不去。检查润滑泵工作正常，润滑站出油口有压力油；检查润滑管路完好；检查 X 轴滚珠丝杠轴承润滑，发现大量润滑油从轴承里面漏出；检查计量件，得知型号为 ASA－5Y。查计量件生产公司润滑手册，发现该型号为单线阻尼式润滑系统的计量件，而该机床采用的是容积式润滑系统，两种润滑系统的计量件不能混装。

故障处理：更换容积式润滑系统计量件 ZSAM－20T 后，故障排除。

第五节　排屑与防护装置维护与维修

一、排屑装置

1. 排屑装置结构

数控机床加工效率高，在单位时间内数控机床的金属切削量大大高于普通机床，而金属在变成切屑后所占的空间也成倍增大。切屑如果占用加工区域不及时清除，就会覆盖或缠绕在工件或刀具上，一方面，使自动加工无法继续进行，另一方面，这些炽热的切屑向机床或工件散发热量，将会使机床或工件产生变形，影响加工精度。因此，迅速、有效地排除切屑才能保证数控机床正常加工。

数控铣床、加工中心和数控镗铣床的工件安装在工作台上，切屑不能直接落入排屑装置，故往往需要采用大流量切削液冲刷，或压缩空气吹扫等方法使切屑进入排屑槽，然后回收切削液并排出切屑。排屑装置是数控机床的必备附属装置，其主要作用是将切屑从加工区域排出数控机床之外。切屑中往往都混合着切削液，排屑装置从其中分离出切屑，并将它们送入切屑收集箱（车）内，而切削液则被回收到切削液箱。

排屑装置的安装位置一般都尽可能靠近刀具切削区域。如车床的排屑装置，装在回转工件下方；铣床和加工中心的排屑装置装在床身的回水槽上或工作台边侧位置，以利于简化机床或排屑装置结构，减小机床占地面积，提高排屑效率。排出的切屑一般都落入切屑收集箱或小车中，有的则直接排入车间排屑系统。

排屑装置的种类繁多，表 7—8 所示为常见的几种排屑装置结构。

表 7—8　　排屑装置结构

名称	实物	结构简图
平板链式排屑装置	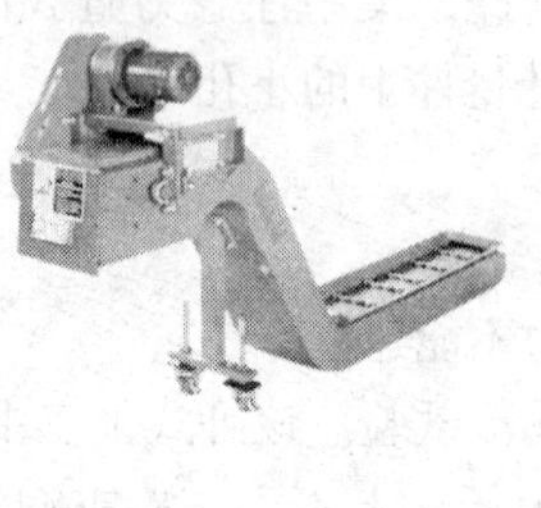	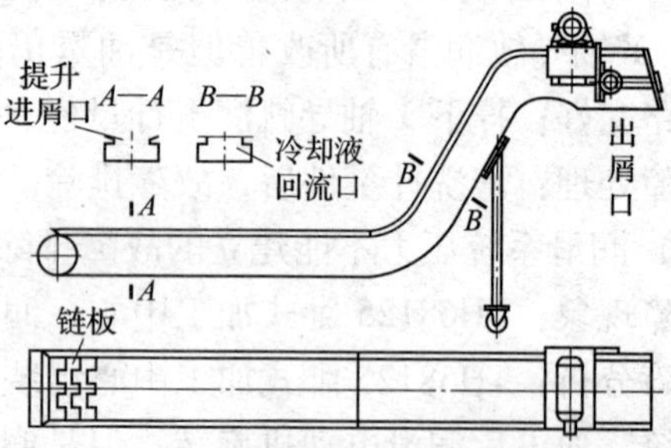 提升进屑口 A—A B—B 冷却液回流口 出屑口 链板
刮板式排屑装置	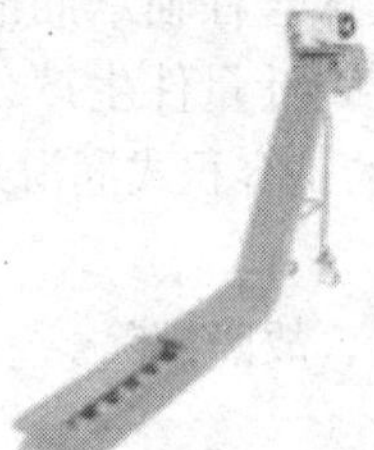	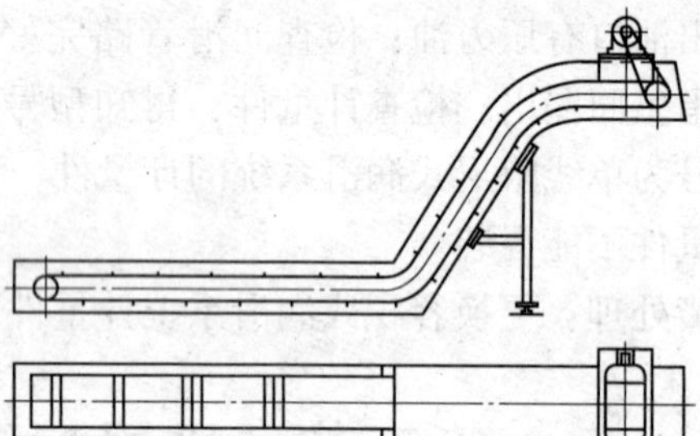
螺旋式排屑装置	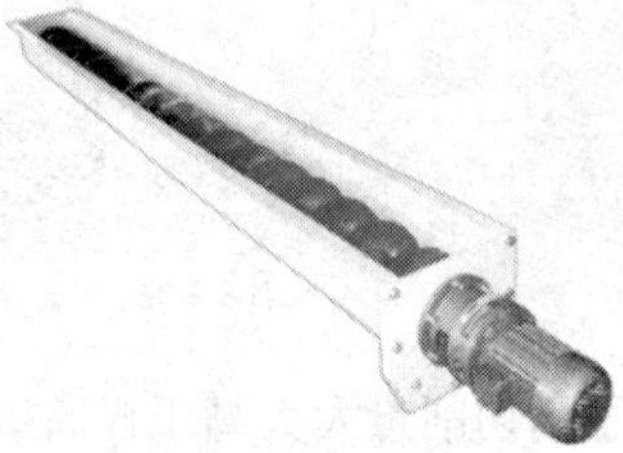	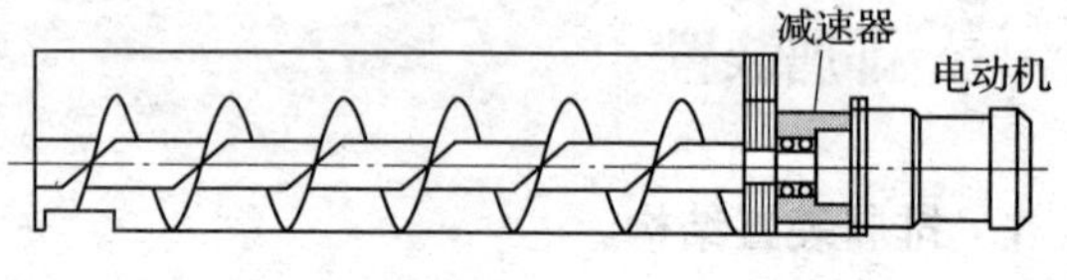 减速器 电动机
磁性板式排屑装置	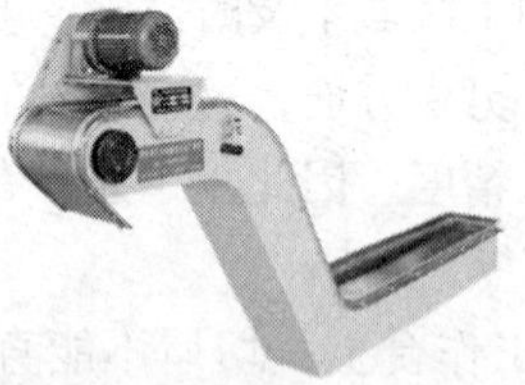	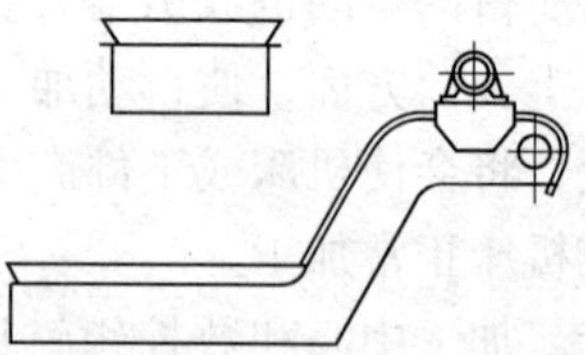
磁性辊式排屑装置	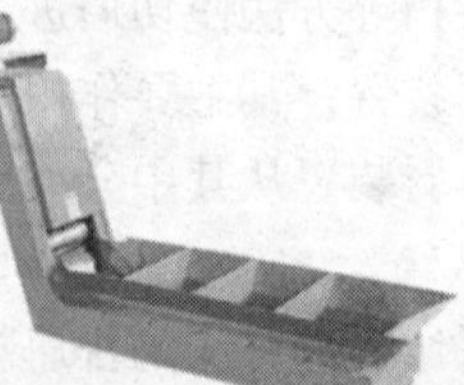	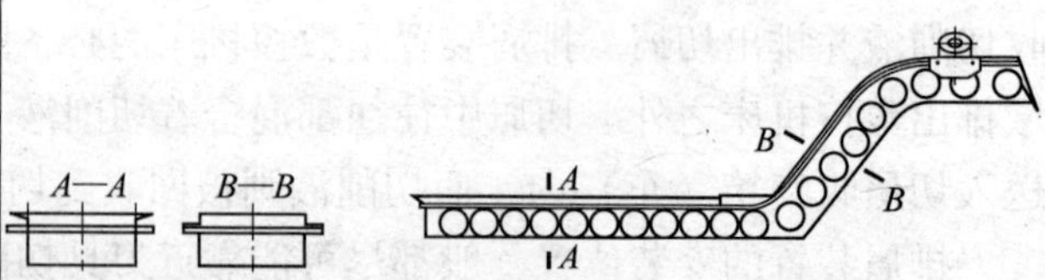 A—A B—B

（1）平板链式排屑装置

该装置以滚动链轮牵引钢制平板链带在封闭箱中运转，加工中的切屑落到链带上，经过提升将废屑中的切削液分离出来，切屑排出机床，落入存屑箱。这种装置主要用于收集和输送各种卷状、团状、条状、块状切屑。广泛应用于各类数控机床和柔性生产线等自动化程度高的机床。也可作为冲压、冷墩机床小型零件的输送机。也是组合机床切削液处理系统的主要排屑功能部件。这种排屑装置适应性强，在车床上使用时多与机床切削液箱合为一体，以简化机床结构。

（2）刮板式排屑装置

该装置传动原理与平板链式基本相同，只是链板不同，它带有刮板链板。刮板两边装有特制滚轮链条，刮屑板的高度及间距可随机设计，有效排屑宽度多样化，因而传动平稳，结构紧凑，强度好，工作效率高。这种装置常用于输送各种材料的短小切屑，尤其是在处理磨削加工中的砂粒、磨粒以及汽车行业中的铝屑效果比较好，排屑能力较强。可用于数控机床、加工中心、磨床和自动生产线，应用广泛。因其负载大，故需采用较大功率的驱动电动机。

（3）螺旋式排屑装置

该装置的基本驱动方式为：电动机经减速装置驱动安装在沟槽中的一根长螺旋杆。螺旋杆转动时，沟槽中的切屑即由螺旋杆推动连续向前运动，最终排入切屑收集箱。螺旋杆有两种形式，一种是用扁形钢条卷成螺旋弹簧状，另一种是在轴上焊上螺旋形钢板。主要用于输送金属、非金属材料的粉末状、颗粒状和较短的切屑。这种装置占据空间小，安装使用方便，传动环节少，故障率极低。尤其适于排屑空隙狭小的场合。螺旋式排屑装置结构简单，排屑性能良好，但只适合沿水平或小角度倾斜直线方向排屑，不能用于大角度倾斜、提升或转向排屑。

（4）磁性板式排屑装置

本装置是利用永磁材料的强磁场的磁力吸引铁磁材料的切屑，在不锈钢板上滑动，达到收集和输送切屑的目的（不适用大于 100 mm 长卷切屑和团状切屑）。广泛应用于加工铁磁材料的各种机械加工工序的机床和自动生产线，也是水冷却和油冷却加工机床切削液处理系统中分离铁磁材料切屑的重要排屑装置，尤其以处理铸铁碎屑、铁屑及齿轮机床落屑效果最佳。

（5）磁性辊式排屑装置

磁性辊式排屑装置利用磁辊的转动，将切屑逐级在每个磁辊间传动，以达到输送切屑之目的。该排屑装置是在磁性排屑装置的基础上研制的。它弥补了磁性排屑装置在某些场合性能和结构上的不足。适用于湿式加工中粉状切屑的输送，更适用于切屑和切削液中含有较多油污状态下的排屑。

2. 排屑装置维护

（1）正确的使用是有效维护的前提，应根据机床加工时切屑等情况选好合适的排屑装置。

（2）每日清洁排屑装置。注意清除 A 处铁片内与 B 处传动链条上缠绕的卷屑（图 7—39）。

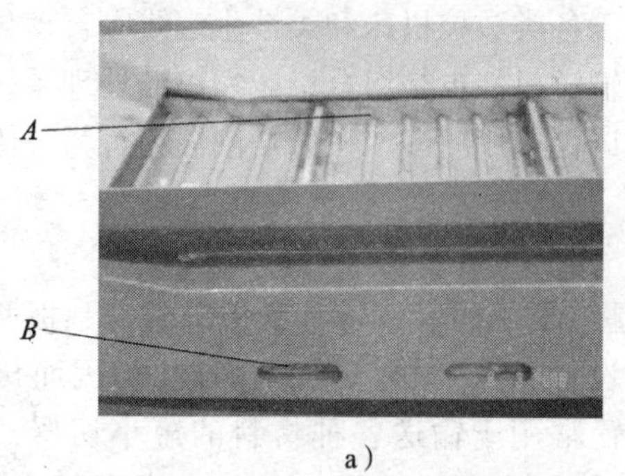

a)

b)

图 7—39　卷屑易缠点

a）排屑装置　b）防护罩

(3) 经常清理排屑装置内切屑，检查有无卡住等（图 7—40）。

(4) 工作时应检查排屑装置是否正常，工作是否可靠。

(5) 平板链式排屑装置是一种具有独立功能的附件。接通电源之前应先检查减速器润滑油是否低于油面线，如果不足，应加入型号为 L－AN68 的全损耗系统用油至油面线。电动机起动后，应立即检查链轮的旋转方向是否与箭头所指方向相符，如不符应立即改正。

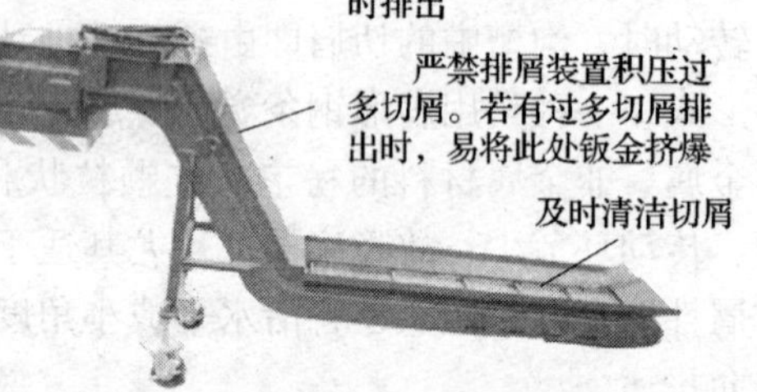

图 7—40　排屑装置的维护

(6) 排屑装置链轮上装有过载保险离合器，在出厂调试时已作了调整。如电动机起动后，发现摩擦片有打滑现象，应立即停止开动，检查链带是否被异物卡住或其他原因。等原因弄清后，可再次起动电动机。

3. 排屑装置维修

(1) 排屑装置故障排除

排屑装置常见故障及维修方法见表 7—9。

表 7—9　　排屑装置常见故障及维修方法

序号	故障现象	故障原因	排除方法
1	执行排屑装置启动指令后，排屑装置未启动	排屑装置上的开关未接通	将排屑装置上的开关接通
		排屑装置控制电路故障	由数控机床的电气维修人员来排除故障
		电动机保护热继电器跳闸	测试检查，找出跳闸的原因，排除故障后，将热继电器复位

续表

序号	故障现象	故障原因	排除方法
2	执行排屑装置起动指令后，只有一个排屑装置起动工作	另一个排屑装置上的开关未接通	将未起动的排屑装置上的开关接通
		控制电路故障	方法同上
		电动机保护热继电器跳闸	方法同上
3	排屑装置噪声增大	排屑装置机械变形或有损坏	检查修理，更换损坏部分
		铁屑堵塞	及时将堵塞的铁屑清理掉
		排屑装置固定松动	重新紧固牢固
		电动机轴承润滑不良致磨损或损坏	定期维修，加润滑脂，更换已损坏的轴承
4	排屑困难	排屑口被切屑卡住	及时清除排屑口积屑
		机械卡死	调整修理
		刮板式排屑装置磨擦片的压紧力不足	调整碟形弹簧压缩量或调整压紧螺钉

（2）维修实例

1）排屑困难的故障排除（一）

故障现象：ZK8206 数控锪端面钻中心孔机床排屑困难，电动机过载报警。

故障分析：ZK8206 数控锪端面钻中心孔机床采用螺旋式排屑器，加工中的切屑沿着床身的斜面落到螺旋式排屑装置所在的沟槽中，螺旋杆转动时，沟槽中的切屑即由螺旋杆推动连续向前运动，最终排入切屑收集箱。机床设计时为了在提升过程中将废屑中的切削液分离出来，在排屑装置排出口处安装一直径 160 mm 长 350 mm 的圆筒形排屑口，排屑口向上倾斜 30°。机床试运行时，大量切屑阻塞在排屑口，电动机过载报警。原因是切屑在提升过程中，受到圆筒形排屑口内壁的摩擦，相互挤压，集结在圆筒型排屑口内。

故障排除：将圆筒形排屑口改为喇叭形排屑口后，锥角大于摩擦角，故障排除。

2）排屑困难的故障排除（二）

故障现象：MC320 立式加工中心机床，其刮板式排屑器不运转，无法排除切屑。

故障分析：MC320 立式加工中心采用刮板式排屑器。加工中的切屑沿着床身的斜面落到刮板式排屑器中，刮板由链带牵引在封闭箱中运转，切屑经过提升将废屑中的切削液分离出来，切屑排出机床，落入集屑车。刮板式排屑装置不运转的原因可能有：

①摩擦片的压紧力不足：先检查碟形弹簧的压缩量是否在规定的数值之内：碟形弹簧自由高度为 8.5 mm，压缩量应为 2.6 ~ 3 mm，若在这个数值之内，则说明压紧力已足够了；如果压缩量不够，可均衡地调紧 3 只 M8 压紧螺钉。

②若压紧后还是继续打滑，则应全面检查卡住的原因。

检查发现排屑器内有数只螺钉，其中有一只螺钉卡在刮板与排屑装置体之间。

故障排除：将卡住的螺钉取出后，故障排除。

二、防护装置

1. 防护装置概述

(1) 防护门

在数控加工中，为防止切屑飞出伤人及意外事故的发生，数控机床一般配置机床防护门，防护门多种多样。数控机床在加工时，应关闭机床防护门。

(2) 防护罩

防护罩种类繁多，表 7—10 为几种常见的机床防护罩。

表 7—10 防护罩系列

名称	实物	结构简图
柔性风琴式防护罩		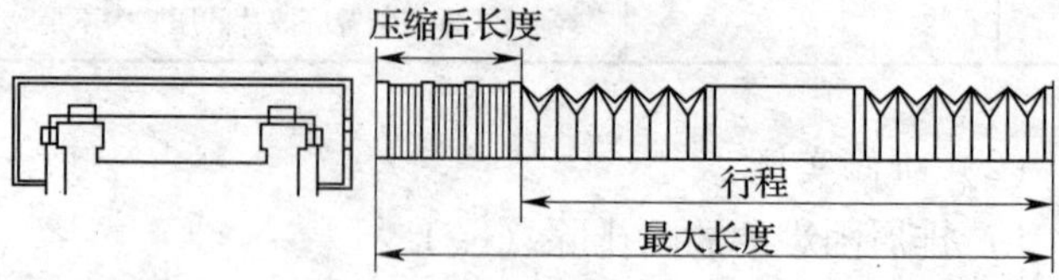 压缩后长度 行程 最大长度
钢板机床导轨防护罩	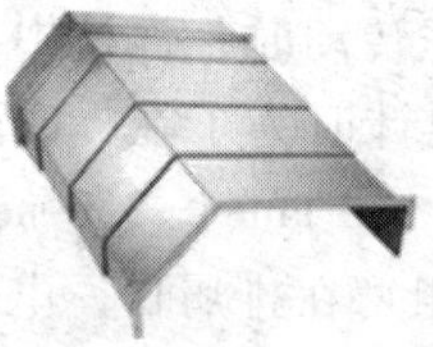	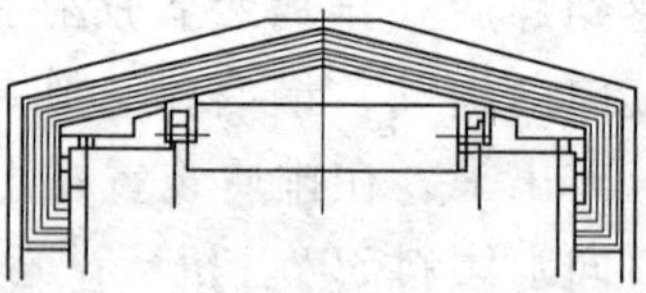
盔甲式机床防护罩		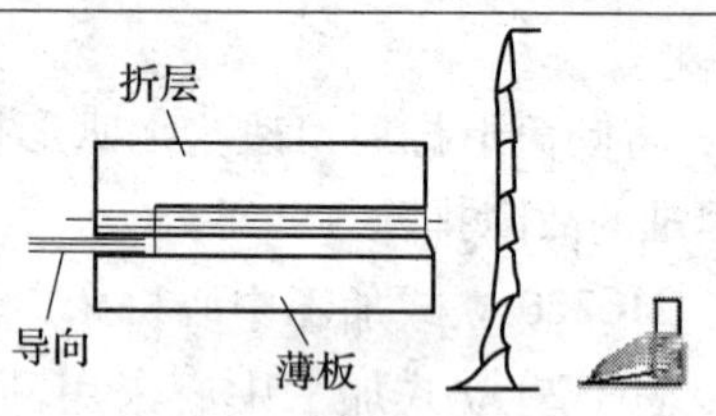 折层 导向 薄板
卷帘布式防护罩		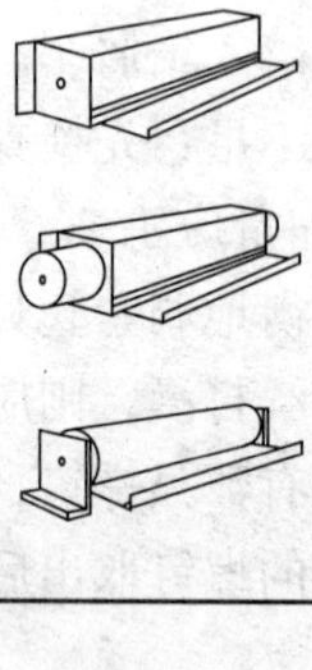

续表

名称	实物	结构简图
防护帘		
防尘折布		

1）柔性风琴式防护罩。柔性风琴式防护罩用尼龙革、塑料织物或合成橡胶折叠、或缝制热压而成。内有 PVC 板材支撑，可耐热、耐油、耐切削液，最大接触温度可达 400℃，最大行程速度可达 100 m/min。不怕脚踩，硬物冲撞不变形；寿命长；密封和运行轻便。折叠罩内无任何金属零件，不用担心防护罩工作时会出现零件松动而给机器造成损坏。是折叠罩中最先进的一种形式。根据用户要求，柔性风琴式防护罩除生产平面风箱式以外，上面可带不锈钢片，还可生产成圆形、六角形、八角形等。

2）钢板机床导轨防护罩。钢板机床导轨防护罩的每层钢板端部都装有弹性密封垫，可在运动时清洁钢板表面，伸缩板式防护罩可水平和垂直使用，最大运行速度可达 60 m/min，可生产成平板形、拱形、圆形、八角形等。

3）盔甲式机床防护罩。盔甲式不锈钢机床防护罩的每折叠层能经受强烈的振动而不变形，同时应用在风箱上，以 900℃的高温仍保持原有的状态，它们之间彼此支持，起着阻碍小碎片渗透的作用。

4）卷帘式防护罩。卷帘式防护罩由外壳、弹簧轴和纤维布等组成。外壳是用不锈钢或冷轧板材料制成的自动伸缩式防护带，并经表面防腐处理，内部结构是由经过热处理的钢带组装而成。此产品结构紧凑、合理、无噪音，适合空间小、行程大、且运动快的机床设备使用。

5）防护帘及防尘折布。防护帘及防尘折布用高强度聚酯织物制成，两侧涂有 PVC 以增加强度，在卷帘表面有钢条或铝条。耐热、耐油、耐切削液，特别适合于安装位置小、切屑又较多的垂直或平面导轨。

（3）防护套系列

1）圆筒式橡胶丝杠、光杠防护套。圆筒式橡胶丝杠、光杠防护套由三防布和耐油橡胶做成，外部面料是三防布，内有坚硬的钢丝圈支撑。可防尘、防水、防油、防乳化剂和化学药品。能在 -40℃ ~110℃之间工作。

2）丝杠防护套及螺旋钢带保护套。可保护丝杠、轴、光杠等类零件不受灰尘污染。能随机床部件做伸开或压缩运动。安装在机床内部或外部，垂直或水平使用均可。螺旋钢带保护套采用优质碳钢经热处理制造而成，对滚珠丝杠、轴、杆类零件实行保护。

（4）拖链系列

各种拖链可有效地保护电线、电缆、液压与气动的软管，可延长被保护对象的寿命，降低消耗，并改善管线分布零乱的状况，增强机床整体艺术造型效果。表 7—11 所示为常见的拖链。

表 7—11　拖链系列

名称	实物
桥式工程塑料拖链	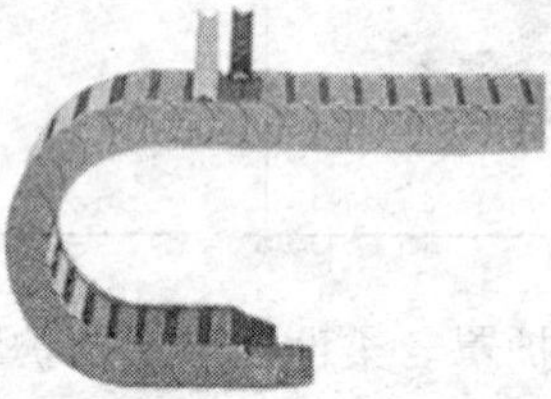
全封闭式工程塑料拖链	
DGT 导管防护套	
JR－2 型矩形金属软管	
加重型工程塑料拖链、S 形工程塑料拖链	 

续表

名称	实物
钢制拖链	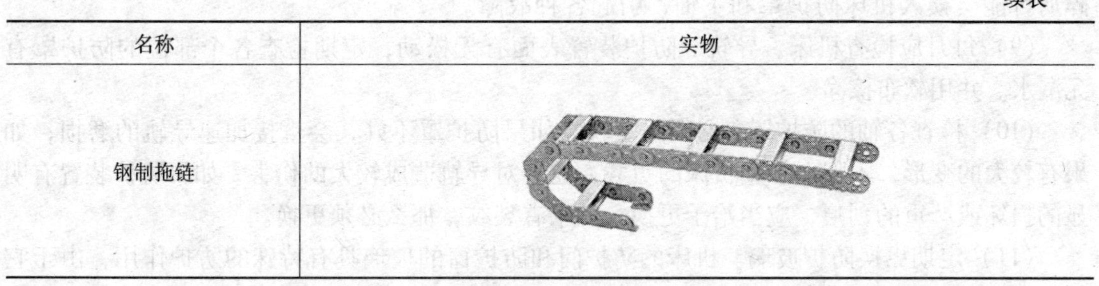

1）桥式工程塑料拖链。它是由玻璃纤维强尼龙注塑而成。移动速度快，允许温度范围是-40℃～130℃，耐磨、耐高温、低噪音、装拆灵活、寿命特长，适用于长距离和承载轻的场合。

2）全封闭式工程塑料拖链。其材料与性能均与桥式工程塑料拖链相同，不过是在外形上做成了全封闭式。

3）DGT导管防护套。它是用不锈钢及工程塑料制成，全封闭型的外壳极为美观。适用于短的移动行程和较低的往返速度，能完美地保护电线、电缆、软管、气管。

4）JR-2型矩形金属软管。该管采用金属结构，适用于各类切削机床及切割机床，用来防止高热铁屑对供电、水、气等线路的损伤。

5）加重型工程塑料拖链、S形工程塑料拖链。加重型工程塑料拖链由玻璃纤维强尼龙注塑而成，强度较大，主要用于运动距离较长、较重的管线。S形拖链主要用于机床设备中多维运动的线路。

6）钢制拖链。它是由碳钢侧板和铝合金隔板组装而成。主要用于重型、大型机械设备管线的保护。

2．防护装置维护

（1）严禁人员踩踏防护罩，造成防护罩变形，无法防水或防屑导致螺杆及轴承损坏（图7—41）。

（2）每天需要将机床防护部分及滑动面裸露部分擦拭干净，并抹上防锈油。

（3）操作者在每班加工结束后应清除切削区内防护装置上的切屑与脏物，并用软布擦净，以免切屑堆积损坏防护罩。

（4）每周用导轨润滑油润滑伸缩式滚珠丝杠罩，每周使用润滑脂润滑导轨罩及保护环。

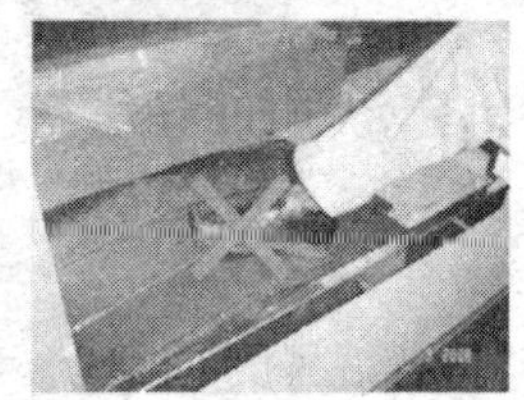

图7—41 严禁人员踩踏防护罩

（5）检查机床防护门运动是否灵活，有没有错位、卡死、关不严现象，如有则修理校正机床防护门变形或导轨变形。

（6）定期检查折叠式防护罩的衔接处是否松动。

（7）对叠层式防护罩应经常用刷子蘸机油清理接缝，以避免碰壳现象的产生。

（8）千万不要用压缩空气清洁机床内部，因为吹起的碎屑有可能伤害操作者，而且碎屑可能会楔入机床防护罩和主轴，引起各种故障。

（9）每月应检查机床、导轨等防护装置表面有无松动，定期检查各个部位的防护罩有无漏水。并用软布擦净。

（10）检查各轴的防护罩，必要时更换。如果防护罩不好，会直接加速导轨的磨损；如果有较大的变形，不但会加重机床的负载，还会对导轨造成较大的伤害。如果防护装置有明显的损坏或严重的划痕，应当给予更换。如果有裂纹，那么必须更换。

（11）定期更换防护玻璃。机床的防护门和防护窗的玻璃具有特殊的防护作用，由于它们经常受到切削液和化学物质的侵蚀，其强度会渐渐削弱。切削液中最有害的是矿物油，当使用含有过于强烈的化学成分的切削液时，防护玻璃每年要损失约 10% 的强度。因此一定要定期更换防护玻璃，最好每两年更换一次。

（12）每年应根据维护需要，对各防护装置进行全面拆卸清理。

（13）操作时需注意：机床在加工过程中不要打开防护门。

（14）过滤网的维护如图 7—42、图 7—43 所示。

图 7—42　热交换器过滤网的维护

图 7—43　每周检查并清洁切削液水槽过滤网

第八章

数控机床装调与精度检验

数控机床属于高精度、自动化机床，安装调试时应严格按机床制造厂商提供的使用说明书及有关的技术标准进行。通常来说，数控机床出厂后直到能正常工作，其过程如图 8—1 所示。

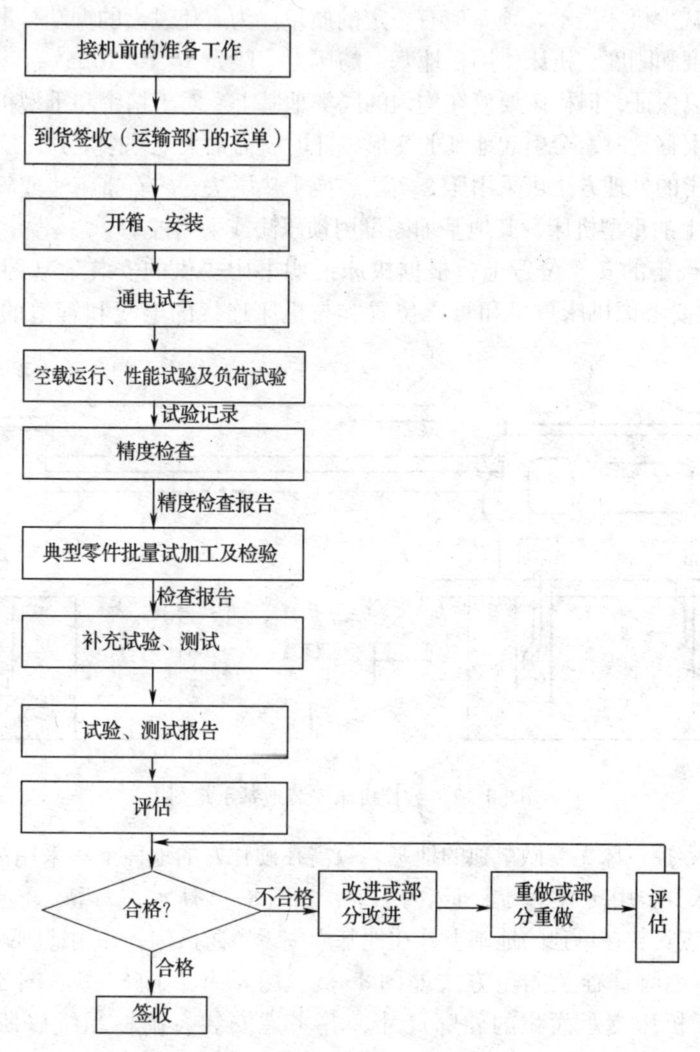

图 8—1　数控机床的安装与检验过程

第一节　数控机床装调

一、数控机床的安装

1. 对安装地基和安装环境的要求

机床的重量、工件的重量、切削过程中产生的切削力等作用力，都将通过机床的支承部件最终传至地基。地基质量的好坏，将关系到机床的加工精度、运动平稳性、机床变形、磨损以及机床的使用寿命。所以，机床在安装之前，应先做好地基的处理。

为增大阻尼减少机床振动，地基应有一定的质量。为避免过大的振动、下沉和变形，地基应具有足够的强度和刚度。机床作用在地基上的压力一般为 3×10^4 N/m² ~ 8×10^4 N/m²。一般天然地基强度足以保证，但机床要放在均匀的同类地基上。对于精密和重型机床，当有较大的加工件需在机床上移动时，会引起地基的变形，此时就需加大地基刚度并压实地基土以减小地基的变形。地基土的处理方法可采用压夯实法、换土垫层法、碎石挤密法或碎石桩加固法。精密机床或 50 t 以上的重型机床，其地基加固可用预压法或采用桩基。

在数控机床确定的安放位置上，根据机床说明书中提供的安装地基图进行施工，如图 8—2 所示。同时要考虑机床重量和重心位置、与机床连接的电线和管道的铺设、预留地脚螺栓和预埋件的位置。

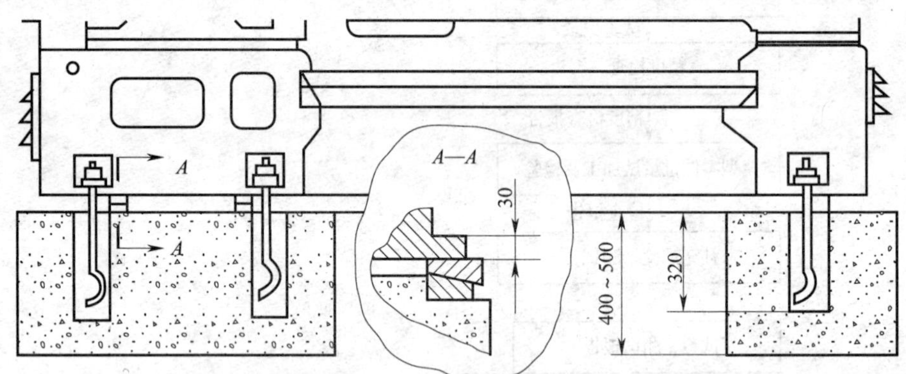

图 8—2　数控机床安装地基示意图

一般中小型数控机床无需做单独的地基，只需在硬化好的地面上，采用活动垫铁（图 8—3）稳定机床的床身，用支承件调整机床的水平，如图 8—4 所示。大型、重型机床需要专门做地基，精密机床应安装在单独的地基上，在地基周围设置防振沟，并用地脚螺栓紧固。

常用的各种地脚螺栓及固定方式如图 8—5、图 8—6、图 8—7、图 8—8 所示。地基平面尺寸应大于机床支承面积的外廓尺寸，并考虑安装、调整和维修所需尺寸。此外，机床旁应留有足够的工件运输和存放空间。机床与机床、机床与墙壁之间应留有足够的通道。

图 8—3　活动垫铁

图 8—4　用活动垫铁支承的数控机床

机床的安装位置应远离焊机等各种高频干扰源及机械震源。应避免阳光照射和热辐射的影响，其环境温度应控制在 0～45℃，相对湿度在 90% 左右，必要时应采取适当措施加以干预。机床不能安装在有粉尘的车间里，应避免腐蚀性气体的侵蚀。

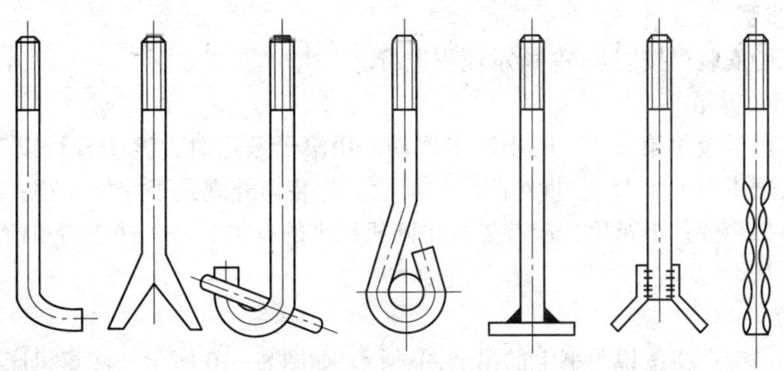

图 8—5　固定地脚螺栓

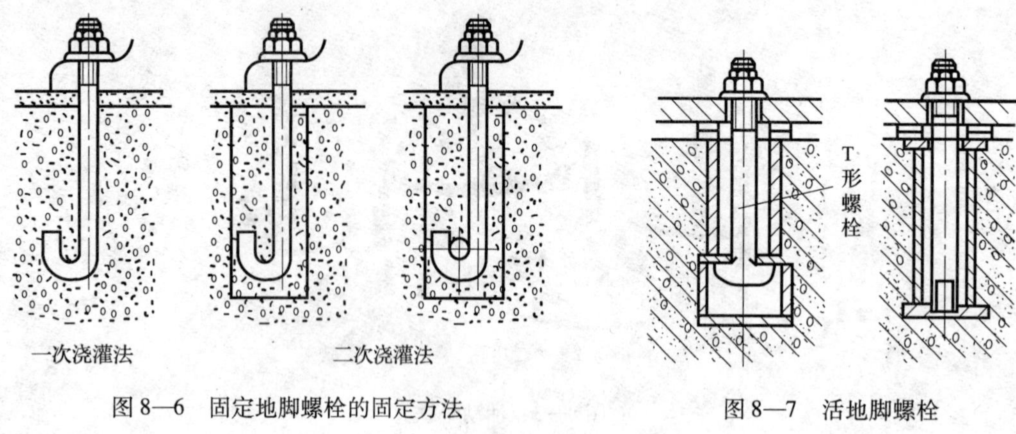

图 8—6　固定地脚螺栓的固定方法　　图 8—7　活地脚螺栓

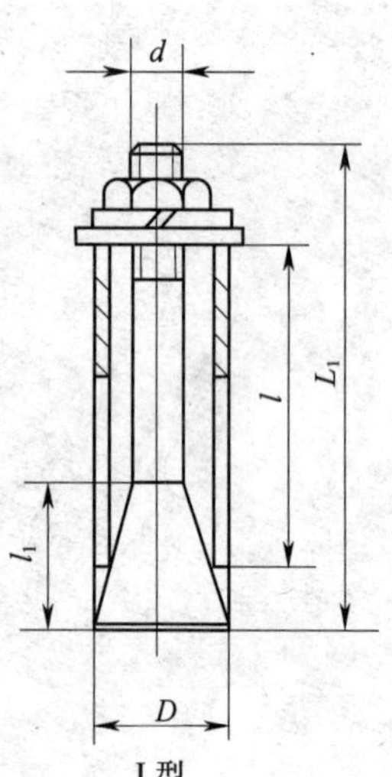

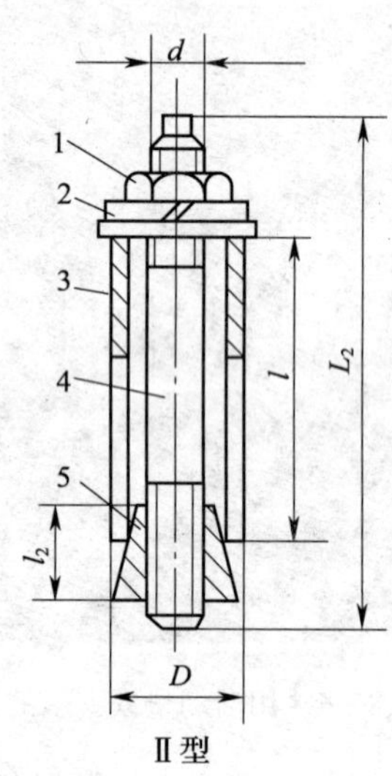

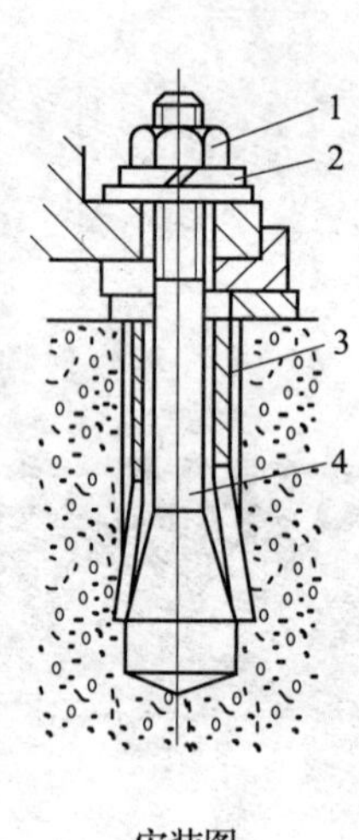

图 8—8　膨胀螺栓

1—螺母　2—垫圈　3—套筒　4—螺栓　5—锥体

2. 安装步骤

数控机床的安装可按图 8—9 所示流程进行。

（1）搬运及拆箱

数控机床吊运应单箱吊装，防止冲击振动。用滚子搬运时，滚子直径以 70 ~ 80 mm 为宜，地面斜坡度不得大于 15°。拆箱前应仔细检查包装箱外观是否完好无损；拆箱时，先将顶盖拆掉，再拆箱壁；拆箱后，应首先找出随机携带的有关文件，并按清单清点机床零部件数量和电缆数量。

（2）就位

机床的起吊应严格按说明书上的吊装图进行，如图 8—10 所示。注意机床的重心和起吊位置。起吊时，将尾座移至机床右端锁紧，同时注意使机床底座呈水平状态，防止损坏漆面、

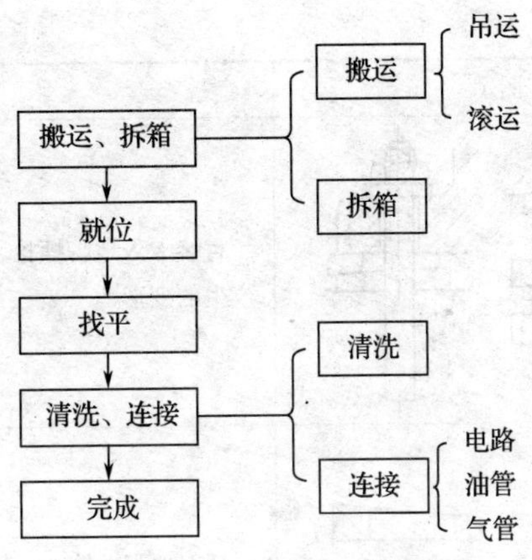

图 8—9　数控机床安装流程

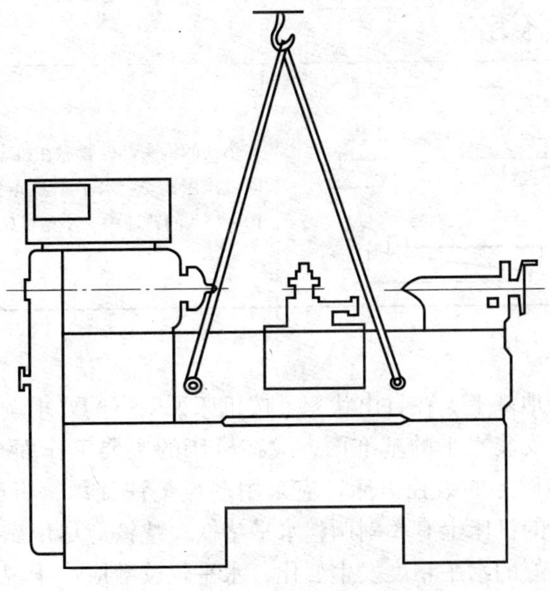

图 8—10　数控机床吊运方法示意图

加工面及突出部件。在使用钢丝绳时，应垫上木块或垫板，以防打滑。待机床吊起离地面 100 ~ 200 mm 时，仔细检查悬吊是否稳固。然后再将机床缓缓地送至安装位置，并使活动垫铁、调整垫铁、地脚螺栓等相应地对号入座。常用调整垫铁类型见表 8—1。

表 8—1　　常用调整垫铁类型

名称	图示	特点和用途
斜垫铁		斜度 1∶10，一般配置在机床地脚螺栓附近，成对使用。用于安装尺寸小、要求不高、安装后不需要再调整的机床，亦可使用单个结构，此时与机床底座为线接触，刚度不高

续表

名称	图示	特点和用途
开口垫铁		直接卡入地脚螺栓，能减轻拧紧地脚螺栓时使机床底座产生的变形
带通孔斜垫铁		套在地脚螺栓上，能减轻拧紧地脚螺栓时使机床底座产生的变形
钩头垫铁		垫铁的钩头部分紧靠在机床底座边缘上，安装调整时起限位作用，安装水平不易走失，用于振动较大或质量为 10～15 t 的普通中、小型机床

(3) 找平

将数控机床放置于地基上，在自由状态下按机床说明书的要求调整其水平，然后将地脚螺栓均匀地锁紧。找正安装水平的基准面，应在机床的主要工作面（如机床导轨面或装配基面）上进行。对中型以上的数控机床，应采用多点垫铁支承，将床身在自由状态下调成水平。如图 8—11 所示的机床上有 8 副调整水平垫铁，垫铁应尽量靠近地脚螺栓，以减少紧固地脚螺栓造成已调整好的水平精度发生变化，水平仪读数应小于说明书中的规定数值。在各支承点都能支承住床身后，再压紧各地脚螺栓。在压紧过程中，床身不能产生额外的扭曲和变形。高精度数控机床可采用弹性支承进行调整，以抑制机床振动。

找平工作应选取一天中温度较稳定的时候进行。应避免为适应调整水平的需要，使用会引起机床强迫变形的安装方法，以免引起导轨精度和导轨相配件的配合和连接的变化，使机床精度和性能受到破坏。对已安装的数控机床，要考虑水泥地基的干燥过程，故要求机床运行数月或半年后再精调一次床身水平，以保证机床长期工作精度，提高机床几何精度的保持性。

(4) 清洗和连接

拆除各部件因运输需要而安装的紧固工件（如紧固螺钉、连接板、楔铁等），清理各连接面、各运动面上的防锈涂料，清理时不能使用金属或其他坚硬刮具，不得用棉纱或纱布，要用浸有清洗剂的棉布或绸布。清洗后涂上机床规定使用的润滑油，并做好各外表面的清洗工作。

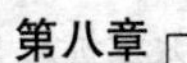

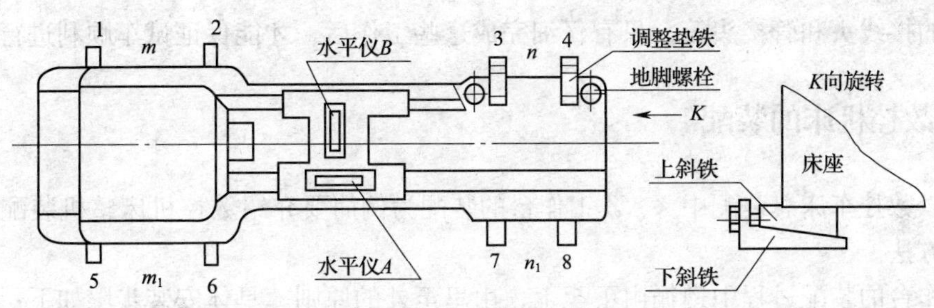

图 8—11 垫铁放置图

对一些解体运输的机床（如车削中心），待主机就位后，将在运输前拆下的零、部件安装在主机上。在组装中，要特别注意各接合面的清理，并去除由于磕碰形成的毛刺，要尽量使用原配的定位元件将各部件恢复到机床拆卸前的位置，以利于下一步的调试。

主机装好后即可连接电缆、油管和气管。每根电缆、油管、气管接头上都有标牌，电气柜和各部件的插座上也有相应的标牌，根据电气接线图、气液压管路图将电缆、管道一一对号入座。在连接电缆的插头和插座时必须仔细清洁和检查有无松动和损坏。安装电缆后，一定要把紧固螺钉拧紧，保证接触完全可靠。良好的接地不仅对设备和人身安全起着重要的保障作用，同时还能减少电气干扰，保证数控系统及机床的正常工作，数控机床接地线的连接方式如图 8—12 所示。在油管、气管连接中，注意防止异物从接口进入管路，避免造成整个气液压系统发生故障。每个接头都必须拧紧，否则到试车时，若发现有油管渗漏或漏气现象，常常要拆卸一大批管子，使安装调试的工作量加大，浪费时间。

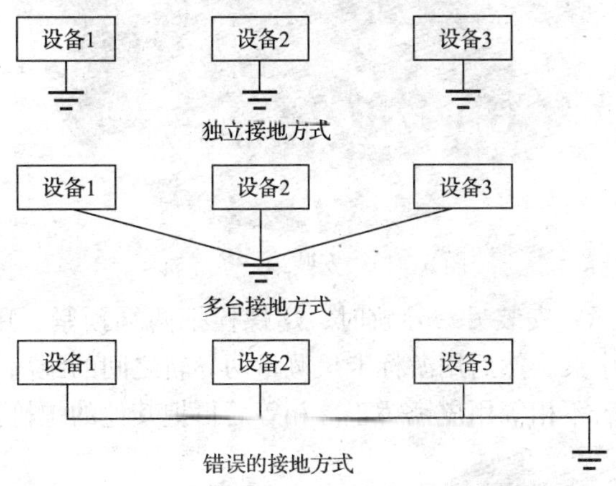

图 8—12 数控机床接地方式示意图

检查机床的数控柜和电气柜内部各接插件接触是否良好。与外界电源相连接时，应重点检查输入电源的电压和相序，电网输入的相序可用相序表检查，错误的相序输入会使数控系统立即报警，甚至损坏器件，相序不对时，应及时调整。接通机床上的油泵、冷却泵电动机，判断油泵、冷却泵电动机转向是否正确。油泵运转正常后，再接通数控系统电源。

国产数控机床上常装有一些进口的元器件、部件和电动机，这些元器件的工作电压可能与国内标准不一样，因此需单独配置电源或变压器。接线时，必须按机床资料中规定的方法连接。通电前，应确认供电制式是否符合要求。最后，全面检查各部件的连接状况，检查是否有多余的接线头和管接头等。只有仔细完成这些工作后，才能保证试车顺利进行。

二、数控机床的装配

这里以数控车床总装配中 X、Z 工作台的装配为例简要介绍数控机床整机装配调试的基本步骤和方法。

在工作台的装配过程中遵循由下至上，由里至外的原则。具体安装步骤如下：

1．安装底座

先将底座用 4 个螺杆支撑起来，把钳工水平仪放在底座上面调平，以便以后的调节。需注意的是，要将四个地脚螺栓调至同一高度，放在底板下，使底板下面的导轨与安装面间有 2 ~5 mm 的空隙。

2．安装导轨

（1）如图 8—13 所示，先把一个导轨放在底座上，用螺栓把两端预紧，用皮锤矫正导轨，使前后两个螺杆落在孔的正中央。随后用深度游标卡尺分别测导轨两侧与底座的距离，测量若干次确定是否相等。若不等则用皮锤调整。相等后再安装其他螺栓，并拧紧。需注意的是，装第一条导轨时要找底板上没有孔的一边作为基准边。

图 8—13　安装第一条导轨

（2）如图 8—14 所示，安装另一导轨时，用螺栓把两端预紧，用皮锤矫正导轨，使前后两个螺杆落在孔的正中央。然后用游标卡尺测量两导轨之间的距离（245 mm），测量若干次确定是否相等平行。若不相等用皮锤矫正。相等后再把其他的螺栓拧紧。

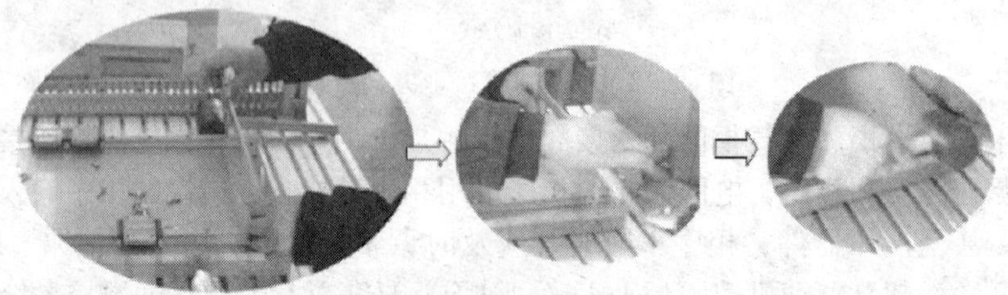

图 8—14　安装另一导轨

3．安装丝杠

（1）滚珠丝杠螺母的装配

1）在丝杠螺母孔中套入长 400 mm 的精密试棒，测量其轴心线对工作台滑动导轨面在垂直方向的平行度，要求为 0. 005 mm/1 000 mm，如图 8—15 所示。

2）以同样方法测量其轴心线对工作台滑动导轨面在水平方向的平行度，要求为 0. 005 mm/1 000 mm，如图 8—16 所示。

3）测量工作台滑动面与螺母座孔中心的高度尺寸，并记录。

4）将轴承座装于底座的两端，并各自套入精密的试棒，测量其轴心线对底座导轨面在垂直方向的平行度，要求为 0. 005 mm/1 000 mm，如图 8—17 所示。

5）用同样方法测量轴承座孔轴心线对底座导轨面在水平方向的平行度，要求为 0. 005 mm/1 000 mm，如图 8—18 所示。

6）测量底座导轨面与轴承座孔中心线的高度尺寸，修整配合螺母座孔的高度尺寸。

7）完成上述工作后，将工作台和底座导轨面擦拭干净，将工作台安放在底座的正确位置上，装上镶条，以试棒为基准，测量螺母座轴心线与轴承座孔轴心线的同轴度。如果达到装配要求，则可紧固螺钉并配钻、铰定位销，如有偏差则需修整，直到达到要求为止。

8）以上工序完成后，即将轴承座孔、螺母座孔擦拭干净，再将滚珠丝杠副仔细装入螺母座，紧固螺钉。

9）安装选定适当配合公差的轴承，安装时应该采用专用套管，以免损坏轴承，然后再上紧锁紧螺母，装好法兰盘。

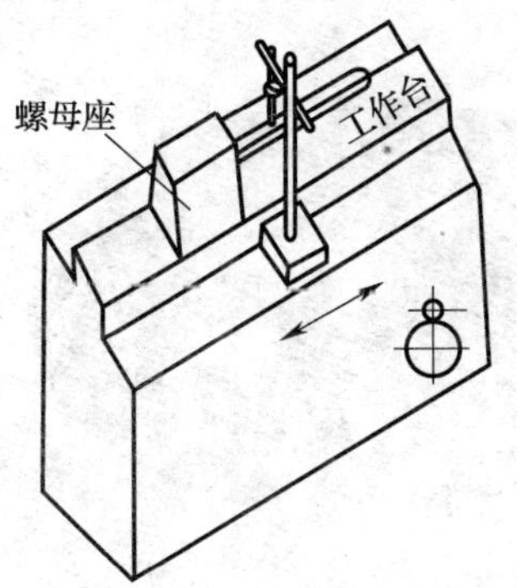

图 8—15　丝杠垂直方向与导轨面的平行度

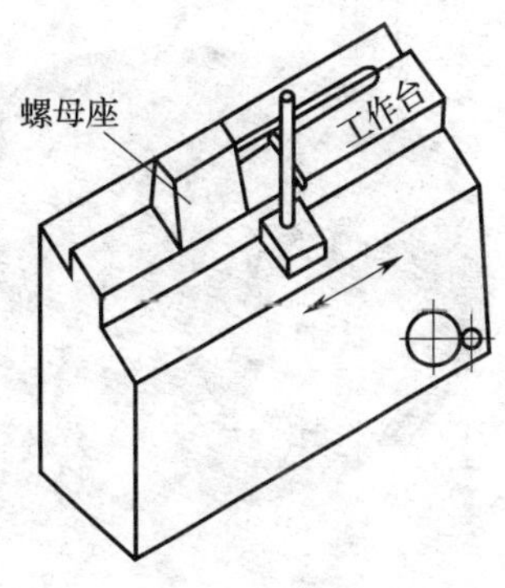

图 8—16　丝杠水平方向与导轨面的平行度

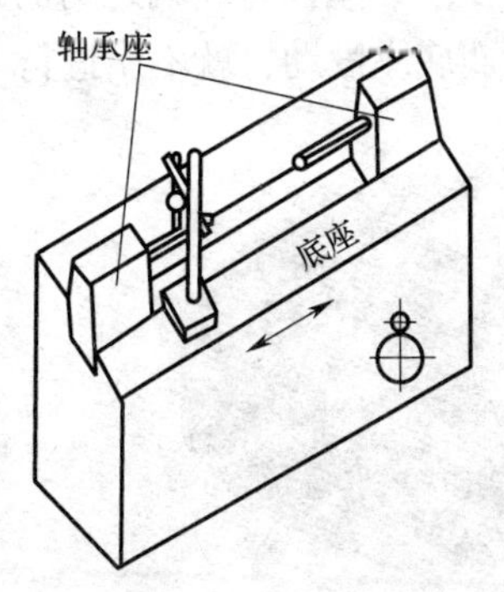

图 8—17　轴承座孔轴心线垂直方向与导轨面的平行度

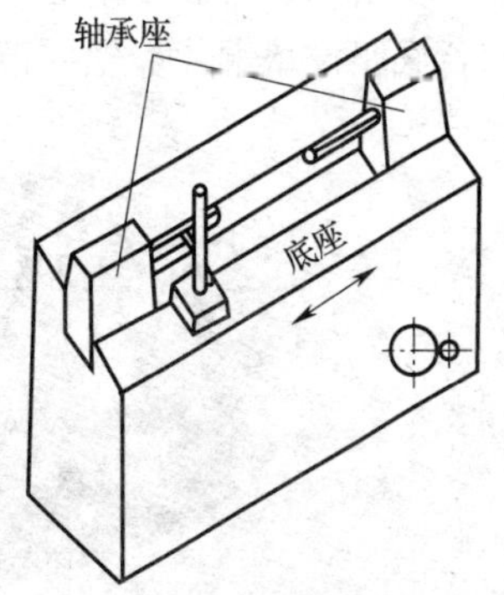

图 8—18　轴承座孔轴心线水平方向与导轨面的平行度

（2）丝杠的安装

1）安装第一条丝杠

①如图 8—19 所示，先把丝杠的两端底座预紧，用游标卡尺分别测丝杠两端与导轨之间的距离，并调整使之相等，以保持丝杠的同轴度。需注意的是，装丝杠前先要将丝杠的轴承盖装上，装丝杠时注意把丝杠上与丝杠螺母连接件的大平面部分朝上。装丝杠轴承盖时，一定不要把螺钉上得太紧，否则摇动时摩擦力太大。

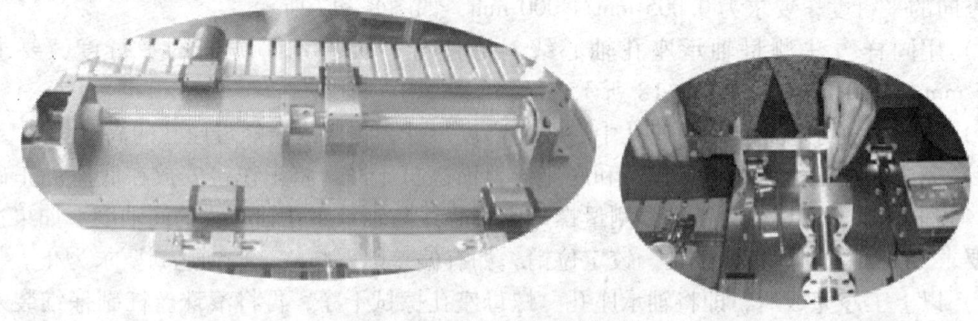

图 8—19　丝杠两端底座预紧

②丝杠的同轴度测好以后，如图 8—20 所示。把杠杆百分表放在导轨的滑块上，分别测量导轨上螺栓的高度，低的一端底座下边垫上铜片，保证导轨两端在同一高度上。

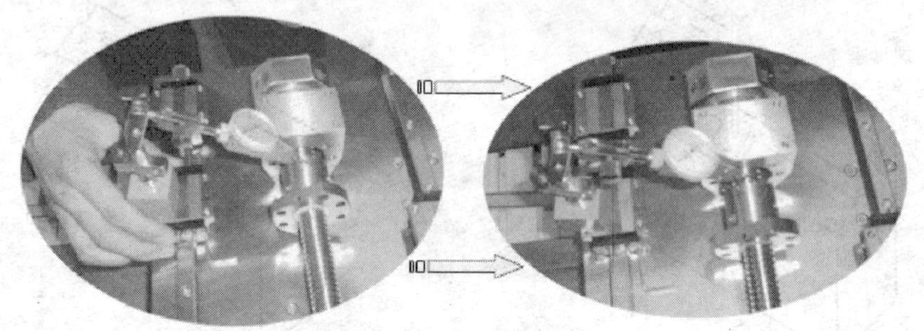

图 8—20　高度调整

③如图 8—21 所示，若底座下面垫铜片，底座位置变了，丝杠与导轨之间的距离会变，则进行下一步；若底座没垫铜片，丝杠正好在所用高度，而底座没动，就不用进行下一步。

图 8—21　检验高度

④如图 8—22 所示，再用游标卡尺分别测量丝杠两端与导轨之间的距离，并调整使之相等，以保持丝杠的对称度。

需注意的是，丝杠在运动时，应保证丝杠的同轴度、对称度，防止丝杠变形。

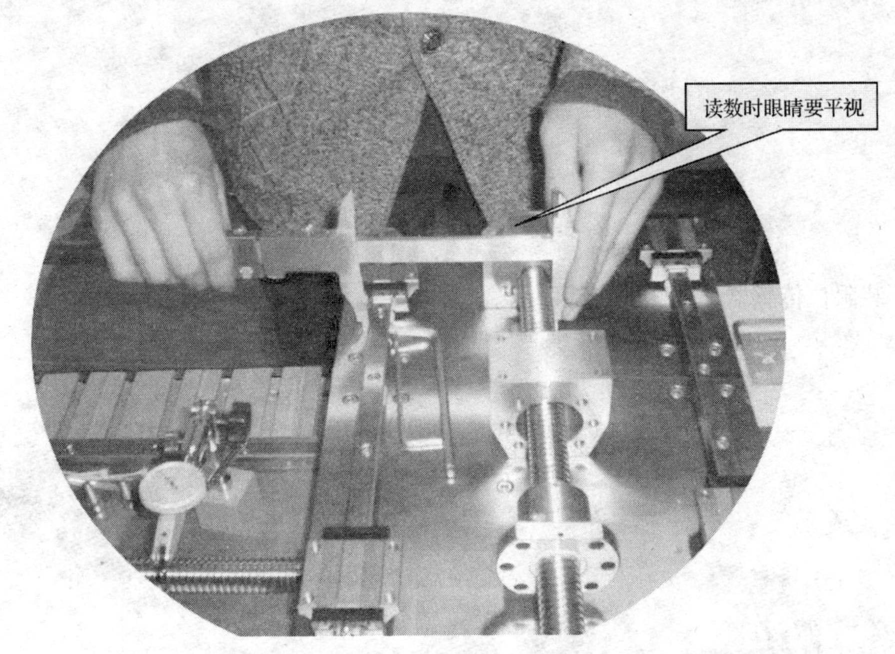

图 8—22 检测对称度

⑤测量、调整完后把各个螺栓拧紧。

2）安装同一平台的另一丝杠

①如图 8—23 所示，把丝杠螺母上的 6 个螺栓拧紧。

②如图 8—24 所示，先定好丝杠支架上的 6 个螺栓，呈十字状，预紧后，用手轮前后摇，看平台与丝杠螺母之间的摩擦松紧，用塞片测一下与导轨间距离，塞上不同组合的铜片，再拧紧平台中间的螺栓，用手轮前后摇丝杠，看松紧程度，不合适再调。

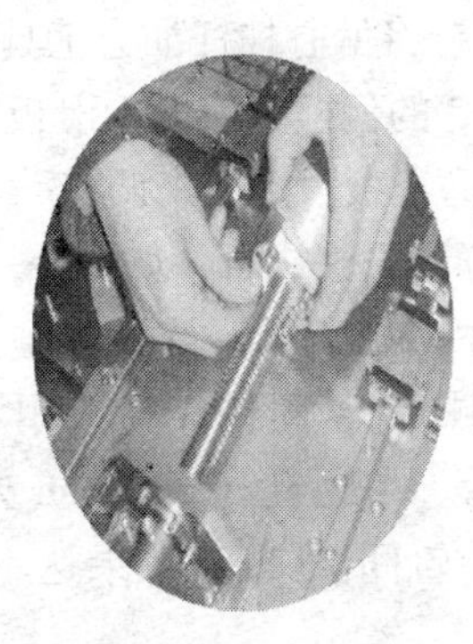

图 8—23 拧紧螺栓

图 8—24 调整松紧

4．安装伺服电动机

（1）装电动机前先将联轴器装在电动机上。联轴器实物图如图 8—25 所示。

（2）将两个伺服电动机分别装在 X 轴与 Z 轴丝杠上，并拧紧，如图 8—26 所示。

图 8—25　联轴器　　　　图 8—26　装电动机

（3）装限位传感器，如图 8—27 所示。

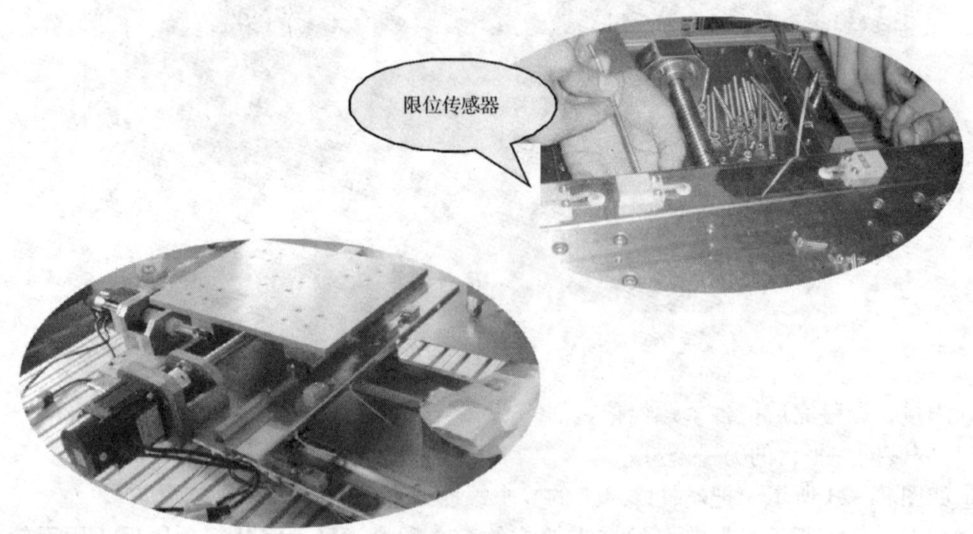

图 8—27　装限位传感器

5．X、Z 轴间隙的检测

（1）十字滑板在 X 轴垂直方向导轨间隙的检测，如图 8—28 所示。首先将 X 轴上滑板 3 和十字滑板导轨面用丙酮擦拭干净，同时使镶条 4 退出，用螺钉将偏心杠杆加力工具 1 固定在 X 轴上滑板的端面上，在距杠杆 300 mm 处加力 10 N，千分表 2 的偏摆数值即为滑板在 X 轴垂直方向的导轨间隙 Δx_1。如果达不到要求的数值，则需通过修磨压板滑动面来调整。

（2）十字滑板在 Z 轴垂直方向导轨间隙的检测，可用同样的方法进行，如图 8—29 所示。

（3）十字滑板在 X 轴水平方向导轨间隙的检测，如图 8—30 所示。首先将镶条用丙酮清洗干净，再放进滑板并进行调整，然后将杠杆加力工具用螺钉紧固在 X 轴上滑板的端面上，并用限位块 6 安装在十字滑板的两端。如图 8—30 所示。在距杠杆 300 mm 处加力 25 N，滑板上千分表的偏摆数值即为滑板在 X 轴水平方向的导轨间隙 Δx。如果达不到要求，可调整镶条。

（4）十字滑板在 Z 轴水平方向的导轨间隙可用同样的方法检测。

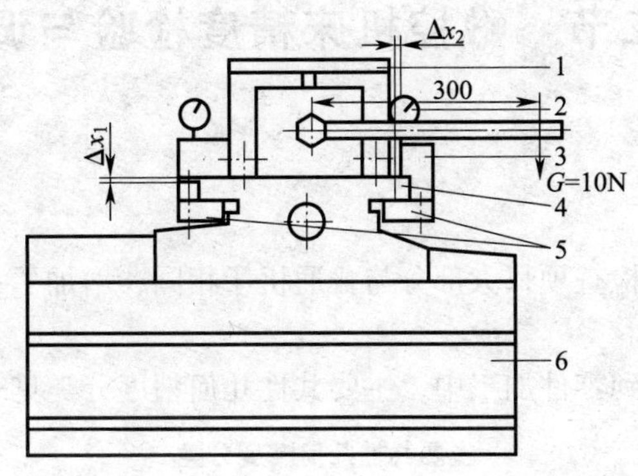

图 8—28 X 轴垂直方向导轨间隙的检测

1—加力工具 2—千分表 3—X 轴上滑板 4—镶条 5—压板 6—十字滑板

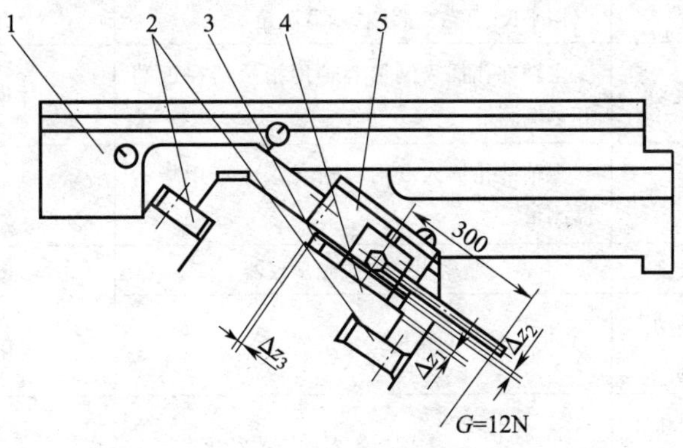

图 8—29 Z 轴垂直方向导轨间隙的检测

1—十字滑板 2—压板 3—镶条 4—床身 5—加力工具

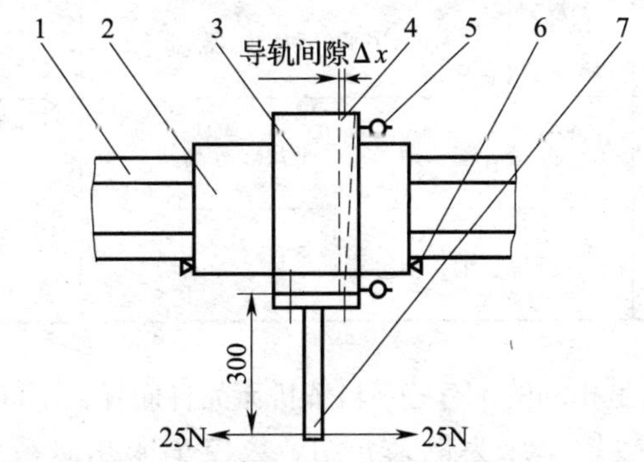

图 8—30 X 轴水平方向导轨间隙的检测

1—床身 2—十字滑板压板 3—十字滑板 4—镶条 5—千分表 6—限位块 7—杠杆

第二节　数控机床精度检验与调整

一、几何精度

数控机床的几何精度检查项目大部分与普通机床相同，增加了一些自动化装置自身以及其与机床连接的精度项目。

机床几何精度会反映到零件加工中，主要共性几何精度分类见表 8—2。

表 8—2　　主要共性几何精度分类

<table>
<tr><th colspan="3">项　目</th><th colspan="3">检查方法</th><th>备　注</th></tr>
<tr><td rowspan="5">部件自身精度</td><td colspan="2">床身水平</td><td colspan="3">精密水平仪置工作台上 X、Z 向分别测量，调整垫铁或支钉达到要求</td><td>几何精度测量的基础</td></tr>
<tr><td colspan="2">工作台面平面度</td><td colspan="3">用平尺、等高量块指示器测量</td><td>几何精度的测量基础</td></tr>
<tr><td rowspan="2">主轴</td><td>主轴径向跳动</td><td colspan="3">主轴锥孔插入测量心轴用指示器在近端和远端测量</td><td>体现主轴旋转轴线的状况</td></tr>
<tr><td>主轴轴向跳动</td><td colspan="3">主轴锥孔插入专用心轴（钢球）用指示器测量</td><td>主轴轴承轴向精度</td></tr>
<tr><td colspan="2">X、Y、Z 导轨直线度</td><td colspan="3">精密水平仪或光学仪器</td><td>影响零件的形状精度</td></tr>
<tr><td rowspan="7">部件间相互位置精度</td><td colspan="2">X、Y、Z 三个轴移动方向相互垂直度</td><td colspan="3">角尺，指示器</td><td>影响零件的位置精度</td></tr>
<tr><td rowspan="4">主轴旋转中心线和三个移动轴的关系</td><td>主轴和 Z 轴平行</td><td rowspan="4">主轴锥孔插入测量心轴</td><td colspan="2">用指示器检查平行度</td><td rowspan="4">影响零件的位置精度</td></tr>
<tr><td rowspan="2">主轴和 X 轴垂直</td><td>立式</td><td>用平尺和指示器</td></tr>
<tr><td>卧式</td><td>用角尺和指示器</td></tr>
<tr><td>主轴和 Y 轴垂直</td><td colspan="2">用平尺和指示器</td></tr>
<tr><td rowspan="2">主轴旋转轴线与工作台面关系</td><td>立式为垂直度</td><td colspan="3">测量心轴、指示器、平尺、等高块</td><td rowspan="2">影响零件的位置精度</td></tr>
<tr><td>卧式为平行度</td><td colspan="3">测量心轴、指示器、平尺、等高块</td></tr>
</table>

机床几何精度有些项目是相同的，有些项目依机床品种而异，不同的数控机床几何精度的检验项目也是不同的，现以数控车床为例来介绍。数控车床几何精度检验项目可参考 GB/T 16462.1—2007《数控车床和车削中心检验条件　第 1 部分：卧式机床几何精度检验》，见附录 1。

检测中应注意某些几何精度要求是互相牵连和影响的。如主轴轴线与尾座轴线同轴度误差较大时，可以通过适当调整机床床身的地脚垫铁来减少误差，但这一调整同样又会引起导轨平行度误差的改变。因此，数控机床的各项几何精度检测应在一次检测中完成，否则会造成顾此失彼的现象。

检测中，还应注意消除检测工具和检测方法造成的误差：如检测机床主轴回转精度时，检验心棒自身的振摆、弯曲等造成的误差；在表架上安装千分表和测微仪时，由于表架的刚性不足而造成的误差；在卧式机床上使用回转测微仪时，由于重力影响，造成测头在抬头位置和低头位置时的测量数据误差等。

机床的几何精度冷态和热态时是有区别的。检测应按国家标准规定，在机床预热状态下进行。即接通电源以后，将机床各移动坐标往复运动几次，主轴以中等的转速运转十几分钟后再检测。

二、定位精度

定位精度是普通机床没有的检验项目，一般精度标准上规定了三项：定位精度，重复定位精度，反向偏差值。

1. 检查条件

（1）环境温度在 15℃ ~25℃之间，并在此温度下等温 12 h。

（2）进行空运转及功能试验。

（3）无负荷条件下进行。

2. 定位精度主要检测内容

定位精度主要内容包括：直线运动定位精度、直线运动重复定位精度、直线运动轴机械原点的返回精度、直线运动失动量的测定。检测工具有测微仪、成组块规、标准长度刻线尺、光学读数显微镜和双频激光干涉仪等。

3. 检验项目

不同的数控机床定位精度与重复定位精度的检验项目是不同的，现以数控车床为例来介绍。数控车床定位精度和重复定位精度检验项目可参考 GB/T 16462.4—2007，见附录 2。

有时要求进行失动量测量，方法是丝杠正向（或反向）移动一段距离后停止，以此停止点为基准点，同向移动给定指令值，按指令值移动后，再反向移动相同的距离，测量停止位置与基准位置之差。在该轴行程两端及中点三处多次测量（一般取 7 次），求得各位置上的平均值，这些平均值中的最大值为失动量值。

失动量是被检测轴驱动部件（伺服电动机、步进电动机等）的反向死区和各机械传动副反向间隙和弹性变形等综合因素的反映，影响定位精度和重复定位精度。

三、工作精度

工作精度是机床的综合精度受机床几何精度、刚度、温度等影响，不同类型的机床检验的方法不同。数控机床的工作精度检查实质是对几何精度与定位精度在切削条件下的一项综合考核。进行切削精度检查的加工，可以是单项加工，也可以综合加工一个标准试件，现多以单项加工为主。这里以 J1CJK6136 数控车床为例，其切削精度检验要求见附录3。

四、机床精度检验实例

在此以某卧式加工中心的精度检验为例，简要介绍数控机床精度检验与调整的内容。

1. 某卧式加工中心结构

在进行机床的精度检验及调整之前，先简要介绍卧式加工中心的结构，如图 8—31 所示。

（1）床身底座

床身为整体结构，刚性好。*Z* 轴和 *X* 轴矩形淬硬钢导轨分别用螺钉紧固在同一床身铸件的相应导轨基面上，如图 8—32 所示。立柱在 *Z* 轴导轨上移动，工作台在 *X* 轴导轨上移动。立柱及工作台两端均装有刮屑板和伸缩式防护罩以保护导轨及滚珠丝杠。

（2）立柱

该件是封闭式双层壁箱形框架结构铸件，竖直对称地装有两条矩形淬硬钢导轨。固定在垂直滑板上的主轴沿 *Y* 轴导轨上、下移动，如图 8—33 所示。

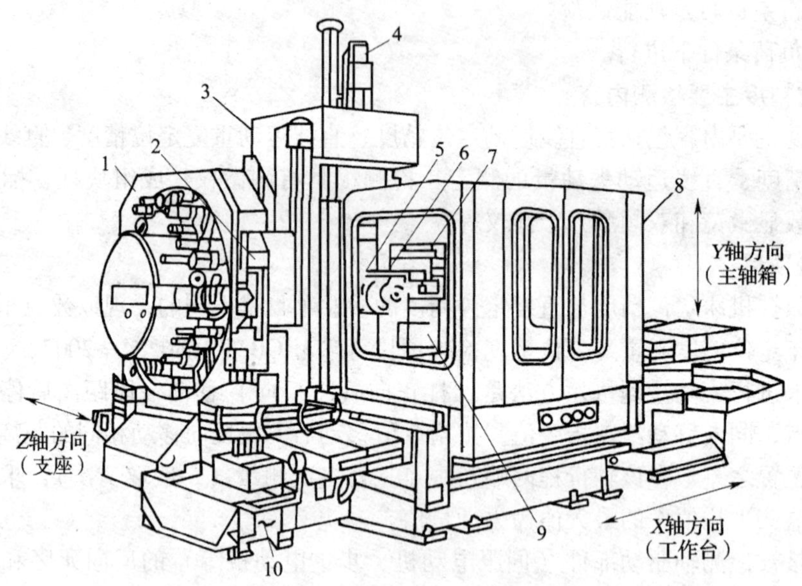

图 8—31　卧式加工中心结构

1—刀库　2—换刀装置　3—支座　4—Y 轴伺服电动机　5—主轴箱　6—主轴　7—数控装置　8—防溅挡板　9—回转工作台　10—切屑槽

（3）垂直滑板

前面装法兰主轴，后面与变速箱连接。垂直滑板由一个交流伺服电动机带动滚珠丝杠副传动。平衡液压缸使垂直滑板、法兰主轴及变速箱的重力得到平衡。

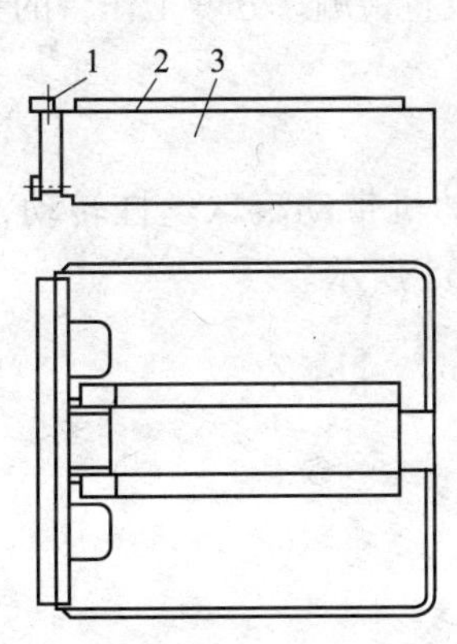

图 8—32 床身底座

1—X 轴钢导轨 2—Z 轴钢导轨 3—床身底座

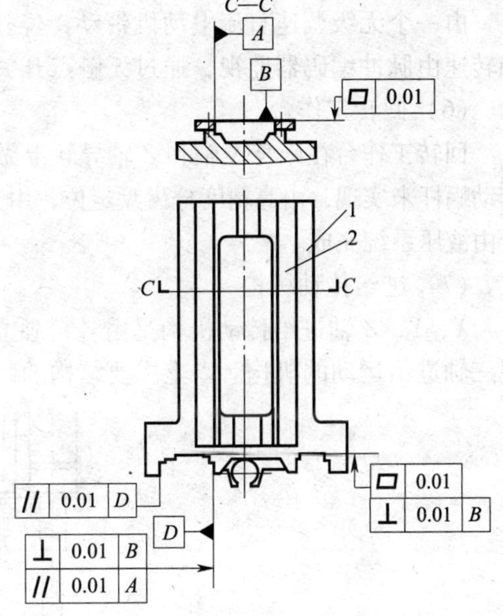

图 8—33 立柱

1—立柱 2—Y 轴钢导轨

（4）主轴

装在垂直滑板上的主轴（图 8—34），其锥孔为 ISO50，刀具靠碟形弹簧夹紧，靠液压装置松开。换刀时吹气装置自动对主轴装刀孔及机械手爪吹气，以清除切屑及杂物。主轴轴承为精密角接触球轴承，前、后轴承配对成套并经过预紧，装配时不必再调轴承，润滑采用永久性脂润滑。

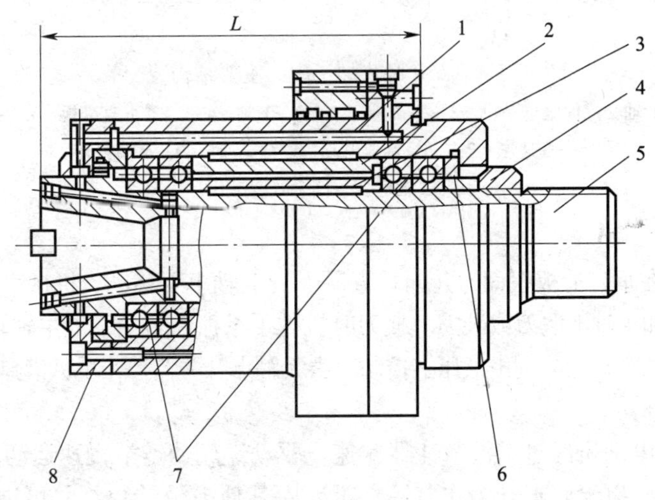

图 8—34 主轴

1—主轴套筒 2、3—隔圈 4—螺母 5—主轴 6—轴套 7—轴承 8—法兰盘

（5）变速箱

由一个无级调速直流电动机带动，经过变速箱变速后主轴转速为 20～5 000 r/min。主轴转速由脉冲编码器监视，通过无触点开关使主轴准停。

（6）回转工作台

回转工作台在床身 *X* 轴和 *Z* 轴导轨上做直线运动。工作台的分度运动由交流伺服电动机带动蜗杆来实现，由高精度分齿盘定位，由光栅编码器进行位置检测。分度工作台的夹紧、松开由液压系统完成。

（7）进给传动机构

X、*Y*、*Z* 轴进给传动机构是由各自独立的交流伺服电动机带动滚珠丝杠转动，从而实现三轴进给运动的机构。以上主要结构的装配关系如图 8—35 所示。

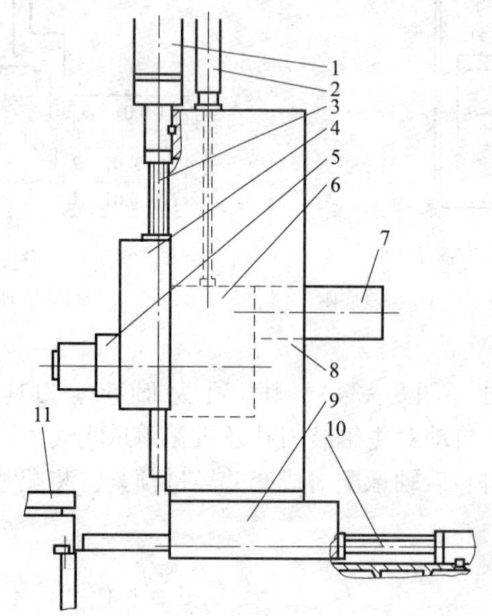

图 8—35　TC630 卧式加工中心主要结构装配关系

1—*Y* 轴交流伺服电动机　2—平衡液压缸　3—*Y* 轴丝杠　4—垂直滑板　5—主轴
6—变速箱　7—无级调速电动机　8—立柱　9—床身底座
10—*Z* 轴丝杠　11—分度工作台

（8）机械手

机械手部件装在垂直滑板正面，并同垂直滑板沿 *Y* 轴上下移动。机械手位于主轴和刀库之间，可同时从刀库和主轴上取刀或装刀。换刀时机械手爪抓住刀柄，沿主轴轴线方向伸缩移动，并做 180°旋转，这两个运动分别由液压缸控制，由无触点开关监控，手爪借弹簧力夹紧刀具。

（9）刀库

一个交流伺服电动机经过谐波减速器减速，驱动链轮使链节慢速运动。链式刀库最后一节刀位定为基准点。以无触点开关作应答，对刀库其他刀位计数，并可进行方向逻辑判别，以最小位移到达换刀位置。用圆光栅编码器作为刀具刀位检测元件。借 NC 系统实现刀位号自动接收、记忆和监控。

(10) 交换工作台

它是两只托盘的转换站，带减速机构的电动机通过传送链把托盘从交换工作台输送到分度工作台，待零件加工完毕后再带回到交换工作台。托盘由两个液压控制的定位销定位，并通过液压夹紧在工作台上。如图 8—36 所示。

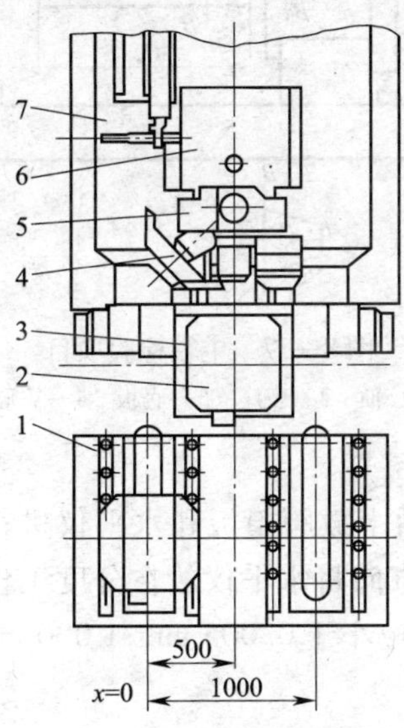

图 8—36 交换工作台

1—交换工作台 2—托盘 3—分度工作台 4—机械手

5—垂直滑板 6—立柱 7—床身底座

(11) 液压系统

机床重力平衡、刀具松开、机械手的伸缩及转位、分度工作台的夹紧与松开、托盘的定位都是由液压系统来完成的。

2. **装配精度的检验与调整**

(1) 主轴精度的检验

主轴精度的检验项目及要求见表 8—3，所对应的检验项目如图 8—37 所示。

表 8—3 **主轴精度检验** mm

序号	检验项目	允差
1	内锥孔径向圆跳动	0.005
2	外径径向圆跳动	0.01
3	芯棒根部径向圆跳动	0.005
4	芯棒 300 mm 处径向圆跳动	0.012
5	主轴端面圆跳动	0.005
6	后部外圆径向圆跳动	0.01
7	安装基面端面圆跳动	0.01
8	*L*	±0.05

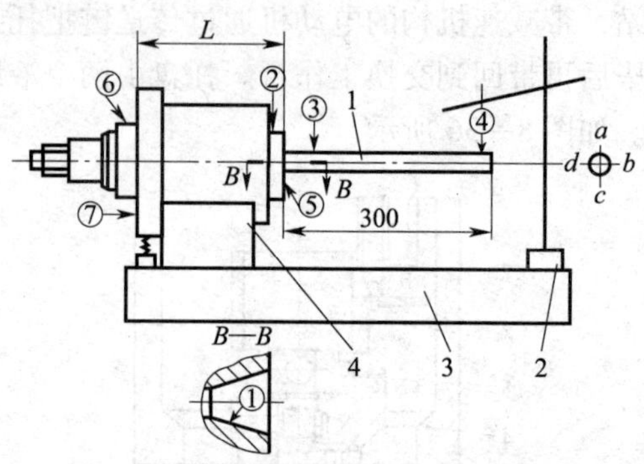

图 8—37　主轴检验项目

1—心轴　2—表座　3—底板　4—V 形架

（2）整机精度检验（部分项目）

1）校安装水平　在 Z 轴导轨上放跨模板和水平仪进行测量，纵向和横向读数均应小于 0.02 mm/1 000 mm；在 Z 轴方向将水平仪放在分度工作台面上，在 Z 轴导轨两端和中间三个位置进行测量，读数差值应小于 0.005 mm/1 000 mm。通过调整地脚螺钉实现精度要求。

2）校主轴准停　主轴转数由脉冲编码器监视，到达准停位置前先减慢速度，最后通过无触点开关使主轴准停。也就是使主轴前端两个定位块准确无误地停在同一水平位置上，才能保证机械手上刀具的两个定位槽与主轴定位块相吻合。校调时，指示器测量头触及主轴端部定位块顶面，在分度工作台面上移动指示器，使两定位块的等高一致性允差在 0.05 mm 以内，调节无触点开关至最佳位置，如图 8—38 所示，检验工具为指示器等。

3）工作台面和 X 轴运动间的平行度　检验方法如图 8—39 所示，允差如下：X 轴行程在 500～800 mm 时为 0.025 mm/全长；X 轴行程在 800～1 250 mm 时为 0.03 mm/全长。如果超差可修整 X 轴导轨上的导板。检验工具为指示器、平尺。

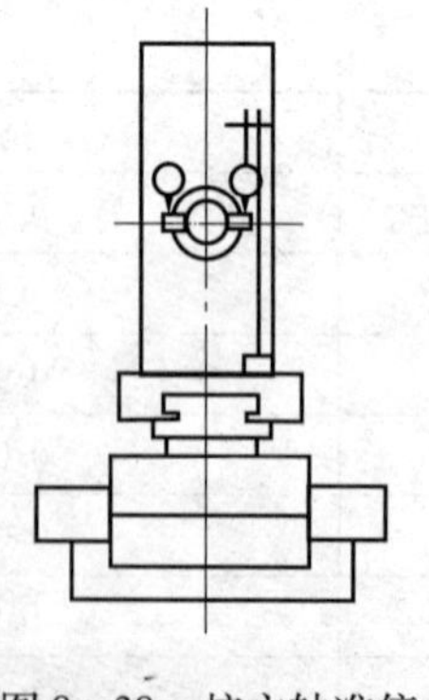
图 8—38　校主轴准停

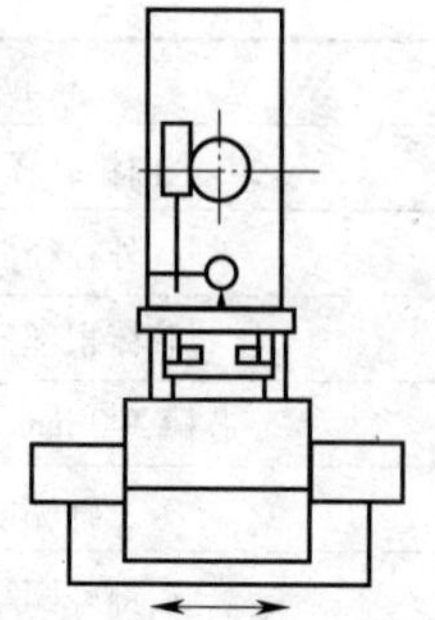
图 8—39　工作台面和 X 轴运动间的平行度检验

4）工作台面和 Z 轴运动间的平行度　允差如下：Z 轴行程≤500 mm 时为 0.02 mm/全长；Z 轴行程＞500～800 mm 时（不同型号机床的上限值不同）为 0.025 mm/全长；Z 轴行程＞800～1 250 mm 时（不同型号机床的上限值不同）为 0.03 mm/全长。检验方法如图 8—40 所示，如果超差可修整 Z 轴导轨上的导板。检验工具为指示器、平尺。

5）工作台面和 Y 轴运动间的垂直度（$X-Y$ 垂直平面内）　允差为 0.02 mm/500 mm，检验方法如图 8—41 所示，如果超差，可修整垂直滑板导轨的正面导板。检验工具为指示器、角尺。

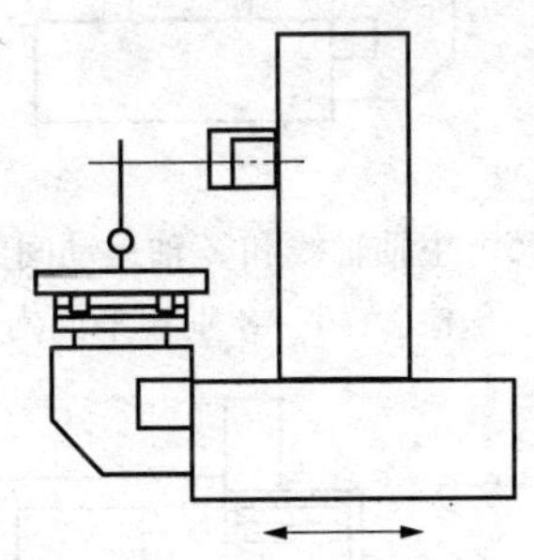

图 8—40　工作台面和 Z 轴运动间的平行度检验

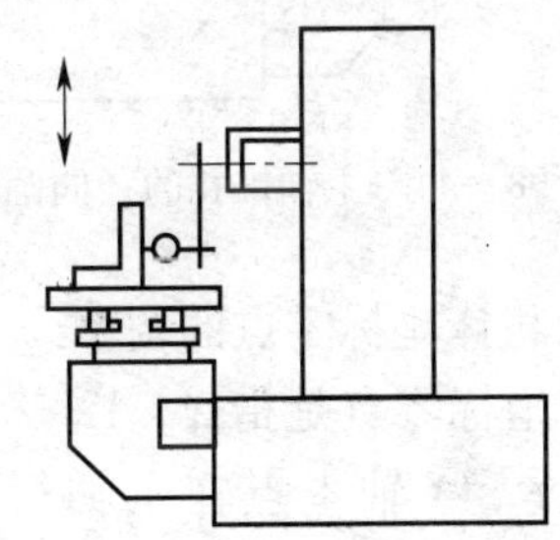

图 8—41　工作台面和 Y 轴运动间的垂直度检验（$X-Y$ 垂直平面内）

6）工作台面和 Y 轴运动间的垂直度（$Y-Z$ 垂直平面内）　允差为 0.02 mm/500 mm，检验方法如图 8—42 所示，如果超差可修整垂直滑板导轨的侧面导板。检验工具为指示器、角尺。

7）Z 轴运动和 X 轴运动间的垂直度　允差为 0.02 mm/500 mm，检验方法如图 8—43 所示，如果超差可修整 Z 轴导轨的侧导板。检验工具为指示器、角尺。

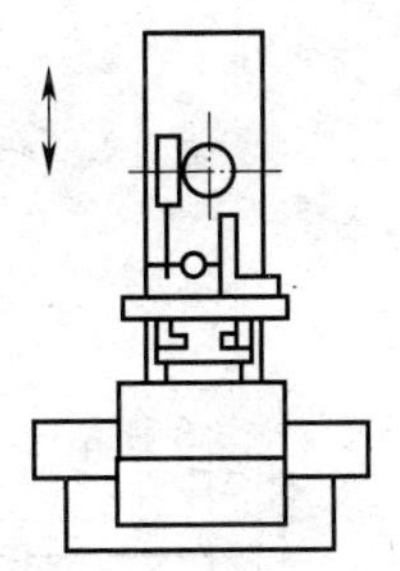

图 8—42　工作台面和 Y 轴运动间的垂直度检验（$Y-Z$ 垂直平面内）

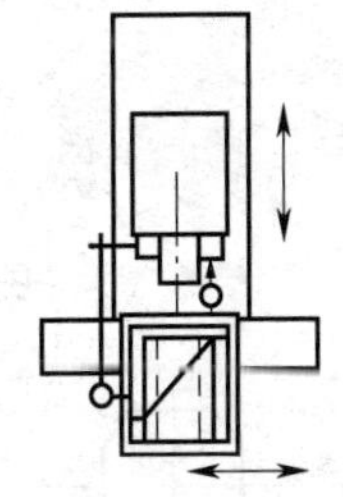

图 8—43　Z 轴运动和 X 轴运动间的垂直度检验

8）主轴锥孔的径向圆跳动　允差如下：靠近主轴端部为 0.007 mm/全长，距主轴端部 300 mm 处为 0.02 mm/全长，检验方法如图 8—44 所示，如果超差可调整主轴螺母。检验工具为指示器、心棒。

9）主轴轴线和 Z 轴运动间的平行度（$Y-Z$ 垂直平面内）　允差为 0.015 mm/300 mm。检验方法如图 8—45 所示，如果超差可修整 Z 轴导轨上的导板。检验工具为指示器、平尺、心棒。

10）主轴轴线和 Z 轴运动间的平行度（$X-Z$ 垂直平面内） 允差为0.015 mm/300 mm。检验方法如图8—46所示，如果超差可修整 Z 轴导轨的侧导板。检验工具为指示器、平尺、心棒。

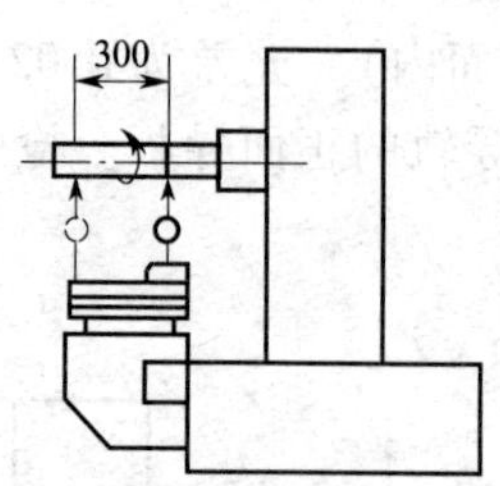

图8—44 主轴锥孔的径向圆跳动检验

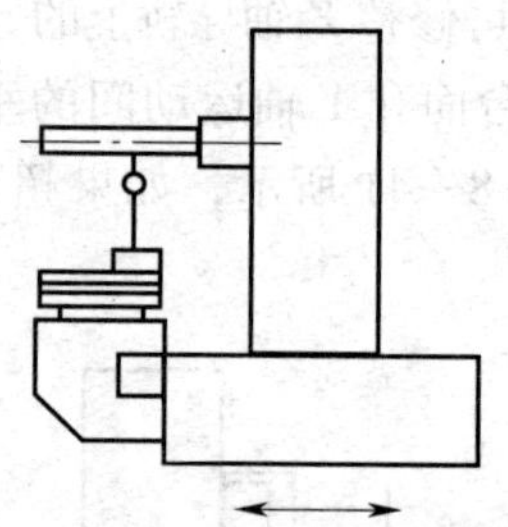

图8—45 主轴轴线和 Z 轴运动间的平行度检验（$Y-Z$ 垂直平面内）

（3）机床坐标零点的调整

机床坐标零点是指 X、Y、Z 轴坐标零点。如图8—47所示，X 轴零点在主轴行程的端部，Y 轴零点在主轴轴线距工作台面 L_2 尺寸处，Z 轴零点在主轴端部至工作台回转中心 L_1 尺寸处。检验工具为指示器、ϕ50 mm×300 mm 心棒、测量尺寸为 L 的量块。

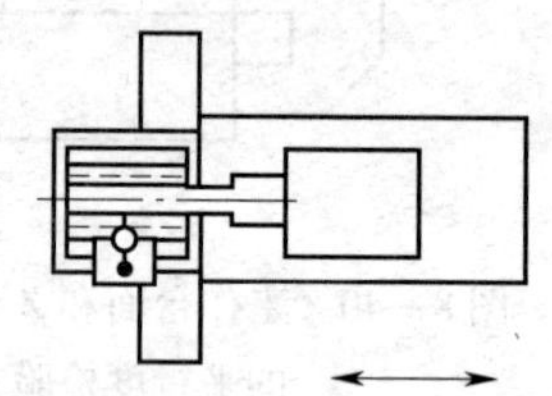

图8—46 主轴轴线和 Z 轴运动间的平行度检验（$X-Z$ 垂直平面内）

1）Y 轴零点的调整 用 MDI 方式将工作台置于 $X=500$ mm 处，主轴置于 $Y=L_2$ 处（即 Y 轴零点），主轴锥孔中插入心棒，用量块检验心棒和托盘之间的距离，此距离为 L，即 $L_2=L+25$ mm，此处就是 Y 轴零点，如图8—48所示。

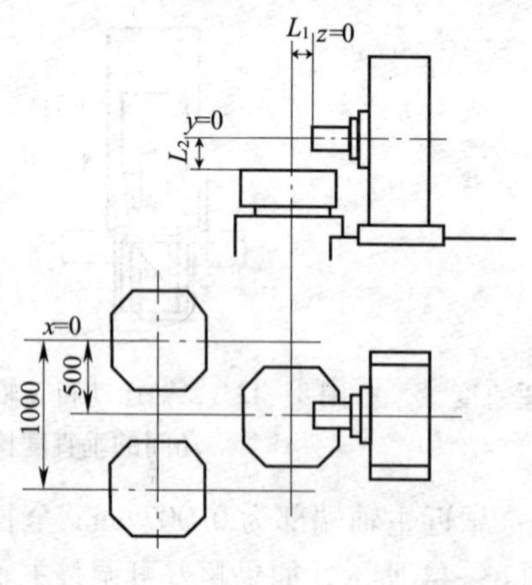

图8—47 机床坐标零点

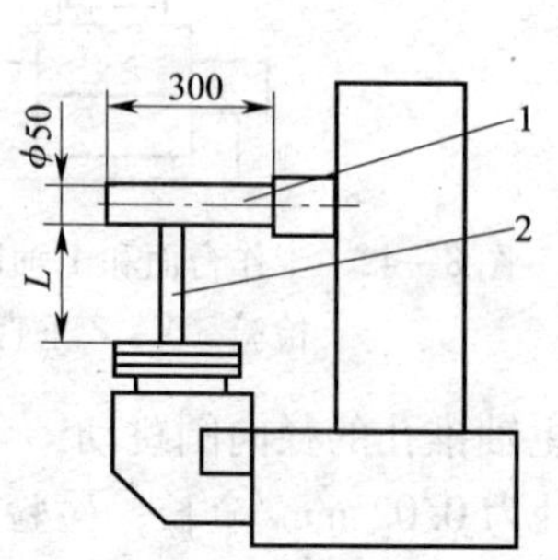

图8—48 Y 轴零点的调整

1—心轴 2—量块

2）X 轴零点的调整　用 MDI 方式将工作台置于 $X=500$ mm、$Y=150$ mm、$Z=50$ mm 位置处，主轴锥孔中插入心棒，指示器固定在托盘上，测头触及心棒侧母线，并将读数置零，然后退出立柱，工作台回转 180°，使立柱进入原位置，此时指示器读数值就是 X 轴零点的误差，如图 8—49 所示。

3）Z 轴零点的调整　用 MDI 方式将工作台置于 $X=500$ mm、$Y=200$ mm、$Z=L$（L 为心轴长度实测尺寸）位置处。指示器固定在工作台托盘上，测头触及心轴侧母线，并将读数置零，测头触点到心轴端面的距离小于 25 mm。工作台转 90°，在心轴端和指示器触头间放 25 mm 量块，此时指示器读数值就是 Z 轴零点误差，如图 8—50 所示。

（4）试机

由专业人员进行。机床检验合格后，提供电气、液压和气动动力。按规定的油量和型号注入到液压箱、变速箱及润滑箱内。

接通主开关前，电气人员必须对数控装置的电源线仔细检查，接通后，先检查电动机的相序（U、V、W）。通过短时间的接通和断开液压装置来检查液压马达的转动方向，并校正。正常后接通液压装置，检查系统压力及蓄能器压力。上述准备工作就绪后方可试机。

1）手动功能试验

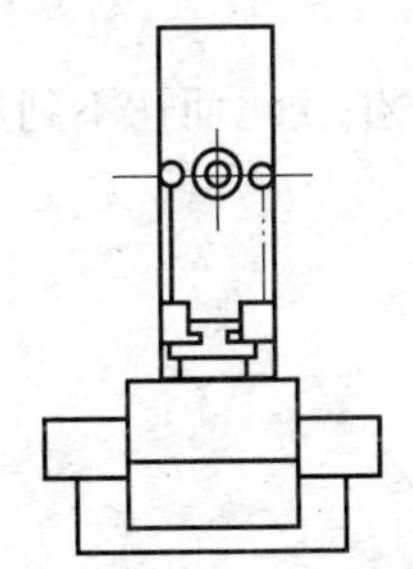

图 8—49　X 轴零点的调整

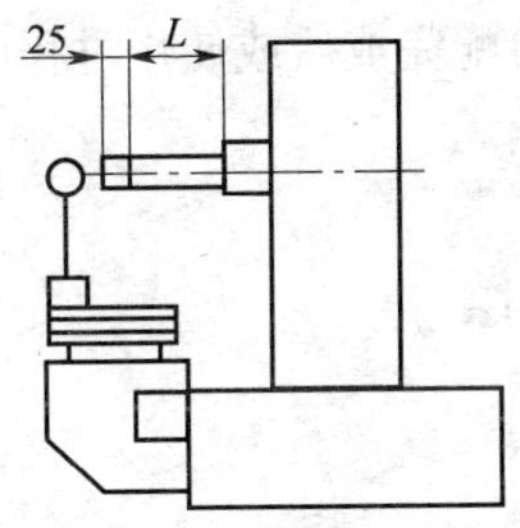

图 8—50　Z 轴零点的调整

手动功能试验是指用手操作机床各部位进行试验。

①对主轴进行锁刀、松刀、吹气、正反转、换挡、准停试验，不少于 5 次。

②对 X、Y、Z 轴运动部件进行正反向起动、停止试验，不少于 10 次。

③分度工作台分度、定位试验，不少于 10 次。

④交换工作台交换试验，不少于 3 次。

⑤刀库机械手换刀试验，不少于 5 次。

⑥检查机床控制面板上各种指示灯、控制按钮、风扇动作的灵活性和可靠性。

⑦检查机床润滑系统工作的可靠性，各润滑点油路是否畅通、接头处是否漏油。

⑧检查机床冷却系统管路是否畅通，流量是否适中，冷却泵工作是否正常无渗漏。

⑨检查防护装置的可靠性及排屑装置工作是否平稳、可靠。

2）自动功能试验

用数控程序操作机床各部件进行试验，可与整机空运转试验同时进行。整机连续空运转时间为48 h，试验过程中机床运转应正常、平稳、可靠，不应发生故障，否则必须在排除故障后重新作48 h连续空运转。连续空运转程序包括以下内容：

①主轴低、中、高转速的正、反向运转和定位。

②各坐标上运动部件的低、中、高进给速度和快速正、反向运行，可选任意点定位。

③刀库中各刀位上的刀具不少于2次自动换刀。

④分度工作台的自动分度和定位。

⑤各轴联动。

⑥各交换工作台不少于5次自动交换。

⑦机床具有的各种功能试验，如直线插补，圆弧插补，铣、钻、镗、铰和攻螺纹加工循环，冷却、排屑、冲洗等。

3）温升试验

主轴轴承达到稳定温度时，在靠近轴承处检验其温度不超过60℃，温升不超过20℃。

第三节　数控机床位置精度补偿

在数控机床装配完成后或使用过程中，其精度可能发生变化而达不到加工要求，应对其进行位置精度补偿。

一、手动补偿

1. 检测方法

(1) 数控机床直线运动的检测

被检测轴目标位置数量和正、负方向循环次数按表8—4规定。

表8—4　直线运动检测目标位置数及正、负方向循环数

<table>
<tr><th colspan="2">行程（mm）</th><th>目标位置数：≥</th><th>正、负方向循环数：≥</th></tr>
<tr><td colspan="2">≤1 000</td><td>5</td><td rowspan="3">5</td></tr>
<tr><td colspan="2">1 000 ~ 2 000</td><td>10</td></tr>
<tr><td rowspan="2">2 000 ~ 6 000</td><td>常用工作行程2 000</td><td>10</td></tr>
<tr><td>其余行程每250或500</td><td>1</td><td>3</td></tr>
<tr><td colspan="2">大于6 000</td><td colspan="2">由制造厂与用户协商确定</td></tr>
</table>

1）线性循环

线性循环方式如图8—51所示。

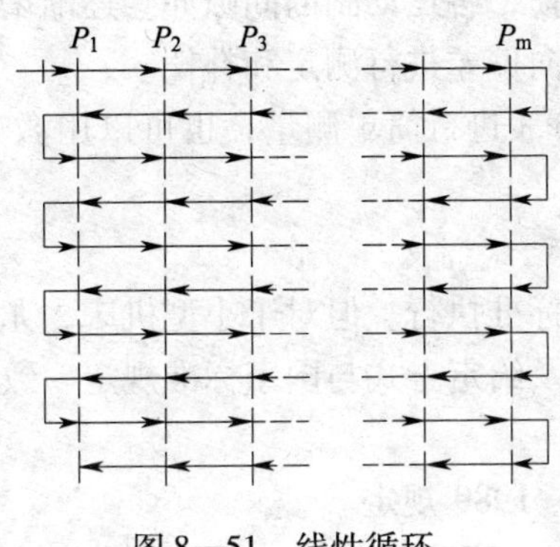

图 8—51　线性循环

2）阶梯循环

阶梯循环方式如图 8—52 所示。

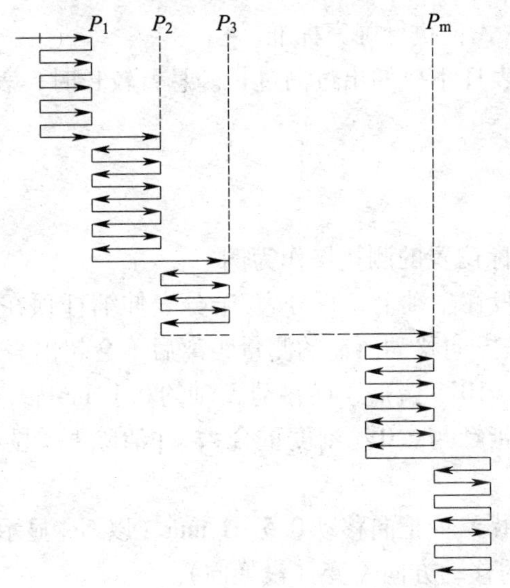

图 8—52　阶梯循环

（2）数控机床回转运动的检测

应在被检测轴 0°、90°、180°、270°四个主要位置检测。若机床允许任意分度，除这四个主要位置外，可任意选择 3 个位置进行正、负方向循环检测五次，循环方式与线性运动的方式相同。

2．反向偏差/间隙的检测

反向偏差亦称为反向间隙或失动量。由于各坐标轴进给传动链上驱动部件（如伺服电动机、伺服液压马达等）存在反向死区，各机械运动传动副存在反向间隙，当各坐标轴进行转向移动时会造成反向偏差。反向偏差的存在会影响半闭环伺服系统机床的定位精度和重复定位精度，特别容易出现过象限切削过渡偏差，造成圆度不够或出现刀痕等现象。随着设备运行时间的增加，因运动磨损，各运动副的间隙亦会逐渐增大，反向偏差还会增加，因此需要定期对机床各坐标轴的反向偏差进行测定和补偿。

反向偏差可用百分表/千分表进行简单测量，也可以用激光干涉仪或球杆仪进行自动测量。

（1）测量方法

测量方法必须严格按国家标准执行。但对于小型机床，尤其是行程较短的机床可采用下述简单方法进行。其检测条件及给定方式与国家标准规定一致，只是选取的目标位置点数可按此方法进行。

1）测量条件按 GB 10931—1989 规定。

2）位置目标点：行程中点及两端点。

3）移动行程（距目标点距离）：0.2 ~1 mm。

4）手脉操作或调用循环程序（手脉操作时，手脉倍率选“×10”挡）。

5）循环方式：阶梯方式 5 ~7 次。

6）计算方法及给定方式：执行国家标准。

测量时，注意表座和表杆不要伸出过高过长。悬臂较长时，表座容易移动，造成计数不准。

（2）具体操作

1）手脉进给操作

以 X 轴行程中点为目标位置的测量操作为例

第 1 步：将磁性表座吸在主轴上，百分表/千分表伸缩杆顶在工作台上的某个凸起物上（顶紧程度必须在满足正负方向移动所需的测量距离后不会超出表的量程）。

第 2 步：用手脉（“×10”挡）正向移动 X 轴约 0.1 mm 后，记下百分表或千分表的表盘读数（或旋转表盘，使指针与“0”刻度重合），并清除 NC 显示器的 X 轴相对坐标显示值（显示为 0）。

第 3 步：用手脉继续沿 X 轴正向移动 0.5 ~1 mm（以 NC 显示器 X 轴的相对坐标显示值为基准），必须保证 X 轴的移动方向不变（没换向）。

第 4 步：用手脉反向移动 X 轴，待 NC 显示器上 X 轴的相对坐标显示值为 0 时停止，记下百分表或千分表的表盘读数。

第 5 步：将百分表或千分表的表盘读数相对变化值计算出来（填入表 8—5 对应项中），该值即是第 1 次测量的 X 轴中点位置负向反向偏差值（$X_m\downarrow$），测量方法如图 8—53 所示。

第 6 步：继续用手脉沿 X 轴负向移动 0.5 ~1 mm（以 NC 显示器 X 轴相对坐标显示值为准），记录下百分表或千分表表盘读数（注意，移动期间不能换向）。

第 7 步：用手脉沿 X 轴正向移动，直至 NC 显示器上 X 轴相对坐标显示值为 0 止，记录下百分表或千分表的读数。

第 8 步：计算出正负向移动换向时的反向偏差值（表盘读数的相对变化值），这是第 1 次测量的 X 轴中点位置正向反向偏差（$X_m\uparrow$），测量方法如图 8—53 所示。

这样按第 1 步～第 8 步的方法循环测量 5～7 次正向和负向的反向偏差值，然后按国家标准规定计算出 X 轴行程中点位置的反向偏差。行程两端的测量方法与计算方法相同。

机床其他坐标轴的反向偏差测量方法与 X 轴的方法一致。

2）自动运行测量

用手脉进给测量，烦琐、工作量大，操作手脉时容易误操作而引起不该换向时换向，效率不高。采用编程法自动测量，可使测量过程变得更便捷、更精确。

①编制运行程序（以 X 轴的测量为例编制循环测量程序，第一次循环过程如图 8—53 所示）

```
O100;
#1 =0;                          定义循环变量
WHILE [#1 LE 6] DO 1;           执行循环
G91 G01 X1.0 F6;                工作台右移 1 mm
X -1.0;                         工作台左移，复位至测量目标点
G04 X10;                        暂停，记录百分表/千分表表盘读数，以便计算 Xm↓
X -1.0;                         工作台左移 1 mm
G04 X10;                        暂停，记录百/千分表盘读数，以便计算 Xm↑
#1 = #1 +1;                     循环计数值
END1;                           循环结束
M30;
%
```

②操作步骤

第 1 步、第 2 步与手脉进给操作的第 1 步、第 2 步一致。

第 3 步：运行上述程序“O100”（进给倍率置于“100%”挡）。

第 4 步：在程序运行暂停点记录百分表/千分表表盘读数，并填入表 8—5 对应项。

第 5 步：计算 X 轴各测量目标点的 $X_m\uparrow$、$X_m\downarrow$ 值，最后得到 X 轴的反向偏差值。

其他轴的测量只需将宏程序中的 X 轴改成测量轴，按上述相同操作即可。

表 8—5　　反向偏差测量记录表

测量点	循环次数	百分表/千分表打表初值	正向接近测量点百分表/千分表读数	负向接近测量点百分表/千分表读数	$X_{mi}\uparrow$	$X_{mi}\downarrow$
n 轴行程端点 1	1					
	2					
	3					
	4					
	5					
	6					
	7					

续表

<table>
<tr><th>测量点</th><th>循环次数</th><th>百分表/千分表打表初值</th><th>正向接近测量点百分表/千分表读数</th><th>负向接近测量点百分表/千分表读数</th><th>$X_{mi}\uparrow$</th><th>$X_{mi}\downarrow$</th></tr>
<tr><td colspan="5" rowspan="2">n 轴行程端点 1 的正、负向反向偏差值</td><td>$\overline{X}_1\uparrow$</td><td>$\overline{X}_1\downarrow$</td></tr>
<tr><td></td><td></td></tr>
<tr><td rowspan="7">n 轴行程中点</td><td>1</td><td></td><td></td><td></td><td></td><td></td></tr>
<tr><td>2</td><td></td><td></td><td></td><td></td><td></td></tr>
<tr><td>3</td><td></td><td></td><td></td><td></td><td></td></tr>
<tr><td>4</td><td></td><td></td><td></td><td></td><td></td></tr>
<tr><td>5</td><td></td><td></td><td></td><td></td><td></td></tr>
<tr><td>6</td><td></td><td></td><td></td><td></td><td></td></tr>
<tr><td>7</td><td></td><td></td><td></td><td></td><td></td></tr>
<tr><td colspan="5" rowspan="2">n 轴行程中点的正、负向反向偏差值</td><td>$\overline{X}_m\uparrow$</td><td>$\overline{X}_m\downarrow$</td></tr>
<tr><td></td><td></td></tr>
<tr><td rowspan="7">n 轴行程端点 2</td><td>1</td><td></td><td></td><td></td><td></td><td></td></tr>
<tr><td>2</td><td></td><td></td><td></td><td></td><td></td></tr>
<tr><td>3</td><td></td><td></td><td></td><td></td><td></td></tr>
<tr><td>4</td><td></td><td></td><td></td><td></td><td></td></tr>
<tr><td>5</td><td></td><td></td><td></td><td></td><td></td></tr>
<tr><td>6</td><td></td><td></td><td></td><td></td><td></td></tr>
<tr><td>7</td><td></td><td></td><td></td><td></td><td></td></tr>
<tr><td colspan="5" rowspan="2">n 轴行程端点 2 的正、负向反向偏差值</td><td>$\overline{X}_2\uparrow$</td><td>$\overline{X}_2\downarrow$</td></tr>
<tr><td></td><td></td></tr>
<tr><td colspan="5">n 轴反向偏差 B：各测量点的正、负向反向偏差值的最大值</td><td>B</td><td></td></tr>
</table>

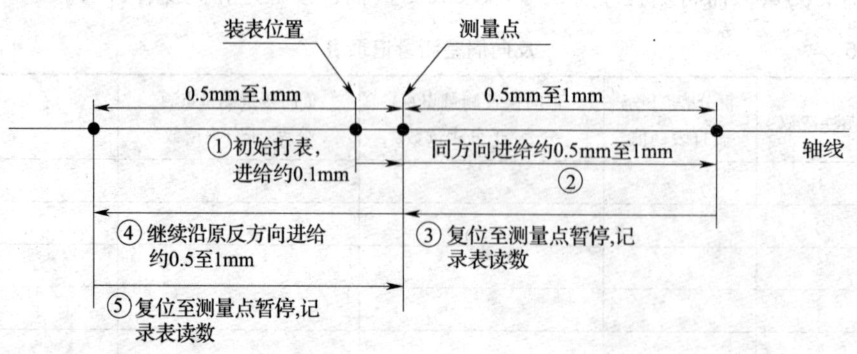

图 8—53　反向偏差测量位置点的第一次循环过程

3. 反向偏差的补偿

将所测得的各轴反向偏差值输入至数控系统的补偿参数，当 NC 系统回零后，各补偿参数值生效，现以 FANUC 系统为例介绍。

FANUC 0 系统 X 轴～第 4 轴的反向偏差补偿参数分别对应为 PRM#535～536。FANUC 0i 系统的反向偏差补偿分为切削进给补偿和快速进给补偿（图 8—54）。切削进给补偿参数为 PRM#1851；快速进给补偿参数为 PRM#1852，且参数 PRM#1800.4（RBK）为 1 时有效。

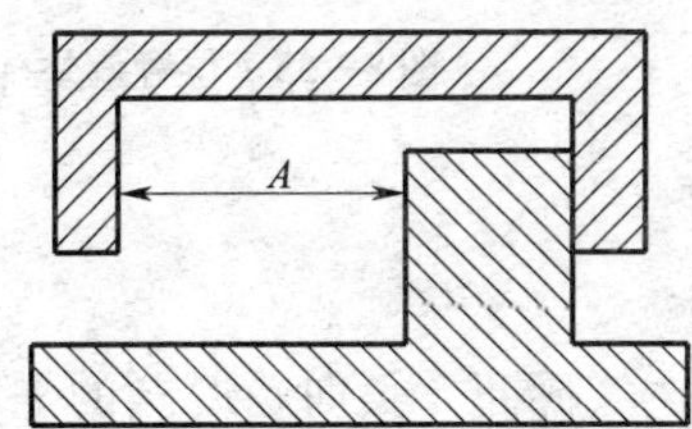

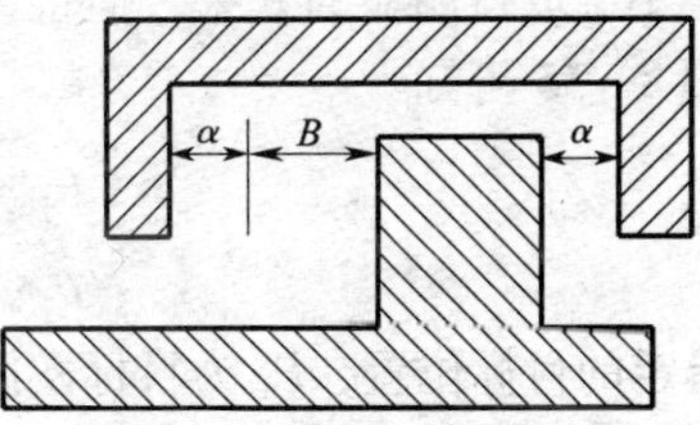

图 8—54　FANUC 0i 系统切削进给与快速进给的反向偏差关系

将图 8—54 中的“A”（按上述测量方法测得的数据）赋给参数 PRM#1851；将“B”（为快速进给速度下测得的反向偏差值）赋给参数 PRM#1852。图中的 $\alpha=(A-B)/2$。补偿关系如表 8—6 所示。

表 8—6　FANUC 0i 系统切削进给与快速进给时的反向偏差值补偿

进给变化 / 移动方向变化	切削进给→切削进给	快速进给→快速进给	快速进给→切削进给	切削进给→快速进给
同方向	0	0	$\pm\alpha$	$\pm(-\alpha)$
反方向	$\pm A$	$\pm B$	$\pm B\ (B+\alpha)$	$\pm B\ (B+\alpha)$

表中补偿量的符号（±）与轴移动方向一致。

进行分类补偿的目的是提高加工精度。手动连续进给时视为切削进给；NC 通电后第 1 次返回参考点结束前，不进行切削/快速进给分别补偿；只有当参数 PRM#1800.4 为 1 时才分别进行补偿，若其值为 0 则只进行切削进给补偿。

4. 螺距误差补偿

螺距误差是指丝杠导程的实际值与理论值之间的偏差。PⅡ级滚珠丝杠的螺距公差为 0.012 mm/300 mm。

采用滚珠丝杠传动时，位置精度的补偿主要有反向偏差补偿和螺距误差补偿。若采用手动测量补偿螺距误差，其工作量大，效率低，出错率高，所以目前一般均采用激光干涉仪进行自动测量与补偿。

位置精度补偿必须建立在机床母机/光机（机械结构）的定位精度或重复定位精度满足要求的基础上。机床母机的基础精度包括导轨副、滚珠丝杠副、联轴节、台面等的精度。

激光干涉仪配上相应的模块与软件，能测量标准规定的各项精度指标，如坐标轴的反向偏差、螺距误差、几何精度、定位精度和重复定位精度等。下面以 ML10 双频激光干涉仪测量系统为例进行介绍。

（1）螺距误差补偿原理

螺距误差补偿对开环控制系统和半闭环控制系统具有显著的效果，可明显提高系统的定位精度和重复定位精度；对于全闭环控制系统，由于其控制精度较高，进行螺距误差补偿不会取得明显的效果，但也可以进行螺距误差补偿。由图 8—55 可知：

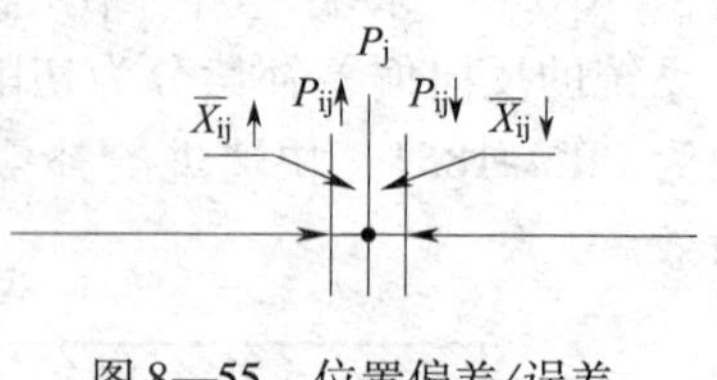

图 8—55　位置偏差/误差

$$P_j = P_{ij}\uparrow + \overline{X}_{ij}\uparrow$$

$$P_j = P_{ij}\downarrow + \overline{X}_{ij}\downarrow$$

P_j为指定的目标位置，P_{ij}为目标实际的运动位置。实际正、负向趋近 P_j的平均位置偏差为 $\overline{X}_i\uparrow$ 和 $\overline{X}_i\downarrow$。将位置偏差值输入数控系统的螺距误差补偿参数表，等机床回零后，数控系统在计算时会自动将目标位置的平均位置偏差叠加到插补指令上，抵消误差部分，实现螺距误差的补偿。

（2）螺距误差的补偿方法

FANUC 0i 系统的螺距误差补偿参数如表 8—7 所示。

表 8—7　FANUC 0i 系统螺距误差补偿的相关参数

参数号	说明
#3620	各轴参考点的螺距误差补偿点号
#3621	各轴负方向最远一端的螺距误差补偿点号
#3622	各轴正方向最远一端的螺距误差补偿点号
#3623	各轴螺距误差补偿倍率
#3624	各轴螺距误差补偿点间距

FANUC 数控系统的螺距误差补偿原点取各坐标轴的零点（参考点）。以原点为中心设定螺距误差补偿点，补偿间隔相等，并在补偿间隔的中点执行补偿，每轴能设置多达 128 个补偿点，如图 8—56 所示。图 8—56 中的螺距误差补偿量如表 8—8 所示，参考点的螺距误差补偿号为 33。

若补偿间距设为 0，则不执行螺距误差补偿。补偿单位为最小移动单位（一般为 1 μm）。

1）补偿倍率

螺距误差的补偿值在 0 ~ ±7 间设定，当实际值大于 7 时，应使用补偿倍率。补偿倍率 = 各点实际测量值（增量值）/7 的最小公倍数。因此数控系统实际补偿时，其各点的补偿值为各点补偿设定值乘以补偿倍率。此时的准确度为一个统计指标值，每点的补偿不像各点测量值小于 7 时的精度高。

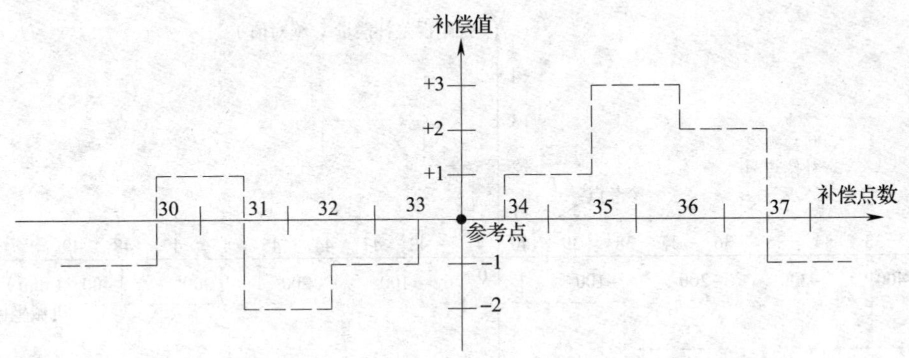

图 8—56 螺距误差补偿间隔设定及补偿点

表 8—8 图 8—56 所示各补偿点的补偿值

补偿点号	30	31	32	33	34	35	36	37
设定补偿值	-2	+3	-1	-1	+1	+2	-1	-3

2）最小补偿间距的确定

FANUC 0i 系统的最小间距：最大快速移动速度（快速进给速度）/3 750（mm）。例如，最大进给速度为 15 000 mm/min 时，FANUC 0i 系统的最小补偿间距为 4 mm。

若按上述的最小补偿间距设定，补偿点超过 128 点时，必须加大补偿间距，其最小补偿间距为轴行程/128（小数点后的数进位）。若机床行程不大，能满足最大补偿点数要求，且局部测量值大于 7（增量值）时，可从以下几方面解决。

①缩短补偿间距或降低最大进给速度。②调整机械配合。③更换精度等级高的丝杠。

例 8—1 直线轴的螺距误差补偿

设某型机床 *X* 轴的机械行程为 -400 ~ 800 mm，螺距误差补偿点间隔为 50 mm，参考点的补偿号为 40，各点测量值及其分布如表 8—9 和图 8—57 所示。正确设置相关参数，完成补偿设置。

表 8—9 各补偿点补偿值（单位为最小移动单位）

号码	33	34	35	36	37	38	39	40	41	42	43	44	45	46	47	48	49
补偿值	+2	+1	+1	-2	0	-1	0	-1	+2	+1	0	-1	-1	-2	0	+1	+2

正方向最远端补偿点的号码为：

参考点的补偿点号码 +（机床正方向行程长度/补偿间隔）= 40 + 800/50 = 56

负方向最远端补偿点的号码为：

参考点的补偿点号码 -（机床负方向行程长度/补偿间隔）+ 1 = 40 - 400/50 + 1 = 33

补偿点位置如图 8—58 所示。图中的“0”符号为螺距误差补偿生效点，参数设定如表 8—10 所示。

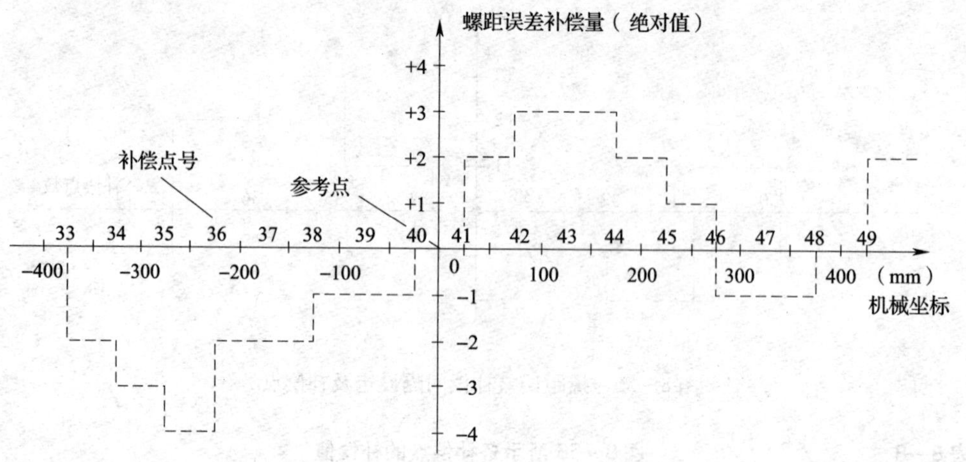

图 8—57　补偿值分布

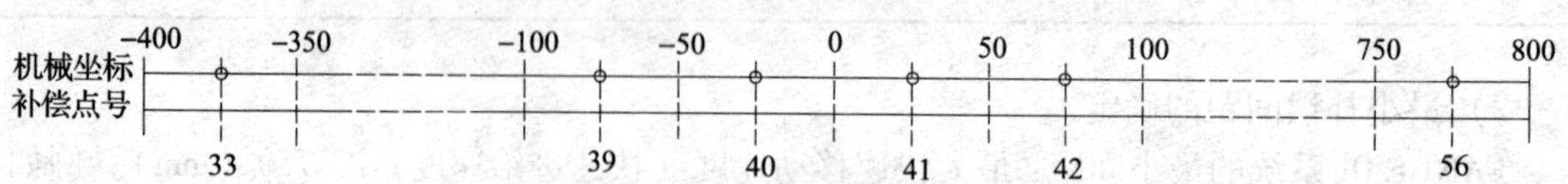

图 8—58　补偿点位置

表 8—10　　参数设定

含义	FANUC 0 系统参数	FANUC 0i 参数	设定值
参考点的补偿号	PRM#1000	PRM#3620	40
负方向最远一端的补偿点号	PRM#1001 ~ 1128 对应 0 ~ 127 号	PRM#3621	33
正方向最远一端的补偿点号	PRM#1001 ~ 1128 对应 0 ~ 127 号	PRM#3622	56
补偿倍率	PRM#11.0 ~ 11.1 均为 0 时对应 1 倍	PRM#3623	1
补偿点间隔	PRM#712	PRM#3624	50000

例 8—2　旋转轴的螺距误差补偿

某型机床配置了 FANUC 0iC 系统，其旋转轴 *C* 的每转移动量为 360°，误差补偿点的间距为 45°，参考点的补偿点号为 60。各点测得的补偿量如表 8—11 和图 8—59 所示。设置正确的补偿参数值。

表 8—11　　旋转轴各点补偿量

补偿点号	60	61	62	63	64	65	66	67	68
补偿量设定值	+1	-2	+1	+3	-1	-1	-3	+2	+1

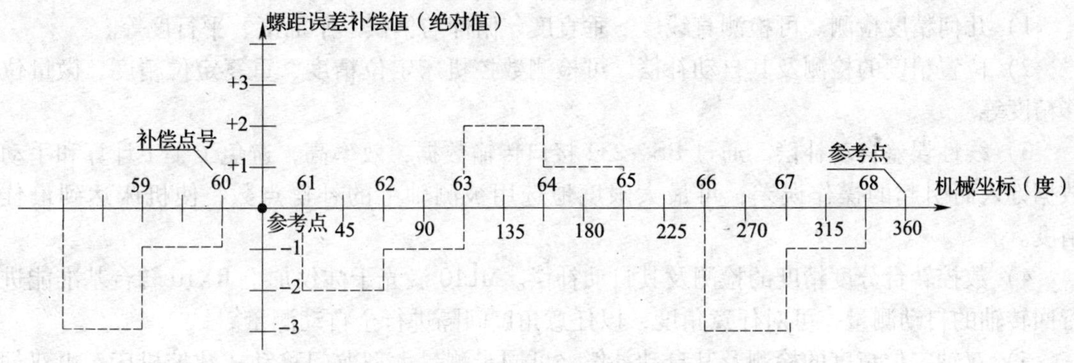

图 8—59 C 轴各点补偿值分布

负方向最远一端的补偿点号：对于旋转轴，其号通常与参考点的补偿点号相同。

正方向最远一端的补偿点号：

参考点的补偿点号 +（每转移动量/补偿点的间隔）= 60 + 360/45 = 68

由于旋转轴每转移动量为 360°，所以补偿点号 68 与 60 号的补偿量相等，参数设定如表 8—12 所示。

表 8—12 参数设置

含义	FANUC 0i 参数	设定值
参考点的补偿号	PRM#3620	60
负方向最远一端的补偿点号	PRM#3621	60
正方向最远一端的补偿点号	PRM#3622	68
补偿倍率	PRM#3623	1
补偿点间隔	PRM#3624	45000

对于旋转轴的螺距误差补偿要求：

1）360 000 能被补偿点的间隔整除，否则不能进行补偿。

2）一转的补偿值总和必须为 0。

二、自动测量和补偿

手动测量及参数输入的反向偏差与螺距误差补偿工作量大、烦琐，容易出现计算和操作上的错误。目前，位置精度的补偿一般通过仪器/系统进行自动测量和补偿。目前，行业使用最普遍的检定设备是激光干涉仪。反向偏差可以用激光干涉仪或球杆仪进行测量。

1. 激光干涉仪测量

(1) 主要功能

具有自动线性误差补偿功能，可以很方便地恢复机床精度，主要功能如下。

1）几何精度检测。可检测直线度、垂直度、俯仰与偏摆、平面度、平行度等。

2）位置精度的检测及其自动补偿。可检测数控机床定位精度、重复定位精度、微量位移精度等。

3）线性误差自动补偿。通过 RS－232 接口传输数据，效率高，避免了手工计算和手动数据键入而引起的操作误差；可最大限度地选用被测轴上的补偿点数，使机床达到最佳精度。

4）数控转台分度精度的检测及其自动补偿。ML10 激光干涉仪加上 RX10 转台基准能进行回转轴的自动测量，可对任意角度，以任意角度间隔进行全自动测量。

5）双轴定位精度的检测及其自动补偿。可同步测量大型龙门移动式数控机床，由双伺服驱动某一轴向运动的定位精度，通过 RS－232 接口，自动对两轴线性误差分别进行补偿。

6）数控机床动态性能检测。利用动态特性测量与评估软件，可用激光干涉仪进行机床振动测试与分析（FFT）、滚珠丝杠的动态特性分析、伺服驱动系统的响应特性分析、导轨的动态特性（低速爬行）分析等。

激光干涉仪可供选择的补偿软件主要有：FANUC 系列、SIEMENS 800 系列、UNM、MAZAK、MITSUBISHI、CINCINNATI ACRAMATIC、HEIDENHAIN、BOSCH、ALLEN－BRADLEY 等。

（2）激光干涉仪的安装

不同的测量项目，其安装方式也是不同的，常见的激光干涉仪测量项目的安装如表 8—13 所示。

表 8—13　　激光干涉仪的安装

项目	图示
角度测量	

续表

项目	图示
直线度测量	
垂直度测量	
平面度测量	

续表

项目	图示
	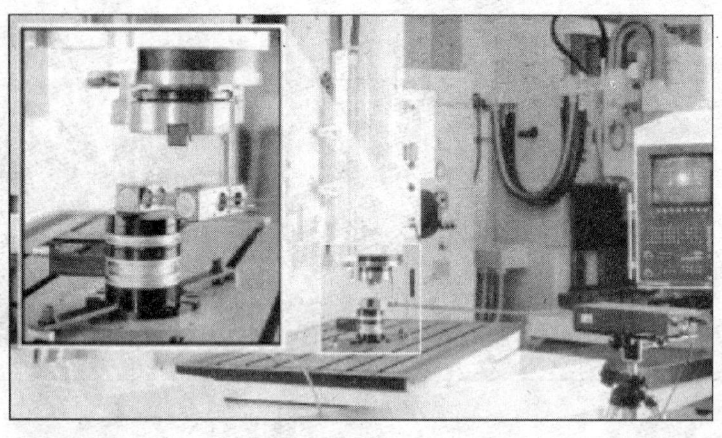
回转轴测量	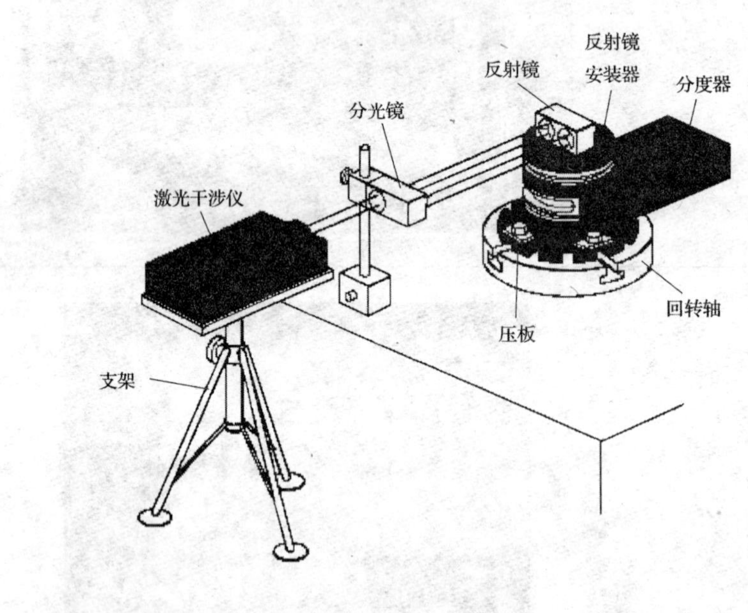

（3）位置误差补偿操作

ML10 激光干涉仪系统可自动测量和补偿机床各运动轴的反向间隙及螺距误差。所配置的自动测量和补偿软件可选择机床所配置的系统品牌和型号，可选型号基本上涵盖了目前行业使用的品牌和型号。

以测量某型数控机床的直线轴——X 轴为例，说明激光干涉仪对反向偏差及螺距误差补偿的操作步骤。

1）准备工作

先将激光干涉仪及其补偿单元、温度/湿度传感器、计算机、机床系统串口与计算机串口等连接好，暂不安装光路—反射镜及分光镜等。启动计算机、机床系统及激光干涉仪、补偿单元等。选择与机床数控系统品牌一致的自动采集与自动补偿软件。若只配置了自动采集软件，则不能进行自动补偿，必须通过手动将自动采集与计算出的数据作为补偿参数输入给数控系统。图 8—60 所示是未带自动补偿功能的数据采集与分析软件。找到其安装目录/Renishaw Laser10 并进入，或在“开始”菜单中找到“Renishaw Laser10”图标，将光标置于其上会出现下级菜单。在图 8—60 所示菜单中双击所需选项，即可进行测量。

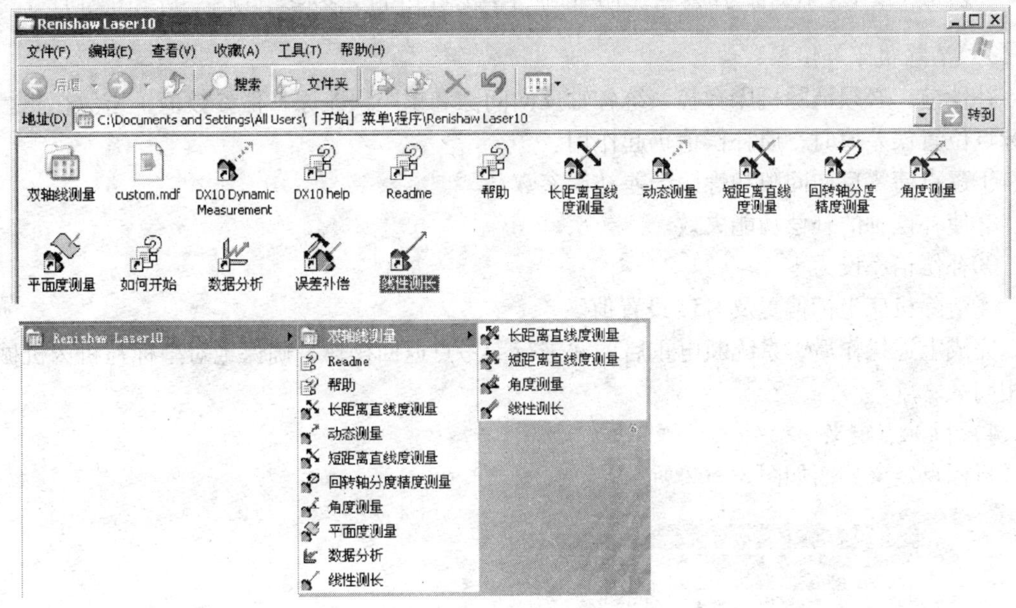

图 8—60 ML10 软件配置

2）备份机床的补偿数据

在进行测试与自动补偿之前，先备份好机床原来的补偿数据，以便在完成测量和自动补偿后，进行补偿前后的对比分析。若是新机床，不需操作这一步。

带自动补偿功能的软件可以完成机床补偿数据的备份，不带自动补偿功能的软件必须通过其他数据传输软件备份机床的补偿数据，如可用 WINPCIN 等软件备份机床参数。备份文件的类型为 . OMP 格式。

在备份前，必须使计算机的串口通信参数与机床系统的串口通信参数设置保持一致。计算机串口参数的设置如图 8—61 所示。

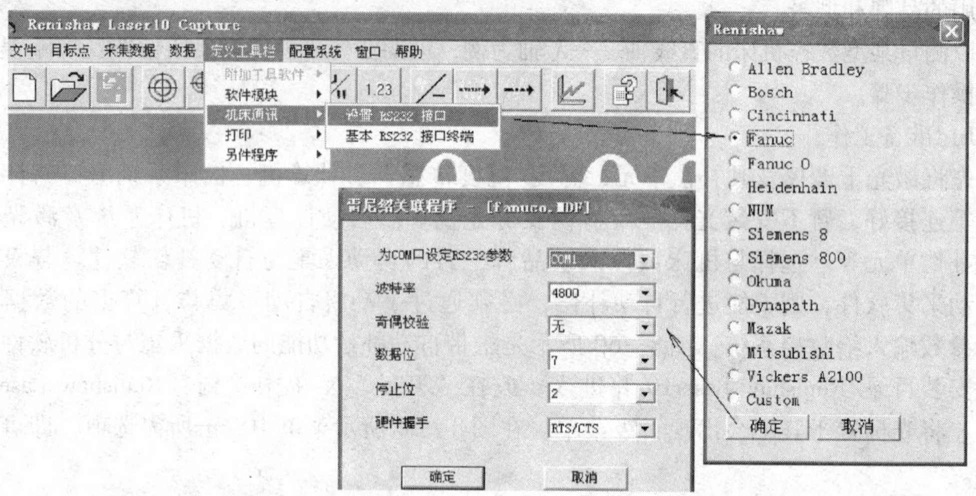

图 8—61　设置计算机与机床系统的串口通信参数（图中箭头表示操作顺序，后续图类同）

3）清除机床补偿参数值

补偿前，必须清除机床数控系统各轴反向间隙和螺距误差原补偿参数值，避免在测量各目标点位置误差值时，原补偿值仍起作用。

①逐点清零反向间隙和螺距误差补偿参数。

②使补偿轴的补偿功能失效。

③补偿倍率设为零。

④清除机床坐标偏置及 G54 设置值。

完成上述操作后，系统断电重启，并进行参考点返回操作，确保绝对坐标与机床机械坐标相同。

4）目标点定义

目标点定义界面如图 8—62 所示。

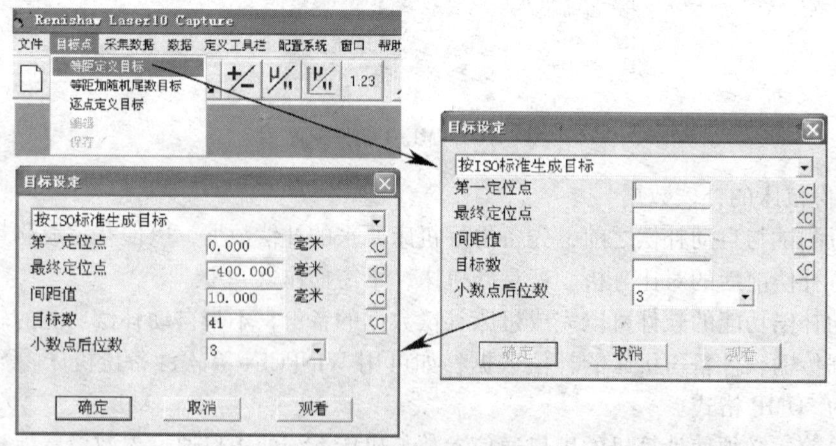

图 8—62　测量轴目标点定义界面（图中箭头表示操作顺序）

当被测量轴的首尾目标点不能与机床行程软、硬限位点重合时，应考虑≥0.1 mm 的越程值。理论上要求误差补偿原点与参考点重合，因此参考点必须位于补偿长度首尾之间。实际上，考虑了越程值后，目标点并不一定要求在参考点上。

5）以线性测量镜组建立激光光路

激光光路如表 8—13 所示。线性测量镜组如图 8—63 所示，用一个分光镜和线性反射镜组合后，便成为一个线性干涉镜。

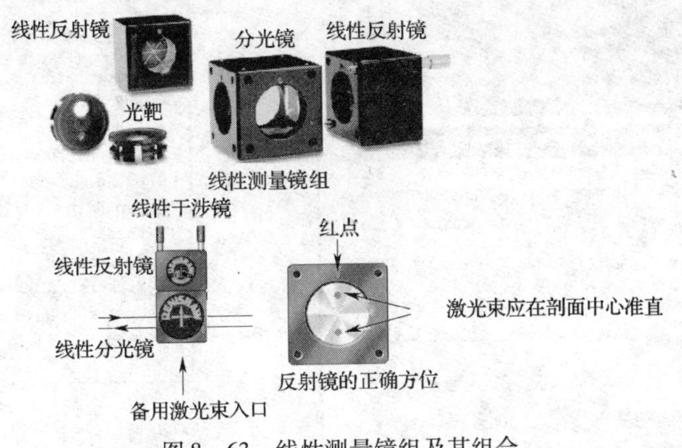

图 8—63　线性测量镜组及其组合

安装与调整光路时，必须保证反射光与入射光重合。调整时，借助光靶，调节激光干涉仪的三角架高度和角度，然后再调节云台的水平和俯仰角度，保证其光路重合。可通过软件的“窗口”→“光强”项检查其反射光的强度，使其强度满足测量要求，如图 8—64 所示。

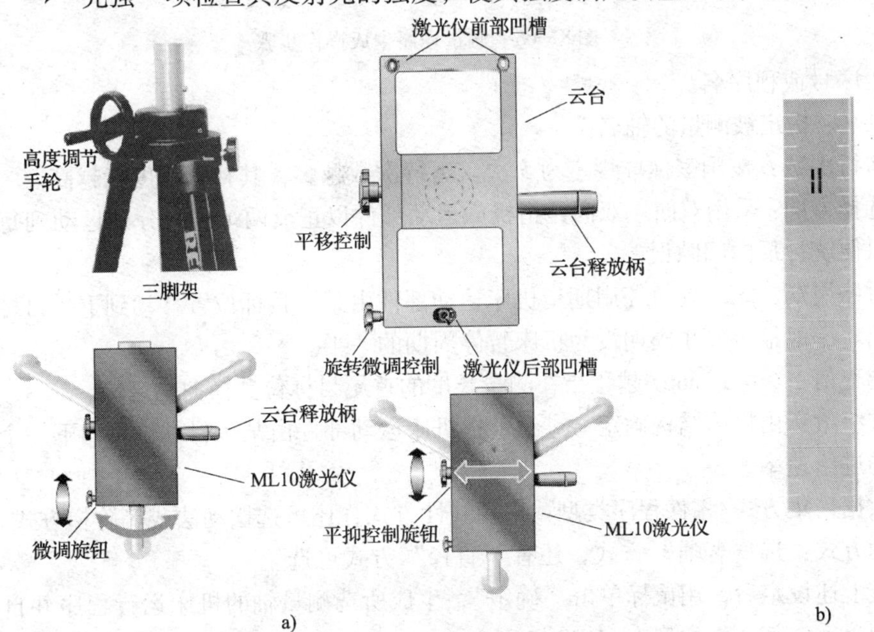

图 8—64　光路调节及反射光强度检查图

a）光路调节示意图　b）反射光强度条

6）生成测量程序

利用测量软件自动生成系统能执行的 NC 程序文件，操作如图 8—65 所示。包括如下内容。

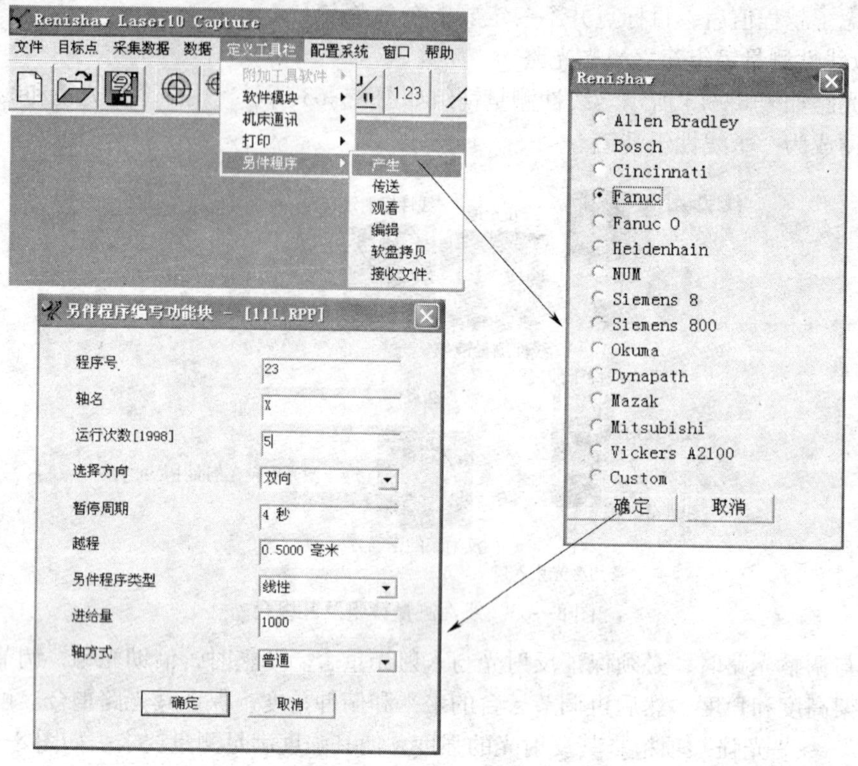

图 8—65　测量程序生成操作步骤

①程序号或程序名。

②轴名：指定被测量的轴名。

③运行次数：按国家标准规定为 5 次。运行次数越多，其补偿精度就越高。

④选择方向：采用双向。双向是指机床运动部件以正反两个方向分别运动到每一个目标位置，以便统计反向间隙误差。

⑤暂停周期：≥2 s。暂停周期指机床运动部件由某一目标位置移动到下一目标位置前的暂停时间。一般最小停止周期设为机床暂停周期的一半。

⑥越程值：≥0.1 mm。越程指在测量长度的首尾目标位置换向的区域。

⑦进给量：由机床结构确定。进给量指机床运动部件由某一目标位置向下一个目标位置行动时的进给速率。

⑧数据采集方式/零件程序类型：采用线性方式，还可选摆动法或等阶梯方式。

⑨轴方式：选“普通”方式，还有“直径”方式可选。

完成上述设定后，用鼠标单击“确定”，生成所选测量轴的机床运行程序并自动保存在计算机硬盘上，其文件类型为 . RPP 格式。

X 轴移动的参考程序如下。

```
O0023;
N0020 G54 G91 G01 X0. F1000;
#1 =0;
#2 =5;
#3 =0;
#4 =20;
N0070 G04 X4.0;
N0080 G01 X -30.0;
G04 X4.0;
#3 =#3 +1;
IF [#3NE#4] GOTO80;从第1点负向走到第21点
N0120 G04 X4.0;
G01 X30.0;
#3 =#3 -1;
IF [#3 NE 0] GOTO120;从第21点正向走到第1点
G04 X4.0;
#1 =#1 +1;
IF [#1 NE #2] GOTO70;5次全行程负、正向循环
M30;
%
```

7）将 *X* 轴移动程序上传给机床系统

将数控系统设为数据接收状态，并注意上传程序号或程序名不能与系统中已有程序号或程序名相同。无自动补偿功能的软件无此功能，需用“WINPCIN”等传输软件上传。

8）采集并分析原始数据

采集数据之前，用鼠标单击坐标清零图标“◎”，软件界面如图 8—66 所示。再检查反射激光束的强度是否满足测量要求，若出现强度不够或被遮挡，则待反射激光束准直后或无遮挡时再进行测量。采用自动数据采集方式，让机床执行所传的上述程序。执行程序前，应注意将数控系统的进给速率降低，以免撞机。激光测量执行的是 GB/T 17421.2—2000 标准，采用线性数据采集方式，主要是考虑机床运动时带来的升温比较小。测量结束后将采集数据存入计算机硬盘，其文件类型为 .RTL 文件格式，然后根据测量分析软件查看测量结果。

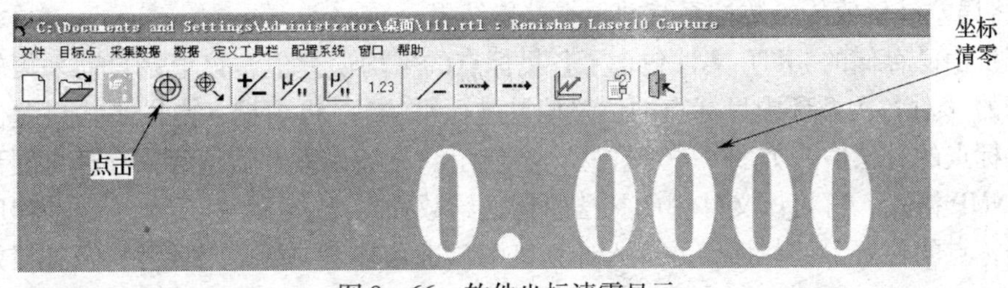

图 8—66　软件坐标清零显示

数据自动采集的操作如图 8—67 所示，采集界面如图 8—68 所示。数据分析操作如图 8—69 所示。数据分析结果如图 8—70 所示。

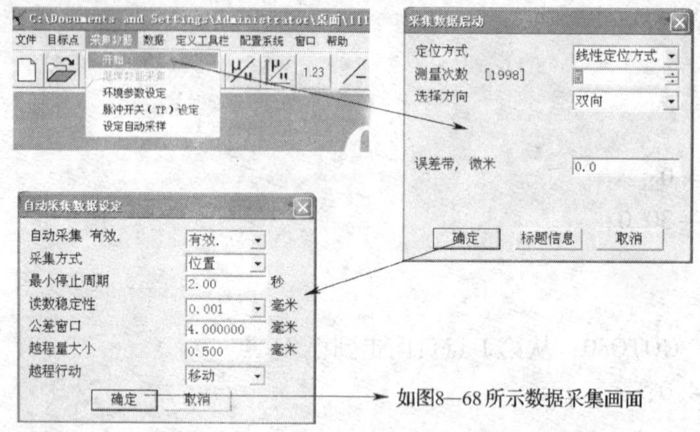

图 8—67　数据自动采集操作

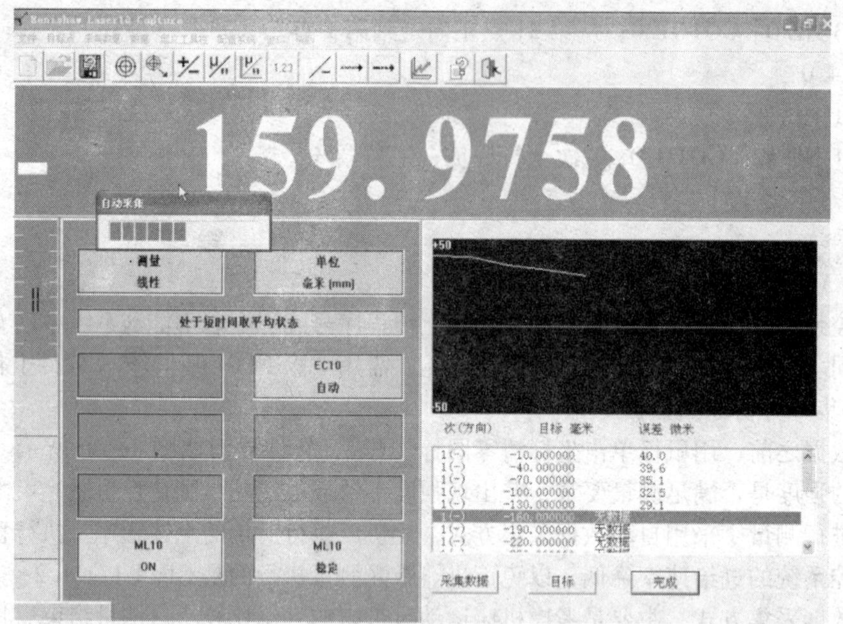

图 8—68　数据自动采集显示界面

9）将误差补偿值传给数控系统并检查补偿结果

计算机中已存储的 . RTL 文件包含了各目标点的平均误差值，该值是自动采集软件自动计算出来的（对各次循环中目标点的位置偏差进行平均），再根据各点的平均误差值自动计算出各目标点的补偿值，如图 8—68 左边内容所示。将该误差补偿值存入计算机硬盘，文件类型为 . NMP 格式。再将该文件中的补偿值传送给数控系统，再次执行机床运动程序，重新采集各目标点的位置误差数据，并存入计算机中，进行补偿前后的对比分析及补偿效果分析之用。

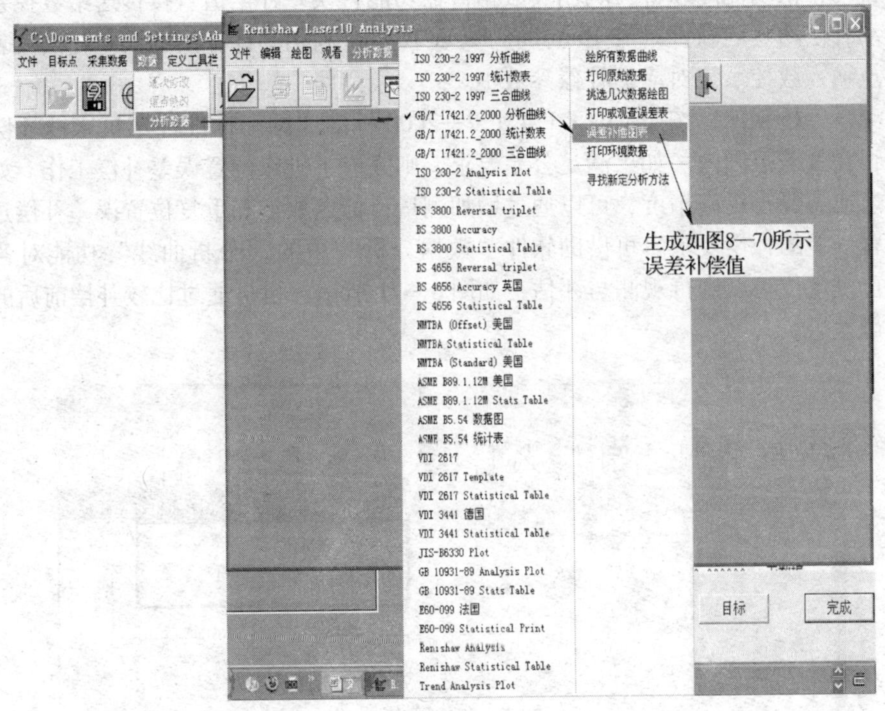

图 8—69 数据分析操作

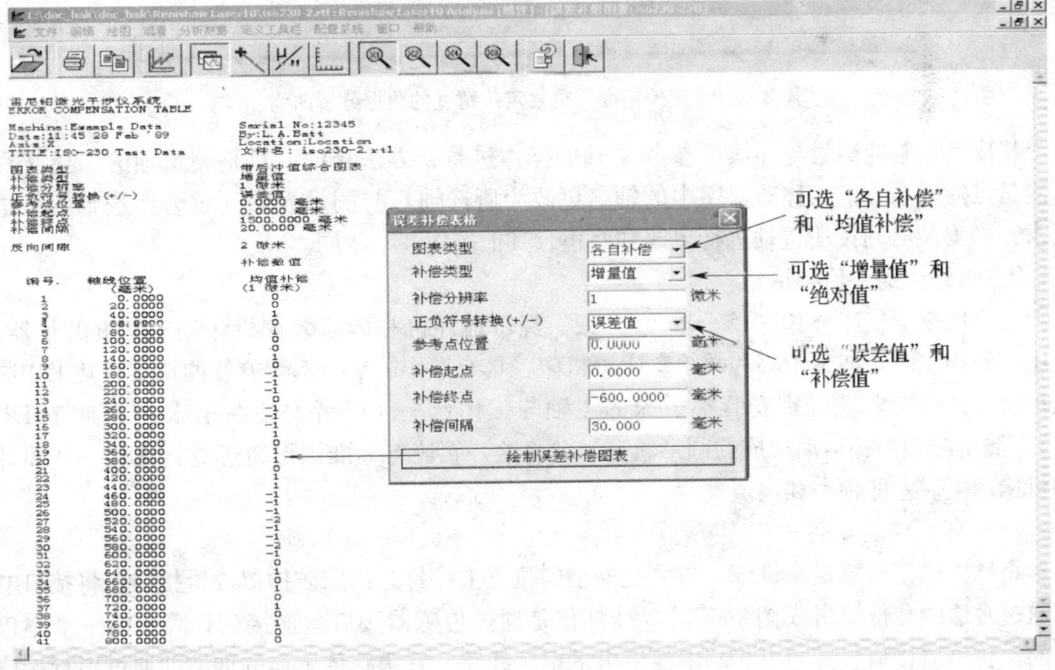

图 8—70 误差补偿值表

具有自动补偿功能的软件可利用其数据传输功能将误差补偿值直接传送给数控系统；没有配置自动补偿功能的软件（如 Renishaw Laser 10）可利用其计算出的误差补偿值表，手动逐项、逐点输入数控系统对应的补偿参数中。

通过测量分析软件，按照 GB/T 17421. 2—2000 标准或国际标准评定机床被补偿轴的位置误差是否在公差范围内。如果满足公差要求，则完成了机床位置误差补偿工作。如果未满足公差要求或需要再提高精度，可以通过增加测量目标点数量和重复位置误差补偿过程的方式满足位置误差的补偿要求。可借助软件“数据分析”中的“分析曲线”功能对各点的定位精度及重复定位精度进行观测与评估，如图 8—71 所示。也可通过比较补偿前后的测量结果评估补偿效果。

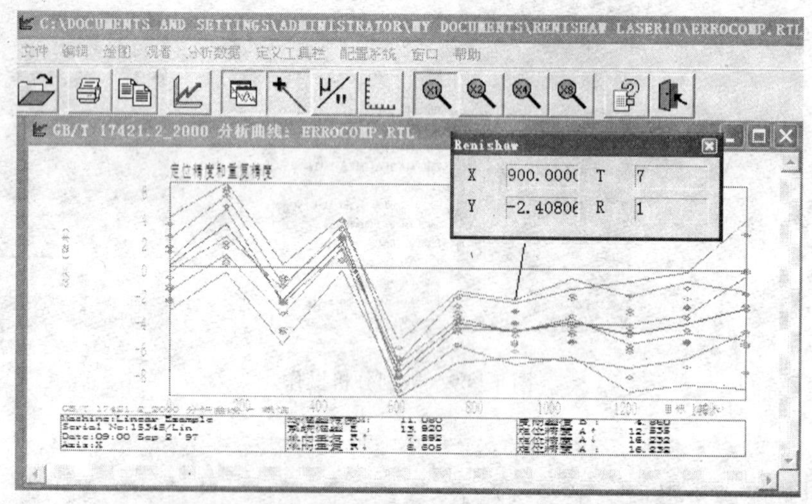

图 8—71　定位精度与重复定位精度的数据分析曲线

机床其他轴的测量与补偿可参考 X 轴的操作进行，方法相同，只是测量轴的选择（目标测量点的轴名、机床移动程序中的轴名更改为所选轴）与测量光路（符合所选轴的测量要求）的安装必须按所选轴进行更改和修正，其他操作基本相同。

2．球杆仪的评价和诊断

球杆仪是能快速（10 ~ 15 min）、方便、经济地评价和诊断数控机床动态精度的仪器，适用于各种立卧式加工中心和数控车床等机床，具有操作简单、携带方便的特点。其工作原理是将球杆仪的两端分别安装在机床的主轴与工作台上（或者安装在车床的主轴与刀塔上），测量两轴差补运动形成的圆形轨迹，并将这一轨迹与标准圆形轨迹进行比较，从而评价机床产生误差的种类和幅值。

（1）球杆仪的安装

将球杆仪接口放置在机床上方便且安全的位置上。打开机床防护罩放置接口，将接口电缆通过合适的孔位拉出（图 8—72）。球杆仪是通过传感器接口盒连接到计算机的一个串口上的。传感器接口包括一由 9 V 电池供电的电子线路，它跟踪传感器的伸缩并通过串行接口把数据读数报告给计算机（图 8—73）。

图 8—72 球杆仪的安装

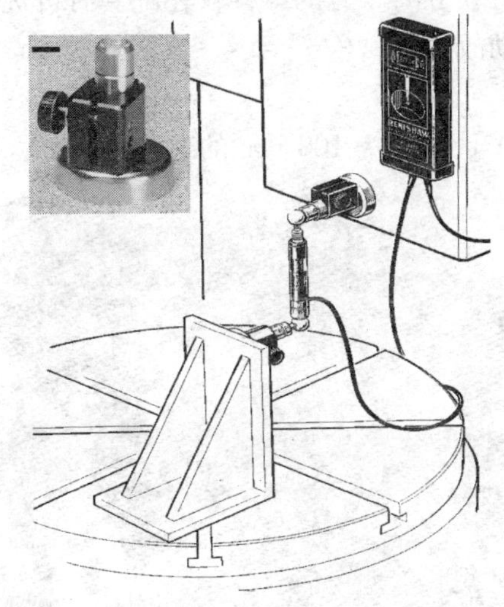

图 8—73 球杆仪的连接

(2) 球杆仪的功能

1) 机床精度等级的快速标定、优化切削参数

在不同进给率条件下用球杆仪检测机床，这样就可采用满足加工精度要求的进给率进行加工，从而避免了废品的产生。

2) 机床动态特性测试与评估、分离故障源

球杆仪可以快速找出并分析机床的问题所在，主要可检查反向差、反向间隙、伺服增益、垂直度、直线度、周期误差等性能。例如机床撞车事故后的检测，可用球杆仪快速告诉操作者机床是否可继续使用。在 ISO 标准中已规定了用球杆仪检测机床精度的方法，用它可方便进行

机床之间的性能比较，提示机床问题，建立机床性能档案。现仅以反向间隙为例来介绍。

3）方便机床的保养与维护

球杆仪可揭示机床精度变化趋势，这样可提醒维修工程师注意机床极有可能出现的问题，不致酿成大故障，实现机床的预防性维护。另外，球杆仪软件可进行机床误差的自动分析，维修工程师可快速找到机床故障所在，并集中精力去解决。

4）缩短新机床开发研制周期

用球杆仪检测机床可分析出润滑系统、轴承等的选用对机床精度性能的影响。这样可根据测试情况改变原配套件的选用乃至设计，因而缩短了新机床研制周期。

5）方便机床验收试验

对机床制造厂来说，可用球杆仪快速进行机床出厂检验，并作为随机机床精度验收文件。球杆仪现已被国际机床检验标准所采用，如 ISO230、ANME B5. 54、QA9000 和 ATA 等。

对用户来说，可用球杆仪来进行机床验收试验，代替 NAS 试件切削。对二手设备的检测来讲，这也是一个方便的仪器。

6）通过附件可扩展功能

对于数控车床而言，有的球杆仪配套有特殊附件来实现其 360°检测，从而可用球杆仪软件来进行两轴联动，故障自动分离。有的球杆仪还配套有可选中心座，从而使其也能用于对其他两轴联动机构进行自动故障分离。

（3）检测及诊断

可在数控车床上进行 360°、半径为 100 mm 的球杆仪测试，如图 8—74 所示。

图 8—74　数控车床 360°测试

检测程序如表 8—14 所示。

表 8—14　　球杆仪检测程序

（动态数据采集，100 mm 球杆仪，*ZX* 平面）	
（360°数据采集弧，180°越程）	
（公制单位，进给率 1 000 mm/min）	
M05；	（停止主轴）
G01 X0.0 Z101.5 F1000；	（直接运动到起始点）
M00；	（暂停，安装球杆仪）
G01 X0.0 Z100.0；	（运行切入；使球杆仪进入测量状态）
G02 X0.0 Z100.0 I0.0 K－100.0；	（360°顺时针圆弧）
G02 X0.0 Z100.0 I0.0 K－100.0；	（360°顺时针圆弧）
G01 X0.0 Z101.5；	（运行切出）
M00；	（开始逆时针方向数据采集）
G01 X0.0 Z100.0；	（运行切入）
G03 X0.0 Z100.0 I0.0 K－100.0；	（360°逆时针圆弧）
G03 X0.0 Y100.0 I0.0 K－100.0；	（360°逆时针圆弧）
G01 X0.0 Z101.5；	（运行切出）
M30；	

（4）检测结果分析

球杆仪可以快速找出并分析机床的问题所在，主要可检查反向差（失动量）、反向间隙、伺服增益、垂直度、直线度、周期误差等性能。例如机床撞车事故后的检测，可用球杆仪快速告诉操作者机床是否可继续使用。在 ISO 标准中已规定了用球杆仪检测机床精度的方法，用它可方便地进行机床之间的性能比较，提示机床问题，建立机床性能档案。现仅以反向间隙为例来介绍。

1）反向间隙——负值（机床误差）

①图样

图 8—75 中有沿某轴线开始向图样中心内凹的台阶，反向间隙的大小通常不受机床进给率的影响。图 8—75 中仅在 *Y* 轴上显示有负值反向间隙。

②诊断值

图 8—75 中 *Y* 轴方向上存在 －14.2 μm 的负值反向间隙或失动量。

③可能起因

a. 在机床的导轨中可能存在间隙，导致当机床在被驱动换向时出现在运动中跳跃。

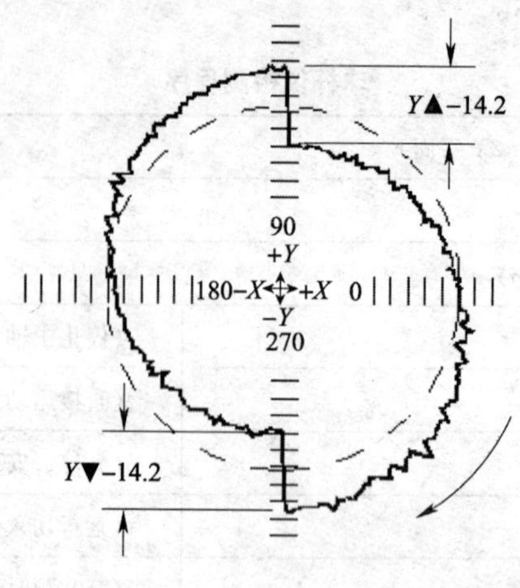

图 8—75　反向间隙——负值

b．用于弥补原有反向间隙而对机床进行的反向间隙补偿的数值过大，导致原来具有正值反向间隙问题的机床出现负值反向间隙。

c．机床可能受到编码器滞后现象的影响。

④推荐对策

a．检查数控系统反向间隙补偿参数设置是否正确；

b．检查机床是否受到编码器滞后现象的影响；

c．去除机床导轨传动件的间隙，或更换已磨损的机床部件。

2）反向间隙——正值（机床误差）

①图样

反向间隙正值的图样中有一个或若干沿某轴线开始向图样中心外凸的台阶，图 8—76 中仅在 Y 轴上显示有正值反向间隙。

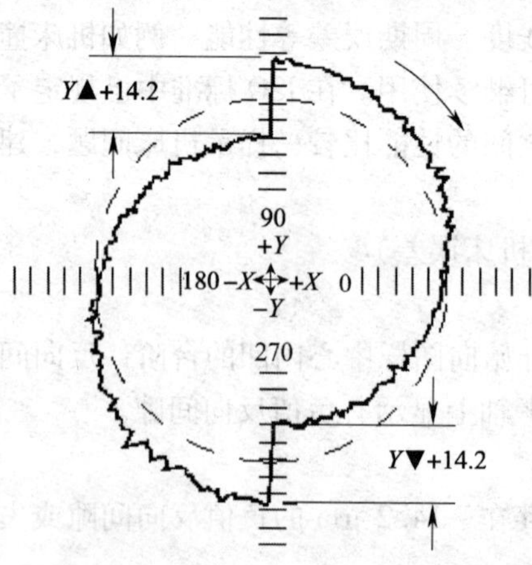

图 8—76　反向间隙——正值

②诊断值

图 8—76 中 Y 轴方向上存在 14. 2 μm 的正值反向间隙或失动量。

③可能起因

a. 在机床的驱动系统中可能存在间隙，典型的原因是因滚珠丝杠端部浮动或驱动螺母磨损。

b. 在机床的导轨中可能存在间隙，导致当机床在被驱动换向时出现运动的停顿。

c. 可能由于滚珠丝杠预紧力过大带来的过度应力而引起丝杠扭转的影响。

④推荐对策

a. 去除机床导轨的间隙，可能需要更换已磨损的机床部件。

b. 利用数控系统反向间隙补偿参数设置来对机床中存在的反向间隙进行补偿。

3）反向间隙——不等值（机床误差）

①图样

反向间隙不等值的图样，有的表现为在某轴上有双向不等大小的反向间隙，有的表现为在具备反向间隙补偿功能的机床上的某轴上有双向甚至相反符号的反向间隙。在图 8—77 中仅在 Y 轴上显示有不等值反向间隙。

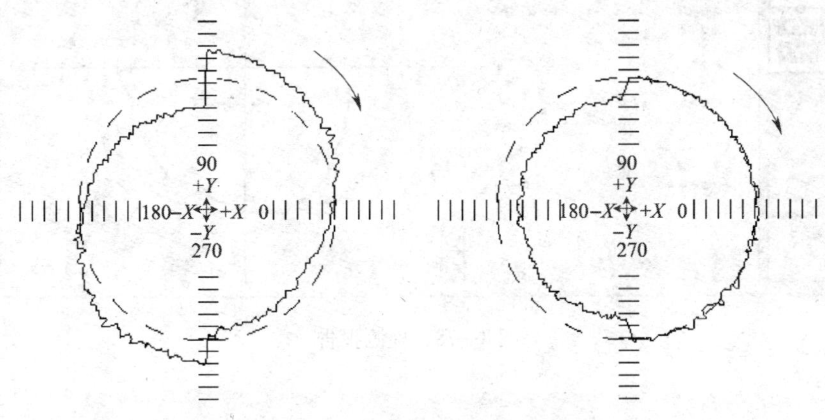

图 8—77 反向间隙——不等值

②诊断值

各种反向间隙均如正值反向间隙所述以相同方式量化，在同一轴的正负方向可能出现很大的数值差，或在同一轴的正负方向出现正值和负值反向间隙。

③可能起因

滚珠丝杠产生过大扭曲时，相对其驱动端的不同位置，会产生不等值的反向间隙。滚珠丝杠产生过大扭曲的原因：对于卧式机床，一般是丝杠磨损、螺母损坏及导轨磨损；对于立式机床，一般是平衡力矩的变化。在具有反向间隙补偿功能的机床上，可以将不等值的反向间隙调整均化。

④推荐对策

a. 去除施加给机床的所有反向间隙补偿值，从而使机床的问题彻底暴露出来。

b. 检查该机床的滚珠丝杠或导轨的磨损迹象，根据需要维修或更新这些部件。

c. 如果在机床立轴上下运动的测试中出现不等值反向间隙图，那么平衡部件就可能是问题所在，故可尝试调整机床平衡系统。

(5) 检测报告

对机床制造厂来说，可用球杆仪快速进行机床出厂检验，并作为随机机床精度验收文件。球杆仪现已被国际机床检验标准所采用，如 ISO230、ANMEB5. 54、QA9000 和 ATA 等。图 8—78 是球杆仪所检测的不圆度报告。

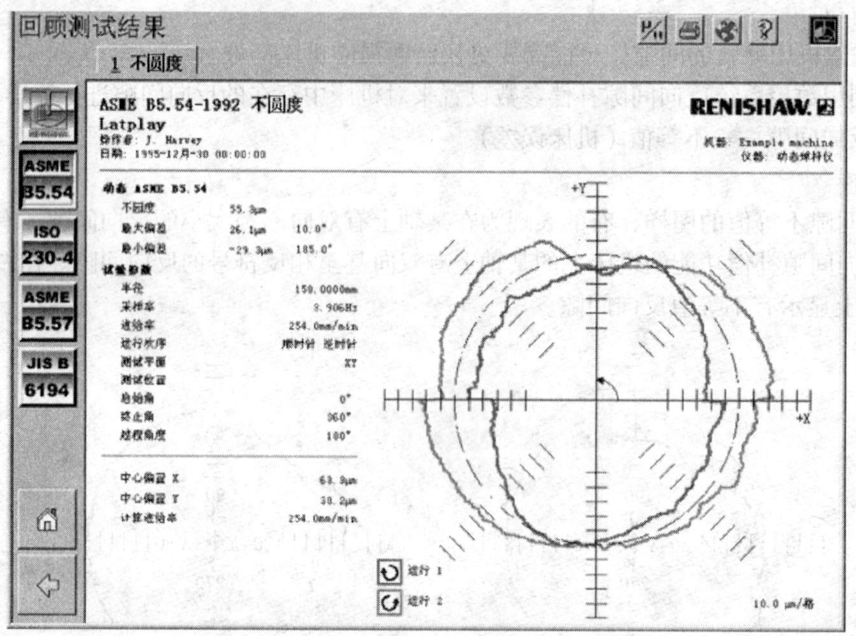

图 8—78 检测报告

附录 1

数控车床几何精度检验项目

<table>
<tr><th rowspan="2">序号</th><th rowspan="2">简图</th><th rowspan="2">检验项目</th><th colspan="2">允差</th><th rowspan="2">检验工具</th><th rowspan="2">检验方法</th></tr>
<tr><th>范围 1</th><th>范围 2</th></tr>
<tr><td>G1</td><td>a)
b)</td><td>床身导轨的直线度：
a）纵向；
b）横向（本检验仅适用于床身纵向导轨大于 500 的机床）</td><td>a）
500 < DC[1) ≤1 000
0.020
DC >1 000
0.020
每增加1 000允差增加 0.010 局部公差：在任意 250 测量长度上为 0.007 5
b）
0.040/1 000</td><td>a）
500 < DC≤1 000
0.030
DC >1 000
0.030
每增加1 000允差增加 0.020 局部公差：在任意 250 测量长度上为 0.010
b）
0.040/1 000</td><td>精密水平仪，光学的或其他方法</td><td>a）沿导轨全长在等距离各位置上检验，水平仪可以放在溜板上；
b）沿着导轨全长的任意位置，水平仪的读数不得超过允差值</td></tr>
<tr><td>G2</td><td>a)
b)</td><td>尾座套筒轴线对主刀架溜板移动的平行度：
a）在主平面内；
b）在次平面内</td><td>a）每 300 测量长度上为 0.015
b）每 300 测量长度上为 0.020</td><td>a）每 500 测量长度上为 0.030
b）每 500 测量长度上为 0.040</td><td>指示器</td><td>进行检验时，尾座套筒伸出有效长度后，按正常工作状态锁紧</td></tr>
<tr><td>G3</td><td>F</td><td>旋转式尾座顶尖的跳动</td><td>0.015</td><td>0.020</td><td>指示器</td><td>力 F 的值应是消除轴向间隙的最小值，其值由制造厂规定。
指示器测头垂直触及被检验表面，旋转顶尖进行检验</td></tr>
<tr><td>G4</td><td>a)
b)</td><td>顶尖轴线对主刀架溜板移动的平行度：
a）在主平面内；
b）在次平面内</td><td>a）
DC≤500
0.015
500 < DC≤1 000
0.020
顶尖距每增加1 000，允差增加0.005，最大允差为0.030
b）
0.040</td><td>a）
DC≤500
0.020
500 < DC≤1 000
0.025
顶尖距每增加1 000，允差增加0.005，最大允差为0.050
b）
0.060</td><td>a）当 DC ≤ 1 500 时，用指示器和顶尖间的检验棒或平尺；DC 为任意值时，用钢丝和显微镜或光学方法。
b）指示器和检验棒或光学方法</td><td>检验棒的长度等于最大顶尖距。
尾座套筒按正常工作状态锁紧，在检验棒的两端测取读数</td></tr>
</table>

续表

序号	简图	检验项目	允差		检验工具	检验方法
			范围1	范围2		
G5	a) F b)	a）主轴的周期性轴向窜动； b）主轴的卡盘定位端面的跳动	a）0.010 b）0.020 （包括周期性的轴向窜动）	a）0.015 b）0.025 （包括周期性的轴向窜动）	指示器和专用装置	力 F 的值应是消除轴向间隙的最小值，其值由制造厂规定。 进行检验时，应旋转主轴。 指示器安装在机床固定的部件上
G6	F	主轴轴端卡盘定位锥面的径向跳动	0.010	0.015	指示器和专用装置	力 F 的值应是消除轴向间隙的最小值，其值由制造厂规定。 进行检验时，应旋转主轴。 指示器安装在机床的固定部件上，指示器测头垂直触及在被检验表面上
G7		主轴定位孔的径向跳动（用于具有安装夹持工件装置的定位孔的机床）	0.010	0.015	指示器	在进行检验时，应旋转主轴。 指示器安装在机床的固定部件上，指示器测头垂直触及在被检验表面上
G8	a) b)	安装在主轴内的推紧套的内支承锥面的径向跳动： a）在主轴轴端处； b）在100距离处 （用于主轴内装推紧式固定长度的弹簧夹头的机床）	a）0.025 b）0.040		指示器和具有完整的弹簧夹头支承面的检验棒	在进行检验时，应旋转主轴。 指示器安装在机床的固定部件上，其测头垂直触及在被检验表面上

续表

序号	简图	检验项目	允差		检验工具	检验方法
			范围1	范围2		
G9		主轴锥孔轴线的径向跳动： a）靠近主轴端面； b）距主轴端面“L”处	a）0.010 b）0.020 $L=300$	a）0.015 b）0.050 $L=500$	指示器和检验棒	在进行检验时，应旋转主轴。 指示器安装在机床的固定部件上，其测头垂直触及在被检验表面上
G10		主轴顶尖的跳动	0.015	0.020	指示器	力F的值应是消除轴向间隙的最小值，其值由制造厂规定。 指示器安装在机床的固定部件上，其测头垂直触及在被检验表面上
G11		回转刀架移动对主轴轴线的平行度： a）在主平面内； b）在次平面内	a）每300测量长度上为0.015（检验棒伸出端只许偏向刀具） b）每300测量长度上为0.025	a）每300测量长度上为0.025（检验棒伸出端只许偏向刀具） b）每300测量长度上为0.040	指示器和检验棒	指示器安装在回转刀架上。 应注意检验棒的径向跳动
G12		回转刀架横向移动对主轴轴线的垂直度	0.010/100 $\alpha>90°$		指示器和圆盘或平尺	指示器安装在回转刀架上。 同一个滑座上装有两个回转刀架时，这项检验只适用于端面切削的回转刀架
G13		工具孔轴线与主轴轴线的重合度： a）在主平面内； b）在次平面内	a）和b） 0.030	a）和b） 0.040	指示器和检验棒	检验棒固定在专用刀夹中或工具孔中。 回转刀架在它的前面位置或者尽可能地靠近主轴端面。指示器尽可能地靠近回转刀架触及在检验棒上。 本检验对每一个工具孔位置都应检验

续表

序号	简图	检验项目	允差		检验工具	检验方法
			范围 1	范围 2		
G14		工具孔轴线对回转刀架纵向移动的平行度： a）在主平面内； b）在次平面内	a）和 b）每 100 测量长度上为 0.030	a）和 b）每 100 测量长度上为 0.040	指示器和检验棒	检验棒固定在专用刀夹中或工具孔中。 指示器安装在机床的固定部件上。 本检验对每一个工具孔位置都应检验
G15	b) a)	回转刀架转位的重复度： a）在主平面内； b）在次平面内	a）0.005 b）0.010 在距回转刀架或刀夹端面 100 处测量		指示器和检验棒	指示器安装在机床的固定部件上，其测头触及在检验棒上。 在回转刀架的中心行程处记录读数，用自动循环使回转刀架退回，转位 360°，再返回原来的位置，记录新的读数。 误差以回转刀架至少回转三周的最大和最小读数之差值计。 本检验对回转刀架的每一个位置都应重复进行检验，对于每一个位置，指示器都应调到零

续表

序号	简图	检验项目	允差		检验工具	检验方法
			范围1	范围2		
G16 (a)	固定的距离	尾座移动对主刀架溜板移动的平行度： a）在主平面内； b）在次平面内	a）和b） $DC\leqslant 1\,500$ 0.030 $DC>1\,500$ 0.040	a）和b） 0.040	指示器	尾座尽可能地靠近主刀架溜板，使其一起移动，得出读数，为了使固定在回转刀架上的指示器测头总是触及在同一点上，尾座套筒应保持锁紧状态。进行检验时，尾座应按正常工作状态锁紧。沿着行程在每隔300处记录读数。 误差以指示器读数的最大差值计
G16 (b)	固定的距离 第二个指示器用来作基准，保持溜板和尾座的相对位置	尾座移动对主刀架溜板移动的平行度： a）在主平面内； b）在次平面内 （仅适用于尾座不能在动力下移动的机床）	a）和b） $DC\leqslant 1\,500$ 0.030 $DC>1\,500$ 0.040	a）和b） 0.040	指示器	尾座尽可能靠近主刀架溜板，把安装在溜板上的第二个指示器相对于尾座套筒端面调整为零（如图所示）。 溜板移动时也手动移动尾座直至第二个指示器读数为零。使尾座和溜板的相对距离保持不变。 按以上方法使溜板和尾座继续沿床身移动。 只要第二个指示器始终指示为零，第一个指示器就相应地指示出平行度误差。 为了固定在溜板上的指示器测头总是触及在同一点，尾座套筒应保持锁紧状态。 在进行检验时，尾座应按正常工作状态锁紧，沿着行程在每隔300处记录读数。 误差以指示器读数的最大差值计

注：1）*DC* 为所能加工零件的最大直径。

附录 2

数控车床定位精度检验项目

<table>
<tr><th>序号</th><th>检验项目</th><th colspan="6">允差</th><th>检验工具</th><th>检验方法</th></tr>
<tr><td rowspan="10">G17</td><td rowspan="10">位置精度：
a. 重复定位精度 R
b. 反向差值 B
c. 定位精度 A</td><td colspan="6">Z 轴</td><td rowspan="10">激光干涉仪或线纹尺读数显微镜</td><td rowspan="10">工作行程≤1 500 时，选取不少于 10 个目标位置；工作行程大于 1 500 时，在常用工作行程 1 000 内，选取不少于 10 个目标位置，其余行程每 300 左右取 1 个目标位置。
在机床不动部位固定激光干涉仪，使其光束通过主平面且平行于回转刀架的运动方向。在回转刀架上固定反射镜，并按数控程序，使回转刀架沿轴线快速移动，分别对每个目标位置，从正负两个方向趋近，以线性循环方式连续检测五次，测出每个位置偏差，即实际位置与目标位置之差值。
计算出正负方向的平均位置偏差（$X_j\uparrow$，$X_j\downarrow$）和标准偏差（$S_j\uparrow$，$S_j\downarrow$）
a）误差以 $6S_j\uparrow$，$6S_j\downarrow$ 中的最大值计，即 $R=6S_{jmax}$
b）误差以（$X_j\uparrow-X_j\downarrow$）中的最大绝对值计，即 $B=\vert B_j\vert_{max}$
c）误差以（$X_j\uparrow+3S_j\uparrow$）、（$X_j\downarrow+3S_j\downarrow$）中的最大值与（$X_j\uparrow-3S_j\uparrow$）、（$X_j\downarrow-3S_j\downarrow$）中的最小值之差值计，
即 $A=(X_j+3S_j)_{max}-(X_j-3S_j)_{min}$</td></tr>
<tr><td>DC</td><td>≤500</td><td>>500 ~ 1 000</td><td>>1 000 ~ 1 500</td><td>>1 500 ~ 2 000</td><td>>2 000</td></tr>
<tr><td>R</td><td>0.008</td><td>0.010</td><td>0.013</td><td>0.016</td><td>0.020</td></tr>
<tr><td>B</td><td>0.010</td><td colspan="4">0.012</td></tr>
<tr><td>A</td><td>0.020</td><td>0.025</td><td>0.032</td><td>0.040</td><td>DC 每增加 1 000，允差值增加 0.010</td></tr>
<tr><td colspan="6">X 轴</td></tr>
<tr><td>R</td><td colspan="5">0.007</td></tr>
<tr><td>B</td><td colspan="5">0.006</td></tr>
<tr><td>A</td><td colspan="5">0.016</td></tr>
<tr><td colspan="6"></td></tr>
</table>

<table>
<tr><th rowspan="2">序号</th><th rowspan="2">简图</th><th rowspan="2">检验项目</th><th colspan="3">允差</th><th rowspan="2">检验工具</th><th rowspan="2">检验方法</th></tr>
<tr><th>尺寸</th><th>范围 1</th><th>范围 2</th></tr>
<tr><td rowspan="7">G18</td><td rowspan="7">主轴轴线
刀架
主轴箱
105°
溜板移动
横滑板移动</td><td rowspan="7">在无负载状态下的轮廓精度
（此项为附加任选项目）</td><td>半径</td><td>>105°</td><td>>105°</td><td rowspan="7">线性位移传感器、球杆仪或标准圆盘、数据记录仪</td><td rowspan="7">检验应在无负荷状态下进行。
球杆仪分别安装在相应刀具和工件的位置上，在沿一个圆弧轮廓的运行中用装在球杆仪中的两个单轴线测头检测两旋转中心间的相对位移。
如用标准圆盘系统，则圆盘装于工件位置，而测头装在（单轴线或二维的）刀具位置上。
然后按完成一段圆弧插补编程，该圆弧以主轴轴线为起点，环绕标准圆盘 105°，反过来也可以。
注
1. 圆盘的直径应不小于床身上最大回转直径的 50%，最大直径为 250。
2. 圆盘的精度必须在高精度的仪器上测定。
3. 圆盘的位置应在通过主轴轴线的平面内，并且在正常使用范围内。
4. 最好用圆盘以便于使用市场上可买到的计量仪器</td></tr>
<tr><td><100</td><td>0.010</td><td>—</td></tr>
<tr><td><150</td><td>0.015</td><td>—</td></tr>
<tr><td><250</td><td>0.025</td><td>—</td></tr>
<tr><td><350</td><td>—</td><td>0.035</td></tr>
<tr><td><500</td><td>—</td><td>0.045</td></tr>
<tr><td><750</td><td>—</td><td>0.060</td></tr>
</table>

附录 3

J1CJK6136 数控车床工作精度检验项目

序号	检验项目	试件示意图	切削条件	允差	实测
P1	精车外圆的精度 a）圆度； b）直径的一致性	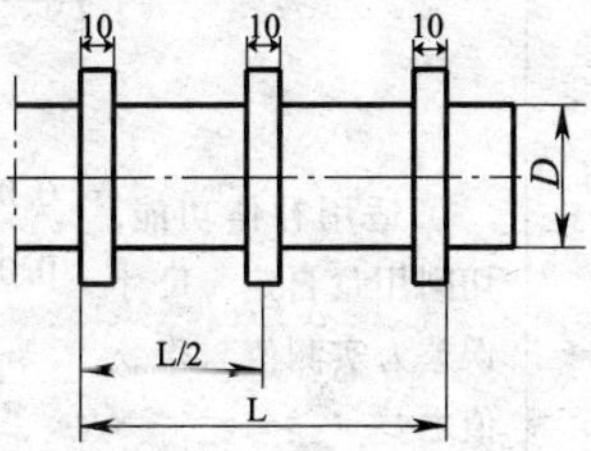 试件尺寸：$D \geqslant D_a/8$，$L = D_a/2$； 试件材料：45 号钢	精车钢件试件的三段外圆。车削后，检验外圆的圆度及直径的一致性。 a）外圆检验： 误差以试件近主轴端的一段外圆上，同一横剖面内最大与最小半径差计； b）直径一致性： 误差以通过中心的同一轴向剖面内，三段外圆的最大直径差计	a）0.005； b）在 300 测量长度上为 0.030 （相邻外圆间的直径差值应超过两端外圆直径之差的 75%）	
P2	精车端面的平面度	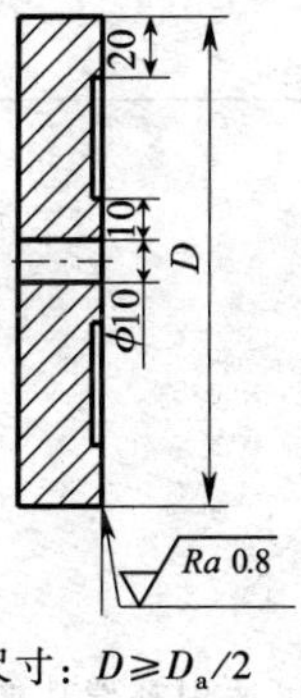 试件尺寸：$D \geqslant D_a/2$ 试件材料：HT200	精车铸铁盘形试件端面，车削后检验端面的平面度	在 300 直径上为 0.025，端面只许凹	
P3	精车螺纹的螺距精度	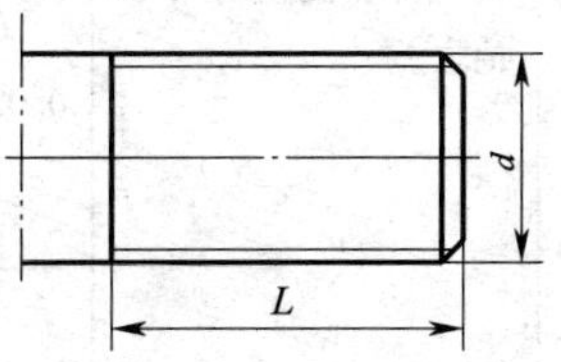 试件尺寸：直径（d）接近 Z 轴丝杠直径 $L \geqslant 75$ mm； 螺距应小于或等于 Z 轴丝杠螺距之半	用 60° 螺纹车刀，精车 45 号钢类试件的外圆柱螺纹，精车后检验螺纹的螺距精度； 车削时，允许使用顶尖	任意 50 测量长度上为 0.025； 螺纹表面应光洁无凹陷或波纹	

续表

<table>
<tr><th>序号</th><th colspan="2">检验项目</th><th>试件 6136 示意图</th><th>切削条件</th><th>允差</th><th>实测</th></tr>
<tr><td rowspan="6">P4</td><td rowspan="6">轮廓车削精度</td><td rowspan="3">a）适用于轴类加工车床</td><td rowspan="3">试件形状见附图 1 和附图 2</td><td rowspan="3">可适用补偿功能，切削用量自定，尺寸误差为实测值与指令值之差</td><td>D_1、D_2、D_5 为 ±0.020；D_3、D_4、D_6为 ±0.025</td><td></td></tr>
<tr><td>$D_2 - D_1 = 10 \pm 0.015$；$D_1 - D_4 = \pm 0.02$</td><td></td></tr>
<tr><td>附图 1：$L_1 = 10 \pm 0.025$；$L_2 = 75 \pm 0.035$
附图 2：$L_1 = 20 \pm 0.025$；$L_2 = 170 \pm 0.035$</td><td></td></tr>
<tr><td rowspan="3">b）适用于盘类加工车床</td><td rowspan="3">试件形状见附图 3</td><td rowspan="3">可适用补偿功能，切削用量自定，尺寸误差为实测值与指令值之差</td><td>D_1、D_2、、D_3、D_5 为 ±0.020；D_4为 ±0.025</td><td></td></tr>
<tr><td>$D_2 - D_1 = 10 \pm 0.015$；$D_3 - D_2 = 10 \pm 0.015$
$D_3 - D_4 = 10 \pm 0.020$</td><td></td></tr>
<tr><td>$L_1 = 10 \pm 0.025$；$L_2 = 20 \pm 0.025$；$L_3 = 65 \pm 0.035$</td><td></td></tr>
</table>

注：为达到 P3 项圆柱螺纹的精度，车削时应优先采用进口螺纹刀具。

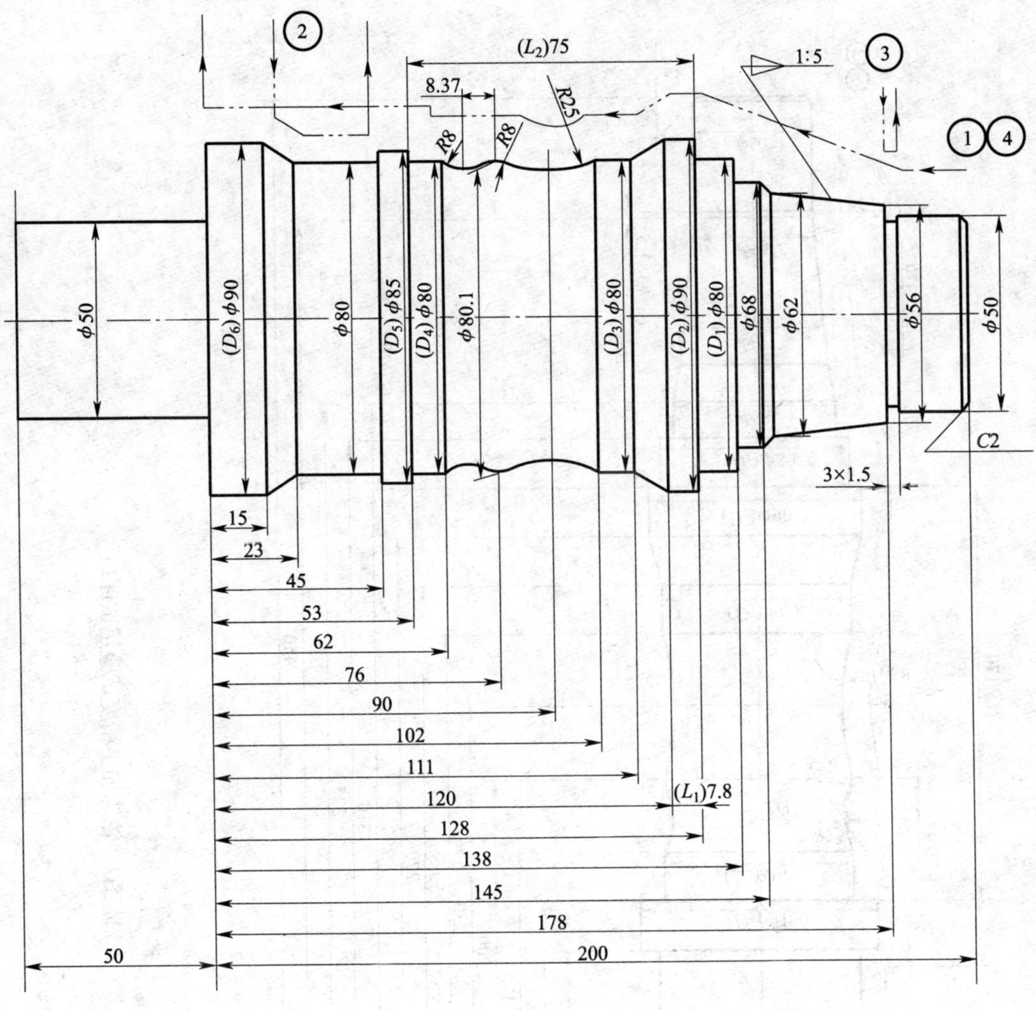

技术要求：

1. 未注倒角为$C1$。
2. 两端钻中心孔为 $\sqrt{Ra\ 2.5}$ 。

附图 1　轮廓加工精度试验用试件一

注：1. 本试件仅适用于轴类加工车床。

2. 本试件适用于 D_a 为 $\phi250 \sim \phi400$ mm 规格的车床。

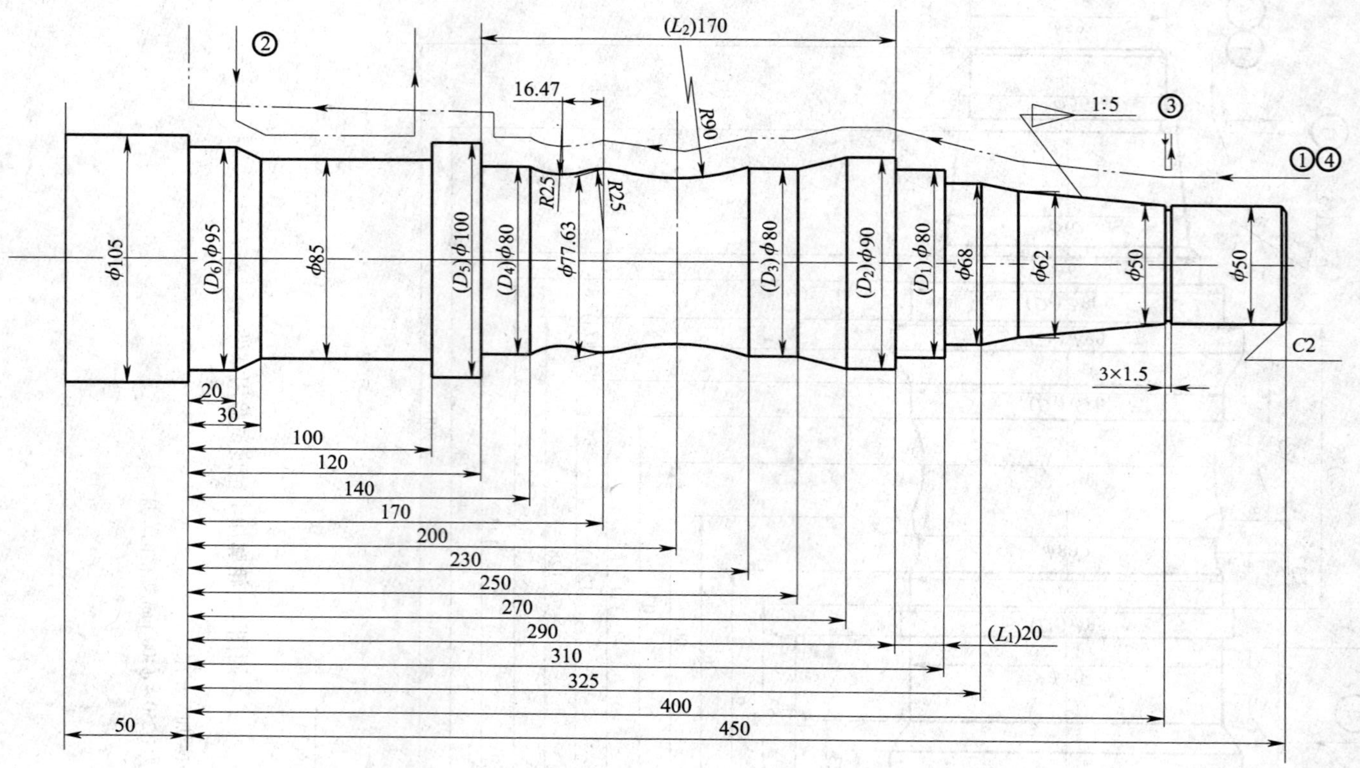

技术要求：

1. 未注倒角为$C1$。
2. 两端钻中心孔 为 $\sqrt{Ra\ 2.5}$。

附图2　轮廓加工精度试验用试件二

注：1.本试件仅适用于轴类加工车床。

2.本试件适用于D_a为ϕ460~ϕ800 mm规格的车床。

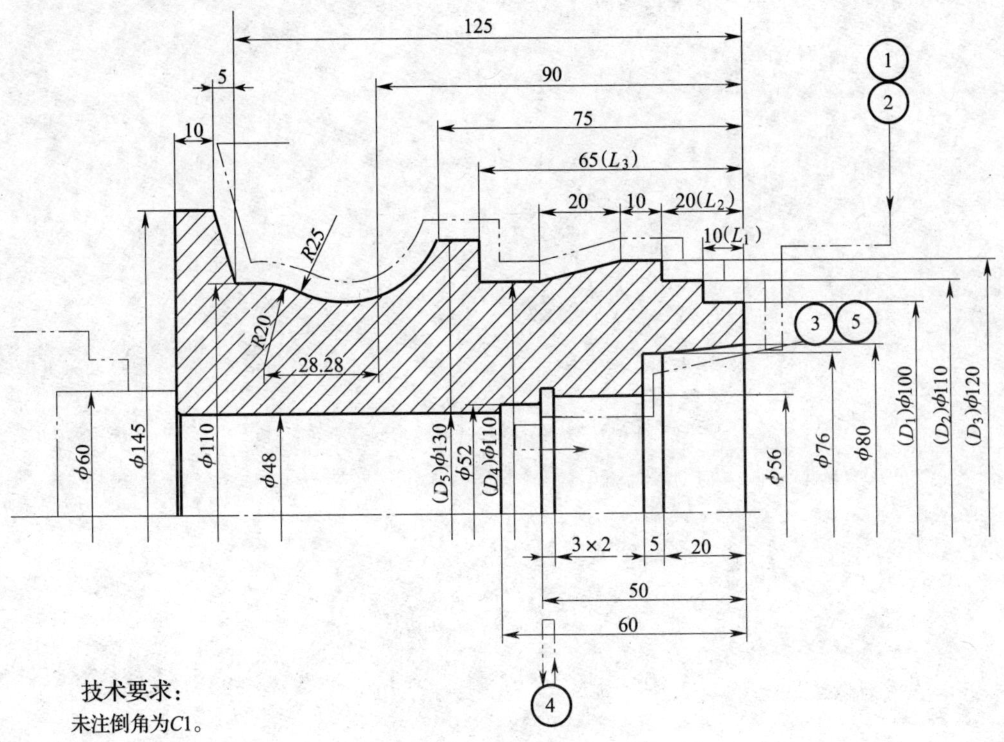

技术要求：

未注倒角为$C1$。

附图 3　轮廓加工精度试验用试件三

注：1．本试件仅适用于盘类加工车床。

2．本试件适用于 $D_a \leqslant \phi250 \sim \phi600$ mm 规格的车床。